高等学校理科基础课程教材

解析几何与射影几何

北京航空航天大学
杨义川　郭定辉　主编

中国教育出版传媒集团
高等教育出版社·北京

内容提要

本书不仅包括传统的三维空间解析几何内容，还包括高维解析几何、仿射几何、射影几何的基本内容，涉及向量代数、几何向量空间、直线、平面、超平面、二次曲线、曲面和超曲面、射影空间及其中的直线、平面、二次图形。内容选择注重几何体系的系统性和完整性，并充分考虑现代数学和其他科学对几何，特别是高维解析几何和射影几何的新要求。

全书结构完整、条理清晰、内容丰富、可读性强，适合综合性大学等对几何素养要求高的数学类专业、理科拔尖班和强基班，以及有志于提升逻辑思维和数形结合能力的非数学类专业师生作为教材或学习参考书。

图书在版编目(CIP)数据

解析几何与射影几何/杨义川，郭定辉主编.--北京：高等教育出版社，2022.7

ISBN 978-7-04-058074-7

Ⅰ.①解… Ⅱ.①杨… ②郭… Ⅲ.①解析几何-高等学校-教材②射影几何-高等学校-教材 Ⅳ.①O182 ②O185.1

中国版本图书馆 CIP 数据核字(2022)第 019316 号

Jiexi Jihe yu Sheying Jihe

策划编辑 李　茜　　责任编辑 田　玲　　封面设计 贺雅馨　　版式设计 杜微言
责任绘图 黄云燕　　责任校对 高　歌　　责任印制 刁　毅

出版发行	高等教育出版社	网　　址	http://www.hep.edu.cn
社　　址	北京市西城区德外大街4号		http://www.hep.com.cn
邮政编码	100120	网上订购	http://www.hepmall.com.cn
印　　刷	山东临沂新华印刷物流集团有限责任公司		http://www.hepmall.com
开　　本	787mm×1092mm　1/16		http://www.hepmall.cn
印　　张	15		
字　　数	330千字	版　　次	2022年7月第1版
购书热线	010-58581118	印　　次	2022年7月第1次印刷
咨询电话	400-810-0598	定　　价	31.00元

物 料 号　58074-00

前言

随着计算机科学与技术的不断发展，信息化时代下与算法有天然联系的代数与几何的重要性正在与日俱增，创新型人才的培养路径如何与培养目标匹配为高校强化数学基础教学提出了不容回避的问题。

传统的大学数学“三高”在国内现行的课程体系中常常被缩减到“二高”，几何的分量被显著削弱。在非数学类专业的培养计划中很难看到解析几何课程设置，实际教学中往往是附在高等数学或线性代数等课程中讲10学时左右，以备不时之需；数学类专业一般会设有48学时或64学时的解析几何课程，一些较好高校的数学类专业还会开设高等几何（射影几何）等相关的后续课程。

近几年，国内不少大学把微积分提升为工科数学分析或理科数学分析等，把线性代数提升为工科高等代数或理科高等代数等。这些强化数学“二高”基础的改革举措对提升理工科人才培养质量起到了非常重要的作用。然而，如何让更多的学生从解析几何的教学中获益，还有很多工作要做。

本书包含传统的空间解析几何与高等几何课程的核心内容，是在北京航空航天大学使用多轮的讲义基础上修订完成的，可供综合性大学等对几何素养要求高的数学类专业、理科拔尖班和强基班，以及有志于提升逻辑思维和数形结合能力的非数学类专业师生作为教材或学习参考书。不熟悉行列式等概念的读者可以先跳过相应内容，也不影响理解核心内容。

欢迎读者就本书内容、习题等提出宝贵意见并及时与我们讨论。联系方式：

ycyang@buaa.edu.cn，dhguo@buaa.edu.cn。

编　者

2021年12月

目录

绪论

解析几何又称为坐标几何，一般认为起源于 Fermat（费马）、Descartes（笛卡儿）等人的开创性工作.Fermat 曾着手重写古希腊几何学家 Apollonius（阿波罗尼奥斯）失传的《论平面轨迹》一书，他用代数方法对 Apollonius 关于轨迹的一些失传的证明作了补充，对古希腊几何学，尤其是 Apollonius 圆锥曲线论进行了总结和整理，对曲线作了一般研究，并于 1629 年撰写了《论平面和立体的轨迹引论》一书.但这本书在 Fermat 生前没有出版，而是在他去世 14 年以后于 1679 年才面世.在《论平面和立体的轨迹引论》中，Fermat 指出："只要在最后的方程中出现两个未知量，我们就有一条轨迹……直线只有一种，曲线的种类则是无限的，有圆、抛物线、椭圆等."Fermat 在书中还对一般直线和圆的方程以及双曲线、椭圆、抛物线进行了讨论.

与 Fermat 同时期的工作，展现了 Descartes 在解析几何方面的卓越成就.1637 年，Descartes 出版了《更好地指导推理和寻求科学真理的方法论》，该书包括三个著名的附录——《几何学》《屈光学》和《气象学》.在附录《几何学》中，Descartes 用坐标法详细研究了著名的 Pappus（帕普斯）问题，即求与若干条给定直线具有确定关系的点的轨迹问题.

后来，Newton（牛顿）、Bernoulli（伯努利）、J.Hermann（赫尔曼）、Clairaut（克莱罗）、Euler（欧拉）、Lagrange（拉格朗日）、Monge（蒙日）等数学家对解析几何卓有成效的研究，得到了大量关于空间曲线、曲面的性质，使得解析几何成了一门独立且充满活力的数学分支.

从大量解析几何的论述中可以看出，解析几何就是利用坐标系将空间点表示为有序数组，建立起空间点与有序数组之间的一一对应，并以有序数组的分量作为未知量，将空间中的线（直线、曲线），面（平面、曲面），体等表示为解析式（例如代数方程），从而把几何问题归结为求解方程的代数问题；然后借助代数运算和变换等，对这些方程进行讨论；最后再把讨论的结果利用坐标系翻译成相应的几何结论.

因此，解析几何把数与形充分结合在一起，为几何研究提供了统一处理工具，使得几何问题的解决变得相当程序化.然而，相比古典几何理论（也就是"综合法"），解析几何只是提供了研究几何问题的新方法，研究对象（也就是几何问题）与综合法的几何对象没有两样，都是我们周围环境中的几何形状，例如点、线、面、体及其集合.在解析几何中，考虑几何形状的性质和变化规律仍然离不开其所在环境，即其所处的物理空间.

物理空间本来是自然存在的，人们对自身或几何图形所在物理空间的认识，甚至可以追溯到远古时代.然而，比较系统完善地建立物理空间的抽象概念，一般认为始于公元前 300

年左右古希腊数学家 Euclid(欧几里得)的时代.Euclid 在他的《原本》中,系统地总结并开创性地提出了有关空间与几何图形的 23 个基本定义、5 个公理和 5 个公设.

这 23 个基本定义是

1. 点不可以再分割成部分;

2. 线只有长度而没有宽度;

3. 线的界是点;

4. 直线是点沿着一定方向及其相反方向的无限平铺;

5. 面只有长度和宽度;

6. 面的界是线;

7. 平面是直线沿一定方向及其相反方向的无限平铺;

8. 平面角是两条线在一个平面内相交所形成的倾斜度;

9. 当包含角的两条线都是相同直线时,这个角叫作直线角(平角);

10. 当一条直线和另一条直线交成的两个邻角彼此相等时,这两个邻角均称为直角,而且称其中一条直线垂直于另一条直线;

11. 大于直角的角叫作钝角;

12. 小于直角的角叫作锐角;

13. 边界是物体的边缘;

14. 图形是由一条边界或者几条边界所围成的;

15. 圆是由一条线包围着的平面图形,其内有一点与这条线上任何一个点所连成的线段都相等;

16. 这个点(指定义 15 中提到的那个点)叫做圆心;

17. 圆的直径是经过圆心的任意一条直线被圆截得的线段,且把圆二等分;

18. 半圆是直径与被它切割的圆弧所围成的图形,半圆的圆心与原圆心相同;

19. 直线图形是由线段首尾顺次相接围成的,三边形是由三条线段围成的,四边形是由四条线段围成的,多边形是由四条以上线段围成的;

20. 在三边形中,三条边相等的叫作等边三角形,只有两条边相等的叫作等腰三角形,而各边不相等的叫作不等边三角形;

21. 在三边形中,有一个角是直角的叫作直角三角形,有一个角是钝角的叫作钝角三角形,而三个角都是锐角的叫作锐角三角形;

22. 在四边形中,四边相等且四个角是直角的叫作正方形,四个角都是直角但四边不全相等的叫作长方形(或矩形),四边相等但角不是直角的叫作菱形,对角相等且对边相等但边不全相等且角不是直角的叫作平行四边形(或斜方形),一组对边平行但另一组对边不平行的称为梯形,其余的四边形叫作不规则四边形(注:这里应该说明是平面图形);

23. 平行直线是在同一个平面内向两端无限延长也不能相交的直线.

5 个公理其实是计算和证明几何性质时用到的方法,分别是

1. 等量间彼此相等;

2. 等量加等量,和相等;

3. 等量减等量,差相等;

4. 完全重合的图形是全等的；

5. 整体大于部分.

5 个公设分别是

1. 任意两个点可以通过一条直线连接；

2. 任意线段可以无限延长成一条直线；

3. 给定任意线段，可以以其一端点为圆心、该线段为半径画一个圆；

4. 凡直角都彼此相等；

5. 若两条直线都与第三条直线相交，且有一侧的同旁内角之和小于两个直角之和，则这两直线经无限延长后在这一侧必定相交.

后世所称的 Euclid 公理实际上就是上述公设.Euclid 在《原本》中基于这些基本定义、公理和公设，得出了空间的其他性质（共 465 个命题），从而建立了比较完善的古典几何学体系.Euclid 的这套体系的思想后来被称为公理化思想，它以某些命题为前提，通过推理而建立数学理论.这种思想对近现代数学的影响深远.

Euclid 的《原本》问世以后，虽然最初人们没有怀疑整个公设体系的正确性，但随着对客观世界认识的深入，人们发现 Euclid 对一些基本概念的定义不够妥当，很多命题的证明借助了几何直观而不是基于逻辑推理.Hilbert（希尔伯特）在 1899 年出版的《几何基础》及其以后的修订版中总结并完善了包括 Euclid 在内的前人工作，摒弃了对逻辑分析无关紧要的公设，增加了基本概念及其之间的联系，加强了逻辑推理.他提出了 20 个公理，外加基本概念：点、直线、平面、线段、射线、角度等，以及基本关系：点在直线（平面）上，一点在另外两点之间，线段合同，角合同.具体来说，这些公理分为关联公理（A1—A8）、顺序公理（A9—A12）、合同公理（A13—A17）、连续性公理（A18—A19）和平行公理（A20）：

A1. 对于任何两个点 A,B，有唯一的直线通过 A,B.

A2. 每条直线至少包含两个点.

A3. 至少存在三个点不全在同一条直线上.

A4. 对于不在同一条直线上的任何三个点 A,B 和 C，存在唯一的平面 π 通过这三个点.

A5. 每个平面至少包含一个点.

A6. 如果直线 l 的两个不同的点 A 与 B 位于平面 π 上，则整条直线 l 位于平面 π 上.

A7. 如果两个平面相交，则它们的交集至少包含两个点.

A8. 在空间中，至少有四个点不在一个平面上.

A9. 如果点 B 位于点 A 与 C 之间，那么 A,B,C 是一条直线上的三个点并且点 B 也位于点 C 与 A 之间.

A10. 对于任何两个点 A 和 B，存在点 C，使得点 B 位于点 A 与 C 之间.

A11. 在一条直线上的三个点中，恰好有一个点在另外两个点之间.

A12. 假设 A,B,C 是不在一条直线上的三个点，并且直线 l 不通过 A,B,C 中的任何一个.如果直线 l 包含 A 和 B 之间的点 D，则直线 l 包含 A 和 C 之间的点 E 或 B 和 C 之间的点 F，但不能同时包含点 E 和 F.

A13. 对于任何线段 AB 和以点 C 为端点的任何射线，在该射线上存在唯一的点 D，使得 $AB\cong CD$.其中"$\cong$"表示合同，例如，$AB\cong CD$ 表示线段 AB 和 CD 具有相等的长度，$\angle ABC\cong$

$\angle DEF$ 表示$\angle ABC$ 和$\angle DEF$ 相等.

A14. 如果 $AB \cong CD$ 且 $AB \cong EF$,则 $CD \cong EF$,特别地,对于任何线段 AB,$AB \cong AB$.

A15. 假设点 B 在点 A 与 C 之间,而点 E 在点 D 与 F 之间.如果 $AB \cong DE$ 且 $BC \cong EF$,则 $AC \cong DF$.

A16. 对于任何$\angle BAC$ 和任何射线 DF,在射线 DF 的给定侧有唯一的射线 DE,使得$\angle BAC \cong \angle EDF$.

A17. 假设$\triangle ABC$ 和$\triangle DEF$ 满足 $AB \cong DE$,$AC \cong DF$ 和$\angle BAC \cong \angle EDF$,则$\triangle ABC$ 和$\triangle DEF$ 全等,即 $BC \cong EF$,$\angle ABC \cong \angle DEF$,$\angle ACB \cong \angle DFE$.

A18. 对于任何线段 AB 和 CD,存在自然数 n,使得线段 AB 的 n 倍大于 CD.

A19. 令A_nB_n是一条直线上的一系列线段(n 为自然数),使得这些线段的交点不为空,并且存在属于所有这些线段的点 X.

A20. 对于直线 l 和不在直线 l 上的一点 P,存在唯一的直线通过 P 而与 l 不相交(注:这里是在同一平面上).

这 20 个公理也称为 Euclid 公理,满足这些 Euclid 公理的空间称为 Euclid 空间(记为$\mathbb{E}$).由这些公理可以得出,Euclid 空间由点组成,包括点、线、面、体等基本几何图形(形状),而所有这些几何图形也由点组成,是 Euclid 空间的子集.研究 Euclid 空间上的几何图形的学问就是 Euclid 几何学.

然而,我们在以下建立 Euclid 空间概念的过程中将跳过从 Euclid 公理到 Euclid 空间定义之间的严格逻辑推导,对此有兴趣的读者可参考[2,3].其原因有两方面,一方面是 Hilbert 的上述 Euclid 公理太冗长而且证明烦琐;另一方面,正如[9]所指出的那样,Hilbert 的最大几何成就不是建立 Euclid 几何中的运算,而是射影几何中的运算.Hilbert 发现线段运算的关键是 Pappus 和 Desargues(德萨格)定理.这两个定理不涉及长度的概念,因此它们实际上属于一种更原始的几何学,即射影几何学.

除了认为 Euclid 所建立的几何体系不完善外,也有人对 Euclid 的第五公设(也称为平行公理)持怀疑态度,认为它没有正确地反映物理空间的本质,甚至认为第五公设仅仅是一个定理,而不是一个公理.对 Euclid 第五公设持怀疑论的数学家包括 Bolyai(波尔约)、Gauss(高斯)、Lobachevsky(罗巴切夫斯基)、Riemann(黎曼)等.例如,Lobachevsky 将第五公设替换成了"过已知直线外一点,至少可作两条与该已知直线不相交的直线",通过严谨的逻辑推导,建立了与古典 Euclid 几何并行的几何系统,这就是我们所称的 Lobachevsky 几何.再比如,Riemann 于 1854 年在题为《关于几何基础的假设》的演讲中提出了现在被称为 Riemann 几何的几何学,在那里,第五公设被代之以"过已知直线外一点,不能作任何平行于该给定直线的直线"和"直线可以无限延长,但总长度是有限的".这些几何学现在统称为非 Euclid 几何.

Euclid 几何、Lobachevsky 几何、Riemann 几何虽然是三种各有区别的几何,但它们各自所有的命题都构成了自己严密的公理体系,各自的公理之间都满足相容性、完备性和独立性.因此这三种几何都有存在的理由.在我们日常生活中,Euclid 几何是适用的,在浩瀚宇宙空间中,Lobachevsky 几何更符合客观实际,而当考虑在像地球表面这样的椭球面上的物体及其运动时,Riemann 几何更能准确地解决实际问题.

本书会经常用到集合与映射的一些概念和知识.考虑从集合 X 到集合 Y 的一个**映射** σ:

$X \to Y$,它是将 X 中的点对应到 Y 中的点的一个法则,即 $\forall A \in X$,存在唯一(记作 $\exists !$)的元素 $\sigma(A) \in Y$ 与之对应,称 $\sigma(A)$ 为点 A 在 σ 下的**像**.映射在不同的情况下也可以叫作**对应**、**函数**、**泛函**等.点集中关于点的映射可以诱导出从子集到子集的映射(即相应幂集到相应幂集的映射),例如,对 X 的任一子集 $X' \subset X$,记

$$\sigma(X') = \{\sigma(A) \mid A \in X'\} \subset Y,$$

称之为 X' 在 σ 下的**像**.对 Y 的一个子集 Y',记

$$\sigma^{-1}(Y') = \{A \in X \mid \sigma(A) \in Y'\},$$

称之为 Y' 在 σ 下的**原像**,它是 X 的子集.

若映射 $i: X \to X$,使得 $\forall A \in X, i(A) = A$,则称 i 为 X 的**恒同映射**或**单位映射**.

如果 σ 是 X 到 Y 的映射,ρ 是 Y 到 Z 的映射,则它们的**复合**或**乘积**定义为 X 到 Z 的映射,记作 $\rho \circ \sigma: X \to Z$(有时也直接记作 $\rho\sigma$),规定为

$$\rho \circ \sigma(A) = \rho(\sigma(A)), \quad \forall A \in X.$$

易验证,对 $X' \subset X, \rho \circ \sigma(X') = \rho(\sigma(X'))$;且对 $Z' \subset Z, (\rho \circ \sigma)^{-1}(Z') = \sigma^{-1}(\rho^{-1}(Z'))$.

对映射 $\sigma: X \to Y$,如果有映射 $\rho: Y \to X$,使得

$$\rho \circ \sigma = i: X \to X, \quad \sigma \circ \rho = i: Y \to Y,$$

则称 σ 是**可逆映射**,称 ρ 是 σ 的逆映射,记作 σ^{-1}.注意,我们这里用了与求原像(集)符号相同的记号,但意义不同:求原像(集)是一个对任意映射都可以操作的幂集间的映射,而值域到定义域的逆映射对很多映射来说是不能保证存在性的.

如果在映射 $\sigma: X \to Y$ 下 X 的不同点的像一定不同,则称 σ 是**单射**.如果 $\sigma(X) = Y$,则称 σ 是**满射**.如果映射 $\sigma: X \to Y$ 既是单射,又是满射,则称 σ 为**一一映射(对应)**或**双射**.σ 是双射当且仅当 σ 是可逆映射:一方面,易见 σ 可逆,则 σ 是双射;另一方面,$\forall B \in Y, \exists !\ A \in X$, $\sigma(A) = B$,定义 $\sigma^{-1}(B) = A$, 易证 σ 的逆映射是 σ^{-1}.特别地,集合 X 到自身的映射 $\sigma: X \to X$ 称为 X 上的一个**变换**.X 的**恒同映射** i 也称为恒同变换.X 上的可逆变换称为**置换**.X 上所有置换在映射的复合运算下构成一个群 $S(X)$.当 $|X| = n$ 时,$S(X)$ 称为 n **次对称群**.如果由 X 的一些变换构成的集合 G 中包含:(1) i;(2) G 中任何元素的逆;(3) G 中任何两个元素的复合,则称 G 是集合 X 上的一个**变换群**.

第一章 向量及空间

Euclid 几何是建立在 Euclid 空间之上的几何学.因此,用解析几何方法研究 Euclid 几何的首要任务是用解析或代数方法来描述 Euclid 空间及其上的几何图形.我们狭义上所说的 Euclid 空间就是日常生活中观察到的物理空间,这样的物理空间由点组成,其上的几何图形由空间的子集描述.

物理空间是自然存在的,为了对其上的几何问题进行深入探讨,我们需要对其中的基本性质进行描述.当然,正如绪论提到的,可以利用 Hilbert 提出的 20 个 Euclid 公理来解析地描述或规定 Euclid 空间.例如,解析地规定 Euclid 空间中的射线以及从同一点射出的两条射线之间的夹角满足前 12 个 Euclid 公理,规定线段和夹角的概念以及直线和平面的概念以符合其余 8 个 Euclid 公理.这样规定 Euclid 空间的理由完全可以从 Euclid 公理得到合理的解释,但直接从 Euclid 公理解析地建立 Euclid 空间是一项费时费力的工作,所以我们将省掉从 Euclid 公理到 Euclid 空间的一些关联关系的严格数学证明,而直接提出公理化的 Euclid 空间概念以适应解析几何的应用.至于那些省略了的严格数学证明,读者可以自己完成,或者参考相关资料(如[2]).

由于 Euclid 空间是点的集合,因此点的表达和结构是我们首先考虑的对象.根据 Euclid 提出的基本定义 1:点不可以再分割成部分,因而点不能直接描述.我们先介绍向量(或矢量)以及研究向量组成的所谓向量空间,然后在向量空间的基础上建立 Euclid 空间的概念,最后通过在物理空间(仿射空间)中的每一点建立一个 Euclid 空间来对物理空间进行描述,从而建立物理空间的代数表示.

向量不但可以用来描述空间上的点,而且在数学、物理学中也具有不可替代的地位,因此本章将充分研究向量及其运算性质,并依次考虑向量空间、Euclid 空间、仿射空间以及向量的特殊运算,这里主要针对我们日常生活中熟悉的直线、平面和空间.

需要注意,我们可能在给出 Euclid 空间的严格描述之前就使用 Euclid 空间这一概念,但这并非不合适,因为 Euclid 空间本身是自然存在的.我们将在定义 1.2.2 中给出一般 Euclid 空间的定义,在此之前,我们以物理空间(即$\mathbb{R}^3$)作为 Euclid 空间的代表.

§1.1 向量及向量空间

很多物理量如力、速度、位移以及电场强度、磁感应强度等都是向量.向量很早就应用于物理学了,最早可以追溯到古希腊著名学者 Aristotle(亚里士多德),他在公元前 350 年左右就知道力可以表示成向量.向量与几何的结合出现在 18 世纪末,Hamilton(哈密顿)、Maxwell(麦克斯韦)等做了大量奠基性的工作.

向量方法引进到解析几何中,使得许多几何问题变得更为简洁明了,从而也促进了向量理论的完善和发展.现代向量已经被进一步抽象化,并形成了与域相联系的向量空间概念.譬如,实系数多项式的集合在定义适当的运算后构成向量空间,一元实函数的集合在定义适当的运算后也构成向量空间.

我们在本教材中主要考虑物理空间中的向量,这样的向量通常称为几何向量.

1.1.1 向量的概念

Euclid 公理规定了 Euclid 空间中的点、线、面等概念,还在此基础上建立了线段的运算,但 Euclid 公理没有建立点的运算.本小节将基于线段的运算建立向量概念并研究其性质.

定义 1.1.1 既有长度又有方向的有向线段 AB 称为**向量**,或者**矢量**(如图 1.1.1).该有向线段的一端 A 称为该向量的**起点**,另一端 B 称为该向量的**终点**.起点到终点的方向称为该向量的**方向**,而起点和终点间的距离称为该向量的**长度**或**模**.该向量通常记作$\overrightarrow{AB}$.向量$\overrightarrow{AB}$的长度或模一般记作$|\overrightarrow{AB}|$.

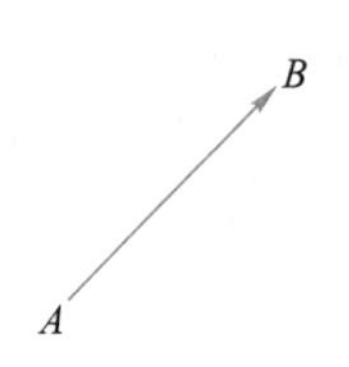

图 1.1.1

除了用表示向量的起点和终点的两个字母标记向量外,还常用单个小写黑斜体字母 $\boldsymbol{a},\boldsymbol{b},\boldsymbol{c},\cdots;\boldsymbol{\alpha},\boldsymbol{\beta},\boldsymbol{\gamma},\cdots$ 表示向量.

向量在不同情况下具有不同的物理含义,例如,向量$\overrightarrow{AB}$可以表示物体从点 A 到点 B 的位移,也可以表示力在点 A 处的作用方向及大小等.解析几何只关心从空间中的点 A 到点 B 的向量,即几何向量,常简称为向量.

与向量相对的一种物理量称为标量,例如质量、密度、温度等.物理标量只有大小,没有方向,数学上的标量集常常取为一个数域,解析几何中,标量集通常取为实数集.向量与标量之间一般没有可比性,因为向量的方向在标量中找不到对应.然而,向量之间可以比较长度和方向,例如,可判断两个向量 $\boldsymbol{a}$ 和 $\boldsymbol{b}$ 是否平行,可比较 $|\boldsymbol{a}|$ 与 $|\boldsymbol{b}|$ 的大小.为了便于比较,我们给出以下概念(严格来说,这些概念应该是 Euclid 公理的推论).

定义 1.1.2 如果向量 $\boldsymbol{a}$ 与 $\boldsymbol{b}$ 的方向相同或相反,就称 $\boldsymbol{a}$ 与 $\boldsymbol{b}$ **平行**,也称 $\boldsymbol{a}$ 与 $\boldsymbol{b}$ **共线**,记作 $\boldsymbol{a}/\!/\boldsymbol{b}$;而若向量 $\boldsymbol{a}$ 与 $\boldsymbol{b}$ 的方向互相垂直,则称它们相互**垂直**或**正交**,记作 $\boldsymbol{a}\perp\boldsymbol{b}$.

定义 1.1.3 平行于同一个平面的一组向量称为**共面向量**.

定义 1.1.4 如果两个向量 $\boldsymbol{a}$ 和 $\boldsymbol{b}$ 的模相等而且方向相同,则称这两个向量**相等**,记为 $\boldsymbol{a}=\boldsymbol{b}$.

每条线段 AB 与两个不同的向量$\overrightarrow{AB}$和$\overrightarrow{BA}$相关联.向量$\overrightarrow{BA}$通常被称为向量$\overrightarrow{AB}$的反向量或负向量,即

定义 1.1.5 与向量$\overrightarrow{AB}=\boldsymbol{a}$ 的模相等但方向相反的向量称为向量 $\boldsymbol{a}$ 的**反向量**或**负向量**,表示为$-\boldsymbol{a}$,即$\overrightarrow{BA}=-\overrightarrow{AB}$,$-(-\boldsymbol{a})=\boldsymbol{a}$.

也就是说,一个向量只由其模和方向决定,而与其起点和终点以及所代表的物理或几何意义无关.向量的起点可以放在任何载体中的任意一点,而不会改变该向量的本质.例如教室

中画在黑板上的向量与草稿纸上的向量并无本质不同,而且无论是力向量还是加速度向量,只要其模与方向相同,都看成相等的向量.显而易见,每个向量 $\boldsymbol{a}$ 在空间$\mathbb{E}$中的任意点 A 处都有与其相等的向量$\overrightarrow{AB}$.例如,平行向量又称为共线的本质上是由于能平移到一条直线上,共面向量类似.

定义 1.1.6 没有指明起点和终点的向量 $\boldsymbol{a}$ 被称为**自由向量**;把与自由向量 $\boldsymbol{a}$ 相等的起点为 A 的向量$\overrightarrow{AB}$称为自由向量 $\boldsymbol{a}$ 的一个**几何实现**;自由向量的任何一个几何实现都有确定的起点和终点,这种起点和终点给定了的向量称为**定点向量**.

显然,每一个自由向量可以具有无限多个几何实现.两个相等的向量显然可看成同一个自由向量的两个几何实现,因此相等的两个向量之一经过平移后,可以与另一个重合(这一点也可以由 Euclid 公理严格推知).所谓平移是空间到自身的特殊变换,将任何直线映射到其自身或平行线上,将任何平面映射到其自身或平行平面上.

有些向量比较特殊,例如

定义 1.1.7 模为零的向量称为**零向量**,记作 $\mathbf{0}$.模为 1 的向量称为**单位向量**.

零向量的起点和终点是重合的,因此它没有确定的方向.规定零向量与任何向量都平行且垂直.零向量是唯一方向不定的向量.经常用到的单位向量是与非零向量 $\boldsymbol{a}$ 同向的单位向量,称为向量 $\boldsymbol{a}$ 的单位向量,记作 $\boldsymbol{a}^0$.

例 1.1.1 证明:对于平面四边形,其任意一对对角顶点的两条边的中点连线上的向量相互平行.

证 对任意一平面四边形 $ABCD$(如图 1.1.2 所示),取一对顶点 B 和 D 来证明,另一对顶点的情形类似.

记 BA 和 BC 的中点分别为 K 和 L,DA 和 DC 的中点分别为 N 和 M,作向量$\overrightarrow{KL}$,$\overrightarrow{NM}$以及$\overrightarrow{AC}$.根据三角形理论,在$\triangle ABC$中$\overrightarrow{KL}/\!/\overrightarrow{AC}$,而在$\triangle ADC$ 中,$\overrightarrow{NM}/\!/\overrightarrow{AC}$,从而$\overrightarrow{KL}/\!/\overrightarrow{NM}$. □

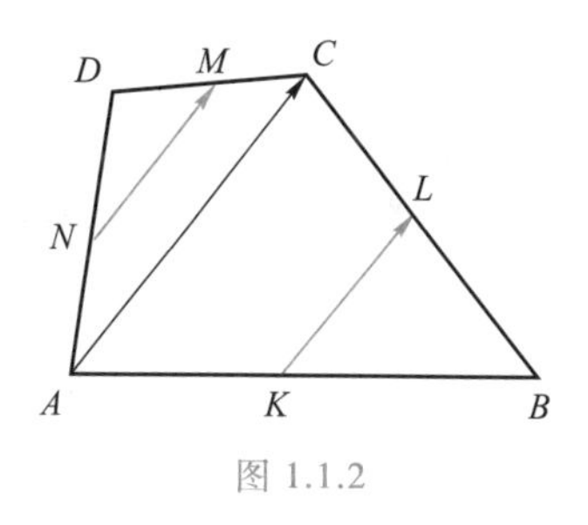

图 1.1.2

注 全书采用 P.Halmos(哈尔莫斯)的符号“□”来表示一个证明的结束.

1.1.2 向量的线性运算

从物理学角度来说,如果两个向量都是位移,则这两个向量就可以合成,即两个向量可以进行加法运算.关于一般的几何向量的加法运算,我们采用以下公理方式来定义.

定义 1.1.8 对于空间中两个向量 $\boldsymbol{a}$ 和 $\boldsymbol{b}$,若通过平移将它们的起点移动到同一点 O,使得它们的几何实现分别为 $\boldsymbol{a}=\overrightarrow{OA}$,$\boldsymbol{b}=\overrightarrow{OB}$,则以$\overrightarrow{OA}$,$\overrightarrow{OB}$为邻边的平行四边形的对角线上的向量 $\boldsymbol{c}=\overrightarrow{OC}$称为向量 $\boldsymbol{a}$ 与 $\boldsymbol{b}$ **做加法**的**和**,记作 $\boldsymbol{c}=\boldsymbol{a}+\boldsymbol{b}$ 或者$\overrightarrow{OC}=\overrightarrow{OA}+\overrightarrow{OB}$.这种求和的方法称为**平行四边形法则**,其几何表示如图 1.1.3 所示.

由图 1.1.3 可以看出,若向量 $\boldsymbol{a}=\overrightarrow{OA}$与 $\boldsymbol{b}=\overrightarrow{OB}$在同一条直线上,则当$\overrightarrow{OA}$与$\overrightarrow{OB}$的方向相同时,和 $\boldsymbol{c}$ 的模等于 $\boldsymbol{a}$ 和 $\boldsymbol{b}$ 的模之和,方向与 $\boldsymbol{a}$ 和 $\boldsymbol{b}$ 的方向相同;而当$\overrightarrow{OA}$与$\overrightarrow{OB}$的方向相反时,和 $\boldsymbol{c}$ 的模等于 $\boldsymbol{a}$ 和 $\boldsymbol{b}$ 的模之差的绝对值,其方向与 $\boldsymbol{a}$ 和 $\boldsymbol{b}$ 中模大的那个向量的方向一致.

命题 1.1.1 若向量 $\boldsymbol{a}$ 的一个几何实现是以 O 为起点的 $\overrightarrow{OA}=\boldsymbol{a}$，而向量 $\boldsymbol{b}$ 的一个几何实现的起点为 A，即 $\overrightarrow{AC}=\boldsymbol{b}$，则

$$\boldsymbol{a}+\boldsymbol{b}=\overrightarrow{OA}+\overrightarrow{AC}=\overrightarrow{OC}=\boldsymbol{c}. \tag{1.1.1}$$

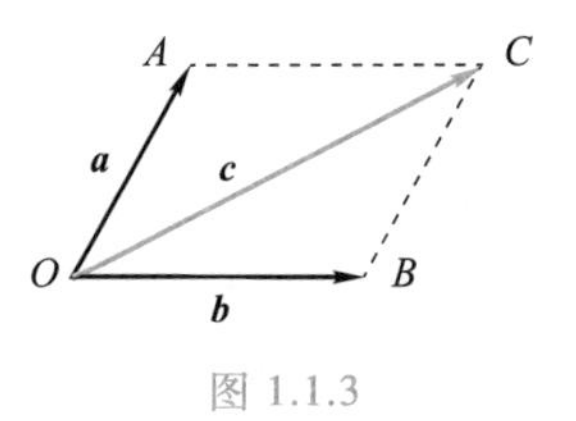

图 1.1.3

证 如图 1.1.3 所示，因为平行四边形的对边平行且相等，因此 $\overrightarrow{OB}=\overrightarrow{AC}$. 所以 $\overrightarrow{OC}=\overrightarrow{OA}+\overrightarrow{AC}$. 而 $\boldsymbol{a}=\overrightarrow{OA}$，并且 $\boldsymbol{b}=\overrightarrow{AC}$，所以 $\boldsymbol{a}+\boldsymbol{b}=\overrightarrow{OC}=\boldsymbol{c}$. □

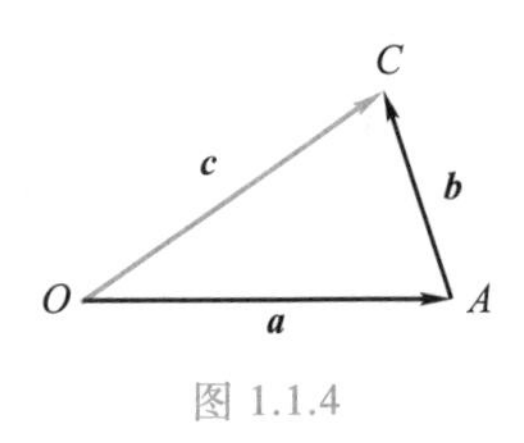

图 1.1.4

公式(1.1.1)称作向量加法的**三角形法则**.三角形法则实质上是将 $\boldsymbol{a}$ 的起点与 $\boldsymbol{b}$ 的终点相连，则从 $\boldsymbol{a}$ 的起点到 $\boldsymbol{b}$ 的终点的有向线段就是向量 $\boldsymbol{a}$ 与 $\boldsymbol{b}$ 的和，如图 1.1.4 所示.

根据向量加法的三角形法则，三角形两边长度之和不小于第三边长度，可以得到三角不等式

$$|\boldsymbol{a}+\boldsymbol{b}|\leqslant|\boldsymbol{a}|+|\boldsymbol{b}|. \tag{1.1.2}$$

向量的加法和反向量可以诱导出向量的减法.

定义 1.1.9 对于向量 $\boldsymbol{a},\boldsymbol{b}$，定义向量 $\boldsymbol{a}$ 与 $\boldsymbol{b}$ 的**差**，即向量 $\boldsymbol{a}$ 减 $\boldsymbol{b}$ 为

$$\boldsymbol{a}-\boldsymbol{b}=\boldsymbol{a}+(-\boldsymbol{b}). \tag{1.1.3}$$

由向量加法的三角形法则(即命题 1.1.1)可看出，$\boldsymbol{a}$ 减 $\boldsymbol{b}$ 就是把向量 $-\boldsymbol{b}$ 加到向量 $\boldsymbol{a}$ 上去.因此，若自由向量 $\boldsymbol{a},\boldsymbol{b}$ 的几何实现分别为 $\boldsymbol{a}=\overrightarrow{OA},\boldsymbol{b}=\overrightarrow{OB}$，则根据(1.1.3)式可得 $\boldsymbol{a}-\boldsymbol{b}=\overrightarrow{OA}+\overrightarrow{BO}=\overrightarrow{BA}$，如图 1.1.5 所示.

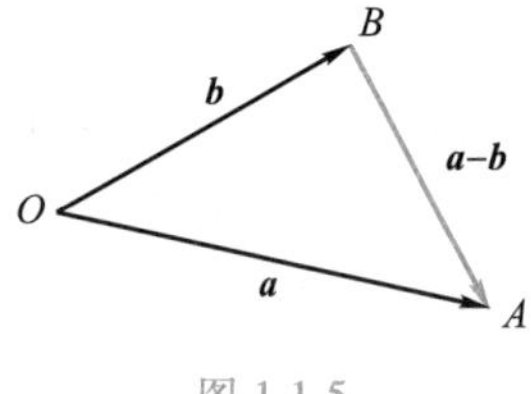

图 1.1.5

另一种重要的运算是标量(即数)与向量的数乘.

定义 1.1.10 对于标量 λ 与向量 $\boldsymbol{a}$，记 $\lambda\cdot\boldsymbol{a}$ 为一个向量，规定向量 $\lambda\cdot\boldsymbol{a}$ 的模为 $|\lambda||\boldsymbol{a}|$；规定 $\lambda\cdot\boldsymbol{a}$ 的方向为：当 $\lambda>0$ 时，与 $\boldsymbol{a}$ 同向；而当 $\lambda<0$ 时，与 $\boldsymbol{a}$ 反向.称 $\lambda\cdot\boldsymbol{a}$ 为标量 λ 与向量 $\boldsymbol{a}$ 的**数乘**.$\lambda\cdot\boldsymbol{a}$ 有时也直接记为 $\lambda\boldsymbol{a}$.

由数乘的上述定义可知，对于任意标量 λ 与向量 $\boldsymbol{a}$，

$$\lambda\cdot\boldsymbol{0}=0\cdot\boldsymbol{a}=\boldsymbol{0};$$

当 $\boldsymbol{a}\neq\boldsymbol{0}$ 时，

$$\boldsymbol{a}^0=\frac{\boldsymbol{a}}{|\boldsymbol{a}|}.$$

定理 1.1.2 对于任意标量 λ 和 μ 以及任意向量 $\boldsymbol{a},\boldsymbol{b}$ 和 $\boldsymbol{c}$，向量的线性运算满足

(1) 零向量的性质：$\boldsymbol{a}+\boldsymbol{0}=\boldsymbol{a}$；

(2) 反向量的存在性：$\boldsymbol{a}+(-\boldsymbol{a})=\boldsymbol{0}$；

(3) 加法交换律：$\boldsymbol{a}+\boldsymbol{b}=\boldsymbol{b}+\boldsymbol{a}$；

(4) 加法结合律：$\boldsymbol{a}+(\boldsymbol{b}+\boldsymbol{c})=(\boldsymbol{a}+\boldsymbol{b})+\boldsymbol{c}$；

(5) 标量单位的性质：$1\boldsymbol{a}=\boldsymbol{a}$；

（6）数乘结合律：$(\lambda\mu)\boldsymbol{a}=\lambda(\mu\boldsymbol{a})$；

（7）数乘对于标量加法的分配律：$(\lambda+\mu)\boldsymbol{a}=\lambda\boldsymbol{a}+\mu\boldsymbol{a}$；

（8）数乘对于向量加法的分配律：$\lambda(\boldsymbol{a}+\boldsymbol{b})=\lambda\boldsymbol{a}+\lambda\boldsymbol{b}$.

证 首先，(1)和(2)直接从加法定义就可以得到，(3)是加法的平行四边形法则的结果，而(5)可以用数乘的定义得到.

关于(4)，不失一般性，可以取向量 $\boldsymbol{a}$ 的几何实现为以空间任一点 O 为起点的向量，即 $\boldsymbol{a}=\overrightarrow{OA}$，而取 $\boldsymbol{b}$ 和 $\boldsymbol{c}$ 的几何实现分别为 $\boldsymbol{b}=\overrightarrow{AB}$ 和 $\boldsymbol{c}=\overrightarrow{BC}$.因此，向量 $\boldsymbol{a},\boldsymbol{b},\boldsymbol{c}$ 连起来构成一条折线，根据命题 1.1.1 的三角形法则可得

$$\boldsymbol{a}+(\boldsymbol{b}+\boldsymbol{c})=\overrightarrow{OA}+(\overrightarrow{AB}+\overrightarrow{BC})=\overrightarrow{OA}+\overrightarrow{AC}=\overrightarrow{OC},\tag{1.1.4}$$

以及

$$(\boldsymbol{a}+\boldsymbol{b})+\boldsymbol{c}=(\overrightarrow{OA}+\overrightarrow{AB})+\overrightarrow{BC}=\overrightarrow{OB}+\overrightarrow{BC}=\overrightarrow{OC}.\tag{1.1.5}$$

比较(1.1.4)式和(1.1.5)式就得到(4).如图 1.1.6 所示.

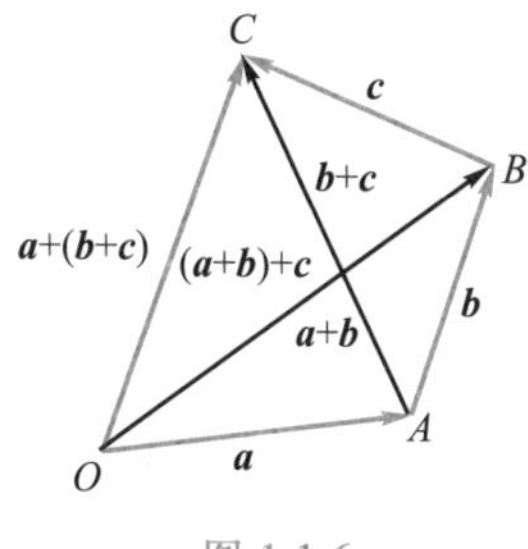

图 1.1.6

对于(6)，若 $\boldsymbol{a}=\boldsymbol{0}$ 或 λ,μ 中至少有一个为 0，则 $(\lambda\mu)\boldsymbol{a}=\lambda(\mu\boldsymbol{a})$ 两边均为 $\boldsymbol{0}$，因而等式成立.当 $\boldsymbol{a}\neq\boldsymbol{0}$ 且 $\lambda\mu\neq0$ 时，$(\lambda\mu)\boldsymbol{a}$ 与 $\lambda(\mu\boldsymbol{a})$ 的模均等于 $|\lambda\mu||\boldsymbol{a}|$，而它们的方向当 λ 与 μ 同号时，都与 $\boldsymbol{a}$ 同向，当 λ 与 μ 异号时都与 $\boldsymbol{a}$ 反向，即 $(\lambda\mu)\boldsymbol{a}$ 和 $\lambda(\mu\boldsymbol{a})$ 的模和方向都相同，所以 $(\lambda\mu)\boldsymbol{a}=\lambda(\mu\boldsymbol{a})$.

接下来证明(7).对于 $\boldsymbol{a}=\boldsymbol{0}$ 或 λ,μ 及 $\lambda+\mu$ 中至少有一个为 0 的情形，(7)是显而易见的.以下分三种情形考虑 $\boldsymbol{a}\neq\boldsymbol{0}$ 且 $\lambda\mu\neq0$ 和 $\lambda+\mu\neq0$ 的情况：

（ⅰ）当 $\lambda\mu>0$ 时，λ,μ 同号，因此 $(\lambda+\mu)\boldsymbol{a}$ 与 $\lambda\boldsymbol{a}+\mu\boldsymbol{a}$ 同向，且模有以下关系：

$$\begin{aligned}|(\lambda+\mu)\boldsymbol{a}|&=|\lambda+\mu||\boldsymbol{a}|=(|\lambda|+|\mu|)|\boldsymbol{a}|=|\lambda||\boldsymbol{a}|+|\mu||\boldsymbol{a}|\\&=|\lambda\boldsymbol{a}|+|\mu\boldsymbol{a}|=|\lambda\boldsymbol{a}+\mu\boldsymbol{a}|.\end{aligned}$$

所以根据定义 1.1.4，$(\lambda+\mu)\boldsymbol{a}=\lambda\boldsymbol{a}+\mu\boldsymbol{a}$.

（ⅱ）当 $\lambda\mu<0$ 且 $\lambda+\mu>0$ 时，λ,μ 异号，不妨设 $\lambda>0,\mu<0$，此时有 $(-\mu)(\lambda+\mu)>0$，所以根据(ⅰ)可得

$$(\lambda+\mu)\boldsymbol{a}+(-\mu)\boldsymbol{a}=[(\lambda+\mu)+(-\mu)]\boldsymbol{a}=\lambda\boldsymbol{a},$$

在该式两边加上 $\mu\boldsymbol{a}$ 就得 $(\lambda+\mu)\boldsymbol{a}=\lambda\boldsymbol{a}+\mu\boldsymbol{a}$.

（ⅲ）当 $\lambda\mu<0$ 且 $\lambda+\mu<0$ 时，类似于(ⅱ)，仍然不妨设 $\lambda>0,\mu<0$，因而 $(-\lambda)(\lambda+\mu)>0$，所以根据(ⅰ)可得

$$(\lambda+\mu)\boldsymbol{a}+(-\lambda)\boldsymbol{a}=[(\lambda+\mu)+(-\lambda)]\boldsymbol{a}=\mu\boldsymbol{a},$$

在该式两边加上 $\lambda\boldsymbol{a}$ 得到 $(\lambda+\mu)\boldsymbol{a}=\lambda\boldsymbol{a}+\mu\boldsymbol{a}$.

综上即证明了(7).

最后证明(8).当 $\lambda=0$ 或 $\boldsymbol{a},\boldsymbol{b}$ 中至少有一个为 $\boldsymbol{0}$ 时，(8)显然成立；当 $\boldsymbol{a}\neq\boldsymbol{0},\boldsymbol{b}\neq\boldsymbol{0}$ 和 $\lambda\neq0$ 时，如果 $\boldsymbol{a},\boldsymbol{b}$ 共线，通过在 $\boldsymbol{a}$ 与 $\boldsymbol{b}$ 同向时令 $\nu=|\boldsymbol{a}|/|\boldsymbol{b}|$，而 $\boldsymbol{a}$ 与 $\boldsymbol{b}$ 反向时令 $\nu=-|\boldsymbol{a}|/|\boldsymbol{b}|$，则 $\boldsymbol{a}=\nu\boldsymbol{b}$，因此有

$$\lambda(\boldsymbol{a}+\boldsymbol{b})=\lambda(\nu\boldsymbol{b}+\boldsymbol{b})=\lambda(\nu+1)\boldsymbol{b}=(\lambda\nu+\lambda)\boldsymbol{b}=(\lambda\nu)\boldsymbol{b}+\lambda\boldsymbol{b}=\lambda\boldsymbol{a}+\lambda\boldsymbol{b}.$$

对于不共线的 $\boldsymbol{a}$ 与 $\boldsymbol{b}$,将(8)的证明转化为证明 $\lambda\boldsymbol{a},\lambda\boldsymbol{b},\lambda(\boldsymbol{a}+\boldsymbol{b})$ 构成一个三角形.分为 $\lambda>0$ 和 $\lambda<0$ 两种情形.对 $\lambda>0$,如图 1.1.7 所示,以任意一点 O 为起点,作向量 $\overrightarrow{OA}=\boldsymbol{a},\overrightarrow{AB}=\boldsymbol{b},\overrightarrow{OC}=\lambda\boldsymbol{a},\overrightarrow{CD}=\lambda\boldsymbol{b}$,则 $|\overrightarrow{OC}|:|\overrightarrow{OA}|=|\overrightarrow{CD}|:|\overrightarrow{AB}|=\lambda$ 且 $\overrightarrow{AB}/\!/\overrightarrow{CD}$,由此推出 $\angle OAB=\angle OCD$,因此 $\triangle OAB\backsim\triangle OCD$,所以 $\overrightarrow{OD}=\lambda\overrightarrow{OB}$.而根据向量加法的三角形法则得 $\overrightarrow{OB}=\boldsymbol{a}+\boldsymbol{b},\overrightarrow{OD}=\lambda\boldsymbol{a}+\lambda\boldsymbol{b}$,所以 $\lambda(\boldsymbol{a}+\boldsymbol{b})=\lambda\overrightarrow{OB}=\overrightarrow{OD}=\lambda\boldsymbol{a}+\lambda\boldsymbol{b}$.当 $\lambda<0$ 时,向量 $\overrightarrow{OE}=\lambda\boldsymbol{a},\overrightarrow{OF}=\lambda(\boldsymbol{a}+\boldsymbol{b})$,且 $\triangle OAB\backsim\triangle OEF$,所以 $\overrightarrow{EF}=\lambda\overrightarrow{AB}=\lambda\boldsymbol{b}$.由三角形法则得 $\lambda(\boldsymbol{a}+\boldsymbol{b})=\overrightarrow{OF}=\overrightarrow{OE}+\overrightarrow{EF}=\lambda\boldsymbol{a}+\lambda\boldsymbol{b}$. □

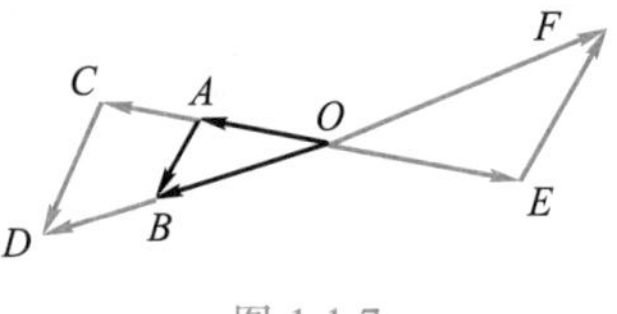

图 1.1.7

我们以后把满足定理 1.1.2 中 8 条性质的加法和数乘运算简称为**线性运算**.

由定理 1.1.2 可知,对于三个向量相加,无论其中的两次加法运算先后顺序如何,其结果总是相同的,因此可以把三个向量 $\boldsymbol{a},\boldsymbol{b},\boldsymbol{c}$ 相加简单地写作 $\boldsymbol{a}+\boldsymbol{b}+\boldsymbol{c}$.此外,由于 $\boldsymbol{a}+(-\boldsymbol{a})=\boldsymbol{0}$,所以向量 $\boldsymbol{a}$ 和它的反向量 $-\boldsymbol{a}$ 也相互称为**加法逆**.

由于向量加法具有定理 1.1.2(4)的结合律,可以通过数学归纳法定义任意 m 个向量的加法(如图 1.1.8),即

$$\sum_{i=1}^{m}\boldsymbol{a}_i=\boldsymbol{a}_1+\boldsymbol{a}_2+\cdots+\boldsymbol{a}_m=(\boldsymbol{a}_1+\boldsymbol{a}_2)+\cdots+\boldsymbol{a}_m.$$

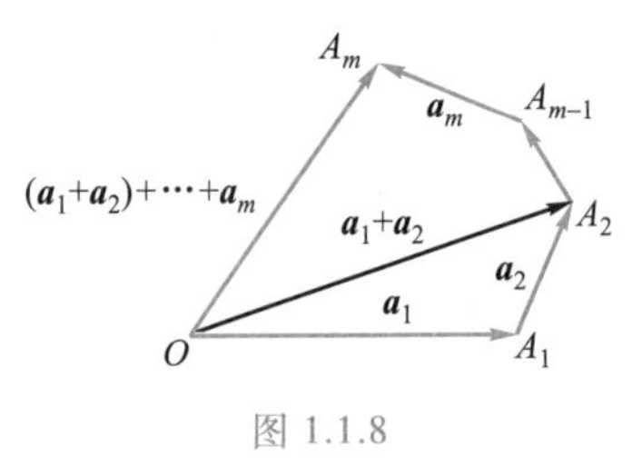

图 1.1.8

类似于定理 1.1.2 的证明,m 个向量 $\boldsymbol{a}_1,\boldsymbol{a}_2,\cdots,\boldsymbol{a}_m$ 可以看成一折线.例如,自任意点 O 开始,作 $\boldsymbol{a}_1=\overrightarrow{OA_1},\boldsymbol{a}_2=\overrightarrow{A_1A_2},\cdots,\boldsymbol{a}_m=\overrightarrow{A_{m-1}A_m}$,则得到折线 $OA_1A_2\cdots A_m$,从该折线的起点 O 到其终点 A_m 的有向线段 $\overrightarrow{OA_m}$ 就是这 m 个向量 $\boldsymbol{a}_1,\boldsymbol{a}_2,\cdots,\boldsymbol{a}_m$ 的和.这种求多个向量的加法的方法被称为**向量加法的多边形法则**.

可以利用向量的线性运算研究几何问题,以下给出几个实例.

例 1.1.2 对于互不共线的三个向量,证明:每一个向量的终点与另一个向量的起点重叠而构成一个三角形的充要条件是这三个向量之和是零向量.

证 (必要性)将所述三个向量分别表示为 $\boldsymbol{a},\boldsymbol{b},\boldsymbol{c}$,不妨设 $\boldsymbol{a},\boldsymbol{b},\boldsymbol{c}$ 各自的终点依次与 $\boldsymbol{b},\boldsymbol{c},\boldsymbol{a}$ 的起点重叠构成一个三角形(如图 1.1.9).若以任意一点 A 为起点作向量 $\overrightarrow{AB}=\boldsymbol{a},\overrightarrow{BC}=\boldsymbol{b},\overrightarrow{CA}=\boldsymbol{c}$,根据向量加法的三角形法则,$\boldsymbol{a}+\boldsymbol{b}=\overrightarrow{AC}=-\overrightarrow{CA}=-\boldsymbol{c}$,则 $\boldsymbol{a}+\boldsymbol{b}+\boldsymbol{c}=\boldsymbol{0}$.

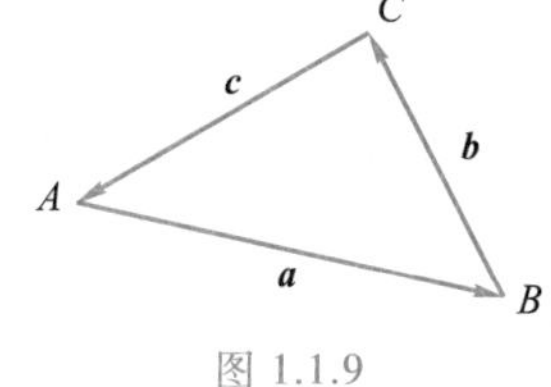

图 1.1.9

(充分性)若 $\boldsymbol{a}+\boldsymbol{b}+\boldsymbol{c}=\boldsymbol{0}$,以任意一点 A 为起点作向量 $\overrightarrow{AB}=\boldsymbol{a},\overrightarrow{BC}=\boldsymbol{b},\overrightarrow{CD}=\boldsymbol{c}$,则根据加法的三角形法则,

$$\boldsymbol{a}+\boldsymbol{b}+\boldsymbol{c}=\overrightarrow{AB}+\overrightarrow{BC}+\overrightarrow{CD}=\overrightarrow{AC}+\overrightarrow{CD}=\boldsymbol{0},$$

因此 $\overrightarrow{AC}=-\overrightarrow{CD}=\overrightarrow{DC}$,从而点 D 与点 A 重合,即 $\boldsymbol{a},\boldsymbol{b},\boldsymbol{c}$ 构成三角形. □

例 1.1.3 若四边形 $ABCD$ 的对角线 AC 与 BD 互相平分,证明:该四边形是平行四边形.

证 如图 1.1.10 所示,将四边形 $ABCD$ 的对角线 AC 与 BD 的交点记作 O,则$\overrightarrow{DO}=\overrightarrow{OB}$且$\overrightarrow{AO}=\overrightarrow{OC}$,因此

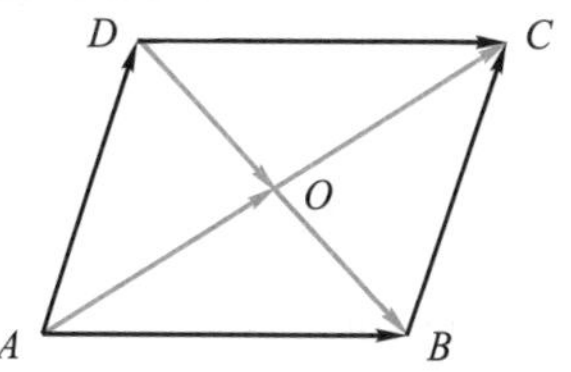

图 1.1.10

$$\overrightarrow{AB}=\overrightarrow{AO}+\overrightarrow{OB}=\overrightarrow{OC}+\overrightarrow{DO}=\overrightarrow{DC},$$

即$\overrightarrow{AB}=\overrightarrow{DC}$.或考虑

$$\overrightarrow{AD}=\overrightarrow{AO}-\overrightarrow{DO}=\overrightarrow{OC}-\overrightarrow{OB}=\overrightarrow{BC},$$

所以$\overrightarrow{AD}=\overrightarrow{BC}$.因此,该四边形的一组对边平行且长度相等,即 $ABCD$ 为平行四边形. □

例 1.1.4 对于如图 1.1.11 所示的$\triangle ABC$,若 AM 是 BC 边的中线,证明:

$$\overrightarrow{AM}=(\overrightarrow{AB}+\overrightarrow{AC})/2.$$

证 因为$\overrightarrow{BM}$与$\overrightarrow{CM}$共线,而且长度相等,方向相反,所以$\overrightarrow{BM}=-\overrightarrow{CM}$.而由向量加法的三角形法则知

$$\overrightarrow{AM}=\overrightarrow{AB}+\overrightarrow{BM}=\overrightarrow{AC}+\overrightarrow{CM},$$

因此 $2\overrightarrow{AM}=\overrightarrow{AB}+\overrightarrow{AC}$,也就是$\overrightarrow{AM}=(\overrightarrow{AB}+\overrightarrow{AC})/2$. □

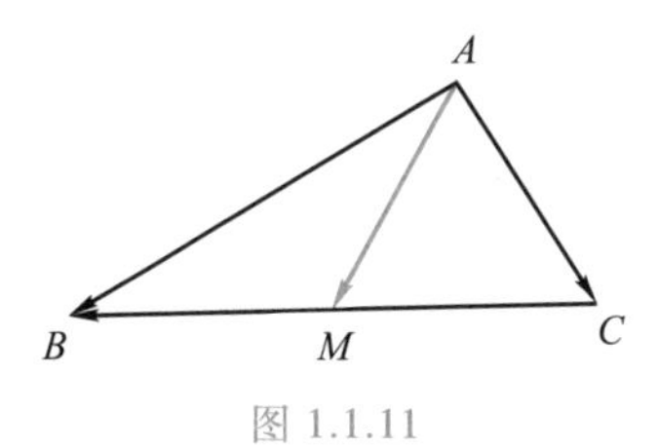

图 1.1.11

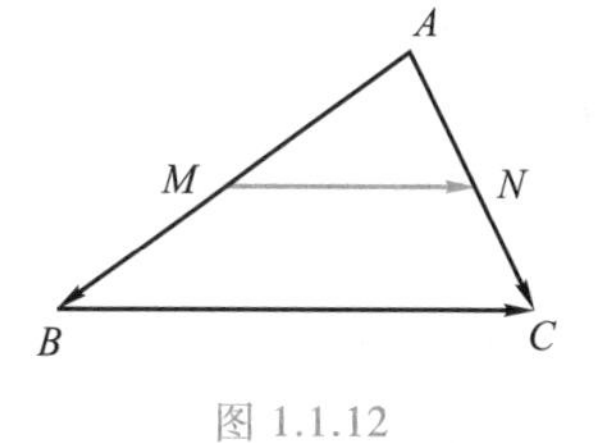

图 1.1.12

例 1.1.5 设$\triangle ABC$ 两边 AB,AC 的中点分别为 M,N,证明:$\overrightarrow{MN}=\overrightarrow{BC}/2$.

证 如图 1.1.12 所示,由三角形法则可知,

$$\overrightarrow{MN}=\overrightarrow{AN}-\overrightarrow{AM}=\overrightarrow{AC}/2-\overrightarrow{AB}/2=\overrightarrow{BC}/2. \quad \square$$

1.1.3 向量空间的公理化定义

虽然解析几何仅仅关心 Euclid 空间中的几何向量,但以空间中的给定点为起点的向量不计其数,因此 Euclid 空间中的几何向量纷繁复杂,很有必要对其结构进行深入细致的研究.下面借助数域的概念来研究几何向量的结构.首先给出一般向量空间的公理化定义,其中的向量可以不是几何向量,当然向量的运算也不一定是以上定义的几何向量的加法和数乘.

定义 1.1.11 设$\mathbb{K}$是一数域,其中的元素称为**标量**.令 L 表示一个集合,其元素称为**向量**并用 $\boldsymbol{x}$,$\boldsymbol{y}$,$\boldsymbol{z}$ 等表示.若关于数域$\mathbb{K}$和集合 L 可以定义以下两种运算:

(1) 一种运算(称为加法)将任意两个向量 $\boldsymbol{x}$ 和 $\boldsymbol{y}$ 与 L 中的第三个向量相关联,第三个向量称为向量 $\boldsymbol{x}$ 和 $\boldsymbol{y}$ **做加法**的**和**,用 $\boldsymbol{x}+\boldsymbol{y}$ 表示;

(2) 另一种运算(称为数乘)将任何向量 $\boldsymbol{x}$ 和任何数 $\alpha\in\mathbb{K}$与 L 中的一个新向量相关联,新向量称为 α 和 $\boldsymbol{x}$ **做数乘**的**积**,用 $\alpha\boldsymbol{x}$ 表示.

并且这些运算满足以下运算法则：

(a) 存在向量 $\mathbf{0}\in L$，使得对于任意向量 $\boldsymbol{x}\in L$，$\boldsymbol{x}+\mathbf{0}=\boldsymbol{x}$（向量 $\mathbf{0}$ 被称为**零向量**）；

(b) 对于每个向量 $\boldsymbol{x}\in L$，存在向量 $-\boldsymbol{x}\in L$，使得 $\boldsymbol{x}+(-\boldsymbol{x})=\mathbf{0}$（向量 $\boldsymbol{x}$ 和 $-\boldsymbol{x}$ 相互称为**加法逆**或**反向量**）；

(c) 加法交换律：$\boldsymbol{x}+\boldsymbol{y}=\boldsymbol{y}+\boldsymbol{x}$；

(d) 加法结合律：$(\boldsymbol{x}+\boldsymbol{y})+\boldsymbol{z}=\boldsymbol{x}+(\boldsymbol{y}+\boldsymbol{z})$；

(e) 对于任意向量 $\boldsymbol{x}$，$1\boldsymbol{x}=\boldsymbol{x}$；

(f) 对于任意标量 α 和 β 以及向量 $\boldsymbol{x}$，$\alpha(\beta\boldsymbol{x})=(\alpha\beta)\boldsymbol{x}$；

(g) 对于任意标量 α 和 β 以及向量 $\boldsymbol{x}$，$(\alpha+\beta)\boldsymbol{x}=\alpha\boldsymbol{x}+\beta\boldsymbol{x}$；

(h) 对于任意标量 α 和向量 $\boldsymbol{x},\boldsymbol{y}$，$\alpha(\boldsymbol{x}+\boldsymbol{y})=\alpha\boldsymbol{x}+\alpha\boldsymbol{y}$，

则称集合 L 为数域$\mathbb{K}$上的一个**向量空间**或**线性空间**.

由此可见，为了描述一个向量空间，我们规定了关于向量加法和数乘的 8 个公理(a)—(h).而且关于定义向量空间所涉及的数域$\mathbb{K}$，还必须满足 9 个所谓的域公理：$\forall\alpha,\beta,\gamma\in\mathbb{K}$，

交换律：$\alpha+\beta=\beta+\alpha$ 和 $\alpha\beta=\beta\alpha$；

结合律：$\alpha+(\beta+\gamma)=(\alpha+\beta)+\gamma$ 和 $\alpha(\beta\gamma)=(\alpha\beta)\gamma$；

同一律：$\alpha+0=\alpha$ 和 $1\alpha=\alpha$；

逆反律：$\alpha+(-\alpha)=0$ 和 $\alpha\alpha^{-1}=1(\alpha=0)$；

分配律：$\alpha(\beta+\gamma)=\alpha\beta+\alpha\gamma$.

所以，定义向量空间使用了 17 个公理.它们每一个都可以从绪论中 Hilbert 提出的 Euclid 公理中严格地推导出来.

对于定义 1.1.11 中的数域$\mathbb{K}$，我们在解析几何中主要取实数域，相应的向量空间 L 称为**实向量空间**.$\mathbb{K}$也可以取为复数域，相应的 L 称为**复向量空间**，等等.

定义 1.1.11 所定义的向量空间很广泛，甚至可以是由函数所构成的集合.比如，区间$[a,b]$上的全体实连续函数所构成的集合 $C[a,b]$，在函数加法和实数与函数的数乘下，构成实数域上的向量空间.另有实例如下.

例 1.1.6 设 n 为一正整数，$\mathbb{K}$为某个数域.将 n 个标量 $x_i\in\mathbb{K}, i=1,2,\cdots,n$ 构成有序数组$(x_1,x_2,\cdots,x_n)$，记成 $\boldsymbol{x}$，其中 x_i 称为 $\boldsymbol{x}$ 的第 i 个分量.所有这样的有序数组构成集合

$$\mathbb{K}^n=\{\boldsymbol{x}=(x_1,x_2,\cdots,x_n)\mid x_i\in\mathbb{K}, i=1,2,\cdots,n\}.$$

在集合$\mathbb{K}^n$上定义加法和数乘，使得对任意 $\boldsymbol{x}=(x_1,x_2,\cdots,x_n)$ 和 $\boldsymbol{y}=(y_1,y_2,\cdots,y_n)\in\mathbb{K}^n$，

$$\boldsymbol{x}+\boldsymbol{y}=(x_1+y_1,x_2+y_2,\cdots,x_n+y_n),\tag{1.1.6}$$

并且 $\forall\lambda\in\mathbb{K}$，

$$\lambda\boldsymbol{x}=(\lambda x_1,\lambda x_2,\cdots,\lambda x_n).\tag{1.1.7}$$

容易证明，基于加法(1.1.6)和数乘(1.1.7)运算，$\mathbb{K}^n$为数域$\mathbb{K}$上的一个向量空间，常称为**数组向量空间**.特别地，如果数域为实数域$\mathbb{R}$或复数域$\mathbb{C}$，则$\mathbb{K}^n$具体化为$\mathbb{R}^n$或$\mathbb{C}^n$. □

虽然向量空间包罗万象，但在解析几何中只关心几何向量构成的向量空间，也就是在定义 1.1.8 和定义 1.1.10 给出的向量加法和数乘下构成的向量空间，特别是以下几个几何向量空间：

(1) 起点和终点都在同一条直线上的所有向量构成的集合；

（2）起点和终点都在同一张平面中的所有向量构成的集合；

（3）物理空间中的所有向量构成的集合.

容易验证,这些集合都是实数域上的向量空间.直线、平面、物理空间中的向量就是这里所定义的向量空间中的元素.

为了搞清楚向量空间的结构,我们引入向量子空间的概念.

定义 1.1.12　考虑数域$\mathbb{K}$上的向量空间 L 的子集 L',如果对于任意向量 $\boldsymbol{a},\boldsymbol{b}\in L'$和任意标量 $\lambda\in\mathbb{K}$,满足

（1）加法封闭性:$\boldsymbol{a}+\boldsymbol{b}\in L'$;

（2）数乘封闭性:$\lambda\boldsymbol{a}\in L'$,

则称 L'为 L 的一个**向量子空间**,简称**子空间**.

按照定义,空间 L 是它自身的子空间.空间 L 中的向量 $\mathbf{0}$ 也构成一个子空间,称为**零空间**.本书以后对零空间和向量 $\mathbf{0}$ 在表达上不加区分.

注　子空间必须含有零向量.

例 1.1.7　设 L 表示物理空间中的所有向量构成的向量空间,则通过固定点 O 的任意直线上的向量和任意平面上的向量均构成向量空间 L 的子空间.　□

不难验证,向量空间 L 的任意子空间 $L_1,L_2,\cdots,L_k$的交集 $L_1\cap L_2\cap\cdots\cap L_k$也是 L 的子空间.然而,子空间 $L_1,L_2,\cdots,L_k$的并集不一定是 L 的子空间.例如,根据例 1.1.7,过物理空间中一固定点 O 的不重合的两条直线上的向量分别构成 L 的子空间,这两条直线的向量的并集不可能是某个向量空间的子空间.但以下定义的子空间的和是一个子空间.

定义 1.1.13　对于某向量空间的子空间 $L_1,L_2,\cdots,L_k$,若存在向量集合 L,使得每个向量 $\boldsymbol{a}\in L$ 都可以写成分解形式

$$\boldsymbol{a}=\boldsymbol{a}_1+\boldsymbol{a}_2+\cdots+\boldsymbol{a}_k,\tag{1.1.8}$$

其中 $\boldsymbol{a}_i\in L_i$,则称 L 为**子空间** $L_1,L_2,\cdots,L_k$**的和**,记成 $L=L_1+L_2+\cdots+L_k$.如果对于每个向量 $\boldsymbol{a}\in L$,表达式(1.1.8)都是唯一的,则这种和称为**直和**,通常表示为 $L=L_1\oplus L_2\oplus\cdots\oplus L_k$.

容易验证,定义 1.1.13 中定义的子空间的和是一个子空间(练习).

例 1.1.8　设 π_1 和 π_2 是物理空间 L 中相交于直线 l 的两个平面.证明:π_1,π_2 和 l 都是 L 中的子空间,且 $L=\pi_1+\pi_2$,但这个和不是直和.

证　取定交线 l 上的固定点 O,则由例 1.1.7 知,π_1、π_2 和 l 都是 L 的子空间.$\forall\boldsymbol{a}\in L$,如果它的一个几何实现为 π_1或 π_2中的向量,则显然可以分解成 π_1和 π_2的向量之和.现在假设 $\boldsymbol{a}$ 既不在 π_1中,也不在 π_2中,我们记它的一个几何实现为$\overrightarrow{AB}$(如图 1.1.13),其中起点 A 位于直线 l 上.过点 B 作平行于 π_1的平面 π_1',则 π_1'与 π_2显然相交于一条直线 l_2且直线 l_2与 l 平行.过线段 AB 和既不属于平面 π_2也不属于 l 的一点 P 作平面 π_3,则 π_3也与 π_2相交于一条直线 l_3且 l_3与 l 相交于 A.由于 l_2与 l 平行,所以直线 l_3也与直线 l_2相交,令交点为 C.那么 A,B,C 都位于平面 π_3上,从而构成$\triangle ABC$.由此可得$\overrightarrow{AB}=\overrightarrow{AC}+\overrightarrow{CB}$,其中 $\boldsymbol{c}=\overrightarrow{AC}\in\pi_2$,而 $\boldsymbol{b}=\overrightarrow{CB}\in\pi_1'$.因为 $\pi_1/\!/\pi_1'$,所以 $\boldsymbol{b}$ 在 π_1中有一个几何实现.因此 $L=\pi_1+\pi_2$.

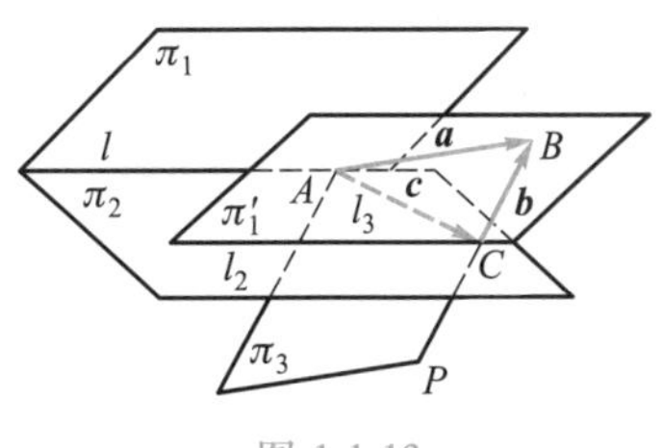

图 1.1.13

接下来说明 $L=\pi_1+\pi_2$ 不是直和.这是因为,L 中的零向量可以表示为 π_1 和 π_2 交线上的任何向量 $\boldsymbol{a}$ 与其反向量 $-\boldsymbol{a}$ 的和,从而零向量的分解式(1.1.8)不唯一. □

子空间之和是直和要求所有向量具有唯一分解的条件,可以弱化为对零向量满足即可.

命题 1.1.3 如果 $L_1,L_2,\cdots,L_k$ 是向量空间 L 的子空间,则 $L=L_1+L_2+\cdots+L_k$ 为直和的充要条件是:若存在 $\boldsymbol{a}_i\in L_i$ 使得

$$\boldsymbol{a}_1+\boldsymbol{a}_2+\cdots+\boldsymbol{a}_k=\boldsymbol{0},$$

则 $\boldsymbol{a}_i$ 都等于 $\boldsymbol{0}$.

证 (必要性)因为对于向量 $\boldsymbol{0}\in L$,显然有等式 $\boldsymbol{0}=\boldsymbol{0}+\boldsymbol{0}+\cdots+\boldsymbol{0}$,其中第 i 位置上的 $\boldsymbol{0}$ 表示子空间 L_i 中的零向量,又由于 $L=L_1+L_2+\cdots+L_k$ 是直和,$\boldsymbol{0}$ 的分解式唯一,所以 $\boldsymbol{a}_i$ 都等于 $\boldsymbol{0}$.

(充分性)用反证法.假设某个向量 $\boldsymbol{a}\in L$ 存在两种分解式,即

$$\boldsymbol{a}=\boldsymbol{a}_1+\boldsymbol{a}_2+\cdots+\boldsymbol{a}_k,\quad \boldsymbol{a}=\boldsymbol{b}_1+\boldsymbol{b}_2+\cdots+\boldsymbol{b}_k,$$

那么两式相减可得

$$\boldsymbol{0}=(\boldsymbol{a}_1-\boldsymbol{b}_1)+(\boldsymbol{a}_2-\boldsymbol{b}_2)+\cdots+(\boldsymbol{a}_k-\boldsymbol{b}_k).$$

再利用命题假设可得 $\boldsymbol{a}_i=\boldsymbol{b}_i,i=1,2,\cdots,k$.这与假设向量 $\boldsymbol{a}\in L$ 存在两种分解式矛盾. □

推论 对于向量空间 L 的两个子空间 L_1 和 L_2,$L=L_1+L_2$ 是直和当且仅当 $L_1\cap L_2=\boldsymbol{0}$.

证 (必要性)已知 $L=L_1\oplus L_2$.一方面,从 $L=L_1+L_2$ 可以得到 $\boldsymbol{a}_1+\boldsymbol{a}_2=\boldsymbol{0}$,由此推出向量 $\boldsymbol{a}_1=-\boldsymbol{a}_2$ 包含在子空间 L_1 和 L_2 中,因此它包含在交集 $L_1\cap L_2$ 中.另一方面,由命题 1.1.3 知,分解式 $\boldsymbol{a}_1+\boldsymbol{a}_2=\boldsymbol{0}$(其中 $\boldsymbol{a}_1\in L_1$ 和 $\boldsymbol{a}_2\in L_2$)中的 $\boldsymbol{a}_1=\boldsymbol{a}_2=\boldsymbol{0}$.因此 $L_1\cap L_2=\boldsymbol{0}$.

(充分性)因为 $L=L_1+L_2$,所以可以假设存在分解式 $\boldsymbol{a}_1+\boldsymbol{a}_2=0$(其中 $\boldsymbol{a}_1\in L_1$ 和 $\boldsymbol{a}_2\in L_2$),由此可得 $\boldsymbol{a}_1=-\boldsymbol{a}_2\in L_1\cap L_2$.因此 $\boldsymbol{a}_1=\boldsymbol{a}_2=\boldsymbol{0}$,即 $L=L_1\oplus L_2$. □

注 该推论不能推广到任意数量的子空间 $L_1,L_2,\cdots,L_k$ 的情形.

例 1.1.9 假设 L 为过固定点 O 的一个平面 π 上的所有向量组成的向量空间,l_1,l_2,l_3 是平面 π 中通过点 O 的三条不同直线.显然这些直线中的任何两条直线的交集都只包括零向量,即 $l_1\cap l_2\cap l_3=\boldsymbol{0}$.虽然平面 $\pi=l_1+l_2+l_3$,但它不是直和,原因是任何一个非零向量 $\boldsymbol{a}_1\in l_1$ 可以写成 $\boldsymbol{a}_1=\boldsymbol{a}_2+\boldsymbol{a}_3$,其中 $\boldsymbol{a}_i\in l_i$,所以零向量存在非零向量的分解式 $\boldsymbol{0}=-\boldsymbol{a}_1+\boldsymbol{a}_2+\boldsymbol{a}_3$. □

1.1.4 向量空间的结构

虽然我们主要关心直线、平面和物理空间上的结构,但为了描述它们的共性,以下内容还是在数域$\mathbb{K}$上的抽象向量空间 L 中展开.

注意到,根据向量的线性运算,$\forall\lambda_1,\lambda_2,\cdots,\lambda_m\in\mathbb{K}$ 和 $\forall\boldsymbol{a}_1,\boldsymbol{a}_2,\cdots,\boldsymbol{a}_m\in L$,

$$\boldsymbol{a}=\lambda_1\boldsymbol{a}_1+\lambda_2\boldsymbol{a}_2+\cdots+\lambda_m\boldsymbol{a}_m$$

表示唯一的向量.这样得到的向量 $\boldsymbol{a}$ 与$[\boldsymbol{a}_1,\boldsymbol{a}_2,\cdots,\boldsymbol{a}_m]$(有时称为**向量组**,其表达式中的中括号也不是必需的,在不引起歧义时可省略)之间的关系可以描述如下:

定义 1.1.14 设 $\boldsymbol{a}_1,\boldsymbol{a}_2,\cdots,\boldsymbol{a}_m$ 为向量空间 L 中的 m 个向量,标量$\lambda_1,\lambda_2,\cdots,\lambda_m\in\mathbb{K}$.称向量

$$\boldsymbol{a}=\lambda_1\boldsymbol{a}_1+\lambda_2\boldsymbol{a}_2+\cdots+\lambda_m\boldsymbol{a}_m \tag{1.1.9}$$

为 $\boldsymbol{a}_1,\boldsymbol{a}_2,\cdots,\boldsymbol{a}_m$ 的**线性组合**,或称 $\boldsymbol{a}$ 可用 $\boldsymbol{a}_1,\boldsymbol{a}_2,\cdots,\boldsymbol{a}_m$ **线性表出(表示)**,或 $\boldsymbol{a}$ 可分解成向量 $\boldsymbol{a}_1,\boldsymbol{a}_2,\cdots,\boldsymbol{a}_m$ 的线性组合;而标量$\lambda_1,\lambda_2,\cdots,\lambda_m$ 称为 $\boldsymbol{a}$ 关于向量 $\boldsymbol{a}_1,\boldsymbol{a}_2,\cdots,\boldsymbol{a}_m$ 的一组**表出系数**

或**分解系数**.

设 L 是数域$\mathbb{K}$上的一个向量空间.对于给定向量 $\boldsymbol{a}_1,\boldsymbol{a}_2,\cdots,\boldsymbol{a}_m\in L$,以及任意标量$\lambda_1,\lambda_2,\cdots,\lambda_m\in\mathbb{K}$,记由(1.1.9)式得到的所有向量的集合为$\langle\boldsymbol{a}_1,\boldsymbol{a}_2,\cdots,\boldsymbol{a}_m\rangle$或 $\mathrm{span}\{\boldsymbol{a}_1,\boldsymbol{a}_2,\cdots,\boldsymbol{a}_m\}$.可以证明(参见习题),集合$\langle\boldsymbol{a}_1,\boldsymbol{a}_2,\cdots,\boldsymbol{a}_m\rangle$在 L 的加法和数乘运算下构成向量空间,我们称之为向量 $\boldsymbol{a}_1,\boldsymbol{a}_2,\cdots,\boldsymbol{a}_m$的**线性张成**(或生成),它显然是向量空间 L 的一个子空间.为了与要求元素具有"互异性"的集合符号{ }相区别,可能有重复出现的向量组将用[ ]表示,当满足互异性条件时,就用{ }.

定义 1.1.15 若存在不全为零的标量$\lambda_1,\lambda_2,\cdots,\lambda_m\in\mathbb{K}$,使得

$$\lambda_1\boldsymbol{a}_1+\lambda_2\boldsymbol{a}_2+\cdots+\lambda_m\boldsymbol{a}_m=\mathbf{0},\tag{1.1.10}$$

则称向量组$[\boldsymbol{a}_1,\boldsymbol{a}_2,\cdots,\boldsymbol{a}_m]$**线性相关**;而若只有当$\lambda_1=\lambda_2=\cdots=\lambda_m=0$时,(1.1.10)式才成立,则称向量组$\{\boldsymbol{a}_1,\boldsymbol{a}_2,\cdots,\boldsymbol{a}_m\}$**线性无关**.

例如,一个几何向量 $\boldsymbol{a}$ 线性相关的充要条件是它为零向量;两个几何向量 $\boldsymbol{a}$ 与 $\boldsymbol{b}$ 线性相关的充要条件是 $\boldsymbol{a}$ 与 $\boldsymbol{b}$ 共线;而三个几何向量 $\boldsymbol{a},\boldsymbol{b},\boldsymbol{c}$ 线性相关的充要条件是它们共面.由原命题与逆否命题的等价性,易得一个、两个、三个几何向量线性无关的刻画.

易知(参见习题),线性无关向量组 S 中的任何一部分向量构成的**子向量组**都是线性无关的,而如果一组向量 S 中的一个子向量组线性相关,则整个向量组 S 线性相关,特别地,含有零向量的任何向量组必定线性相关.在一个线性相关的向量组 S 中,除非 S 只有零向量,否则都包含线性无关的子向量组.

例 1.1.10 设$[\boldsymbol{a}_1,\boldsymbol{a}_2,\cdots,\boldsymbol{a}_m]$$(m\geqslant 2)$是向量空间$\mathbb{K}^n$中的一个向量组,其中 $\boldsymbol{a}_i=(a_{1i},a_{2i},\cdots,a_{ni})$.令$\lambda_1,\lambda_2,\cdots,\lambda_m\in\mathbb{K}$使得

$$\lambda_1\boldsymbol{a}_1+\lambda_2\boldsymbol{a}_2+\cdots+\lambda_m\boldsymbol{a}_m=\mathbf{0}.$$

该式用分量形式表示为

$$\begin{cases}a_{11}\lambda_1+a_{12}\lambda_2+\cdots+a_{1m}\lambda_m=0,\\ a_{21}\lambda_1+a_{22}\lambda_2+\cdots+a_{2m}\lambda_m=0,\\ \qquad\cdots\cdots\cdots\cdots\\ a_{n1}\lambda_1+a_{n2}\lambda_2+\cdots+a_{nm}\lambda_m=0.\end{cases}\tag{1.1.11}$$

所以$[\boldsymbol{a}_1,\boldsymbol{a}_2,\cdots,\boldsymbol{a}_m]$是否线性相关的充要条件是,方程组(1.1.11)有没有非零解,也就是方程组(1.1.11)的系数矩阵

$$\boldsymbol{A}=\begin{pmatrix}a_{11}&a_{12}&\cdots&a_{1m}\\ a_{21}&a_{22}&\cdots&a_{2m}\\ \vdots&\vdots&&\vdots\\ a_{n1}&a_{n2}&\cdots&a_{nm}\end{pmatrix}$$

的秩是否等于 $m(m\leqslant n)$.特别地,当 $m=n$ 时,$[\boldsymbol{a}_1,\boldsymbol{a}_2,\cdots,\boldsymbol{a}_n]$线性相关的充要条件是行列式$|\boldsymbol{A}|=0$. □

例 1.1.11 设$[\boldsymbol{a}_1,\boldsymbol{a}_2,\cdots,\boldsymbol{a}_k]$$(k\geqslant 2)$是向量空间$\mathbb{K}^m$中的一个线性无关向量组,其中 $\boldsymbol{a}_i=(a_{1i},a_{2i},\cdots,a_{mi})$,$i=1,2,\cdots,k$.那么,向量空间$\mathbb{K}^n(n\geqslant m)$中的向量组$[\boldsymbol{b}_1,\boldsymbol{b}_2,\cdots,\boldsymbol{b}_k]$必定是

线性无关向量组,其中 $\boldsymbol{b}_i=(a_{1i},a_{2i},\cdots,a_{mi},a_{m+1,i},\cdots,a_{ni})$, $i=1,2,\cdots,k$.事实上,根据例 1.1.10,向量组 $[\boldsymbol{a}_1,\boldsymbol{a}_2,\cdots,\boldsymbol{a}_k]$ $(k\geqslant 2)$ 线性无关的充要条件是矩阵

$$\boldsymbol{A}=\begin{pmatrix} a_{11} & a_{12} & \cdots & a_{1k} \\ a_{21} & a_{22} & \cdots & a_{2k} \\ \vdots & \vdots & & \vdots \\ a_{m1} & a_{m2} & \cdots & a_{mk} \end{pmatrix} \tag{1.1.12}$$

的秩等于 $k(k\leqslant m)$.而向量组 $[\boldsymbol{b}_1,\boldsymbol{b}_2,\cdots,\boldsymbol{b}_k]$ 的分量构成的矩阵

$$\boldsymbol{B}=\begin{pmatrix} a_{11} & a_{12} & \cdots & a_{1k} \\ a_{21} & a_{22} & \cdots & a_{2k} \\ \vdots & \vdots & & \vdots \\ a_{m1} & a_{m2} & \cdots & a_{mk} \\ \vdots & \vdots & & \vdots \\ a_{n1} & a_{n2} & \cdots & a_{nk} \end{pmatrix}$$

包含(1.1.12)式中的矩阵 $\boldsymbol{A}$ 作为子块,因而矩阵 $\boldsymbol{B}$ 的秩大于等于矩阵 $\boldsymbol{A}$ 的秩 k.但矩阵 $\boldsymbol{B}$ 的秩显然小于等于它的列数 k,故矩阵 $\boldsymbol{B}$ 的秩等于 k.再引用例 1.1.10 的充要条件即可得向量组 $[\boldsymbol{b}_1,\boldsymbol{b}_2,\cdots,\boldsymbol{b}_k]$ 必定线性无关. □

定理 1.1.4 向量组 $[\boldsymbol{a}_1,\boldsymbol{a}_2,\cdots,\boldsymbol{a}_m]$ $(m\geqslant 2)$ 线性相关的充要条件是,该向量组中至少有一个向量是其余向量的线性组合.

证 (必要性)根据线性相关的定义 1.1.15,若向量组 $[\boldsymbol{a}_1,\boldsymbol{a}_2,\cdots,\boldsymbol{a}_m]$ 线性相关,则存在不全为零的实数 $\lambda_1,\lambda_2,\cdots,\lambda_m$ 使得

$$\lambda_1\boldsymbol{a}_1+\lambda_2\boldsymbol{a}_2+\cdots+\lambda_m\boldsymbol{a}_m=\boldsymbol{0}.$$

不妨设 $\lambda_1\neq 0$,则

$$\boldsymbol{a}_1=-\frac{\lambda_2}{\lambda_1}\boldsymbol{a}_2-\frac{\lambda_3}{\lambda_1}\boldsymbol{a}_3-\cdots-\frac{\lambda_m}{\lambda_1}\boldsymbol{a}_m,$$

即 $\boldsymbol{a}_1$ 是 $[\boldsymbol{a}_2,\boldsymbol{a}_3,\cdots,\boldsymbol{a}_m]$ 的线性组合.

(充分性)设向量组 $[\boldsymbol{a}_1,\boldsymbol{a}_2,\cdots,\boldsymbol{a}_m]$ 中有一个向量,不妨设为 $\boldsymbol{a}_1\neq\boldsymbol{0}$,可由其余向量线性表出,即存在 $\mu_2,\mu_3,\cdots,\mu_m$ 使得

$$\boldsymbol{a}_1=\mu_2\boldsymbol{a}_2+\mu_3\boldsymbol{a}_3+\cdots+\mu_m\boldsymbol{a}_m,$$

即

$$-\boldsymbol{a}_1+\mu_2\boldsymbol{a}_2+\mu_3\boldsymbol{a}_3+\cdots+\mu_m\boldsymbol{a}_m=\boldsymbol{0},$$

其中的系数 $-1,\mu_2,\mu_3,\cdots,\mu_m$ 不全为 0,所以向量组 $[\boldsymbol{a}_1,\boldsymbol{a}_2,\cdots,\boldsymbol{a}_m]$ 线性相关. □

推论 如果 $[\boldsymbol{a}_1,\boldsymbol{a}_2,\cdots,\boldsymbol{a}_m]$ 线性相关,而 $[\boldsymbol{a}_2,\boldsymbol{a}_3,\cdots,\boldsymbol{a}_m]$ 线性无关,则向量 $\boldsymbol{a}_1$ 可由 $[\boldsymbol{a}_2,\boldsymbol{a}_3,\cdots,\boldsymbol{a}_m]$ 唯一地线性表出.

定义 1.1.16 设 $\{\boldsymbol{a}_1,\boldsymbol{a}_2,\cdots,\boldsymbol{a}_m\}$ 构成某个向量组 S 的一个线性无关子向量组.若向量组 S 中的任何一个向量都是 $\{\boldsymbol{a}_1,\boldsymbol{a}_2,\cdots,\boldsymbol{a}_m\}$ 的线性组合,则称 $\{\boldsymbol{a}_1,\boldsymbol{a}_2,\cdots,\boldsymbol{a}_m\}$ 为 S 的一个**极大线性无关组**.

定义 1.1.17 设有两个向量组 S_1 和 S_2,如果向量组 S_1 中的每一个元素都可以由 S_2 中的元

素线性表出,反之亦然,则称这两个向量组**等价**.

根据这两个定义,可得一个向量组 S 的任意两个极大线性无关组 $\{\boldsymbol{e}_1,\boldsymbol{e}_2,\cdots,\boldsymbol{e}_n\}$ 和 $\{\boldsymbol{f}_1,\boldsymbol{f}_2,\cdots,\boldsymbol{f}_m\}$ 等价.

我们还可以证明以下定理.

定理 1.1.5 对于任何一个向量组 S,若 $\{\boldsymbol{e}_1,\boldsymbol{e}_2,\cdots,\boldsymbol{e}_n\}$ 是其极大线性无关组(如果存在),则向量组 S 中任意线性无关组 $\{\boldsymbol{f}_1,\boldsymbol{f}_2,\cdots,\boldsymbol{f}_m\}$ 是一个极大线性无关组的充要条件是,这两组向量的元素个数相同.

证 (必要性)假设这两组向量的元素个数不同,不妨设 $m>n$.我们来证明向量组 $[\boldsymbol{f}_1,\boldsymbol{f}_2,\cdots,\boldsymbol{f}_m]$ 必定线性相关.为此,令一组标量 $\lambda_1,\lambda_2,\cdots,\lambda_m$ 使得

$$\lambda_1\boldsymbol{f}_1+\lambda_2\boldsymbol{f}_2+\cdots+\lambda_m\boldsymbol{f}_m=\boldsymbol{0}. \tag{1.1.13}$$

我们来证明(1.1.13)中这组标量可以不全为零,从而 $[\boldsymbol{f}_1,\boldsymbol{f}_2,\cdots,\boldsymbol{f}_m]$ 线性相关.事实上,按照极大线性无关组的定义 1.1.16,存在标量 $\lambda_{ij},i=1,2,\cdots,n,j=1,2,\cdots,m$,使得向量组 $[\boldsymbol{f}_1,\boldsymbol{f}_2,\cdots,\boldsymbol{f}_m]$ 可以用极大线性无关组 $\{\boldsymbol{e}_1,\boldsymbol{e}_2,\cdots,\boldsymbol{e}_n\}$ 线性表出如下:

$$\boldsymbol{f}_j=\lambda_{1j}\boldsymbol{e}_1+\lambda_{2j}\boldsymbol{e}_2+\cdots+\lambda_{nj}\boldsymbol{e}_n. \tag{1.1.14}$$

将其代入(1.1.13)式可得

$$\left(\sum_{j=1}^{m}\lambda_j\lambda_{1j}\right)\boldsymbol{e}_1+\left(\sum_{j=1}^{m}\lambda_j\lambda_{2j}\right)\boldsymbol{e}_2+\cdots+\left(\sum_{j=1}^{m}\lambda_j\lambda_{nj}\right)\boldsymbol{e}_n=\boldsymbol{0}.$$

由极大线性无关组 $\{\boldsymbol{e}_1,\boldsymbol{e}_2,\cdots,\boldsymbol{e}_n\}$ 的线性无关性,其表出零向量的系数为零,即

$$\begin{cases}\lambda_{11}\lambda_1+\lambda_{12}\lambda_2+\cdots+\lambda_{1m}\lambda_m=0,\\ \lambda_{21}\lambda_1+\lambda_{22}\lambda_2+\cdots+\lambda_{2m}\lambda_m=0,\\ \cdots\cdots\cdots\cdots\\ \lambda_{n1}\lambda_1+\lambda_{n2}\lambda_2+\cdots+\lambda_{nm}\lambda_m=0.\end{cases} \tag{1.1.15}$$

将等式看成是变量 $\lambda_1,\lambda_2,\cdots,\lambda_m$ 的方程组,则该方程组是 n 个方程所构成的 m 元齐次线性方程组.根据线性方程组知识,存在非零解 $\lambda_1,\lambda_2,\cdots,\lambda_m$.因而 $\{\boldsymbol{f}_1,\boldsymbol{f}_2,\cdots,\boldsymbol{f}_m\}$ 线性相关,与其为极大线性无关组矛盾.因此,向量组 S 的各个极大线性无关组中的元素个数相同.

(充分性)对于给定的线性无关组 $\{\boldsymbol{f}_1,\boldsymbol{f}_2,\cdots,\boldsymbol{f}_n\}$,我们要证明对任何向量 $\boldsymbol{a}\in S$,存在 $\mu_1,\mu_2,\cdots,\mu_n$,使得

$$\boldsymbol{a}=\mu_1\boldsymbol{f}_1+\mu_2\boldsymbol{f}_2+\cdots+\mu_n\boldsymbol{f}_n. \tag{1.1.16}$$

一方面,因为 $\{\boldsymbol{f}_1,\boldsymbol{f}_2,\cdots,\boldsymbol{f}_n\}$ 线性无关,所以当 $m=n$ 时方程组(1.1.15)只有零解.由此可得其系数矩阵

$$\boldsymbol{A}=\begin{pmatrix}\lambda_{11}&\lambda_{12}&\cdots&\lambda_{1n}\\ \lambda_{21}&\lambda_{22}&\cdots&\lambda_{2n}\\ \vdots&\vdots&&\vdots\\ \lambda_{n1}&\lambda_{n2}&\cdots&\lambda_{nn}\end{pmatrix}$$

满秩.另一方面,将(1.1.14)式代入(1.1.16)式可得

$$\boldsymbol{a}=\left(\sum_{j=1}^{n}\mu_j\lambda_{1j}\right)\boldsymbol{e}_1+\left(\sum_{j=1}^{n}\mu_j\lambda_{2j}\right)\boldsymbol{e}_2+\cdots+\left(\sum_{j=1}^{n}\mu_j\lambda_{nj}\right)\boldsymbol{e}_n. \tag{1.1.17}$$

而$\{\boldsymbol{e}_1,\boldsymbol{e}_2,\cdots,\boldsymbol{e}_n\}$是极大线性无关组,因此存在一组标量$\nu_1,\nu_2,\cdots,\nu_n$使得

$$\boldsymbol{a}=\nu_1\boldsymbol{e}_1+\nu_2\boldsymbol{e}_2+\cdots+\nu_n\boldsymbol{e}_n. \tag{1.1.18}$$

比较(1.1.17)式和(1.1.18)式得到

$$\begin{cases}\lambda_{11}\mu_1+\lambda_{12}\mu_2+\cdots+\lambda_{1n}\mu_n=\nu_1,\\ \lambda_{21}\mu_1+\lambda_{22}\mu_2+\cdots+\lambda_{2n}\mu_n=\nu_2,\\ \qquad\cdots\cdots\cdots\cdots\\ \lambda_{n1}\mu_1+\lambda_{n2}\mu_2+\cdots+\lambda_{nn}\mu_n=\nu_n.\end{cases} \tag{1.1.19}$$

由于方程组(1.1.19)的系数矩阵$\boldsymbol{A}$可逆,可得唯一一组标量$\mu_1,\mu_2,\cdots,\mu_n$.从而任何向量$\boldsymbol{a}\in S$均可由线性无关向量组$\{\boldsymbol{f}_1,\boldsymbol{f}_2,\cdots,\boldsymbol{f}_n\}$线性表出,即$\{\boldsymbol{f}_1,\boldsymbol{f}_2,\cdots,\boldsymbol{f}_n\}$是$S$的极大线性无关组. □

因为向量空间可看成是一些向量组成的向量组,所以根据定理 1.1.5 可以定义向量空间的以下概念.

定义 1.1.18 向量空间L中的任何一个极大线性无关组$\{\boldsymbol{e}_1,\boldsymbol{e}_2,\cdots,\boldsymbol{e}_n\}$称为空间$L$的一个**基**.基的向量个数称为该向量空间$L$的**维数**,表示为$\dim L$.

由定理 1.1.4,n维向量空间L中任意多于n个元素的向量组线性相关.物理空间中的任何 4 个及以上的向量总是线性相关的.

例 1.1.12 证明:直线、平面和物理空间中的向量分别形成一维、二维和三维向量空间.

证 首先看直线的情形.我们知道,一条直线l上的向量是共线的,因此它们成比例.也就是说,把该直线上的任一向量的起点,放在该直线的同一点O,任取其中的一个非零向量$\boldsymbol{e}$,则对其他每一个向量$\boldsymbol{a}$,都存在非零实数λ,使得$\boldsymbol{a}=\lambda\boldsymbol{e}$.而$\boldsymbol{0}=0\boldsymbol{e}$.因此$\boldsymbol{e}$是平行于该直线的一切向量所构成的向量空间$l$的基,因此有$\dim l=1$.

其次考虑平面的情形.同一平面π上的所有向量显然共面.任取其中不共线的两个向量$\boldsymbol{e}_1$与$\boldsymbol{e}_2$,则对于该平面上的任一向量$\boldsymbol{a}$,将$\boldsymbol{e}_1,\boldsymbol{e}_2,\boldsymbol{a}$的起点放在该平面上的同一点$O$,并令$\boldsymbol{a}$在平面$\pi$上的终点为$A$.如图 1.1.14 所示,过$A$作平行于$\boldsymbol{e}_2$的直线,设它交$\boldsymbol{e}_1$的延长线于$A_1$;过$A$作平行于$\boldsymbol{e}_1$的直线,设它交$\boldsymbol{e}_2$的延长线于$A_2$.从图 1.1.14 可知,存在实数$\lambda_1,\lambda_2$,使得$\overrightarrow{OA_1}=\lambda_1\boldsymbol{e}_1,\overrightarrow{OA_2}=\lambda_2\boldsymbol{e}_2$.因此有$\boldsymbol{a}=\lambda_1\boldsymbol{e}_1+\lambda_2\boldsymbol{e}_2$,即平面$\pi$的向量空间是二维的,不共线的$\boldsymbol{e}_1,\boldsymbol{e}_2$是它的基.

最后考虑空间向量的情形.令物理空间中的一切几何向量构成的向量空间为L,任取L中的三个不共面的向量$\boldsymbol{e}_1,\boldsymbol{e}_2,\boldsymbol{e}_3$,则对于$L$中的任意一个向量$\boldsymbol{a}$,将$\boldsymbol{e}_1,\boldsymbol{e}_2,\boldsymbol{e}_3,\boldsymbol{a}$的几何实现取为具有相同的起点$O$,向量$\boldsymbol{a}$的终点为$A$,如图 1.1.15.过$A$作平行于$\boldsymbol{e}_3$的直线,设它交$O$,$\boldsymbol{e}_1,\boldsymbol{e}_2$所在的平面于$A'$.因此$\overrightarrow{OA'},\boldsymbol{e}_1,\boldsymbol{e}_2$共面,从而存在实数$\lambda_1,\lambda_2$,使得$\overrightarrow{OA'}=\lambda_1\boldsymbol{e}_1+\lambda_2\boldsymbol{e}_2$.另一方面,由于$\overrightarrow{A'A}$平行于$\boldsymbol{e}_3$,因此它们共线,从而存在实数$\lambda_3$使得$\overrightarrow{A'A}=\lambda_3\boldsymbol{e}_3$.由向量加法的三角形法则,

$$\boldsymbol{a}=\overrightarrow{OA}=\overrightarrow{OA'}+\overrightarrow{A'A}=\lambda_1\boldsymbol{e}_1+\lambda_2\boldsymbol{e}_2+\lambda_3\boldsymbol{e}_3.$$

由此可见,$\boldsymbol{e}_1,\boldsymbol{e}_2,\boldsymbol{e}_3$是$L$的基,从而$\dim L=3$. □

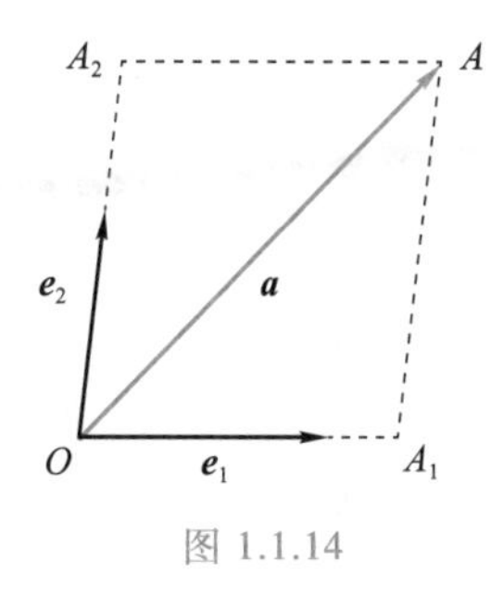

图 1.1.14

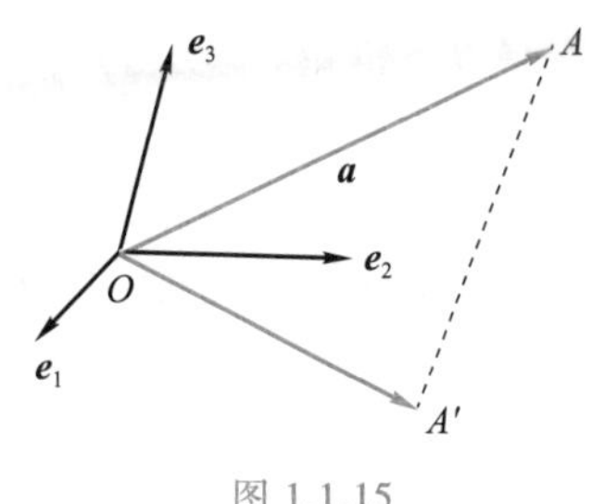

图 1.1.15

基于例 1.1.12,特别地,对于 n 维向量空间 L 的一个子空间 L',如果 $\dim L'=1,2,n-1$,则分别称为 L 中的**直线**、**平面**和**超平面**.所以,三维向量空间中,有直线和平面作为子空间存在.

注 (1) L 的任意一个一维子空间必是一条经过原点的直线 l,L 的任意一个二维子空间必是一张经过原点的平面 π.如果 l 不在 π 上,则

$$L=l\oplus\pi.$$

(2) 如果 l_1,l_2,l_3 是 L 中经过原点的三条直线,如果它们不共面,则

$$L=l_1\oplus l_2\oplus l_3.$$

例 1.1.13 证明:数域$\mathbb{K}$上的向量空间$\mathbb{K}^n$是 n 维的,并且存在一个基:

$$\boldsymbol{e}_1=(1,0,0,\cdots,0),\boldsymbol{e}_2=(0,1,0,\cdots,0),\cdots,\ \boldsymbol{e}_n=(0,0,0,\cdots,1). \tag{1.1.20}$$

证 对于 $\forall(\lambda_1,\lambda_2,\cdots,\lambda_n)\in\mathbb{K}^n$,显然有

$$(\lambda_1,\lambda_2,\cdots,\lambda_n)=\lambda_1\boldsymbol{e}_1+\lambda_2\boldsymbol{e}_2+\cdots+\lambda_n\boldsymbol{e}_n, \tag{1.1.21}$$

即$\mathbb{K}^n$中的任意一个向量都可以用(1.1.20)式所定义的$[\boldsymbol{e}_1,\boldsymbol{e}_2,\cdots,\boldsymbol{e}_n]$线性表出.另外,若$\lambda_1\boldsymbol{e}_1+\lambda_2\boldsymbol{e}_2+\cdots+\lambda_n\boldsymbol{e}_n=\boldsymbol{0}$,由(1.1.21)式得出$\lambda_1=\lambda_2=\cdots=\lambda_n=0$,即$\{\boldsymbol{e}_1,\boldsymbol{e}_2,\cdots,\boldsymbol{e}_n\}$线性无关.因此,(1.1.20)式所定义的$\{\boldsymbol{e}_1,\boldsymbol{e}_2,\cdots,\boldsymbol{e}_n\}$是向量空间$\mathbb{K}^n$的一个基,因而$\mathbb{K}^n$的维数为 n. □

向量空间$\mathbb{K}^n$中由(1.1.20)式确定的基称为其**标准基**或**自然基**.对于由向量 $\boldsymbol{a}_1,\boldsymbol{a}_2,\cdots,\boldsymbol{a}_m$ 张成的向量空间,其维数和基从以下定理更方便得到.

定理 1.1.6 对于向量空间 L 中的任意一组向量 $\boldsymbol{a}_1,\boldsymbol{a}_2,\cdots,\boldsymbol{a}_m$,它张成的向量空间$\langle\boldsymbol{a}_1,\boldsymbol{a}_2,\cdots,\boldsymbol{a}_m\rangle$的维数等于向量$[\boldsymbol{a}_1,\boldsymbol{a}_2,\cdots,\boldsymbol{a}_m]$中的极大线性无关组中的元素个数.

证 令 $L'=\langle\boldsymbol{a}_1,\boldsymbol{a}_2,\cdots,\boldsymbol{a}_m\rangle$,不妨假设$[\boldsymbol{a}_1,\boldsymbol{a}_2,\cdots,\boldsymbol{a}_m]$中的一个极大线性无关组是$\{\boldsymbol{a}_1,\boldsymbol{a}_2,\cdots,\boldsymbol{a}_l\}$.现在验证$\{\boldsymbol{a}_1,\boldsymbol{a}_2,\cdots,\boldsymbol{a}_l\}$是 L' 的一个基,这相当于验证 L' 的任一向量可由$\{\boldsymbol{a}_1,\boldsymbol{a}_2,\cdots,\boldsymbol{a}_l\}$线性表出.根据 L' 的定义,$\forall\boldsymbol{a}\in L'$可由 $\boldsymbol{a}_1,\boldsymbol{a}_2,\cdots,\boldsymbol{a}_m$ 线性表出,即存在标量组 $\lambda_1,\cdots,\lambda_l,\lambda_{l+1}\cdots,\lambda_m$,使得

$$\boldsymbol{a}=\lambda_1\boldsymbol{a}_1+\lambda_2\boldsymbol{a}_2+\cdots+\lambda_l\boldsymbol{a}_l+\lambda_{l+1}\boldsymbol{a}_{l+1}+\lambda_{l+2}\boldsymbol{a}_{l+2}+\cdots+\lambda_m\boldsymbol{a}_m. \tag{1.1.22}$$

另一方面,由于$\{\boldsymbol{a}_1,\boldsymbol{a}_2,\cdots,\boldsymbol{a}_l\}$是$[\boldsymbol{a}_1,\boldsymbol{a}_2,\cdots,\boldsymbol{a}_m]$的一个极大线性无关组,所以对于任何 $k=l+1,l+2,\cdots,m$,向量组$[\boldsymbol{a}_1,\boldsymbol{a}_2,\cdots,\boldsymbol{a}_l,\boldsymbol{a}_k]$是线性相关的,即,存在不全为零的数 μ_j,使得

$$\mu_1\boldsymbol{a}_1+\mu_2\boldsymbol{a}_2+\cdots+\mu_l\boldsymbol{a}_l+\mu_k\boldsymbol{a}_k=\boldsymbol{0}. \tag{1.1.23}$$

该式中必需 $\mu_k\neq0$,否则会存在不全为零的系数 μ_j 使得 $\mu_1\boldsymbol{a}_1+\mu_2\boldsymbol{a}_2+\cdots+\mu_l\boldsymbol{a}_l=\boldsymbol{0}$,这与向量组$\{\boldsymbol{a}_1,\boldsymbol{a}_2,\cdots,\boldsymbol{a}_l\}$线性无关相矛盾.因此从(1.1.23)式得到

$$\boldsymbol{a}_k=-\mu_k^{-1}\mu_1\boldsymbol{a}_1-\mu_k^{-1}\mu_2\boldsymbol{a}_2-\cdots-\mu_k^{-1}\mu_l\boldsymbol{a}_l,$$

代入(1.1.22)式即构造出 $\boldsymbol{a}$ 关于 $\{\boldsymbol{a}_1,\boldsymbol{a}_2,\cdots,\boldsymbol{a}_l\}$ 的一个线性组合. □

由定理 1.1.6 可得以下推论,证明留给读者.

推论 n 维向量空间 L 中的任意线性无关向量组 $\boldsymbol{e}_1,\boldsymbol{e}_2,\cdots,\boldsymbol{e}_m,m<n$ 都可以扩充成 L 的基,即存在向量 $\boldsymbol{e}_i,m<i\leqslant n$,使得 $\boldsymbol{e}_1,\boldsymbol{e}_2,\cdots,\boldsymbol{e}_m,\boldsymbol{e}_{m+1},\boldsymbol{e}_{m+2},\cdots,\boldsymbol{e}_n$ 是 L 的基.

由此推论,对于有限维向量空间 $L(\dim L=n)$ 的任意子空间 $L'\subset L$,存在线性无关向量组 $\boldsymbol{e}_1,\boldsymbol{e}_2,\cdots,\boldsymbol{e}_m,m\leqslant n$,使得 $L'=\langle\boldsymbol{e}_1,\boldsymbol{e}_2,\cdots,\boldsymbol{e}_m\rangle$.记 $L''=\langle\boldsymbol{e}_{m+1},\boldsymbol{e}_{m+2},\cdots,\boldsymbol{e}_n\rangle$,则得到 $L'\oplus L''$.因此,对任意子空间 $L'\subset L$,都存在子空间 $L''\subset L$,使得 $L=L'\oplus L''$.这样的 L',L'' 称为 L 的一对**互补子空间**,L' 称为 L'' 关于 L 的**补子空间**,反之亦然.

利用定理 1.1.6,还可以证明有关子空间的维数的以下命题.

命题 1.1.7 设 L_1 和 L_2 是两个有限维向量空间,则 L_1 与 L_2 的和是直和的充要条件是

$$\dim(L_1+L_2)=\dim L_1+\dim L_2.$$

证 (必要性)令 $\dim L_1=r,\dim L_2=s,\boldsymbol{e}_1,\boldsymbol{e}_2,\cdots,\boldsymbol{e}_r$ 为 L_1 的基,并且 $\boldsymbol{f}_1,\boldsymbol{f}_2,\cdots,\boldsymbol{f}_s$ 为 L_2 的基.下面证明向量组 $S=[\boldsymbol{e}_1,\boldsymbol{e}_2,\cdots,\boldsymbol{e}_r,\boldsymbol{f}_1,\boldsymbol{f}_2,\cdots,\boldsymbol{f}_s]$ 组成直和空间 $L_1\oplus L_2$ 的基.首先说明每个向量 $\boldsymbol{a}\in L_1\oplus L_2$ 可以写成 S 的线性组合.为此,注意到直和的定义,存在唯一的 $\boldsymbol{a}_i\in L_i(i=1,2)$,使得 $\boldsymbol{a}=\boldsymbol{a}_1+\boldsymbol{a}_2$,且向量 $\boldsymbol{a}_1$ 是 $\boldsymbol{e}_1,\boldsymbol{e}_2,\cdots,\boldsymbol{e}_r$ 的线性组合,向量 $\boldsymbol{a}_2$ 是 $\boldsymbol{f}_1,\boldsymbol{f}_2,\cdots,\boldsymbol{f}_s$ 的线性组合.因此向量 $\boldsymbol{a}$ 可以作为向量 $\boldsymbol{e}_1,\boldsymbol{e}_2,\cdots,\boldsymbol{e}_r,\boldsymbol{f}_1,\boldsymbol{f}_2,\cdots,\boldsymbol{f}_s$ 的线性组合.

接下来说明向量组 S 是线性无关的.假设存在标量使得

$$\lambda_1\boldsymbol{e}_1+\lambda_2\boldsymbol{e}_2+\cdots+\lambda_r\boldsymbol{e}_r+\mu_1\boldsymbol{f}_1+\mu_2\boldsymbol{f}_2+\cdots+\mu_s\boldsymbol{f}_s=\boldsymbol{0}.$$

根据直和的定义,得 $\lambda_1\boldsymbol{e}_1+\lambda_2\boldsymbol{e}_2+\cdots+\lambda_r\boldsymbol{e}_r=\boldsymbol{0}$ 且 $\mu_1\boldsymbol{f}_1+\mu_2\boldsymbol{f}_2+\cdots+\mu_s\boldsymbol{f}_s=\boldsymbol{0}$.从向量 $\boldsymbol{e}_1,\boldsymbol{e}_2,\cdots,\boldsymbol{e}_r$ 的线性无关性得出 $\lambda_1=0,\lambda_2=0,\cdots,\lambda_r=0$,类似地得出 $\mu_1=0,\mu_2=0,\cdots,\mu_s=0$.所以向量组 S 是线性无关的,即 $\dim(L_1+L_2)=\dim L_1+\dim L_2$.

(充分性)令 $L=L_1+L_2$,并设 $\dim L=n$,在每个 L_i 中选择一个基 S_i,则 S_i 中的向量个数应为 $\dim L_i$.把 S_1 和 S_2 组合在一起显然构成 n 个向量的向量组.根据假设以及定理 1.1.6,这个向量组必须是线性无关的,因此 $L=L_1\oplus L_2$. □

命题 1.1.7 显然可以推广到任意 $k\geqslant 2$ 个有限维向量空间 $L_1,L_2,\cdots,L_k$,它们之和是直和的充要条件是 $\dim(L_1+L_2+\cdots+L_k)=\dim L_1+\dim L_2+\cdots+\dim L_k$.

定理 1.1.8 对于任何两个有限维向量空间 L_1 和 L_2,存在等式

$$\dim(L_1+L_2)=\dim L_1+\dim L_2-\dim(L_1\cap L_2). \tag{1.1.24}$$

证 令 $L_0=L_1\cap L_2$.根据定理 1.1.6 的推论知道,存在子空间 $L_1'\subset L_1$ 和 $L_2'\subset L_2$,使得

$$L_1=L_0\oplus L_1',\quad L_2=L_0\oplus L_2'. \tag{1.1.25}$$

下面证明 $L_1+L_2=L_0\oplus L_1'\oplus L_2'$.首先说明 $L_1+L_2=L_0+L_1'+L_2'$.一方面,每个子空间 L_0,L_1',L_2' 包含在 L_1+L_2 中,因此 $L_0+L_1'+L_2'$ 也包含在 L_1+L_2 中,即

$$L_0+L_1'+L_2'\subset L_1+L_2.$$

另一方面,$\forall\boldsymbol{z}\in L_1+L_2$,按照和空间的定义,存在 $\boldsymbol{x}\in L_1,\boldsymbol{y}\in L_2$ 使得 $\boldsymbol{z}=\boldsymbol{x}+\boldsymbol{y}$.另外,根据分解式(1.1.25),存在 $\boldsymbol{u},\boldsymbol{u}'\in L_0,\boldsymbol{v}\in L_1',\boldsymbol{w}\in L_2'$,使得 $\boldsymbol{x}=\boldsymbol{u}+\boldsymbol{v}$ 和 $\boldsymbol{y}=\boldsymbol{u}'+\boldsymbol{w}$.因此,$\boldsymbol{z}=\boldsymbol{x}+\boldsymbol{y}=(\boldsymbol{u}+\boldsymbol{u}')+\boldsymbol{v}+\boldsymbol{w}$,即向量 $\boldsymbol{z}\in L_0+L_1'+L_2'$.由此得出 $L_1+L_2=L_0+L_1'+L_2'=L_1+L_2'$.

其次验证 L_1+L_2' 是直和.这可以通过验证 $L_1\cap L_2'=\boldsymbol{0}$ 来实现.为此假设向量 $\boldsymbol{x}\in L_1\cap L_2'$,$\boldsymbol{x}$ 显然同时包含在 $L_1\cap L_2=L_0$ 和 L_2' 中,而由分解式(1.1.25)知,交集 $L_0\cap L_2'=\boldsymbol{0}$.因此 $\boldsymbol{x}=\boldsymbol{0}$.

综上，我们得到

$$L_1+L_2=L_1\oplus L_2'=(L_0\oplus L_1')\oplus L_2'=L_0\oplus L_1'\oplus L_2'.$$

因此由命题 1.1.7 和(1.1.25)式得到

$$\dim(L_1+L_2)=\dim L_1+\dim L_2'=\dim L_1+\dim L_2-\dim L_0,$$

这就是关系式(1.1.24). □

根据定理 1.1.8，若 L_1 和 L_2 为有限维向量空间 L 的子空间，那么从不等式 $\dim L_1+\dim L_2>\dim L$，立即得出 $L_1\cap L_2\neq\mathbf{0}$.

关于向量空间 L 中的任何一个向量在某个基下的表出系数，存在以下定理.

定理 1.1.9 如果$\{\boldsymbol{e}_1,\boldsymbol{e}_2,\cdots,\boldsymbol{e}_n\}$是向量空间 L 的一个基，则对于任意向量 $\boldsymbol{x}\in L$，存在唯一一组标量$\lambda_1,\lambda_2,\cdots,\lambda_n\in\mathbb{K}$，使得

$$\boldsymbol{x}=\lambda_1\boldsymbol{e}_1+\lambda_2\boldsymbol{e}_2+\cdots+\lambda_n\boldsymbol{e}_n. \tag{1.1.26}$$

证 假设对某个向量 $\boldsymbol{x}\in L$ 有两个表达式

$$\boldsymbol{x}=\lambda_1\boldsymbol{e}_1+\lambda_2\boldsymbol{e}_2+\cdots+\lambda_n\boldsymbol{e}_n,\quad \boldsymbol{x}=\mu_1\boldsymbol{e}_1+\mu_2\boldsymbol{e}_2+\cdots+\mu_n\boldsymbol{e}_n.$$

两边相减得到

$$(\lambda_1-\mu_1)\boldsymbol{e}_1+(\lambda_2-\mu_2)\boldsymbol{e}_2+\cdots+(\lambda_n-\mu_n)\boldsymbol{e}_n=\mathbf{0}.$$

由于基向量$\{\boldsymbol{e}_1,\boldsymbol{e}_2,\cdots,\boldsymbol{e}_n\}$是线性无关的，所以由上式可得$\lambda_1=\mu_1,\lambda_2=\mu_2,\cdots,\lambda_n=\mu_n$.因此任意向量 $\boldsymbol{x}\in L$ 在给定基下的表出系数是唯一的. □

利用定理 1.1.9 可以定义向量在某个基下的坐标.

定义 1.1.19 对于向量 $\boldsymbol{x}\in L$，将其分解式(1.1.26)中的唯一一组表出系数$\lambda_1,\lambda_2,\cdots,\lambda_n$称为向量 $\boldsymbol{x}$ 在基$\{\boldsymbol{e}_1,\boldsymbol{e}_2,\cdots,\boldsymbol{e}_n\}$下的**坐标**，通常记为$(\lambda_1,\lambda_2,\cdots,\lambda_n)$.$\lambda_i(i=1,2,\cdots,n)$称为**第 i 个坐标分量**.

上述定义中的$(\lambda_1,\lambda_2,\cdots,\lambda_n)$可以看成 $1\times n$ 矩阵，即$\mathbb{K}^n$中的向量.因此，任何 n 维向量空间中的向量均与$\mathbb{K}^n$中的向量(即一个 n 元有序数组)相对应.此外，根据向量在基$\{\boldsymbol{e}_1,\boldsymbol{e}_2,\cdots,\boldsymbol{e}_n\}$下的坐标，很容易将向量间的线性运算转换成相应坐标间的运算.例如，如果 $\boldsymbol{x}$ 和 $\boldsymbol{y}$ 是两个向量且

$$\boldsymbol{x}=\lambda_1\boldsymbol{e}_1+\lambda_2\boldsymbol{e}_2+\cdots+\lambda_n\boldsymbol{e}_n,\quad \boldsymbol{y}=\mu_1\boldsymbol{e}_1+\mu_2\boldsymbol{e}_2+\cdots+\mu_n\boldsymbol{e}_n,$$

那么

$$\boldsymbol{x}+\boldsymbol{y}=\sum_{i=1}^n\lambda_i\boldsymbol{e}_i+\sum_{i=1}^n\mu_i\boldsymbol{e}_i=\sum_{i=1}^n(\lambda_i+\mu_i)\boldsymbol{e}_i, \tag{1.1.27}$$

并且对于任意标量 λ，

$$\lambda\boldsymbol{x}=\lambda(\lambda_1\boldsymbol{e}_1+\lambda_2\boldsymbol{e}_2+\cdots+\lambda_n\boldsymbol{e}_n)=(\lambda\lambda_1)\boldsymbol{e}_1+(\lambda\lambda_2)\boldsymbol{e}_2+\cdots+(\lambda\lambda_n)\boldsymbol{e}_n. \tag{1.1.28}$$

公式(1.1.27)和(1.1.28)说明，向量的加法就是同一基下的坐标相加，而向量的数乘相当于同一基下的坐标乘同一标量.

因此，在知道向量空间以及给定的基的情况下，有时也直接将向量 $\boldsymbol{x}\in L$ 表示为它的坐标，即按照坐标定义中的符号，表示为 $\boldsymbol{x}=(\lambda_1,\lambda_2,\cdots,\lambda_n)$，但其含义还是如公式(1.1.26)所述.

例 1.1.14 给定直线的两个基，并计算该直线上任意一向量 $\boldsymbol{x}$ 在这两个基下的坐标之间的关系.

解 设该直线中的两个非零向量 $\boldsymbol{e}$ 和 $\boldsymbol{f}$ 是该直线的两个基.对于该直线上的任意向量 $\boldsymbol{x}$,因为 $\boldsymbol{x}$ 和 $\boldsymbol{e}$ 都属于同一直线,所以它们平行,因而存在一个标量 λ,使得 $\boldsymbol{x}=\lambda\boldsymbol{e}$,其中 λ 是向量 $\boldsymbol{x}$ 在基 $\boldsymbol{e}$ 下的坐标.同理,对于 $\boldsymbol{f}\neq\boldsymbol{0}$,存在标量 $\mu\neq 0$(因为 $\boldsymbol{f}\neq\boldsymbol{0}$),使得 $\boldsymbol{f}=\mu\boldsymbol{e}$.由此可得 $\boldsymbol{x}=\lambda\mu^{-1}\boldsymbol{f}$,即向量 $\boldsymbol{x}$ 在基 $\boldsymbol{f}$ 下的坐标为 $\lambda\mu^{-1}$. □

从例 1.1.14 可以看出,向量空间 L 中的向量 $\boldsymbol{x}$ 的坐标不仅取决于向量本身,而且取决于取定的向量空间 L 的基 $\{\boldsymbol{e}_1,\boldsymbol{e}_2,\cdots,\boldsymbol{e}_n\}$.关于这一点将在 1.1.5 小节给出更加一般的结论.

例 1.1.15 对于任意向量 $\boldsymbol{a},\boldsymbol{b},\boldsymbol{c}$,试证明:向量 $\boldsymbol{a}+\boldsymbol{b}+\boldsymbol{c},\boldsymbol{a}-\boldsymbol{b}-\boldsymbol{c},\boldsymbol{a}+2\boldsymbol{b}+2\boldsymbol{c}$ 共面.

证 三个向量 $\boldsymbol{a}+\boldsymbol{b}+\boldsymbol{c},\boldsymbol{a}-\boldsymbol{b}-\boldsymbol{c},\boldsymbol{a}+2\boldsymbol{b}+2\boldsymbol{c}$ 共面的充要条件是它们线性相关,即存在不全为零的数 λ,μ,ν 使得

$$\lambda(\boldsymbol{a}+\boldsymbol{b}+\boldsymbol{c})+\mu(\boldsymbol{a}-\boldsymbol{b}-\boldsymbol{c})+\nu(\boldsymbol{a}+2\boldsymbol{b}+2\boldsymbol{c})=\boldsymbol{0}.$$

上式化简后得

$$(\lambda+\mu+\nu)\boldsymbol{a}+(\lambda-\mu+2\nu)\boldsymbol{b}+(\lambda-\mu+2\nu)\boldsymbol{c}=\boldsymbol{0}.$$

要使得上式对任意向量 $\boldsymbol{a},\boldsymbol{b},\boldsymbol{c}$ 成立,必须

$$\begin{cases}\lambda+\mu+\nu=0,\\ \lambda-\mu+2\nu=0.\end{cases}$$

该方程组存在不全为零的解,例如 $\lambda=3,\mu=-1,\nu=-2$.因此三个向量 $\boldsymbol{a}+\boldsymbol{b}+\boldsymbol{c},\boldsymbol{a}-\boldsymbol{b}-\boldsymbol{c},\boldsymbol{a}+2\boldsymbol{b}+2\boldsymbol{c}$ 共面. □

例 1.1.16 证明:n 维向量空间中两个非零向量 $\boldsymbol{a}=(a_1,a_2,\cdots,a_n),\boldsymbol{b}=(b_1,b_2,\cdots,b_n)$ 线性相关的充要条件是,这两个向量的对应坐标分量成比例.

证 两个非零向量 $\boldsymbol{a}$ 与 $\boldsymbol{b}$ 线性相关的充要条件是 $\exists$ 不全为零的数 λ_1,λ_2 使得 $\lambda_1\boldsymbol{a}+\lambda_2\boldsymbol{b}=\boldsymbol{0}$,不妨设 $\lambda_1\neq 0$,则 $\lambda_2\neq 0$,记 $\lambda=-\dfrac{\lambda_2}{\lambda_1}$,即存在非零的数 λ,使得 $\boldsymbol{a}=\lambda\boldsymbol{b}$,即 $(a_1,a_2,\cdots,a_n)=(\lambda b_1,\lambda b_2,\cdots,\lambda b_n)$,因此 $a_1=\lambda b_1,a_2=\lambda b_2,\cdots,a_n=\lambda b_n$. □

注 以后把两个向量线性相关也叫共线,三个向量线性相关也叫共面.

特别地,三维空间中三点 $A(x_1,y_1,z_1),B(x_2,y_2,z_2),C(x_3,y_3,z_3)$ 共线的充要条件是 $\dfrac{x_2-x_1}{x_3-x_1}=\dfrac{y_2-y_1}{y_3-y_1}=\dfrac{z_2-z_1}{z_3-z_1}$.二维数组向量空间中三点 $A=(x_1,y_1),B=(x_2,y_2),C=(x_3,y_3)$ 共线的充要条件是 $\dfrac{x_2-x_1}{x_3-x_1}=\dfrac{y_2-y_1}{y_3-y_1}$,即

$$\begin{vmatrix}x_1 & y_1 & 1\\ x_2 & y_2 & 1\\ x_3 & y_3 & 1\end{vmatrix}=0.$$

例 1.1.17 证明:三维数组向量空间中三个非零向量 $\boldsymbol{a}=(a_1,a_2,a_3),\boldsymbol{b}=(b_1,b_2,b_3),\boldsymbol{c}=(c_1,c_2,c_3)$ 共面的充要条件是

$$\begin{vmatrix}a_1 & a_2 & a_3\\ b_1 & b_2 & b_3\\ c_1 & c_2 & c_3\end{vmatrix}=0.$$

证 因为三个向量 $\boldsymbol{a},\boldsymbol{b},\boldsymbol{c}$ 共面就是它们线性相关,即存在不全为零的数 λ,μ,ν 使得 $\lambda\boldsymbol{a}+\mu\boldsymbol{b}+\nu\boldsymbol{c}=\boldsymbol{0}$.写成坐标分量形式为

$$\begin{cases}a_1\lambda+b_1\mu+c_1\nu=0,\\a_2\lambda+b_2\mu+c_2\nu=0,\\a_3\lambda+b_3\mu+c_3\nu=0.\end{cases}$$

该方程组有非零解 λ,μ,ν 的充要条件是系数行列式为零,该例得证. □

1.1.5 线性映射与线性变换

转化是重要的数学思想之一.一般向量空间包罗万象,不好理解和把握,如果能找到一个易于运算、理解的"等价"对象作全权代表,该是一件多么美好的事.

为此,我们需要在(相同或不同的)向量空间之间建立适当对应,这种对应保持向量空间的某些性质不变,从而使得对不同向量空间的部分研究得以推广到与其对应的向量空间.由于向量空间又叫线性空间,我们称这种向量空间之间的对应为线性映射.

线性映射在我们前面的叙述中已经涉及,比如向量的一个取定非零数的数乘运算实际上把向量空间映射到其自身.

1. 线性映射与线性变换的概念及矩阵表示

定义 1.1.20 如果向量空间 L 到另一个向量空间 M 的一个映射 $\sigma:L\to M$,使得对每个向量 $\boldsymbol{x}\in L$,存在一个向量 $\sigma(\boldsymbol{x})\in M$,并且对于每个标量 α 和 L 中的所有向量 $\boldsymbol{x}$ 和 $\boldsymbol{y}$,

$$\sigma(\boldsymbol{x}+\boldsymbol{y})=\sigma(\boldsymbol{x})+\sigma(\boldsymbol{y}),\quad \sigma(\alpha\boldsymbol{x})=\alpha\sigma(\boldsymbol{x}),\tag{1.1.29}$$

则称 σ 是向量空间 L 到 M 的一个**线性映射**.进一步,若 $M=L$,则该线性映射也称为**线性变换**.

例如,任意向量空间 L 到其自身的恒同映射 $i:L\to L$ 定义了 L 上的一个线性变换.

从一个 n 维向量空间 L 到一个 m 维向量空间 M 可以存在许多线性映射,但任何线性映射均将 L 中的零向量映射到 M 中的零向量.将所有这样的线性映射的集合记为 $\mathscr{L}(L,M)$,以方便讨论线性映射的其他性质.

定理 1.1.10 在集合 $\mathscr{L}(L,M)$ 中定义元素加法和与标量 α 的乘积,使得 $\forall\,\sigma,\rho\in\mathscr{L}(L,M)$,

$$(\sigma+\rho)(\boldsymbol{x})=\sigma(\boldsymbol{x})+\rho(\boldsymbol{x}),\quad (\alpha\sigma)(\boldsymbol{x})=\alpha\sigma(\boldsymbol{x}),\tag{1.1.30}$$

则集合 $\mathscr{L}(L,M)$ 构成一个向量空间.

证 根据条件(1.1.30),易验证映射 $\sigma+\rho$ 和 $\alpha\sigma$ 都满足条件(1.1.29),因而它们都是 L 到 M 的线性映射.另外,$\mathscr{L}(L,M)$ 的零向量

$$\mathscr{o}:L\to M,\quad \forall\,\boldsymbol{x}\in L,\quad \mathscr{o}(\boldsymbol{x})=\boldsymbol{0}$$

也易证是线性映射(称为零映射).$\mathscr{L}(L,M)$ 也满足向量空间的其他条件的验证作为练习留给读者. □

定理 1.1.11 设 L 和 M 是两个向量空间,若线性映射 $\sigma:L\to M$ 可逆,则逆映射 $\sigma^{-1}:M\to L$ 也是线性映射.

证 根据逆映射的定义(参见绪论),对于任意向量 $\boldsymbol{y}_i\in M,i=1,2$,存在唯一向量 $\boldsymbol{x}_i\in L$ 使得 $\sigma(\boldsymbol{x}_i)=\boldsymbol{y}_i$,因此 $\sigma(\boldsymbol{x}_1+\boldsymbol{x}_2)=\boldsymbol{y}_1+\boldsymbol{y}_2$.根据逆映射的定义可得

$$\sigma^{-1}(\boldsymbol{y}_1+\boldsymbol{y}_2)=\boldsymbol{x}_1+\boldsymbol{x}_2=\sigma^{-1}(\boldsymbol{y}_1)+\sigma^{-1}(\boldsymbol{y}_2).$$

另外,对于任意向量 $\boldsymbol{y}\in M$ 和标量 α,

$$\sigma^{-1}(\alpha y)=\sigma^{-1}(\alpha\sigma(\sigma^{-1}(\boldsymbol{y})))=\sigma^{-1}(\sigma(\alpha\,\sigma^{-1}(\boldsymbol{y})))=\alpha\,\sigma^{-1}(\boldsymbol{y}).$$

因此$\sigma^{-1}:M\to L$ 是线性映射. □

作为定理 1.1.11 的特例,可逆线性变换 σ 的逆变换也是可逆线性变换.另外令 L,M,N 分别为 n,m 和 l 维向量空间,$\sigma:L\to M$ 和 $\rho:M\to N$ 为线性映射,容易验证,ρ 和 σ 的乘积映射 $\rho\sigma:L\to N$, $\forall\,\boldsymbol{x}\in L$, $(\rho\sigma)(\boldsymbol{x})=\rho(\sigma(\boldsymbol{x}))$ 也是线性映射.

有限维向量空间 L 到 M 的线性映射可以用 L 和 M 的向量在各自基下的坐标表示.为此,令 L 和 M 的基分别为 $\{\boldsymbol{e}_1,\boldsymbol{e}_2,\cdots,\boldsymbol{e}_n\}$ 和 $\{\boldsymbol{f}_1,\boldsymbol{f}_2,\cdots,\boldsymbol{f}_m\}$,并且将每个向量 $\boldsymbol{x}\in L$ 表示为

$$\boldsymbol{x}=\alpha_1\boldsymbol{e}_1+\alpha_2\boldsymbol{e}_2+\cdots+\alpha_n\boldsymbol{e}_n.$$

对于任意线性映射 $\sigma:L\to M$,多次使用(1.1.29)式将得到向量 $\boldsymbol{x}$ 的像

$$\sigma(\boldsymbol{x})=\alpha_1\sigma(\boldsymbol{e}_1)+\alpha_2\sigma(\boldsymbol{e}_2)+\cdots+\alpha_n\sigma(\boldsymbol{e}_n). \tag{1.1.31}$$

因为向量 $\sigma(\boldsymbol{e}_1),\sigma(\boldsymbol{e}_2),\cdots,\sigma(\boldsymbol{e}_n)\in M$,所以它们是 M 的基 $\{\boldsymbol{f}_1,\boldsymbol{f}_2,\cdots,\boldsymbol{f}_m\}$ 的线性组合,即

$$\begin{cases}\sigma(\boldsymbol{e}_1)=a_{11}\boldsymbol{f}_1+a_{21}\boldsymbol{f}_2+\cdots+a_{m1}\boldsymbol{f}_m,\\ \sigma(\boldsymbol{e}_2)=a_{12}\boldsymbol{f}_1+a_{22}\boldsymbol{f}_2+\cdots+a_{m2}\boldsymbol{f}_m,\\ \qquad\cdots\cdots\cdots\cdots\\ \sigma(\boldsymbol{e}_n)=a_{1n}\boldsymbol{f}_1+a_{2n}\boldsymbol{f}_2+\cdots+a_{mn}\boldsymbol{f}_m.\end{cases} \tag{1.1.32}$$

将(1.1.32)式中的 $\sigma(\boldsymbol{e}_i)$ 代入(1.1.31)式得到

$$\sigma(\boldsymbol{x})=\sum_{i=1}^{m}(\alpha_1a_{i1}+\alpha_2a_{i2}+\cdots+\alpha_na_{in})\boldsymbol{f}_i. \tag{1.1.33}$$

另一方面,$\sigma(\boldsymbol{x})$ 在基 $\{\boldsymbol{f}_1,\boldsymbol{f}_2,\cdots,\boldsymbol{f}_m\}$ 下具有坐标 $\beta_1,\beta_2,\cdots,\beta_m$,即

$$\sigma(\boldsymbol{x})=\beta_1\boldsymbol{f}_1+\beta_2\boldsymbol{f}_2+\cdots+\beta_m\boldsymbol{f}_m.$$

根据向量坐标的唯一性,上式中的系数应该与(1.1.33)式中的系数对应相等,即

$$\begin{cases}\beta_1=a_{11}\alpha_1+a_{12}\alpha_2+\cdots+a_{1n}\alpha_n,\\ \beta_2=a_{21}\alpha_1+a_{22}\alpha_2+\cdots+a_{2n}\alpha_n,\\ \qquad\cdots\cdots\cdots\cdots\\ \beta_m=a_{m1}\alpha_1+a_{m2}\alpha_2+\cdots+a_{mn}\alpha_n.\end{cases} \tag{1.1.34}$$

公式(1.1.34)给出了线性映射 $\sigma:L\to M$ 在 L 和 M 的所选基下的坐标表示.若记 $\boldsymbol{\alpha}=(\alpha_1,\alpha_2,\cdots,\alpha_n)$,$\boldsymbol{\beta}=(\beta_1,\beta_2,\cdots,\beta_m)$,以及

$$\boldsymbol{A}=\begin{pmatrix}a_{11}&a_{12}&\cdots&a_{1n}\\a_{21}&a_{22}&\cdots&a_{2n}\\\vdots&\vdots&&\vdots\\a_{m1}&a_{m2}&\cdots&a_{mn}\end{pmatrix}, \tag{1.1.35}$$

则(1.1.34)式可以简化为 $\boldsymbol{\beta}^{\mathrm{T}}=A\boldsymbol{\alpha}^{\mathrm{T}}$,其中上角 T 表示转置.这里,矩阵 $\boldsymbol{A}$ 称为线性映射 $\sigma:L\to M$ 在基 $\{\boldsymbol{e}_1,\boldsymbol{e}_2,\cdots,\boldsymbol{e}_n\}$ 和 $\{\boldsymbol{f}_1,\boldsymbol{f}_2,\cdots,\boldsymbol{f}_m\}$ 下的映射矩阵.

以上分析可以总结为:

定理 1.1.12 假设 $\{\boldsymbol{e}_1,\boldsymbol{e}_2,\cdots,\boldsymbol{e}_n\}$ 和 $\{\boldsymbol{f}_1,\boldsymbol{f}_2,\cdots,\boldsymbol{f}_m\}$ 分别是向量空间 L 和 M 的一个基.那么,对于任意线性映射 $\sigma:L\to M$,存在唯一的矩阵 $\boldsymbol{A}=(a_{ij})_{m\times n}$,使得 $\boldsymbol{x}$ 在 $\{\boldsymbol{e}_1,\boldsymbol{e}_2,\cdots,\boldsymbol{e}_n\}$ 下的

坐标 $\boldsymbol{\alpha}$ 和像 $\sigma(\boldsymbol{x})$ 在 $\{\boldsymbol{f}_1,\boldsymbol{f}_2,\cdots,\boldsymbol{f}_m\}$ 下的坐标 $\boldsymbol{\beta}$ 满足 $\boldsymbol{\beta}^{\mathrm{T}}=\boldsymbol{A}\boldsymbol{\alpha}^{\mathrm{T}}$.反过来,给定任意矩阵 $\boldsymbol{A}=(a_{ij})_{m\times n}$,则可由(1.1.32)式定义线性映射 $\sigma:L\to M$.

因此,在从 n 维向量空间 L 到 m 维向量空间 M 的所有线性映射的集合 $\mathscr{L}(L,M)$ 与全体 $m\times n$ 矩阵的集合之间存在双射.而且还可以证明,线性映射的运算对应于其矩阵的相同运算.具体来说,假设线性映射 $\sigma:L\to M$ 和 $\rho:L\to M$ 在适当选定的基 $\{\boldsymbol{e}_1,\boldsymbol{e}_2,\cdots,\boldsymbol{e}_n\}$ 和 $\{\boldsymbol{f}_1,\boldsymbol{f}_2,\cdots,\boldsymbol{f}_m\}$ 下分别对应于映射矩阵 $\boldsymbol{A}$ 和 $\boldsymbol{B}$,因为通过(1.1.32)式得到

$$(\sigma+\rho)(\boldsymbol{e}_i)=\sum_{j=1}^{m}a_{ji}\boldsymbol{f}_j+\sum_{j=1}^{m}b_{ji}\boldsymbol{f}_j=\sum_{j=1}^{m}(a_{ji}+b_{ji})\boldsymbol{f}_j,$$

所以矩阵 $\boldsymbol{A}+\boldsymbol{B}$ 对应于线性映射 $\sigma+\rho$.类似地可以验证线性映射 $\alpha\sigma$ 对应于矩阵 $\alpha\boldsymbol{A}$.

假设向量空间 L,M 和 N 中分别存在基 $\{\boldsymbol{e}_1,\boldsymbol{e}_2,\cdots,\boldsymbol{e}_n\}$,$\{\boldsymbol{f}_1,\boldsymbol{f}_2,\cdots,\boldsymbol{f}_m\}$ 和 $\{\boldsymbol{g}_1,\boldsymbol{g}_2,\cdots,\boldsymbol{g}_l\}$,有线性映射 $\sigma:L\to M$ 和 $\rho:M\to N$.用 $\boldsymbol{A}=(a_{ij})_{m\times n}$ 表示线性映射 σ 在基 $\{\boldsymbol{e}_1,\boldsymbol{e}_2,\cdots,\boldsymbol{e}_n\}$ 和 $\{\boldsymbol{f}_1,\boldsymbol{f}_2,\cdots,\boldsymbol{f}_m\}$ 下的映射矩阵,而用 $\boldsymbol{B}=(b_{ij})_{l\times m}$ 表示线性映射 ρ 在基 $\{\boldsymbol{f}_1,\boldsymbol{f}_2,\cdots,\boldsymbol{f}_m\}$ 和 $\{\boldsymbol{g}_1,\boldsymbol{g}_2,\cdots,\boldsymbol{g}_l\}$ 下的映射矩阵,则 $\rho\sigma$ 在基 $\{\boldsymbol{e}_1,\boldsymbol{e}_2,\cdots,\boldsymbol{e}_n\}$ 和 $\{\boldsymbol{g}_1,\boldsymbol{g}_2,\cdots,\boldsymbol{g}_l\}$ 下的矩阵 $\boldsymbol{C}=(c_{ij})_{l\times n}$ 计算如下:首先,映射 σ 的映射矩阵 $\boldsymbol{A}$ 满足(1.1.32)式,其次对映射 ρ,可以使用(1.1.32)式得

$$\begin{cases}\rho(\boldsymbol{f}_1)=b_{11}\boldsymbol{g}_1+b_{21}\boldsymbol{g}_2+\cdots+b_{l1}\boldsymbol{g}_l,\\ \rho(\boldsymbol{f}_2)=b_{12}\boldsymbol{g}_1+b_{22}\boldsymbol{g}_2+\cdots+b_{l2}\boldsymbol{g}_l,\\ \qquad\cdots\cdots\cdots\cdots\\ \rho(\boldsymbol{f}_m)=b_{1m}\boldsymbol{g}_1+b_{2m}\boldsymbol{g}_2+\cdots+b_{lm}\boldsymbol{g}_l.\end{cases}\tag{1.1.36}$$

由(1.1.32)式和(1.1.36)式得到 $\boldsymbol{C}=\boldsymbol{B}\boldsymbol{A}$.也就是说,线性映射的乘积对应于它们的映射矩阵的乘积.

上述线性映射的一种特殊形式是,将 n 维向量空间 L 中的一个基变成其另一个基的线性变换,称为 L 上的**坐标变换**.设 $\{\boldsymbol{e}_1,\boldsymbol{e}_2,\cdots,\boldsymbol{e}_n\}$ 和 $\{\boldsymbol{e}'_1,\boldsymbol{e}'_2,\cdots,\boldsymbol{e}'_n\}$ 为 L 的两个基,令

$$\boldsymbol{e}'_i=\sum_{j=1}^{n}c_{ji}\boldsymbol{e}_j,\quad i=1,2,\cdots,n.\tag{1.1.37}$$

令向量 $\boldsymbol{x}$ 在基 $\{\boldsymbol{e}_1,\boldsymbol{e}_2,\cdots,\boldsymbol{e}_n\}$ 和 $\{\boldsymbol{e}'_1,\boldsymbol{e}'_2,\cdots,\boldsymbol{e}'_n\}$ 下的坐标分别为 $\boldsymbol{\alpha}=(\alpha_1,\alpha_2,\cdots,\alpha_n)$ 和 $\boldsymbol{\alpha}'=(\alpha'_1,\alpha'_2,\cdots,\alpha'_n)$,则由(1.1.37)式可得

$$\boldsymbol{x}=\sum_{i=1}^{n}\alpha'_i\left(\sum_{j=1}^{n}c_{ji}\boldsymbol{e}_j\right)=\sum_{j=1}^{n}\left(\sum_{i=1}^{n}\alpha'_ic_{ji}\right)\boldsymbol{e}_j.$$

因为向量 $\boldsymbol{x}$ 在基 $\{\boldsymbol{e}_1,\boldsymbol{e}_2,\cdots,\boldsymbol{e}_n\}$ 下的坐标唯一,所以有

$$\begin{cases}\alpha_1=c_{11}\alpha'_1+c_{12}\alpha'_2+\cdots+c_{1n}\alpha'_n,\\ \alpha_2=c_{21}\alpha'_1+c_{22}\alpha'_2+\cdots+c_{2n}\alpha'_n,\\ \qquad\cdots\cdots\cdots\cdots\\ \alpha_n=c_{n1}\alpha'_1+c_{n2}\alpha'_2+\cdots+c_{nn}\alpha'_n.\end{cases}\tag{1.1.38}$$

这就是向量的坐标变换公式,可简写为

$$\boldsymbol{\alpha}^{\mathrm{T}}=\boldsymbol{C}\boldsymbol{\alpha}'^{\mathrm{T}},\tag{1.1.39}$$

其中

$$
C=\begin{pmatrix} c_{11} & c_{12} & \cdots & c_{1n} \\ c_{21} & c_{22} & \cdots & c_{2n} \\ \vdots & \vdots & & \vdots \\ c_{n1} & c_{n2} & \cdots & c_{nn} \end{pmatrix} \tag{1.1.40}
$$

称为**从基** $\{\boldsymbol{e}_1,\boldsymbol{e}_2,\cdots,\boldsymbol{e}_n\}$ **到基** $\{\boldsymbol{e}_1',\boldsymbol{e}_2',\cdots,\boldsymbol{e}_n'\}$ **的过渡矩阵**.由于坐标 $\boldsymbol{\alpha}$ 和 $\boldsymbol{\alpha}'$ 是唯一确定的,所以方程组(1.1.38)只有唯一解,因而过渡矩阵 $\boldsymbol{C}$ 是满秩的.

比较(1.1.34)式和(1.1.38)式不难看出,向量的坐标变换公式是线性映射的坐标表示公式在 $m=n$ 时的特殊情形.也就是说,向量的坐标变换公式就是向量空间 L 上的一个线性映射 $\sigma:L\to L$ 的坐标表示.(1.1.38)式还回答了例 1.1.14 提出的,向量空间 L 中的向量 $\boldsymbol{x}$ 的坐标如何依赖于向量空间 L 的基 $\{\boldsymbol{e}_1,\boldsymbol{e}_2,\cdots,\boldsymbol{e}_n\}$ 的问题.

现在来看线性映射的映射矩阵如何取决于基的选择.事实上,假设线性映射 $\sigma:L\to M$ 在向量空间 L 和 M 的一对基 $\{\boldsymbol{e}_1,\boldsymbol{e}_2,\cdots,\boldsymbol{e}_n\}$ 和 $\{\boldsymbol{f}_1,\boldsymbol{f}_2,\cdots,\boldsymbol{f}_m\}$ 下具有映射矩阵 $\boldsymbol{A}$,向量 $\boldsymbol{x}\in L$ 在 $\{\boldsymbol{e}_1,\boldsymbol{e}_2,\cdots,\boldsymbol{e}_n\}$ 下的坐标用 $\boldsymbol{\alpha}=(\alpha_1,\alpha_2,\cdots,\alpha_n)$ 表示,向量 $\sigma(\boldsymbol{x})$ 在 $\{\boldsymbol{f}_1,\boldsymbol{f}_2,\cdots,\boldsymbol{f}_m\}$ 下的坐标用 $\boldsymbol{\beta}=(\beta_1,\beta_2,\cdots,\beta_m)$ 表示,而 $\sigma:L\to M$ 在另一对基 $\{\boldsymbol{e}_1',\boldsymbol{e}_2',\cdots,\boldsymbol{e}_n'\}$ 和 $\{\boldsymbol{f}_1',\boldsymbol{f}_2',\cdots,\boldsymbol{f}_m'\}$ 下的矩阵为 $\boldsymbol{A}'$,向量 $\boldsymbol{x}$ 在 $\{\boldsymbol{e}_1',\boldsymbol{e}_2',\cdots,\boldsymbol{e}_n'\}$ 下的坐标表示为 $\boldsymbol{\alpha}'=(\alpha_1',\alpha_2',\cdots,\alpha_n')$,向量 $\sigma(\boldsymbol{x})$ 在 $\{\boldsymbol{f}_1',\boldsymbol{f}_2',\cdots,\boldsymbol{f}_m'\}$ 下的坐标表示为 $\boldsymbol{\beta}'=(\beta_1',\beta_2',\cdots,\beta_m')$.设 $\boldsymbol{C}$ 是从基 $\{\boldsymbol{e}_1,\boldsymbol{e}_2,\cdots,\boldsymbol{e}_n\}$ 到基 $\{\boldsymbol{e}_1',\boldsymbol{e}_2',\cdots,\boldsymbol{e}_n'\}$ 的过渡矩阵,而 $\boldsymbol{D}$ 是从基 $\{\boldsymbol{f}_1,\boldsymbol{f}_2,\cdots,\boldsymbol{f}_m\}$ 到基 $\{\boldsymbol{f}_1',\boldsymbol{f}_2',\cdots,\boldsymbol{f}_m'\}$ 的过渡矩阵.那么通过坐标变换公式(1.1.39)以及线性映射的坐标表示公式(1.1.34)及其矩阵表示,可以得到

$$
\boldsymbol{\alpha}'^{\mathrm{T}}=\boldsymbol{C}^{-1}\boldsymbol{\alpha}^{\mathrm{T}},\quad \boldsymbol{\beta}'^{\mathrm{T}}=\boldsymbol{D}^{-1}\boldsymbol{\beta}^{\mathrm{T}},\quad \boldsymbol{\beta}^{\mathrm{T}}=\boldsymbol{A}\boldsymbol{\alpha}^{\mathrm{T}},\quad \boldsymbol{\beta}'^{\mathrm{T}}=\boldsymbol{A}'\boldsymbol{\alpha}'^{\mathrm{T}}.
$$

从上式中消去 $\boldsymbol{\alpha}'^{\mathrm{T}}$,$\boldsymbol{\beta}^{\mathrm{T}}$ 和 $\boldsymbol{\beta}'^{\mathrm{T}}$ 得

$$
\boldsymbol{A}'\boldsymbol{C}^{-1}\boldsymbol{\alpha}^{\mathrm{T}}=\boldsymbol{D}^{-1}\boldsymbol{A}\boldsymbol{\alpha}^{\mathrm{T}}.
$$

该式对任何向量 $\boldsymbol{x}\in L$ 的坐标成立,当然对 $\boldsymbol{e}_1,\boldsymbol{e}_2,\cdots,\boldsymbol{e}_n$ 的坐标成立,也就是说,$\boldsymbol{\alpha}$ 至少可以取 $(1,0,0,\cdots,0),(0,1,0,\cdots,0),\cdots,(0,0,0,\cdots,1)$,所以

$$
\boldsymbol{A}'\boldsymbol{C}^{-1}=\boldsymbol{D}^{-1}\boldsymbol{A}.
$$

两边右乘矩阵 $\boldsymbol{C}$,得到

$$
\boldsymbol{A}'=\boldsymbol{D}^{-1}\boldsymbol{A}\boldsymbol{C}, \tag{1.1.41}
$$

这就是线性映射的映射矩阵在坐标变换下的变换公式.其中 $\boldsymbol{C}$ 和 $\boldsymbol{D}$ 是过渡矩阵,取决于基的选择.所以线性映射 σ 的映射矩阵依赖于基的选择.

此外,若向量空间 L 和 M 的维数相同,则公式(1.1.41)中的矩阵可以进行行列式运算:

$$
|\boldsymbol{A}'|=|\boldsymbol{D}^{-1}||\boldsymbol{A}||\boldsymbol{C}|=|\boldsymbol{D}|^{-1}|\boldsymbol{A}||\boldsymbol{C}|.
$$

而 $\boldsymbol{C}$ 和 $\boldsymbol{D}$ 是过渡矩阵,它们是非奇异的(即行列式不为零),因此 $|\boldsymbol{D}|^{-1}|\boldsymbol{C}|\neq 0$.所以,向量空间 L 到同维数的向量空间 M 的线性映射的映射矩阵若对于一对基是非奇异的,则对于其他基对也是非奇异的.

定义 1.1.21 对于同维数向量空间的线性映射,如果其在任何一对基下的矩阵是非奇异的,则称该线性映射为**非奇异**或**非退化**的线性映射.

更进一步,当向量空间 $L=M$ 时,σ 是向量空间上的线性变换,基对 $\{\boldsymbol{e}_1,\boldsymbol{e}_2,\cdots,\boldsymbol{e}_n\}$ 和 $\{\boldsymbol{f}_1,\boldsymbol{f}_2,\cdots,\boldsymbol{f}_m\}$ 与基对 $\{\boldsymbol{e}_1',\boldsymbol{e}_2',\cdots,\boldsymbol{e}_n'\}$ 和 $\{\boldsymbol{f}_1',\boldsymbol{f}_2',\cdots,\boldsymbol{f}_m'\}$ 重合.因此 $\boldsymbol{D}=\boldsymbol{C}$,并且矩阵公式(1.1.41)变成 $\boldsymbol{A}'=\boldsymbol{C}^{-1}\boldsymbol{A}\boldsymbol{C}$,后者说明尽管向量空间 L 的线性变换的矩阵本身取决于基的选择,但其行列

式并不依赖于基的选择，它在线性变换下是不变的．当数域为实数域（或实子域）时，我们把行列式为正值的线性变换称为**第一类线性变换**，而为负值的线性变换称为**第二类线性变换**．

特别地，若线性变换 σ 在基 $\{\boldsymbol{e}_1,\boldsymbol{e}_2,\cdots,\boldsymbol{e}_n\}$ 下的矩阵为 $\boldsymbol{A}$，则逆变换 σ^{-1} 在基 $\{\boldsymbol{e}_1,\boldsymbol{e}_2,\cdots,\boldsymbol{e}_n\}$ 下的矩阵为 $\boldsymbol{A}^{-1}$．所以，向量空间 L 中的所有非奇异线性变换构成一个变换群．

非奇异线性变换可以用来对实向量空间进行定向．我们知道，对于实直线，在选定其上的任意点作为原点后，从原点出发有向左和向右两个定向，它可以由直线上的基确定，选定直线上向左或向右的非零向量作为直线的基 $\boldsymbol{e}$，就确定了直线的一个定向，将 $\boldsymbol{e}$ 乘任意负实数 λ，所得到的基 $\lambda\boldsymbol{e}$ 代表了该直线的另一个定向．我们把这种定向的概念推广到有限维实向量空间中去．

定义 1.1.22　设 $\{\boldsymbol{e}_1,\boldsymbol{e}_2,\cdots,\boldsymbol{e}_n\}$ 和 $\{\boldsymbol{e}'_1,\boldsymbol{e}'_2,\cdots,\boldsymbol{e}'_n\}$ 是 n 维实向量空间 L 的两个基，若从 $\{\boldsymbol{e}_1,\boldsymbol{e}_2,\cdots,\boldsymbol{e}_n\}$ 到 $\{\boldsymbol{e}'_1,\boldsymbol{e}'_2,\cdots,\boldsymbol{e}'_n\}$ 的坐标变换的过渡矩阵 $\boldsymbol{C}$ 的行列式 $|\boldsymbol{C}|>0$，则认为两个基 $\{\boldsymbol{e}_1,\boldsymbol{e}_2,\cdots,\boldsymbol{e}_n\}$ 和 $\{\boldsymbol{e}'_1,\boldsymbol{e}'_2,\cdots,\boldsymbol{e}'_n\}$ 具有**相同定向**，而如果 $|\boldsymbol{C}|<0$，则认为它们具有**相反定向**．

因为实向量空间 L 上的坐标变换是非奇异的，所以过渡矩阵 $\boldsymbol{C}$ 的行列式只能有两种情形：$|\boldsymbol{C}|>0$ 和 $|\boldsymbol{C}|<0$．因此，在给定实向量空间 L 的一个基 $\{\boldsymbol{e}_1,\boldsymbol{e}_2,\cdots,\boldsymbol{e}_n\}$ 之后，L 上任意其他基要么与 $\{\boldsymbol{e}_1,\boldsymbol{e}_2,\cdots,\boldsymbol{e}_n\}$ 具有相同定向，要么与其具有向反定向，即实向量空间 L 的所有基分为两类，各自都具有相同定向．显然，实向量空间中的基的这种分类与我们选择的基 $\{\boldsymbol{e}_1,\boldsymbol{e}_2,\cdots,\boldsymbol{e}_n\}$ 无关．

我们把基的选择过程称为**对实向量空间 L 定向**．与选定基同属一类的基称为**正定向的**，而另一类中的基称为**负定向的**．显然，实向量空间的正定向基可以是两类基中的任意一类．实向量空间 L 在选定了一个基之后，就称为**有向向量空间**．

2. 同构映射与向量空间的同构

线性映射的另一种特殊情形是同构．

定义 1.1.23　向量空间 L 和 M 之间的可逆线性映射 σ 称为**同构映射**，存在同构映射的两个向量空间 L 和 M 称为是**同构**的，表示为 $L\simeq M$．

向量空间的同构具有以下性质：

（1）**自反性**：任何一个向量空间 L 与自身显然同构．

这是因为只要在自身之间使用恒同映射 $i:L\to L$ 就够了．

（2）**对称性**：如果 $L\simeq M$，则 $M\simeq L$．

因为 $L\simeq M$，所以在它们之间存在一个可逆线性映射 σ，其逆映射 σ^{-1} 也是同构映射，因此 $M\simeq L$．

（3）**传递性**：如果 $L\simeq M$ 且 $M\simeq N$，则 $L\simeq N$．

同构映射的乘积也是一个同构映射．具体来说，如果 σ 是 L 和 M 之间的同构映射，而 ρ 是 M 与 N 之间的同构映射，那么 $\delta=\rho\sigma$ 显然也是一个可逆线性映射，因而是同构映射，因此 $L\simeq N$．

例 1.1.18　证明：数域 $\mathbb{K}$ 上的任何 n 维向量空间 L 都与 $\mathbb{K}^n$ 同构．

证　对于数域 $\mathbb{K}$ 上的 n 维向量空间 L，定义一个映射，其将 $\boldsymbol{x}\in L$ 映射到 $\boldsymbol{x}$ 在 L 的某一个基 $\{\boldsymbol{e}_1,\boldsymbol{e}_2,\cdots,\boldsymbol{e}_n\}$ 下的坐标．不难证明，该映射是可逆线性映射，而这些坐标构成 $\mathbb{K}^n$，因而 $L\simeq\mathbb{K}^n$．　□

例 1.1.19 证明：n 维向量空间 L 到 m 维向量空间 M 的所有线性映射 $\sigma: L\to M$ 构成的向量空间 $\mathscr{L}(L,M)$ 与所有 $m\times n$ 矩阵 $\boldsymbol{A}$ 构成的向量空间同构.

证 通过在 L 和 M 中选择一对基 $\{\boldsymbol{e}_1,\boldsymbol{e}_2,\cdots,\boldsymbol{e}_n\}$ 和 $\{\boldsymbol{f}_1,\boldsymbol{f}_2,\cdots,\boldsymbol{f}_m\}$，构造一个映射，将每个线性映射 $\sigma: L\to M$ 通过公式(1.1.34)与一个 $m\times n$ 矩阵 $\boldsymbol{A}$ 对应.由定理 1.1.12 之后的一段分析可知该映射是 $\mathscr{L}(L,M)$ 与所有 $m\times n$ 矩阵 $\boldsymbol{A}$ 构成的向量空间之间的同构映射. □

定理 1.1.13 两个有限维向量空间 L 和 M 同构的充要条件是 $\dim L=\dim M$.

证 (充分性)根据例 1.1.18，任何一个 n 维向量空间 L 与 $\mathbb{K}^n$ 是同构的，即任何 n 维向量空间 L 和 M 都满足 $L\simeq\mathbb{K}^n$ 和 $M\simeq\mathbb{K}^n$，因此由同构的传递性和对称性得到 $L\simeq M$.

(必要性)假设 $\sigma: L\to M$ 是同构映射，只要能证明 σ 把 L 中的一个基 $\{\boldsymbol{e}_1,\boldsymbol{e}_2,\cdots,\boldsymbol{e}_n\}$ 映射到 M 中的一个基即可.为此，对于 $i=1,2,\cdots,n$，令 $\boldsymbol{f}_i=\sigma(\boldsymbol{e}_i)$，我们来证明向量组 $[\boldsymbol{f}_1,\boldsymbol{f}_2,\cdots,\boldsymbol{f}_n]$ 构成 M 的一个基.首先假设存在一组标量 $\alpha_1,\alpha_2,\cdots,\alpha_n$ 使得

$$\alpha_1\boldsymbol{f}_1+\alpha_2\boldsymbol{f}_2+\cdots+\alpha_n\boldsymbol{f}_n=\boldsymbol{0}'\in M$$

($\boldsymbol{0}'$ 为 M 中的零向量).由此可得

$$\alpha_1\sigma(\boldsymbol{e}_1)+\alpha_2\sigma(\boldsymbol{e}_2)+\cdots+\alpha_n\sigma(\boldsymbol{e}_n)=\boldsymbol{0}'\in M.$$

再利用 $\sigma: L\to M$ 是同构映射的假设以及 $\sigma(\boldsymbol{0})=\boldsymbol{0}'$，得

$$\alpha_1\boldsymbol{e}_1+\alpha_2\boldsymbol{e}_2+\cdots+\alpha_n\boldsymbol{e}_n=\boldsymbol{0}\in L.$$

而向量组 $\{\boldsymbol{e}_1,\boldsymbol{e}_2,\cdots,\boldsymbol{e}_n\}$ 作为 L 中的一个基，是线性无关的，所以 $\alpha_1=0,\alpha_2=0,\cdots,\alpha_n=0$.这说明 $\{\boldsymbol{f}_1,\boldsymbol{f}_2,\cdots,\boldsymbol{f}_n\}$ 是线性无关的.

其次证明每个向量 $\boldsymbol{y}\in M$ 是向量组 $\{\boldsymbol{f}_1,\boldsymbol{f}_2,\cdots,\boldsymbol{f}_n\}$ 的线性组合.设 $\sigma(\boldsymbol{x})=\boldsymbol{y}$ 并表示

$$\boldsymbol{x}=\alpha_1\boldsymbol{e}_1+\alpha_2\boldsymbol{e}_2+\cdots+\alpha_n\boldsymbol{e}_n.$$

则 $\boldsymbol{y}=\sigma(\boldsymbol{x})=\sum\limits_{i=1}^{n}\alpha_i\sigma(\boldsymbol{e}_i)=\sum\limits_{i=1}^{n}\alpha_i\boldsymbol{f}_i$，即 $\boldsymbol{y}\in M$ 是向量组 $\{\boldsymbol{f}_1,\boldsymbol{f}_2,\cdots,\boldsymbol{f}_n\}$ 的线性组合.因此向量组 $\{\boldsymbol{f}_1,\boldsymbol{f}_2,\cdots,\boldsymbol{f}_n\}$ 构成向量空间 M 的基. □

从定理 1.1.13 的证明中看出，n 维向量空间 L 与 M 之间的同构映射 $\sigma: L\to M$ 把 L 的基 $\{\boldsymbol{e}_1,\boldsymbol{e}_2,\cdots,\boldsymbol{e}_n\}$ 映射成 M 的基 $\{\sigma(\boldsymbol{e}_1),\sigma(\boldsymbol{e}_2),\cdots,\sigma(\boldsymbol{e}_n)\}$.在这对基下，$\sigma$ 的映射矩阵是 n 阶单位矩阵，并且任意向量 $\boldsymbol{x}\in L$ 在基 $\{\boldsymbol{e}_1,\boldsymbol{e}_2,\cdots,\boldsymbol{e}_n\}$ 下的坐标与向量 $\sigma(\boldsymbol{x})$ 在基 $\{\sigma(\boldsymbol{e}_1),\sigma(\boldsymbol{e}_2),\cdots,\sigma(\boldsymbol{e}_n)\}$ 下的坐标相同.

定理 1.1.13 还表明，同维数的所有向量空间都是同构的，因此在同构的意义下，只有唯一的 n 维向量空间.

同构映射 $\sigma: L\to M$ 既是单射又是满射，一方面对于任意向量 $\boldsymbol{y}\in M$，存在向量 $\boldsymbol{x}\in L$，使得 $\sigma(\boldsymbol{x})=\boldsymbol{y}$，即 $\sigma(L)=M$；另一方面 $\sigma(\boldsymbol{x}_1)=\sigma(\boldsymbol{x}_2)$ 的充要条件是 $\boldsymbol{x}_1=\boldsymbol{x}_2$，因此 $\sigma(\boldsymbol{x})=\boldsymbol{0}\in M$ 的充要条件是 $\boldsymbol{x}=\boldsymbol{0}\in L$.

定义 1.1.24 设线性映射 $\sigma: L\to M$，向量空间 L 中使得线性映射 $\sigma(\boldsymbol{x})=\boldsymbol{0}\in M$ 的所有向量 $\boldsymbol{x}$ 的集合称为线性映射 σ 的**核**，记作 $\operatorname{Ker}(\sigma)$.

可以证明，线性映射 $\sigma: L\to M$ 的 $\operatorname{Ker}(\sigma)$ 是 L 的子空间，其像 $\sigma(L)$ 是 M 的子空间.

定理 1.1.14 如果 $\sigma: L\to M$ 是维数有限且相同的向量空间之间的线性映射，且使得 $\operatorname{Ker}(\sigma)=\boldsymbol{0}$ 或 $\sigma(L)=M$，则 σ 是同构映射.

证 首先验证若 $\operatorname{Ker}(\sigma)=\boldsymbol{0}$，则 σ 是同构映射.令 $\dim L=\dim M=n$，设 L 的一个基为

$\{\boldsymbol{e}_1,\boldsymbol{e}_2,\cdots,\boldsymbol{e}_n\}$.记$\boldsymbol{e}_i$在线性映射 σ 下的像为$\boldsymbol{f}_i=\sigma(\boldsymbol{e}_i)$.若存在$\lambda_1,\lambda_2,\cdots,\lambda_n\in\mathbb{K}$,使得$\lambda_1\boldsymbol{f}_1+\lambda_2\boldsymbol{f}_2+\cdots+\lambda_n\boldsymbol{f}_n=\boldsymbol{0}$,则$\lambda_1\sigma(\boldsymbol{e}_1)+\lambda_2\sigma(\boldsymbol{e}_2)+\cdots+\lambda_n\sigma(\boldsymbol{e}_n)=\boldsymbol{0}$.由 $\mathrm{Ker}(\sigma)=\boldsymbol{0}$ 得知,$\lambda_1\boldsymbol{e}_1+\lambda_2\boldsymbol{e}_2+\cdots+\lambda_n\boldsymbol{e}_n=\boldsymbol{0}$.这说明$\lambda_1,\lambda_2,\cdots,\lambda_n$全为零,即$\boldsymbol{f}_1,\boldsymbol{f}_2,\cdots,\boldsymbol{f}_n$构成 M 的一个基.根据同构映射的定义,只要证明对于任意向量 $\boldsymbol{y}\in M$,存在向量 $\boldsymbol{x}\in L$,使得 $\sigma(\boldsymbol{x})=\boldsymbol{y}$.由于向量$\boldsymbol{f}_1,\boldsymbol{f}_2,\cdots,\boldsymbol{f}_n$构成 M 的基,因此 $\boldsymbol{y}$ 可以用一组标量 $\alpha_1,\alpha_2,\cdots,\alpha_n$表示为这些向量的线性组合:$\boldsymbol{y}=\alpha_1\boldsymbol{f}_1+\alpha_2\boldsymbol{f}_2+\cdots+\alpha_n\boldsymbol{f}_n$.再根据 σ 的线性性可得

$$\boldsymbol{y}=\sigma(\alpha_1\boldsymbol{e}_1+\alpha_2\boldsymbol{e}_2+\cdots+\alpha_n\boldsymbol{e}_n)=\sigma(\boldsymbol{x}),$$

其中向量 $\boldsymbol{x}=\alpha_1\boldsymbol{e}_1+\alpha_2\boldsymbol{e}_2+\cdots+\alpha_n\boldsymbol{e}_n$,从而 σ 是同构映射.

接下来验证若 $\sigma(L)=M$,则 σ 是同构映射.令$\boldsymbol{f}_1,\boldsymbol{f}_2,\cdots,\boldsymbol{f}_n$是向量空间 M 的基.由假设 $\sigma(L)=M$,对于每个$\boldsymbol{f}_i$,存在向量$\boldsymbol{e}_i\in L$,使得$\boldsymbol{f}_i=\sigma(\boldsymbol{e}_i)$.我们来验证向量$\boldsymbol{e}_1,\boldsymbol{e}_2,\cdots,\boldsymbol{e}_n$实际上构成 L 的一个基.假设存在一组标量$\lambda_1,\lambda_2,\cdots,\lambda_n$使得$\lambda_1\boldsymbol{e}_1+\lambda_2\boldsymbol{e}_2+\cdots+\lambda_n\boldsymbol{e}_n=\boldsymbol{0}$,则通过 $\sigma(\boldsymbol{0})=\boldsymbol{0}\in M$ 和 σ 的线性性得到

$$\sigma(\lambda_1\boldsymbol{e}_1+\lambda_2\boldsymbol{e}_2+\cdots+\lambda_n\boldsymbol{e}_n)=\lambda_1\sigma(\boldsymbol{e}_1)+\lambda_2\sigma(\boldsymbol{e}_2)+\cdots+\lambda_n\sigma(\boldsymbol{e}_n)=\lambda_1\boldsymbol{f}_1+\lambda_2\boldsymbol{f}_2+\cdots+\lambda_n\boldsymbol{f}_n=\boldsymbol{0}\in M,$$

从$\boldsymbol{f}_1,\boldsymbol{f}_2,\cdots,\boldsymbol{f}_n$是向量空间 M 的基可以得出$\lambda_i=0$,因此向量组$\boldsymbol{e}_1,\boldsymbol{e}_2,\cdots,\boldsymbol{e}_n$线性无关并构成 L 的一个基.

然后证明 $\mathrm{Ker}(\sigma)=\boldsymbol{0}$.由于$\boldsymbol{e}_1,\boldsymbol{e}_2,\cdots,\boldsymbol{e}_n$构成 L 的一个基,所以任意向量 $\boldsymbol{x}\in L$ 可写为 $\boldsymbol{x}=\alpha_1\boldsymbol{e}_1+\alpha_2\boldsymbol{e}_2+\cdots+\alpha_n\boldsymbol{e}_n$.由此得到

$$\begin{aligned}\sigma(\boldsymbol{x})&=\sigma(\alpha_1\boldsymbol{e}_1+\alpha_2\boldsymbol{e}_2+\cdots+\alpha_n\boldsymbol{e}_n)\\&=\alpha_1\sigma(\boldsymbol{e}_1)+\alpha_2\sigma(\boldsymbol{e}_2)+\cdots+\alpha_n\sigma(\boldsymbol{e}_n)=\alpha_1\boldsymbol{f}_1+\alpha_2\boldsymbol{f}_2+\cdots+\alpha_n\boldsymbol{f}_n.\end{aligned}$$

如果 $\sigma(\boldsymbol{x})=\boldsymbol{0}\in M$,那么 $\alpha_1\boldsymbol{f}_1+\alpha_2\boldsymbol{f}_2+\cdots+\alpha_n\boldsymbol{f}_n=\boldsymbol{0}\in M$.而向量$\boldsymbol{f}_1,\boldsymbol{f}_2,\cdots,\boldsymbol{f}_n$构成了 M 的一个基,所以 α_i都等于 0,即 $\boldsymbol{x}=\alpha_1\boldsymbol{e}_1+\alpha_2\boldsymbol{e}_2+\cdots+\alpha_n\boldsymbol{e}_n=\boldsymbol{0}$.因此 $\mathrm{Ker}(\sigma)=\boldsymbol{0}$.再根据前款证明,$\sigma$ 是同构映射. □

从以上定理的证明不难看出,维数有限且相同的向量空间之间的线性映射 $\sigma:L\to M$ 是同构映射,当且仅当 σ 是非奇异的.而且 σ 将 L 的基$\{\boldsymbol{e}_1,\boldsymbol{e}_2,\cdots,\boldsymbol{e}_n\}$映射到 M 的基$\{\boldsymbol{f}_1,\boldsymbol{f}_2,\cdots,\boldsymbol{f}_n\}$,并且每个向量 $\boldsymbol{x}\in L$ 在$\{\boldsymbol{e}_1,\boldsymbol{e}_2,\cdots,\boldsymbol{e}_n\}$下的坐标与向量 $\sigma(\boldsymbol{x})\in M$ 在$\{\boldsymbol{f}_1,\boldsymbol{f}_2,\cdots,\boldsymbol{f}_n\}$下的坐标相同.

因此,非奇异线性映射 $\sigma:L\to M$ 可以定义为:把向量空间 L 的特定基$\{\boldsymbol{e}_1,\boldsymbol{e}_2,\cdots,\boldsymbol{e}_n\}$映射到向量空间 M 的一个基$\{\boldsymbol{f}_1,\boldsymbol{f}_2,\cdots,\boldsymbol{f}_n\}$,并且把在基$\{\boldsymbol{e}_1,\boldsymbol{e}_2,\cdots,\boldsymbol{e}_n\}$下具有坐标$(\alpha_1,\alpha_2,\cdots,\alpha_n)$的任意向量 $\boldsymbol{x}\in L$ 映射到 M 中在基$\{\boldsymbol{f}_1,\boldsymbol{f}_2,\cdots,\boldsymbol{f}_n\}$下具有相同坐标$(\alpha_1,\alpha_2,\cdots,\alpha_n)$的向量.但要注意,此时 $\boldsymbol{f}_i=\sigma(\boldsymbol{e}_i)$,$i=1,2,\cdots,n$.

后面在研究某些特殊子集 $X\subset L$(主要是二次曲线、二次曲面)时,在向量空间 L 的两个基$\{\boldsymbol{e}_1,\boldsymbol{e}_2,\cdots,\boldsymbol{e}_n\}$和$\{\boldsymbol{f}_1,\boldsymbol{f}_2,\cdots,\boldsymbol{f}_n\}$下建立非奇异线性变换 $\sigma:L\to L$,将子集 X 和 Y 相互映射(即 $Y=\sigma(X)$),使得向量 $\boldsymbol{x}$ 在基$\{\boldsymbol{e}_1,\boldsymbol{e}_2,\cdots,\boldsymbol{e}_n\}$下的坐标属于子集 X,当且仅当该向量在基$\{\boldsymbol{f}_1,\boldsymbol{f}_2,\cdots,\boldsymbol{f}_n\}$下的坐标属于 Y.此时,$\boldsymbol{f}_i$ 不一定是 $\sigma(\boldsymbol{e}_i)$,X 也不一定是 Y.

下面在 $\dim M=1$ 的情况下研究线性映射 $\sigma:L\to M$.因为 $\dim M=1$,所以向量空间 M 中任一非零向量 $\boldsymbol{e}$ 都是基,也就是说 M 的所有向量都可写成 $\alpha\boldsymbol{e}$,其中 $\alpha\in\mathbb{K}$.因此 M 与$\mathbb{K}$同构.考虑 $\mathcal{L}(L,\mathbb{K})$,其元素是线性映射$f:L\to\mathbb{K}$,使得 $\forall\,\boldsymbol{x}\in L$,$f(\boldsymbol{x})\in\mathbb{K}$并满足条件:$\forall\,\boldsymbol{x},\boldsymbol{y}\in L$,$\alpha\in\mathbb{K}$,

$$f(\boldsymbol{x}+\boldsymbol{y})=f(\boldsymbol{x})+f(\boldsymbol{y}),\quad f(\alpha\boldsymbol{x})=\alpha f(\boldsymbol{x}).$$

我们把映射 $f:L\to\mathbb{K}$ 称为 L 上的一个**泛函**,而满足上式的泛函称为**线性泛函**.因此,$\mathscr{L}(L,\mathbb{K})$ 也可以说是由 L 上的所有线性泛函组成的集合.由定理 1.1.10,$\mathscr{L}(L,\mathbb{K})$ 是一个向量空间.

3. 对偶空间

定义 1.1.25 如果 L 是有限维向量空间,则 $\mathscr{L}(L,\mathbb{K})$ 被称为 L 的**对偶空间**,表示为 L^*.

命题 1.1.15 如果向量空间 L 是 n 维向量空间,则对偶空间 L^* 也是 n 维的.

证 因为 L 是 n 维向量空间,所以它存在一个基 $\{\boldsymbol{e}_1,\boldsymbol{e}_2,\cdots,\boldsymbol{e}_n\}$,使得 $\forall\boldsymbol{x}\in L$,存在一组标量 $\alpha_1,\alpha_2,\cdots,\alpha_n$ 满足

$$\boldsymbol{x}=\alpha_1\boldsymbol{e}_1+\alpha_2\boldsymbol{e}_2+\cdots+\alpha_n\boldsymbol{e}_n. \tag{1.1.42}$$

我们定义 L 上的一组泛函 $\boldsymbol{f}_i,i=1,2,\cdots,n$,使得

$$\boldsymbol{f}_1(\boldsymbol{x})=\alpha_1,\boldsymbol{f}_2(\boldsymbol{x})=\alpha_2,\cdots,\boldsymbol{f}_n(\boldsymbol{x})=\alpha_n. \tag{1.1.43}$$

所以由表达式(1.1.42)可得

$$\boldsymbol{f}_i(\boldsymbol{e}_j)=\delta_{ij}\overset{\text{def}}{=\!=}\begin{cases}1, & i=j,\\ 0, & i\neq j.\end{cases} \tag{1.1.44}$$

显然,$\boldsymbol{f}_i\in L^*,i=1,2,\cdots,n$,而且这样定义的泛函集合构成 L^* 的一个基.为证明 $\boldsymbol{f}_1,\boldsymbol{f}_2,\cdots,\boldsymbol{f}_n$ 是 L^* 的一个基,首先验证泛函 $\boldsymbol{f}_1,\boldsymbol{f}_2,\cdots,\boldsymbol{f}_n$ 线性无关.设泛函 $\boldsymbol{0}=\beta_1\boldsymbol{f}_1+\beta_2\boldsymbol{f}_2+\cdots+\beta_n\boldsymbol{f}_n$,则根据(1.1.43)式,该泛函将(1.1.42)式定义的向量 $\boldsymbol{x}$ 映射到

$$0=\beta_1\boldsymbol{f}_1(\boldsymbol{x})+\beta_2\boldsymbol{f}_2(\boldsymbol{x})+\cdots+\beta_n\boldsymbol{f}_n(\boldsymbol{x}). \tag{1.1.45}$$

在(1.1.45)式中取 $\boldsymbol{x}=\boldsymbol{e}_i$,再利用(1.1.44)式可得 $\beta_i=0,i=1,2,\cdots,n$.所以泛函 $\boldsymbol{f}_1,\boldsymbol{f}_2,\cdots,\boldsymbol{f}_n$ 线性无关.

然后验证 L^* 上的每个线性泛函是 $\boldsymbol{f}_1,\boldsymbol{f}_2,\cdots,\boldsymbol{f}_n$ 的线性组合.将 L^* 上的任意线性泛函 $\boldsymbol{f}$ 作用于(1.1.42)式两边,注意到 $\boldsymbol{f}$ 的线性性可得

$$\boldsymbol{f}(\boldsymbol{x})=\alpha_1\boldsymbol{f}(\boldsymbol{e}_1)+\alpha_2\boldsymbol{f}(\boldsymbol{e}_2)+\cdots+\alpha_n\boldsymbol{f}(\boldsymbol{e}_n).$$

根据(1.1.43)式,上式可以改成

$$\boldsymbol{f}(\boldsymbol{x})=\boldsymbol{f}(\boldsymbol{e}_1)\boldsymbol{f}_1(\boldsymbol{x})+\boldsymbol{f}(\boldsymbol{e}_2)\boldsymbol{f}_2(\boldsymbol{x})+\cdots+\boldsymbol{f}(\boldsymbol{e}_n)\boldsymbol{f}_n(\boldsymbol{x}).$$

即 L^* 上的任意线性泛函 $\boldsymbol{f}$ 是 $\boldsymbol{f}_1,\boldsymbol{f}_2,\cdots,\boldsymbol{f}_n$ 的线性组合.因此,泛函 $\{\boldsymbol{f}_1,\boldsymbol{f}_2,\cdots,\boldsymbol{f}_n\}$ 构成 L^* 的一个基,由此得出 $\dim L=\dim L^*=n$. □

根据(1.1.43)式或(1.1.44)式构造的对偶空间 L^* 的基 $\{\boldsymbol{f}_1,\boldsymbol{f}_2,\cdots,\boldsymbol{f}_n\}$ 被称为**原始向量空间 L 的基 $\{\boldsymbol{e}_1,\boldsymbol{e}_2,\cdots,\boldsymbol{e}_n\}$ 的对偶基**.

命题 1.1.15 表明,L 与 L^* 是同构的.然而,它们之间的同构映射需要选择 L 中的基 $\{\boldsymbol{e}_1,\boldsymbol{e}_2,\cdots,\boldsymbol{e}_n\}$ 和 L^* 中的基 $\{\boldsymbol{f}_1,\boldsymbol{f}_2,\cdots,\boldsymbol{f}_n\}$,而不存在独立于基选择的“自然”同构.我们重复对偶过程两次,得到空间 $(L^*)^*$,空间 $(L^*)^*$ 被称为 L 的**二次对偶空间**,用 L^{**} 表示.可以证明,空间 L 与 $(L^*)^*$ 之间的同构不需要选择特殊的基.为了验证这一点,我们来定义一个同构映射 $\sigma:L\to L^{**}$ 并证明它与基的选择无关.由于 $\sigma(\boldsymbol{x})\in L^{**}$,因此 $\sigma(\boldsymbol{x})$ 是 L^* 上的线性映射,若用 $\sigma(\boldsymbol{x})(\boldsymbol{f})$ 表示该线性映射,则可定义

$$\sigma(\boldsymbol{x})(\boldsymbol{f})=\boldsymbol{f}(\boldsymbol{x}),\ \forall\boldsymbol{x}\in L,\boldsymbol{f}\in L^*. \tag{1.1.46}$$

易证,(1.1.46)式定义的映射 $\sigma\in\mathscr{L}(L,L^{**})$.为了验证 σ 是双射,在 L 中取一个基 $\{\boldsymbol{e}_1,\boldsymbol{e}_2,\cdots,\boldsymbol{e}_n\}$ 并令其在 L^* 中的对偶基为 $\{\boldsymbol{f}_1,\boldsymbol{f}_2,\cdots,\boldsymbol{f}_n\}$.容易验证,$\sigma$ 是以下两个同构映射的乘积:在命

题 1.1.15 的证明中构造的 L 与 L^* 之间的同构映射和 L^* 与 L^{**} 之间的同构映射，从而得出 σ 是一个同构映射，且 σ 不依赖于基的选择.这么“自然”的同构映射的存在性，使得我们常常不区别**有限维**向量空间 L 与 L^{**}.

从(1.1.46)式定义的“自然”同构映射 σ 可以看出，向量空间 L 也可看成 L^* 的对偶空间，也就是说 L 与 L^* 互为对偶空间.

对于向量空间 L 的对偶空间 L^* 来说，如果将使得 $\forall \boldsymbol{x}\in L'$ (L'是 L 的子空间)，$\boldsymbol{f}(\boldsymbol{x})=0$ 的所有 $\boldsymbol{f}\in L^*$ 集中在一起，构成一个集合 $\{\boldsymbol{f}\in L^* \mid \boldsymbol{f}(L')=0\}\subset L^*$，记为 $(L')^0$，则 $(L')^0$ 易证是 L^* 的子空间.

定义 1.1.26 设 L'是向量空间 L 的子空间，$(L')^0=\{\boldsymbol{f}\in L^* \mid \boldsymbol{f}(L')=0\}\subset L^*$ 称为子空间 L'的**零化子**.

从上述定义中立即得出，向量空间 L 的子空间 L'的零化子 $(L')^0$是 L^* 的子空间.

命题 1.1.16 如果 L'是有限维向量空间 L 的子空间，则 $(L')^0$的维数满足

$$\dim L'+\dim(L')^0=\dim L=\dim L^*. \tag{1.1.47}$$

证 设 $\dim L=n$，$\dim L'=m$.选择子空间 L'的一个基 $\{\boldsymbol{e}_1,\boldsymbol{e}_2,\cdots,\boldsymbol{e}_m\}$，将其扩充成整个向量空间 L 的基 $\{\boldsymbol{e}_1,\boldsymbol{e}_2,\cdots,\boldsymbol{e}_n\}$，并考虑 L^* 的对偶基 $\{\boldsymbol{f}_1,\boldsymbol{f}_2,\cdots,\boldsymbol{f}_n\}$.从对偶基的定义(1.1.44)式容易得出，线性泛函 $\boldsymbol{f}\in(L')^0$ 当且仅当 $\boldsymbol{f}=\sum\limits_{i=m+1}^{n}\boldsymbol{f}(\boldsymbol{e}_i)\boldsymbol{f}_i$，即 $\boldsymbol{f}\in\langle\boldsymbol{f}_{m+1},\boldsymbol{f}_{m+2},\cdots,\boldsymbol{f}_n\rangle$.因此 $\dim(L')^0=\dim L-\dim L'$. □

命题 1.1.17 如果 L'是有限维线性空间 L 的子空间，则 $((L')^0)^0=L'$.

证 首先，从零化子的定义可知，$\forall\boldsymbol{x}\in L'$，则对 $\forall\boldsymbol{f}\in(L')^0$ 有 $\boldsymbol{f}(\boldsymbol{x})=0$，因此 $\boldsymbol{x}$ 是 $(L')^0$ 的零化子空间的一个元素，即 $L'\subset((L')^0)^0$.其次，能够证明 $\dim((L')^0)^0=\dim L'$.事实上，根据定义，子空间 $((L')^0)^0$是子空间 $(L')^0$的零化子.而 $(L')^0$是 L^* 的子空间.所以根据(1.1.47)式知

$$\dim(L')^0+\dim((L')^0)^0=\dim L^*.$$

对上式再次使用公式(1.1.47)可得

$$\dim L-\dim L'+\dim((L')^0)^0=\dim L^*.$$

由于 $\dim L=\dim L^*$，因此 $\dim((L')^0)^0=\dim L'$.命题得证. □

由以上两个命题可知，对于(1.1.43)式或(1.1.44)式定义的 $\boldsymbol{f}_{m+1},\boldsymbol{f}_{m+2},\cdots,\boldsymbol{f}_n$，有 $(L')^0=\langle\boldsymbol{f}_{m+1},\boldsymbol{f}_{m+2},\cdots,\boldsymbol{f}_n\rangle$.所以，子空间 L'由所有使得

$$\boldsymbol{f}_{m+1}(\boldsymbol{x})=0,\quad \boldsymbol{f}_{m+2}(\boldsymbol{x})=0,\cdots,\quad \boldsymbol{f}_n(\boldsymbol{x})=0 \tag{1.1.48}$$

的向量 $\boldsymbol{x}\in L$ 组成，即子空间 L'是线性方程组(1.1.48)的解集.该命题体现在三维空间中，就是直线和平面相互对偶.

综上，我们定义了一个映射 $L'\to(L')^0$.由命题 1.1.17 的等式 $((L')^0)^0=L'$知，该映射必定是双射.该映射具有一些简单性质：

命题 1.1.18 如果 L'和 L''是 L 的两个子空间，那么

(1) 若 $L'\subset L''\subset L$，则 $(L')^0\supset(L'')^0$；

(2) $(L'+L'')^0=(L')^0\cap(L'')^0$；

(3) $(L'\cap L'')^0=(L')^0+(L'')^0$.

证 (1) 因为 $L'\subset L''\subset L$,所以如果 $\boldsymbol{f}\in(L'')^0$,则从 $\boldsymbol{f}(L'')=0$ 立即得到 $\boldsymbol{f}(L')=0$,所以 $\boldsymbol{f}\in(L')^0$,因此 $(L'')^0\subset(L')^0$.

(2) 根据和空间的定义,对于每个向量 $\boldsymbol{x}\in L'+L''$,存在 $\boldsymbol{x}'\in L'$ 和 $\boldsymbol{x}''\in L''$,使得 $\boldsymbol{x}=\boldsymbol{x}'+\boldsymbol{x}''$. 假设 $\boldsymbol{f}\in(L')^0\cap(L'')^0$,即 $\boldsymbol{f}\in(L')^0$ 且 $\boldsymbol{f}\in(L'')^0$,则 $\boldsymbol{f}(\boldsymbol{x})=\boldsymbol{f}(\boldsymbol{x}')+\boldsymbol{f}(\boldsymbol{x}'')=0$,因此 $\boldsymbol{f}\in(L'+L'')^0$.由此可得 $(L')^0\cap(L'')^0\subset(L'+L'')^0$.反过来,如果设 $\boldsymbol{f}\in(L'+L'')^0$,即对每一个向量 $\boldsymbol{x}=\boldsymbol{x}'+\boldsymbol{x}''$,$\boldsymbol{f}(\boldsymbol{x})=0$,那么对于子空间 L' 的所有向量 $\boldsymbol{x}'$,显然有 $\boldsymbol{f}(\boldsymbol{x}')=0$,而且对于子空间 L'' 中的所有向量 $\boldsymbol{x}''$,类似有 $\boldsymbol{f}(\boldsymbol{x}'')=0$,因此 $\boldsymbol{f}\in(L')^0$ 且 $\boldsymbol{f}\in(L'')^0$.即 $(L'+L'')^0\subset(L')^0\cap(L'')^0$.

(3) 由于从 (2) 可得 $((L')^0+(L'')^0)^0=((L')^0)^0\cap((L'')^0)^0=L'\cap L''$,所以 $(L')^0+(L'')^0=(L'\cap L'')^0$. □

通过上述 $L'\to(L')^0$ 之间的双射,以及所得到的 L' 与 $(L')^0$ 之间的其他关系,我们可以得到以下对偶原理.

定理 1.1.19 (对偶原理)如果对于给定数域 $\mathbb{K}$ 上的 n 维向量空间,证明了一个原始定理,其叙述中只可能出现子空间的维数 r、$\subset$、$\supset$、$+$、$\cap$ 的概念,那么通过将原始定理的这些概念依次替换成子空间的维数 $n-r$、$\supset$、$\subset$、$\cap$、$+$,所得到的对偶定理也成立.

这个定理的推广情形在射影几何中特别有用.

习题 1.1

1. 证明:自由向量 $\boldsymbol{a}=\overrightarrow{AB}$ 与标量 α 的数乘 $\boldsymbol{c}=\alpha\boldsymbol{a}$ 不依赖于向量 $\boldsymbol{a}$ 的几何实现的点 A 的选择.

2. 对于几何向量 $\boldsymbol{a}$ 和 $\boldsymbol{b}$,证明其加法交换律 $\boldsymbol{a}+\boldsymbol{b}=\boldsymbol{b}+\boldsymbol{a}$.

3. 已知几何向量 $\boldsymbol{a}$ 和 $\boldsymbol{b}$ 互相垂直,并且 $|\boldsymbol{a}|=5$,$|\boldsymbol{b}|=12$,试确定 $|\boldsymbol{a}+\boldsymbol{b}|$ 和 $|\boldsymbol{a}-\boldsymbol{b}|$.

4. 若几何向量 $\overrightarrow{AM}=\overrightarrow{MB}$,证明:对于任一点 O,$\overrightarrow{OM}=(\overrightarrow{OA}+\overrightarrow{OB})/2$.

5. 给出几何向量的下列式子成立的条件:

(1) $|\boldsymbol{a}+\boldsymbol{b}|=|\boldsymbol{a}-\boldsymbol{b}|$;　　(2) $\boldsymbol{a}+\boldsymbol{b}=\lambda(\boldsymbol{a}-\boldsymbol{b})$;

(3) $|\boldsymbol{a}+\boldsymbol{b}|>|\boldsymbol{a}-\boldsymbol{b}|$;　　(4) $|\boldsymbol{a}+\boldsymbol{b}|=|\boldsymbol{a}|+|\boldsymbol{b}|$;

(5) $|\boldsymbol{a}+\boldsymbol{b}|=|\boldsymbol{a}|-|\boldsymbol{b}|$;　　(6) $|\boldsymbol{a}-\boldsymbol{b}|=|\boldsymbol{a}|+|\boldsymbol{b}|$.

6. 设 AC,BD 是几何平面上平行四边形 $ABCD$ 的两条对角线,已知向量 $\overrightarrow{AC}=\boldsymbol{\alpha}$,$\overrightarrow{BD}=\boldsymbol{\beta}$,求向量 $\overrightarrow{AB}$ 和 $\overrightarrow{BC}$.

7. 设 E 和 F 分别是几何平面上平行四边形 $ABCD$ 的边 BC 和 CD 的中点,已知向量 $\overrightarrow{AE}=\boldsymbol{\alpha}$,$\overrightarrow{AF}=\boldsymbol{\beta}$,求向量 $\overrightarrow{AB}$ 和 $\overrightarrow{AD}$.

8. 设 AD,BE,CF 是几何平面上 $\triangle ABC$ 的三条中线,已知向量 $\overrightarrow{AB}=\boldsymbol{\alpha}$,$\overrightarrow{AC}=\boldsymbol{\beta}$,求 $\overrightarrow{AD}$,$\overrightarrow{BE}$,$\overrightarrow{CF}$.

9. 已知几何平面上六边形 $ABCDEF$ 的三对对边都互相平行,并且 $\overrightarrow{FC}=2\overrightarrow{AB}=2\overrightarrow{DE}$,又设 $\overrightarrow{AB}=\boldsymbol{\alpha}$,$\overrightarrow{BC}=\boldsymbol{\beta}$,求 $\overrightarrow{CE}$ 和 $\overrightarrow{CD}$.

10. 设 A,B,C,D 是三维几何向量空间的任意 4 点,P,Q 分别是线段 AB,CD 的中点,证明:$2\overrightarrow{PQ}=\overrightarrow{AC}+\overrightarrow{BD}$.

11. 对于三维几何向量空间中任意取定的点组$A_1,A_2,\cdots,A_n$,证明:存在唯一点 M(称为**重心**),使得$\overrightarrow{MA_1}+\overrightarrow{MA_2}+\cdots+\overrightarrow{MA_n}=\mathbf{0}$,并且对于任意点 O,$\overrightarrow{OA_1}+\overrightarrow{OA_2}+\cdots+\overrightarrow{OA_n}=n\overrightarrow{OM}$.

12. 设 A,B,C,D 是三维几何向量空间的任意 4 点,P,Q 分别是线段 AB,CD 的中点,证明:线段 PQ 的中点就是 A,B,C,D 的重心.

13. 证明:三维几何向量空间中四面体的 3 对对棱中点的连线(共有 3 条)相交于该四面体的 4 个顶点的重心.

14. 证明:以几何平面上正 n 边形的中心为起点,顶点为终点的 n 个向量之和等于 $\mathbf{0}$.

15. 已知三维几何向量空间中任意一点 O 和该空间中任意$\triangle ABC$.证明:等式$\overrightarrow{OA}+\overrightarrow{OB}+\overrightarrow{OC}=\mathbf{0}$ 成立的充要条件为 O 是$\triangle ABC$ 的中线的交点.

16. 三维几何向量空间中四面体 $OABC$ 每个三角形面上的重心与第四个顶点的连线称为中线.证明:四面体的四条中线交于一点.

17. 证明:全体实数构成实数域$\mathbb{R}$上的向量空间,全体复数也构成实数域$\mathbb{R}$上的向量空间.

18. 证明:数域$\mathbb{K}$上的一个向量空间如果含有一个非零向量,那么它一定含有无限多个向量.

19. 判断$\mathbb{R}^n$中的下列子集哪些是子空间:

(1) $\{(a_1,0,\cdots,0,a_n)\mid a_1,a_n\in\mathbb{R}\}$;

(2) $\{(a_1,a_2,\cdots,a_n)\mid a_1+a_2+\cdots+a_n=0\}$;

(3) $\{(a_1,a_2,\cdots,a_n)\mid a_1+a_2+\cdots+a_n=1\}$;

(4) $\{(a_1,a_2,\cdots,a_n)\mid a_i\in\mathbb{Z},i=1,2,\cdots,n\}$,其中$\mathbb{Z}$表示整数集.

20. 设 L_1,L_2是向量空间 L 的子空间,证明:如果 L 的一个子空间既包含 L_1又包含 L_2,那么它一定包含 L_1+L_2.

21. 设 L 是一个向量空间,且 $L\neq\mathbf{0}$.证明:L 不可能是它的两个真子空间的并集.

22. 试证明向量空间定义中的加法交换律是不独立的,即可以由其他运算律推导出来.

23. 设 L_1,L_2是数域$\mathbb{K}$上的向量空间 L 的两个子空间,$\boldsymbol{x},\boldsymbol{y}$ 是 L 的两个向量,其中 $\boldsymbol{x}\in L_2$,但 $\boldsymbol{x}\notin L_1$,又 $\boldsymbol{y}\notin L_2$,证明:

(1) 对于任意 $k\in\mathbb{K}$,$\boldsymbol{y}+k\boldsymbol{x}\notin L_2$;

(2) 至多有一个 $k\in\mathbb{K}$,使得 $\boldsymbol{y}+k\boldsymbol{x}\in L_1$.

24. 设 $L_1,L_2,\cdots,L_r$是向量空间 L 的子空间,且 $L_i\neq L,i=1,2,\cdots,r$.证明:存在一个向量 $\boldsymbol{x}\in L$,使得 $\boldsymbol{x}\notin L_i,i=1,2,\cdots,r$.

25. 设 L 是数域$\mathbb{K}$上的一个 n 维向量空间.对于给定的向量 $\boldsymbol{a}_1,\boldsymbol{a}_2,\cdots,\boldsymbol{a}_m\in L$,证明:

(1) $\langle\boldsymbol{a}_1,\boldsymbol{a}_2,\cdots,\boldsymbol{a}_m\rangle$关于 L 的加法和数乘构成向量空间;

(2) 若 $\boldsymbol{a}_1,\boldsymbol{a}_2,\cdots,\boldsymbol{a}_m$线性无关,则存在向量 $\boldsymbol{a}_i,m<i\leqslant n$,使得 $\boldsymbol{a}_1,\boldsymbol{a}_2,\cdots,\boldsymbol{a}_m,\boldsymbol{a}_{m+1},\boldsymbol{a}_{m+2},\cdots,\boldsymbol{a}_n$是 L 的基.

26. 证明在数域$\mathbb{K}$上的向量空间 L 中,以下运算法则成立,其中 $\lambda,\nu\in\mathbb{K},x,y\in L$:

(1) $\boldsymbol{\lambda}(\boldsymbol{x}-\boldsymbol{y})=\boldsymbol{\lambda x}-\boldsymbol{\lambda y}$;

(2) $(\lambda-\nu)\boldsymbol{x}=\lambda\boldsymbol{x}-\nu\boldsymbol{x}$.

27. 证明:一个向量 $\boldsymbol{a}$ 线性相关的充要条件是它为零向量.

28. 证明:两个向量 $\boldsymbol{a}$ 与 $\boldsymbol{b}$ 线性相关的充要条件是 $\boldsymbol{a}$ 与 $\boldsymbol{b}$ 共线.

29. 证明:三个向量 $\boldsymbol{a},\boldsymbol{b},\boldsymbol{c}$ 线性相关的充要条件是它们共面.

30. 证明:线性无关向量组 S 中的任何一部分向量构成的子向量组都是线性无关的,而如果一组向量 S 中的一个子向量组线性相关,则整个向量组 S 线性相关.

31. 证明:含有零向量的任何向量组必定线性相关.

32. 证明:含有非零向量的任何一个线性相关向量组中,必定包含线性无关的子向量组.

33. 证明:若向量组 $[\boldsymbol{\alpha}_1,\boldsymbol{\alpha}_2,\cdots,\boldsymbol{\alpha}_r]$ 中有两个向量 $\boldsymbol{\alpha}_i$ 与 $\boldsymbol{\alpha}_j$ 成比例,则该向量组线性相关.

34. 令 $\boldsymbol{e}_1=(1,0,0),\boldsymbol{e}_2=(0,1,0),\boldsymbol{e}_3=(0,0,1)\in\mathbb{R}^3$.证明:$\mathbb{R}^3$ 中每个向量 $\boldsymbol{x}$ 可唯一地表示为 $\boldsymbol{x}=x_1\boldsymbol{e}_1+x_2\boldsymbol{e}_2+x_3\boldsymbol{e}_3$ 的形式,其中 $x_1,x_2,x_3\in\mathbb{R}$.

35. 令 $\boldsymbol{\alpha}_i=(x_{i1},x_{i2},\cdots,x_{in})\in\mathbb{R}^n,i=1,2,\cdots,n$.证明:$[\boldsymbol{\alpha}_1,\boldsymbol{\alpha}_2,\cdots,\boldsymbol{\alpha}_n]$ 线性相关的充要条件是

$$\begin{vmatrix} x_{11} & x_{12} & \cdots & x_{1n} \\ x_{21} & x_{22} & \cdots & x_{2n} \\ \vdots & \vdots & & \vdots \\ x_{n1} & x_{n2} & \cdots & x_{nn} \end{vmatrix}=0.$$

36. 设 $\boldsymbol{\alpha}_i=(x_{i1},x_{i2},\cdots,x_{in})\in\mathbb{R}^n,i=1,2,\cdots,m$ 线性无关.对每一个 $\boldsymbol{\alpha}_i$ 任意添上 r 个数,得到 $\mathbb{R}^{n+r}$ 中的 m 个向量 $\boldsymbol{\beta}_i=(x_{i1},x_{i2},\cdots,x_{in},y_{i1},y_{i2},\cdots,y_{ir})$.证明:$\{\boldsymbol{\beta}_1,\boldsymbol{\beta}_2,\cdots,\boldsymbol{\beta}_m\}$ 也线性无关.

37. 设 $\boldsymbol{x},\boldsymbol{y},\boldsymbol{z}$ 是某向量空间中线性无关的向量,证明:$\boldsymbol{x}+\boldsymbol{y},\boldsymbol{y}+\boldsymbol{z},\boldsymbol{z}+\boldsymbol{x}$ 也线性无关.

38. 设向量组 $\{\boldsymbol{\alpha}_1,\boldsymbol{\alpha}_2,\cdots,\boldsymbol{\alpha}_r\}(r\geqslant 2)$ 线性无关,任取 $k_1,k_2,\cdots,k_{r-1}\in\mathbb{K}$.证明:向量组 $\{\boldsymbol{\beta}_1=\boldsymbol{\alpha}_1+k_1\boldsymbol{\alpha}_r,\boldsymbol{\beta}_2=\boldsymbol{\alpha}_2+k_2\boldsymbol{\alpha}_r,\cdots,\boldsymbol{\beta}_{r-1}=\boldsymbol{\alpha}_{r-1}+k_{r-1}\boldsymbol{\alpha}_r,\boldsymbol{\alpha}_r\}$ 线性无关.

39. 证明:若 $\boldsymbol{\beta}$ 可以由 $\boldsymbol{\alpha}_1,\boldsymbol{\alpha}_2,\cdots,\boldsymbol{\alpha}_r$ 线性表出,但不能由 $\boldsymbol{\alpha}_1,\boldsymbol{\alpha}_2,\cdots,\boldsymbol{\alpha}_{r-1}$ 线性表出,则向量组 $[\boldsymbol{\alpha}_1,\boldsymbol{\alpha}_2,\cdots,\boldsymbol{\alpha}_r]$ 与向量组 $[\boldsymbol{\alpha}_1,\boldsymbol{\alpha}_2,\cdots,\boldsymbol{\alpha}_{r-1},\boldsymbol{\beta}]$ 等价.

40. 设向量组 $[\boldsymbol{\alpha}_1,\boldsymbol{\alpha}_2,\cdots,\boldsymbol{\alpha}_r]$ 中的 $\boldsymbol{\alpha}_1\neq\boldsymbol{0}$ 并且每一 $\boldsymbol{\alpha}_i$ 都不能表示成它的前 $i-1$ 个向量的线性组合.证明:向量组 $\{\boldsymbol{\alpha}_1,\boldsymbol{\alpha}_2,\cdots,\boldsymbol{\alpha}_r\}$ 线性无关.

41. 设向量组 $\{\boldsymbol{\alpha}_1,\boldsymbol{\alpha}_2,\cdots,\boldsymbol{\alpha}_r\}$ 线性无关,而向量组 $[\boldsymbol{\alpha}_1,\boldsymbol{\alpha}_2,\cdots,\boldsymbol{\alpha}_r,\boldsymbol{\beta}]$ 和 $[\boldsymbol{\alpha}_1,\boldsymbol{\alpha}_2,\cdots,\boldsymbol{\alpha}_r,\boldsymbol{\gamma}]$ 线性相关,证明:向量组 $[\boldsymbol{\alpha}_1,\boldsymbol{\alpha}_2,\cdots,\boldsymbol{\alpha}_r,\boldsymbol{\beta}]$ 与 $[\boldsymbol{\alpha}_1,\boldsymbol{\alpha}_2,\cdots,\boldsymbol{\alpha}_r,\boldsymbol{\gamma}]$ 等价.

42. 设 $\boldsymbol{\alpha}_1=(2,1,-1,1),\boldsymbol{\alpha}_2=(0,3,1,0),\boldsymbol{\alpha}_3=(5,3,2,1),\boldsymbol{\alpha}_4=(6,6,1,3)$.证明:$\{\boldsymbol{\alpha}_1,\boldsymbol{\alpha}_2,\boldsymbol{\alpha}_3,\boldsymbol{\alpha}_4\}$ 为 $\mathbb{R}^4$ 的一个基.在 $\mathbb{R}^4$ 中求一个非零向量,使它关于这个基的坐标与关于标准基的坐标相同.

43. 证明:若将复数域 $\mathbb{C}$ 看成实数域 $\mathbb{R}$ 上的向量空间,则维数是 2,而若将 $\mathbb{C}$ 看成它本身上的向量空间,则维数是 1.

44. 设 M 是 $\mathbb{R}^n$ 的一个非零子空间,对于 M 的每一个向量 $(a_1,a_2,\cdots,a_n)$ 来说,要么 $a_1=a_2=\cdots=a_n=0$,要么每一个 a_i 都不等于零,证明:$\dim M=1$.

45. 证明:如果向量空间 L 的每一个向量都可以唯一地表示成 L 中向量 $\boldsymbol{\alpha}_1,\boldsymbol{\alpha}_2,\cdots,\boldsymbol{\alpha}_n$ 的线性组合,那么 $\dim L=n$.

46. 试确定任意有限维向量空间 L 上的所有线性变换所构成的向量空间 $G(L)$ 的维数.

47. 证明:任何线性变换 $\sigma\in G(L)$ 将 L 中的零向量映射到零向量.

48. 设 L 是数域$\mathbb{K}$上的一维向量空间.证明:L 上的一个变换 σ 是线性变换的充要条件是对于任意 $\boldsymbol{x}\in L,\sigma(\boldsymbol{x})=k\boldsymbol{x}$,其中 $k\in\mathbb{K}$.

49. 证明:在一个 n 维向量空间 L 的选定基下,任意矩阵 $\boldsymbol{A}=(a_{ij})_{n\times n}$ 按照公式(1.1.33)所确定的变换 $\sigma:L\to L$ 都是线性变换.

50. 设$\{\boldsymbol{\alpha}_1,\boldsymbol{\alpha}_2,\cdots,\boldsymbol{\alpha}_n\}$是 L 的一个基.求由这个基到$\{\boldsymbol{\alpha}_2,\cdots,\boldsymbol{\alpha}_n,\boldsymbol{\alpha}_1\}$的过渡矩阵.

51. 设$\boldsymbol{\alpha}_1=(1,2,-1),\boldsymbol{\alpha}_2=(0,-1,3),\boldsymbol{\alpha}_3=(1,-1,0);\boldsymbol{\beta}_1=(2,1,5),\boldsymbol{\beta}_2=(-2,3,1),\boldsymbol{\beta}_3=(1,3,2)$.证明$\{\boldsymbol{\alpha}_1,\boldsymbol{\alpha}_2,\boldsymbol{\alpha}_3\}$和$\{\boldsymbol{\beta}_1,\boldsymbol{\beta}_2,\boldsymbol{\beta}_3\}$都是$\mathbb{R}^3$的基,并求前者到后者的过渡矩阵.

52. 设$\mathbb{K}$上的三维向量空间的线性变换 σ 关于基$\{\boldsymbol{\alpha}_1,\boldsymbol{\alpha}_2,\boldsymbol{\alpha}_3\}$的矩阵是

$$\begin{pmatrix}15&-11&5\\20&-15&8\\8&-7&6\end{pmatrix}.$$

求 σ 关于基$\{\boldsymbol{\beta}_1=2\boldsymbol{\alpha}_1+3\boldsymbol{\alpha}_2+\boldsymbol{\alpha}_3,\boldsymbol{\beta}_2=3\boldsymbol{\alpha}_1+4\boldsymbol{\alpha}_2+\boldsymbol{\alpha}_3,\boldsymbol{\beta}_3=\boldsymbol{\alpha}_1+2\boldsymbol{\alpha}_2+2\boldsymbol{\alpha}_3\}$的矩阵,并在 $\boldsymbol{\gamma}=2\boldsymbol{\alpha}_1+\boldsymbol{\alpha}_2-\boldsymbol{\alpha}_3$ 时,求 $\sigma(\boldsymbol{\gamma})$ 关于基$\{\boldsymbol{\beta}_1,\boldsymbol{\beta}_2,\boldsymbol{\beta}_3\}$的坐标.

53. 设$\{\boldsymbol{\gamma}_1,\boldsymbol{\gamma}_2,\cdots,\boldsymbol{\gamma}_n\}$是 n 维向量空间 L 的一个基.令

$$\boldsymbol{\alpha}_j=\sum_{i=1}^{n}a_{ij}\boldsymbol{\gamma}_i,\quad \boldsymbol{\beta}_j=\sum_{i=1}^{n}b_{ij}\boldsymbol{\gamma}_i,\quad j=1,2,\cdots,n,$$

并且 $\boldsymbol{\alpha}_1,\boldsymbol{\alpha}_2,\cdots,\boldsymbol{\alpha}_n$ 线性无关.设 σ 是 L 的一个线性变换,使得 $\sigma(\boldsymbol{\alpha}_j)=\boldsymbol{\beta}_j,j=1,2,\cdots,n$,求 σ 关于基$\{\boldsymbol{\gamma}_1,\boldsymbol{\gamma}_2,\cdots,\boldsymbol{\gamma}_n\}$的矩阵.

54. 证明:集合$\{\boldsymbol{x}=(x_1,x_2,\cdots,x_n)^{\mathrm{T}}\mid x_i\in\mathbb{K},i=1,2,\cdots,n\}$在矩阵加法和数乘下构成 n 维向量空间并与空间$\mathbb{K}^n$同构.以后也用$\mathbb{K}^n$表示$\{\boldsymbol{x}=(x_1,x_2,\cdots,x_n)^{\mathrm{T}}\mid x_i\in\mathbb{K},i=1,2,\cdots,n\}$.

55. 证明:复数域$\mathbb{C}$作为实数域$\mathbb{R}$上的向量空间与$\mathbb{R}^2$同构.

56. 设 $\sigma:L\to M$ 是向量空间 L 到 M 的一个同构映射,L' 是 L 的一个子空间.证明:$\sigma(L')$ 是 M 的一个子空间.

57. 设 σ 是数域$\mathbb{K}$上的 n 维向量空间 L 到自身的一个线性变换.L_1,L_2 是 L 的子空间,并且 $L=L_1\oplus L_2$.证明:σ 有逆变换的充要条件是 $L=\sigma(L_1)\oplus\sigma(L_2)$.

§1.2 向量的内积与 Euclid 空间

我们已经通过公理化方式建立了向量空间的概念,但向量空间中没有提供向量长度、向量间的夹角之类的概念,难以对几何图形的静态特征、运动状态进行形象清晰地刻画.因此,本节将在向量空间中引入向量的内积运算,从而引入向量长度、夹角等度量概念.

在一个向量空间中引入向量的内积以后,该空间中的元素具有了新的属性,因此我们将定义了内积的向量空间赋予一个新的名称,即 Euclid 空间.数学上可以严格证明,这样定义的 Euclid 空间满足 Hilbert 所提出的 20 个 Euclid 公理.

另外，向量的内积运算也来源于物理向量的相应运算，例如力学中对物体做功的计算，即作用于物体的力与物体位移之积等.抽象出来的内积概念在解析几何中简化了很多计算问题，例如两条直线的夹角，某些几何图形的面积、体积的计算等.

1.2.1 内积、Euclid 空间及内积的运算法则

现在我们来研究一类特殊的向量空间，其数域是实数域.

定义 1.2.1 设 L 是一个实向量空间.若每对向量 $\boldsymbol{x}$ 和 $\boldsymbol{y}$ 对应一个实数 $(\boldsymbol{x},\boldsymbol{y})$，使得

(1) $\forall \boldsymbol{x}_1,\boldsymbol{x}_2,\boldsymbol{y}\in L,(\boldsymbol{x}_1+\boldsymbol{x}_2,\boldsymbol{y})=(\boldsymbol{x}_1,\boldsymbol{y})+(\boldsymbol{x}_2,\boldsymbol{y})$；

(2) $\forall \boldsymbol{x},\boldsymbol{y}\in L$ 和实数 $\alpha,(\alpha\boldsymbol{x},\boldsymbol{y})=\alpha(\boldsymbol{x},\boldsymbol{y})$；

(3) $\forall \boldsymbol{x},\boldsymbol{y}\in L,(\boldsymbol{x},\boldsymbol{y})=(\boldsymbol{y},\boldsymbol{x})$.

(4) $\forall \boldsymbol{x},(\boldsymbol{x},\boldsymbol{x})\geqslant 0$，且只有 $\boldsymbol{x}=\boldsymbol{0}$ 时才能 $(\boldsymbol{x},\boldsymbol{x})=0$，

则 $(\boldsymbol{x},\boldsymbol{y})$ 称为向量 $\boldsymbol{x}$ 和 $\boldsymbol{y}$ 的**内积**.

由定义可以看出，两个向量的内积是一个标量，所以也称为向量的**数量积**或**标量积**.通常，$(\boldsymbol{x},\boldsymbol{x})$ 也可简单表示为 $\boldsymbol{x}^2$.显然，内积 $(\boldsymbol{x},\boldsymbol{y})$ 可以看成是向量空间 L 的两个元素到实数域的一个映射，即 $(\boldsymbol{x},\boldsymbol{y}):L\times L\to\mathbb{R}$.而且当 $\boldsymbol{x}$ 和 $\boldsymbol{y}$ 之一固定不变时，$(\boldsymbol{x},\boldsymbol{y})$ 是一个线性映射，所以它也称为 L 到实数域的**对称双线性形式**.

定义 1.2.2 在实向量空间 L 中建立内积结构，即在实向量空间 L 中定义一种内积，所得到的空间称为 **Euclid 空间**，记为 $\mathbb{E}$.当 $\dim\mathbb{E}=n$ 时将其记为 $\mathbb{E}^n$.

也就是说，Euclid 空间是一个实向量空间，其中的向量除了具有向量加法、数乘结构之外，还具有内积结构.因此，Euclid 空间是由 21 个公理(其中 17 个关于向量空间的公理(参见定义 1.1.11)，4 个内积结构的公理(定义 1.2.1))所规定的空间.

例 1.2.1 设 L' 是 Euclid 空间 $\mathbb{E}$ 的子空间，则在 $\mathbb{E}$ 的内积 $(\boldsymbol{x},\boldsymbol{y})$ 下，也构成一个 Euclid 空间.因此，任何平面和直线本身都是 Euclid 空间，它们还可以作为三维 Euclid 空间的子空间.

□

例 1.2.2 对于 n 维向量空间 $\mathbb{R}^n$ 中的任何向量 $\boldsymbol{x}=(\alpha_1,\alpha_2,\cdots,\alpha_n)$ 和 $\boldsymbol{y}=(\beta_1,\beta_2,\cdots,\beta_n)$，可以定义内积：

$$(\boldsymbol{x},\boldsymbol{y})=\alpha_1\beta_1+\alpha_2\beta_2+\cdots+\alpha_n\beta_n. \tag{1.2.1}$$

在该内积下，向量空间 $\mathbb{R}^n$ 成为一个 Euclid 空间. □

注 (1.2.1)式定义的内积为 $\mathbb{R}^n$ 上的**标准内积**，$\mathbb{R}^n$ 上还可以定义其他的内积.另外，(1.2.1)式不能定义复内积[13].除非特别声明，本书中 Euclid 空间中默认的内积是标准内积.

例 1.2.3 向量内积满足 Cauchy-Schwarz(柯西-施瓦茨)不等式

$$|(\boldsymbol{a},\boldsymbol{b})|\leqslant|\boldsymbol{a}|\,|\boldsymbol{b}|,\ |\boldsymbol{a}|=\sqrt{\boldsymbol{a}^2},\ |\boldsymbol{b}|=\sqrt{\boldsymbol{b}^2}. \tag{1.2.2}$$

证 令函数 $f(t)=(\boldsymbol{a}+t\boldsymbol{b})^2$，由定义 1.2.1 中的条件(l)可知 $f(t)\geqslant 0$.将 $f(t)$ 按定义 1.2.1 中的条件(i)—(k)的运算规律展开，则有

$$f(t)=\boldsymbol{a}^2+2(\boldsymbol{a},\boldsymbol{b})t+\boldsymbol{b}^2t^2.$$

把上式看作以 t 为未知数的一元二次三项式，它有判别式 $\Delta=4[(\boldsymbol{a},\boldsymbol{b})^2-\boldsymbol{a}^2\boldsymbol{b}^2]$.根据实系数

一元二次方程的根与系数的关系,$\Delta\leqslant 0$,亦即(1.2.2)式成立. □

由定义 1.2.1 和例 1.2.3,我们可以定义 Euclid 空间$\mathbb{E}$中向量 $\boldsymbol{a}$ 的长度或模以及两个非零向量 $\boldsymbol{a}$ 和 $\boldsymbol{b}$ 的夹角.

定义 1.2.3 对于 Euclid 空间$\mathbb{E}$中的向量 $\boldsymbol{a}$,记 $|\boldsymbol{a}|=\sqrt{\boldsymbol{a}^2}$,称为向量 $\boldsymbol{a}$ 的**长度**或**模**.定义两个非零向量 $\boldsymbol{a}$ 和 $\boldsymbol{b}$ 的**夹角**$\langle\boldsymbol{a},\boldsymbol{b}\rangle$满足

$$\cos\langle\boldsymbol{a},\boldsymbol{b}\rangle=\frac{(\boldsymbol{a},\boldsymbol{b})}{|\boldsymbol{a}||\boldsymbol{b}|}. \tag{1.2.3}$$

这样定义长度的合理性,即 $\boldsymbol{a}^2\geqslant 0$,已经在定义 1.2.1 的(1)中给出.而夹角的合理性,即其余弦值满足$-1\leqslant\frac{(\boldsymbol{a},\boldsymbol{b})}{|\boldsymbol{a}||\boldsymbol{b}|}\leqslant 1$,可以由例 1.2.3 中的 Cauchy-Schwarz 不等式保证.在结合上下文时$\langle\boldsymbol{a},\boldsymbol{b}\rangle$作为夹角或线性张成的含义是明确的.

在 Euclid 空间$\mathbb{E}$中,如果两个向量 $\boldsymbol{x}$ 和 $\boldsymbol{y}$ 的内积等于零,也把它们称为是**正交**的.当两个向量 $\boldsymbol{a}$ 与 $\boldsymbol{b}$ 正交时,$\langle\boldsymbol{a},\boldsymbol{b}\rangle$显然等于 $\pi/2$.我们将向量 $\boldsymbol{a}$ 与 $\boldsymbol{b}$ 正交表示为 $\boldsymbol{a}\perp\boldsymbol{b}$.

命题 1.2.1 给定向量 $\boldsymbol{e}\neq\boldsymbol{0}$ 和与 $\boldsymbol{e}$ 正交的向量 $\boldsymbol{y}\in\mathbb{E}$,对每个向量 $\boldsymbol{x}\in\mathbb{E}$,存在标量 α,使得 $\boldsymbol{x}$ 可以分解为

$$\boldsymbol{x}=\alpha\boldsymbol{e}+\boldsymbol{y}. \tag{1.2.4}$$

证 设 $\boldsymbol{y}=\boldsymbol{x}-\alpha\boldsymbol{e}$,则$(\boldsymbol{y},\boldsymbol{e})=(\boldsymbol{x},\boldsymbol{e})-\alpha(\boldsymbol{e},\boldsymbol{e})=0$.因此,取 $\alpha=(\boldsymbol{x},\boldsymbol{e})/(\boldsymbol{e},\boldsymbol{e})$,就得到 $\boldsymbol{x}=\alpha\boldsymbol{e}+\boldsymbol{y}$. □

在命题 1.2.1 中,所得到的 $\alpha\boldsymbol{e}$ 称为向量 $\boldsymbol{x}$ 在直线 $l=\langle\boldsymbol{e}\rangle$上的**正交射影向量**或**正交投影向量**,记作$(\mathrm{Prj}_l\boldsymbol{x})\boldsymbol{e}^0$.因此,标量 $\mathrm{Prj}_l\boldsymbol{x}=\alpha|\boldsymbol{e}|=\frac{(\boldsymbol{x},\boldsymbol{e})}{(\boldsymbol{e},\boldsymbol{e})}|\boldsymbol{e}|=\frac{(\boldsymbol{x},\boldsymbol{e})}{|\boldsymbol{e}|}=|\boldsymbol{x}|\cos\langle\boldsymbol{x},\boldsymbol{e}\rangle$(如图 1.2.1),称为向量 $\boldsymbol{x}$ 在该直线$\langle\boldsymbol{e}\rangle$上的**正交射影**或**正交投影**.易证,正交射影映射是一个线性映射(几何向量的情形参见定理 1.2.2).

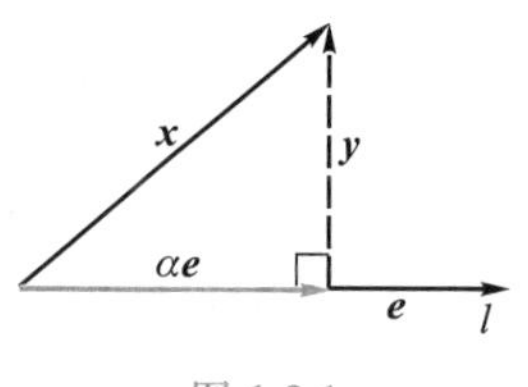

图 1.2.1

命题 1.2.1 是关于一个向量在直线上的正交射影的,它也可以推广到向量在 Euclid 空间的任意子空间上的正交射影.为建立这种推广,注意到有限维 Euclid 空间$\mathbb{E}$同构于其对偶空间$\mathbb{E}^*$(由命题 1.1.15,$\mathbb{E}$上的内积经过$\mathbb{E}$与$\mathbb{E}^*$之间的同构映射诱导出$\mathbb{E}^*$的内积),若对每个子空间$\mathbb{E}'\subset\mathbb{E}$定义了它的零化子$(\mathbb{E}')^0\subset\mathbb{E}^*$,则可以在同构意义下将$(\mathbb{E}')^0$视为空间$\mathbb{E}$的子空间,称为子空间$\mathbb{E}'$的**正交补**,用$(\mathbb{E}')^\perp$表示.为了说明这一点,令$\mathbb{E}$的一个标准正交基(没有线性代数基础的读者可参考定义 1.2.6 和命题 1.2.5)为$\{\boldsymbol{e}_1,\boldsymbol{e}_2,\cdots,\boldsymbol{e}_n\}$,并且$\forall\boldsymbol{x}\in\mathbb{E}'$,假设存在表示

$$\boldsymbol{x}=x_1\boldsymbol{e}_1+x_2\boldsymbol{e}_2+\cdots+x_n\boldsymbol{e}_n.$$

那么,根据定义 1.1.26 中考虑的 $\boldsymbol{f}$ 是线性泛函可得

$$\boldsymbol{f}(\boldsymbol{x})=x_1\boldsymbol{f}(\boldsymbol{e}_1)+x_2\boldsymbol{f}(\boldsymbol{e}_2)+\cdots+x_n\boldsymbol{f}(\boldsymbol{e}_n).$$

把 $\boldsymbol{x}$ 用其坐标表示为 $\boldsymbol{x}=(x_1,x_2,\cdots,x_n)$,记 $\boldsymbol{y}=(\boldsymbol{f}(\boldsymbol{e}_1),\boldsymbol{f}(\boldsymbol{e}_2),\cdots,\boldsymbol{f}(\boldsymbol{e}_n))$,则上式相当于 $\boldsymbol{f}(\boldsymbol{x})=(\boldsymbol{x},\boldsymbol{y})$.所以,$\boldsymbol{f}(\boldsymbol{x})=0\Leftrightarrow(\boldsymbol{x},\boldsymbol{y})=0$.如果把 $\boldsymbol{x},\boldsymbol{y}$ 看成$\mathbb{R}^n$的元素,则$(\boldsymbol{x},\boldsymbol{y})=0$ 等同于 $\boldsymbol{x},\boldsymbol{y}$(在标准内积下)正交.如果把同构空间看成是同一空间,由此可知,$(\mathbb{E}')^0$与$\mathbb{E}'$等同于$\mathbb{E}$的一对正交的互补子空间.

因此，通过把$(\mathbb{E}')^0$看成$\mathbb{E}'$的正交补$(\mathbb{E}')^{\perp}=\{\boldsymbol{y}\in\mathbb{E}\mid(\boldsymbol{x},\boldsymbol{y})=0,\ \forall\,\boldsymbol{x}\in\mathbb{E}'\}$，我们可以得到有限维 Euclid 空间$\mathbb{E}$的一种正交分解$\mathbb{E}=\mathbb{E}'\oplus(\mathbb{E}')^{\perp}$，其中$\dim\,(\mathbb{E}')^{\perp}=\dim\,\mathbb{E}-\dim\,\mathbb{E}'$(一种理解由命题 1.1.16 即得，也可以直接证明).例如，由于$(\boldsymbol{x},\boldsymbol{y})=\sum_{i=1}^{n}x_i y_i$，坐标$(y_1,y_2,\cdots,y_n)$所表示的固定点(不妨假定非零，作为系数矩阵)对应于以$x_1,x_2,\cdots,x_n$为变量的方程$\sum_{i=1}^{n}x_i y_i=0$所定义的超平面，所以任意有限维 Euclid 空间$\mathbb{E}$可以正交分解为“直线”$\langle\boldsymbol{y}\rangle$和其正交补(即所定义的超平面)的直和.

如果对于向量$\boldsymbol{a}\in\mathbb{E}$，存在$\boldsymbol{x}\in\mathbb{E}',\boldsymbol{y}\in(\mathbb{E}')^{\perp}$，使得$\boldsymbol{a}=\boldsymbol{x}+\boldsymbol{y}$，则其定义了空间$\mathbb{E}$到子空间$\mathbb{E}'$的一种映射，我们把这种映射称为$\mathbb{E}$在$\mathbb{E}'$上的**正交射影映射**，它是一个线性映射.而向量$\boldsymbol{a}\in\mathbb{E}$到子空间$\mathbb{E}'$中的射影向量$\boldsymbol{x}$称为$\boldsymbol{a}$在$\mathbb{E}'$中的**正交射影向量**.

以上从公理化角度定义了 Euclid 空间$\mathbb{E}$(包括内积)及其任意一个向量的长度、任意两个向量的夹角，以及一个向量在另一个非零向量(或向量所生成的直线)上的正交射影.

下面来看如何具体给出任意实几何向量空间L的一种内积，从而定义相应的 Euclid 空间$\mathbb{E}$.在这个具体内积定义过程中，用到的夹角和长度是用量角器和直尺直接测量到的值.

先规定任意实几何向量空间L的两向量之间的夹角.对于任意非零向量$\boldsymbol{a},\boldsymbol{b}\in L$，把它们的几何实现的起点放在同一点，则它们之间有夹角φ与$2\pi-\varphi$，如图 1.2.2 所示.规定向量$\boldsymbol{a}$与$\boldsymbol{b}$的夹角θ为φ和$2\pi-\varphi$中较小的那一个，因此夹角θ满足$0\leqslant\theta\leqslant\pi$.当$\boldsymbol{a},\boldsymbol{b}$之一为零向量时，因为零向量的方向可以为任意方向，所以规定此时$\boldsymbol{a}$与$\boldsymbol{b}$之间的夹角是任意的.

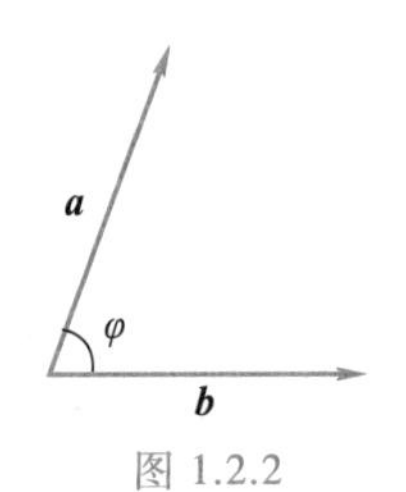

图 1.2.2

规定了实几何向量空间L中的向量之间的夹角之后，我们就可以定义一种具体的内积：对于几何向量$\boldsymbol{a},\boldsymbol{b}\in L$，定义一个实数$|\boldsymbol{a}||\boldsymbol{b}|\cos\theta$，记为

$$\boldsymbol{a}\cdot\boldsymbol{b}=|\boldsymbol{a}||\boldsymbol{b}|\cos\theta,\tag{1.2.5}$$

其中$|\boldsymbol{a}|,|\boldsymbol{b}|$分别表示向量$\boldsymbol{a}$与$\boldsymbol{b}$的长度.这样定义的映射$\boldsymbol{a}\cdot\boldsymbol{b}:L\times L\to\mathbb{R}$是不是内积当然需要验证，即证明该映射满足内积定义 1.2.1 的要求.在下面的验证过程中，在不至于引起混淆的情况下也记$\boldsymbol{ab}=\boldsymbol{a}\cdot\boldsymbol{b}$.验证还要用到一个向量在另一个向量上的射影向量的概念.

定义 1.2.4 令P为实几何向量空间L中的一点，$\boldsymbol{a}\neq\boldsymbol{0}$表示$L$中的一个自由向量，假设向量$\boldsymbol{a}$的几何实现$\overrightarrow{BA}$所在的直线为$l$.过$P$作垂直于直线$l$的平面$\pi$，将平面$\pi$与直线$l$的交点$P'$称为点$P$在直线$l$上的**射影**或**投影**.将另一点$Q$在直线$l$上的射影记作$Q'$，定义向量$\overrightarrow{P'Q'}$为向量$\overrightarrow{PQ}=\boldsymbol{b}$在$\boldsymbol{a}$上的**射影向量**或**投影向量**.

射影向量如图 1.2.3 所示.按照三角形的边角关系，

$$\overrightarrow{P'Q'}=|\boldsymbol{b}|\cos\langle\boldsymbol{a},\boldsymbol{b}\rangle\boldsymbol{a}^0=\frac{\boldsymbol{a}\cdot\boldsymbol{b}}{|\boldsymbol{a}|}\boldsymbol{a}^0=\frac{\boldsymbol{a}\cdot\boldsymbol{b}}{|\boldsymbol{a}|^2}\boldsymbol{a}.\tag{1.2.6}$$

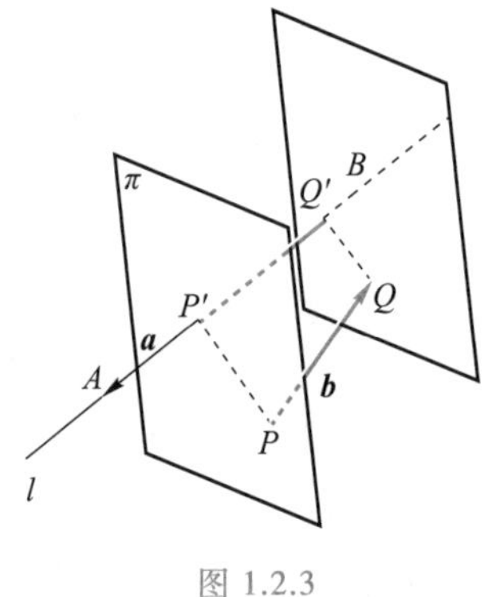

图 1.2.3

称标量 $|\boldsymbol{b}|\cos\langle\boldsymbol{a},\boldsymbol{b}\rangle$ 为向量 $\boldsymbol{b}$ 在向量 $\boldsymbol{a}$ 上的**射影或投影**，记作 $\mathrm{Prj}_{a}\boldsymbol{b}$.因此，$\boldsymbol{b}$ 在 $\boldsymbol{a}$ 上的射影向量 $\overrightarrow{P'Q'}=(\mathrm{Prj}_{a}\boldsymbol{b})\boldsymbol{a}^{0}$.$\mathrm{Prj}_{a}\boldsymbol{b}$ 有时也称为向量 $\boldsymbol{b}$ 在直线 $\langle\boldsymbol{a}\rangle$ 上的**正交射影或正交投影**，简称**正投影**.正投影满足以下线性映射的性质：

定理 1.2.2 对于向量 $\boldsymbol{a},\boldsymbol{b}$ 和 $\boldsymbol{u}$ 以及实数 λ，满足

(1) $\mathrm{Prj}_{u}(\boldsymbol{a}+\boldsymbol{b})=\mathrm{Prj}_{u}\boldsymbol{a}+\mathrm{Prj}_{u}\boldsymbol{b}$; (1.2.7)

(2) $\mathrm{Prj}_{u}(\lambda\boldsymbol{a})=\lambda\ \mathrm{Prj}_{u}\boldsymbol{a}$. (1.2.8)

证 (1) 如图 1.2.4，作向量 $\overrightarrow{AB}=\boldsymbol{a}$，$\overrightarrow{BC}=\boldsymbol{b}$，则 $\overrightarrow{AC}=\boldsymbol{a}+\boldsymbol{b}$.设 A',B',C' 分别是 A,B,C 在 $\boldsymbol{u}$ 上的射影，则显然有 $\overrightarrow{A'C'}=\overrightarrow{A'B'}+\overrightarrow{B'C'}$.而 $\overrightarrow{A'C'}=(\mathrm{Prj}_{u}\overrightarrow{AC})\boldsymbol{u}^{0}$，$\overrightarrow{A'B'}=(\mathrm{Prj}_{u}\overrightarrow{AB})\boldsymbol{u}^{0}$，$\overrightarrow{B'C'}=(\mathrm{Prj}_{u}\overrightarrow{BC})\boldsymbol{u}^{0}$.所以，$\mathrm{Prj}_{u}(\boldsymbol{a}+\boldsymbol{b})=\mathrm{Prj}_{u}\boldsymbol{a}+\mathrm{Prj}_{u}\boldsymbol{b}$.

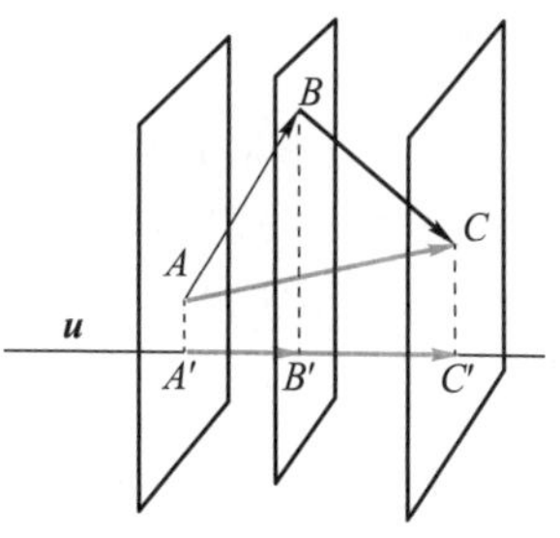

图 1.2.4

(2) 由 $\boldsymbol{b}$ 在 $\boldsymbol{a}$ 上的射影 $\mathrm{Prj}_{a}\boldsymbol{b}=|\boldsymbol{b}|\cos\langle\boldsymbol{a},\boldsymbol{b}\rangle$ 得

$$\mathrm{Prj}_{u}(\lambda\boldsymbol{a})=|\lambda\boldsymbol{a}|\cos\langle\boldsymbol{u},\lambda\boldsymbol{a}\rangle,$$

当 $\lambda=0$ 时结论成立.当 $\lambda>0$ 时，

$$\mathrm{Prj}_{u}(\lambda\boldsymbol{a})=\lambda|\boldsymbol{a}|\cos\langle\boldsymbol{u},\lambda\boldsymbol{a}\rangle=\lambda\ \mathrm{Prj}_{u}\boldsymbol{a},$$

而当 $\lambda<0$ 时，

$$\mathrm{Prj}_{u}(\lambda\boldsymbol{a})=-\lambda|\boldsymbol{a}|\cos(\pi-\langle\boldsymbol{u},\lambda\boldsymbol{a}\rangle)=\lambda|\boldsymbol{a}|\cos\langle\boldsymbol{u},\lambda\boldsymbol{a}\rangle=\lambda\ \mathrm{Prj}_{u}\boldsymbol{a}.$$

因此 $\mathrm{Prj}_{u}(\lambda\boldsymbol{a})=\lambda\ \mathrm{Prj}_{u}\boldsymbol{a}$. □

利用关于正投影的定理 1.2.2，可以证明公式(1.2.5)所定义的映射满足：

定理 1.2.3 对向量 $\boldsymbol{a},\boldsymbol{b},\boldsymbol{c}$ 及实数 λ，有如下性质：

(1) 交换律：$\boldsymbol{a}\cdot\boldsymbol{b}=\boldsymbol{b}\cdot\boldsymbol{a}$;

(2) 分配律：$(\boldsymbol{a}+\boldsymbol{b})\cdot\boldsymbol{c}=\boldsymbol{a}\cdot\boldsymbol{c}+\boldsymbol{b}\cdot\boldsymbol{c}$;

(3) "结合"律：$(\lambda\boldsymbol{a})\cdot\boldsymbol{b}=\lambda(\boldsymbol{a}\cdot\boldsymbol{b})=\boldsymbol{a}\cdot(\lambda\boldsymbol{b})$;

(4) 正定性：$\boldsymbol{a}\cdot\boldsymbol{a}\geqslant 0$，且 $\boldsymbol{a}\cdot\boldsymbol{a}=0$ 的充要条件是 $\boldsymbol{a}=\boldsymbol{0}$.

证 (1) 可以直接由公式(1.2.5)得到.

(2) 利用(1.2.6)式和(1.2.7)式可得

$$(\boldsymbol{a}+\boldsymbol{b})\cdot\boldsymbol{c}=|\boldsymbol{c}|\mathrm{Prj}_{c}(\boldsymbol{a}+\boldsymbol{b})=|\boldsymbol{c}|\mathrm{Prj}_{c}\boldsymbol{a}+|\boldsymbol{c}|\mathrm{Prj}_{c}\boldsymbol{b}=\boldsymbol{a}\cdot\boldsymbol{c}+\boldsymbol{b}\cdot\boldsymbol{c}.$$

(3) 类似(2)的证明，实际上，利用(1.2.6)式和(1.2.8)式可得

$$(\lambda\boldsymbol{a})\cdot\boldsymbol{b}=|\boldsymbol{b}|\mathrm{Prj}_{b}(\lambda\boldsymbol{a})=\lambda|\boldsymbol{b}|\mathrm{Prj}_{b}\boldsymbol{a}=\lambda(\boldsymbol{a}\cdot\boldsymbol{b}).$$

再注意到(1)，可得 $\boldsymbol{a}\cdot(\lambda\boldsymbol{b})=(\lambda\boldsymbol{b})\cdot\boldsymbol{a}=\lambda(\boldsymbol{b}\cdot\boldsymbol{a})=\lambda(\boldsymbol{a}\cdot\boldsymbol{b})$.所以，

$$(\lambda\boldsymbol{a})\cdot\boldsymbol{b}=\lambda(\boldsymbol{a}\cdot\boldsymbol{b})=\boldsymbol{a}\cdot(\lambda\boldsymbol{b}).$$

(4) 按照定义，$\boldsymbol{a}\cdot\boldsymbol{a}=|\boldsymbol{a}|^{2}\geqslant 0$.因此 $\boldsymbol{a}\cdot\boldsymbol{a}=0$ 当且仅当 $\boldsymbol{a}=\boldsymbol{0}$. □

根据定理 1.2.3，公式(1.2.5)定义了实几何向量空间 L 中的一种内积.在任意实几何向量空间 L 中，除了公式(1.2.5)所定义的内积外，还可以定义多种内积.例如，对于任意正实数 k，$k|\boldsymbol{a}||\boldsymbol{b}|\cos\theta$ 定义了向量 $\boldsymbol{a}$ 与 $\boldsymbol{b}$ 的一种内积.这个结论的验证留给读者.显然，公式(1.2.5)所涉及的夹角、长度、射影等概念与定义 1.2.1 推导出的对应概念是兼容的.类似于命题 1.2.1，对于给定向量 $\boldsymbol{a}\neq\boldsymbol{0}$，任何向量 $\boldsymbol{x}\in L$ 都可以分解为 $\boldsymbol{x}$ 在 $\boldsymbol{a}$ 上的射影向量 $(\mathrm{Prj}_{a}\boldsymbol{x})\boldsymbol{a}^{0}$ 和与 $\boldsymbol{a}$ 正交的向量 $\boldsymbol{y}$ 之和，即 $\boldsymbol{x}=(\mathrm{Prj}_{a}\boldsymbol{x})\boldsymbol{a}^{0}+\boldsymbol{y}$，其中 $\boldsymbol{a}\cdot\boldsymbol{y}=0$.事实上，从已知条件 $\boldsymbol{a}\neq\boldsymbol{0}$，可以得到射影的存在性.令 $\boldsymbol{y}=\boldsymbol{x}-(\mathrm{Prj}_{a}\boldsymbol{x})\boldsymbol{a}^{0}$，两边与 $\boldsymbol{a}$ 作内积，得

$$\boldsymbol{a}\cdot\boldsymbol{y}=\boldsymbol{a}\cdot\boldsymbol{x}-(\mathrm{Prj}_{\boldsymbol{a}}\boldsymbol{x})\boldsymbol{a}\cdot\boldsymbol{a}^0=|\boldsymbol{a}||\boldsymbol{x}|\cos\langle\boldsymbol{a},\boldsymbol{x}\rangle-|\boldsymbol{x}|\cos\langle\boldsymbol{a},\boldsymbol{x}\rangle|\boldsymbol{a}|=0.$$

因此 $\boldsymbol{x}=(\mathrm{Prj}_{\boldsymbol{a}}\boldsymbol{x})\boldsymbol{a}^0+\boldsymbol{y}$，其中 $\boldsymbol{a}\cdot\boldsymbol{y}=0$.

例 1.2.4 利用向量点积证明：平行四边形对角线的平方和等于四边的平方和.

证 设平行四边形 $ABCD$ 如图 1.2.5 所示，作向量 $\overrightarrow{AB}=\boldsymbol{a}$，$\overrightarrow{BC}=\boldsymbol{b}$，则 $\overrightarrow{AC}=\boldsymbol{a}+\boldsymbol{b}$，$\overrightarrow{AD}=\boldsymbol{b}$，$\overrightarrow{DC}=\boldsymbol{a}$，$\overrightarrow{DB}=\boldsymbol{a}-\boldsymbol{b}$. 根据点积运算的定理 1.2.3可得

$$\begin{aligned}(\boldsymbol{a}+\boldsymbol{b})^2+(\boldsymbol{a}-\boldsymbol{b})^2&=(\boldsymbol{a}+\boldsymbol{b})\cdot(\boldsymbol{a}+\boldsymbol{b})+(\boldsymbol{a}-\boldsymbol{b})\cdot(\boldsymbol{a}-\boldsymbol{b})\\&=(\boldsymbol{a}\cdot\boldsymbol{a}+2\boldsymbol{a}\cdot\boldsymbol{b}+\boldsymbol{b}\cdot\boldsymbol{b})+(\boldsymbol{a}\cdot\boldsymbol{a}-2\boldsymbol{a}\cdot\boldsymbol{b}+\boldsymbol{b}\cdot\boldsymbol{b})\\&=2\boldsymbol{a}\cdot\boldsymbol{a}+2\boldsymbol{b}\cdot\boldsymbol{b}=2\boldsymbol{a}^2+2\boldsymbol{b}^2.\end{aligned}$$

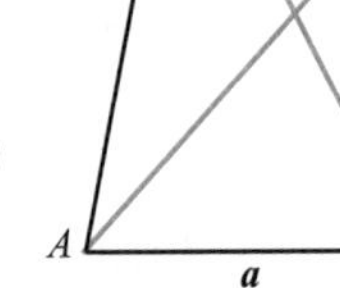

图 1.2.5

即，平行四边形对角线的平方和等于四边的平方和. □

例 1.2.5 利用点积证明勾股定理（也称为 Pythagoras（毕达哥拉斯）定理），即直角三角形的两条直角边的平方和等于斜边的平方.

证 如图 1.2.6，Rt△ABC 的两条直角边分别为 AB 和 AC. 令 $\overrightarrow{AB}=\boldsymbol{a}$，$\overrightarrow{AC}=\boldsymbol{b}$，则向量 $\boldsymbol{a}$ 与 $\boldsymbol{b}$ 正交，即 $\boldsymbol{a}\cdot\boldsymbol{b}=0$. 因此，根据定理 1.2.3 展开 $(\boldsymbol{b}-\boldsymbol{a})^2$ 得

$$(\boldsymbol{b}-\boldsymbol{a})^2=\boldsymbol{a}^2-2\boldsymbol{a}\boldsymbol{b}+\boldsymbol{b}^2=\boldsymbol{a}^2+\boldsymbol{b}^2.$$

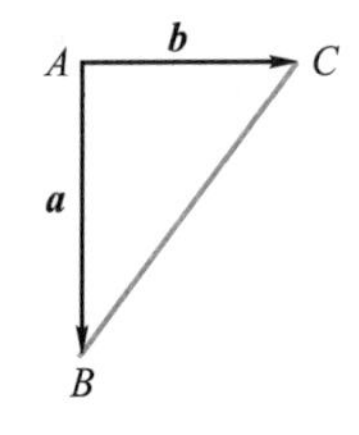

图 1.2.6

上式为 $BC^2=AB^2+AC^2$，即 Rt△ABC 的斜边的平方等于其两条直角边平方之和. □

内积概念不仅用在解析几何中，而且广泛用于物理学中. 例如，力 $\boldsymbol{F}$ 对物体做的功 W 是力 $\boldsymbol{F}$ 在物体位移 $\boldsymbol{s}$ 方向上的射影分量与位移长度 $|\boldsymbol{s}|$ 的乘积，$W=|\boldsymbol{F}||\boldsymbol{s}|\cos\theta$，其中 θ 表示向量 $\boldsymbol{F}$ 与 $\boldsymbol{s}$ 之间的夹角. 向量 $\boldsymbol{F}$ 和 $\boldsymbol{s}$ 的这种运算正是内积.

Euclid 空间 $\mathbb{E}$ 作为具有内积运算的向量空间，不少重要性质可以用一个关于向量组的内积确定的 Gram（格拉姆）矩阵来表达，定义如下.

定义 1.2.5 对于 Euclid 空间 $\mathbb{E}$，设 $\boldsymbol{a}_1,\boldsymbol{a}_2,\cdots,\boldsymbol{a}_m$ 是 Euclid 空间 $\mathbb{E}$ 中的 m 个向量，称对称矩阵

$$\boldsymbol{G}(\boldsymbol{a}_1,\boldsymbol{a}_2,\cdots,\boldsymbol{a}_m)=\begin{pmatrix}(\boldsymbol{a}_1,\boldsymbol{a}_1)&(\boldsymbol{a}_1,\boldsymbol{a}_2)&\cdots&(\boldsymbol{a}_1,\boldsymbol{a}_m)\\(\boldsymbol{a}_2,\boldsymbol{a}_1)&(\boldsymbol{a}_2,\boldsymbol{a}_2)&\cdots&(\boldsymbol{a}_2,\boldsymbol{a}_m)\\\vdots&\vdots&&\vdots\\(\boldsymbol{a}_m,\boldsymbol{a}_1)&(\boldsymbol{a}_m,\boldsymbol{a}_2)&\cdots&(\boldsymbol{a}_m,\boldsymbol{a}_m)\end{pmatrix}\tag{1.2.9}$$

为向量组 $\{\boldsymbol{a}_1,\boldsymbol{a}_2,\cdots,\boldsymbol{a}_m\}$ 的 **Gram 矩阵**，其行列式称为 **Gram 行列式**.

如果向量是随机变量，所得 Gram 矩阵是协方差矩阵；在量子化学中，一组基向量的 Gram 矩阵是重叠矩阵；在系统理论中，可控性 Gram 矩阵与可观测 Gram 矩阵确定了线性系统的性质.

Gram 矩阵可以用来计算内积，因为有以下结论：

命题 1.2.4 若向量组 $\{\boldsymbol{e}_1,\boldsymbol{e}_2,\cdots,\boldsymbol{e}_n\}$ 是 Euclid 空间 $\mathbb{E}$ 的一个基，则空间 $\mathbb{E}$ 中的任意两个向量 $\boldsymbol{x}=x_1\boldsymbol{e}_1+x_2\boldsymbol{e}_2+\cdots+x_n\boldsymbol{e}_n$ 和 $\boldsymbol{y}=y_1\boldsymbol{e}_1+y_2\boldsymbol{e}_2+\cdots+y_n\boldsymbol{e}_n$ 的内积可以表示为

$$(\boldsymbol{x},\boldsymbol{y})=(x_1\boldsymbol{e}_1+x_2\boldsymbol{e}_2+\cdots+x_n\boldsymbol{e}_n,y_1\boldsymbol{e}_1+y_2\boldsymbol{e}_2+\cdots+y_n\boldsymbol{e}_n)=\boldsymbol{XGY}^{\mathrm{T}},\tag{1.2.10}$$

其中 $\boldsymbol{X}=(x_1,x_2,\cdots,x_n)$ 和 $\boldsymbol{Y}=(y_1,y_2,\cdots,y_n)$.

$\boldsymbol{X}$ 和 $\boldsymbol{Y}$ 实际上就是 $\boldsymbol{x},\boldsymbol{y}$ 在 Euclid 空间$\mathbb{E}$的一个基$\{\boldsymbol{e}_1,\boldsymbol{e}_2,\cdots,\boldsymbol{e}_n\}$下的坐标向量.在不出现歧义的情形下,有时候直接写成 $\boldsymbol{x}=(x_1,x_2,\cdots,x_n)$ 和 $\boldsymbol{y}=(y_1,y_2,\cdots,y_n)$.因此公式(1.2.10)也可以记为$(\boldsymbol{x},\boldsymbol{y})=\boldsymbol{xGy}^{\mathrm{T}}$.

内积的计算在 Euclid 空间$\mathbb{E}$中特别的基下会变得更简单.

定义 1.2.6 如果 n 维 Euclid 空间$\mathbb{E}$中的一组向量$\boldsymbol{e}_1,\boldsymbol{e}_2,\cdots,\boldsymbol{e}_m$满足

$$(\boldsymbol{e}_i,\boldsymbol{e}_j)=\delta_{ij},i,j=1,2,\cdots,m,\tag{1.2.11}$$

则称向量$\boldsymbol{e}_1,\boldsymbol{e}_2,\cdots,\boldsymbol{e}_m$构成一个**标准正交系**.特别地,如果 $m=n$ 并且$\boldsymbol{e}_1,\boldsymbol{e}_2,\cdots,\boldsymbol{e}_m$构成空间$\mathbb{E}$的一个基,则称这个基为**标准正交基**.我们把具有单位长度 1 的向量称为**单位向量**.

标准正交基的 Gram 矩阵为单位矩阵 $\boldsymbol{E}$,其行列式等于 1.然而,定义 1.2.6 中所说的单位长度 1 不是指 1 cm、1 m,而是无量纲数量单位,其具体含义与向量的几何或物理意义有关.另外,若$\boldsymbol{e}_1,\boldsymbol{e}_2,\cdots,\boldsymbol{e}_n$构成 Euclid 空间$\mathbb{E}$的一个标准正交基,则对于空间$\mathbb{E}$中任意两个向量 $\boldsymbol{x}=x_1\boldsymbol{e}_1+x_2\boldsymbol{e}_2+\cdots+x_n\boldsymbol{e}_n$和 $\boldsymbol{y}=y_1\boldsymbol{e}_1+y_2\boldsymbol{e}_2+\cdots+y_n\boldsymbol{e}_n$,其内积可简化为

$$(\boldsymbol{x},\boldsymbol{y})=\sum_{i=1}^{n}x_i\,y_i.\tag{1.2.12}$$

即在标准正交基下,任意向量之间的内积等于其对应坐标分量乘积之和,这也是(1.2.1)式定义的内积被称为标准内积的根据.特别地,空间$\mathbb{E}$中的向量在其标准正交基下的平方等于其坐标分量的平方和,即 $\boldsymbol{x}^2=x_1^2+x_2^2+\cdots+x_n^2$,因而其长度等于该平方和的算术平方根

$$|\boldsymbol{x}|=\sqrt{x_1^2+x_2^2+\cdots+x_n^2}.$$

由此可见,Euclid 空间$\mathbb{E}$的标准正交基大大简化了向量的长度等计算.因此,重要的是能否以及如何获得 Euclid 空间中的一个标准正交基.

命题 1.2.5 从已知 Euclid 空间$\mathbb{E}^n$中的任意一个基$\{\boldsymbol{e}_1,\boldsymbol{e}_2,\cdots,\boldsymbol{e}_n\}$都可得到一个标准正交基$\{\boldsymbol{e}_1',\boldsymbol{e}_2',\cdots,\boldsymbol{e}_n'\}$.

证 任选基$\{\boldsymbol{e}_1,\boldsymbol{e}_2,\cdots,\boldsymbol{e}_n\}$中的 $k\leqslant n$ 个向量,构造线性无关组$\boldsymbol{e}_1,\boldsymbol{e}_2,\cdots,\boldsymbol{e}_k$的一个标准正交系$\boldsymbol{e}_1',\boldsymbol{e}_2',\cdots,\boldsymbol{e}_k'$.若 $k=1$,由于 $\boldsymbol{e}_1$是基向量,因此$|\boldsymbol{e}_1|\neq 0$,令 $\boldsymbol{e}_1'=\dfrac{\boldsymbol{e}_1}{|\boldsymbol{e}_1|}$,则因为$|\boldsymbol{e}_1'|=1$,所以$\boldsymbol{e}_1'$构成一个标准正交系.假定关于某个 $k,n>k\geqslant 1$,已经构造了线性无关组$\boldsymbol{e}_1,\boldsymbol{e}_2,\cdots,\boldsymbol{e}_k$的相应标准正交系$\boldsymbol{e}_1',\boldsymbol{e}_2',\cdots,\boldsymbol{e}_k'$.

现在来形成线性无关组$\boldsymbol{e}_1,\boldsymbol{e}_2,\cdots,\boldsymbol{e}_{\mathrm{k}},\boldsymbol{e}_{k+1}$的一个标准正交系$\boldsymbol{e}_1',\boldsymbol{e}_2',\cdots,\boldsymbol{e}_k',\boldsymbol{e}_{k+1}'$.设 $x_i=(\boldsymbol{e}_{k+1},\boldsymbol{e}_i')$,$1\leqslant i\leqslant k$,并令

$$\boldsymbol{e}_{k+1}''=\boldsymbol{e}_{k+1}-x_1\boldsymbol{e}_1'-x_2\boldsymbol{e}_2'-\cdots-x_k\boldsymbol{e}_k',$$

则$(\boldsymbol{e}_{k+1}'',\boldsymbol{e}_i')=0$,$1\leqslant i\leqslant k$.又因为$\boldsymbol{e}_1',\boldsymbol{e}_2',\cdots,\boldsymbol{e}_k',\boldsymbol{e}_{k+1}$线性无关,故$\boldsymbol{e}_{k+1}''\neq\boldsymbol{0}$,所以可以定义$\boldsymbol{e}_{k+1}'=\dfrac{\boldsymbol{e}_{k+1}''}{|\boldsymbol{e}_{k+1}''|}$.因此,$\boldsymbol{e}_1',\boldsymbol{e}_2',\cdots,\boldsymbol{e}_k',\boldsymbol{e}_{k+1}'$是一个标准正交系.

综上,由数学归纳法得到结论. □

命题 1.2.5 是一个构造性证明,证明过程可用来将 Euclid 空间的一个基转换为标准正交基,该转换过程称为 **Schmidt(施密特)正交化过程**.

除了零空间,其他向量空间都存在基,因而由命题 1.2.5 推出,非零空间的每个 Euclid 空间都有一个标准正交基.

现在来考察 Gram 行列式的几何性质,即用 Gram 行列式 $|\boldsymbol{G}(\boldsymbol{a}_1,\boldsymbol{a}_2,\cdots,\boldsymbol{a}_m)|$ 表示向量 $\boldsymbol{a}_1,\boldsymbol{a}_2,\cdots,\boldsymbol{a}_m$ 所确定的几何图形的所谓体积.我们首先在高维 Euclid 空间中引入平行多面体的概念,然后用 Gram 行列式来表示这种平行多面体的体积.

定义 1.2.7 对于 Euclid 空间 $\mathbb{E}^n$ 中的任意 m 个向量 $\boldsymbol{a}_1,\boldsymbol{a}_2,\cdots,\boldsymbol{a}_m$,记 $[\boldsymbol{a}_1,\boldsymbol{a}_2,\cdots,\boldsymbol{a}_m]_0^1=\{\alpha_1\boldsymbol{a}_1+\alpha_2\boldsymbol{a}_2+\cdots+\alpha_m\boldsymbol{a}_m \mid 0\leqslant\alpha_i\leqslant 1, i=1,2,\cdots,m\}$,称为由向量 $\boldsymbol{a}_1,\boldsymbol{a}_2,\cdots,\boldsymbol{a}_m$ 张成的**平行多面体**.而任何 $m-1$ 个向量 $\boldsymbol{a}_{i_1},\boldsymbol{a}_{i_2},\cdots,\boldsymbol{a}_{i_{m-1}}$ 张成的平行多面体 $[\boldsymbol{a}_{i_1},\boldsymbol{a}_{i_2},\cdots,\boldsymbol{a}_{i_{m-1}}]_0^1$ 称为 $[\boldsymbol{a}_1,\boldsymbol{a}_2,\cdots,\boldsymbol{a}_m]_0^1$ 的一个**底面**.记 $L_1=\langle\boldsymbol{a}_{i_1},\boldsymbol{a}_{i_2},\cdots,\boldsymbol{a}_{i_{m-1}}\rangle$,将向量 $\boldsymbol{a}_{i_m}$ 正交射影到子空间 L_1 和其正交补 $L_1^{\perp}$ 上,即找出 $\boldsymbol{x}\in L_1$ 和 $\boldsymbol{y}\in L_1^{\perp}$,使得 $\boldsymbol{a}_{i_m}=\boldsymbol{x}+\boldsymbol{y}$,向量 $\boldsymbol{y}$ 的长度称为底面 $[\boldsymbol{a}_{i_1},\boldsymbol{a}_{i_2},\cdots,\boldsymbol{a}_{i_{m-1}}]_0^1$ 上的**高**.其中集合 $\{i_1,i_2,\cdots,i_m\}$ 表示集合 $\{1,2,\cdots,m\}$ 的一个具体排列.

需要指出,这里定义的平行多面体也包括线段、平行四边形等.例如,由一个几何向量 $\boldsymbol{a}$ 张成的集合 $[\boldsymbol{a}]_0^1=\{\alpha\boldsymbol{a}\mid 0\leqslant\alpha\leqslant 1\}$ 就是一条线段,其两个端点分别是向量 $\boldsymbol{a}$ 的起点和终点,而线段的端点可看作其底面,线段的长度可看作平行多面体 $[\boldsymbol{a}]_0^1$ 的高.两个向量 $\boldsymbol{a}_1,\boldsymbol{a}_2$ 张成的平行多面体 $[\boldsymbol{a}_1,\boldsymbol{a}_2]_0^1=\{\alpha_1\boldsymbol{a}_1+\alpha_2\boldsymbol{a}_2\mid 0\leqslant\alpha_i\leqslant 1, i=1,2\}$ 就是平行四边形,其中任何一个向量张成的线段(例如 $[\boldsymbol{a}_1]_0^1=\{\alpha_1\boldsymbol{a}_1\mid 0\leqslant\alpha_1\leqslant 1\}$)都可以作为其底面,而 $|\boldsymbol{a}_2|\sin\langle\boldsymbol{a}_1,\boldsymbol{a}_2\rangle$ 为其高.

平行多面体的一个重要属性是它的体积.关于平行多面体的体积概念,有两种不同的定义,一种是通常意义下的体积,另一种是有向体积.我们先介绍前者.

定义 1.2.8 Euclid 空间 $\mathbb{E}^n$ 中的任意平行多面体 $[\boldsymbol{a}_1,\boldsymbol{a}_2,\cdots,\boldsymbol{a}_m]_0^1$ 的**体积**为一个非负数,用 $V(\boldsymbol{a}_1,\boldsymbol{a}_2,\cdots,\boldsymbol{a}_m)$ 表示,等于 $V(\boldsymbol{a}_1,\boldsymbol{a}_2,\cdots,\boldsymbol{a}_{m-1})$ 乘平行多面体 $[\boldsymbol{a}_1,\boldsymbol{a}_2,\cdots,\boldsymbol{a}_m]_0^1$ 在底面 $[\boldsymbol{a}_1,\boldsymbol{a}_2,\cdots,\boldsymbol{a}_{m-1}]_0^1$ 上的高,其中规定 $V(\boldsymbol{a}_1)=|\boldsymbol{a}_1|$,即 $\boldsymbol{a}_1$ 的长度.

定义 1.2.8 中的体积当平行多面体是线段时表示线段的长度,当平行多面体是平行四边形时表示平行四边形的面积.例如,按照该定义,平行四边形的面积为 $V(\boldsymbol{a}_1,\boldsymbol{a}_2)=V(\boldsymbol{a}_1)\cdot|\boldsymbol{a}_2-(\mathrm{Prj}_{\boldsymbol{a}_1}\boldsymbol{a}_2)\boldsymbol{a}_1^0|=|\boldsymbol{a}_1||\boldsymbol{a}_2|\sin\langle\boldsymbol{a}_1,\boldsymbol{a}_2\rangle$,它与向量 $\boldsymbol{a}_1,\boldsymbol{a}_2$ 的 Gram 行列式密切相关,事实上,

$$\begin{aligned}V^2(\boldsymbol{a}_1,\boldsymbol{a}_2)&=\boldsymbol{a}_1^2\boldsymbol{a}_2^2\sin^2\langle\boldsymbol{a}_1,\boldsymbol{a}_2\rangle=\boldsymbol{a}_1^2\boldsymbol{a}_2^2-\boldsymbol{a}_1^2\boldsymbol{a}_2^2\cos^2\langle\boldsymbol{a}_1,\boldsymbol{a}_2\rangle\\&=\begin{vmatrix}(\boldsymbol{a}_1,\boldsymbol{a}_1)&(\boldsymbol{a}_1,\boldsymbol{a}_2)\\(\boldsymbol{a}_2,\boldsymbol{a}_1)&(\boldsymbol{a}_2,\boldsymbol{a}_2)\end{vmatrix}.\end{aligned}$$

进一步推广 Gram 行列式的这一应用,可以得到以下定理.

定理 1.2.6 对于 Euclid 空间中的任意 m 个向量 $\boldsymbol{a}_1,\boldsymbol{a}_2,\cdots,\boldsymbol{a}_m$,

$$V^2(\boldsymbol{a}_1,\boldsymbol{a}_2,\cdots,\boldsymbol{a}_m)=|\boldsymbol{G}(\boldsymbol{a}_1,\boldsymbol{a}_2,\cdots,\boldsymbol{a}_m)|. \tag{1.2.13}$$

证 以上已经验证了公式(1.2.13)在 $m=1$ 和 2 时的情形.现在关于 m 做数学归纳法来证明公式(1.2.13).即,在归纳假设 $V^2(\boldsymbol{a}_1,\boldsymbol{a}_2,\cdots,\boldsymbol{a}_{m-1})=|\boldsymbol{G}(\boldsymbol{a}_1,\boldsymbol{a}_2,\cdots,\boldsymbol{a}_{m-1})|$ 下来证明公式(1.2.13)成立.在该归纳假设下,要计算 $V^2(\boldsymbol{a}_1,\boldsymbol{a}_2,\cdots,\boldsymbol{a}_m)$,需要用到平行多面体 $[\boldsymbol{a}_1,\boldsymbol{a}_2,\cdots,\boldsymbol{a}_m]_0^1$ 在底面 $[\boldsymbol{a}_1,\boldsymbol{a}_2,\cdots,\boldsymbol{a}_{m-1}]_0^1$ 上的高.按照命题 1.2.1,这个高可以计算如下:假设 $\mathbb{E}_1=\langle\boldsymbol{a}_1,\boldsymbol{a}_2,\cdots,\boldsymbol{a}_{m-1}\rangle$,将向量 $\boldsymbol{a}_m$ 射影到 $\mathbb{E}_1^{\perp}$ 上,即找出 $\boldsymbol{x}\in\mathbb{E}_1$,$\boldsymbol{y}\in\mathbb{E}_1^{\perp}$,使得 $\boldsymbol{a}_m=\boldsymbol{x}+\boldsymbol{y}$;然后计算向量 $\boldsymbol{y}$ 的长度,它就是要求的高.因此,存在标量 $\alpha_1,\alpha_2,\cdots,\alpha_{m-1}$,使得向量 $\boldsymbol{y}$ 满足

$$\boldsymbol{a}_m=\alpha_1\boldsymbol{a}_1+\alpha_2\boldsymbol{a}_2+\cdots+\alpha_{m-1}\boldsymbol{a}_{m-1}+\boldsymbol{y}.$$

按照 $\boldsymbol{G}(\boldsymbol{a}_1,\boldsymbol{a}_2,\cdots,\boldsymbol{a}_m)$ 的定义(1.2.9)式,从 Gram 行列式的最后一列中减去所有第 i 列乘 $\alpha_i(1\leqslant i\leqslant m-1)$,得到

$$|\boldsymbol{G}(\boldsymbol{a}_1,\boldsymbol{a}_2,\cdots,\boldsymbol{a}_m)|=\begin{vmatrix}(\boldsymbol{a}_1,\boldsymbol{a}_1) & (\boldsymbol{a}_1,\boldsymbol{a}_2) & \cdots & 0\\ (\boldsymbol{a}_2,\boldsymbol{a}_1) & (\boldsymbol{a}_2,\boldsymbol{a}_2) & \cdots & 0\\ \vdots & \vdots & & \vdots\\ (\boldsymbol{a}_{m-1},\boldsymbol{a}_1) & (\boldsymbol{a}_{m-1},\boldsymbol{a}_2) & \cdots & 0\\ (\boldsymbol{a}_m,\boldsymbol{a}_1) & (\boldsymbol{a}_m,\boldsymbol{a}_2) & \cdots & (\boldsymbol{y},\boldsymbol{a}_m)\end{vmatrix}. \tag{1.2.14}$$

因为 $\boldsymbol{y}\in\mathbb{E}_1^{\perp}$,所以 $(\boldsymbol{y},\boldsymbol{a}_m)=(\boldsymbol{y},\boldsymbol{y})=|\boldsymbol{y}|^2$.沿着最后一列展开行列式(1.2.14)并通过归纳假设得到

$$\begin{aligned}|\boldsymbol{G}(\boldsymbol{a}_1,\boldsymbol{a}_2,\cdots,\boldsymbol{a}_m)|&=|\boldsymbol{G}(\boldsymbol{a}_1,\boldsymbol{a}_2,\cdots,\boldsymbol{a}_{m-1})|\,|\boldsymbol{y}|^2\\&=V^2(\boldsymbol{a}_1,\boldsymbol{a}_2,\cdots,\boldsymbol{a}_{m-1})\,|\boldsymbol{y}|^2=V^2(\boldsymbol{a}_1,\boldsymbol{a}_2,\cdots,\boldsymbol{a}_m).\qquad\square\end{aligned}$$

定义 1.2.8 的体积不能取负值.接下来介绍另一种有向体积,其值可正可负,与体积相差 ±1 倍.在下面的讨论中,假设给定了 n 维 Euclid 空间中的 $m\leqslant n$ 个线性无关的向量 $\boldsymbol{a}_1,\boldsymbol{a}_2,\cdots,\boldsymbol{a}_m$,并构造了空间 $\mathbb{E}'=\langle\boldsymbol{a}_1,\boldsymbol{a}_2,\cdots,\boldsymbol{a}_m\rangle$.在 $\mathbb{E}'$ 中取定一个标准正交基 $\{\boldsymbol{e}_1,\boldsymbol{e}_2,\cdots,\boldsymbol{e}_m\}$.将 $\boldsymbol{a}_j$ 在标准正交基 $\{\boldsymbol{e}_1,\boldsymbol{e}_2,\cdots,\boldsymbol{e}_m\}$ 下的坐标作为第 j 列构造以下矩阵:

$$\boldsymbol{A}=\begin{pmatrix}a_{11} & a_{12} & \cdots & a_{1m}\\ a_{21} & a_{22} & \cdots & a_{2m}\\ \vdots & \vdots & & \vdots\\ a_{m1} & a_{m2} & \cdots & a_{mm}\end{pmatrix}. \tag{1.2.15}$$

由块矩阵的运算法则和标准内积的定义可得 $\boldsymbol{A}^{\mathrm{T}}\boldsymbol{A}=\boldsymbol{G}(\boldsymbol{a}_1,\boldsymbol{a}_2,\cdots,\boldsymbol{a}_m)$,因此 $|\boldsymbol{A}|^2=|\boldsymbol{G}(\boldsymbol{a}_1,\boldsymbol{a}_2,\cdots,\boldsymbol{a}_m)|$.另一方面,根据公式(1.2.13),$|\boldsymbol{G}(\boldsymbol{a}_1,\boldsymbol{a}_2,\cdots,\boldsymbol{a}_m)|=V^2(\boldsymbol{a}_1,\boldsymbol{a}_2,\cdots,\boldsymbol{a}_m)$,由此可得

$$|\boldsymbol{A}|=\pm V(\boldsymbol{a}_1,\boldsymbol{a}_2,\cdots,\boldsymbol{a}_m).$$

定义 1.2.9 对于 n 维 Euclid 空间中的 $m\leqslant n$ 个线性无关的向量 $\boldsymbol{a}_1,\boldsymbol{a}_2,\cdots,\boldsymbol{a}_m$ 以及空间 $\mathbb{E}'=\langle\boldsymbol{a}_1,\boldsymbol{a}_2,\cdots,\boldsymbol{a}_m\rangle$ 中的一个标准正交基 $\{\boldsymbol{e}_1,\boldsymbol{e}_2,\cdots,\boldsymbol{e}_m\}$,将(1.2.15)定义的矩阵 $\boldsymbol{A}$ 的行列式称为 m 维平行多面体 $[\boldsymbol{a}_1,\boldsymbol{a}_2,\cdots,\boldsymbol{a}_m]_0^1$ 的**有向体积**,用 $v(\boldsymbol{a}_1,\boldsymbol{a}_2,\cdots,\boldsymbol{a}_m)$ 表示,即

$$v(\boldsymbol{a}_1,\boldsymbol{a}_2,\cdots,\boldsymbol{a}_m)=|\boldsymbol{A}|=|\boldsymbol{A}^{\mathrm{T}}|.$$

因此,有向体积和体积满足

$$v(\boldsymbol{a}_1,\boldsymbol{a}_2,\cdots,\boldsymbol{a}_m)=\pm V(\boldsymbol{a}_1,\boldsymbol{a}_2,\cdots,\boldsymbol{a}_m).$$

其中的符号“±”取决于标准正交基 $\{\boldsymbol{e}_1,\boldsymbol{e}_2,\cdots,\boldsymbol{e}_m\}$ 的选择.1.2.3 小节将看到,该符号与标准正交基 $\{\boldsymbol{e}_1,\boldsymbol{e}_2,\cdots,\boldsymbol{e}_m\}$ 所确定的空间定向相关.为了体现有向体积与空间定向的关系,有时也将 $v(\boldsymbol{a}_1,\boldsymbol{a}_2,\cdots,\boldsymbol{a}_m)$ 记成 $v(\boldsymbol{a}_1,\boldsymbol{a}_2,\cdots,\boldsymbol{a}_m)_I$,其中 $I=\{\boldsymbol{e}_1,\boldsymbol{e}_2,\cdots,\boldsymbol{e}_m\}$.

这种有向体积在线性变换下具有以下性质:

定理 1.2.7 设 $\sigma:\mathbb{E}^n\to\mathbb{E}^n$ 是 n 维 Euclid 空间 $\mathbb{E}^n$ 的线性变换,则对于该空间中的任何 n 个线性无关向量 $\boldsymbol{a}_1,\boldsymbol{a}_2,\cdots,\boldsymbol{a}_n$,存在关系式

$$v(\sigma(\boldsymbol{a}_1),\sigma(\boldsymbol{a}_2),\cdots,\sigma(\boldsymbol{a}_n))=|\boldsymbol{C}|\,v(\boldsymbol{a}_1,\boldsymbol{a}_2,\cdots,\boldsymbol{a}_n), \tag{1.2.16}$$

其中 $\boldsymbol{C}$ 是线性变换 σ 在线性无关向量 $\boldsymbol{a}_1,\boldsymbol{a}_2,\cdots,\boldsymbol{a}_n$ 下的矩阵.

证　选择 n 维 Euclid 空间 $\mathbb{E}^n$ 的标准正交基 $\{\boldsymbol{e}_1,\boldsymbol{e}_2,\cdots,\boldsymbol{e}_n\}$.假设变换 σ 在此基下具有矩阵 $\boldsymbol{C}$ 并且任意向量 $\boldsymbol{a}$ 的坐标 $\alpha_1,\alpha_2,\cdots,\alpha_n$ 与其像 $\sigma(\boldsymbol{a})$ 的坐标 $\beta_1,\beta_2,\cdots,\beta_n$ 由关系式(1.1.34)表示.令 $\boldsymbol{A}$ 为其列由向量 $\boldsymbol{a}_1,\boldsymbol{a}_2,\cdots,\boldsymbol{a}_n$ 的坐标构成的矩阵,并且令 $\boldsymbol{A}'$ 为其列由向量 $\sigma(\boldsymbol{a}_1)$, $\sigma(\boldsymbol{a}_2),\cdots,\sigma(\boldsymbol{a}_n)$ 的坐标构成的矩阵.我们有关系 $\boldsymbol{A}'=\boldsymbol{CA}$,从中得到 $|\boldsymbol{A}'|=|\boldsymbol{C}|\cdot|\boldsymbol{A}|$,从而由定理 1.2.6 得到结论.　□

由此定理可得以下推论,证明留给读者.

推论　n 维 Euclid 空间 $\mathbb{E}^n$ 的任何 n 个线性无关向量 $\boldsymbol{a}_1,\boldsymbol{a}_2,\cdots,\boldsymbol{a}_n$ 的有向体积是关于每一个向量 $\boldsymbol{a}_i$, $i=1,2,\cdots,n$ 的线性映射.也就是说,对任意标量 $k\in\mathbb{R}$ 和任意 $i=1,2,\cdots,n$,有

$$v(\boldsymbol{a}_1,\cdots,(k\boldsymbol{a}_i),\cdots,\boldsymbol{a}_n)=kv(\boldsymbol{a}_1,\cdots,\boldsymbol{a}_i,\cdots,\boldsymbol{a}_n);$$

进一步地,若向量 $\boldsymbol{a}_i=\boldsymbol{b}_i+\boldsymbol{c}_i$,则

$$v(\boldsymbol{a}_1,\cdots,\boldsymbol{a}_i,\cdots,\boldsymbol{a}_n)=v(\boldsymbol{a}_1,\cdots,\boldsymbol{b}_i,\cdots,\boldsymbol{a}_n)+v(\boldsymbol{a}_1,\cdots,\boldsymbol{c}_i,\cdots,\boldsymbol{a}_n).$$

1.2.2　Euclid 空间中的基变换与正交变换

Euclid 空间 $\mathbb{E}$ 作为特殊的向量空间,当然也可以像普通向量空间那样,进行坐标变换(或称为基变换),而且可以证明,正交矩阵给出有限维 Euclid 空间 $\mathbb{E}$ 的一个标准正交基 $\{\boldsymbol{e}_1,\boldsymbol{e}_2,\cdots,\boldsymbol{e}_n\}$ 到另一个基 $\{\boldsymbol{e}_1',\boldsymbol{e}_2',\cdots,\boldsymbol{e}_n'\}$ 之间的基变换.事实上,设向量组 $\{\boldsymbol{e}_1',\boldsymbol{e}_2',\cdots,\boldsymbol{e}_n'\}$ 的 Gram 矩阵为 $\boldsymbol{G}'=((\boldsymbol{e}_i',\boldsymbol{e}_j'))_{n\times n}$,并令 $\boldsymbol{e}_i'$ 在 $\{\boldsymbol{e}_1,\boldsymbol{e}_2,\cdots,\boldsymbol{e}_n\}$ 下的坐标表示为 $\boldsymbol{e}_i'=(c_{1i},c_{2i},\cdots,c_{ni})$,则由(1.2.10)式可计算出

$$(\boldsymbol{e}_i',\boldsymbol{e}_j')=(c_{1i},c_{2i},\cdots,c_{ni})\boldsymbol{G}\begin{pmatrix}c_{1j}\\c_{2j}\\\vdots\\c_{nj}\end{pmatrix},\tag{1.2.17}$$

其中 $\boldsymbol{G}$ 是向量组 $\{\boldsymbol{e}_1,\boldsymbol{e}_2,\cdots,\boldsymbol{e}_n\}$ 的 Gram 矩阵,由(1.2.9)式定义.由(1.2.17)式立即得出这两组向量的 Gram 矩阵之间的关系

$$\boldsymbol{G}'=\boldsymbol{C}^{\mathrm{T}}\boldsymbol{G}\boldsymbol{C},\tag{1.2.18}$$

其中

$$\boldsymbol{C}=\begin{pmatrix}c_{11}&c_{12}&\cdots&c_{1n}\\c_{21}&c_{22}&\cdots&c_{2n}\\\vdots&\vdots&&\vdots\\c_{n1}&c_{n2}&\cdots&c_{nn}\end{pmatrix},$$

$\boldsymbol{C}^{\mathrm{T}}$ 是 $\boldsymbol{C}$ 的转置矩阵.显然,$\boldsymbol{C}$ 为(1.1.40)式所定义的从基 $\{\boldsymbol{e}_1,\boldsymbol{e}_2,\cdots,\boldsymbol{e}_n\}$ 到基 $\{\boldsymbol{e}_1',\boldsymbol{e}_2',\cdots,\boldsymbol{e}_n'\}$ 的过渡矩阵.

特别地,由于标准正交基的 Gram 矩阵为单位矩阵 $\boldsymbol{E}$,由关系式(1.2.18)知,从 Euclid 空间 $\mathbb{E}$ 的一个标准正交基到另一个标准正交基的过渡矩阵 $\boldsymbol{C}$ 为正交矩阵.假设 $\boldsymbol{x}\in\mathbb{E}$ 在标准正交基 $\{\boldsymbol{e}_1,\boldsymbol{e}_2,\cdots,\boldsymbol{e}_n\}$ 中有坐标 $(x_1,x_2,\cdots,x_n)$,在标准正交基 $\{\boldsymbol{e}_1',\boldsymbol{e}_2',\cdots,\boldsymbol{e}_n'\}$ 中有坐标 $(x_1',x_2',\cdots,x_n')$,则由(1.1.39)式得到两者之间有关系

$$\begin{pmatrix} x_1 \\ x_2 \\ \vdots \\ x_n \end{pmatrix} = C \begin{pmatrix} x_1' \\ x_2' \\ \vdots \\ x_n' \end{pmatrix}. \tag{1.2.19}$$

这就是 Euclid 空间$\mathbb{E}$中的坐标变换公式.

现在我们把(1.2.19)式进行推广,考虑保持 Euclid 空间$\mathbb{E}$中任意两个向量的内积不变的正交变换.

定义 1.2.10 Euclid 空间$\mathbb{E}$到自身的保持内积不变的线性变换 u,称为**正交变换**,即正交变换 u 满足:对于空间$\mathbb{E}$中的所有向量 $\boldsymbol{x}$ 和 $\boldsymbol{y}$,

$$(\boldsymbol{x},\boldsymbol{y})=(u(\boldsymbol{x}),u(\boldsymbol{y})). \tag{1.2.20}$$

正交变换 u 保持向量的长度不变.事实上,将向量 $\boldsymbol{y}=\boldsymbol{x}$ 代入(1.2.20)式,得 $|\boldsymbol{x}|^2=|u(\boldsymbol{x})|^2$,由此可得 $|\boldsymbol{x}|=|u(\boldsymbol{x})|$,即 u 保持向量的长度不变.

恒同变换是正交变换.两个正交变换u_1和u_2的复合u_1u_2也是正交变换.这是因为线性变换的复合是线性变换,且

$$(u_1u_2(\boldsymbol{x}),u_1u_2(\boldsymbol{y}))=(u_2(\boldsymbol{x}),u_2(\boldsymbol{y}))=(\boldsymbol{x},\boldsymbol{y}).$$

命题 1.2.8 若 u 是有限维 Euclid 空间$\mathbb{E}$上的线性变换,则 u 把一个标准正交基$\{\boldsymbol{e}_1,\boldsymbol{e}_2,\cdots,\boldsymbol{e}_n\}$变换成标准正交基 $u(\boldsymbol{e}_1),u(\boldsymbol{e}_2),\cdots,u(\boldsymbol{e}_n)$的充要条件是 u 为正交变换.

证 (充分性)假设$\{\boldsymbol{e}_1,\boldsymbol{e}_2,\cdots,\boldsymbol{e}_n\}$是 Euclid 空间$\mathbb{E}$上的一个标准正交基,$u$ 为正交变换,(1.2.20)式对所有$\boldsymbol{e}_1,\boldsymbol{e}_2,\cdots,\boldsymbol{e}_n$成立,因此 $u(\boldsymbol{e}_1),u(\boldsymbol{e}_2),\cdots,u(\boldsymbol{e}_n)$也是标准正交基.

(必要性)如果线性变换 u 将一个标准正交基$\{\boldsymbol{e}_1,\boldsymbol{e}_2,\cdots,\boldsymbol{e}_n\}$映射到另一个标准正交基 $u(\boldsymbol{e}_1),u(\boldsymbol{e}_2),\cdots,u(\boldsymbol{e}_n)$,那么对于向量 $\boldsymbol{x}=\alpha_1\boldsymbol{e}_1+\alpha_2\boldsymbol{e}_2+\cdots+\alpha_n\boldsymbol{e}_n$和 $\boldsymbol{y}=\beta_1\boldsymbol{e}_1+\beta_2\boldsymbol{e}_2+\cdots+\beta_n\boldsymbol{e}_n$,有

$$u(\boldsymbol{x})=\alpha_1u(\boldsymbol{e}_1)+\alpha_2u(\boldsymbol{e}_2)+\cdots+\alpha_nu(\boldsymbol{e}_n),\quad u(\boldsymbol{y})=\beta_1u(\boldsymbol{e}_1)+\beta_2u(\boldsymbol{e}_2)+\cdots+\beta_nu(\boldsymbol{e}_n).$$

因为$\{\boldsymbol{e}_1,\boldsymbol{e}_2,\cdots,\boldsymbol{e}_n\}$和$\{u(\boldsymbol{e}_1),u(\boldsymbol{e}_2),\cdots,u(\boldsymbol{e}_n)\}$都是标准正交基,所以由标准内积的定义推出(1.2.20)式两边都等于 $\alpha_1\beta_1+\alpha_2\beta_2+\cdots+\alpha_n\beta_n$,即 u 保持内积不变,因而是正交变换. □

命题 1.2.9 有限维 Euclid 空间$\mathbb{E}$上的变换 u 为正交变换,当且仅当在一标准正交基$\{\boldsymbol{e}_1,\boldsymbol{e}_2,\cdots,\boldsymbol{e}_n\}$下 u 的变换矩阵 $\boldsymbol{U}$ 为正交矩阵.

证 令 $u(\boldsymbol{e}_i)=\sum\limits_{k=1}^{n}u_{ki}\boldsymbol{e}_k,i=1,2,\cdots,n$,则根据(1.1.35)式,变换 u 在标准正交基$\{\boldsymbol{e}_1,\boldsymbol{e}_2,\cdots,\boldsymbol{e}_n\}$下的变换矩阵为 $\boldsymbol{U}=(u_{ij})_{n\times n}$.按照命题 1.2.8,变换 u 为正交变换,当且仅当

$$(u(\boldsymbol{e}_i),u(\boldsymbol{e}_j))=(\boldsymbol{e}_i,\boldsymbol{e}_j)=\delta_{ij},i,j=1,2,\cdots,n.$$

根据(1.2.17)式和(1.2.18)式的推导,从上式可得

$$\boldsymbol{E}=\boldsymbol{U}^{\mathrm{T}}\boldsymbol{G}\boldsymbol{U},$$

其中 $\boldsymbol{G}$ 为标准正交基$\{\boldsymbol{e}_1,\boldsymbol{e}_2,\cdots,\boldsymbol{e}_n\}$的 Gram 矩阵,因而也为单位矩阵 $\boldsymbol{E}$.所以矩阵 $\boldsymbol{U}$ 是正交矩阵. □

命题 1.2.9 结合命题 1.2.8 可知,正交变换在同一基下的变换矩阵 $\boldsymbol{U}$ 等于从标准正交基$\{\boldsymbol{e}_1,\boldsymbol{e}_2,\cdots,\boldsymbol{e}_n\}$到标准正交基$\{u(\boldsymbol{e}_1),u(\boldsymbol{e}_2),\cdots,u(\boldsymbol{e}_n)\}$的过渡矩阵.

正交矩阵的逆矩阵也是正交矩阵,所以由命题 1.2.8 和命题 1.2.9 可推出,正交变换的逆变换存在,而且也是正交变换.事实上,对于正交变换 u,假设其在标准正交基$\{\boldsymbol{e}_1,\boldsymbol{e}_2,\cdots,\boldsymbol{e}_n\}$

下的变换矩阵为正交矩阵 $\boldsymbol{U}=(u_{ij})_{n\times n}$，令 $v(\boldsymbol{e}_i)=\sum_{k=1}^{n} u_{ik}\boldsymbol{e}_k, i=1,2,\cdots,n$. 因为

$$uv(\boldsymbol{e}_i)=\sum_{j=1}^{n}\left(\sum_{k=1}^{n} u_{ik}u_{jk}\right)\boldsymbol{e}_j=\boldsymbol{e}_i=vu(\boldsymbol{e}_i),$$

所以 v 是 u 的逆变换.又因为 $\boldsymbol{U}^{\mathrm{T}}$是正交矩阵,所以 v 是正交变换.因此,n 维 Euclid 空间$\mathbb{E}$上的所有正交变换构成一个变换群,称为**正交变换群**.

正交变换可以按照其变换矩阵的行列式分为两类.

定义 1.2.11　若正交变换的变换矩阵 $\boldsymbol{U}$ 的行列式为 1,则称该正交变换是**第一类**或**旋转类**的,而 $\boldsymbol{U}$ 的行列式为-1 的正交变换称为**第二类**或**反射类**的.

正交变换的这种分类可用来判断 Euclid 空间中标准正交基的定向.容易证明,如果一个标准正交基通过第一类正交变换变成另一个标准正交基,则这两个标准正交基具有相同的定向.如果一个标准正交基通过第二类正交变换变成另一个标准正交基,则这两个标准正交基具有相反的定向.

现在我们来确定一、二、三维 Euclid 空间中的正交变换矩阵 $\boldsymbol{U}$.如果 $\dim \mathbb{E}=1$,那么对于一个非零向量 $\boldsymbol{e}$,$\mathbb{E}=\langle \boldsymbol{e}\rangle$.因此 $u(\boldsymbol{e})=\alpha\boldsymbol{e}$,其中 α 是一个标量.根据变换 u 是正交变换的条件,得到

$$(\boldsymbol{e},\boldsymbol{e})=(\alpha\boldsymbol{e},\alpha\boldsymbol{e})=\alpha^2(\boldsymbol{e},\boldsymbol{e}),$$

由此得出 $\alpha^2=1$,即 $\alpha=\pm1$.因此,在一维空间$\mathbb{E}$中,存在两个正交变换:单位变换 i,其对于所有向量 $\boldsymbol{x}$,$i(\boldsymbol{x})=\boldsymbol{x}$;以及使得 $u(\boldsymbol{x})=-\boldsymbol{x}$ 的变换 u,即 $u=-i$.

在二维空间$\mathbb{E}$中,设 u 在标准正交基$\{\boldsymbol{e}_1,\boldsymbol{e}_2\}$下的变换矩阵

$$\boldsymbol{U}=\begin{pmatrix} a & b\\ c & d\end{pmatrix}. \tag{1.2.21}$$

这说明 u 将向量 $x\,\boldsymbol{e}_1+y\,\boldsymbol{e}_2$映射到$(ax+by)\boldsymbol{e}_1+(cx+dy)\boldsymbol{e}_2$.根据(1.2.20)式可得

$$(ax+by)^2+(cx+dy)^2=x^2+y^2. \tag{1.2.22}$$

分别用(1,0),(0,1)和(1,1)替换(1.2.22)式中的(x,y),得到

$$a^2+c^2=1,\quad b^2+d^2=1,\quad ab+cd=0. \tag{1.2.23}$$

由(1.2.23)式中的前两个可知,存在角 α 与角 β,使得

$$a=\cos\alpha,\quad c=\sin\alpha,\quad b=\cos\beta,\quad d=\sin\beta.$$

将它们代入(1.2.23)中的第三式得

$$\cos\alpha\cos\beta+\sin\alpha\sin\beta=\cos(\beta-\alpha)=0,$$

即 $\beta=\alpha+\pi/2$ 或 $\beta=\alpha+3\pi/2$.因此(1.2.21)式中的正交矩阵 $\boldsymbol{U}$ 为

$$\begin{pmatrix}\cos\alpha & -\sin\alpha\\ \sin\alpha & \cos\alpha\end{pmatrix}\text{或}\begin{pmatrix}\cos\alpha & \sin\alpha\\ \sin\alpha & -\cos\alpha\end{pmatrix}. \tag{1.2.24}$$

该式中前者确定的正交变换是第一类的.后面将看到,它是在平面上关于一点 O 旋转角度 α 的旋转变换.后者是第二类的,它确定关于平面上一条直线 l 的反射.

现在考虑三维 Euclid 空间中正交变换的矩阵.我们只考虑标准正交基在变换过程中不改变相互的位置和方向关系的情况.根据命题 1.2.8,一个线性变换是正交变换的充要条件是,它将一个标准正交基$\{\boldsymbol{e}_1,\boldsymbol{e}_2,\boldsymbol{e}_3\}$变到另一个标准正交基$\{\boldsymbol{f}_1,\boldsymbol{f}_2,\boldsymbol{f}_3\}$.为了方便,我们将这

些基向量的几何实现取为有共同的起点 O(如图 1.2.7),考察由图 1.2.7 表示的一种特殊正交变换,即三个基向量的如下三步旋转的复合:

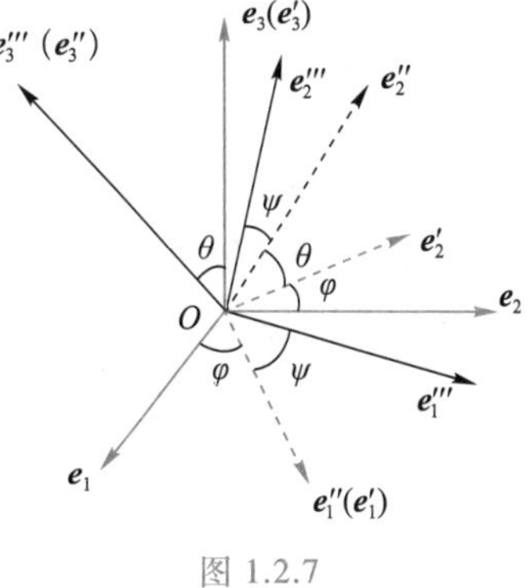

图 1.2.7

第一步,固定$\boldsymbol{e}_3$,将$\boldsymbol{e}_1,\boldsymbol{e}_2$同时旋转角度 φ,记所得到的对应基向量为$\boldsymbol{e}_1',\boldsymbol{e}_2',\boldsymbol{e}_3'$,其中$\boldsymbol{e}_3'$与$\boldsymbol{e}_3$相同;

第二步,固定$\boldsymbol{e}_1'$,将$\boldsymbol{e}_2',\boldsymbol{e}_3'$同时旋转角度 θ,得到新的对应基向量$\boldsymbol{e}_1'',\boldsymbol{e}_2'',\boldsymbol{e}_3''$;

第三步,固定$\boldsymbol{e}_3''$,将$\boldsymbol{e}_1'',\boldsymbol{e}_2''$同时旋转角度 ψ,得到基向量$\boldsymbol{e}_1''',\boldsymbol{e}_2''',\boldsymbol{e}_3'''$.此时,即有 $\boldsymbol{e}_1'''=\boldsymbol{f}_1,\boldsymbol{e}_2'''=\boldsymbol{f}_2,\boldsymbol{e}_3'''=\boldsymbol{f}_3$.

在上述旋转过程中,我们没有改变每组向量的相互关系,因此当$\boldsymbol{e}_1''',\boldsymbol{e}_3'''$分别与向量$\boldsymbol{f}_1,\boldsymbol{f}_3$重合时,$\boldsymbol{e}_2'''$必定与向量$\boldsymbol{f}_2$重合.因此,通过上述旋转,我们把$\{\boldsymbol{e}_1,\boldsymbol{e}_2,\boldsymbol{e}_3\}$变到了$\{\boldsymbol{f}_1,\boldsymbol{f}_2,\boldsymbol{f}_3\}$,其中 $0\leqslant\varphi,\theta,\psi\leqslant 2\pi$.

接下来,求这些旋转变换的过渡矩阵.把同一向量 $\boldsymbol{x}\in\mathbb{E}^3$ 在各个基$\{\boldsymbol{e}_1,\boldsymbol{e}_2,\boldsymbol{e}_3\}$,$\{\boldsymbol{e}_1',\boldsymbol{e}_2',\boldsymbol{e}_3'\}$,$\{\boldsymbol{e}_1'',\boldsymbol{e}_2'',\boldsymbol{e}_3''\}$,$\{\boldsymbol{e}_1''',\boldsymbol{e}_2''',\boldsymbol{e}_3'''\}$下的坐标分别记为$(x,y,z)$,$(x',y',z')$,$(x'',y'',z'')$,$(x''',y''',z''')$.根据(1.2.19)式容易算出

$$
\begin{aligned}
&(\boldsymbol{e}_1',\boldsymbol{e}_2',\boldsymbol{e}_3')=(\boldsymbol{e}_1,\boldsymbol{e}_2,\boldsymbol{e}_3)\begin{pmatrix}\cos\varphi & -\sin\varphi & 0\\ \sin\varphi & \cos\varphi & 0\\ 0 & 0 & 1\end{pmatrix},\ \begin{pmatrix}x\\ y\\ z\end{pmatrix}=\begin{pmatrix}\cos\varphi & -\sin\varphi & 0\\ \sin\varphi & \cos\varphi & 0\\ 0 & 0 & 1\end{pmatrix}\begin{pmatrix}x'\\ y'\\ z'\end{pmatrix},\\
&(\boldsymbol{e}_1'',\boldsymbol{e}_2'',\boldsymbol{e}_3'')=(\boldsymbol{e}_1',\boldsymbol{e}_2',\boldsymbol{e}_3')\begin{pmatrix}1 & 0 & 0\\ 0 & \cos\theta & -\sin\theta\\ 0 & \sin\theta & \cos\theta\end{pmatrix},\ \begin{pmatrix}x'\\ y'\\ z'\end{pmatrix}=\begin{pmatrix}1 & 0 & 0\\ 0 & \cos\theta & -\sin\theta\\ 0 & \sin\theta & \cos\theta\end{pmatrix}\begin{pmatrix}x''\\ y''\\ z''\end{pmatrix},\qquad(1.2.25)\\
&(\boldsymbol{e}_1''',\boldsymbol{e}_2''',\boldsymbol{e}_3''')=(\boldsymbol{e}_1'',\boldsymbol{e}_2'',\boldsymbol{e}_3'')\begin{pmatrix}\cos\psi & -\sin\psi & 0\\ \sin\psi & \cos\psi & 0\\ 0 & 0 & 1\end{pmatrix},\ \begin{pmatrix}x''\\ y''\\ z''\end{pmatrix}=\begin{pmatrix}\cos\psi & -\sin\psi & 0\\ \sin\psi & \cos\psi & 0\\ 0 & 0 & 1\end{pmatrix}\begin{pmatrix}x'''\\ y'''\\ z'''\end{pmatrix}.
\end{aligned}
$$

由于向量 $\boldsymbol{x}$ 在$\{\boldsymbol{e}_1''',\boldsymbol{e}_2''',\boldsymbol{e}_3'''\}$下的坐标就是在$\{\boldsymbol{f}_1,\boldsymbol{f}_2,\boldsymbol{f}_3\}$下的坐标,所以,从$\{\boldsymbol{e}_1,\boldsymbol{e}_2,\boldsymbol{e}_3\}$到$\{\boldsymbol{f}_1,\boldsymbol{f}_2,\boldsymbol{f}_3\}$的过渡矩阵 $\boldsymbol{C}$ 为

$$
\begin{aligned}
\boldsymbol{C}&=\begin{pmatrix}\cos\varphi & -\sin\varphi & 0\\ \sin\varphi & \cos\varphi & 0\\ 0 & 0 & 1\end{pmatrix}\begin{pmatrix}1 & 0 & 0\\ 0 & \cos\theta & -\sin\theta\\ 0 & \sin\theta & \cos\theta\end{pmatrix}\begin{pmatrix}\cos\psi & -\sin\psi & 0\\ \sin\psi & \cos\psi & 0\\ 0 & 0 & 1\end{pmatrix}\\
&=\begin{pmatrix}\cos\varphi\cos\psi-\sin\varphi\cos\theta\sin\psi & -\cos\varphi\sin\psi-\sin\varphi\cos\theta\cos\psi & \sin\varphi\sin\theta\\ \sin\varphi\cos\psi+\cos\varphi\cos\theta\sin\psi & \cos\varphi\cos\theta\cos\psi-\sin\varphi\cos\psi & -\cos\varphi\sin\theta\\ \sin\theta\sin\psi & \sin\theta\cos\psi & \cos\theta\end{pmatrix}.\qquad(1.2.26)
\end{aligned}
$$

这里所使用的旋转角度(φ,θ,ψ)称为 **Euler 角**.以上示例表明,在三维 Euclid 空间中,一个标准正交基在变换过程中不改变相互位置和方向关系的情况下,变成另一个标准正交基的过程就是基的旋转的复合,其过渡矩阵可以用基向量旋转的 Euler 角来表示(我们没有严格证明,感兴趣的读者可以尝试理论证明).

此外,容易算出(1.2.26)式定义的过渡矩阵的行列式为 1,说明示例中保持标准正交基的相互位置和方向关系不变的正交变换是第一类的.读者可以考虑一个标准正交基在变换

过程中改变相互位置关系的情况.

定理 1.2.10 对于 n 维 Euclid 空间中 $m(\leqslant n)$ 个线性无关的向量 $\boldsymbol{a}_1,\boldsymbol{a}_2,\cdots,\boldsymbol{a}_m$,设空间 $\mathbb{E}'=\langle \boldsymbol{a}_1,\boldsymbol{a}_2,\cdots,\boldsymbol{a}_m\rangle$ 中存在两个标准正交基 $I=\{\boldsymbol{e}_1,\boldsymbol{e}_2,\cdots,\boldsymbol{e}_m\}$ 和 $J=\{\boldsymbol{e}'_1,\boldsymbol{e}'_2,\cdots,\boldsymbol{e}'_m\}$.如果从 $\{\boldsymbol{e}_1,\boldsymbol{e}_2,\cdots,\boldsymbol{e}_m\}$ 到 $\{\boldsymbol{e}'_1,\boldsymbol{e}'_2,\cdots,\boldsymbol{e}'_m\}$ 的正交变换是第一类的,则在两个标准正交基下的有向体积相同,即 $v(\boldsymbol{a}_1,\boldsymbol{a}_2,\cdots,\boldsymbol{a}_m)_I=v(\boldsymbol{a}_1,\boldsymbol{a}_2,\cdots,\boldsymbol{a}_m)_J$;如果正交变换是第二类的,则在两个标准正交基下的有向体积的正负号不同,但其绝对值相同,即 $v(\boldsymbol{a}_1,\boldsymbol{a}_2,\cdots,\boldsymbol{a}_m)_I=-v(\boldsymbol{a}_1,\boldsymbol{a}_2,\cdots,\boldsymbol{a}_m)_J$.

证 设从 $\{\boldsymbol{e}_1,\boldsymbol{e}_2,\cdots,\boldsymbol{e}_m\}$ 到 $\{\boldsymbol{e}'_1,\boldsymbol{e}'_2,\cdots,\boldsymbol{e}'_m\}$ 的过渡矩阵为正交矩阵 $\boldsymbol{U}$,令 $\boldsymbol{a}_i$ 分别在 $\{\boldsymbol{e}_1,\boldsymbol{e}_2,\cdots,\boldsymbol{e}_m\}$ 和 $\{\boldsymbol{e}'_1,\boldsymbol{e}'_2,\cdots,\boldsymbol{e}'_m\}$ 下的坐标为

$$\begin{pmatrix} a_{1i} \\ a_{2i} \\ \vdots \\ a_{mi} \end{pmatrix},\begin{pmatrix} a'_{1i} \\ a'_{2i} \\ \vdots \\ a'_{mi} \end{pmatrix},\text{ 其中 } i=1,2,\cdots,m.$$

那么

$$\begin{pmatrix} a_{1i} \\ a_{2i} \\ \vdots \\ a_{mi} \end{pmatrix}=\boldsymbol{U}\begin{pmatrix} a'_{1i} \\ a'_{2i} \\ \vdots \\ a'_{mi} \end{pmatrix}.$$

令 $\boldsymbol{A}$ 为其列由向量 $\boldsymbol{a}_1,\boldsymbol{a}_2,\cdots,\boldsymbol{a}_m$ 在标准正交基 $\{\boldsymbol{e}_1,\boldsymbol{e}_2,\cdots,\boldsymbol{e}_m\}$ 下的坐标依次构成的矩阵,$\boldsymbol{A}'$ 为其列由向量 $\boldsymbol{a}_1,\boldsymbol{a}_2,\cdots,\boldsymbol{a}_m$ 在标准正交基 $\{\boldsymbol{e}'_1,\boldsymbol{e}'_2,\cdots,\boldsymbol{e}'_m\}$ 下的坐标依次构成的矩阵,有关系 $\boldsymbol{A}=\boldsymbol{U}\boldsymbol{A}'$.由此得到 $|\boldsymbol{A}|=|\boldsymbol{U}|\cdot|\boldsymbol{A}'|$.而根据有向体积的定义,$v(\boldsymbol{a}_1,\boldsymbol{a}_2,\cdots,\boldsymbol{a}_m)_I=|\boldsymbol{A}|$,$v(\boldsymbol{a}_1,\boldsymbol{a}_2,\cdots,\boldsymbol{a}_m)_J=|\boldsymbol{A}'|$.因此第一类正交变换不改变有向体积,而第二类正交变换改变有向体积的正负号,但不改变其大小. □

1.2.3 Euclid 空间的定向

Euclid 空间 $\mathbb{E}^n$ 是特殊的向量空间,当然可以如向量空间那样进行定向.例如,当 $n=1$ 时,它代表一条直线.直线有两个方向:向左和向右,可以确定这两个方向中的任何一个为该直线的一个定向,用基向量 $\boldsymbol{e}$ 来表示该定向.那么将 $\boldsymbol{e}$ 乘任意负实数 λ,所得到的基 $\lambda\boldsymbol{e}$ 代表了该直线的另一个定向.

类似地,在一张平面 π 上,围绕平面 π 上的一个原点 O 的旋转有两个方向:顺时针和逆时针.起点在原点 O 的向量,保持起点不动而让终点绕原点旋转,沿一个方向旋转 θ 角,和沿另一个方向旋转 $2\pi-\theta$ 角,到达同一位置.若在平面 π 上有一个基 $\{\boldsymbol{e}_1,\boldsymbol{e}_2\}$,其几何实现的起点都在原点 O,向量 $\boldsymbol{e}_1$ 的终点绕原点 O 逆时针旋转得到向量 $\boldsymbol{e}'_1$,使得 $\boldsymbol{e}'_1$ 与向量 $\boldsymbol{e}_2$ 的方向重合,且旋转角度小于 180°,则称有序基 $\{\boldsymbol{e}_1,\boldsymbol{e}_2\}$ 为**右手坐标系**;若旋转角度大于 180°,则称有序基 $\{\boldsymbol{e}_1,\boldsymbol{e}_2\}$ 为**左手坐标系**.显然,右手坐标系和左手坐标系都可以确定平面上绕 O 的一个旋转方向,即平面的一种定向,而且基中向量的次序决定了其所代表的平面定向.

同样,在三维 Euclid 空间 $\mathbb{E}^3$ 中,也可以类似于 Euclid 平面上那样,用基向量 $\{\boldsymbol{e}_1,\boldsymbol{e}_2,\boldsymbol{e}_3\}$ 的次序来表示空间的定向.具体来说,若从 $\boldsymbol{e}_3$ 的终点观察时,从 $\boldsymbol{e}_1$ 朝向 $\boldsymbol{e}_2$ 的最小角度旋转是逆

时针的，则称基$\{e_1,e_2,e_3\}$为**右手坐标系**(如图 1.2.8).相反，若从e_1朝向e_2的最小角度旋转是顺时针的，则称$\{e_1,e_2,e_3\}$为**左手坐标系**(如图 1.2.9).也可以用右手来定义右手坐标系和左手坐标系.即，以e_1代表拇指以外的四指，e_2代表从手掌到手臂的方向.此时若e_3为拇指的方向，则$\{e_1,e_2,e_3\}$代表右手坐标系定向，而若e_3为拇指的反方向，则$\{e_1,e_2,e_3\}$是左手坐标系定向.

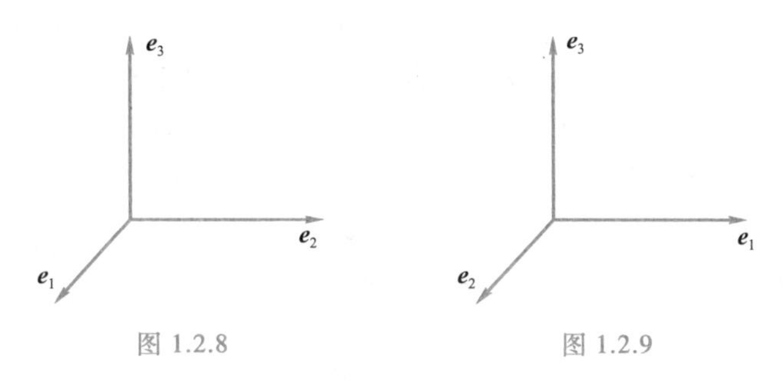

图 1.2.8　　　　图 1.2.9

容易验证，若$\{e_1,e_2,e_3\}$为右手坐标系，则$\{e_2,e_3,e_1\}$与$\{e_3,e_1,e_2\}$均为右手坐标系，而$\{e_2,e_1,e_3\}$，$\{e_1,e_3,e_2\}$以及$\{e_3,e_2,e_1\}$均为左手坐标系.

对于$n>3$的 Euclid 空间$\mathbb{E}^n$，其定向没有了直观感，我们用$\mathbb{E}^n$的基向量之间的过渡矩阵来判断各个基代表的相对定向.

定义 1.2.12　n 维 Euclid 空间$\mathbb{E}^n$的任意一个基$\{e_1,e_2,\cdots,e_n\}$确定该空间的一个定向.若$\{e_1',e_2',\cdots,e_n'\}$是$\mathbb{E}^n$的另一个基，使得从基$\{e_1,e_2,\cdots,e_n\}$到基$\{e_1',e_2',\cdots,e_n'\}$的过渡矩阵$C$的行列式$|C|>0$，则称两个基确定了$\mathbb{E}^n$的**相同定向**.反之，若$|C|<0$，则称$\{e_1',e_2',\cdots,e_n'\}$确定了一个**相反定向**.

按照定义 1.2.12，一个 n 维 Euclid 空间只能有两个定向，因为给定的任意一个基$\{e_1,e_2,\cdots,e_n\}$可以变换成另外任意的基$\{e_1',e_2',\cdots,e_n'\}$，而其过渡矩阵$C$的行列式不等于 0 且为实数，所以要么大于 0，要么小于 0.而且，与基$\{e_1,e_2,\cdots,e_n\}$代表的定向相反的定向总是存在的，比如$\{e_2,e_1,e_3,\cdots,e_n\}$所代表的定向即与基$\{e_1,e_2,\cdots,e_n\}$代表的定向相反.此外，如果$\{e_1,e_2,\cdots,e_n\}$和$\{e_1',e_2',\cdots,e_n'\}$都是标准正交基，根据(1.2.16)式，它们代表相同定向的充要条件是，从一个基到另一个基的正交变换 u 是第一类的，其中$u(e_1)=e_1',u(e_2)=e_2',\cdots,u(e_n)=e_n'$.

可以验证，定义 1.2.12 与上述$n\leqslant 3$的情形一致.例如，在一维 Euclid 几何空间(直线)中，令其一个基是非零向量e_1，设另一基向量为e_1'.当这两个基的方向相同时，存在$\lambda>0$使得$e_1'=\lambda e_1$，因此过渡矩阵$C=(\lambda)$的行列式$\lambda>0$，两个基确定了直线上的相同定向.而当e_1'与e_1方向相反时，存在$\mu<0$使得$e_1'=\mu e_1$，所以过渡矩阵$C=(\mu)$的行列式$\mu<0$，这时两个基确定了直线上的相反定向.

对于$n=2$，容易得到从 Euclid 平面上的一个基$\{e_1,e_2\}$到基$\{e_1,-e_2\}$的过渡矩阵为$\begin{pmatrix}1&0\\0&-1\end{pmatrix}$，而到基$\{e_2,e_1\}$的过渡矩阵为$\begin{pmatrix}0&1\\1&0\end{pmatrix}$，它们的行列式都为$-1$.所以，基$\{e_1,e_2\}$与基$\{e_1,-e_2\}$，$\{e_2,e_1\}$表示不同的定向，即当$\{e_1,e_2\}$为右手坐标系时，$\{e_1,-e_2\}$和$\{e_2,e_1\}$为左

手坐标系.

在三维 Euclid 空间中,从基 $\{\boldsymbol{e}_1,\boldsymbol{e}_2,\boldsymbol{e}_3\}$ 到 $\{\boldsymbol{e}_2,\boldsymbol{e}_3,\boldsymbol{e}_1\}$ 和 $\{\boldsymbol{e}_2,\boldsymbol{e}_1,\boldsymbol{e}_3\}$ 的过渡矩阵分别为

$$\begin{pmatrix}0&1&0\\0&0&1\\1&0&0\end{pmatrix},\quad\begin{pmatrix}0&1&0\\1&0&0\\0&0&1\end{pmatrix}.$$

因为前者的行列式等于 1,所以 $\{\boldsymbol{e}_1,\boldsymbol{e}_2,\boldsymbol{e}_3\}$ 与 $\{\boldsymbol{e}_2,\boldsymbol{e}_3,\boldsymbol{e}_1\}$ 决定三维 Euclid 空间上的相同定向.而后者的行列式等于-1,所以 $\{\boldsymbol{e}_2,\boldsymbol{e}_1,\boldsymbol{e}_3\}$ 代表与 $\{\boldsymbol{e}_1,\boldsymbol{e}_2,\boldsymbol{e}_3\}$ 相反的定向.

需要指出,定义 1.2.12 蕴含的定向原则是:对于空间中几何实现的起点为 O 的有序坐标系 $\{\boldsymbol{e}_1,\boldsymbol{e}_2,\cdots,\boldsymbol{e}_n\}$,让该坐标系在空间中随便运动,该坐标系各基向量起点再回到 O 时,所对应的坐标系 $\{\boldsymbol{e}'_1,\boldsymbol{e}'_2,\cdots,\boldsymbol{e}'_n\}$ 与 $\{\boldsymbol{e}_1,\boldsymbol{e}_2,\cdots,\boldsymbol{e}_n\}$ 有相同定向.然而,不是所有几何对象都能像 Euclid 空间中的几何图形那样可定向.例如,Möbius(默比乌斯)带即是不可以按照上述原则定向的.Möbius 带可以通过把一狭长纸带的一端扭转 180°后,与另一端粘接起来而形成,如图 1.2.10 所示.

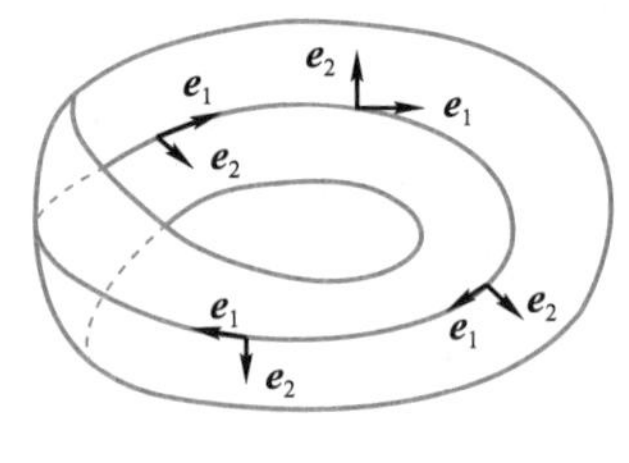

图 1.2.10

设在 Möbius 带 M 上的某点 O 处有一右手坐标系 $\{\boldsymbol{e}_1,\boldsymbol{e}_2\}$.让坐标系在 M 上沿狭长方向运动一周.此时坐标系 $\{\boldsymbol{e}_1,\boldsymbol{e}_2\}$ 变成了 $\{\boldsymbol{e}_2,\boldsymbol{e}_1\}$,即右手坐标系变成了左手坐标系.由于在 Möbius 带 M 上有序坐标系没有不变的意义,因此称之为**不可定向曲面**.

习题 1.2

1. 假设 $|\boldsymbol{a}|=3$, $|\boldsymbol{b}|=2$, $\langle\boldsymbol{a},\boldsymbol{b}\rangle=2\pi/3$,试计算

(1) $\boldsymbol{a}\cdot\boldsymbol{b}$; (2) $(\boldsymbol{a}-\boldsymbol{b})^2$; (3) $(3\boldsymbol{a}-2\boldsymbol{b})(\boldsymbol{a}+2\boldsymbol{b})$.

2. 设 $\boldsymbol{a}+\boldsymbol{b}+\boldsymbol{c}=\boldsymbol{0}$, $|\boldsymbol{a}|=3$, $|\boldsymbol{b}|=1$, $|\boldsymbol{c}|=4$,求 $\boldsymbol{a}\cdot\boldsymbol{b}+\boldsymbol{b}\cdot\boldsymbol{c}+\boldsymbol{c}\cdot\boldsymbol{a}$.

3. 已知 $\boldsymbol{a}+3\boldsymbol{b}$ 与 $7\boldsymbol{a}-5\boldsymbol{b}$ 垂直,$\boldsymbol{a}-4\boldsymbol{b}$ 与 $7\boldsymbol{a}-2\boldsymbol{b}$ 垂直,求 $\langle\boldsymbol{a},\boldsymbol{b}\rangle$.

4. 证明:向量 $\boldsymbol{a}$ 垂直于向量 $(\boldsymbol{a}\cdot\boldsymbol{b})\boldsymbol{c}-(\boldsymbol{a}\cdot\boldsymbol{c})\boldsymbol{b}$.

5. 证明:平面三角形的垂直平分线交于一点,且交点到三顶点的距离相等.

6. 设向量 $\boldsymbol{\alpha},\boldsymbol{\beta},\boldsymbol{\gamma}$ 共面,其中 $\boldsymbol{\alpha},\boldsymbol{\beta}$ 不平行,证明:如果 $\boldsymbol{\alpha}\cdot\boldsymbol{\gamma}=\boldsymbol{\beta}\cdot\boldsymbol{\gamma}=0$,则 $\boldsymbol{\gamma}=\boldsymbol{0}$.

7. 设向量 $\boldsymbol{\alpha},\boldsymbol{\beta},\boldsymbol{\gamma}$ 不共面,已知 $\boldsymbol{\alpha}\cdot\boldsymbol{\delta}=\boldsymbol{\beta}\cdot\boldsymbol{\delta}=\boldsymbol{\gamma}\cdot\boldsymbol{\delta}=0$,证明:$\boldsymbol{\delta}=\boldsymbol{0}$.

8. 证明:平面三角形三条中线长度的平方和等于三边长度的平方和.

9. 证明:对任何向量 $\boldsymbol{\alpha},\boldsymbol{\beta},\boldsymbol{\gamma}$,都有 $(\boldsymbol{\alpha}+\boldsymbol{\beta}+\boldsymbol{\gamma})^2+\boldsymbol{\alpha}^2-\boldsymbol{\beta}^2-\boldsymbol{\gamma}^2=2(\boldsymbol{\alpha}+\boldsymbol{\beta})\cdot(\boldsymbol{\alpha}+\boldsymbol{\gamma})$.

10. 设向量 $\boldsymbol{\alpha},\boldsymbol{\beta},\boldsymbol{\gamma},\boldsymbol{\delta}$ 满足 $\boldsymbol{\alpha}+\boldsymbol{\beta}+\boldsymbol{\gamma}+\boldsymbol{\delta}=\boldsymbol{0}$,证明:

(1) $\boldsymbol{\alpha}^2+\boldsymbol{\beta}^2=\boldsymbol{\gamma}^2+\boldsymbol{\delta}^2$; (2) $(\boldsymbol{\alpha}+\boldsymbol{\gamma})\cdot(\boldsymbol{\beta}+\boldsymbol{\gamma})=0$;

(3) $\boldsymbol{\alpha}^2+\boldsymbol{\gamma}^2=\boldsymbol{\beta}^2+\boldsymbol{\delta}^2$; (4) $(\boldsymbol{\alpha}+\boldsymbol{\beta})\cdot(\boldsymbol{\beta}+\boldsymbol{\gamma})=0$;

(5) $\boldsymbol{\beta}^2+\boldsymbol{\gamma}^2=\boldsymbol{\alpha}^2+\boldsymbol{\delta}^2$; (6) $(\boldsymbol{\alpha}+\boldsymbol{\beta})\cdot(\boldsymbol{\alpha}+\boldsymbol{\gamma})=0$.

11. 证明:如果三维几何向量空间中的一个四面体有两对对棱互相垂直,则第三对对棱也互相垂直,并且三对对棱的长度的平方和相等.

12. 设 $\boldsymbol{a},\boldsymbol{b}$ 为任意几何向量,λ 和 μ 为实数,证明:$\lambda^2\boldsymbol{a}^2+2\lambda\mu\boldsymbol{a}\cdot\boldsymbol{b}+\mu^2\boldsymbol{b}^2\geqslant0$.

13. 设向量 $\boldsymbol{\alpha},\boldsymbol{\beta},\boldsymbol{\gamma}$ 两两互相垂直,$\boldsymbol{\delta}=\lambda\boldsymbol{\alpha}+\mu\boldsymbol{\beta}+\nu\boldsymbol{\gamma}$,求向量 $\boldsymbol{\delta}$ 的长度以及 $\boldsymbol{\delta}$ 与 $\boldsymbol{\alpha},\boldsymbol{\beta},\boldsymbol{\gamma}$ 的夹

角的余弦.

14. 证明:若在 Euclid 空间中内积是由(1.2.1)式定义的标准内积,则向量 $\boldsymbol{a}$ 与 $\boldsymbol{b}$ 使得 Cauchy-Schwarz 不等式的等式成立的充要条件是 $\boldsymbol{a}$ 与 $\boldsymbol{b}$ 共线.

15. 设$A_1,A_2,\cdots,A_n$是二维平面上正 n 边形的顶点,于是$\overrightarrow{A_1A_2}+\overrightarrow{A_2A_3}+\cdots+\overrightarrow{A_nA_1}=\mathbf{0}$.试由此推出下列等式:

(1) $1+\cos\dfrac{2\pi}{n}+\cos\dfrac{4\pi}{n}+\cdots+\cos\dfrac{(2n-2)\pi}{n}=0$;

(2) $\sin\dfrac{2\pi}{n}+\sin\dfrac{4\pi}{n}+\cdots+\sin\dfrac{(2n-2)\pi}{n}=0$.

16. 证明:Euclid 几何空间$\mathbb{E}^3$中的每张平面和每条直线,在空间$\mathbb{E}^3$上的内积$(\boldsymbol{x},\boldsymbol{y})$下,构成一个 Euclid 空间.

17. 证明:对于 n 维向量空间$\mathbb{R}^n$中的任何向量 $\boldsymbol{x}=(\alpha_1,\alpha_2,\cdots,\alpha_n)$和 $\boldsymbol{y}=(\beta_1,\beta_2,\cdots,\beta_n)$,

$$(\boldsymbol{x},\boldsymbol{y})=\alpha_1\beta_1+\alpha_2\beta_2+\cdots+\alpha_n\beta_n,$$

即标准内积是$\mathbb{R}^n$上的一个内积.

18. 证明:任何正交非零向量组$\{\boldsymbol{e}_1,\boldsymbol{e}_2,\cdots,\boldsymbol{e}_k\}$线性无关.

19. 假设$\boldsymbol{e}_1',\boldsymbol{e}_2',\cdots,\boldsymbol{e}_k'$由$\boldsymbol{e}_1,\boldsymbol{e}_2,\cdots,\boldsymbol{e}_k$通过 Schmidt 正交化过程而得,证明:$\boldsymbol{e}_i(1\leqslant i\leqslant k)$可用$\boldsymbol{e}_1',\boldsymbol{e}_2',\cdots,\boldsymbol{e}_k'$线性表出.

20. 设$\boldsymbol{r}_1,\boldsymbol{r}_2,\boldsymbol{r}_3$共面,证明:Gram 行列式

$$\begin{vmatrix} \boldsymbol{r}_1\cdot\boldsymbol{r}_1 & \boldsymbol{r}_1\cdot\boldsymbol{r}_2 & \boldsymbol{r}_1\cdot\boldsymbol{r}_3 \\ \boldsymbol{r}_2\cdot\boldsymbol{r}_1 & \boldsymbol{r}_2\cdot\boldsymbol{r}_2 & \boldsymbol{r}_2\cdot\boldsymbol{r}_3 \\ \boldsymbol{r}_3\cdot\boldsymbol{r}_1 & \boldsymbol{r}_3\cdot\boldsymbol{r}_2 & \boldsymbol{r}_3\cdot\boldsymbol{r}_3 \end{vmatrix}=0.$$

21. 证明:对于三维 Euclid 空间中的任意四个向量 $\boldsymbol{r}_i$,$1\leqslant i\leqslant 4$,Gram 行列式

$$\begin{vmatrix} \boldsymbol{r}_1\cdot\boldsymbol{r}_1 & \boldsymbol{r}_1\cdot\boldsymbol{r}_2 & \boldsymbol{r}_1\cdot\boldsymbol{r}_3 & \boldsymbol{r}_1\cdot\boldsymbol{r}_4 \\ \boldsymbol{r}_2\cdot\boldsymbol{r}_1 & \boldsymbol{r}_2\cdot\boldsymbol{r}_2 & \boldsymbol{r}_2\cdot\boldsymbol{r}_3 & \boldsymbol{r}_2\cdot\boldsymbol{r}_4 \\ \boldsymbol{r}_3\cdot\boldsymbol{r}_1 & \boldsymbol{r}_3\cdot\boldsymbol{r}_2 & \boldsymbol{r}_3\cdot\boldsymbol{r}_3 & \boldsymbol{r}_3\cdot\boldsymbol{r}_4 \\ \boldsymbol{r}_4\cdot\boldsymbol{r}_1 & \boldsymbol{r}_4\cdot\boldsymbol{r}_2 & \boldsymbol{r}_4\cdot\boldsymbol{r}_3 & \boldsymbol{r}_4\cdot\boldsymbol{r}_4 \end{vmatrix}=0.$$

22. 假设三维 Euclid 空间不共面向量 $\boldsymbol{\alpha},\boldsymbol{\beta},\boldsymbol{\gamma}$ 构成右手坐标系,指出下列向量组的定向:

(1) $-\boldsymbol{\alpha},-\boldsymbol{\gamma},\boldsymbol{\beta}$;　(2) $\boldsymbol{\beta},-\boldsymbol{\alpha},\boldsymbol{\gamma}$;　(3) $-\boldsymbol{\alpha},-\boldsymbol{\beta},-\boldsymbol{\gamma}$;　(4) $-\boldsymbol{\beta},\boldsymbol{\gamma},-\boldsymbol{\alpha}$.

23. 计算(1.2.25)式中的三个表达式.

24. 验证(1.2.26)式中过渡矩阵 $\boldsymbol{C}$ 的行列式为 1.

25. 证明:(1.2.26)式中过渡矩阵 $\boldsymbol{C}$ 确定的正交变换,把 Euclid 空间$\mathbb{E}^3$中的一个标准正交的右手坐标系$\{\boldsymbol{e}_1,\boldsymbol{e}_2,\boldsymbol{e}_3\}$变到另一个标准正交的右手坐标系$\{\boldsymbol{e}_1',\boldsymbol{e}_2',\boldsymbol{e}_3'\}$.

26. 在 Euclid 空间$\mathbb{E}^3$中,推导把一个标准正交的右手坐标系$\{\boldsymbol{e}_1,\boldsymbol{e}_2,\boldsymbol{e}_3\}$变到另一个标准正交的左手坐标系的正交变换的过渡矩阵.

§1.3 仿射空间

前面介绍的空间都是向量空间，一切向量空间均由向量所构成.然而，正如在绪论中所指出的那样，我们研究的几何对象，不管是直线、平面还是空间，均被看作由点组成的一些集合线、面和体等.因此需要从向量空间过渡到这种点集，也就是说需要在点集与向量之间建立联系.我们通过在点集中引入一种几何结构，把点集中的点与点之差对应到向量，从而利用向量空间来研究点.这种具有几何结构的点集就是下面的仿射空间.

1.3.1 仿射空间的概念

§1.1 介绍了向量空间，任一向量空间 L 中的任一向量都得用一个起点和一个终点来实现.我们把这些点组成点集 V，并结合与这些点相关联的向量空间 L 来研究点集 V.假设点集 V 及其相关联的向量空间 L 满足以下公理化定义：

定义 1.3.1 设 V 表示一个集合，其中的元素称为点，而 L 是某个数域$\mathbb{K}$上的一个向量空间.如果对于每个向量 $x\in L$，在 V 中存在两个点 A 和 B，使得 $x=\overrightarrow{AB}$；对于任意两个点 $A,B\in V$，也存在一个向量$\overrightarrow{AB}\in L$ 与之相关联；并且对于任意三个点 $A,B,C\in V$ 和标量 $\alpha\in\mathbb{K}$，满足

（1）三角形条件：$\overrightarrow{AB}+\overrightarrow{BC}=\overrightarrow{AC}$；

（2）平行四边形条件：存在唯一的点 $D\in V$，使得$\overrightarrow{AB}=\overrightarrow{CD}$；

（3）比例缩放条件：存在唯一的点 $E\in V$，使得$\overrightarrow{AE}=\alpha\,\overrightarrow{AB}$，

则把集合 V 和向量空间 L 构成的对(V,L)称为数域$\mathbb{K}$上的一个**仿射空间**，在不标出 L 的情况下也明了(V,L)时，简记为 V.L 通常称为**仿射空间 V 的向量空间**.仿射空间(V,L)的维数是向量空间 L 的维数，通常用 $\dim V$ 表示，即 $\dim V=\dim L$.

本教材主要考虑低维仿射空间，例如，一维、二维和三维仿射空间.一维仿射空间也称为**直线**，二维仿射空间也称为**平面**.n 维仿射空间 V 有时也记为V^n.把向量空间 L 看成一个点集，对于任意两个点(也就是向量空间 L 中的向量)$\boldsymbol{a},\boldsymbol{b}\in L$，定义$\overrightarrow{AB}=\boldsymbol{b}-\boldsymbol{a}$.按照定义 1.3.1，这个点集在我们定义的结构下构成一个仿射空间.利用定义 1.3.1 所使用的标记方法，这个仿射空间可记为(L,L).以后直接说一个向量空间 L 为一个仿射空间时，我们实际上指的就是(L,L).(L,L)的一个特殊例子是 $L=\mathbb{K}^n$，它确定一个 n 维仿射空间.直线$\mathbb{R}$、平面$\mathbb{R}^2$和三维实空间$\mathbb{R}^3$都是仿射空间$\mathbb{K}^n$的具体实例.

仿射空间中的点具有以下性质：

命题 1.3.1 设(V,L)是一个仿射空间，则对于任意点 $A,B,C,D\in V$，向量$\overrightarrow{AA}=\mathbf{0}$；$\overrightarrow{BA}=-\overrightarrow{AB}$；且若$\overrightarrow{AB}=\overrightarrow{CD}$，则$\overrightarrow{AC}=\overrightarrow{BD}$.

证 在定义 1.3.1 的三角形条件(1)中令 $B=A$ 得到$\overrightarrow{AA}=\mathbf{0}$.在条件(1)中令 $C=A$，得到$\overrightarrow{AB}+\overrightarrow{BA}=\overrightarrow{AA}=\mathbf{0}$，所以$\overrightarrow{BA}=-\overrightarrow{AB}$.继续利用条件(1)，得到等式$\overrightarrow{AB}+\overrightarrow{BD}=\overrightarrow{AD}$和$\overrightarrow{AC}+\overrightarrow{CD}=\overrightarrow{AD}$，由此

推出$\overrightarrow{AB}+\overrightarrow{BD}=\overrightarrow{AC}+\overrightarrow{CD}$.又假设$\overrightarrow{AB}=\overrightarrow{CD}$,所以$\overrightarrow{AC}=\overrightarrow{BD}$. □

下面在 n 维仿射空间中建立 V 中的点与 L 中的向量以及向量坐标之间的双射.由定义 1.3.1 中的(2)知,在给定集合 V 中的任意点 O 之后,对于每个向量 $\boldsymbol{x}\in L$,都存在唯一的点 $A\in V$,使得 $\boldsymbol{x}=\overrightarrow{OA}$.从而,建立了每个点 $A\in V$ 与一个向量$\overrightarrow{OA}\in L$ 的相互对应,而且这种对应显然是集合 V 的点 A 与空间 L 的向量 $\boldsymbol{x}$ 之间的一种双射.这说明,对于仿射空间(V,L)中的任意点 O,都存在向量空间 L 与集合 V 之间的一一对应关系.因此,从这个角度来看,仿射空间中所有点都是平等的.

通过以上建立的双射,可以将 n 维仿射空间 V 中的点与$\mathbb{K}^n$中的元素对应起来.实际上,在选定一个点 $O\in V$ 和 L 中的一个基$\{\boldsymbol{e}_1,\boldsymbol{e}_2,\cdots,\boldsymbol{e}_n\}$之后,可以把一点 $A\in V$ 映射到向量 $\boldsymbol{x}=\overrightarrow{OA}\in L$ 在基$\{\boldsymbol{e}_1,\boldsymbol{e}_2,\cdots,\boldsymbol{e}_n\}$下的坐标$(a_1,a_2,\cdots,a_n)$,从而得到 V 与$\mathbb{K}^n$之间的一个双射.

把以上两个双射作为公理,就是下面的定义.

定义 1.3.2 对于仿射空间(V,L),把点集 V 中的任何一个给定点 O,以及向量空间 L 中的任何一个选定的基$\{\boldsymbol{e}_1,\boldsymbol{e}_2,\cdots,\boldsymbol{e}_n\}$,一起称为 V 中的一个**仿射标架**,表示为$[O;\boldsymbol{e}_1,\boldsymbol{e}_2,\cdots,\boldsymbol{e}_n]$.$O$ 称为该仿射标架的**原点**,而$\boldsymbol{e}_i$,$1\leqslant i\leqslant n$ 称为**坐标向量**、**基向量**或**基**.过点 O 且分别平行于坐标向量$\boldsymbol{e}_i$的有向直线称为**坐标轴**,坐标轴的正向规定为与其平行的坐标向量的方向.对于任意点 $A\in V$,将以原点 O 为起点而 A 为终点的向量$\overrightarrow{OA}$称为点 A 的**向径**,向量$\overrightarrow{OA}$在基$\{\boldsymbol{e}_1,\boldsymbol{e}_2,\cdots,\boldsymbol{e}_n\}$下的坐标$(a_1,a_2,\cdots,a_n)\in\mathbb{K}^n$,称为点 A 在该仿射标架下的**仿射坐标**或简称**坐标**.

由定义 1.3.2,在仿射空间V^n中,在给定仿射标架下,每个点与坐标相互唯一确定.因此建立了从仿射空间V^n到$\mathbb{K}^n$的一一映射,这种映射称为**仿射坐标系**.显然,仿射标架与仿射坐标系是相互确定的.例如,在V^n中给定仿射标架$[O;\boldsymbol{e}_1,\boldsymbol{e}_2,\cdots,\boldsymbol{e}_n]$后,该空间中的点 A 的坐标就由$\overrightarrow{OA}=x_1\boldsymbol{e}_1+x_2\boldsymbol{e}_2+\cdots+x_n\boldsymbol{e}_n$中的分解系数唯一确定,即仿射标架唯一确定仿射坐标系.反过来,若一个仿射坐标系把原点 O 映射到坐标$(0,0,\cdots,0)$,把坐标向量$\boldsymbol{e}_1,\boldsymbol{e}_2,\cdots,\boldsymbol{e}_n$依次映射到坐标$(1,0,\cdots,0)$,$(0,1,0,\cdots,0)$和$(0,\cdots,0,1)$,则$[O;\boldsymbol{e}_1,\boldsymbol{e}_2,\cdots,\boldsymbol{e}_n]$为其仿射标架.因此,以后对仿射标架和由它决定的仿射坐标系不加区别.

同样从定义 1.3.2 可以看出,在仿射空间 V 中给定仿射标架$[O;\boldsymbol{e}_1,\boldsymbol{e}_2,\cdots,\boldsymbol{e}_n]$后,点 A、向量$\overrightarrow{OA}$以及点 A 对应的仿射坐标$(a_1,a_2,\cdots,a_n)$三者可以相互表示.若点 $B\in V$ 具有仿射坐标$(b_1,b_2,\cdots,b_n)$,则向量$\overrightarrow{AB}$的仿射坐标为$(b_1-a_1,b_2-a_2,\cdots,b_n-a_n)$.

§1.1 中定义的向量坐标与定义 1.3.2 中的点坐标的相同点是二者都是相对于一个基的坐标;区别是点坐标依赖于预先任意选定的坐标原点,而向量坐标原点永远与向量空间自身的零向量在任何一个基下的相同坐标(即全为 0 的坐标)对应.(正是基于此原因,读者对于线性变换的形式 $Y=AX$ 和仿射变换的形式 $Y=AX+b$ 的理解就容易了.)

仿射标架也可以用点来表示.这是因为,仿射标架由 V 中的一点 O 和 L 的坐标向量$\{\boldsymbol{e}_1,\boldsymbol{e}_2,\cdots,\boldsymbol{e}_n\}$组成,而坐标向量中任何一个$\boldsymbol{e}_i$都可以写成$\boldsymbol{e}_i=\overrightarrow{OA_i}$的形式,所以仿射标架也可以看成 $n+1$ 个点 $O,A_1,A_2,\cdots,A_n$的集合,只要 $O,A_1,A_2,\cdots,A_n$使得向量$\overrightarrow{OA_1},\overrightarrow{OA_2},\cdots,\overrightarrow{OA_n}$构成 L 的一个基就可以了.

定义 1.3.3 对于 n 维仿射空间 V 中 $n+1$ 个点$A_0,A_1,A_2,\cdots,A_n$,若向量组$\{\overrightarrow{A_0A_1}$,

$\overrightarrow{A_0A_2},\cdots,\overrightarrow{A_0A_n}\}$**线性无关**,则称$A_0,A_1,A_2,\cdots,A_n$是**仿射无关**的.

若 n 维仿射空间 V 中的 $n+1$ 个点$A_0,A_1,A_2,\cdots,A_n$是无关的,则$A_0,A_1,A_2,\cdots,A_n$确定空间 V 中的一个仿射标架.

通过定义 1.3.2,V 中的原点 O 决定了 V 和 L 之间的一个一一映射,将每个点 $A\in V$ 映射到其向径 $\boldsymbol{x}=\overrightarrow{OA}\in L$.当原点 O 改变时这种映射如何变化呢?假设在 V 中选择了新的原点O',则在新的仿射标架$[O';\boldsymbol{e}_1,\boldsymbol{e}_2,\cdots,\boldsymbol{e}_n]$下对应于点 A 的向径为$\overrightarrow{O'A}$,$\overrightarrow{O'A}=\overrightarrow{O'O}+\overrightarrow{OA}=\boldsymbol{a}+\boldsymbol{x}$,其中 $\boldsymbol{a}=\overrightarrow{O'O}$.根据仿射空间的定义,对于任一点 A,可以取得唯一的点 B 使得$\overrightarrow{AB}=\boldsymbol{a}$,这确定了集合 V 到自身的一个映射.这种映射就是所谓的平移.

定义 1.3.4 如果集合 V 到其自身的映射将点 A 变到点 B,使得$\overrightarrow{AB}=\boldsymbol{a}$,则称该映射为仿射空间$(V,L)$按照向量 $\boldsymbol{a}\in L$ 的**平移**.

通常用τ_a 表示按照向量 $\boldsymbol{a}$ 的平移,可以写成$\tau_{\boldsymbol{a}}(A)=B$,其中$\overrightarrow{AB}=\boldsymbol{a}$.

命题 1.3.2 对于任意向量 $\boldsymbol{a},\boldsymbol{b}\in L$,其在仿射空间$(V,L)$中产生的平移具有以下性质:

(1) $\tau_{\boldsymbol{a}}\tau_{\boldsymbol{b}}=\tau_{\boldsymbol{a}+\boldsymbol{b}}$;

(2) $\tau_{\boldsymbol{0}}$是恒同映射;

(3) $\tau_{-\boldsymbol{a}}=\tau_{\boldsymbol{a}}^{-1}$,因而$\tau_{\boldsymbol{a}}^{-1}$ 也是平移.

证 性质(2)和(3)是平移的定义的显然结果,下面仅考虑性质(1).按照平移和映射的复合的定义,它相当于对于任意点 $C\in V$ 有

$$\tau_{\boldsymbol{a}}(\tau_{\boldsymbol{b}}(C))=\tau_{\boldsymbol{a}+\boldsymbol{b}}(C). \tag{1.3.1}$$

现在来证明(1.3.1)式.按照仿射空间定义的平行四边形条件(2),对于给定的向量 $\boldsymbol{b}\in L$,存在唯一的点 $P\in V$,使得 $\boldsymbol{b}=\overrightarrow{CP}$.因此由平移的定义得到等式$\tau_{\boldsymbol{b}}(C)=P$.类似地,可找到唯一的点 $Q\in V$ 使得 $\boldsymbol{a}=\overrightarrow{PQ}$,即$\tau_{\boldsymbol{a}}(P)=Q$.由此得出$\tau_{\boldsymbol{a}}(\tau_{\boldsymbol{b}}(C))=\tau_{\boldsymbol{a}}(P)=Q$ 和 $\boldsymbol{a}+\boldsymbol{b}=\overrightarrow{CP}+\overrightarrow{PQ}=\overrightarrow{CQ}$.后者说明$\tau_{\boldsymbol{a}+\boldsymbol{b}}(C)=Q$,即(1.3.1)式成立. □

命题 1.3.2 说明,仿射空间(V,L)上关于所有向量 $\boldsymbol{a}$ 的平移构成一个**平移变换群**.

根据定义,平移将仿射空间的点集映射到了新的点集,但关联的向量空间没有变换.比如,三维仿射空间中的点集构成的平面 π 是一个仿射空间(π,L),通过平移,点集的像点还是构成一个平面 π',π'与向量空间 L 关联仍然构成一个仿射空间.我们把这样的平面 π 和 π'称为是平行的.同样地,也可以建立直线平行的概念.显然,平行平面或平行直线要么没有共同点,要么重合;两个平面或两条直线平行的充要条件是,这两个平面或两条直线可通过平移相互映射.

在数域$\mathbb{K}$上的仿射空间 V 的任何直线 l 上选择点 O 和与 O 不同的任意点 $P\in l$,则对任意点 $A\in l$,存在 $\alpha\in\mathbb{K}$使得$\overrightarrow{OA}=\alpha\overrightarrow{OP}$.这是 l 与$\mathbb{K}$之间的一种双射.它取决于直线上点 O 和 P 的选择.显然,这定义了直线 l 上的一个仿射标架$[O;\boldsymbol{e}]$和相应坐标 α,其中 $\boldsymbol{e}=\overrightarrow{OP}$(参见图 1.3.1(a)).

类似地,一个平面 π 上的任意一点 O 和平行于该平面 π 的两个线性无关向量$\boldsymbol{e}_1,\boldsymbol{e}_2$构成平面 π 上的一个仿射标架$[O;\boldsymbol{e}_1,\boldsymbol{e}_2]$(参见图 1.3.1(b)),通常我们将与基向量$\{\boldsymbol{e}_1,\boldsymbol{e}_2\}$对应的坐标轴分别记为 x 轴和 y 轴,该仿射标架有时也简写为 Oxy.

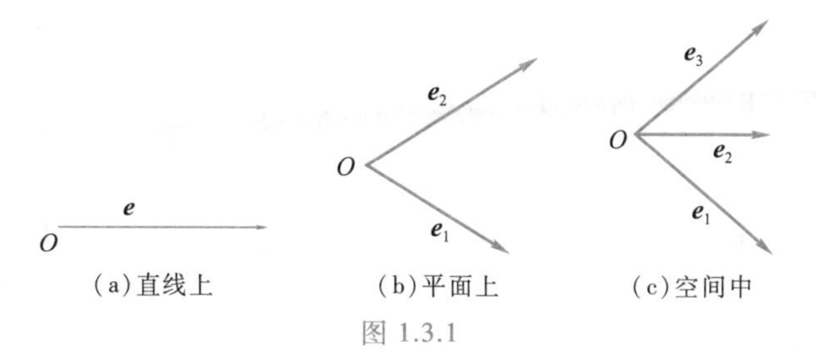

图 1.3.1

三维物理空间中的一点 O 与三个线性无关向量 $\boldsymbol{e}_1,\boldsymbol{e}_2,\boldsymbol{e}_3$ 构成空间的一个仿射标架 $[O;\boldsymbol{e}_1,\boldsymbol{e}_2,\boldsymbol{e}_3]$,如图 1.3.1(c)所示.仿射标架 $[O;\boldsymbol{e}_1,\boldsymbol{e}_2,\boldsymbol{e}_3]$ 与基向量对应的坐标轴分别记为 x 轴、y 轴和 z 轴,而该仿射标架记作 $Oxyz$.

对于仿射空间来说,也规定两种仿射标架来区分空间定向:**左手标架**和**右手标架**,它们分别与左手坐标系和右手坐标系相互对应.左手坐标系和右手坐标系的具体定义与 Euclid 空间中的左手坐标系和右手坐标系定义是一致的.例如,图 1.3.1 中给出的都是右手坐标系.

仿射空间也有子空间的概念.

定义 1.3.5 假设 V' 是仿射空间 V 的子集.如果所有 $A,B\in V'$ 形成的向量 $\overrightarrow{AB}$ 构成向量空间 L 的向量子空间 L',则称 (V',L') 是仿射空间 (V,L) 的一个**仿射子空间**,简称**子空间**.

如果 $\dim V'=\dim V-1$,则 V' 称为 V 的一个**超平面**.以下给出 n 维仿射空间 (V,L) 中的一维和二维子空间.实际上,每个一维仿射子空间都是过 V 中不同两点的直线,而二维仿射子空间则是经过一条直线和直线外一点的平面.

例 1.3.1 设 A 和 B 是 n 维仿射空间 (V,L) 中的两个不同点,$n\geqslant 1$.证明:存在唯一的直线过点 A 和 B.

证 由仿射空间定义中的条件(3),对于任意标量 $\alpha\in\mathbb{K}$,都存在唯一的点 $C\in V$,使得 $\overrightarrow{AC}=\alpha\overrightarrow{AB}$.记所有这样的点 C 的集合为 l,则 l 结合 $\langle\overrightarrow{AB}\rangle$ 构成一个一维仿射子空间,我们称仿射空间 $(l,\langle\overrightarrow{AB}\rangle)$ 为**通过点 A 和 B 的直线**.可以验证,只能有一条直线通过仿射空间 V 的不同点 A 和 B.事实上,对于经过不同点 A 和 B 的直线 l,其上任何点 $C\in V$ 对应于唯一的标量 $\alpha\in\mathbb{K}$,使得 $\overrightarrow{AC}=\alpha\overrightarrow{AB}$.这是因为,如果 $\overrightarrow{AC}=\alpha\overrightarrow{AB}$ 和 $\overrightarrow{AC'}=\beta\overrightarrow{AB}$,则 $\overrightarrow{CC'}=(\beta-\alpha)\overrightarrow{AB}$,而 $C=C'$ 推出 $\overrightarrow{CC'}=\mathbf{0}$,从而可得 $\beta=\alpha$.所以,对于给定的不同点 A 和 B,这样得到的直线 $l=\{C\in V\mid\overrightarrow{AC}=\alpha\overrightarrow{AB},\alpha\in\mathbb{K}\}$,所以这样的直线 l 是唯一的. □

例 1.3.2 设 l 是 $n(n\geqslant 2)$ 维仿射空间 (V,L) 中的一条直线,而 C 是该仿射空间中的一个点,但 $C\notin l$,那么存在唯一的平面经过直线 l 和点 C.

证 由例 1.3.1 知,直线 l 上至少有两个互异点 A 和 B,而且它们均不同于点 C.由仿射空间定义中的条件(3),对于任意标量 $\alpha\in\mathbb{K}$,都存在唯一的点 $B'\in V$,使得 $\overrightarrow{AB'}=\alpha\overrightarrow{AB}$.根据仿射空间定义中的条件(2),存在唯一的点 $C'\in V$,使得 $\overrightarrow{AC}=\overrightarrow{B'C'}$.再利用条件(3)可得,对于任意给定的标量 $\beta\in\mathbb{K}$,存在唯一的点 $D\in V$,使得 $\overrightarrow{B'D}=\beta\overrightarrow{B'C'}$.因此,对于任给的 $\alpha,\beta\in\mathbb{K}$,存在唯一的点 $D\in V$,使得

$$\alpha\overrightarrow{AB}+\beta\overrightarrow{AC}=\alpha\overrightarrow{AB}+\beta\overrightarrow{B'C'}=\overrightarrow{AB'}+\overrightarrow{B'D}=\overrightarrow{AD}.$$

将这样得到的所有点 D 记为集合 π，则 π 结合 $\langle\overrightarrow{AB},\overrightarrow{AC}\rangle$ 构成一个二维仿射子空间，称为**通过直线 l 以及 l 外一点 C 的平面**.这样的平面是被直线 l 和点 C 唯一确定的.事实上，若这样的平面不唯一，则至少存在两个这样的平面 $\pi=\{D\in V\mid\forall\alpha,\beta\in\mathbb{K},\alpha\overrightarrow{AB}+\beta\overrightarrow{AC}=\overrightarrow{AD}\}$ 和 $\pi'=\{D'\in V\mid\forall\alpha',\beta'\in\mathbb{K},\alpha'\overrightarrow{AB}+\beta'\overrightarrow{AC}=\overrightarrow{AD'}\}$，而显然这样两个集合相互包含，因而是相同的. □

定义 1.3.6 如果仿射空间 V 的两个仿射子空间 V' 和 V'' 具有相同的向量空间，即 $L'=L''$，则称 V' 和 V'' 是**平行**的.

命题 1.3.3 同一仿射空间的任意两个平行子空间要么没有共同点，要么重合.

证 假设 V' 和 V'' 是平行的，点 $A\in V'\cap V''$.由于 V' 和 V'' 的向量空间相同，因此对于任意点 $B\in V'$，存在点 $C\in V''$，使得 $\overrightarrow{AB}=\overrightarrow{AC}$.由仿射空间 V 的定义得到 $B=C$，因而 $V'\subset V''$.由于平行性的定义不依赖于子空间 V' 和 V'' 的顺序，因此 $V''\subset V'$ 也成立，由此可得 $V'=V''$. □

命题 1.3.4 同一仿射空间中的任何两个仿射子空间是平行的，当且仅当这两个仿射子空间可以通过平移相互映射.

证 （充分性）对于任意向量 $\boldsymbol{a}$ 和仿射子空间 V'，因为向量是平移不变的，V' 与 $\tau_a(V')$ 显然具有相同的向量空间.因而仿射子空间 V' 与 $\tau_a(V')$ 是平行的.

（必要性）假设 V' 和 V'' 是仿射空间 V 的任意两个平行子空间，证明对于给定点 $A\in V'$，A 可以平移到点 $B\in V''$.为此设向量 $\overrightarrow{AB}=\boldsymbol{a}$，通过平移 τ_a 得到 $\tau_a(A)=B$，然后考虑任意点 $C\in V'$ 在该平移下的像是否在 V'' 中.根据平行性的定义，存在点 $D\in V''$，使得 $\overrightarrow{AC}=\overrightarrow{BD}$.由平行四边形条件容易得出 $\overrightarrow{CD}=\overrightarrow{AB}=\boldsymbol{a}$，即 $\tau_a(C)=D$，因此 $\tau_a(V')\subset V''$.类似地，可以从平移的性质得到 $\tau_{-a}(V'')\subset V'$，从而推出 $V''\subset\tau_a(V')$.因此 $\tau_a(V')=V''$，即，任何两个平行子空间可以通过平移相互映射. □

现在我们可以解释清楚 V 和 L 的关系了.如果 V' 是 V 的同维仿射子空间，即 $\dim V=\dim V'$，则 V',V,L 三者平行.

直线的概念通过以下定理与仿射子空间的一般概念相关.

定理 1.3.5 设 (V,L) 表示实数域或复数域 $\mathbb{K}$ 上的一个仿射空间.子集 $M\subset V$ 为 V 的仿射子空间的充要条件是，对于任意两个点 $A,B\in M$，通过它们的直线完全包含在 M 中.

证 必要性是显而易见的，下面证明充分性.这可以转化为证明：对于任意点 $O\in M$，向量集合 $L'=\{\overrightarrow{OA}\mid\forall A\in M\}$ 是 L 的子空间.这是因为对于任一点 $B\in M$，向量 $\overrightarrow{AB}=\overrightarrow{OB}-\overrightarrow{OA}$ 位于子空间 L' 中，因此 (M,L') 是空间 (V,L) 的仿射子空间.现在验证 L' 是 L 的子空间.首先考虑集合 L' 关于数乘的封闭性.对于任意向量 $\overrightarrow{OA}$，由于直线 $\langle\overrightarrow{OA}\rangle$ 包含在 L' 中，所以任意向量 $\overrightarrow{OA}$ 和任意标量 α 的乘积 $\alpha\overrightarrow{OA}$ 位于 L' 中.接下来验证 L' 关于加法的封闭性.为此，我们取 L' 中的任意两个向量 $\boldsymbol{a}=\overrightarrow{OA}$ 和 $\boldsymbol{b}=\overrightarrow{OB}$，设 C 是通过 A 和 B 的直线上的点，使得 $\overrightarrow{AC}=\overrightarrow{AB}/2$.由已知条件，对于集合 M 的每对点 A 和 B，通过它们的直线也属于 M，因此 $C\in M$ 且 $\overrightarrow{OC}\in L'$.用 $\boldsymbol{c}$ 表示向量 $\overrightarrow{OC}$，则（图 1.3.2）

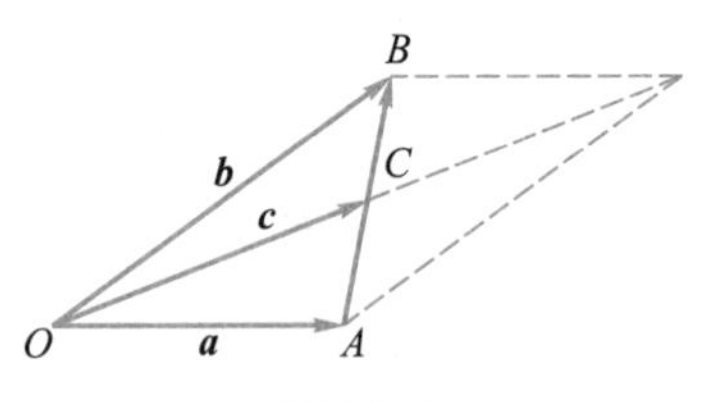

图 1.3.2

$$\boldsymbol{b}=\overrightarrow{OB}=\overrightarrow{OA}+\overrightarrow{AB}=\boldsymbol{a}+\overrightarrow{AB},\quad \boldsymbol{c}=\overrightarrow{OC}=\overrightarrow{OA}+\overrightarrow{AC}=\boldsymbol{a}+\overrightarrow{AC},$$

因此有$\overrightarrow{AB}=\boldsymbol{b}-\boldsymbol{a}$ 和$\overrightarrow{AC}=\boldsymbol{c}-\boldsymbol{a}$,这意味着 $\boldsymbol{c}-\boldsymbol{a}=(\boldsymbol{b}-\boldsymbol{a})/2$,即 $\boldsymbol{c}=(\boldsymbol{a}+\boldsymbol{b})/2$.因此向量 $\boldsymbol{a}+\boldsymbol{b}$ 等于 $2\boldsymbol{c}$,并且由于 $\boldsymbol{c}$ 在 L'中,因此向量 $\boldsymbol{a}+\boldsymbol{b}$ 也在 L'中. □

1.3.2 仿射空间中的点

现在来考虑 n 维仿射空间中的点与线和面的一些简单结果.以下概念在讨论中是非常有用的.

定义 1.3.7 设 A,B 和 C 为 n 维仿射空间中的仿射直线 l 上的三点且至少其中两个点不同,规定一个三元点组 $\lambda=(A,B,C)$,使得如果 $B\neq C$ 则 λ 由$\overrightarrow{AC}=\lambda\overrightarrow{BC}$唯一确定,而如果 $A\neq B=C$ 则取 $\lambda=\infty$.(A,B,C)称为点 A,B 和 C 的**仿射比**.

注意,对于三个点 A,B 和 C 重合的情形,仿射比(A,B,C)是不确定的,因而没有定义.另外,对于实仿射空间,仿射比(A,B,C)显然是实数.仿射比有些简单的性质,比如

$$(A,B,C)(B,A,C)=1,(A,B,C)+(A,C,B)=1$$

等.仿射比(A,B,C)主要用来确定 A,B 和 C 在仿射直线上的位置顺序.

命题 1.3.6 设 A,B 是 n 维仿射空间 V 中互异的两点,则任意一点 $C\in V$ 与 A,B 处于同一条直线 $l\subset V$ 上的充要条件是,对于任意一点 O,

$$\overrightarrow{OC}=\frac{1}{1-\lambda}\overrightarrow{OA}+\frac{-\lambda}{1-\lambda}\overrightarrow{OB}\quad(\lambda\neq 1),\tag{1.3.2}$$

其中 $\lambda=(A,B,C)$.特别地,点 C 位于直线 l 上的线段 AB 中的充要条件是 $\lambda\leqslant 0$ 或 $\lambda=\infty$.(图 1.3.3 是三维仿射空间中的情形.)

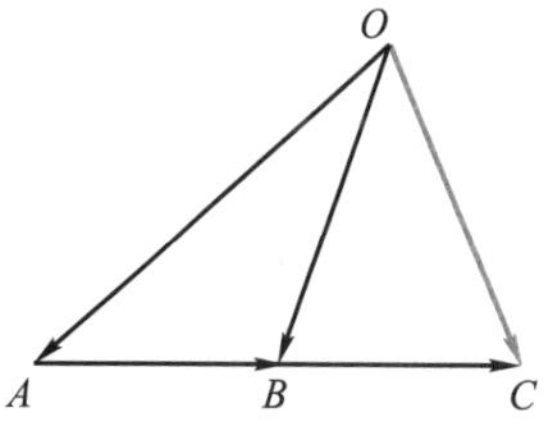

图 1.3.3

证 首先证明点 C 位于直线 l 上的线段 AB 中的充要条件是 $\lambda\leqslant 0$.对于共线三点 A,B,C,若 A 和 B 互异,则根据例 1.3.1,存在唯一标量 α,使得

$$\overrightarrow{AC}=\alpha\overrightarrow{AB}.\tag{1.3.3}$$

这说明点 C 位于线段 AB 中的充要条件是 $0\leqslant\alpha\leqslant 1$,且

$$\overrightarrow{AC}=\alpha(\overrightarrow{AC}-\overrightarrow{BC}).$$

因此$(\alpha-1)\overrightarrow{AC}=\alpha\overrightarrow{BC}$.所以 $\lambda=(A,B,C)=\dfrac{\alpha}{\alpha-1}\leqslant 0$,其中当 $\alpha=1$ 时取 $\lambda=\infty$.

然后给出(1.3.2)式的证明.(必要性)根据向量加法的三角形法则,(1.3.3)式可改写成

$$\overrightarrow{OC}-\overrightarrow{OA}=\alpha(\overrightarrow{OB}-\overrightarrow{OA}).$$

整理得到

$$\overrightarrow{OC}=(1-\alpha)\overrightarrow{OA}+\alpha\overrightarrow{OB}=\frac{1}{1-\lambda}\overrightarrow{OA}+\frac{-\lambda}{1-\lambda}\overrightarrow{OB}.\tag{1.3.4}$$

(充分性)假设对于任意一点 O,$\overrightarrow{OC}=\dfrac{1}{1-\lambda}\overrightarrow{OA}-\dfrac{\lambda}{1-\lambda}\overrightarrow{OB}$,则

$$\overrightarrow{AC}=\overrightarrow{OC}-\overrightarrow{OA}=\frac{1}{1-\lambda}\overrightarrow{OA}-\frac{\lambda}{1-\lambda}\overrightarrow{OB}-\overrightarrow{OA}=\frac{\lambda}{1-\lambda}(\overrightarrow{OA}-\overrightarrow{OB})=\frac{\lambda}{1-\lambda}\overrightarrow{BA}.$$

所以$\overrightarrow{AC}$与$\overrightarrow{AB}$共线，即点 C 在直线 AB 上. □

从(1.3.4)式可以得到命题 1.3.6 的一个推论：

推论 设 A,B 是 n 维仿射空间 V 中互异的两点，则任意一点 $C\in V$ 与 A,B 处于同一条直线 $l\subset V$ 上的充要条件是，对于任意一点 O，存在标量 α,β，使得

$$\overrightarrow{OC}=\beta\,\overrightarrow{OA}+\alpha\,\overrightarrow{OB},$$

其中 $\alpha+\beta=1$.并且点 C 位于线段 AB 上的充要条件是标量 α,β 非负.

证 事实上，若点 $O\notin l$，则三个不共线的点 O,A,B 是仿射无关的.因此，标量 α,β 是唯一的，即 $\beta=\dfrac{1}{1-\lambda}$，而 $\alpha=-\dfrac{\lambda}{1-\lambda}$. □

例 1.3.3 设 n 维仿射空间中的三点 A,B,C 共线，并且$(A,B,C)=\lambda(\lambda\neq 1)$，点 A,B 在仿射坐标系$[O;\boldsymbol{e}_1,\boldsymbol{e}_2,\cdots,\boldsymbol{e}_n]$下的坐标分别为$(a_1,a_2,\cdots,a_n)$和$(b_1,b_2,\cdots,b_n)$，求点 C 的坐标.

解 作向量$\overrightarrow{OA},\overrightarrow{OB},\overrightarrow{OC}$，由(1.3.2)式知

$$\overrightarrow{OC}=\frac{1}{1-\lambda}(\overrightarrow{OA}-\lambda\,\overrightarrow{OB})=\frac{1}{1-\lambda}(a_1-\lambda b_1,a_2-\lambda b_2,\cdots,a_n-\lambda b_n),$$

即，点 C 的坐标为$\dfrac{1}{1-\lambda}(a_1-\lambda b_1,a_2-\lambda b_2,\cdots,a_n-\lambda b_n)$. □

例 1.3.4 设三维仿射空间 V 中三点 A,B,C 不共线，证明：任一点 $D\in V$ 与 A,B,C 共面 $\pi\subset V$ 的充要条件是，存在实数$\lambda_1,\lambda_2,\lambda_3$，使得对于任意一点 $O\in V$，

$$\overrightarrow{OD}=\lambda_1\overrightarrow{OA}+\lambda_2\overrightarrow{OB}+\lambda_3\overrightarrow{OC},\tag{1.3.5}$$

其中$\lambda_1+\lambda_2+\lambda_3=1$.若 $O\notin\pi$，则$\lambda_1,\lambda_2,\lambda_3$唯一确定.特别地，$D\in\triangle ABC$ 内的充要条件进一步要求$\lambda_1,\lambda_2,\lambda_3$非负.

证 对于三个不共线的点 A,B,C，任一点 D 与 A,B,C 共面的充要条件是向量$\overrightarrow{AD},\overrightarrow{AB},\overrightarrow{AC}$共面，后者的充要条件是$\overrightarrow{AD},\overrightarrow{AB},\overrightarrow{AC}$线性相关，即，存在不全为零的实数 μ_1,μ_2,μ_3，使得

$$\mu_1\overrightarrow{AD}+\mu_2\overrightarrow{AB}+\mu_3\overrightarrow{AC}=\mathbf{0}.$$

由于 A,B,C 不共线，所以 $\mu_1\neq 0$.因此，对任一点 O，有$\overrightarrow{OA}+\overrightarrow{AD}=\overrightarrow{OD}$，$\overrightarrow{OA}+\overrightarrow{AB}=\overrightarrow{OB}$，$\overrightarrow{OA}+\overrightarrow{AC}=\overrightarrow{OC}$，所以

$$\overrightarrow{OD}=\overrightarrow{OA}-\frac{\mu_2}{\mu_1}(\overrightarrow{OB}-\overrightarrow{OA})-\frac{\mu_3}{\mu_1}(\overrightarrow{OC}-\overrightarrow{OA}).$$

在其中令$\lambda_1=1+\dfrac{\mu_2}{\mu_1}+\dfrac{\mu_3}{\mu_1}$，$\lambda_2=-\dfrac{\mu_2}{\mu_1}$，$\lambda_3=-\dfrac{\mu_3}{\mu_1}$，则得到(1.3.5)式且$\lambda_1+\lambda_2+\lambda_3=1$.

另外，$\forall\,O\notin\pi$，因为点 A,B,C 不共线，所以$\overrightarrow{OA},\overrightarrow{OB},\overrightarrow{OC}$不共面，即，它们线性无关.由定理 1.1.9 可得，(1.3.5)式中的实数$\lambda_1,\lambda_2,\lambda_3$唯一确定.

当 $D\in\triangle ABC$ 内时，连接 A 和 D 并延伸到 BC，记与 BC 的交点为 Q，则 $\forall\,O\in V$，根据命题 1.3.6，存在非负标量 $\mu_1,\mu_2;\mu_1',\mu_2'$，分别满足 $\mu_1+\mu_2=1;\mu_1'+\mu_2'=1$，使得

$$\overrightarrow{OD}=\mu_1\overrightarrow{OA}+\mu_2\overrightarrow{OQ},\quad \overrightarrow{OQ}=\mu_1'\overrightarrow{OB}+\mu_2'\overrightarrow{OC}.\tag{1.3.6}$$

将后一式代入前一式可得

$$\overrightarrow{OD}=\mu_1\overrightarrow{OA}+\mu_2\mu_1'\overrightarrow{OB}+\mu_2\mu_2'\overrightarrow{OC}. \tag{1.3.7}$$

分别令$\lambda_1=\mu_1,\lambda_2=\mu_2\mu_1',\lambda_3=\mu_2\mu_2'$,则$\lambda_1,\lambda_2,\lambda_3$非负且$\lambda_1+\lambda_2+\lambda_3=1$,并且使得

$$\overrightarrow{OD}=\lambda_1\overrightarrow{OA}+\lambda_2\overrightarrow{OB}+\lambda_3\overrightarrow{OC}. \tag{1.3.8}$$

而在(1.3.8)式成立的情况下容易构造得到(1.3.7)式,进而推出(1.3.6)式.从(1.3.6)式可以推出 $D\in\triangle ABC$ 内. □

例 1.3.5 若三维仿射空间 V 中四点 A,B,C,D 不共面,证明:任何一点 P 在 A,B,C,D 所确定的四面体 $ABCD$ 内的充要条件是,$\forall O\in V$,存在唯一的一组实数$\lambda_1,\lambda_2,\lambda_3,\lambda_4$,使得

$$\overrightarrow{OP}=\lambda_1\overrightarrow{OA}+\lambda_2\overrightarrow{OB}+\lambda_3\overrightarrow{OC}+\lambda_4\overrightarrow{OD}, \tag{1.3.9}$$

其中$\lambda_1+\lambda_2+\lambda_3+\lambda_4=1$.

证 (必要性)如果点 P 在四面体 $ABCD$ 内,连接 AP 并延长到平面 BCD 上,记与 BCD 的交点为 Q,连接 B 和 Q 并延伸到直线 CD,记与直线 CD 的交点为 R,则 $\forall O\in V$,根据命题 1.3.6,存在非负标量 $\mu_1,\mu_2;\mu_1',\mu_2';\mu_1'',\mu_2''$使得 $\mu_1+\mu_2=\mu_1'+\mu_2'=\mu_1''+\mu_2''=1$,且

$$\overrightarrow{OP}=\mu_1\overrightarrow{OA}+\mu_2\overrightarrow{OQ},$$

$$\overrightarrow{OQ}=\mu_1'\overrightarrow{OB}+\mu_2'\overrightarrow{OR},\quad \overrightarrow{OR}=\mu_1''\overrightarrow{OC}+\mu_2''\overrightarrow{OD}.$$

由此可得

$$\overrightarrow{OP}=\mu_1\overrightarrow{OA}+\mu_2\mu_1'\overrightarrow{OB}+\mu_2\mu_2'\mu_1''\overrightarrow{OC}+\mu_2\mu_2'\mu_2''\overrightarrow{OD},$$

分别令 $\lambda_1=\mu_1,\lambda_2=\mu_2\mu_1',\lambda_3=\mu_2\mu_2'\mu_1'',\lambda_4=\mu_2\mu_2'\mu_2''$,则立即得到(1.3.9)式且 $\lambda_1+\lambda_2+\lambda_3+\lambda_4=1$.

充分性可以类似于命题 1.3.6 的充分性来证明. □

例 1.3.6 用向量法证明 Ceva(切瓦)定理:在三维仿射空间中,若$\triangle ABC$ 的三边 BC,CA, AB 上有点 D,E,F,则线段 AD,BE,CF 相交于一点 O 的充要条件是$\dfrac{AF}{FB}\cdot\dfrac{BD}{DC}\cdot\dfrac{CE}{EA}=1$.

证 首先通过令$\lambda_1=\dfrac{AF}{FB},\lambda_2=\dfrac{BD}{DC},\lambda_3=\dfrac{CE}{EA}$,将定理转换成证明线段 AD,BE,CF 相交于一点 O 的充要条件是$\lambda_1\lambda_2\lambda_3=1$.因为 D,E,F 分别是线段 BC,AC 和 AB 中的点,所以$\lambda_1,\lambda_2,\lambda_3$均大于零,因而 $1+\lambda_i\neq 0,i=1,2,3$.

(必要性)如图 1.3.4 所示,设 AD,BE,CF 相交于点 O,我们通过命题 1.3.6 以三种方式把向量$\overrightarrow{AO}$分解为向量$\overrightarrow{AB}$和$\overrightarrow{AC}$的线性组合来确定$\lambda_1\lambda_2\lambda_3=1$.因为 $B,C,D;B,E,O;A,D,O$ 以及 C,F,O 为不同的共线三点,所以仿射比(B,C,D),(B,E,O),(A,D,O)和(C,F,O)有定义.而且(B,C,D)可以用λ_2表示.事实上,$\overrightarrow{BD}=(B,C,D)\overrightarrow{CD}$,由假设,$(B,C,D)=-\lambda_2$.我们再假设$(A,D,O)=\lambda$,$(B,E,O)=\mu$,$(C,F,O)=\nu$,将点 A 作为命题 1.3.6 中的所谓任意一点,根据(1.3.2)式可得

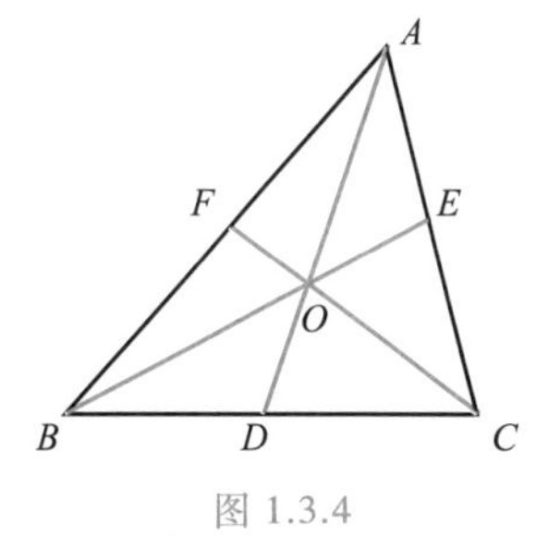

图 1.3.4

$$\overrightarrow{AD}=\frac{1}{1+\lambda_2}\overrightarrow{AB}+\frac{\lambda_2}{1+\lambda_2}\overrightarrow{AC},\quad \overrightarrow{AO}=\frac{1}{1-\mu}\overrightarrow{AB}-\frac{\mu}{1-\mu}\overrightarrow{AE}=\frac{1}{1-\nu}\overrightarrow{AC}-\frac{\nu}{1-\nu}\overrightarrow{AF}. \tag{1.3.10}$$

注意到根据假设，有$\overrightarrow{AO}=\lambda\ \overrightarrow{DO}$.而由向量的加法可得$\overrightarrow{AO}=\overrightarrow{AD}+\overrightarrow{DO}=\overrightarrow{AD}+\dfrac{1}{\lambda}\overrightarrow{AO}$.所以$\overrightarrow{AO}=\dfrac{\lambda}{\lambda-1}\overrightarrow{AD}$.另外，由向量运算显而易见，$\overrightarrow{AC}=\overrightarrow{AE}+\overrightarrow{EC}=\overrightarrow{AE}+\lambda_3\overrightarrow{AE}$以及$\overrightarrow{AB}=\overrightarrow{AF}+\overrightarrow{FB}=\overrightarrow{AF}+\overrightarrow{AF}/\lambda_1$，所以$\overrightarrow{AE}=\dfrac{1}{\lambda_3+1}\overrightarrow{AC}$和$\overrightarrow{AF}=\dfrac{\lambda_1}{\lambda_1+1}\overrightarrow{AB}$.将这些结果代入(1.3.10)式就有

$$\overrightarrow{AO}=\frac{\lambda}{(\lambda-1)(1+\lambda_2)}(\overrightarrow{AB}+\lambda_2\overrightarrow{AC})=\frac{1}{1-\mu}\left(\overrightarrow{AB}-\frac{\mu}{\lambda_3+1}\overrightarrow{AC}\right)=\frac{1}{1-\nu}\left(\overrightarrow{AC}-\frac{\nu\lambda_1}{\lambda_1+1}\overrightarrow{AB}\right).\tag{1.3.11}$$

因为$\overrightarrow{AB}$，$\overrightarrow{AC}$线性无关，(1.3.11)各式中的$\overrightarrow{AB}$和$\overrightarrow{AC}$的系数标量应该分别相等，所以得到方程组

$$\begin{cases}\dfrac{\lambda}{(\lambda-1)(1+\lambda_2)}=\dfrac{1}{1-\mu}=-\dfrac{\nu}{1-\nu}\dfrac{\lambda_1}{\lambda_1+1},\\[2ex]\dfrac{\lambda\lambda_2}{(\lambda-1)(1+\lambda_2)}=-\dfrac{\mu}{1-\mu}\dfrac{1}{\lambda_3+1}=\dfrac{1}{1-\nu}.\end{cases}\tag{1.3.12}$$

分别令$x=\dfrac{\lambda}{1-\lambda}$，$y=\dfrac{\mu}{1-\mu}$，$z=\dfrac{\nu}{1-\nu}$，则方程组(1.3.12)可以改写成

$$\begin{cases}\dfrac{1}{\lambda_2+1}x+y=-1,\\[2ex]y+\dfrac{\lambda_1}{\lambda_1+1}z=-1,\\[2ex]\dfrac{\lambda_2}{\lambda_2+1}x-\dfrac{1}{\lambda_3+1}y=0,\\[2ex]\dfrac{1}{\lambda_3+1}y+z=-1.\end{cases}$$

如果把该方程中的x,y,z作为未知数，则根据假设，该方程组的解存在，所以其增广矩阵的秩不超过3，因而其行列式应该为零，即

$$\begin{vmatrix}\dfrac{1}{\lambda_2+1} & 1 & 0 & -1\\[2ex] 0 & 1 & \dfrac{\lambda_1}{\lambda_1+1} & -1\\[2ex] \dfrac{\lambda_2}{\lambda_2+1} & -\dfrac{1}{\lambda_3+1} & 0 & 0\\[2ex] 0 & \dfrac{1}{\lambda_3+1} & 1 & -1\end{vmatrix}=\frac{1-\lambda_1\lambda_2\lambda_3}{(\lambda_1+1)(\lambda_2+1)(\lambda_3+1)}=0.$$

所以必须有$\lambda_1\lambda_2\lambda_3=1$.

（充分性）我们假设点O是AD与BE的交点，在$\lambda_1\lambda_2\lambda_3=1$的情况下，利用命题1.3.6的充要条件验证$F,O,C$三点共线，也就是验证向量$\overrightarrow{AO}$关于向量$\overrightarrow{AF}$和$\overrightarrow{AC}$的分解系数之和为1.由假设可知，$B,O,E$；$A,O,D$分别是共线的，因此(1.3.11)式中的前两个式子都成立，所以标

量 λ 和 μ 满足

$$\begin{cases}\dfrac{\lambda}{(\lambda-1)(1+\lambda_2)}=\dfrac{1}{1-\mu},\\ \dfrac{\lambda\lambda_2}{(\lambda-1)(1+\lambda_2)}=-\dfrac{\mu}{1-\mu}\dfrac{1}{\lambda_3+1}.\end{cases}$$

解此方程组即可得$\dfrac{\lambda}{\lambda-1}=\dfrac{\lambda_2+1}{1+\lambda_2+\lambda_3\lambda_2}$，$\dfrac{\mu}{1-\mu}=-\dfrac{\lambda_2(\lambda_3+1)}{1+\lambda_2+\lambda_3\lambda_2}$.代回(1.3.11)的第一或第二式可以得到向量$\overrightarrow{AO}$关于向量$\overrightarrow{AF}$和$\overrightarrow{AC}$的分解如下：

$$\overrightarrow{AO}=\frac{1}{1+\lambda_2+\lambda_3\lambda_2}(\overrightarrow{AB}+\lambda_2\overrightarrow{AC})=\frac{1}{1+\lambda_2+\lambda_3\lambda_2}\left(\frac{\lambda_1+1}{\lambda_1}\overrightarrow{AF}+\lambda_2\overrightarrow{AC}\right).$$

该式中的系数之和为$\dfrac{1+\lambda_1+\lambda_1\lambda_2}{\lambda_1+\lambda_1\lambda_2+\lambda_3\lambda_2\lambda_1}=1$.因此，$F,O,C$ 共线. □

1.3.3 仿射 Euclid 空间

我们经常接触到的是向量空间为 Euclid 空间的仿射空间.

定义 1.3.8 如果向量空间是 Euclid 空间$\mathbb{E}$，则仿射空间$(V,\mathbb{E})$称为**仿射 Euclid 空间**.

后面章节就是研究仿射 Euclid 空间中的几何问题.根据 Euclid 空间的定义，每个向量 $\boldsymbol{x}\in\mathbb{E}$的长度$|\boldsymbol{x}|=\sqrt{(\boldsymbol{x},\boldsymbol{x})}$.由于每对点 $A,B\in V$ 定义了一个向量$\overrightarrow{AB}\in\mathbb{E}$，因此可以将每对点 A 和 B 映射到一个非负实数 $d(A,B)=|\overrightarrow{AB}|$，称为 V 中点 A 和 B 之间的**距离**.

如果将仿射空间的仿射标架定义为 V 中的点 O 和$\mathbb{E}$中的标准正交基$\{\boldsymbol{e}_1,\boldsymbol{e}_2,\cdots,\boldsymbol{e}_n\}$，则仿射标架$[O;\boldsymbol{e}_1,\boldsymbol{e}_2,\cdots,\boldsymbol{e}_n]$也称为**直角坐标系**或**直角标架**.

直角坐标系是特殊的仿射坐标系，也称为 **Descartes 坐标系**，在三维情形下，它由三个相互垂直的单位向量 $\boldsymbol{i},\boldsymbol{j},\boldsymbol{k}$ 和空间中的一点 O 构成.在直角坐标系$[O;\boldsymbol{i},\boldsymbol{j},\boldsymbol{k}]$中，与向量 $\boldsymbol{i},\boldsymbol{j},\boldsymbol{k}$ 相应的坐标轴一般称为 x **轴**、y **轴**和 z **轴**.

在直角坐标系下，对于三维仿射 Euclid 空间中的向量 $\boldsymbol{a}=(a_1,a_2,a_3)$，有(在标准内积下)

$$\boldsymbol{a}^2=a_1^2+a_2^2+a_3^2.$$

因此，向量 $\boldsymbol{a}=(a_1,a_2,a_3)$的长度$|\boldsymbol{a}|=\sqrt{a_1^2+a_2^2+a_3^2}$.由于两点 $A(x_1,y_1,z_1)$，$B(x_2,y_2,z_2)$之间的距离等于向量$\overrightarrow{AB}$的长度，因此 A 与 B 之间的距离 d 为

$$d=\sqrt{(x_2-x_1)^2+(y_2-y_1)^2+(z_2-z_1)^2}.$$

命题 1.3.7 若向量 $\boldsymbol{a}$ 在直角坐标系$[O;\boldsymbol{e}_1,\boldsymbol{e}_2,\cdots,\boldsymbol{e}_n]$下表示为 $\boldsymbol{a}=a_1\boldsymbol{e}_1+a_2\boldsymbol{e}_2+\cdots+a_n\boldsymbol{e}_n$，则向量 $\boldsymbol{a}$ 在向量$\boldsymbol{e}_1,\boldsymbol{e}_2,\cdots,\boldsymbol{e}_n$上的射影分别为 $a_1,a_2,\cdots,a_n$.

证 由于$\boldsymbol{e}_1,\boldsymbol{e}_2,\cdots,\boldsymbol{e}_n$为单位向量，因此向量 $\boldsymbol{a}$ 分别在向量$\boldsymbol{e}_1,\boldsymbol{e}_2,\cdots,\boldsymbol{e}_n$上的射影等于 $\boldsymbol{a}$ 分别与$\boldsymbol{e}_1,\boldsymbol{e}_2,\cdots,\boldsymbol{e}_n$的内积，即

$$\mathrm{Prj}_{\boldsymbol{e}_i}\boldsymbol{a}=(a_1\boldsymbol{e}_1+a_2\boldsymbol{e}_2+\cdots+a_n\boldsymbol{e}_n)\cdot\boldsymbol{e}_i=a_i,\ i=1,2,\cdots,n.\quad\square$$

在直角坐标系中，通常把向量与坐标轴所构成的角称为向量的**方向角**，方向角的余弦叫

作向量的**方向余弦**.对于非零向量 $\boldsymbol{a}=(a_1,a_2,\cdots,a_n)$,令其关于向量$\boldsymbol{e}_1,\boldsymbol{e}_2,\cdots,\boldsymbol{e}_n$的夹角为 $\alpha_1,\alpha_2,\cdots,\alpha_n$,则由命题 1.3.7 可得其方向余弦为

$$\cos\alpha_i=\frac{a_i}{|\boldsymbol{a}|},\quad i=1,2,\cdots,n \tag{1.3.13}$$

且有$\cos^2\alpha_1+\cos^2\alpha_2+\cdots+\cos^2\alpha_n=1$.特别地,若非零向量 $\boldsymbol{a}$ 为单位向量 $\boldsymbol{e}$,则 $\boldsymbol{e}=(\cos\alpha_1,\cos\alpha_2,\cdots,\cos\alpha_n)$.

在三维直角坐标系中,若一个非零向量为(x,y,z),令其关于 x 轴、y 轴、z 轴的方向角分别为 α,β,γ,则由(1.3.13)式可得其方向余弦为

$$\cos\alpha=\frac{x}{\sqrt{x^2+y^2+z^2}},\quad \cos\beta=\frac{y}{\sqrt{x^2+y^2+z^2}},\quad \cos\gamma=\frac{z}{\sqrt{x^2+y^2+z^2}}$$

且有$\cos^2\alpha+\cos^2\beta+\cos^2\gamma=1$.

在直角坐标系下,两个向量 $\boldsymbol{a}=(x_1,y_1,z_1)$,$\boldsymbol{b}=(x_2,y_2,z_2)$的夹角$\langle\boldsymbol{a},\boldsymbol{b}\rangle$的余弦也可以简写成

$$\cos\langle\boldsymbol{a},\boldsymbol{b}\rangle=\frac{x_1x_2+y_1y_2+z_1z_2}{\sqrt{x_1^2+y_1^2+z_1^2}\sqrt{x_2^2+y_2^2+z_2^2}}.$$

例 1.3.7 已知三角形三顶点在直角坐标系$[O;\boldsymbol{i},\boldsymbol{j},\boldsymbol{k}]$中的坐标为$P_i(x_i,y_i,z_i)$ $(i=1,2,3)$,求$\triangle P_1P_2P_3$的重心坐标.

解 根据初等几何知道,三角形的重心为三中线的交点.设顶点P_i的对边上的中点为$M_i(i=1,2,3)$,则$\triangle P_1P_2P_3$的三中线分别为 $P_iM_i(i=1,2,3)$.以 $G(x,y,z)$表示$P_iM_i(i=1,2,3)$的交点,则$\overrightarrow{P_1G}=2\,\overrightarrow{GM_1}$,因此仿射比$(P_1,M_1,G)=-2$.而由于仿射比$(P_2,P_3,M_1)=-1$,根据命题 1.3.6 的(1.3.2)式可得

$$\overrightarrow{OM_1}=\frac{1}{2}\overrightarrow{OP_2}+\frac{1}{2}\overrightarrow{OP_3}=\left(\frac{x_2+x_3}{2},\frac{y_2+y_3}{2},\frac{z_2+z_3}{2}\right).$$

$$\overrightarrow{OG}=\frac{1}{3}\overrightarrow{OP_1}+\frac{2}{3}\overrightarrow{OM_1}=\left(\frac{x_1+x_2+x_3}{3},\frac{y_1+y_2+y_3}{3},\frac{z_1+z_2+z_3}{3}\right).\quad\square$$

例 1.3.8 利用向量内积证明 Cauchy-Schwarz 不等式

$$(a_1b_1+a_2b_2+a_3b_3)^2\leqslant(a_1^2+a_2^2+a_3^2)(b_1^2+b_2^2+b_3^2). \tag{1.3.14}$$

证 数组 a_1,a_2,a_3和b_1,b_2,b_3看作直角坐标系$[O;\boldsymbol{i},\boldsymbol{j},\boldsymbol{k}]$中向量 $\boldsymbol{a}$ 和 $\boldsymbol{b}$ 的坐标,即,作向量 $\boldsymbol{a}=(a_1,a_2,a_3)$,$\boldsymbol{b}=(b_1,b_2,b_3)$,则根据命题 1.3.7 知

$$\boldsymbol{a}=a_1\boldsymbol{i}+a_2\boldsymbol{j}+a_3\boldsymbol{k},\quad \boldsymbol{b}=b_1\boldsymbol{i}+b_2\boldsymbol{j}+b_3\boldsymbol{k}.$$

因此,根据内积的运算法则可得

$$\boldsymbol{a}\cdot\boldsymbol{b}=a_1b_1+a_2b_2+a_3b_3,\quad |\boldsymbol{a}|^2=a_1^2+a_2^2+a_3^2,\quad |\boldsymbol{b}|^2=b_1^2+b_2^2+b_3^2.$$

而由内积的定义 $\boldsymbol{a}\cdot\boldsymbol{b}=|\boldsymbol{a}||\boldsymbol{b}|\cos\langle\boldsymbol{a},\boldsymbol{b}\rangle$及$|\cos\langle\boldsymbol{a},\boldsymbol{b}\rangle|\leqslant1$ 推知

$$(\boldsymbol{a}\cdot\boldsymbol{b})^2\leqslant|\boldsymbol{a}|^2|\boldsymbol{b}|^2.$$

即得欲证的 Cauchy-Schwarz 不等式. □

顺便说一下,坐标系是解析几何的基础,初等数学早已研究过的二维平面和三维空间中的极坐标系、柱面坐标系与球面坐标系等,在解析几何中也经常用到.以后使用这些坐标系时,默认它们是在仿射 Euclid 空间中建立的.

为了方便,我们把常用的极坐标系、柱面坐标系与球面坐标系简述在此,以供参考.

1. 极坐标系

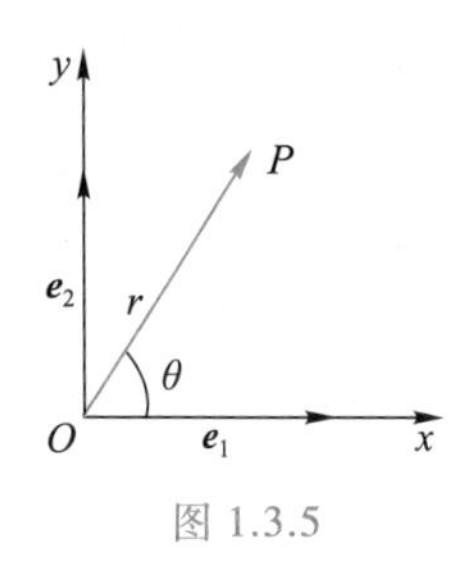

图 1.3.5

图 1.3.5 是一个极坐标系,其建立在平面上.由一定点 O 和一个单位向量$\boldsymbol{e}_1$构成.定点 O 称为**极点**,从极点 O 出发沿向量 $\boldsymbol{e}_1$ 的射线 Ox 称为**极轴**.把平面上任一点 P 的位置或平面上的向量$\overrightarrow{OP}$与有序数对(r,θ)的对应关系称为**平面极坐标系**,简称为**极坐标系**.称(r,θ)为**极坐标**,记为 $P(r,\theta)$,其中 $r=|\overrightarrow{OP}|$(以$\boldsymbol{e}_1$的长度为单位长度)称为点 P 的**极径**,而 θ 为$\overrightarrow{OP}$与$\boldsymbol{e}_1$沿逆时针方向的夹角,称为点 P 的**极角**或**辐角**.

需要指出,平面上的点要与其极坐标一一对应,还需要对极径和极角进行限制,我们以后限制 $r\geqslant 0, 0\leqslant\theta<2\pi$,并且规定极点对应于极径为零,极角任意的极坐标.

作为坐标系,以上限制是必需的.否则,平面上点 $P(r,\theta)$的极坐标显然可以取为$(r,\theta+2n\pi)$和$(-r,\theta+(2n+1)\pi)$,这里 n 为任意整数.

如果像图 1.3.5 那样在平面上建立了极坐标系之后,又以极轴为 x 轴建立平面上的右手直角坐标系$[O;\boldsymbol{e}_1,\boldsymbol{e}_2]$,则点 P 在右手直角坐标系$[O;\boldsymbol{e}_1,\boldsymbol{e}_2]$中的坐标$(x,y)$与在极坐标系中的极坐标$(r,\theta)$存在以下对应关系:

$$(x,y)=(r\cos\theta,r\sin\theta),$$

其中 $r=\sqrt{x^2+y^2}$, $\theta=\arctan\dfrac{y}{x}$.

2. 柱面坐标系

柱面坐标系又称**半极坐标系**,它是由平面极坐标系以及空间直角坐标系中的一部分组合起来的,如图 1.3.6.在空间中给定单位向量$\boldsymbol{e}_3$,垂直于$\boldsymbol{e}_3$作平面 π,在平面 π 上取定一单位向量$\boldsymbol{e}_1$.在这种情况下,对于空间中的任意一点 P,若过 P 作平行于$\boldsymbol{e}_3$的直线,记其与 π 的交点为 Q,则当限制 $r\geqslant 0, 0\leqslant\theta<2\pi, -\infty<z<+\infty$ 时,P 与数组(r,θ,z)一一对应,其中 $r=|\overrightarrow{OQ}|$(以$|\boldsymbol{e}_1|$为单位长度),θ 为以$\boldsymbol{e}_1$起始边,绕$\boldsymbol{e}_3$逆时针旋转至向量$\overrightarrow{OQ}$的角度,而 $|z|=|\overrightarrow{QP}|$(以$|\boldsymbol{e}_3|$为单位长度).这种一一对应关系称为**柱面坐标系**,有时记作$[O;\boldsymbol{e}_1,\boldsymbol{e}_3]$. (r,θ,z)称为点 P 的**柱面坐标**.

显然,在柱面坐标系中,O 和$\boldsymbol{e}_1$确定一个平面极坐标系,而 O 和$\boldsymbol{e}_1,\boldsymbol{e}_3$可以确定一个直角坐标系的一部分,所以柱面坐标系由一个极坐标系以及一个空间直角坐标系的一部分组成.如果该直角坐标系是如图 1.3.6 中那样建立的右手直角坐标系$[O;\boldsymbol{e}_1,\boldsymbol{e}_2,\boldsymbol{e}_3]$,那么空间中点 P 的直角坐标与柱面坐标之间存在以下对应关系:

$$(x,y,z)=(r\cos\theta,r\sin\theta,z),$$

其中 $r=\sqrt{x^2+y^2}$，$\theta=\arctan\dfrac{y}{x}$.

3. 球面坐标系

对于如图 1.3.7 所示的直角坐标系，过空间中的任何一点 P 作平行于 z 轴的直线，该直线与 xOy 平面的交点记为 Q，并记 $|\overrightarrow{OP}|=r$，$\overrightarrow{OP}$与 z 轴正向所夹的角为 φ，x 轴按逆时针方向旋转到$\overrightarrow{OQ}$时所转过的最小正角为 θ.那么，点 P 与有序数组(r,φ,θ)一一对应，这种对应关系称为**球面坐标系**（或**空间极坐标系**），该有序数组(r,φ,θ)称为点 P 的球面坐标，其中 $r\geqslant 0$，$0\leqslant\varphi<\pi$，$0\leqslant\theta<2\pi$.

空间点 P 的直角坐标(x,y,z)与球面坐标(r,φ,θ)之间的变换关系为

$$\begin{cases}x=r\sin\varphi\cos\theta,\\y=r\sin\varphi\sin\theta,\\z=r\cos\varphi.\end{cases}$$

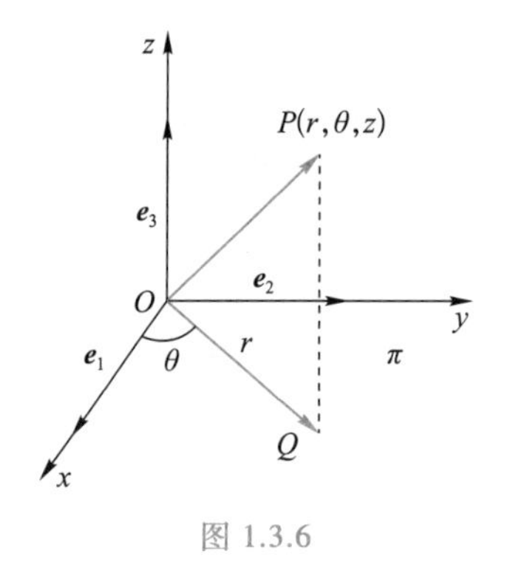

图 1.3.6

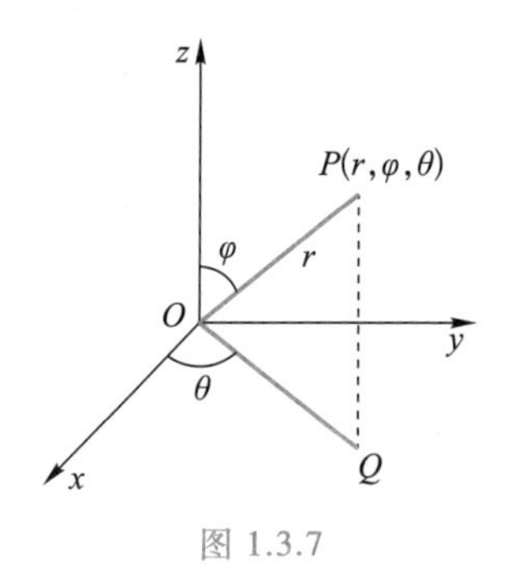

图 1.3.7

习题 1.3

1. 对于平面平行四边形 $ABCD$，取仿射标架$[C;\overrightarrow{AC},\overrightarrow{BD}]$，求 $A,D,\overrightarrow{AD}$以及$\overrightarrow{DB}$在该仿射标架下的坐标.

2. 设平面平行四边形 $ABCD$ 的对角线交于点 P，设$\overrightarrow{DM}=\dfrac{1}{5}\overrightarrow{DB}$，$\overrightarrow{CN}=\dfrac{1}{6}\overrightarrow{CA}$.在仿射标架$[A;\overrightarrow{AB},\overrightarrow{AD}]$下，求点 P,M,N 的坐标以及向量$\overrightarrow{MN}$的坐标.

3. 设 $ABCDEF$ 为平面正六边形，取仿射标架$[A;\overrightarrow{AB},\overrightarrow{AF}]$，求正六边形各顶点在其中的坐标.

4. 已知$\overrightarrow{OA}=\boldsymbol{e}_1$，$\overrightarrow{OB}=\boldsymbol{e}_2$，$\overrightarrow{OC}=\boldsymbol{e}_3$是以原点 O 为顶点的平行六面体的三条棱，求过 O 的对角线与平面 ABC 的交点 M 在$[O;\boldsymbol{e}_1,\boldsymbol{e}_2,\boldsymbol{e}_3]$之下的坐标.

5. 设点 C 分线段 AB 成 $5:2$，已知 $A=(3,7,4)$，$C=(8,2,3)$，试求 B 的坐标.

6. 判断下列各组的三个向量 $\boldsymbol{a},\boldsymbol{b},\boldsymbol{c}$ 是否共面，能否将 $\boldsymbol{c}$ 表示成 $\boldsymbol{a},\boldsymbol{b}$ 的线性组合.若能表示，则写出表示式.

(1) $\boldsymbol{a}=(5,2,1)$，$\boldsymbol{b}=(-1,4,2)$，$\boldsymbol{c}=(-1,-1,5)$；

(2) $\boldsymbol{a}=(6,4,2),\boldsymbol{b}=(-9,6,3),\boldsymbol{c}=(-3,6,3)$;

(3) $\boldsymbol{a}=(1,2,-3),\boldsymbol{b}=(-2,-4,6),\boldsymbol{c}=(1,0,5)$.

7. 证明:三点 A,B,C 共线的充要条件为存在不全为 0 的数 λ,μ,ν,使得 $\lambda+\mu+\nu=0$,并且 $\lambda\overrightarrow{OA}+\mu\overrightarrow{OB}+\nu\overrightarrow{OC}=\mathbf{0}$,其中 O 是任意点.

8. 设 A,B,C,O 是不共面的四点,证明:点 D 和 A,B,C 共面的充要条件为向量 $\overrightarrow{OD}$ 对向量 $\overrightarrow{OA},\overrightarrow{OB},\overrightarrow{OC}$ 的分解系数之和等于 1.

9. 证明:四点 A,B,C,D 共面的充要条件为存在不全为 0 的数 λ,μ,ν,ω,使得 $\lambda+\mu+\nu+\omega=0$,并且 $\lambda\overrightarrow{OA}+\mu\overrightarrow{OB}+\nu\overrightarrow{OC}+\omega\overrightarrow{OD}=\mathbf{0}$,其中 O 是任意点.

10. 在 $\triangle ABC$ 中,设 P,Q,R 分别是直线 AB,BC,CA 上的点,并且

$$\overrightarrow{AP}=\lambda\overrightarrow{PB},\quad \overrightarrow{BQ}=\mu\overrightarrow{QC},\quad \overrightarrow{CR}=\nu\overrightarrow{RA}.$$

证明:P,Q,R 共线当且仅当 $\lambda\mu\nu=-1$.

11. 对于仿射 Euclid 空间中定义的距离 $d(A,B)$,证明:

(1) 对于 $A\neq B$,$d(A,B)>0$ 且 $d(A,A)=0$;

(2) 对于每对点 A 和 B,$d(A,B)=d(B,A)$;

(3) 对于三个点 A,B 和 C,满足三角不等式:$d(A,C)\leqslant d(A,B)+d(B,C)$.

§1.4 Euclid 空间中向量的外积、混合积、多重积

我们已用有序基定义了空间的定向,并且用描述性的方式给出了右手坐标系和左手坐标系的概念,但没有介绍判断一个坐标系是右手坐标系或左手坐标系的数学公式.现在就用外积概念来引进这样的公式.

1.4.1 三维 Euclid 空间中的外积

在三维 Euclid 空间中,任何两个线性无关向量 $\boldsymbol{a}_1$ 和 $\boldsymbol{a}_2$ 可以构成它们所在平面 π 中的一个有序基 $\{\boldsymbol{a}_1,\boldsymbol{a}_2\}$,该基确定平面 π 的一个定向.为了表示平面 π 的这个定向,我们定义一个单位向量 $\boldsymbol{e}_3$,使得 $\{\boldsymbol{a}_1,\boldsymbol{a}_2,\boldsymbol{e}_3\}$ 构成右手坐标系并且 $\boldsymbol{e}_3$ 垂直于向量 $\boldsymbol{a}_1,\boldsymbol{a}_2$.这样的单位向量 $\boldsymbol{e}_3$ 称为**平面 π 的法向量**.

结合物理学应用,下面给出三维 Euclid 空间中的外积定义.如图 1.4.1 所示,设点 O 为杠杆 l 的支点,力 $\boldsymbol{F}$ 作用于杠杆 l 上的点 P,杠杆 l 与力 $\boldsymbol{F}$ 的夹角为 θ,H 为 O 到 $\boldsymbol{F}$ 的作用线的射影,则力 $\boldsymbol{F}$ 作用于杠杆 l 上的**力矩**定义为一个向量 $\boldsymbol{M}$,其模等于 $|\boldsymbol{F}|$ 与 $|\overrightarrow{OH}|$ 之积,其方向使得向量 $\overrightarrow{OP},\boldsymbol{F},\boldsymbol{M}$ 构成一个右手坐标系.而 $|\overrightarrow{OH}|=|\overrightarrow{OP}|\sin\theta$,因此 $\boldsymbol{M}=\overrightarrow{OP}\times\boldsymbol{F}$.

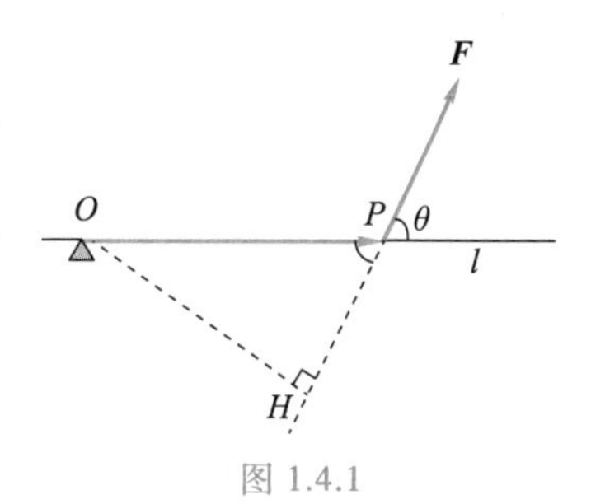

图 1.4.1

定义 1.4.1 设 $\boldsymbol{a},\boldsymbol{b}$ 表示三维 Euclid 空间的两个向量,

定义向量 $\boldsymbol{a},\boldsymbol{b}$ 的**外积**(或**向量积**、**叉积**)为一个向量,表示为 $\boldsymbol{a}\times\boldsymbol{b}$,其方向与 $\boldsymbol{a},\boldsymbol{b}$ 都垂直,且使得 $\boldsymbol{a},\boldsymbol{b},\boldsymbol{a}\times\boldsymbol{b}$ 构成右手坐标系,而其模等于以 $\boldsymbol{a},\boldsymbol{b}$ 为边的平行四边形的面积,即 $|\boldsymbol{a}\times\boldsymbol{b}|=|\boldsymbol{a}||\boldsymbol{b}|\sin\langle\boldsymbol{a},\boldsymbol{b}\rangle$.

由此定义,两个不共线向量 $\boldsymbol{a}$ 与 $\boldsymbol{b}$ 的外积的模,等于以 $\boldsymbol{a}$ 与 $\boldsymbol{b}$ 为边所构成的平行四边形的面积.此外,两向量 $\boldsymbol{a}$ 与 $\boldsymbol{b}$ 共线的充要条件是 $\boldsymbol{a}\times\boldsymbol{b}=\boldsymbol{0}$.回顾命题 1.2.1,有 $\mathrm{Prj}_{\boldsymbol{b}}\boldsymbol{a}=\dfrac{(\boldsymbol{a},\boldsymbol{b})}{(\boldsymbol{b},\boldsymbol{b})}|\boldsymbol{b}|=\dfrac{(\boldsymbol{a},\boldsymbol{b})}{|\boldsymbol{b}|}=|\boldsymbol{a}|\cos\langle\boldsymbol{a},\boldsymbol{b}\rangle$.

命题 1.4.1 当 $\boldsymbol{a},\boldsymbol{b}$ 为不共线向量时,$\boldsymbol{a}-(\mathrm{Prj}_{\boldsymbol{b}}\boldsymbol{a})\boldsymbol{b}^0$ 与 $\boldsymbol{b}$ 正交,并且 $\boldsymbol{a}\times\boldsymbol{b}=[\boldsymbol{a}-(\mathrm{Prj}_{\boldsymbol{b}}\boldsymbol{a})\boldsymbol{b}^0]\times\boldsymbol{b}$;且当 $\boldsymbol{a}\perp\boldsymbol{b}$ 时,$\boldsymbol{a}\times\boldsymbol{b}$ 就是向量 $\boldsymbol{a}$ 绕 $\boldsymbol{b}$ 逆时针旋转 90°所得到的向量的 $|\boldsymbol{b}|$ 倍.

证 因为 $\boldsymbol{a},\boldsymbol{b}$ 为不共线向量,所以

$$[\boldsymbol{a}-(\mathrm{Prj}_{\boldsymbol{b}}\boldsymbol{a})\boldsymbol{b}^0]\boldsymbol{b}=\boldsymbol{ab}-\frac{(\boldsymbol{ab})\boldsymbol{b}^2}{|\boldsymbol{b}|^2}=0,$$

即 $\boldsymbol{a}-(\mathrm{Prj}_{\boldsymbol{b}}\boldsymbol{a})\boldsymbol{b}^0$ 与 $\boldsymbol{b}$ 正交(或直接由命题 1.2.1 即得),参见图 1.4.2.

注意到 $\boldsymbol{a}-(\mathrm{Prj}_{\boldsymbol{b}}\boldsymbol{a})\boldsymbol{b}^0$ 与 $\boldsymbol{a},\boldsymbol{b}$ 共面,因此 $[\boldsymbol{a}-(\mathrm{Prj}_{\boldsymbol{b}}\boldsymbol{a})\boldsymbol{b}^0]\times\boldsymbol{b}$ 的方向与 $\boldsymbol{a}\times\boldsymbol{b}$ 的方向相同,而其模等于

$$\begin{aligned}|\boldsymbol{b}|\left|\boldsymbol{a}-\frac{(\boldsymbol{ab})\boldsymbol{b}}{|\boldsymbol{b}|^2}\right|&=|\boldsymbol{a}||\boldsymbol{b}||\boldsymbol{a}^0-\cos\langle\boldsymbol{a},\boldsymbol{b}\rangle\boldsymbol{b}^0|\\&=|\boldsymbol{a}||\boldsymbol{b}|\sin\langle\boldsymbol{a},\boldsymbol{b}\rangle,\end{aligned}$$

因此,$\boldsymbol{a}\times\boldsymbol{b}=[\boldsymbol{a}-(\mathrm{Prj}_{\boldsymbol{b}}\boldsymbol{a})\boldsymbol{b}^0]\times\boldsymbol{b}$.

最后,当 $\boldsymbol{a}\perp\boldsymbol{b}$ 时,从图 1.4.3 可以看出 $\boldsymbol{a}\times\boldsymbol{b}$ 就是向量 $\boldsymbol{a}$ 绕 $\boldsymbol{b}$ 逆时针旋转 90°所得到的向量的 $|\boldsymbol{b}|$ 倍. □

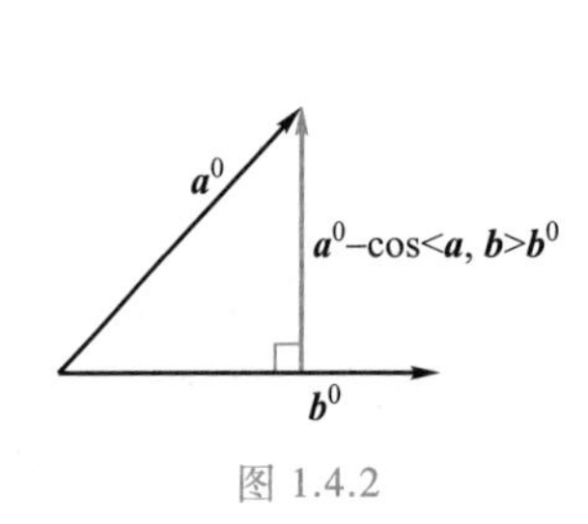

图 1.4.2

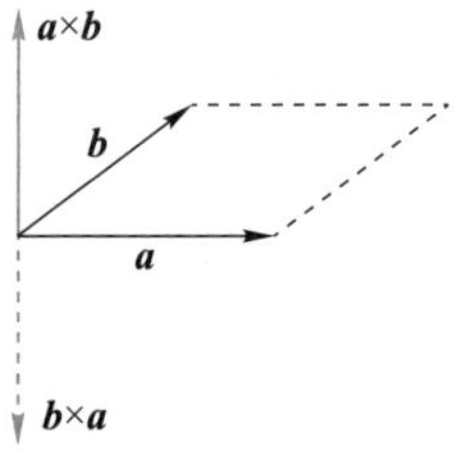

图 1.4.3

向量的外积还具有以下性质.

定理 1.4.2 设 $\boldsymbol{a},\boldsymbol{b},\boldsymbol{c}$ 为三个向量,λ 为实数,则有

(1) 反交换律:$\boldsymbol{a}\times\boldsymbol{b}=-\boldsymbol{b}\times\boldsymbol{a}$;

(2)“结合”律:$(\lambda\boldsymbol{a})\times\boldsymbol{b}=\lambda(\boldsymbol{a}\times\boldsymbol{b})=\boldsymbol{a}\times(\lambda\boldsymbol{b})$;

(3) 分配律:$(\boldsymbol{a}+\boldsymbol{b})\times\boldsymbol{c}=\boldsymbol{a}\times\boldsymbol{c}+\boldsymbol{b}\times\boldsymbol{c}$.

证 (1)由外积定义可以立即得到,而(2)当 $\lambda>0$ 和 $\lambda=0$ 时也是显然的,当 $\lambda<0$ 时运用(1)就可以得到.以下仅证明(3).

当 $\boldsymbol{a},\boldsymbol{b},\boldsymbol{c}$ 至少有一个零向量,或 $\boldsymbol{a},\boldsymbol{b},\boldsymbol{c}$ 共线,或 $\boldsymbol{a}+\boldsymbol{b}=\boldsymbol{0}$ 时,显然成立.因此只要证明当不共线向量 $\boldsymbol{a},\boldsymbol{b},\boldsymbol{c}$ 和 $\boldsymbol{a}+\boldsymbol{b}$ 均为非零向量时,(3)成立即可.在这种情况下,根据命题 1.4.1 知,

$$(\boldsymbol{a}+\boldsymbol{b})\times\boldsymbol{c}=[\boldsymbol{a}+\boldsymbol{b}-\mathrm{Prj}_c(\boldsymbol{a}+\boldsymbol{b})\boldsymbol{c}^0]\times\boldsymbol{c}.$$

而且 $\boldsymbol{a}+\boldsymbol{b}-\mathrm{Prj}_c(\boldsymbol{a}+\boldsymbol{b})\boldsymbol{c}^0$ 与向量 $\boldsymbol{c}$ 正交.因此,$(\boldsymbol{a}+\boldsymbol{b})\times\boldsymbol{c}$ 等于 $\boldsymbol{a}+\boldsymbol{b}-\mathrm{Prj}_c(\boldsymbol{a}+\boldsymbol{b})\boldsymbol{c}^0$ 绕向量 $\boldsymbol{c}$ 逆时针旋转 90°所得到的向量的 $|\boldsymbol{c}|$ 倍.然而,由定理 1.2.2 有

$$\boldsymbol{a}+\boldsymbol{b}-\mathrm{Prj}_c(\boldsymbol{a}+\boldsymbol{b})\boldsymbol{c}^0=\boldsymbol{a}-(\mathrm{Prj}_c\boldsymbol{a})\boldsymbol{c}^0+\boldsymbol{b}-(\mathrm{Prj}_c\boldsymbol{b})\boldsymbol{c}^0.$$

所以 $(\boldsymbol{a}+\boldsymbol{b})\times\boldsymbol{c}$ 进一步等于 $\boldsymbol{a}-(\mathrm{Prj}_c\boldsymbol{a})\boldsymbol{c}^0$ 和 $\boldsymbol{b}-(\mathrm{Prj}_c\boldsymbol{b})\boldsymbol{c}^0$ 分别绕向量 $\boldsymbol{c}$ 逆时针旋转 90°所得到的向量之和的 $|\boldsymbol{c}|$ 倍,也就是

$$(\boldsymbol{a}+\boldsymbol{b})\times\boldsymbol{c}=[\boldsymbol{a}-(\mathrm{Prj}_c\boldsymbol{a})\boldsymbol{c}^0]\times\boldsymbol{c}+[\boldsymbol{b}-(\mathrm{Prj}_c\boldsymbol{b})\boldsymbol{c}^0]\times\boldsymbol{c}=\boldsymbol{a}\times\boldsymbol{c}+\boldsymbol{b}\times\boldsymbol{c}.\quad\square$$

外积相对于仿射坐标运算满足:

命题 1.4.3 对于仿射坐标系 $[O;\boldsymbol{e}_1,\boldsymbol{e}_2,\boldsymbol{e}_3]$ 下的向量 $\boldsymbol{a}=(a_1,a_2,a_3)$,$\boldsymbol{b}=(b_1,b_2,b_3)$,$\boldsymbol{c}=(c_1,c_2,c_3)$,

$$\boldsymbol{a}\times\boldsymbol{b}=(a_1b_2-a_2b_1)\boldsymbol{e}_1\times\boldsymbol{e}_2+(a_1b_3-a_3b_1)\boldsymbol{e}_1\times\boldsymbol{e}_3+(a_2b_3-a_3b_2)\boldsymbol{e}_2\times\boldsymbol{e}_3. \tag{1.4.1}$$

特别地,对于直角坐标系 $[O;\boldsymbol{i},\boldsymbol{j},\boldsymbol{k}]$ 下的向量 $\boldsymbol{a}=(a_1,a_2,a_3)$,$\boldsymbol{b}=(b_1,b_2,b_3)$,

$$\boldsymbol{a}\times\boldsymbol{b}=(a_2b_3-a_3b_2)\boldsymbol{i}+(a_3b_1-a_1b_3)\boldsymbol{j}+(a_1b_2-a_2b_1)\boldsymbol{k}.$$

证 根据坐标的定义可得

$$\boldsymbol{a}=a_1\boldsymbol{e}_1+a_2\boldsymbol{e}_2+a_3\boldsymbol{e}_3,\quad \boldsymbol{b}=b_1\boldsymbol{e}_1+b_2\boldsymbol{e}_2+b_3\boldsymbol{e}_3.$$

因此,利用外积的反交换律和结合律可以推导出

$$\begin{aligned}\boldsymbol{a}\times\boldsymbol{b}&=(a_1\boldsymbol{e}_1+a_2\boldsymbol{e}_2+a_3\boldsymbol{e}_3)\times(b_1\boldsymbol{e}_1+b_2\boldsymbol{e}_2+b_3\boldsymbol{e}_3)\\&=a_1b_2\boldsymbol{e}_1\times\boldsymbol{e}_2+a_1b_3\boldsymbol{e}_1\times\boldsymbol{e}_3+a_2b_1\boldsymbol{e}_2\times\boldsymbol{e}_1+a_2b_3\boldsymbol{e}_2\times\boldsymbol{e}_3+a_3b_1\boldsymbol{e}_3\times\boldsymbol{e}_1+a_3b_2\boldsymbol{e}_3\times\boldsymbol{e}_2\\&=(a_1b_2-a_2b_1)\boldsymbol{e}_1\times\boldsymbol{e}_2+(a_1b_3-a_3b_1)\boldsymbol{e}_1\times\boldsymbol{e}_3+(a_2b_3-a_3b_2)\boldsymbol{e}_2\times\boldsymbol{e}_3.\end{aligned}$$

这就是要证明的(1.4.1)式.

对于直角坐标系 $[O;\boldsymbol{i},\boldsymbol{j},\boldsymbol{k}]$ 下的向量 $\boldsymbol{a}=(a_1,a_2,a_3)$,$\boldsymbol{b}=(b_1,b_2,b_3)$,由于

$$\boldsymbol{i}\times\boldsymbol{j}=\boldsymbol{k},\quad \boldsymbol{j}\times\boldsymbol{k}=\boldsymbol{i},\quad \boldsymbol{k}\times\boldsymbol{i}=\boldsymbol{j},$$

将其代入(1.4.1)式即可得到

$$\boldsymbol{a}\times\boldsymbol{b}=(a_2b_3-a_3b_2)\boldsymbol{i}+(a_3b_1-a_1b_3)\boldsymbol{j}+(a_1b_2-a_2b_1)\boldsymbol{k}.\quad\square$$

对于右手直角坐标系 $[O;\boldsymbol{i},\boldsymbol{j},\boldsymbol{k}]$ 下的向量 $\boldsymbol{a}=(a_1,a_2,a_3)$,$\boldsymbol{b}=(b_1,b_2,b_3)$,为了帮助记忆,可利用三阶行列式符号将上式形式地写成

$$\boldsymbol{a}\times\boldsymbol{b}=\begin{vmatrix}a_1&b_1&\boldsymbol{i}\\a_2&b_2&\boldsymbol{j}\\a_3&b_3&\boldsymbol{k}\end{vmatrix},$$

使用时可按第三列展开如下:

$$\boldsymbol{a}\times\boldsymbol{b}=\begin{vmatrix}a_1&b_1&\boldsymbol{i}\\a_2&b_2&\boldsymbol{j}\\a_3&b_3&\boldsymbol{k}\end{vmatrix}=\begin{vmatrix}a_2&b_2\\a_3&b_3\end{vmatrix}\boldsymbol{i}-\begin{vmatrix}a_1&b_1\\a_3&b_3\end{vmatrix}\boldsymbol{j}+\begin{vmatrix}a_1&b_1\\a_2&b_2\end{vmatrix}\boldsymbol{k}. \tag{1.4.2}$$

例 1.4.1 设在右手直角坐标系 $[O;\boldsymbol{i},\boldsymbol{j},\boldsymbol{k}]$ 下,向量 $\boldsymbol{a}=(2,1,-2)$,$\boldsymbol{b}=(1,1,2)$,计算 $\boldsymbol{a}\times\boldsymbol{b}$.

解 根据(1.4.1)式得

$$\boldsymbol{a}\times\boldsymbol{b}=(2+2)\boldsymbol{i}+(-2-4)\boldsymbol{j}+(2-1)\boldsymbol{k}=4\boldsymbol{i}-6\boldsymbol{j}+\boldsymbol{k}.\quad\square$$

三维空间中的外积的几何意义不仅在于对空间进行定向，而且体现在图形面积的计算.我们知道，图 1.4.4 所示的平行四边形 $ABCD$ 的面积为 $|\overrightarrow{AB}||\overrightarrow{AD}|\sin\theta$，这实际上就是向量 $\overrightarrow{AB}$ 与 $\overrightarrow{AD}$ 的外积长度.此外，还可以计算 $\triangle ABC$ 的面积.事实上，$\triangle ABC$ 的面积等于以 $\overrightarrow{AB},\overrightarrow{AC}$ 为邻边的平行四边形面积 $|\overrightarrow{AB}\times\overrightarrow{AC}|$ 之一半，即 $\triangle ABC$ 的面积

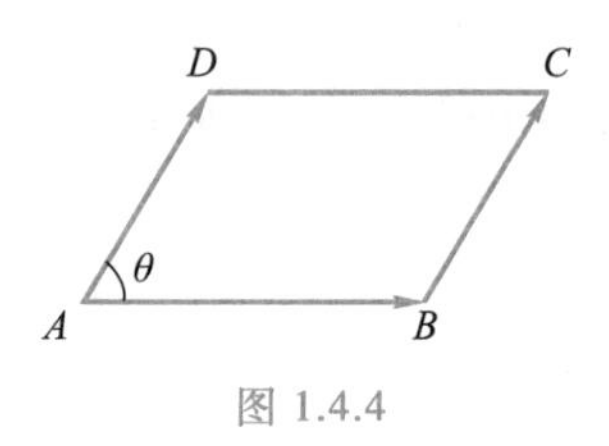

图 1.4.4

$$S_{\triangle ABC}=\frac{1}{2}|\overrightarrow{AB}\times\overrightarrow{AC}|. \tag{1.4.3}$$

该公式在右手直角坐标系 $[O;\boldsymbol{i},\boldsymbol{j},\boldsymbol{k}]$ 下可以进一步具体化为：假设 $\triangle ABC$ 的三个顶点在 $[O;\boldsymbol{i},\boldsymbol{j},\boldsymbol{k}]$ 下的坐标分别为 $A(x_1,y_1,z_1)$，$B(x_2,y_2,z_2)$，$C(x_3,y_3,z_3)$，则三角形的相邻向量 $\overrightarrow{AB},\overrightarrow{AC}$ 分别为 $(x_2-x_1,y_2-y_1,z_2-z_1)$，$(x_3-x_1,y_3-y_1,z_3-z_1)$，于是由(1.4.2)式可得 $\overrightarrow{AB}\times\overrightarrow{AC}$ 为

$$\begin{vmatrix} y_2-y_1 & y_3-y_1 \\ z_2-z_1 & z_3-z_1 \end{vmatrix}\boldsymbol{i}+\begin{vmatrix} x_3-x_1 & x_2-x_1 \\ z_3-z_1 & z_2-z_1 \end{vmatrix}\boldsymbol{j}+\begin{vmatrix} x_2-x_1 & x_3-x_1 \\ y_2-y_1 & y_3-y_1 \end{vmatrix}\boldsymbol{k}.$$

令

$$X=\begin{vmatrix} y_2-y_1 & y_3-y_1 \\ z_2-z_1 & z_3-z_1 \end{vmatrix},\quad Y=\begin{vmatrix} x_3-x_1 & x_2-x_1 \\ z_3-z_1 & z_2-z_1 \end{vmatrix},\quad Z=\begin{vmatrix} x_2-x_1 & x_3-x_1 \\ y_2-y_1 & y_3-y_1 \end{vmatrix}, \tag{1.4.4}$$

则得到 $|\overrightarrow{AB}\times\overrightarrow{AC}|=\sqrt{X^2+Y^2+Z^2}$.因此，在右手直角坐标系 $[O;\boldsymbol{i},\boldsymbol{j},\boldsymbol{k}]$ 下，$\triangle ABC$ 的面积 $S_{\triangle ABC}=\frac{1}{2}\sqrt{X^2+Y^2+Z^2}$.

例 1.4.2 已知在右手直角坐标系 $[O;\boldsymbol{i},\boldsymbol{j},\boldsymbol{k}]$ 下，$\triangle ABC$ 的顶点分别是 $A(1,2,3)$，$B(3,4,5)$，$C(4,5,7)$，求 $\triangle ABC$ 的面积.

解 根据(1.4.4)式，

$$X=\begin{vmatrix} 2 & 3 \\ 2 & 4 \end{vmatrix}=2,\quad Y=\begin{vmatrix} 2 & 4 \\ 2 & 3 \end{vmatrix}=-2,\quad Z=\begin{vmatrix} 2 & 3 \\ 2 & 3 \end{vmatrix}=0.$$

因此

$$S_{\triangle ABC}=\frac{1}{2}\sqrt{X^2+Y^2+Z^2}=\sqrt{2}.\quad\square$$

1.4.2 *n* 维 Euclid 空间中的外积

在 1.2.1 小节中，我们定义了 n 维 Euclid 空间中 $m(\leqslant n)$ 个线性无关向量 $\boldsymbol{a}_1,\boldsymbol{a}_2,\cdots,\boldsymbol{a}_m$ 构成的 m 维平行多面体 $[\boldsymbol{a}_1,\boldsymbol{a}_2,\cdots,\boldsymbol{a}_m]_0^1$ 的有向体积 $v(\boldsymbol{a}_1,\boldsymbol{a}_2,\cdots,\boldsymbol{a}_m)$.在给定空间 $L=\langle\boldsymbol{a}_1,\boldsymbol{a}_2,\cdots,\boldsymbol{a}_m\rangle$ 中的一个标准正交基 $\{\boldsymbol{e}_1,\boldsymbol{e}_2,\cdots,\boldsymbol{e}_m\}$ 后，$v(\boldsymbol{a}_1,\boldsymbol{a}_2,\cdots,\boldsymbol{a}_m)$ 等于向量 $\boldsymbol{a}_1,\boldsymbol{a}_2,\cdots,\boldsymbol{a}_m$ 在标准正交基 $\{\boldsymbol{e}_1,\boldsymbol{e}_2,\cdots,\boldsymbol{e}_m\}$ 下的坐标向量依次作为列构成的矩阵 $\boldsymbol{A}$ 的行列式 $|\boldsymbol{A}|$.借助于 $n-1$ 个线性无关向量 $\boldsymbol{a}_1,\boldsymbol{a}_2,\cdots,\boldsymbol{a}_{n-1}$ 的有向体积，可以定义任意向量 $\boldsymbol{a}_1,\boldsymbol{a}_2,\cdots,\boldsymbol{a}_{n-1}$ 的外积如下.

定义 1.4.2 对于 n 维 Euclid 空间 $\mathbb{E}^n$ 中的任意 $n-1$ 个线性无关向量 $\boldsymbol{a}_1,\boldsymbol{a}_2,\cdots,\boldsymbol{a}_{n-1}$，选取 $\mathbb{E}^n$ 中的一个单位向量 $\boldsymbol{e}$，使得其与 $\boldsymbol{a}_1,\boldsymbol{a}_2,\cdots,\boldsymbol{a}_{n-1}$ 中每一个向量都正交，并且有向体积 $v(\boldsymbol{a}_1,$

$\boldsymbol{a}_2,\cdots,\boldsymbol{a}_{n-1},\boldsymbol{e})>0$.称向量 $V(\boldsymbol{a}_1,\boldsymbol{a}_2,\cdots,\boldsymbol{a}_{n-1})\boldsymbol{e}$ 为向量 $\boldsymbol{a}_1,\boldsymbol{a}_2,\cdots,\boldsymbol{a}_{n-1}$ 的**外积**(或**向量积**、**叉积**),表示为 $\boldsymbol{a}_1\times\boldsymbol{a}_2\times\cdots\times\boldsymbol{a}_{n-1}$,其中 $V(\boldsymbol{a}_1,\boldsymbol{a}_2,\cdots,\boldsymbol{a}_{n-1})$ 表示 $\boldsymbol{a}_1,\boldsymbol{a}_2,\cdots,\boldsymbol{a}_{n-1}$ 的体积.特别地,如果 $\boldsymbol{a}_1,\boldsymbol{a}_2,\cdots,\boldsymbol{a}_{n-1}$ 线性相关,我们规定 $\boldsymbol{a}_1\times\boldsymbol{a}_2\times\cdots\times\boldsymbol{a}_{n-1}=\boldsymbol{0}$.

容易证明,对于任意 $n-1$ 个向量 $\boldsymbol{a}_1,\boldsymbol{a}_2,\cdots,\boldsymbol{a}_{n-1}$,向量 $V(\boldsymbol{a}_1,\boldsymbol{a}_2,\cdots,\boldsymbol{a}_{n-1})\boldsymbol{e}$ 是唯一确定的.这只要说明对于线性无关向量 $\boldsymbol{a}_1,\boldsymbol{a}_2,\cdots,\boldsymbol{a}_{n-1}$,定义 1.4.2 中的单位向量 $\boldsymbol{e}$ 唯一即可.因为 $\boldsymbol{a}_1,\boldsymbol{a}_2,\cdots,\boldsymbol{a}_{n-1}$ 线性相关时,结果是显而易见的,为此,假设有两个这样的单位向量 $\boldsymbol{e}$ 和 $\boldsymbol{f}$,它们均与 n 维 Euclid 空间 $\mathbb{E}^n$ 中的任意 $n-1$ 个线性无关向量 $\boldsymbol{a}_1,\boldsymbol{a}_2,\cdots,\boldsymbol{a}_{n-1}$ 正交,则显然 $\boldsymbol{e}$ 和 $\boldsymbol{f}$ 线性相关,即存在标量 k,使得 $\boldsymbol{f}=k\boldsymbol{e}$.又因为 $\boldsymbol{e}$ 和 $\boldsymbol{f}$ 都是单位向量,所以 $k=\pm1$.而根据有向体积的定义,$v(\boldsymbol{a}_1,\boldsymbol{a}_2,\cdots,\boldsymbol{a}_{n-1},\boldsymbol{f})=kv(\boldsymbol{a}_1,\boldsymbol{a}_2,\cdots,\boldsymbol{a}_{n-1},\boldsymbol{e})$.考虑到 $v(\boldsymbol{a}_1,\boldsymbol{a}_2,\cdots,\boldsymbol{a}_{n-1},\boldsymbol{f})\geqslant0$ 和 $v(\boldsymbol{a}_1,\boldsymbol{a}_2,\cdots,\boldsymbol{a}_{n-1},\boldsymbol{e})\geqslant0$,容易得到 $k=1$,此即说明单位向量 $\boldsymbol{e}$ 唯一.

在 $n=3$ 的情况下,定义 1.4.2 给出了定义 1.4.1 中两个向量 $\boldsymbol{a}_1,\boldsymbol{a}_2$ 的外积.读者也可以在此回顾一下定义 1.2.8.

定理 1.4.4 在 n 维 Euclid 空间 $\mathbb{E}^n$ 中取定一个标准正交基 $\{\boldsymbol{e}_1,\boldsymbol{e}_2,\cdots,\boldsymbol{e}_n\}$.令向量 $\boldsymbol{a}_i\in\mathbb{E}^n$,$i=1,2,\cdots,n-1$ 在该标准正交基下的坐标向量为 $(a_{1i},a_{2i},\cdots,a_{ni})$.那么,$\boldsymbol{a}_1,\boldsymbol{a}_2,\cdots,\boldsymbol{a}_{n-1}$ 的外积可形式地表示为

$$\boldsymbol{a}_1\times\boldsymbol{a}_2\times\cdots\times\boldsymbol{a}_{n-1}=A_1\boldsymbol{e}_1+A_2\boldsymbol{e}_2+\cdots+A_n\boldsymbol{e}_n, \tag{1.4.5}$$

其中 A_i 为形式行列式

$$\begin{vmatrix} a_{11} & a_{12} & \cdots & a_{1,n-1} & \boldsymbol{e}_1 \\ a_{21} & a_{22} & \cdots & a_{2,n-1} & \boldsymbol{e}_2 \\ \vdots & \vdots & & \vdots & \vdots \\ a_{n1} & a_{n2} & \cdots & a_{n,n-1} & \boldsymbol{e}_n \end{vmatrix} \tag{1.4.6}$$

中位置 $\boldsymbol{e}_i$ 处的代数余子式,$i=1,2,\cdots,n$.

证 首先证明(1.4.5)式分别与 $\boldsymbol{a}_1,\boldsymbol{a}_2,\cdots,\boldsymbol{a}_{n-1}$ 正交.事实上,对于任意 $i=1,2,\cdots,n-1$,

$$\boldsymbol{a}_i=a_{1i}\boldsymbol{e}_1+a_{2i}\boldsymbol{e}_2+\cdots+a_{ni}\boldsymbol{e}_n.$$

利用代数余子式构造一个向量 $\boldsymbol{\eta}=(A_1,A_2,\cdots,A_n)$.根据标准正交基 $\{\boldsymbol{e}_1,\boldsymbol{e}_2,\cdots,\boldsymbol{e}_n\}$ 的假设可得

$$(\boldsymbol{\eta},\boldsymbol{a}_i)=A_1a_{1i}+A_2a_{2i}+\cdots+A_na_{ni}=\begin{vmatrix} a_{11} & a_{12} & \cdots & a_{1,n-1} & a_{1i} \\ a_{21} & a_{22} & \cdots & a_{2,n-1} & a_{2i} \\ \vdots & \vdots & & \vdots & \vdots \\ a_{n1} & a_{n2} & \cdots & a_{n,n-1} & a_{ni} \end{vmatrix}=0.$$

所以,(1.4.5)式所表示的向量 $\boldsymbol{\eta}$ 分别与 $\boldsymbol{a}_1,\boldsymbol{a}_2,\cdots,\boldsymbol{a}_{n-1}$ 正交.

接下来验证(1.4.5)式右端向量的长度等于 $V(\boldsymbol{a}_1,\boldsymbol{a}_2,\cdots,\boldsymbol{a}_{n-1})$ 且 $v(\boldsymbol{a}_1,\boldsymbol{a}_2,\cdots,\boldsymbol{a}_{n-1},\boldsymbol{\eta})\geqslant0$.根据有向体积的定义

$$v(\boldsymbol{a}_1,\boldsymbol{a}_2,\cdots,\boldsymbol{a}_{n-1},\boldsymbol{\eta})=\begin{vmatrix} a_{11} & a_{12} & \cdots & a_{1,n-1} & A_1 \\ a_{21} & a_{22} & \cdots & a_{2,n-1} & A_2 \\ \vdots & \vdots & & \vdots & \vdots \\ a_{n1} & a_{n2} & \cdots & a_{n,n-1} & A_n \end{vmatrix}=A_1^2+A_2^2+\cdots+A_n^2\geqslant0, \tag{1.4.7}$$

且 $v(\boldsymbol{a}_1,\boldsymbol{a}_2,\cdots,\boldsymbol{a}_{n-1},\boldsymbol{\eta})=V(\boldsymbol{a}_1,\boldsymbol{a}_2,\cdots,\boldsymbol{a}_{n-1},\boldsymbol{\eta})$. 而 $\boldsymbol{a}_1,\boldsymbol{a}_2,\cdots,\boldsymbol{a}_{n-1}$ 分别与 $\boldsymbol{\eta}$ 正交,因此以 $[\boldsymbol{a}_1,\boldsymbol{a}_2,\cdots,\boldsymbol{a}_{n-1}]$ 为底的平行多面体 $[\boldsymbol{a}_1,\boldsymbol{a}_2,\cdots,\boldsymbol{a}_{n-1},\boldsymbol{\eta}]$ 的高为 $|\boldsymbol{\eta}|=\sqrt{A_1^2+A_2^2+\cdots+A_n^2}$,由此

$$V(\boldsymbol{a}_1,\boldsymbol{a}_2,\cdots,\boldsymbol{a}_{n-1},\boldsymbol{\eta})=V(\boldsymbol{a}_1,\boldsymbol{a}_2,\cdots,\boldsymbol{a}_{n-1})\cdot\sqrt{A_1^2+A_2^2+\cdots+A_n^2}.$$

结合(1.4.7)式可得 $V(\boldsymbol{a}_1,\boldsymbol{a}_2,\cdots,\boldsymbol{a}_{n-1})=\sqrt{A_1^2+A_2^2+\cdots+A_n^2}$,即(1.4.5)式右端向量的长度等于 $V(\boldsymbol{a}_1,\boldsymbol{a}_2,\cdots,\boldsymbol{a}_{n-1})$. □

由定理 1.4.4 可以证明,n 维 Euclid 空间 $\mathbb{E}^n$ 中的任意 $n-1$ 个向量 $\boldsymbol{a}_1,\boldsymbol{a}_2,\cdots,\boldsymbol{a}_{n-1}$,其外积在 $\mathbb{E}^n$ 的不同定向下是不一样的.为了方便,在 Euclid 空间 $\mathbb{E}^n$ 中确定定向后,即给定标准正交基 $I=\{\boldsymbol{e}_1,\boldsymbol{e}_2,\cdots,\boldsymbol{e}_n\}$ 后,将向量 $\boldsymbol{a}_1,\boldsymbol{a}_2,\cdots,\boldsymbol{a}_{n-1}$ 的外积记为 $(\boldsymbol{a}_1\times\boldsymbol{a}_2\times\cdots\times\boldsymbol{a}_{n-1})_I$.

定理 1.4.5 设 $I=\{\boldsymbol{e}_1,\boldsymbol{e}_2,\cdots,\boldsymbol{e}_n\}$ 及 $J=\{\boldsymbol{e}_1',\boldsymbol{e}_2',\cdots,\boldsymbol{e}_n'\}$ 为 Euclid 空间 $\mathbb{E}^n$ 中的两个标准正交基.若这两个基之间的正交变换为第一类的,则 $(\boldsymbol{a}_1\times\boldsymbol{a}_2\times\cdots\times\boldsymbol{a}_{n-1})_I=(\boldsymbol{a}_1\times\boldsymbol{a}_2\times\cdots\times\boldsymbol{a}_{n-1})_J$;若这两个基之间的正交变换为第二类的,则 $(\boldsymbol{a}_1\times\boldsymbol{a}_2\times\cdots\times\boldsymbol{a}_{n-1})_I=-(\boldsymbol{a}_1\times\boldsymbol{a}_2\times\cdots\times\boldsymbol{a}_{n-1})_J$.

证 设从标准正交基 $\{\boldsymbol{e}_1,\boldsymbol{e}_2,\cdots,\boldsymbol{e}_n\}$ 到 $\{\boldsymbol{e}_1',\boldsymbol{e}_2',\cdots,\boldsymbol{e}_n'\}$ 的过渡矩阵为正交矩阵 $\boldsymbol{U}$,令向量 $\boldsymbol{a}_1,\boldsymbol{a}_2,\cdots,\boldsymbol{a}_{n-1}$ 在基 $\{\boldsymbol{e}_1,\boldsymbol{e}_2,\cdots,\boldsymbol{e}_n\}$ 下的坐标为

$$\begin{pmatrix}a_{11}\\a_{21}\\\vdots\\a_{n1}\end{pmatrix},\begin{pmatrix}a_{12}\\a_{22}\\\vdots\\a_{n2}\end{pmatrix},\cdots,\begin{pmatrix}a_{1,n-1}\\a_{2,n-1}\\\vdots\\a_{n,n-1}\end{pmatrix}.$$

那么向量 $\boldsymbol{a}_1,\boldsymbol{a}_2,\cdots,\boldsymbol{a}_{n-1}$ 在基 $\{\boldsymbol{e}_1',\boldsymbol{e}_2',\cdots,\boldsymbol{e}_n'\}$ 下的坐标为

$$\boldsymbol{U}^{\mathrm{T}}\begin{pmatrix}a_{11}\\a_{21}\\\vdots\\a_{n1}\end{pmatrix},\ \boldsymbol{U}^{\mathrm{T}}\begin{pmatrix}a_{12}\\a_{22}\\\vdots\\a_{n2}\end{pmatrix},\ \cdots,\ \boldsymbol{U}^{\mathrm{T}}\begin{pmatrix}a_{1,n-1}\\a_{2,n-1}\\\vdots\\a_{n,n-1}\end{pmatrix}.$$

根据定义 1.4.2,向量 $\boldsymbol{a}_1,\boldsymbol{a}_2,\cdots,\boldsymbol{a}_{n-1}$ 的外积在基 $\{\boldsymbol{e}_1,\boldsymbol{e}_2,\cdots,\boldsymbol{e}_n\}$ 下可表达成

$$(\boldsymbol{a}_1\times\boldsymbol{a}_2\times\cdots\times\boldsymbol{a}_{n-1})_I=\begin{vmatrix}a_{11}&a_{12}&\cdots&a_{1,n-1}&\boldsymbol{e}_1\\a_{21}&a_{22}&\cdots&a_{2,n-1}&\boldsymbol{e}_2\\\vdots&\vdots&&\vdots&\vdots\\a_{n1}&a_{n2}&\cdots&a_{n,n-1}&\boldsymbol{e}_n\end{vmatrix}.$$

由于在形式上,过渡矩阵 $\boldsymbol{U}$ 使得 $\begin{pmatrix}\boldsymbol{e}_1\\\boldsymbol{e}_2\\\vdots\\\boldsymbol{e}_n\end{pmatrix}=(\boldsymbol{U}^{-1})^{\mathrm{T}}\begin{pmatrix}\boldsymbol{e}_1'\\\boldsymbol{e}_2'\\\vdots\\\boldsymbol{e}_n'\end{pmatrix}=\boldsymbol{U}\begin{pmatrix}\boldsymbol{e}_1'\\\boldsymbol{e}_2'\\\vdots\\\boldsymbol{e}_n'\end{pmatrix}$. 因此 $(\boldsymbol{a}_1\times\boldsymbol{a}_2\times\cdots\times\boldsymbol{a}_{n-1})_I=|(\boldsymbol{U}^{-1})^{\mathrm{T}}|(\boldsymbol{a}_1\times\boldsymbol{a}_2\times\cdots\times\boldsymbol{a}_{n-1})_J=|\boldsymbol{U}|(\boldsymbol{a}_1\times\boldsymbol{a}_2\times\cdots\times\boldsymbol{a}_{n-1})_J$.这说明第一类正交变换不影响外积运算结果,而第二类正交变换使外积运算结果反向. □

高维空间的外积与三维空间中的外积类似,也具有以下三个性质:

定理 1.4.6 给定 n 维 Euclid 空间$\mathbb{E}^n$中的任意 $n-1$ 个向量 $\boldsymbol{a}_1,\boldsymbol{a}_2,\cdots,\boldsymbol{a}_{n-1}$，它们在同一个基下的外积满足以下性质：

(1) 对于任意 $i,j=1,2,\cdots,n-1$，且 $i\neq j$，有

$$\boldsymbol{a}_1\times\cdots\times\boldsymbol{a}_i\times\cdots\times\boldsymbol{a}_j\times\cdots\times\boldsymbol{a}_{n-1}=-\boldsymbol{a}_1\times\cdots\times\boldsymbol{a}_j\times\cdots\times\boldsymbol{a}_i\times\cdots\times\boldsymbol{a}_{n-1}; \tag{1.4.8}$$

(2) 对任意标量 $k\in\mathbb{R}$和任意 $i=1,2,\cdots,n-1$，有

$$\boldsymbol{a}_1\times\cdots\times(k\boldsymbol{a}_i)\times\cdots\times\boldsymbol{a}_{n-1}=k(\boldsymbol{a}_1\times\cdots\times\boldsymbol{a}_i\times\cdots\times\boldsymbol{a}_{n-1}); \tag{1.4.9}$$

(3) 若向量 $\boldsymbol{a}_i=\boldsymbol{b}_i+\boldsymbol{c}_i$，则

$$\boldsymbol{a}_1\times\cdots\times\boldsymbol{a}_i\times\cdots\times\boldsymbol{a}_{n-1}=\boldsymbol{a}_1\times\cdots\times\boldsymbol{b}_i\times\cdots\times\boldsymbol{a}_{n-1}+\boldsymbol{a}_1\times\cdots\times\boldsymbol{c}_i\times\cdots\times\boldsymbol{a}_{n-1}. \tag{1.4.10}$$

证 (1.4.8)—(1.4.10)式是定理 1.4.4 的简单推论.以(1.4.8)式为例，实际上，如果把(1.4.8)式左端的外积 $\boldsymbol{a}_1\times\cdots\times\boldsymbol{a}_i\times\cdots\times\boldsymbol{a}_j\times\cdots\times\boldsymbol{a}_{n-1}$用形式行列式(1.4.6)来表示，则该式右端的外积 $\boldsymbol{a}_1\times\cdots\times\boldsymbol{a}_j\times\cdots\times\boldsymbol{a}_i\times\cdots\times\boldsymbol{a}_{n-1}$相当于(1.4.6)式的第 i 列与第 j 列交换后所得到的形式行列式，因此它们大小相同，方向相反. □

1.4.3 三维 Euclid 空间中的混合积

外积也可以与内积相结合使用，这就是混合积.利用初等几何知识，对于图 1.4.5 所示的平行六面体，其体积 V 等于以 $\boldsymbol{a},\boldsymbol{b}$ 为边的平行四边形的面积 S 乘高 h.根据外积的几何意义知道，平行四边形的面积 $S=|\boldsymbol{a}\times\boldsymbol{b}|$，而高 h 为$|\boldsymbol{c}||\cos\varphi|$，其中 $\varphi=\langle\boldsymbol{a}\times\boldsymbol{b},\boldsymbol{c}\rangle$.所以，

$$V=|\boldsymbol{a}\times\boldsymbol{b}||\boldsymbol{c}||\cos\varphi|=|(\boldsymbol{a}\times\boldsymbol{b})\cdot\boldsymbol{c}|. \tag{1.4.11}$$

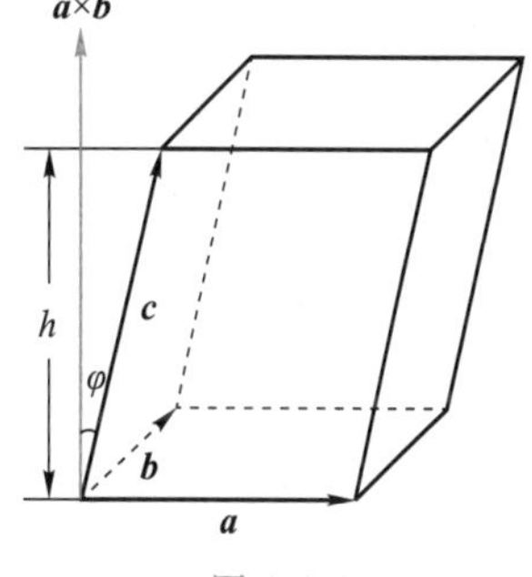

图 1.4.5

(1.4.11)式中的运算$(\boldsymbol{a}\times\boldsymbol{b})\cdot\boldsymbol{c}$ 不仅可以用来计算平行六面体的体积，还具有丰富的其他应用.我们将这种运算推广到一般向量，定义如下的混合积.

定义 1.4.3 对于向量 $\boldsymbol{a},\boldsymbol{b},\boldsymbol{c}$，称$(\boldsymbol{a}\times\boldsymbol{b})\cdot\boldsymbol{c}$ 为其**混合积**，记作$(\boldsymbol{a},\boldsymbol{b},\boldsymbol{c})$.

由(1.4.11)式知，混合积$(\boldsymbol{a},\boldsymbol{b},\boldsymbol{c})$的绝对值表示以 $\boldsymbol{a},\boldsymbol{b},\boldsymbol{c}$ 为棱的平行六面体的体积.然而，混合积$(\boldsymbol{a},\boldsymbol{b},\boldsymbol{c})$本身是可正可负的，例如，当 $\boldsymbol{a},\boldsymbol{b},\boldsymbol{c}$ 构成右手坐标系时，φ 是锐角，$(\boldsymbol{a},\boldsymbol{b},\boldsymbol{c})\geqslant 0$，而当 $\boldsymbol{a},\boldsymbol{b},\boldsymbol{c}$ 构成左手坐标系时，φ 是钝角，$(\boldsymbol{a},\boldsymbol{b},\boldsymbol{c})\leqslant 0$.

另外，由于混合积$(\boldsymbol{a},\boldsymbol{b},\boldsymbol{c})$的绝对值表示以 $\boldsymbol{a},\boldsymbol{b},\boldsymbol{c}$ 为棱的平行六面体的体积，由此可以推导出，向量 $\boldsymbol{a},\boldsymbol{b},\boldsymbol{c}$ 共面的一个充要条件是混合积$(\boldsymbol{a},\boldsymbol{b},\boldsymbol{c})=0$.

混合积运算具有以下运算法则：

定理 1.4.7 对于向量 $\boldsymbol{a},\boldsymbol{b},\boldsymbol{c}$，

(1) $(\boldsymbol{a}\times\boldsymbol{b})\cdot\boldsymbol{c}=(\boldsymbol{b}\times\boldsymbol{c})\cdot\boldsymbol{a}=(\boldsymbol{c}\times\boldsymbol{a})\cdot\boldsymbol{b}$；

(2) $(\boldsymbol{a}\times\boldsymbol{b})\cdot\boldsymbol{c}=\boldsymbol{a}\cdot(\boldsymbol{b}\times\boldsymbol{c})$.

证 (1) 由于轮换 $\boldsymbol{a},\boldsymbol{b},\boldsymbol{c}$ 的次序不会改变左、右手坐标系，因此混合积的值不变.即得到(1)中各式.

(2) 可以从(1)中的第一式，利用内积的交换律得到. □

命题 1.4.8 假设 $\boldsymbol{a}=(a_1,a_2,a_3)$，$\boldsymbol{b}=(b_1,b_2,b_3)$，$\boldsymbol{c}=(c_1,c_2,c_3)$为三维仿射 Euclid 空间的仿射坐标系$[O;\boldsymbol{e}_1,\boldsymbol{e}_2,\boldsymbol{e}_3]$下的向量，则

$$
(\boldsymbol{a},\boldsymbol{b},\boldsymbol{c})=\begin{vmatrix} a_1 & a_2 & a_3 \\ b_1 & b_2 & b_3 \\ c_1 & c_2 & c_3 \end{vmatrix}(\boldsymbol{e}_1,\boldsymbol{e}_2,\boldsymbol{e}_3). \tag{1.4.12}
$$

证　先将这三个向量表示为坐标向量的线性组合形式,即,

$$
\boldsymbol{a}=a_1\boldsymbol{e}_1+a_2\boldsymbol{e}_2+a_3\boldsymbol{e}_3,\quad \boldsymbol{b}=b_1\boldsymbol{e}_1+b_2\boldsymbol{e}_2+b_3\boldsymbol{e}_3,
$$
$$
\boldsymbol{c}=c_1\boldsymbol{e}_1+c_2\boldsymbol{e}_2+c_3\boldsymbol{e}_3.
$$

由混合积的定义

$$
(\boldsymbol{a},\boldsymbol{b},\boldsymbol{c})=\sum_{i,j,k=1}^{3}a_ib_jc_k(\boldsymbol{e}_i,\boldsymbol{e}_j,\boldsymbol{e}_k). \tag{1.4.13}
$$

再根据共面向量的混合积为零,上式中不能包含下标相同的项,而对于给定的不同下标组成的集合$\{i,j,k\}$,上式中以该集合中的数字为下标的项共有 6 项,它们分别是

$$
a_ib_jc_k(\boldsymbol{e}_i,\boldsymbol{e}_j,\boldsymbol{e}_k),\quad a_ib_kc_j(\boldsymbol{e}_i,\boldsymbol{e}_k,\boldsymbol{e}_j),\quad a_jb_ic_k(\boldsymbol{e}_j,\boldsymbol{e}_i,\boldsymbol{e}_k),
$$
$$
a_jb_kc_i(\boldsymbol{e}_j,\boldsymbol{e}_k,\boldsymbol{e}_i),\quad a_kb_ic_j(\boldsymbol{e}_k,\boldsymbol{e}_i,\boldsymbol{e}_j),\quad a_kb_jc_i(\boldsymbol{e}_k,\boldsymbol{e}_j,\boldsymbol{e}_i).
$$

根据外积的定义,以上六项之和等于

$$
\begin{vmatrix} a_i & a_j & a_k \\ b_i & b_j & b_k \\ c_i & c_j & c_k \end{vmatrix}(\boldsymbol{e}_i,\boldsymbol{e}_j,\boldsymbol{e}_k). \tag{1.4.14}
$$

用(1.4.14)式代替在(1.4.13)式中下标在集合$\{i,j,k\}$中的项即得(1.4.12).　□

特别地,当$[O;\boldsymbol{i},\boldsymbol{j},\boldsymbol{k}]$为右手直角坐标系时,因为$(\boldsymbol{i},\boldsymbol{j},\boldsymbol{k})=1$,所以混合积满足

$$
(\boldsymbol{a}\times\boldsymbol{b})\cdot\boldsymbol{c}=\begin{vmatrix} a_1 & a_2 & a_3 \\ b_1 & b_2 & b_3 \\ c_1 & c_2 & c_3 \end{vmatrix}. \tag{1.4.15}
$$

混合积可以用来计算三维仿射空间中的四面体 $ABCD$ 的体积.实际上,$\overrightarrow{AB},\overrightarrow{AC},\overrightarrow{AD}$为相邻棱的平行六面体的体积为$|(\overrightarrow{AB},\overrightarrow{AC},\overrightarrow{AD})|$,而四面体 $ABCD$ 的体积为该平行六面体体积的六分之一,因此得到

$$
V_{ABCD}=\frac{1}{6}|(\overrightarrow{AB},\overrightarrow{AC},\overrightarrow{AD})|.
$$

若将四面体 $ABCD$ 放在三维仿射 Euclid 空间中的右手直角坐标系$[O;\boldsymbol{i},\boldsymbol{j},\boldsymbol{k}]$下,假设四面体 $ABCD$ 的四个顶点的坐标分别为 $A(x_1,y_1,z_1)$,$B(x_2,y_2,z_2)$,$C(x_3,y_3,z_3)$,$D(x_4,y_4,z_4)$,则$\overrightarrow{AB},\overrightarrow{AC},\overrightarrow{AD}$分别为$(x_2-x_1,y_2-y_1,z_2-z_1)$,$(x_3-x_1,y_3-y_1,z_3-z_1)$,$(x_4-x_1,y_4-y_1,z_4-z_1)$,由(1.4.15)式可得

$$
|(\overrightarrow{AB},\overrightarrow{AC},\overrightarrow{AD})|=\left|\begin{vmatrix} x_2-x_1 & y_2-y_1 & z_2-z_1 \\ x_3-x_1 & y_3-y_1 & z_3-z_1 \\ x_4-x_1 & y_4-y_1 & z_4-z_1 \end{vmatrix}\right|.
$$

例 1.4.3　已知在三维仿射 Euclid 空间中的右手直角坐标系中,四面体 $ABCD$ 的顶点坐标分别为 $A(1,1,1)$,$B(5,1,8)$,$C(5,4,0)$,$D(3,0,4)$,求该四面体的体积.

解 由以上分析,该四面体的体积为

$$V_{ABCD}=\frac{1}{6}|(\overrightarrow{AB},\overrightarrow{AC},\overrightarrow{AD})|=\frac{1}{6}\left|\begin{vmatrix}4&0&7\\4&3&-1\\2&-1&3\end{vmatrix}\right|=\frac{19}{3}.\quad\square$$

例 1.4.4 利用外积证明:在三维仿射 Euclid 空间中,任何一个向量 $\boldsymbol{d}$ 可以用三个不共面的向量 $\boldsymbol{a},\boldsymbol{b},\boldsymbol{c}$ 线性表出.

证 假设存在常数 x,y,z 使得

$$\boldsymbol{d}=x\boldsymbol{a}+y\boldsymbol{b}+z\boldsymbol{c},$$

上式两端分别与 $\boldsymbol{a}\times\boldsymbol{b},\boldsymbol{b}\times\boldsymbol{c},\boldsymbol{c}\times\boldsymbol{a}$ 作内积可得

$$(\boldsymbol{a},\boldsymbol{b},\boldsymbol{d})=z(\boldsymbol{a},\boldsymbol{b},\boldsymbol{c}),\quad(\boldsymbol{b},\boldsymbol{c},\boldsymbol{d})=x(\boldsymbol{a},\boldsymbol{b},\boldsymbol{c}),\quad(\boldsymbol{c},\boldsymbol{a},\boldsymbol{d})=y(\boldsymbol{a},\boldsymbol{b},\boldsymbol{c}).$$

而向量 $\boldsymbol{a},\boldsymbol{b},\boldsymbol{c}$ 不共面,所以 $(\boldsymbol{a},\boldsymbol{b},\boldsymbol{c})\neq0$.因此,

$$\boldsymbol{d}=\frac{(\boldsymbol{b},\boldsymbol{c},\boldsymbol{d})}{(\boldsymbol{a},\boldsymbol{b},\boldsymbol{c})}\boldsymbol{a}+\frac{(\boldsymbol{c},\boldsymbol{a},\boldsymbol{d})}{(\boldsymbol{a},\boldsymbol{b},\boldsymbol{c})}\boldsymbol{b}+\frac{(\boldsymbol{a},\boldsymbol{b},\boldsymbol{d})}{(\boldsymbol{a},\boldsymbol{b},\boldsymbol{c})}\boldsymbol{c}.$$

即,$\boldsymbol{d}$ 可以用三个不共面的向量 $\boldsymbol{a},\boldsymbol{b},\boldsymbol{c}$ 线性表出. $\square$

1.4.4 三维向量的多重外积

既然向量的外积是向量,当然就有多于两个向量进行外积运算的可能,这种运算称为多重外积.

定义 1.4.4 如果向量运算式含有两个外积,则称该运算式为一个**二重外积**,而含有两个以上的外积的向量运算式称为一个**多重外积**.

例如,对于三个向量 $\boldsymbol{a},\boldsymbol{b},\boldsymbol{c}$,$(\boldsymbol{a}\times\boldsymbol{b})\times\boldsymbol{c}$ 就是向量 $\boldsymbol{a},\boldsymbol{b},\boldsymbol{c}$ 的一个二重外积.类似地,对于四个向量 $\boldsymbol{a},\boldsymbol{b},\boldsymbol{c},\boldsymbol{d}$,向量运算式 $(\boldsymbol{a}\times\boldsymbol{b})\times(\boldsymbol{c}\times\boldsymbol{d})$ 是一个**三重外积**.

命题 1.4.9 对于三维仿射 Euclid 空间中的任意向量 $\boldsymbol{a},\boldsymbol{b},\boldsymbol{c}$,其二重外积具有以下性质:

(1) $(\boldsymbol{a}\times\boldsymbol{b})\times\boldsymbol{c}=(\boldsymbol{a},\boldsymbol{c})\boldsymbol{b}-(\boldsymbol{b},\boldsymbol{c})\boldsymbol{a}$; (1.4.16)

(2) $(\boldsymbol{a}\times\boldsymbol{b},\boldsymbol{c}\times\boldsymbol{d})=(\boldsymbol{a},\boldsymbol{c})(\boldsymbol{b},\boldsymbol{d})-(\boldsymbol{a},\boldsymbol{d})(\boldsymbol{b},\boldsymbol{c})$. (1.4.17)

证 (1) 利用向量的坐标来证明.为运算简便,取一个右手直角坐标系 $[O;\boldsymbol{i},\boldsymbol{j},\boldsymbol{k}]$,并令向量 $\boldsymbol{a},\boldsymbol{b},\boldsymbol{c}$ 在该坐标系下的坐标分别为

$$\boldsymbol{a}=(a_1,a_2,a_3),\quad\boldsymbol{b}=(b_1,b_2,b_3),\quad\boldsymbol{c}=(c_1,c_2,c_3).$$

现在用向量的坐标分别计算(1.4.16)式两边.首先由命题 1.4.3 知

$$\begin{aligned}\boldsymbol{a}\times\boldsymbol{b}&=(a_2b_3-a_3b_2)\boldsymbol{i}+(a_3b_1-a_1b_3)\boldsymbol{j}+(a_1b_2-a_2b_1)\boldsymbol{k}\\&=(a_2b_3-a_3b_2,a_3b_1-a_1b_3,a_1b_2-a_2b_1).\end{aligned}\tag{1.4.18}$$

再次根据命题 1.4.3,可以得到 $(\boldsymbol{a}\times\boldsymbol{b})\times\boldsymbol{c}$ 的坐标分量为

$$\begin{aligned}((a_3b_1-a_1b_3)c_3-(a_1b_2-a_2b_1)c_2,(a_1b_2-a_2b_1)c_1-(a_2b_3-a_3b_2)c_3,\\(a_2b_3-a_3b_2)c_2-(a_3b_1-a_1b_3)c_1).\end{aligned}\tag{1.4.19}$$

另一方面,$(\boldsymbol{a},\boldsymbol{c})\boldsymbol{b}-(\boldsymbol{b},\boldsymbol{c})\boldsymbol{a}$ 的坐标为

$$(a_1c_1+a_2c_2+a_3c_3)(b_1,b_2,b_3)-(b_1c_1+b_2c_2+b_3c_3)(a_1,a_2,a_3).\tag{1.4.20}$$

简单运算之后可知,(1.4.19)式和(1.4.20)式相同,从而等式(1.4.16)成立.对一般仿射坐标

系的验证作为练习留给读者.

(2) 可以将外积 $\boldsymbol{a}\times\boldsymbol{b}$ 看成一个向量,因此

$$(\boldsymbol{a}\times\boldsymbol{b},\boldsymbol{c}\times\boldsymbol{d})=(\boldsymbol{a}\times\boldsymbol{b},\boldsymbol{c},\boldsymbol{d}). \tag{1.4.21}$$

由定理 1.4.7 可以得到

$$(\boldsymbol{a}\times\boldsymbol{b},\boldsymbol{c},\boldsymbol{d})=((\boldsymbol{a}\times\boldsymbol{b})\times\boldsymbol{c},\boldsymbol{d}). \tag{1.4.22}$$

合并(1.4.21)式和(1.4.22)式得

$$(\boldsymbol{a}\times\boldsymbol{b},\boldsymbol{c}\times\boldsymbol{d})=((\boldsymbol{a},\boldsymbol{c})\boldsymbol{b}-(\boldsymbol{b},\boldsymbol{c})\boldsymbol{a},\boldsymbol{d})=(\boldsymbol{a},\boldsymbol{c})(\boldsymbol{b},\boldsymbol{d})-(\boldsymbol{a},\boldsymbol{d})(\boldsymbol{b},\boldsymbol{c}). \quad \square$$

(1.4.16)式通常称作二重外积展开式.由(1.4.16)式可见,外积不满足结合律.例如,一般情况下,

$$(\boldsymbol{a}\times\boldsymbol{b})\times\boldsymbol{c}\neq\boldsymbol{a}\times(\boldsymbol{b}\times\boldsymbol{c}),$$

因为上式左边是 $\boldsymbol{a}$ 和 $\boldsymbol{b}$ 的线性组合,而右边是 $\boldsymbol{b}$ 和 $\boldsymbol{c}$ 的线性组合.(1.4.17)式称为 Lagrange 恒等式.有时也把(1.4.17)式表示为

$$(\boldsymbol{a}\times\boldsymbol{b},\boldsymbol{c}\times\boldsymbol{d})=\begin{vmatrix}(\boldsymbol{a},\boldsymbol{c}) & (\boldsymbol{a},\boldsymbol{d})\\(\boldsymbol{b},\boldsymbol{c}) & (\boldsymbol{b},\boldsymbol{d})\end{vmatrix}. \tag{1.4.23}$$

例 1.4.5 证明:若三维仿射 Euclid 空间中的非零向量$\boldsymbol{e}_1,\boldsymbol{e}_2,\boldsymbol{e}_3$,使得$\boldsymbol{e}_1=\boldsymbol{e}_2\times\boldsymbol{e}_3,\boldsymbol{e}_2=\boldsymbol{e}_3\times\boldsymbol{e}_1,\boldsymbol{e}_3=\boldsymbol{e}_1\times\boldsymbol{e}_2$,则$\boldsymbol{e}_1,\boldsymbol{e}_2,\boldsymbol{e}_3$是彼此垂直的单位向量,且按其顺序构成右手坐标系.

证 首先证明$\boldsymbol{e}_1,\boldsymbol{e}_2,\boldsymbol{e}_3$彼此垂直.因为$\boldsymbol{e}_1=\boldsymbol{e}_2\times\boldsymbol{e}_3,\boldsymbol{e}_2=\boldsymbol{e}_3\times\boldsymbol{e}_1,\boldsymbol{e}_3=\boldsymbol{e}_1\times\boldsymbol{e}_2$,所以

$$(\boldsymbol{e}_1,\boldsymbol{e}_2)=(\boldsymbol{e}_1,\boldsymbol{e}_3\times\boldsymbol{e}_1)=0,\quad(\boldsymbol{e}_2,\boldsymbol{e}_3)=(\boldsymbol{e}_2,\boldsymbol{e}_1\times\boldsymbol{e}_2)=0,\quad(\boldsymbol{e}_3,\boldsymbol{e}_1)=(\boldsymbol{e}_3,\boldsymbol{e}_2\times\boldsymbol{e}_3)=0,$$

也就是说,$\boldsymbol{e}_1,\boldsymbol{e}_2,\boldsymbol{e}_3$彼此垂直.

其次说明$\boldsymbol{e}_1,\boldsymbol{e}_2,\boldsymbol{e}_3$均为单位向量.以$\boldsymbol{e}_1$为例,因为$\boldsymbol{e}_2=\boldsymbol{e}_3\times\boldsymbol{e}_1,\boldsymbol{e}_3=\boldsymbol{e}_1\times\boldsymbol{e}_2$,所以$|\boldsymbol{e}_2|=|\boldsymbol{e}_3||\boldsymbol{e}_1|$且$|\boldsymbol{e}_3|=|\boldsymbol{e}_1||\boldsymbol{e}_2|$,因此

$$|\boldsymbol{e}_2|=|\boldsymbol{e}_2||\boldsymbol{e}_1|^2.$$

由于$|\boldsymbol{e}_1|\neq0,|\boldsymbol{e}_2|\neq0$,从而$|\boldsymbol{e}_1|^2=1,|\boldsymbol{e}_1|=1$.同理可证$|\boldsymbol{e}_2|=1$和$|\boldsymbol{e}_3|=1$.

最后证明$\boldsymbol{e}_1,\boldsymbol{e}_2,\boldsymbol{e}_3$构成右手坐标系.这可以从

$$(\boldsymbol{e}_1,\boldsymbol{e}_2,\boldsymbol{e}_3)=(\boldsymbol{e}_1\times\boldsymbol{e}_2,\boldsymbol{e}_1\times\boldsymbol{e}_2)>0$$

推出. $\square$

例 1.4.6 用向量方法证明:$\triangle ABC$ 的三个内角 A,B,C 的正弦与相应的对应边 a,b,c 成比例,即

$$\frac{a}{\sin A}=\frac{b}{\sin B}=\frac{c}{\sin C}. \tag{1.4.24}$$

证 如图 1.4.6,作 $\boldsymbol{a}=\overrightarrow{BC},\boldsymbol{b}=\overrightarrow{CA},\boldsymbol{c}=\overrightarrow{AB}$,其中$|\boldsymbol{a}|=a,|\boldsymbol{b}|=b,|\boldsymbol{c}|=c$.所以,

$$\boldsymbol{a}+\boldsymbol{b}+\boldsymbol{c}=\boldsymbol{0}.$$

在该式两边分别同时左叉乘向量 $\boldsymbol{a},\boldsymbol{b},\boldsymbol{c}$ 可得

$$\boldsymbol{a}\times\boldsymbol{b}+\boldsymbol{a}\times\boldsymbol{c}=\boldsymbol{0},\quad\boldsymbol{b}\times\boldsymbol{a}+\boldsymbol{b}\times\boldsymbol{c}=\boldsymbol{0},\quad\boldsymbol{c}\times\boldsymbol{a}+\boldsymbol{c}\times\boldsymbol{b}=\boldsymbol{0}.$$

从而有 $\boldsymbol{a}\times\boldsymbol{b}=\boldsymbol{c}\times\boldsymbol{a}=\boldsymbol{b}\times\boldsymbol{c}$,由长度即得

$$bc\sin A=ca\sin B=ab\sin C.$$

于是得到(1.4.24)式. $\square$

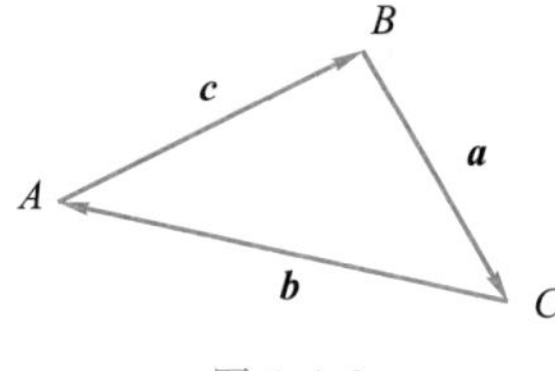

图 1.4.6

例 1.4.7 假设 $\boldsymbol{e}$ 为单位向量，$\boldsymbol{a}$ 为任意向量.若 $\boldsymbol{a}$ 与 $\boldsymbol{e}$ 的起点相同，求 $\boldsymbol{a}$ 绕 $\boldsymbol{e}$ 按图 1.4.7 中所示的箭头方向旋转角度 θ 所得的向量 $\boldsymbol{b}$.

解 当 $\boldsymbol{a}$ 与 $\boldsymbol{e}$ 共线时，显然 $\boldsymbol{b}=\boldsymbol{a}$.当 $\boldsymbol{a}$ 与 $\boldsymbol{e}$ 不共线时，向量 $\boldsymbol{a},\boldsymbol{e},\boldsymbol{e}\times\boldsymbol{a}$ 异面.因此，由定理 1.1.9 可知，存在唯一的一组实数 $\lambda_1,\lambda_2,\lambda_3$，使得

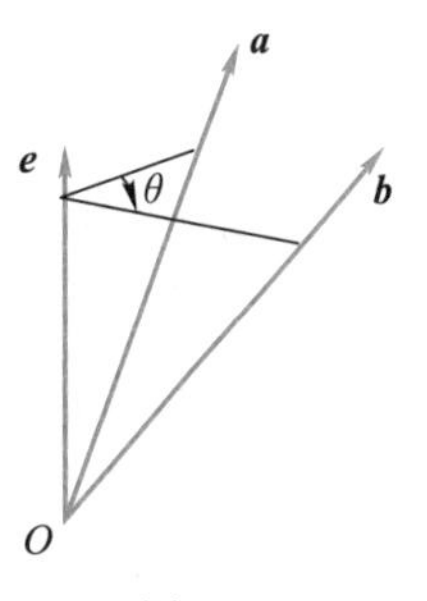

图 1.4.7

$$\boldsymbol{b}=\lambda_1\boldsymbol{a}+\lambda_2\boldsymbol{e}+\lambda_3\boldsymbol{e}\times\boldsymbol{a}. \tag{1.4.25}$$

由例 1.4.4 知，$\lambda_1=\dfrac{(\boldsymbol{e},\boldsymbol{e}\times\boldsymbol{a},\boldsymbol{b})}{(\boldsymbol{a},\boldsymbol{e},\boldsymbol{e}\times\boldsymbol{a})}$，注意到 $|\boldsymbol{e}\times\boldsymbol{a}|=|\boldsymbol{e}\times\boldsymbol{b}|$，且 $\boldsymbol{e}\times\boldsymbol{a}$ 的方向即 $\boldsymbol{a}$ 绕 $\boldsymbol{e}$ 逆时针转 90°后 $\boldsymbol{a}$ 的像的终点在 $\boldsymbol{e}$ 上的垂足或投影点指向像的终点的方向；$\boldsymbol{e}\times\boldsymbol{b}$ 的方向类似可以确定，所以 $\cos\langle\boldsymbol{e}\times\boldsymbol{b},\boldsymbol{e}\times\boldsymbol{a}\rangle=\cos\theta$.由此可得 $\lambda_1=\cos\theta$.(1.4.25)式两边分别与 $\boldsymbol{e}$ 作内积可得

$$(\boldsymbol{b},\boldsymbol{e})=\lambda_1(\boldsymbol{a},\boldsymbol{e})+\lambda_2.$$

而 $(\boldsymbol{b},\boldsymbol{e})=(\boldsymbol{a},\boldsymbol{e})$，因此

$$\lambda_2=(1-\cos\theta)(\boldsymbol{a},\boldsymbol{e}).$$

将所得到的 λ_1,λ_2 代入(1.4.25)式，并对所得到的等式两边进行平方运算可得

$$\boldsymbol{a}^2=\boldsymbol{a}^2\cos^2\theta+(1-\cos\theta)^2(\boldsymbol{a},\boldsymbol{e})^2+\lambda_3^2(\boldsymbol{e}\times\boldsymbol{a})^2+2\cos\theta(1-\cos\theta)(\boldsymbol{a},\boldsymbol{e})^2,$$

其中使用了 $|\boldsymbol{b}|=|\boldsymbol{a}|$.由此可得，

$$[\boldsymbol{a}^2-(\boldsymbol{a},\boldsymbol{e})^2]\sin^2\theta=\lambda_3^2(\boldsymbol{e}\times\boldsymbol{a})^2. \tag{1.4.26}$$

利用 Lagrange 恒等式得

$$(\boldsymbol{e}\times\boldsymbol{a},\boldsymbol{e}\times\boldsymbol{a})=\boldsymbol{a}^2-(\boldsymbol{a},\boldsymbol{e})^2,$$

将其代入(1.4.26)式可得 $\lambda_3^2=\sin^2\theta$.所以，

$$\boldsymbol{b}=\cos\theta\boldsymbol{a}+(1-\cos\theta)(\boldsymbol{a},\boldsymbol{e})\boldsymbol{e}\pm\sin\theta\boldsymbol{e}\times\boldsymbol{a}. \quad \square$$

习题 1.4

1. 设 $\boldsymbol{c}$ 表示向量 $\boldsymbol{a}$ 在与向量 $\boldsymbol{b}\neq\boldsymbol{0}$ 垂直的平面上的射影，证明：$\boldsymbol{a}\times\boldsymbol{b}=\boldsymbol{c}\times\boldsymbol{b}$.

2. 已知向量 $\boldsymbol{a},\boldsymbol{b}$，以 $\boldsymbol{a},\boldsymbol{b}$ 为边构成一平行四边形.求垂直于底边 $\boldsymbol{a}$ 的高 h.

3. 证明：$(\boldsymbol{a}\times\boldsymbol{b})^2=\boldsymbol{a}^2\boldsymbol{b}^2-(\boldsymbol{a}\cdot\boldsymbol{b})^2$.

4. 证明：若 $\boldsymbol{a}\times\boldsymbol{b}=\boldsymbol{c}\times\boldsymbol{d},\boldsymbol{a}\times\boldsymbol{c}=\boldsymbol{b}\times\boldsymbol{d}$，则 $\boldsymbol{a}-\boldsymbol{d}$ 与 $\boldsymbol{b}-\boldsymbol{c}$ 共线.

5. 证明：$(\boldsymbol{a}-\boldsymbol{b})\times(\boldsymbol{a}+\boldsymbol{b})=2(\boldsymbol{a}\times\boldsymbol{b})$，并说明其几何意义.

6. 在三维空间的直角坐标系中，已知 $\boldsymbol{a}=(2,3,-1),\boldsymbol{b}=(1,-2,3)$，求与 $\boldsymbol{a},\boldsymbol{b}$ 都垂直，且满足如下条件之一的向量 $\boldsymbol{c}$：

(1) $\boldsymbol{c}$ 为单位向量；

(2) $\boldsymbol{c}\cdot\boldsymbol{d}=10$，其中 $\boldsymbol{d}=(2,1-7)$.

7. 证明：$\boldsymbol{a},\boldsymbol{b},\boldsymbol{c}$ 不共面当且仅当 $\boldsymbol{a}\times\boldsymbol{b},\boldsymbol{b}\times\boldsymbol{c},\boldsymbol{c}\times\boldsymbol{a}$ 不共面.

8. 已知 $A(1,2,-1),B(0,1,4),C(1,3,1),D(2,1,\lambda)$ 共面，求 $\boldsymbol{\lambda}$ 的值.

9. 在三维空间的右手直角坐标系中，一个四面体的顶点为 $A(1,2,0),B(-1,3,4)$，$C(-1,-2,-3),D(0,-1,3)$，求它的体积.

10. 在三维空间的直角坐标系中,四面体的顶点 A,B,C,D 的坐标依次为 $(1,0,1),(-1,1,5),(-1,-3,-3),(0,3,4)$,求四面体的体积.

11. 证明:$(\boldsymbol{a}+\boldsymbol{b},\boldsymbol{b}+\boldsymbol{c},\boldsymbol{c}+\boldsymbol{a})=2(\boldsymbol{a},\boldsymbol{b},\boldsymbol{c})$.

12. 证明:$(\boldsymbol{a},\boldsymbol{b},\boldsymbol{c}\times\boldsymbol{d})+(\boldsymbol{b},\boldsymbol{c},\boldsymbol{a}\times\boldsymbol{d})+(\boldsymbol{c},\boldsymbol{a},\boldsymbol{b}\times\boldsymbol{d})=0$.

13. 证明:对任意四个向量 $\boldsymbol{a},\boldsymbol{b},\boldsymbol{c},\boldsymbol{d}$ 有 $(\boldsymbol{b},\boldsymbol{c},\boldsymbol{d})\boldsymbol{a}+(\boldsymbol{c},\boldsymbol{a},\boldsymbol{d})\boldsymbol{b}+(\boldsymbol{a},\boldsymbol{b},\boldsymbol{d})\boldsymbol{c}+(\boldsymbol{b},\boldsymbol{a},\boldsymbol{c})\boldsymbol{d}=\boldsymbol{0}$.

14. 证明:若 $\boldsymbol{a}$ 与 $\boldsymbol{b}$ 不共线,则 $\boldsymbol{a}\times(\boldsymbol{a}\times\boldsymbol{b})$ 与 $\boldsymbol{b}\times(\boldsymbol{a}\times\boldsymbol{b})$ 不共线.

15. 已知 α,β 都是非零实数,向量 $\boldsymbol{a},\boldsymbol{b},\boldsymbol{c}$ 的混合积 $(\boldsymbol{a},\boldsymbol{b},\boldsymbol{c})=\alpha\beta$,如果向量 $\boldsymbol{r}$ 满足 $\boldsymbol{r}\cdot\boldsymbol{a}=\alpha,\boldsymbol{r}\cdot\boldsymbol{b}=\beta,\boldsymbol{r}\cdot\boldsymbol{c}=0$,求向量 $\boldsymbol{r}$.

16. 设 $\boldsymbol{a},\boldsymbol{b},\boldsymbol{c}$ 不共面,向量 $\boldsymbol{r}$ 满足 $\boldsymbol{r}\cdot\boldsymbol{a}=\alpha,\boldsymbol{r}\cdot\boldsymbol{b}=\beta,\boldsymbol{r}\cdot\boldsymbol{c}=\gamma$,证明:

$$\boldsymbol{r}=\frac{1}{(\boldsymbol{a},\boldsymbol{b},\boldsymbol{c})}(\alpha\boldsymbol{b}\times\boldsymbol{c}+\beta\boldsymbol{c}\times\boldsymbol{a}+\gamma\boldsymbol{a}\times\boldsymbol{b}).$$

第二章 图形与方程

我们已经学习了仿射 Euclid 空间中的向量和坐标系，建立了点与坐标的对应关系.本章将建立仿射 Euclid 空间中的几何图形与坐标的代数方程之间的关系.所谓**几何图形**，是从现实世界的物体外形抽象出来的图形，可看成是由点所构成的形状，也可想象为点在现实空间中的运动轨迹.几何图形有时也简称为**图形**.

在 n 维仿射 Euclid 空间中建立适当坐标系之后，空间中图形的点可以用其坐标来表达.如果一个图形 G 上的任意点的坐标 $(x_1,x_2,\cdots,x_n)$ 满足方程 $F(x_1,x_2,\cdots,x_n)=0$，且该图形外的点的坐标不满足该方程，则称该方程为**图形 G 的一个方程**.一个图形可以用多种方程形式来表示.例如，图形的方程可以直接用坐标分量 $x_1,x_2,\cdots,x_n$ 表示为 n 元方程式，这种形式的方程通常称为**图形的一般方程**；也可用参数形式表示(例如，点 $(x_1,x_2,\cdots,x_n)$ 作为运动质点，在时间 t 的位置可描述为 $(x_1,x_2,\cdots,x_n)=(x_1(t),x_2(t),\cdots,x_n(t))$，这就是用参数 t 表示的图形方程，其中 $x_1(t),x_2(t),\cdots,x_n(t)$ 是某个区间 $[a,b]$ 上的连续函数)，这种参数形式的方程称为**图形的参数方程**.反过来，如果已知方程 $F(x_1,x_2,\cdots,x_n)=0$，该方程的一个解就对应于 n 维仿射 Euclid 空间中的一个点，而方程 $F=0$ 的所有解构成的集合 $S=\{(x_1,x_2,\cdots,x_n)\mid F(x_1,x_2,\cdots,x_n)=0\}$ 就是 n 维仿射 Euclid 空间中的一个图形.这样得到的图形称为**该方程的图形**.几何图形和代数方程都纷繁复杂，我们在本章中只能涉及简单图形的方程，例如线、平面、球面、柱面、锥面和旋转曲面等的方程，也只能考虑一些特殊方程的图形，例如一次和二次方程的图形.

需要注意，解析几何主要研究二维、三维仿射 Euclid 空间中的几何图形及其方程，但本章为了把二维和三维几何问题统一叙述，有时会在 n 维仿射 Euclid 空间中开展几何图形研究.这一方面可以让读者将解析几何内容与高等代数中的高维空间内容衔接起来，另一方面也可以引导读者利用在中学学习的二维空间中的几何学知识来理解和类比三维仿射 Euclid 空间中的几何问题.另外，本章大部分内容适用于仿射坐标系，但当涉及度量问题，例如距离问题和角度问题时，我们使用直角坐标系以简化计算.

§2.1 平面与直线

最简单的几何图形就是直线与平面.本节将在三维仿射 Euclid 空间中建立直线与平面的方程，并用所建立的方程来讨论点、直线、平面之间的位置关系.

2.1.1 平面与直线的方程

本节先介绍在仿射坐标系$[O;\boldsymbol{e}_1,\boldsymbol{e}_2,\boldsymbol{e}_3]$下建立三维仿射 Euclid 空间中的平面与直线方程的通用方法,然后讨论在直角坐标系下建立平面与直线方程的特殊方法.之所以将特殊的直角坐标系下的方程从仿射坐标系下的方程中分出来,是为了避免读者混淆方程在两种坐标系下的表示.

1. 仿射坐标系下的平面方程

决定一张平面的条件多种多样,例如,过不共线的三个点,过一直线和直线外一点,过两条相交直线,过两条非重合的平行直线,都可以确定一张平面.这些条件都可以化归为:过一点且平行于两个不共线的向量.这两个向量称为平面的**方位向量**.现在用这个条件来建立平面方程.

图 2.1.1 表示一张平面 π,它包含两个向量 $\boldsymbol{v}_1,\boldsymbol{v}_2$,并且过一点 $P_0(x_0,y_0,z_0)$.在仿射坐标系$[O;\boldsymbol{e}_1,\boldsymbol{e}_2,\boldsymbol{e}_3]$下,设平面 π 内两个不共线的方位向量 $\boldsymbol{v}_1=(X_1,Y_1,Z_1)$,$\boldsymbol{v}_2=(X_2,Y_2,Z_2)$,记 π 上任意一点为 $P(x,y,z)$.那么,点 P 在 π 上的充要条件是向量 $\boldsymbol{v}_1,\boldsymbol{v}_2,\overrightarrow{P_0P}$共面.对于共面的三个向量 $\boldsymbol{v}_1,\boldsymbol{v}_2$和$\overrightarrow{P_0P}$,因为 $\boldsymbol{v}_1$,$\boldsymbol{v}_2$不共线,所以根据定理 1.1.9,存在实数 λ,μ 使得

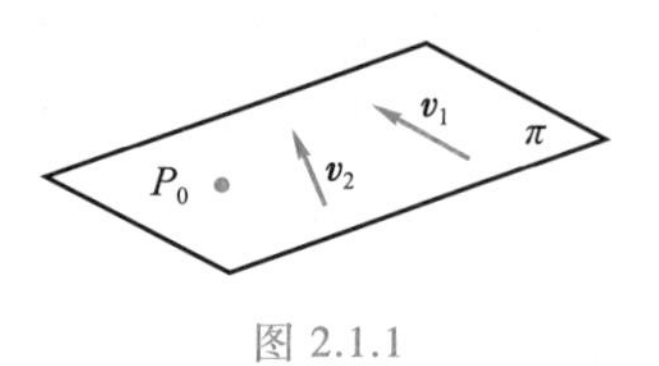

图 2.1.1

$$\overrightarrow{P_0P}=\lambda\boldsymbol{v}_1+\mu\boldsymbol{v}_2. \qquad (2.1.1)$$

这就是**平面 π 的向量方程**.由于(2.1.1)式是以已知平面 π 上的一点和平行于 π 的两个不共线的向量为条件建立的方程,故也称为 π 的**点向式向量方程**.方程(2.1.1)改写成坐标形式为

$$\begin{cases}x=x_0+\lambda X_1+\mu X_2,\\ y=y_0+\lambda Y_1+\mu Y_2,\\ z=z_0+\lambda Z_1+\mu Z_2,\end{cases} \qquad (2.1.2)$$

称为 π 的**点向式参数方程**,其中 λ,μ 为实参数.

关于三向量 $\boldsymbol{v}_1,\boldsymbol{v}_2$ 和$\overrightarrow{P_0P}$共面,我们还有一个充要条件:混合积$(\overrightarrow{P_0P},\boldsymbol{v}_1,\boldsymbol{v}_2)=0$.由此可得,平面 π 上任何点 $P(x,y,z)$满足

$$\begin{vmatrix}x-x_0 & y-y_0 & z-z_0\\ X_1 & Y_1 & Z_1\\ X_2 & Y_2 & Z_2\end{vmatrix}=0. \qquad (2.1.3)$$

展开此行列式可得如下的三元一次方程:

$$Ax+By+Cz+D=0, \qquad (2.1.4)$$

其中

$$A=\begin{vmatrix}Y_1 & Z_1\\ Y_2 & Z_2\end{vmatrix},\quad B=\begin{vmatrix}Z_1 & X_1\\ Z_2 & X_2\end{vmatrix},\quad C=\begin{vmatrix}X_1 & Y_1\\ X_2 & Y_2\end{vmatrix},$$

$$D=-(A\,x_0+B\,y_0+C\,z_0).$$

方程(2.1.4)称为平面 π 的(**点向式**)**一般方程**.

由此可证：

定理 2.1.1 三维仿射 Euclid 空间中任意平面 π 的方程都可表示成 π 上点 $P(x,y,z)$ 的三元一次方程(2.1.4)，而任何一个三元一次方程(2.1.4)都表示三维仿射 Euclid 空间中的一张平面.

证 因为在三维仿射 Euclid 空间的任意平面上都可取到一点 $P_0(x_0,y_0,z_0)$ 和两个不共线向量 $\boldsymbol{v}_1=(X_1,Y_1,Z_1)$，$\boldsymbol{v}_2=(X_2,Y_2,Z_2)$，按以上推导，其确定一个方程(2.1.4). 又由于 $\boldsymbol{v}_1$，$\boldsymbol{v}_2$ 不共线，所以(2.1.4)式中的系数 A,B,C 不全为零，即，所得到的方程(2.1.4)是关于 x,y,z 的一次方程.

反过来，对于(2.1.4)式所定义的一次方程，由于 A,B,C 不全为零，不妨设 $A\neq 0$，则方程(2.1.4)可以改写成

$$A\left(x+\frac{D}{A}\right)+By+Cz=0. \tag{2.1.5}$$

而根据(2.1.3)式，由点 $M_0\left(-\frac{D}{A},0,0\right)$ 和方位向量 $\boldsymbol{v}_1=(B,-A,0)$，$\boldsymbol{v}_2=\left(\frac{C}{A},0,-1\right)$ 所确定的三维仿射 Euclid 空间中的平面为

$$\begin{vmatrix} x+\frac{D}{A} & y & z \\ B & -A & 0 \\ \frac{C}{A} & 0 & -1 \end{vmatrix}=0,$$

此即是(2.1.5)式. 所以，满足一个三元一次方程(2.1.4)的所有点 $P(x,y,z)$ 构成三维仿射 Euclid 空间中的一张平面. □

(2.1.2)式和(2.1.4)式之间可以相互转化. 将(2.1.2)式中的参数 λ,μ 作为未知数，考察关于未知向量 $(\lambda,\mu,1)$ 的齐次线性方程组(2.1.2)，就可以得到(2.1.4)式. 对于(2.1.4)式，任取其三个不共线的解 $P_0(x_0,y_0,z_0)$，$P_1(x_1,y_1,z_1)$，$P_2(x_2,y_2,z_2)$，令 $\boldsymbol{v}_1=\overrightarrow{P_0P_1}$，$\boldsymbol{v}_2=\overrightarrow{P_0P_2}$，就可以得到(2.1.2)式.

命题 2.1.2 三维仿射 Euclid 空间中不共线的三点 $P_0(x_0,y_0,z_0)$，$P_1(x_1,y_1,z_1)$，$P_2(x_2,y_2,z_2)$ 确定的平面 π 的方程为

$$Ax+By+Cz+D=0, \tag{2.1.6}$$

其中

$$A=\begin{vmatrix} y_1-y_0 & z_1-z_0 \\ y_2-y_0 & z_2-z_0 \end{vmatrix}, \quad B=\begin{vmatrix} z_1-z_0 & x_1-x_0 \\ z_2-z_0 & x_2-x_0 \end{vmatrix},$$

$$C=\begin{vmatrix} x_1-x_0 & y_1-y_0 \\ x_2-x_0 & y_2-y_0 \end{vmatrix}, \quad D=-(Ax_0+By_0+Cz_0).$$

证 因为 $P_0(x_0,y_0,z_0)$，$P_1(x_1,y_1,z_1)$，$P_2(x_2,y_2,z_2)$ 不共线，所以

$$\overrightarrow{P_0P_1}=(x_1-x_0,y_1-y_0,z_1-z_0), \tag{2.1.7}$$

$$\overrightarrow{P_0P_2}=(x_2-x_0,y_2-y_0,z_2-z_0) \tag{2.1.8}$$

不共线.取 $\boldsymbol{v}_1=\overrightarrow{P_0P_1}$, $\boldsymbol{v}_2=\overrightarrow{P_0P_2}$,则根据(2.1.3)式,点 P_0 和 $\boldsymbol{v}_1$, $\boldsymbol{v}_2$ 确定的平面的方程为

$$\begin{vmatrix} x-x_0 & y-y_0 & z-z_0 \\ x_1-x_0 & y_1-y_0 & z_1-z_0 \\ x_2-x_0 & y_2-y_0 & z_2-z_0 \end{vmatrix}=0. \tag{2.1.9}$$

展开(2.1.9)式中的行列式即得(2.1.6)式. □

例 2.1.1 已知三维仿射 Euclid 空间的三个坐标轴上的三点 $P_0(a,0,0)$, $P_1(0,b,0)$, $P_2(0,0,c)$,其中 $abc\neq 0$,证明:这三点确定的平面 π 的方程为

$$\frac{x}{a}+\frac{y}{b}+\frac{z}{c}=1. \tag{2.1.10}$$

证 将已知条件代入(2.1.6)式得

$$A=bc,\quad B=ac,\quad C=ab,\quad D=-abc.$$

即平面 π 的方程为

$$bcx+acy+abz-abc=0,$$

整理后得到(2.1.10)式. □

方程(2.1.10)称为平面 π 的**截距式方程**,其中非零常数 a,b,c 分别称为平面 π 在三个坐标轴上的**截距**.当 $abc=0$ 时,π 必过原点,截距都是 0,不能写成(2.1.10)式.

例 2.1.2 求通过三维仿射 Euclid 空间的三点 $P_0(2,-1,4)$, $P_1(-1,3,-2)$, $P_2(0,2,2)$ 的平面方程,并写出该方程的参数形式和一般形式.

解 根据(2.1.9)式,过已知三点的平面方程为

$$\begin{vmatrix} x-2 & y+1 & z-4 \\ -3 & 4 & -6 \\ -2 & 3 & -2 \end{vmatrix}=0, \tag{2.1.11}$$

展开该式左端的行列式即得一般方程

$$10x+6y-z-10=0. \tag{2.1.12}$$

通过比较(2.1.3)式与(2.1.9)式知,方位向量可取为 $\boldsymbol{v}_1=(-3,4,-6)$, $\boldsymbol{v}_2=(-2,3,-2)$.因此,方程(2.1.12)的一种参数形式为

$$\begin{cases} x=2-3\lambda-2\mu, \\ y=-1+4\lambda+3\mu, \\ z=4-6\lambda-2\mu. \end{cases}$$ □

平面的一般方程(2.1.4)的系数有着明显的几何意义.

定理 2.1.3 假设三维仿射 Euclid 空间中平面 π 的一般方程是三元一次方程(特别地,A,B,C 不全为 0)

$$Ax+By+Cz+D=0, \tag{2.1.13}$$

则任意向量 $\boldsymbol{v}=(X,Y,Z)$ 平行于 π 的充要条件是

$$AX+BY+CZ=0. \tag{2.1.14}$$

证 取点 $P_0(x_0,y_0,z_0)\in\pi$,则

$$Ax_0+By_0+Cz_0+D=0,$$

再令 $P(x,y,z)$ 满足 $(x,y,z)=(x_0,y_0,z_0)+(X,Y,Z)$，那么 $\overrightarrow{P_0P}$ 平行于 π 的充要条件是 $P\in\pi$，即

$$A(x_0+X)+B(y_0+Y)+C(z_0+Z)+D=0.$$

从而 $AX+BY+CZ=0$. □

通过定理 2.1.3，可以理解平面 π 的一次项系数 A,B,C 的一些特殊几何意义.若 A,B,C 中有为零的，比如 $C=0$，π 的方程成为 $Ax+By+D=0$.由定理 2.1.3，向量 $(0,0,1)$ 平行于 $Ax+By+D=0$，所以该平面平行于坐标向量 $\boldsymbol{e}_3$.A,B,C 中若有两个为零，例如，$B=C=0$，则方程变成 $Ax+D=0$.按照定理 2.1.3，该平面与坐标向量 $\boldsymbol{e}_2$ 和 $\boldsymbol{e}_3$ 都平行.当 $D=0$ 时，π 的方程变成 $Ax+By+Cz=0$，表示过原点 O 的平面，是二维向量子空间的一般形式，也是不能写成截距式的平面方程.当 $D\neq0$ 时，π 不可能过原点 O，因而不可能是向量子空间，但方程有截距式，且在三个坐标轴上的截距分别为 $-D/A,-D/B,-D/C$.

例 2.1.3 求过两点 $P_0(1,1,1)$ 和 $P_1(0,1,2)$ 且平行于平面 $\pi_1:x+2y+z=0$ 的平面 π 的方程.

解 由于 $\pi_1:x+2y+z=0$，由定理 2.1.3，向量 $(1,1,-3)$ 平行于平面 π_1，因而平行于 π.而平面 π 又过两点 $P_0(1,1,1)$ 和 $P_1(0,1,2)$，所以 $\overrightarrow{P_0P_1}=(-1,0,1)$ 也平行于 π，即 π 是过点 $P_0(1,1,1)$，方位向量为 $(1,1,-3)$ 和 $(-1,0,1)$ 的平面.根据(2.1.3)式，π 的方程为

$$\begin{vmatrix} x-1 & y-1 & z-1 \\ 1 & 1 & -3 \\ -1 & 0 & 1 \end{vmatrix}=0,$$

计算后得到 $x+2y+z-4=0$. □

例 2.1.4 求过点 $P_0(2,-1,1)$ 和 $P_1(3,-2,1)$ 且平行于坐标向量 $\boldsymbol{e}_3$ 的平面 π 的方程.

解 按已知条件，π 是过点 $P_0(2,-1,1)$，方位向量为 $(1,-1,0)$ 和 $(0,0,1)$ 的平面.根据(2.1.3)式，π 的方程为

$$\begin{vmatrix} x-2 & y+1 & z-1 \\ 1 & -1 & 0 \\ 0 & 0 & 1 \end{vmatrix}=0,$$

展开行列式后得到 $x+y-1=0$. □

2. 仿射坐标系下的直线方程

读者已经在中学学习过二维空间中的直线，这里考虑三维仿射 Euclid 空间中的直线.在仿射坐标系 $[O;\boldsymbol{e}_1,\boldsymbol{e}_2,\boldsymbol{e}_3]$ 下，直线 l 可看成两相交平面 π_1 和 π_2 的交线，假设 π_1 和 π_2 的方程分别为

$$\pi_1:A_1x+B_1y+C_1z+D_1=0, \tag{2.1.15}$$

$$\pi_2:A_2x+B_2y+C_2z+D_2=0, \tag{2.1.16}$$

则其交线 l 的坐标 (x,y,z) 满足方程组

$$\begin{cases} A_1x+B_1y+C_1z+D_1=0, \\ A_2x+B_2y+C_2z+D_2=0. \end{cases} \tag{2.1.17}$$

方程组(2.1.17)称为直线 l 的**一般方程**.

命题 2.1.4 过一点 $P_0(x_0,y_0,z_0)$ 且与一非零向量 $\boldsymbol{v}=(X,Y,Z)$ 平行的直线 l 的方程为

$$\frac{x-x_0}{X}=\frac{y-y_0}{Y}=\frac{z-z_0}{Z},\tag{2.1.18}$$

为了形式统一易记,其中约定分母为零时分子为零.

证 令 $P(x,y,z)$ 是直线 l 上任意一点,则 $\overrightarrow{P_0P}\,/\!/\,\boldsymbol{v}$. 由根据定理 1.1.4 知,对于非零向量 $\boldsymbol{v}$,存在实数 t 使得

$$\overrightarrow{P_0P}=t\boldsymbol{v},\tag{2.1.19}$$

写成坐标形式即为

$$\begin{cases}x=x_0+tX,\\ y=y_0+tY,\\ z=z_0+tZ.\end{cases}\tag{2.1.20}$$

从(2.1.20)式中消去参数 t,可得

$$\frac{x-x_0}{X}=\frac{y-y_0}{Y}=\frac{z-z_0}{Z}. \quad \square\tag{2.1.21}$$

命题 2.1.4 中的向量 $\boldsymbol{v}$ 称为直线 l 的**方向向量**.方程组(2.1.20)称为直线 l 的**点向式参数方程**,(2.1.19)式称为直线的**向量式方程**,随着 t 的变化,点 $P(x,y,z)$ 构成直线 l.方程(2.1.21)称为直线 l 的**标准方程**.

命题 2.1.5 已知相异两点 $P_0(x_0,y_0,z_0)$ 和 $P_1(x_1,y_1,z_1)$,则过这两点的直线 l(两点式方程)为

$$\frac{x-x_0}{x_1-x_0}=\frac{y-y_0}{y_1-y_0}=\frac{z-z_0}{z_1-z_0}.\tag{2.1.22}$$

证 令 $\boldsymbol{v}=\overrightarrow{P_0P_1}=(x_1-x_0,y_1-y_0,z_1-z_0)$,则 $\boldsymbol{v}\neq\mathbf{0}$.因此,过这两点 P_0 和 P_1 的直线 l 就是过 P_0 且平行于 $\boldsymbol{v}$ 的直线.由命题 2.1.4 知,直线 l 满足

$$\frac{x-x_0}{x_1-x_0}=\frac{y-y_0}{y_1-y_0}=\frac{z-z_0}{z_1-z_0}. \quad \square$$

三维仿射 Euclid 空间中的平面可由有两个自由变元的一次方程组(2.1.4)来表示,对直线有:

定理 2.1.6 三维仿射 Euclid 空间中的任何一条直线 l 均可由有一个自由变元的三元一次方程组(2.1.17)来表示,而任何一个有多解且有一个自由变元的一次方程组(2.1.17)的解都构成一条直线 l.

证 因为任何一条直线 l 均可看成是两张过该直线的平面的交线,因而交线上的点必定满足这两张平面的方程.每张平面的方程都是一个三元一次方程,因此交线上的所有点是这两个无矛盾的不可减少的三元一次方程的联立方程组的解,因而有一个自由变元,因此直线 l 可由一个有一个自由变元的三元一次方程组(2.1.17)表示.

反过来,给定一个有一个自由变元的方程组(2.1.17),取定自由变元的两个值,得到方程组的两个解对应的点 $P_0(x_0,y_0,z_0)$ 和$P_1(x_1,y_1,z_1)$,因此

$$\begin{cases}A_1x_0+B_1y_0+C_1z_0+D_1=0,\\A_2x_0+B_2y_0+C_2z_0+D_2=0;\end{cases}\tag{2.1.23}$$

$$\begin{cases}A_1x_1+B_1y_1+C_1z_1+D_1=0,\\A_2x_1+B_2y_1+C_2z_1+D_2=0.\end{cases}\tag{2.1.24}$$

对任意实数 λ,将(2.1.23)式中的两个等式乘 $1-\lambda$,而(2.1.24)式中的两个等式乘 λ,然后将这样得到两个方程组加在一起,可得

$$\begin{cases}A_1x+B_1y+C_1z+D_1=0,\\A_2x+B_2y+C_2z+D_2=0,\end{cases}$$

其中 $(x,y,z)=(1-\lambda)(x_0,y_0,z_0)+\lambda(x_1,y_1,z_1)$.若一条直线 l 经过这两点 P_0 和 P_1,根据命题 1.3.6 的推论,$(x,y,z)\in l$ 的充要条件是,存在实数 λ,使得

$$(x,y,z)=(1-\lambda)(x_0,y_0,z_0)+\lambda(x_1,y_1,z_1).\tag{2.1.25}$$

由此可得,有一个自由变元的一次方程组(2.1.17)的解构成一条直线 l. □

例 2.1.5 求过点(2,1,3)和(5,2,4)的直线的方程.

解 根据(2.1.22)式,所求方程满足

$$\frac{x-2}{3}=y-1=z-3.\quad □$$

直线 l 的标准方程与一般方程可相互转化.标准方程本身就是一般方程的特殊形式,例如,标准方程(2.1.18)可直接改写成

$$\begin{cases}Yx-Xy-Y\,x_0+X\,y_0=0,\\Zx-Xz-Z\,x_0+X\,z_0=0.\end{cases}\tag{2.1.26}$$

这就是对应于(2.1.18)的一般方程.另一方面,如果方程组(2.1.17)表示一条直线,则该方程组有一个自由变元,因而存在多解,取多个解中的两个互异解作为 $P_0(x_0,y_0,z_0)$ 和 $P_1(x_1,y_1,z_1)$,则由(2.1.22)式可得与方程组(2.1.17)对应的直线的标准方程.

一般地,关于平面的交点集合,容易证明有如下结论.

定理 2.1.7 含 m 个方程的实系数三元一次方程组

$$\begin{cases}a_{11}x_1+a_{12}x_2+a_{13}x_3=b_1,\\a_{21}x_1+a_{22}x_2+a_{23}x_3=b_2,\\\qquad\cdots\cdots\\a_{m1}x_1+a_{m2}x_2+a_{m3}x_3=b_m\end{cases}\tag{2.1.27}$$

的解集可能的情形是如下四种之一:空集、单点集、一条直线、一个平面.

例 2.1.6 求与平面 $x-4z=3$ 和 $2x-y-z=1$ 的交线平行,且过点(−1,2,5)的直线 l,并且分别用参数方程、标准方程和一般方程来表示直线 l.

解 在平面 $x-4z=3$ 和 $2x-y-z=1$ 的交线上取两点 $P_0(-1,-2,-1)$ 和 $P_1(3,5,0)$,由此可得该交线的一个方向向量 $\boldsymbol{v}=\overrightarrow{P_0P_1}=(4,7,1)$.而直线 l 与该交线平行,因而 $\boldsymbol{v}=(4,7,1)$ 也是直线 l 的一个方向向量.根据(2.1.20)式,直线 l 的参数方程为

$$\begin{cases}x=-1+4t,\\y=2+7t,\\z=5+t.\end{cases}\tag{2.1.28}$$

由(2.1.18)式可得,直线 l 的标准方程为

$$\frac{x+1}{4}=\frac{y-2}{7}=z-5. \tag{2.1.29}$$

从(2.1.29)式中的第一和第二个方程可得

$$\begin{cases}7x-4y+15=0,\\ y-7z+33=0.\end{cases}$$

这是直线 l 的一般方程. □

3. 直角坐标系下的平面与直线方程

在 1 和 2 中介绍了仿射坐标系下的平面与直线方程,在直角坐标系下,这些方程的建立更加简单明了,方程系数的几何意义更加明确.

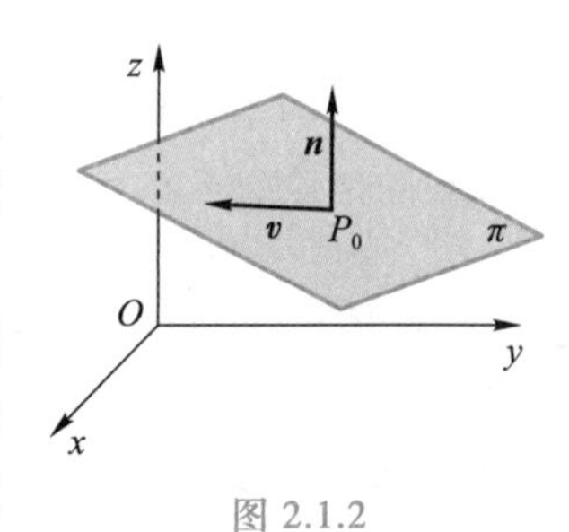

图 2.1.2

图 2.1.2 中的 π 是直角坐标系下的一张平面,坐标轴分别为 x 轴、y 轴、z 轴,原点为 O.因为直角坐标系是特殊的仿射坐标系,所以在直角坐标系下,平面 π 的一般方程也具有(2.1.4)式的形式:

$$Ax+By+Cz+D=0. \tag{2.1.30}$$

由定理 2.1.3,向量 $\boldsymbol{v}=(X,Y,Z)$ 平行于 π 的充要条件是 $AX+BY+CZ=0$,即 $(A,B,C)\perp\boldsymbol{v}$.将与平面垂直的非零向量称为平面的**法向量**,一般记为 $\boldsymbol{n}=(A,B,C)$.所以,在直角坐标系下,平面 π 的一般方程中一次项系数 A,B,C 是 π 的法向量的各坐标分量.

命题 2.1.8 在直角坐标系下,已知平面 π 上的一点 $P_0(x_0,y_0,z_0)$ 以及 π 的一个法向量 $\boldsymbol{n}=(A,B,C)$,则 π 的方程为

$$A(x-x_0)+B(y-y_0)+C(z-z_0)=0. \tag{2.1.31}$$

证 如图 2.1.2,在直角坐标系下,假设平面 π 上任意点为 $P(x,y,z)$,则 $\overrightarrow{P_0P}\perp\boldsymbol{n}$,其坐标表示为

$$A(x-x_0)+B(y-y_0)+C(z-z_0)=0. \quad \square$$

方程(2.1.31)称为平面 π 的**点法式方程**.若将方程(2.1.31)改写成一般方程的形式,可得

$$Ax+By+Cz-(Ax_0+By_0+Cz_0)=0. \tag{2.1.32}$$

因此,在直角坐标系下,平面 π 的一般方程(2.1.30)中的系数 $D=-(Ax_0+By_0+Cz_0)$.

例 2.1.7 在直角坐标系下,求过点 $P(1,-2,3)$ 且与向量 $\boldsymbol{n}=(3,0,-1)$ 垂直的平面的方程.

解 根据(2.1.32)式,所求平面方程为

$$3x-z=0. \quad \square$$

例 2.1.8 在直角坐标系下,求过两点 $P_0(1,1,1)$ 和 $P_1(0,1,1)$ 且垂直于平面 $\pi_1: x+2y+z=0$ 的平面 π 的方程.

解 令平面 π 的法向量为 $\boldsymbol{n}$,则 $\boldsymbol{n}\perp\overrightarrow{P_0P_1}$.另外,记平面 $x+2y+z=0$ 的法向量为 $\boldsymbol{v}=(1,2,1)$,则 $\boldsymbol{n}\perp\boldsymbol{v}$.所以 $\boldsymbol{n}/\!/(\overrightarrow{P_0P_1}\times\boldsymbol{v})$,即 $\overrightarrow{P_0P_1}\times\boldsymbol{v}$ 是平面 π 的一个法向量.由直角坐标系中的内积

运算或(2.1.31)式,平面 π 上的任何一点 $P(x,y,z)$ 满足

$$(\overrightarrow{P_0P_1}\times\boldsymbol{v})\cdot\overrightarrow{P_0P}=0,$$

即,

$$\begin{vmatrix} x-1 & y-1 & z-1 \\ 1 & 2 & 1 \\ -1 & 0 & -2 \end{vmatrix}=0,$$

展开后得到 $4x-y-2z-1=0$. □

在直角坐标系中,直线方程的建立更加容易,直线 l 的一般方程也有(2.1.17)式:

$$\begin{cases} A_1x+B_1y+C_1z+D_1=0, \\ A_2x+B_2y+C_2z+D_2=0. \end{cases} \tag{2.1.33}$$

各项系数的几何意义也很明确.例如,记(2.1.33)式中两张平面的法向量分别为 $\boldsymbol{n}_1=(A_1,B_1,C_1)$ 和 $\boldsymbol{n}_2=(A_2,B_2,C_2)$,因为直线 l 的方向向量 $\boldsymbol{v}$ 在这两张平面上,因此 $\boldsymbol{v}\perp\boldsymbol{n}_1$ 和 $\boldsymbol{v}\perp\boldsymbol{n}_2$.所以 $\boldsymbol{v}/\!/(\boldsymbol{n}_1\times\boldsymbol{n}_2)$,即,直线 l 的一个方向向量 $\boldsymbol{v}$ 可取为

$$\boldsymbol{n}_1\times\boldsymbol{n}_2=\left(\begin{vmatrix} B_1 & C_1 \\ B_2 & C_2 \end{vmatrix},-\begin{vmatrix} A_1 & C_1 \\ A_2 & C_2 \end{vmatrix},\begin{vmatrix} A_1 & B_1 \\ A_2 & B_2 \end{vmatrix}\right). \tag{2.1.34}$$

(2.1.34)式说明,直线 l 的一般方程的一次项系数确定直线 l 的一个方向向量 $\boldsymbol{v}$.另外,通过取满足方程组(2.1.33)的任意一点 $P_0(x_0,y_0,z_0)$,(2.1.34)式也可直接用于将一般方程(2.1.33)转化为参数方程:

$$(x,y,z)=(x_0,y_0,z_0)+t\left(\begin{vmatrix} B_1 & C_1 \\ B_2 & C_2 \end{vmatrix},-\begin{vmatrix} A_1 & C_1 \\ A_2 & C_2 \end{vmatrix},\begin{vmatrix} A_1 & B_1 \\ A_2 & B_2 \end{vmatrix}\right). \tag{2.1.35}$$

例 2.1.9 在直角坐标系下,求过点(2,1,2)且与直线 $l_1:\dfrac{x+1}{3}=y-1=z$ 正交的直线 l_2 的方程.

解 易验证点(2,1,2)不在 l_1 上,作过点(2,1,2)且垂直于直线 l_1 的平面 π,而 l_1 有一个方向向量(3,1,1),其为平面 π 的一法向量.所以平面 π 的方程为

$$3(x-2)+y-1+z-2=3x+y+z-9=0.$$

直线 l_1 与平面 π 的交点为(2,2,1).因此,所求的直线 l_2 就是过点(2,1,2)和(2,2,1)的直线,其方程为

$$\frac{x-2}{0}=\frac{y-1}{1}=\frac{z-2}{-1},$$

即

$$\begin{cases} x=2, \\ y+z-3=0. \end{cases}$$ □

2.1.2 点、直线、平面自身与相互间的位置关系

在平面与立体基础上,空间解析几何与射影几何研究点、直线、平面自身与相互间的位置关系主要是通过坐标系和坐标,用它们间的距离、角度等来度量确定的.为了方便,在本小

节中进行具体计算时,主要采用直角坐标系.

第一章定义了点与点之间的距离,它是以两点之一为起点、另一点为终点的向量的长度.两点之间的位置关系用它们之间的距离可以刻画.以下主要考虑直线与直线间、平面与平面间、点与直线和平面间以及直线与平面间的位置关系.

1. 直线间的位置关系

直线间的位置关系包括它们之间相距的距离、它们的方位之间的差异.具体来说,空间中两条直线之间存在异面与共面两种情形,而共面又包括相交、平行但不重合和重合三种情况.

假设有两条直线 l_i,分别通过点 $P_i(x_i,y_i,z_i)$ 并且具有方向向量 $\boldsymbol{v}_i=(X_i,Y_i,Z_i)$(其中 $i=1,2$),即直线 l_i 可用标准方程表示为

$$l_i:\frac{x-x_i}{X_i}=\frac{y-y_i}{Y_i}=\frac{z-z_i}{Z_i}, \tag{2.1.36}$$

则从图 2.1.3 中可以看出,两直线 l_i 之间的相互关系实际上就是向量$\overrightarrow{P_1P_2},\boldsymbol{v}_1,\boldsymbol{v}_2$ 的相互关系.例如,当这三个向量不共面时,两直线 l_i 异面;当这三个向量共面时,两直线 l_i 共面.在两直线 l_i 共面的情况下,若这三个向量不共线且 $\boldsymbol{v}_1/\!/\boldsymbol{v}_2$,则两直线 l_i 平行;若这三个向量共面但 $\boldsymbol{v}_1$ 不平行于 $\boldsymbol{v}_2$,则两直线 l_i 相交;若这三个向量共线,则两直线 l_i 重合.由此可得

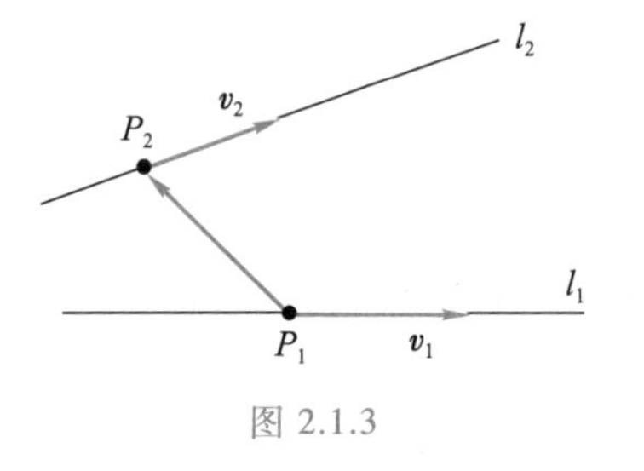

图 2.1.3

定理 2.1.9 设直线 l_1 和 l_2 由(2.1.36)式所定义

(1) l_1 和 l_2 异面$\Leftrightarrow(\overrightarrow{P_1P_2},\boldsymbol{v}_1,\boldsymbol{v}_2)\neq 0$;

(2) l_1 和 l_2 相交$\Leftrightarrow(\overrightarrow{P_1P_2},\boldsymbol{v}_1,\boldsymbol{v}_2)=0$ 且 $\boldsymbol{v}_1$不平行于 $\boldsymbol{v}_2$;

(3) l_1 和 l_2 平行但不重合$\Leftrightarrow\boldsymbol{v}_1/\!/\boldsymbol{v}_2$不平行于$\overrightarrow{P_1P_2}$;

(4) l_1 和 l_2 重合$\Leftrightarrow\boldsymbol{v}_1/\!/\boldsymbol{v}_2/\!/\overrightarrow{P_1P_2}$.

证 (1) 由图 2.1.3,两直线 l_i 异面的一个充要条件是向量$\overrightarrow{P_1P_2},\boldsymbol{v}_1,\boldsymbol{v}_2$ 不共面.而根据例 1.1.17,向量$\overrightarrow{P_1P_2},\boldsymbol{v}_1,\boldsymbol{v}_2$ 共面的一个充要条件是$(\overrightarrow{P_1P_2},\boldsymbol{v}_1,\boldsymbol{v}_2)=0$,因此向量$\overrightarrow{P_1P_2},\boldsymbol{v}_1,\boldsymbol{v}_2$ 不共面的一个充要条件就是$(\overrightarrow{P_1P_2},\boldsymbol{v}_1,\boldsymbol{v}_2)\neq 0$.(1)得证.

(2) 由图 2.1.3,直线 l_1 和 l_2 相交的一个充要条件是它们共面并且方向向量不平行,而在直线 l_1 和 l_2 共面的情况下,起点在 l_1 上、终点在 l_2 上的向量$\overrightarrow{P_1P_2}$显然与直线 l_1 和 l_2 共处于同一平面上,即$(\overrightarrow{P_1P_2},\boldsymbol{v}_1,\boldsymbol{v}_2)=0$.所以,直线 l_1 和 l_2 相交的一个充要条件是$(\overrightarrow{P_1P_2},\boldsymbol{v}_1,\boldsymbol{v}_2)=0$ 且 $\boldsymbol{v}_1$不平行于 $\boldsymbol{v}_2$.

(3) 由图 2.1.3,直线 l_1 和 l_2 平行的一个充要条件是 $\boldsymbol{v}_1,\boldsymbol{v}_2$共面,进而$\overrightarrow{P_1P_2},\boldsymbol{v}_1,\boldsymbol{v}_2$ 共面,而且直线 l_1 和 l_2 不重合,即$\overrightarrow{P_1P_2}$不能与 $\boldsymbol{v}_1,\boldsymbol{v}_2$ 中的任何一个平行.由此可得,直线 l_1 和 l_2 平行但不重合的一个充要条件是 $\boldsymbol{v}_1/\!/\boldsymbol{v}_2$不平行于$\overrightarrow{P_1P_2}$.

(4) 直线 l_1 和 l_2 重合,等价于$\overrightarrow{P_1P_2}$的起点和终点都在 l_1 或 l_2 上,也就是,$\overrightarrow{P_1P_2}$是 l_1 和 l_2

的方向向量,因此其充要条件是 $\boldsymbol{v}_1 /\!/ \boldsymbol{v}_2 /\!/ \overrightarrow{P_1P_2}$. □

直线 l_1 和 l_2 的夹角定义如下.

定义 2.1.1 设两条直线 l_1 和 l_2 的方向向量分别为 $\boldsymbol{v}_1$ 和 $\boldsymbol{v}_2$,规定两直线 l_1 和 l_2 间的**夹角** $\langle l_1, l_2\rangle$ 如下:当 $\langle \boldsymbol{v}_1, \boldsymbol{v}_2\rangle \leqslant \dfrac{\pi}{2}$ 时,等于 $\langle \boldsymbol{v}_1, \boldsymbol{v}_2\rangle$;当 $\dfrac{\pi}{2} < \langle \boldsymbol{v}_1, \boldsymbol{v}_2\rangle \leqslant \pi$ 时,等于 $\pi - \langle \boldsymbol{v}_1, \boldsymbol{v}_2\rangle$.

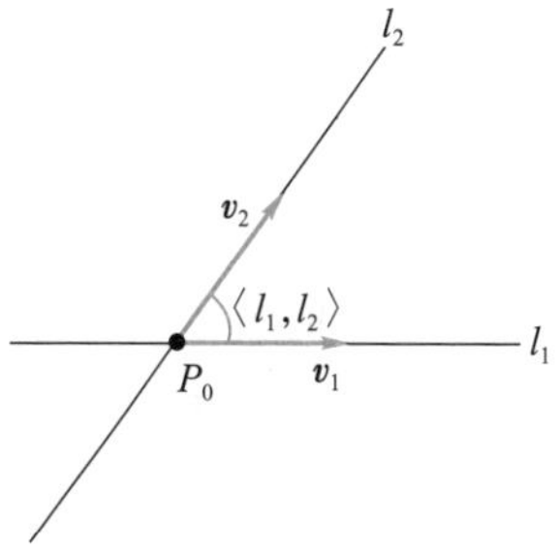

显然,

$$\langle l_1, l_2\rangle = \arccos\left|\cos\langle \boldsymbol{v}_1, \boldsymbol{v}_2\rangle\right|.$$

图 2.1.4 表示了共面直线之间的夹角的情形,其中两条直线 l_1 和 l_2 交于 P_0,且 $\langle l_1, l_2\rangle = \langle \boldsymbol{v}_1, \boldsymbol{v}_2\rangle$.

图 2.1.4

定理 2.1.10 在直角坐标系下,由(2.1.36)式所定义的直线 l_1 和 l_2 之间的夹角的余弦为

$$\cos\langle l_1, l_2\rangle = \frac{|X_1X_2 + Y_1Y_2 + Z_1Z_2|}{\sqrt{X_1^2 + Y_1^2 + Z_1^2}\sqrt{X_2^2 + Y_2^2 + Z_2^2}}. \tag{2.1.37}$$

证 由两直线 l_1 和 l_2 的夹角的定义可得

$$\cos\langle l_1, l_2\rangle = \left|\cos\langle \boldsymbol{v}_1, \boldsymbol{v}_2\rangle\right| = \frac{|X_1X_2 + Y_1Y_2 + Z_1Z_2|}{\sqrt{X_1^2 + Y_1^2 + Z_1^2}\sqrt{X_2^2 + Y_2^2 + Z_2^2}}. \quad \square$$

我们先定义任意两条直线 l_1 和 l_2 之间的距离如下,再说明其唯一存在性.

定义 2.1.2 称 $d(l_1, l_2) = \min\limits_{P_1 \in l_1, P_2 \in l_2} |\overrightarrow{P_1P_2}|$ 为两条直线 $l_i(i=1,2)$ 之间的**距离**.

对于平面 $\boldsymbol{\pi}$ 上的任意两条直线 l_1 和 l_2,如果它们相交,则它们之间的任意两点组成向量的长度的最小值为零,所以定义的距离为零;而当 l_1 和 l_2 平行时,在平面 $\boldsymbol{\pi}$ 上任意作一条与 l_1 或 l_2 垂直的直线 l_0,直线 l_0 与 l_1 和 l_2 的交点之间的距离值恒定且是它们之间任意两点组成向量的长度的最小值,就是直线 l_1 和 l_2 之间的距离.

对于直线 l_1 和 l_2 异面的情形,我们先来复习两条直线的公垂线概念.

定义 2.1.3 对于两条异面直线 l_1 和 l_2,称与 l_1 和 l_2 均垂直相交的直线 l_0 为直线 l_1 和 l_2 的**公垂线**,称公垂线 l_0 夹在两条直线 l_1 和 l_2 之间的线段为**公垂线段**.

定理 2.1.11 对于三维仿射 Euclid 空间中的任何两条异面直线 l_1 与 l_2,它们之间存在唯一的公垂线 l_0.如果直线 l_i 过点 $P_i(x_i, y_i, z_i)$ 并且具有方向向量 $\boldsymbol{v}_i(i=1,2)$,则它们之间存在唯一的公垂线 l_0 可表示为($\forall P \in l_0$)

$$\begin{cases} (\overrightarrow{P_1P}, \boldsymbol{v}_1, \boldsymbol{v}_1 \times \boldsymbol{v}_2) = 0, \\ (\overrightarrow{P_2P}, \boldsymbol{v}_2, \boldsymbol{v}_1 \times \boldsymbol{v}_2) = 0. \end{cases} \tag{2.1.38}$$

证 首先考虑存在性. 因为异面直线 l_1 与 l_2 的方向向量 $\boldsymbol{v}_i, i=1,2$ 不平行,所以 $\boldsymbol{v}_1$ 和 $\boldsymbol{v}_1 \times \boldsymbol{v}_2$ 不共线.于是 $P_1 \in l_1$, $\boldsymbol{v}_1$ 和 $\boldsymbol{v}_1 \times \boldsymbol{v}_2$ 确定一张平面 $\boldsymbol{\pi}_1$.如果令任意点 $P \in \boldsymbol{\pi}_1$,则平面 $\boldsymbol{\pi}_1$ 表示为

$$(\overrightarrow{P_1P}, \boldsymbol{v}_1, \boldsymbol{v}_1 \times \boldsymbol{v}_2) = 0.$$

同理,$P_2\in l_2$,$\boldsymbol{v}_2$ 和 $\boldsymbol{v}_1\times\boldsymbol{v}_2$ 也确定一张平面 $\boldsymbol{\pi}_2$.而对于任意点 $P\in\boldsymbol{\pi}_2$,$\boldsymbol{\pi}_2$ 可表示为

$$(\overrightarrow{P_2P},\boldsymbol{v}_2,\boldsymbol{v}_1\times\boldsymbol{v}_2)=0.$$

可以证明,平面 $\boldsymbol{\pi}_1$ 与平面 $\boldsymbol{\pi}_2$ 的交线 l,即

$$\begin{cases}(\overrightarrow{P_1P},\boldsymbol{v}_1,\boldsymbol{v}_1\times\boldsymbol{v}_2)=0,\\(\overrightarrow{P_2P},\boldsymbol{v}_2,\boldsymbol{v}_1\times\boldsymbol{v}_2)=0\end{cases}$$

就是 l_1 与 l_2 的公垂线.事实上,$\boldsymbol{v}_1\times(\boldsymbol{v}_1\times\boldsymbol{v}_2)$ 和 $\boldsymbol{v}_2\times(\boldsymbol{v}_1\times\boldsymbol{v}_2)$ 显然分别是平面 $\boldsymbol{\pi}_1$ 和平面 $\boldsymbol{\pi}_2$ 的法向量,而且因为 $\boldsymbol{v}_1$ 和 $\boldsymbol{v}_2$ 不平行,所以 $\boldsymbol{v}_1\times(\boldsymbol{v}_1\times\boldsymbol{v}_2)$ 和 $\boldsymbol{v}_2\times(\boldsymbol{v}_1\times\boldsymbol{v}_2)$ 不共线.因此,平面 $\boldsymbol{\pi}_1$ 与平面 $\boldsymbol{\pi}_2$ 不平行,且二者唯一的交线 l 的方向向量为(请读者利用(1.4.16)式验证)

$$[\boldsymbol{v}_1\times(\boldsymbol{v}_1\times\boldsymbol{v}_2)]\times[\boldsymbol{v}_2\times(\boldsymbol{v}_1\times\boldsymbol{v}_2)]=|\boldsymbol{v}_1\times\boldsymbol{v}_2|^2\boldsymbol{v}_1\times\boldsymbol{v}_2. \tag{2.1.39}$$

此式说明,向量 $\boldsymbol{v}_1\times\boldsymbol{v}_2$ 是交线 l 的一个方向向量,因而交线 l 分别与 l_1 和 l_2 的方向向量 $\boldsymbol{v}_1$ 和 $\boldsymbol{v}_2$ 垂直.此外,由于对于 $i=1,2$,交线 l 与 l_i 都在平面 $\boldsymbol{\pi}_i$ 上,且交线 l 的方向向量 $\boldsymbol{v}_1\times\boldsymbol{v}_2$ 与 l_i 的方向向量 $\boldsymbol{v}_i$ 不平行,所以交线 l 与 l_i 都相交.这样就证明了任何两条异面直线 l_1 与 l_2 均存在唯一的公垂线(2.1.38). □

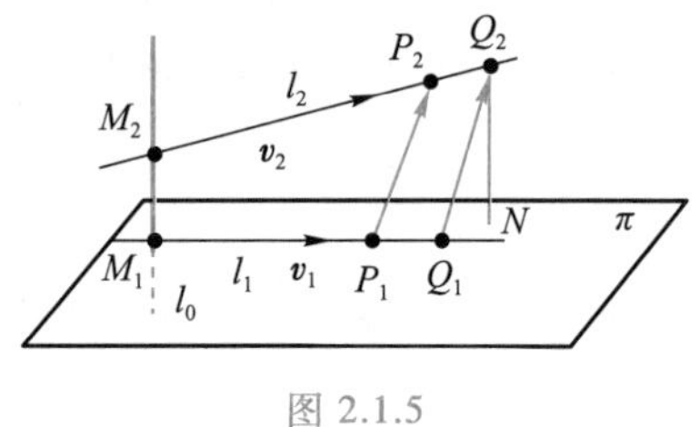

图 2.1.5

图 2.1.5 表示两条异面直线 l_1 和 l_2 的公垂线 l_0 和公垂线段 M_1M_2.从图 2.1.5 可看出,两条直线 l_1 和 l_2 之间的公垂线段的长度就是它们之间的距离. 以下我们来严格证明这一点.

定理 2.1.12 两条异面直线 l_1 和 l_2 之间的距离等于这两条异面直线 l_1 和 l_2 的公垂线段的长度.若对于 $i=1,2$,直线 l_i 过点 $P_i(x_i,y_i,z_i)$ 且具有方向向量 $\boldsymbol{v}_i=(X_i,Y_i,Z_i)$,则异面直线 l_1 和 l_2 的公垂线段长度为

$$d=\frac{|\overrightarrow{P_1P_2}\cdot(\boldsymbol{v}_1\times\boldsymbol{v}_2)|}{|\boldsymbol{v}_1\times\boldsymbol{v}_2|}. \tag{2.1.40}$$

证 假设 l_1 和 l_2 与其公垂线 l_0 的交点分别为 M_1 和 M_2.作过点 M_1 且平行于向量 $\boldsymbol{v}_1$ 和 $\boldsymbol{v}_2$ 的平面 $\boldsymbol{\pi}$,则公垂线 $l_0\perp\boldsymbol{\pi}$.在 l_i 上任取一点 $Q_i(i=1,2)$.由 Q_2 作 $\boldsymbol{\pi}$ 的垂线,垂足为 N.由于 l_2 平行于平面 $\boldsymbol{\pi}$,所以 $|\overrightarrow{M_1M_2}|=|\overrightarrow{Q_2N}|\leqslant|\overrightarrow{Q_1Q_2}|$,即 $|\overrightarrow{M_1M_2}|=\min\limits_{Q_1\in l_1,Q_2\in l_2}|\overrightarrow{Q_1Q_2}|$.因此 $|\overrightarrow{M_1M_2}|=d(l_1,l_2)$,即异面直线 l_1 和 l_2 的公垂线段的长度等于两条异面直线 l_1 和 l_2 之间的距离.

现在来计算公垂线段的长度 $|\overrightarrow{M_1M_2}|$.我们由(2.1.39)式知道,异面直线 l_1 和 l_2 的公垂线 l_0 的一个方向向量是 $\boldsymbol{v}_1\times\boldsymbol{v}_2$,所以 $\overrightarrow{M_1M_2}$ 平行于 $\boldsymbol{v}_1\times\boldsymbol{v}_2$,因此 $|\overrightarrow{M_1M_2}|$ 应该是 $\overrightarrow{P_1P_2}$ 在 $\boldsymbol{v}_1\times\boldsymbol{v}_2$ 上的射影,即公垂线段长度为

$$\begin{aligned}d(l_1,l_2)&=|\overrightarrow{M_1M_2}|=|\overrightarrow{M_1M_2}\cdot(\boldsymbol{v}_1\times\boldsymbol{v}_2)^0|=|(\overrightarrow{M_1P_1}+\overrightarrow{P_1P_2}+\overrightarrow{P_2M_2})\cdot(\boldsymbol{v}_1\times\boldsymbol{v}_2)^0|\\&=|\overrightarrow{P_1P_2}\cdot(\boldsymbol{v}_1\times\boldsymbol{v}_2)^0|=|\mathrm{Prj}_{\boldsymbol{v}_1\times\boldsymbol{v}_2}\overrightarrow{P_1P_2}|=\frac{|\overrightarrow{P_1P_2}\cdot(\boldsymbol{v}_1\times\boldsymbol{v}_2)|}{|\boldsymbol{v}_1\times\boldsymbol{v}_2|}.\end{aligned} \tag{2.1.41}$$

于是,定理得证. □

例 2.1.10 设直线 l_1 通过点 $(1,1,2)$，与平面 $\pi:3x-y+2z-1=0$ 平行，并且与直线 $l_2:\dfrac{x-2}{4}=\dfrac{y-3}{-2}=\dfrac{z}{3}$ 相交，试求直线 l_1 的方程.

解 根据定理 2.1.9，直线 l_1 和 l_2 相交的充要条件是 $(\overrightarrow{P_1P_2},\boldsymbol{v}_1,\boldsymbol{v}_2)=0$ 且 $\boldsymbol{v}_1\nparallel\boldsymbol{v}_2$，其中 $P_i\in l_i$，$\boldsymbol{v}_i$ 是 l_i 的方向向量.按照条件，可取 $\boldsymbol{v}_2=(4,-2,3)$，$P_1(1,1,2)$，$P_2(2,3,0)$，令直线 l_1 的方向向量 $\boldsymbol{v}_1=(X,Y,Z)$，则该充要条件变成

$$\begin{vmatrix} 2-1 & 3-1 & 0-2 \\ X & Y & Z \\ 4 & -2 & 3 \end{vmatrix}=0,$$

即，

$$2X-11Y-10Z=0. \tag{2.1.42}$$

另一方面，由于 l_1 与平面 π 平行，根据定理 2.1.3 可得

$$3X-Y+2Z=0. \tag{2.1.43}$$

由(2.1.42)式和(2.1.43)式可得，

$$X:Y:Z=32:34:(-31).$$

显然 $\boldsymbol{v}_1=(X,Y,Z)$ 与 $\boldsymbol{v}_2=(4,-2,3)$ 不平行，所以，直线 l_1 的方程为

$$\frac{x-1}{32}=\frac{y-1}{34}=\frac{z-2}{-31}. \quad \square$$

例 2.1.11 在直角坐标系下，已知两直线 $l_1:\dfrac{x+2}{2}=\dfrac{y-4}{-1}=\dfrac{z+1}{3}$ 和 $l_2:\dfrac{x+5}{4}=\dfrac{y-4}{-3}=\dfrac{z+4}{5}$，证明它们为异面直线，并且求其公垂线的方程和公垂线段长度.

解 按照定理 2.1.9，直线 l_1 和 l_2 异面的一个充要条件是 $(\overrightarrow{P_1P_2},\boldsymbol{v}_1,\boldsymbol{v}_2)\neq 0$.对于本例的直线 l_1 和 l_2，可取 $\boldsymbol{v}_1=(2,-1,3)$，$\boldsymbol{v}_2=(4,-3,5)$，$P_1(-2,4,-1)$，$P_2(-5,4,-4)$，所以

$$(\overrightarrow{P_1P_2},\boldsymbol{v}_1,\boldsymbol{v}_2)=\begin{vmatrix} -3 & 0 & -3 \\ 2 & -1 & 3 \\ 4 & -3 & 5 \end{vmatrix}=-6\neq 0.$$

因此直线 l_1 和 l_2 为异面直线.

为了求公垂线 l_0，由(2.1.38)式，先计算出 $\boldsymbol{v}_1\times\boldsymbol{v}_2=(4,2,-2)$，再对公垂线 l_0 上的任意点 $P(x,y,z)$ 计算

$$(\overrightarrow{P_1P},\boldsymbol{v}_1,\boldsymbol{v}_1\times\boldsymbol{v}_2)=\begin{vmatrix} x+2 & y-4 & z+1 \\ 2 & -1 & 3 \\ 4 & 2 & -2 \end{vmatrix}=-4x+16y+8z-64, \tag{2.1.44}$$

和

$$(\overrightarrow{P_2P},\boldsymbol{v}_2,\boldsymbol{v}_1\times\boldsymbol{v}_2)=\begin{vmatrix} x+5 & y-4 & z+4 \\ 4 & -3 & 5 \\ 4 & 2 & -2 \end{vmatrix}=-4x+28y+20z-52, \tag{2.1.45}$$

由(2.1.44)式和(2.1.45)式可得，所求公垂线的方程为

$$\begin{cases}x-4y-2z+16=0,\\x-7y-5z+13=0.\end{cases}$$

公垂线段长度可由(2.1.40)式计算如下:

$$d=\frac{|\overrightarrow{P_1P_2}\cdot(\boldsymbol{v}_1\times\boldsymbol{v}_2)|}{|\boldsymbol{v}_1\times\boldsymbol{v}_2|}=\frac{6}{2\sqrt{6}}=\frac{\sqrt{6}}{2}.\quad\square$$

例 2.1.12 选取坐标系,以简化两条异面直线 l_1 和 l_2 的方程.

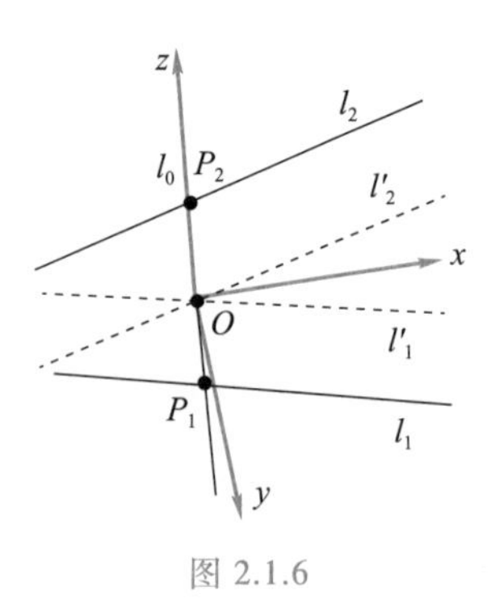

图 2.1.6

解 如图 2.1.6,假设两条异面直线为 l_1 和 l_2,其公垂线 l_0 分别交 l_1 和 l_2 于 P_1,P_2 两点.令线段 P_1P_2 的中点为 O, 过 O 作直线 l'_1和 l'_2分别平行于 l_1 和 l_2, 于是 P_1P_2 垂直于 l'_1和 l'_2所确定的平面.以 l'_1和 l'_2的内、外夹角平分线为 x 轴及 y 轴,P_1P_2 为 z 轴建立左手直角坐标系.于是 l'_1与 z 轴和 l'_2与 z 轴确定的两个平面分别是 $y=x\tan\frac{\langle l_1,l_2\rangle}{2}$和 $y=-x\tan\frac{\langle l_1,l_2\rangle}{2}$, 故 l_1 和 l_2 的方程可以写成

$$\begin{cases}y=x\tan\dfrac{\langle l_1,l_2\rangle}{2},\\z=-\dfrac{P_1P_2}{2},\end{cases}\text{和}\begin{cases}y=-x\tan\dfrac{\langle l_1,l_2\rangle}{2},\\z=\dfrac{P_1P_2}{2}.\end{cases}\quad\square$$

2. 平面间的位置关系

空间中的两张平面 π_1 和 π_2 之间存在三种相互关系,即相交、平行但不重合和重合.

设平面 π_1 和 π_2 的方程分别是

$$\pi_1:A_1x+B_1y+C_1z+D_1=0,\tag{2.1.46}$$

$$\pi_2:A_2x+B_2y+C_2z+D_2=0,\tag{2.1.47}$$

则它们之间的位置关系由方程的系数决定.

定理 2.1.13 已知仿射坐标系中的任意两张平面 π_1 和 π_2.

(1) π_1 和 π_2 相交$\Leftrightarrow A_1:B_1:C_1\neq A_2:B_2:C_2$;

(2) π_1 和 π_2 平行但不重合$\Leftrightarrow A_1:B_1:C_1=A_2:B_2:C_2$,且 $D_1\neq D_2$;

(3) π_1 和 π_2 重合$\Leftrightarrow A_1:B_1:C_1:D_1=A_2:B_2:C_2:D_2$.

证 根据平面与其方程的对应关系,两张平面 π_1 和 π_2 相交、平行但不重合和重合,显然对应于方程组

$$\begin{cases}A_1x+B_1y+C_1z+D_1=0,\\A_2x+B_2y+C_2z+D_2=0\end{cases}\tag{2.1.48}$$

的解的性质.也就是说,方程组(2.1.48)存在只有一个自由度的一组解的充要条件是平面 π_1 和 π_2 相交,无解的充要条件是平面 π_1 和 π_2 平行但不重合,存在两个自由度的一组解的充要条件是平面 π_1 和 π_2 重合.而解的这些性质又等价于方程组(2.1.48)的系数矩阵和增广矩阵的秩的相应性质,即

$$\boldsymbol{A}=\begin{pmatrix}A_1 & B_1 & C_1\\ A_2 & B_2 & C_2\end{pmatrix}\text{和}\ \boldsymbol{B}=\begin{pmatrix}A_1 & B_1 & C_1 & -D_1\\ A_2 & B_2 & C_2 & -D_2\end{pmatrix}$$

的 Rank($\boldsymbol{A}$)与 Rank($\boldsymbol{B}$)之间的关系.按照线性方程组的理论,方程组(2.1.48)存在有一个自由度的解的充要条件是 Rank($\boldsymbol{A}$) = Rank($\boldsymbol{B}$) = 2,即 $A_1:B_1:C_1\neq A_2:B_2:C_2$.方程组(2.1.48)无解的充要条件是 Rank($\boldsymbol{A}$)= 1,Rank($\boldsymbol{B}$) = 2,这等价于 $A_1:B_1:C_1=A_2:B_2:C_2$, $D_1\neq D_2$.方程组(2.1.48)存在两个自由度的解的充要条件是 Rank($\boldsymbol{A}$) = Rank($\boldsymbol{B}$) = 1,即 $A_1:B_1:C_1:D_1=A_2:B_2:C_2:D_2$. □

对于相交的两张平面,可以定义它们的夹角如下:

定义 2.1.4 两张平面 π_1 和 π_2 间的**夹角**$\langle\pi_1,\pi_2\rangle$定义为 π_1 和 π_2 的法向量 $\boldsymbol{n}_1=(A_1,B_1,C_1)$与 $\boldsymbol{n}_2=(A_2,B_2,C_2)$间不超过$\frac{\pi}{2}$的夹角或其补角.

显然,

$$\langle\pi_1,\pi_2\rangle=\arccos|\cos\langle\boldsymbol{n}_1,\boldsymbol{n}_2\rangle|.$$

特别地,在直角坐标系下,类似于(2.1.37)式,π_1 和 π_2 的二面角可表示为

$$\cos\langle\pi_1,\pi_2\rangle=\frac{|A_1A_2+B_1B_2+C_1C_2|}{\sqrt{A_1^2+B_1^2+C_1^2}\sqrt{A_2^2+B_2^2+C_2^2}}.\tag{2.1.49}$$

例 2.1.13 求一平面 π,其在直角坐标系下过两点 $P_1(1,2,-1)$ 和 $P_2(4,1,-3)$,且垂直于平面 $3x+y+z=0$.

解 假设所求平面 π 的法向量为 $\boldsymbol{n}=(A,B,C)$,则$\overrightarrow{P_1P_2}\cdot\boldsymbol{n}=3A-B-2C=0$.平面 π 又垂直于 $3x+y+z=0$,所以 $3A+B+C=0$.综上,

$$\begin{cases}3A-B-2C=0,\\ 3A+B+C=0.\end{cases}$$

解此方程组得

$$\begin{cases}C=6A,\\ B=-9A.\end{cases}$$

平面 π 上的任意点 $M(x,y,z)$满足

$$A(x-1)+B(y-2)+C(z+1)=A(x-1)-9A(y-2)+6A(z+1)=0,$$

若 A 为零,则法向量为零,矛盾! 所以 $A\neq0$,从上式两边消去 A 后得

$$x-9y+6z+23=0,$$

此即所求的平面方程. □

例 2.1.14 在空间直角坐标系中,求经过 z 轴并且和平面 π_1:$2x+y-\sqrt{5}z-1=0$ 的夹角为$\frac{\pi}{3}$的平面 π_2 的方程.

解 假设所求平面 π_2 的方程为三元一次方程

$$Ax+By+Cz+D=0.\tag{2.1.50}$$

因为 z 轴在 π_2 上,所以点$(0,0,z)$满足 π_2 的方程.由此可得 $Cz+D=0$.又因为 z 的任意性,令 $z=0,1$,可得 $C=D=0$.故 π_2 的法向量为 $\boldsymbol{n}_2=(A,B,0)$.而平面 π_1 的法向量为 $\boldsymbol{n}_1=(2,1,$

$-\sqrt{5}$),因此

$$|\boldsymbol{n}_1\cdot\boldsymbol{n}_2|=|2A+B|,\quad |\boldsymbol{n}_1||\boldsymbol{n}_2|=\sqrt{10(A^2+B^2)}.$$

将这些结果代入(2.1.49)式得

$$\cos\frac{\pi}{3}=\frac{|2A+B|}{\sqrt{10(A^2+B^2)}}.$$

简单计算后可得

$$3A^2-3B^2+8AB=0.$$

在上式中,若 $B=0$,则 $A=0$.这与(2.1.50)式作为平面 π_2 的三元一次方程不符.故 $B\neq0$.因此由上式可得

$$3\frac{A^2}{B^2}+8\frac{A}{B}-3=0.$$

因此$\dfrac{A}{B}=\dfrac{1}{3}$或$\dfrac{A}{B}=-3$.代入(2.1.50)式得到

$$x+3y=0\text{ 或 }3x-y=0.\quad\square$$

按照定理 2.1.13,平面 π_1 和 π_2 不相交的充要条件是 $A_1:B_1:C_1=A_2:B_2:C_2$.以后将一次项的系数满足 $A_1:B_1:C_1=A_2:B_2:C_2$ 的平面 π_1 和 π_2 称为**平行平面**,这包括平行但不重合以及重合的平面,这些平面的集合统称为平行平面束,即:

定义 2.1.5 空间中彼此平行的所有平面的集合称为**平行平面束**.

定理 2.1.14 在仿射坐标系中,如果两张平面

$$\pi_1:A_1x+B_1y+C_1z+D_1=0,\tag{2.1.51}$$

$$\pi_2:A_2x+B_2y+C_2z+D_2=0\tag{2.1.52}$$

平行,则由所有使得向量$(\lambda A_1+\mu A_2,\lambda B_1+\mu B_2,\lambda C_1+\mu C_2)\neq\mathbf{0}$ 的标量 λ 和 μ 所确定的由

$$(\lambda A_1+\mu A_2)x+(\lambda B_1+\mu B_2)y+(\lambda C_1+\mu C_2)z+(\lambda D_1+\mu D_2)=0\tag{2.1.53}$$

所构成的集合为平行平面束,且该平面束中任意平面都与 π_1 和 π_2 平行.

证 由定理 2.1.13,从平面 π_1 与 π_2 平行可得

$$A_1:B_1:C_1=A_2:B_2:C_2.\tag{2.1.54}$$

由(2.1.54)式,对于不全为零的 λ 和 μ,$(\lambda A_1+\mu A_2,\lambda B_1+\mu B_2,\lambda C_1+\mu C_2)$与向量$(A_1,B_1,C_1)$和$(A_2,B_2,C_2)$平行,再由定理 2.1.13,(2.1.53)式对应的平面与 π_1 和 π_2 平行.所以,(2.1.53)式的所有平面组成平行平面束,且该平行平面束中任意平面都与 π_1 和 π_2 平行. $\square$

定理 2.1.15 平行于平面 $\pi:Ax+By+Cz+D=0$ 的所有平面的方程可表示为

$$Ax+By+Cz+\lambda=0,\tag{2.1.55}$$

其中 λ 为任意实数.

证 设平面 π 的所有平行平面中的任何一个取定的方程为

$$\pi_1:A_1x+B_1y+C_1z+D_1=0,\tag{2.1.56}$$

则平面 π 与平面 π_1 平行.按照定理 2.1.13 的充要条件,得$(A_1,B_1,C_1)\,/\!/\,(A,B,C)$,因此存在非零实数 μ,使得

$$(A_1,B_1,C_1)=\mu(A,B,C).\tag{2.1.57}$$

将这样的(A_1,B_1,C_1)代入(2.1.56)式得到

$$\pi_1:\mu Ax+\mu By+\mu Cz+D_1=0, \tag{2.1.58}$$

整理后得到

$$\pi_1:Ax+By+Cz+D_1/\mu=0. \tag{2.1.59}$$

令 $\lambda=D_1/\mu$,则得到(2.1.55)式. □

例 2.1.15 求与平面 $3x+y-z+4=0$ 平行,且在 z 轴上的截距等于 4 的平面的方程.

解 按照定理 2.1.15,与平面 $3x+y-z+4=0$ 平行的平行平面束为

$$3x+y-z+\lambda=0, \tag{2.1.60}$$

其中 λ 为任意实数.又由于所求平面在 z 轴上的截距等于 4,即,所求平面过点 $(0,0,4)$,代入(2.1.60)式得 $\lambda=4$.因此,所求平面的方程为

$$3x+y-z+4=0.\quad \square$$

三维空间中三张或三张以上的平面的位置关系与相应线性方程组的解集对应,读者不难给出刻画,作为示例,这里只介绍对应线性方程组有唯一解的情形.

定理 2.1.16 仿射空间中任意三张平面

$$\pi_i:A_ix+B_iy+C_iz+D_i=0,\quad i=1,2,3$$

相交于一点的充要条件是,行列式

$$\begin{vmatrix} A_1 & B_1 & C_1 \\ A_2 & B_2 & C_2 \\ A_3 & B_3 & C_3 \end{vmatrix}\neq 0.$$

证 几何上相交于一点等价于方程组有唯一解,即系数矩阵的秩为 3,所以定理成立. □

3. 点与直线的位置关系

点与直线的位置关系所关心的问题是点与直线的距离,简单地说,就是点在或不在直线上.

定义 2.1.6 对于直线 l 外一点 P,过点 P 作垂直于 l 的直线 l_1,称直线 l_1 与直线 l 的交点为点 P 在直线 l 上的**射影**,记为 $\mathrm{Prj}_l P$.

定义 2.1.7 设有直线 l 及 l 外一点 P,称点 P 与 P 在直线 l 上的射影之间的距离为点 P 到直线 l 的**距离**,记为 $d(P,l)$.

定理 2.1.17 设直线 l 过点 P_1 且以 $\boldsymbol{v}$ 为方向向量,P_0 为 l 外一点,则 P_0 到直线 l 的距离为

$$d(P_0,l)=|\overrightarrow{P_1P_0}\times\boldsymbol{v}|\Big/|\boldsymbol{v}|. \tag{2.1.61}$$

证 如图 2.1.7,根据外积的定义,以 $\overrightarrow{P_1P_0}$ 和 $\boldsymbol{v}$ 为邻边的平行四边形的面积为 $|\overrightarrow{P_1P_0}\times\boldsymbol{v}|$.而点 P_0 到底边上的高就是点 P_0 到直线 l 的距离 $d(P_0,l)$,根据平行四边形的面积公式,

$$|\overrightarrow{P_1P_0}\times\boldsymbol{v}|=d(P_0,l)\,|\boldsymbol{v}|,$$

整理后得(2.1.61)式. □

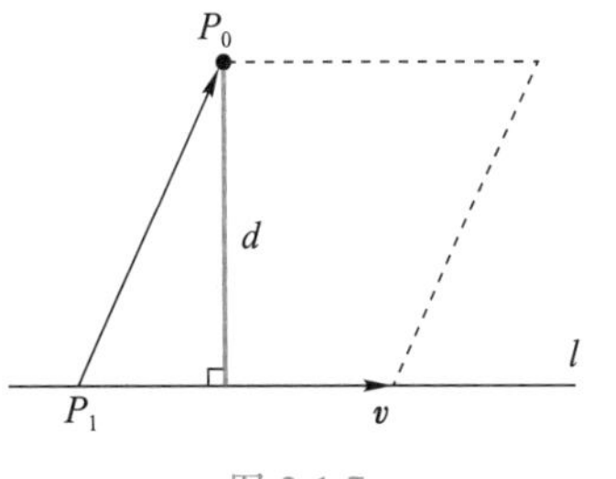

图 2.1.7

例 2.1.16 已知直线 $l:\dfrac{x+5}{4}=\dfrac{y-4}{-3}=\dfrac{z+4}{5}$和其外一点 $P_0(-6,6,-7)$,求点 P_0 到直线 l 的距离.

解 根据(2.1.61)式,在本例中,可取 $P_1(-5,4,-4)$,$\boldsymbol{v}=(4,-3,5)$,因此

$$d(P_0,l)=\frac{|(-1,2,-3)\times(4,-3,5)|}{|(4,-3,5)|}=\frac{\sqrt{6}}{2}. \quad \square$$

定理 2.1.18 设直线 l 过 $P_1(x_1,y_1,z_1)$,方向向量为 $\boldsymbol{v}$,$P_0(x_0,y_0,z_0)$为直线 l 外一点,则 P_0 在 l 上的射影为

$$\mathrm{Prj}_l P_0=(x_1,y_1,z_1)+(\mathrm{Prj}_{\boldsymbol{v}}\overrightarrow{P_1P_0})\boldsymbol{v}^0. \tag{2.1.62}$$

证 因为过点 $P_1(x_1,y_1,z_1)$以 $\boldsymbol{v}$ 为方向向量的直线 l 的参数方程是

$$(x,y,z)=(x_1,y_1,z_1)+t\boldsymbol{v}, \tag{2.1.63}$$

过点 $P_0(x_0,y_0,z_0)$且与已知直线 l 垂直的平面 π 为($\forall (x,y,z)\in\pi$)

$$[(x,y,z)-(x_0,y_0,z_0)]\cdot\boldsymbol{v}=0.$$

因此,对于直线 l 与平面 π 的交点,有

$$[(x_1,y_1,z_1)+t\boldsymbol{v}-(x_0,y_0,z_0)]\cdot\boldsymbol{v}=0,$$

即交点的参数 $t=\dfrac{\overrightarrow{P_1P_0}\cdot\boldsymbol{v}}{\boldsymbol{v}^2}$,将其代入直线 l 的方程(2.1.63),可得直线 l 与平面 π 的交点为

$$(x,y,z)=(x_1,y_1,z_1)+\frac{\overrightarrow{P_1P_0}\cdot\boldsymbol{v}}{\boldsymbol{v}^2}\boldsymbol{v}=(x_1,y_1,z_1)+(\mathrm{Prj}_{\boldsymbol{v}}\overrightarrow{P_1P_0})\boldsymbol{v}^0. \quad \square$$

例 2.1.17 在直角坐标系下,求 $P_0(3,-2,6)$在直线 $l:\dfrac{x-1}{2}=\dfrac{y+2}{1}=\dfrac{z-3}{2}$上的射影.

解 由(2.1.62)式,取点 $P_1(1,-2,3)$,$\boldsymbol{v}=(2,1,2)$,从而得 P_0 在 l 上的射影为 $\left(\dfrac{29}{9},\dfrac{-8}{9},\dfrac{47}{9}\right)$. $\square$

4. 点与平面的位置关系

点与平面的位置关系类似于点与直线的位置关系,我们关心的是点在或不在平面上,点与平面能否相互确定等.点不在平面上时,可以利用点到平面的距离来进行描述.

定义 2.1.8 对于平面 π 和平面 π 外一点 P,过点 P 作平行于平面 π 的法向量 $\boldsymbol{n}$ 的直线 l,直线 l 与平面 π 的交点 Q 称为点 P 在平面 π 上的**射影**,记为 $\mathrm{Prj}_\pi P$;向量$\overrightarrow{QP}$在法向量 $\boldsymbol{n}$ 上的射影称为点 P 与平面 π 之间的**离差**,记作 $\delta(P,\pi)$.

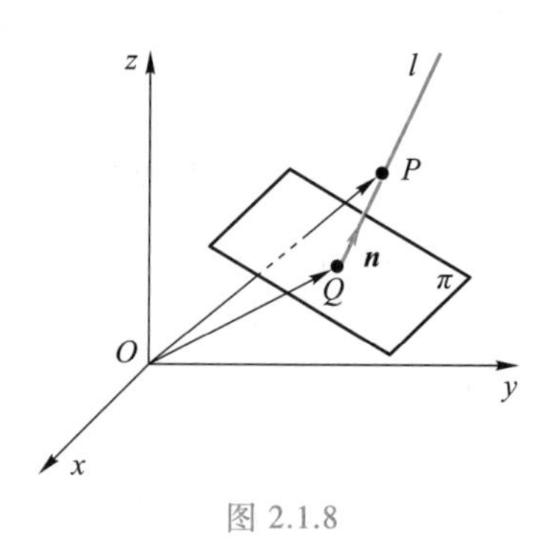

图 2.1.8

图 2.1.8 是离差示意图.显然,$|\delta(P,\pi)|$为点 P 到平面 π 的距离,记为 $d(P,\pi)$.根据离差的定义,

$$\delta(P,\pi)=\mathrm{Prj}_{\boldsymbol{n}}\overrightarrow{QP}=|\overrightarrow{QP}|\cos\langle\boldsymbol{n},\overrightarrow{QP}\rangle.$$

因此当$\overrightarrow{QP}$与 $\boldsymbol{n}$ 同向时,离差为正;当$\overrightarrow{QP}$与 $\boldsymbol{n}$ 反向时,离差为

负;当点 P 在平面 π 上时,离差$\delta(P,\pi)=0$.

定理 2.1.19 在直角坐标系下,对于平面 $\pi:Ax+By+Cz+D=0$ 和其外一点 $P_0(x_0,y_0,z_0)$,点 P_0 在平面 π 上的射影为

$$\mathrm{Prj}_\pi P_0=(x_0,y_0,z_0)-\frac{Ax_0+By_0+Cz_0+D}{\sqrt{A^2+B^2+C^2}}\boldsymbol{n}^0,$$

而点 P_0 与平面 π 之间的离差为

$$\delta(P_0,\pi)=\frac{Ax_0+By_0+Cz_0+D}{\sqrt{A^2+B^2+C^2}}. \tag{2.1.64}$$

证 令 Q 为点 P_0 在平面 π 上的射影,因此 Q 为过 $P_0(x_0,y_0,z_0)$且平行于 $\boldsymbol{n}$ 的直线

$$(x,y,z)=(x_0,y_0,z_0)+t\boldsymbol{n}$$

与平面 π 的交点,即 Q 为以下方程组的解:

$$\begin{cases}(x,y,z)=(x_0,y_0,z_0)+t\boldsymbol{n},\\ Ax+By+Cz+D=0.\end{cases}$$

解此方程组(消去参数 t)得

$$Q(x,y,z)=\mathrm{Prj}_\pi P_0=(x_0,y_0,z_0)-\frac{Ax_0+By_0+Cz_0+D}{\sqrt{A^2+B^2+C^2}}\boldsymbol{n}^0. \tag{2.1.65}$$

另外,由定义 2.1.8 知,点 P_0 与平面 π 之间的离差为

$$\delta(P_0,\pi)=\boldsymbol{n}^0\cdot\overrightarrow{QP_0}. \tag{2.1.66}$$

把(2.1.65)式代入(2.1.66)式得

$$\delta(P_0,\pi)=\frac{Ax_0+By_0+Cz_0+D}{\sqrt{A^2+B^2+C^2}}.\quad\square$$

推论 点 $P_0(x_0,y_0,z_0)$到平面 $Ax+By+Cz+D=0$ 的距离为

$$d(P_0,\pi)=\frac{|Ax_0+By_0+Cz_0+D|}{\sqrt{A^2+B^2+C^2}}. \tag{2.1.67}$$

例 2.1.18 求直角坐标系下的一平面 π,其包含点 $P_1(1,0,1)$,$P_2(2,1,-3)$,且与点 $P_0(4,2,1)$的离差为 2.

解 设平面 π 的方程为

$$Ax+By+Cz+D=0. \tag{2.1.68}$$

由于平面 π 包含点 P_i,$i=1,2$,将其代入(2.1.68)式可得

$$\begin{cases}A+C+D=0,\\ 2A+B-3C+D=0.\end{cases} \tag{2.1.69}$$

另一方面,由定理 2.1.19 知,点 P_0 与平面 π 之间的离差满足

$$2=\frac{4A+2B+C+D}{\sqrt{A^2+B^2+C^2}}. \tag{2.1.70}$$

合并(2.1.69)式和(2.1.70)式,得到平面 π 的系数所满足的方程组

$$\begin{cases}A+C+D=0,\\2A+B-3C+D=0,\\4A+2B+C+D-2\sqrt{A^2+B^2+C^2}=0.\end{cases}\tag{2.1.71}$$

解此方程组得

$$\begin{cases}A=\dfrac{-2}{59}(\sqrt{137}D+14D),\\B=\dfrac{2}{59}(5\sqrt{137}D-48D),\\C=\dfrac{1}{59}(2\sqrt{137}D-31D),\end{cases}\quad 或\quad \begin{cases}A=\dfrac{2}{59}(\sqrt{137}D-14D),\\B=\dfrac{-2}{59}(5\sqrt{137}D+48D),\\C=\dfrac{1}{59}(-2\sqrt{137}D-31D).\end{cases}$$

分别代入(2.1.68)式,得到所求平面方程为

$$-(2\sqrt{137}+28)x+(10\sqrt{137}-96)y+(2\sqrt{137}-31)z+59=0,$$

或

$$(2\sqrt{137}-28)x-(10\sqrt{137}+96)y-(2\sqrt{137}+31)z+59=0.\quad\square$$

过空间中一点可以作许多平面,我们定义所谓平面把来称呼这些平面.

定义 2.1.9 空间中过一定点的所有平面的集合称为点的**平面把**或**平面丛**,该点称为**把心**或**丛心**.

定理 2.1.20 过定点 $P_0(x_0,y_0,z_0)$ 的平面把的方程为

$$A(x-x_0)+B(y-y_0)+C(z-z_0)=0,\tag{2.1.72}$$

其中 A,B,C 是不全为零的任意实数.

证 设过定点 $P_0(x_0,y_0,z_0)$ 的平面把的方程为

$$Ax+By+Cz+D=0,\tag{2.1.73}$$

则

$$Ax_0+By_0+Cz_0+D=0.\tag{2.1.74}$$

从(2.1.73)式中减去(2.1.74)式即得(2.1.72)式. $\square$

以下定理给出了过一点的平面把.

定理 2.1.21 假设仿射空间中的三张平面

$$\pi_i: A_ix+B_iy+C_iz+D_i=0,\quad i=1,2,3\tag{2.1.75}$$

相交于唯一点 P_0.那么过点 P_0 的平面把为

$$\begin{aligned}&(\lambda A_1+\mu A_2+\nu A_3)x+(\lambda B_1+\mu B_2+\nu B_3)y+\\&(\lambda C_1+\mu C_2+\nu C_3)z+(\lambda D_1+\mu D_2+\nu D_3)=0,\end{aligned}\tag{2.1.76}$$

其中 λ,μ,ν 是不全为零的任意实数.

证 过 P_0 的平面把为(2.1.76)式,其中 λ,μ,ν 是不全为零的任意实数 $\Leftrightarrow \forall(\lambda,\mu,\nu)\in\mathbb{R}^3\setminus\{(0,0,0)\}$,$P_0$ 满足(2.1.76)式且(2.1.76)式的一次项系数不为零;并且对过 P_0 的任意平面 π,$\exists(\lambda,\mu,\nu)\in\mathbb{R}^3\setminus\{(0,0,0)\}$ 使 $\pi=\lambda\pi_1+\mu\pi_2+\nu\pi_3$.

事实上,P_0 满足(2.1.75)式中的三个方程,所以,$\forall(\lambda,\mu,\nu)\in\mathbb{R}^3\setminus\{(0,0,0)\}$,$P_0$ 也满足这三个方程的线性组合(2.1.76)式. 同时,(2.1.75)式表示的三个平面相交于唯一点可得

对应的线性方程组的系数矩阵的秩和增广矩阵的秩相等且均为 3,即向量组$[(A_1,B_1,C_1),(A_2,B_2,C_2),(A_3,B_3,C_3)]$和向量组$[(A_i,B_i,C_i,D_i),i=1,2,3,4]$线性无关,因而$\forall(\lambda,\mu,\nu)\in\mathbb{R}^3\setminus\{(0,0,0)\}$,(2.1.76)式的一次项系数不全为零,且对过 P_0 的任意平面 $Ax+By+Cz+D=0$,向量组$[(A,B,C,D),(A_i,B_i,C_i,D_i),i=1,2,3]$线性相关,即$\exists(\lambda,\mu,\nu)\in\mathbb{R}^3\setminus\{(0,0,0)\}$使$(A,B,C,D)=\lambda(A_1,B_1,C_1,D_1)+\mu(A_2,B_2,C_2,D_2)+\nu(A_3,B_3,C_3,D_3)$. □

5. 直线与平面的位置关系

直线与平面的位置关系包括:直线与平面相交,直线与平面平行和直线位于平面上. 这些关系可以通过平面和直线的方程的系数来判断.

设直线 l 过点 $P(x_0,y_0,z_0)$,并且方向向量为 $\boldsymbol{v}=(X,Y,Z)$,即

$$(x,y,z)=(x_0,y_0,z_0)+t(X,Y,Z). \tag{2.1.77}$$

设平面 π 的方程为

$$Ax+By+Cz+D=0. \tag{2.1.78}$$

可以证明以下定理:

定理 2.1.22 已知直线 l 与平面 π.

(1) l 与 π 相交的充要条件是 $AX+BY+CZ\neq 0$;

(2) l 与 π 平行的充要条件是 $AX+BY+CZ=0$,且 $Ax_0+By_0+Cz_0+D\neq 0$;

(3) l 位于 π 上的充要条件是 $AX+BY+CZ=0$,且 $Ax_0+By_0+Cz_0+D=0$.

证 按照直线(2.1.77)与平面(2.1.78)的位置关系与其方程的对应关系,方程组

$$\begin{cases}(x,y,z)=(x_0,y_0,z_0)+t(X,Y,Z),\\ Ax+By+Cz+D=0\end{cases} \tag{2.1.79}$$

有唯一解、无解和无穷多解分别等价于直线 l 与平面 π 相交、平行以及直线 l 在平面 π 上.将(2.1.77)式代入(2.1.78)式,整理可得

$$(AX+BY+CZ)t=-(Ax_0+By_0+Cz_0+D).$$

显然,方程组(2.1.79)当且仅当 $AX+BY+CZ\neq 0$ 时,有唯一解

$$t=-\frac{Ax_0+By_0+Cz_0+D}{AX+BY+CZ}; \tag{2.1.80}$$

当且仅当 $AX+BY+CZ=0$,且 $Ax_0+By_0+Cz_0+D\neq 0$ 时,无解;当且仅当 $AX+BY+CZ=0$,且 $Ax_0+By_0+Cz_0+D=0$ 时,有无穷多解. □

推论 直线 l 与平面 π 相交、平行以及直线 l 在平面 π 上,也可以用直线 l 的方向向量 $\boldsymbol{v}$ 与平面 π 的法向量 $\boldsymbol{n}$ 之间的关系来分别描述为

(1) $\boldsymbol{v}$ 与 $\boldsymbol{n}$ 不垂直;

(2) $\boldsymbol{v}$ 与 $\boldsymbol{n}$ 垂直且直线 l 上的点(x_0,y_0,z_0)不在平面 π 上;

(3) $\boldsymbol{v}$ 与 $\boldsymbol{n}$ 垂直且直线 l 上的点(x_0,y_0,z_0)在平面 π 上.

当直线 l 与平面 π 相交时,可求它们的交角.

定义 2.1.10 过直线 l 的任意两点 P_1 和 P_2 在平面 π 上的射影 $\mathrm{Prj}_\pi P_1$ 和 $\mathrm{Prj}_\pi P_2$ 的直线 l_1,称为直线 l 在平面 π 上的**射影直线**,记作 $\mathrm{Prj}_\pi l$;直线 l 与 $\mathrm{Prj}_\pi l$ 的夹角称为直线 l 与平面 π 的**交角**,记为$\langle l,\pi\rangle$;特别地,当直线 l 与平面 π 平行时,规定交角为零,而当直线 l 与平面 π 垂直时,规定交角为直角.

图 2.1.9 为$\langle l,\pi\rangle$的示意图.由图 2.1.9 可以看出:当 $\mathrm{Prj}_{n}\boldsymbol{v}\geqslant 0$ 时,$\langle l,\pi\rangle=\frac{\pi}{2}-\langle \boldsymbol{v},\boldsymbol{n}\rangle$;而在 $\mathrm{Prj}_{n}\boldsymbol{v}<0$ 时,$\langle l,\pi\rangle=\langle \boldsymbol{v},\boldsymbol{n}\rangle-\frac{\pi}{2}$.因此,

$$\sin\langle l,\pi\rangle=|\cos\langle \boldsymbol{v},\boldsymbol{n}\rangle|. \qquad (2.1.81)$$

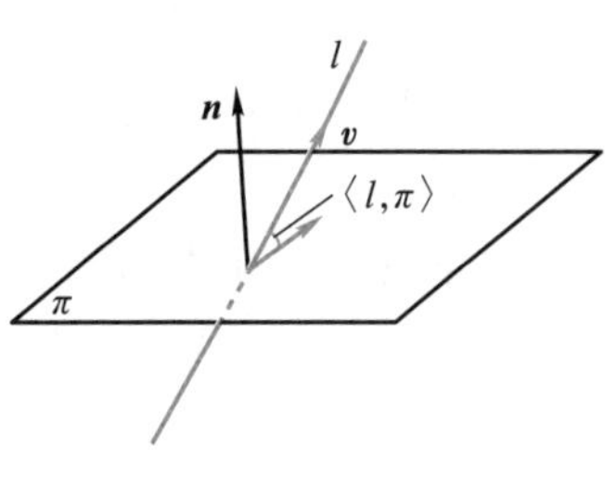

图 2.1.9

定理 2.1.23 在直角坐标系下,设 $\boldsymbol{v}=(X,Y,Z)$是直线 l 的方向向量,$\boldsymbol{n}=(A,B,C)$是平面 π 的法向量,则

$$\sin\langle l,\pi\rangle=\frac{|AX+BY+CZ|}{\sqrt{A^2+B^2+C^2}\sqrt{X^2+Y^2+Z^2}}. \qquad (2.1.82)$$

证 根据(2.1.81)式,在直角坐标系下,

$$\sin\langle l,\pi\rangle=|\cos\langle \boldsymbol{v},\boldsymbol{n}\rangle|=\frac{|AX+BY+CZ|}{\sqrt{A^2+B^2+C^2}\sqrt{X^2+Y^2+Z^2}}. \quad \square$$

例 2.1.19 证明在直角坐标系下,直线 $l:\frac{x-1}{2}=\frac{y+2}{1}=\frac{z+3}{-1}$与平面 $\pi:-x+y+2z+3=0$ 相交,并求出它们的交点和夹角.

解 按照所述直线和平面的表示,直线 l 的方向向量 $\boldsymbol{v}=(2,1,-1)$,平面 π 的法向量 $\boldsymbol{n}=(-1,1,2)$,因此 $\boldsymbol{vn}=-3\neq 0$,根据定理 2.1.22 的推论知,直线 l 和平面 π 相交.

直线 l 和平面 π 的交点 $P(x,y,z)$既在直线 l 上,又在平面 π 上,因此

$$\begin{cases}(x,y,z)=(1,-2,-3)+t(2,1,-1),\\ -x+y+2z+3=0.\end{cases}$$

由(2.1.80)式,得到 $t=-2$.将 $t=-2$ 代入直线 l 的方程得交点为$(-3,-4,-1)$.按照(2.1.82)式,交角$\langle l,\pi\rangle$满足

$$\sin\langle l,\pi\rangle=\frac{1}{2}.$$

所以直线 l 和平面 π 的夹角为$\langle l,\pi\rangle=\frac{\pi}{6}$. $\square$

一条直线可以是多张平面的交线,这些平面的集合也组成一个平面束.

定义 2.1.11 空间中包含同一条直线 l 的所有平面的集合称为**有轴平面束**,直线 l 称为这个有轴平面束的**轴**.

定理 2.1.24 假设两张平面 $\pi_1:A_1x+B_1y+C_1z+D_1=0$,$\pi_2:A_2x+B_2y+C_2z+D_2=0$ 相交于一条直线 l.那么,以直线 l 为轴的有轴平面束的方程为

$$(\lambda A_1+\mu A_2)x+(\lambda B_1+\mu B_2)y+(\lambda C_1+\mu C_2)z+(\lambda D_1+\mu D_2)=0, \qquad (2.1.83)$$

其中 λ 和 μ 是不全为零的任意实数.

证 以直线 l 为轴的平面束的方程为(2.1.83)式,其中 λ,μ 是不全为零的任意实数$\Leftrightarrow$ $\forall(\lambda,\mu)\in\mathbb{R}^2\setminus\{(0,0)\}$,$l$ 满足(2.1.83)式,且(2.1.83)式的一次项系数不全为零;并且以 l 为轴的任意一张平面 π,都能确定(λ,μ)使 π 的方程具有(2.1.83)式的形式.

事实上,l 满足π_1和π_2的方程,所有,$\forall(\lambda,\mu)\in\mathbb{R}^2\setminus\{(0,0)\}$,$l$ 满足这两个方程的线性

组合(2.1.83)式.同时,由 $\pi_1\cap\pi_2=l$ 可知,由 π_1 和 π_2 对应的方程所组成的线性方程组的系数矩阵的秩等于增广矩阵的秩,且为 2,即向量组 $[(A_1,B_1,C_1),(A_2,B_2,C_2)]$ 和向量组 $[(A_i,B_i,C_i,D_i),i=1,2]$ 线性无关.因而 $\forall(\lambda,\mu)\in\mathbb{R}^2\setminus\{(0,0)\}$,线性组合(2.1.83)式的一次项系数不全为零,且对以 l 为轴的任意一张平面 $\pi:Ax+By+Cz+D=0$,向量组 $[(A,B,C,D),(A_i,B_i,C_i,D_i),i=1,2]$ 线性相关,即 $\exists(\lambda,\mu)\in\mathbb{R}^2\setminus\{(0,0)\}$ 使 $(A,B,C,D)=\lambda(A_1,B_1,C_1,D_1)+\mu(A_2,B_2,C_2,D_2)$. □

例 2.1.20 求过交线 l:

$$\begin{cases}x-y+2z-11=0,\\x+4y-z+2=0\end{cases}$$

且包含原点的平面 π.

解 根据定理 2.1.24,包含交线 l 的有轴平面束的一般形式可设为($(\lambda,\mu)\neq(0,0)$)

$$(\lambda+\mu)x+(-\lambda+4\mu)y+(2\lambda-\mu)z+(-11\lambda+2\mu)=0. \tag{2.1.84}$$

所求平面 π 又通过原点,因此从(2.1.84)式得到 $\lambda=2\mu/11$. 将此代入(2.1.84)式得

$$13x+42y-7z=0.$$ □

例 2.1.21 求直线 l:

$$\begin{cases}x+y-z-1=0,\\x-y+z+1=0\end{cases}$$

在平面 $\pi:x+y+z=0$ 上的射影直线的方程.

解 按照定义,直线 l 在平面 π 上的射影直线,是过直线 l 且垂直于平面 π 的平面与平面 π 的交线.而根据定理 2.1.24,过直线 l 的有轴平面束的一般形式为

$$\mu(x+y-z-1)+\lambda(x-y+z+1)=0, \tag{2.1.85}$$

其中 λ 和 μ 是不全为零的实数.在(2.1.85)式中,与平面 $x+y+z=0$ 正交的平面,它们的法向量也正交,因此

$$(\mu+\lambda)1+(\mu-\lambda)1+(-\mu+\lambda)1=0. \tag{2.1.86}$$

由此解得 $\mu=-\lambda$.代入(2.1.85)式中可得

$$y-z-1=0.$$

所以,射影直线为

$$\begin{cases}y-z-1=0,\\x+y+z=0.\end{cases}$$ □

习题 2.1

1. 在三维仿射 Euclid 空间的仿射坐标系下,求满足下列条件的平面的方程:

(1) 经过点 $(1,1,1)$,平行于向量 $(1,0,-1)$ 和 $(0,3,-4)$;

(2) 经过点 $(1,0,2)$,$(2,4,-1)$ 和 $(-3,-5,1)$;

(3) 经过点 $(-1,0,2)$ 和 $(1,3,-2)$,且平行于向量 $(-1,-2,-4)$;

(4) 经过点 $(2,1,3)$,平行于平面 $2x-3y+z-4=0$;

(5) 经过坐标原点、点 $(-2,1,2)$ 和 $(1,1,-2)$;

(6) 经过点 $(0,1,-1)$ 与平面 $\pi:x-3y+z-2=0$ 平行的平面方程;

(7) 经过点$(1,2,0)$和 y 轴;

(8) 经过点 $(1,-1,2)$和$(2,0,-1)$,且平行于 x 轴;

(9) 经过 y 轴,且平行于向量$(1,-1,3)$;

(10) 经过点$(0,1,-1)$,平行于平面 $x-y+2z-1=0$.

2. 在三维仿射 Euclid 空间的直角坐标系下,求下列各平面的参数方程和一般方程:

(1) 通过点$(3,1,-1)$和$(1,-1,0)$,且平行于向量$(-1,0,2)$;

(2) 通过点$(1,-5,1)$和$(3,2,-2)$,且垂直于 xOy 坐标平面;

(3) 通过点$(3,2,-4)$,且在 x 轴和 y 轴上截距分别为-2 和-3;

(4) 通过点$(3,-5,1)$和$(4,1,2)$,且垂直于平面 $x-8y+3z-1=0$;

(5) 通过直线 AB 且平行于直线 CD,其中 $A(5,1,3)$,$B(1,6,2)$,$C(5,0,4)$,$D(4,0,6)$;

(6) 通过点$(-1,2,0)$,且垂直于向量$(3,3,1)$;

(7) 通过点$(-1,1,-10)$和$(5,-2,11)$,且垂直于平面 $2x+5y+z+1=0$;

(8) 通过点$(2,0,-3)$,且垂直于两张平面 $x-2y+4z-7=0$ 和 $3x+5y-2z+1=0$.

3. 在三维仿射 Euclid 空间的直角坐标系中,设点 $P(a,b,c)$在三个坐标平面 xOy,yOz 和 zOx 上的射影分别为 P_1,P_2,P_3.求过射影 P_1,P_2,P_3 的平面方程.这里 a,b,c 都是非零实数.

4. 在三维仿射 Euclid 空间的仿射坐标系下,求下列各直线的方程:

(1) 经过点$(2,-1,3)$,平行于向量$(1,0,3)$;

(2) 经过点$(2,-1,3)$和$(2,1,2)$;

(3) 经过点$(0,1,-1)$,与平面 π:$x-3y+z-2=0$ 平行,且与直线 l:$\begin{cases}3x-2y+2z+3=0,\\2x+y+z+1=0\end{cases}$ 共面.

5. 在三维仿射 Euclid 空间的直角坐标系下,求下列各直线的方程:

(1) 经过点$(-3,0,1)$和$(2,-5,1)$;

(2) 经过点$(1,0,-2)$,且与两直线$\dfrac{x-1}{1}=\dfrac{y}{1}=\dfrac{z+1}{-1}$和$\dfrac{x}{1}=\dfrac{y-1}{-1}=\dfrac{z+1}{0}$垂直;

(3) 经过点$(2,-3,-5)$,且垂直于平面 $6x-3y-5z+2=0$;

(4) 经过点$(3,-2,1)$,且垂直于平面 $3x+2y-3z+5=0$;

(5) 经过点$(0,1,-1)$,且与直线$\begin{cases}3x+2y-5=0,\\2x-z+3=0\end{cases}$垂直.

6. 在三维仿射 Euclid 空间中把下列各直线的一般方程化为标准方程:

(1) $\begin{cases}2x+y-z+1=0,\\3x-y-2z-3=0;\end{cases}$

(2) $\begin{cases}x+z-6=0,\\2x-4y-z+6=0.\end{cases}$

7. 在三维仿射 Euclid 空间中求下列各直线的方程:

(1) 平行于向量$(8,7,1)$,且与直线$\dfrac{x+13}{2}=\dfrac{y-5}{3}=\dfrac{z}{1}$和$\dfrac{x-10}{5}=\dfrac{y+7}{4}=\dfrac{z}{1}$都相交;

(2) 经过点$(2,-3,4)$,且与 y 轴垂直相交.

8. 在三维仿射 Euclid 空间中求下列各平面的方程:

(1) 通过直线$\frac{x-1}{2}=\frac{y}{1}=\frac{z}{-1}$,且平行于向量$(2,1,-2)$;

(2) 通过直线$\frac{x+2}{3}=\frac{y-1}{0}=\frac{z}{1}$和原点;

(3) 通过直线$\begin{cases}2x+3y+z-1=0,\\x+2y-z+2=0,\end{cases}$且平行于向量$(1,1,-1)$;

(4) 平行于平面π:$6x-2y+3z+15=0$,且使得点$(0,-2,-1)$到所求平面和π的距离相等.

9. 在三维仿射 Euclid 空间的直角坐标系下,求下列各平面的方程:

(1) 通过点$(2,0,-1)$,且通过直线$\frac{x+1}{2}=\frac{y}{-1}=\frac{z-2}{3}$;

(2) 通过直线$\frac{x-2}{1}=\frac{y+3}{-5}=\frac{z+1}{-1}$,且与直线$\begin{cases}2x-y-z-3=0,\\x+2y-z-5=0\end{cases}$平行;

(3) 通过直线$\frac{x-1}{2}=\frac{y+2}{-3}=\frac{z-2}{2}$,且与平面$3x+2y-z-5=0$垂直.

10. 在三维仿射 Euclid 空间中求所有与直线l_1:$\frac{x-6}{3}=\frac{y}{2}=\frac{z-1}{2}$,$l_2$:$\frac{x}{3}=\frac{y}{2}=\frac{z+4}{-2}$都相交,并且平行于平面$2x+3y-5=0$的直线所构成的图形的方程.

11. 在三维仿射 Euclid 空间中设点(x_1,y_1,z_1),(x_2,y_2,z_2)和(x_3,y_3,z_3)不共线.证明:

$$\begin{vmatrix}x & y & z & 1\\x_1 & y_1 & z_1 & 1\\x_2 & y_2 & z_2 & 1\\x_3 & y_3 & z_3 & 1\end{vmatrix}=0$$

是这三个点所决定的平面的方程.

12. 在三维仿射 Euclid 空间中判别下列各对直线的位置关系:

(1) $\frac{x+1}{3}=\frac{y-1}{9}=\frac{z-2}{1}$和$\frac{x}{-1}=\frac{y-2}{2}=\frac{z-1}{3}$;

(2) $\begin{cases}2x-2y+z-3=0\\x+y+2z+1=0\end{cases}$和$\frac{x-1}{1}=\frac{y-2}{-1}=\frac{z-3}{2}$.

13. 在三维仿射 Euclid 空间中判别下列各组直线与平面的位置关系,如果相交则求出交点:

(1) 直线$\frac{x}{-1}=\frac{y-1}{1}=\frac{z-1}{1}$与平面$x-2y+3z+5=0$;

(2) 直线$\frac{x-1}{1}=\frac{y-1}{1}=\frac{z-8}{2}$与平面$x+y-z+6=0$;

(3) 直线$\frac{x-1}{2}=\frac{y+1}{-3}=\frac{z+1}{-1}$与平面$3x+2y+z=0$.

14. 在三维仿射 Euclid 空间中判别下列各平面的位置关系:

(1) $x+3y-z-2=0$ 和 $2x+6y-2z-2=0$;

(2) $x+y+3z-4=0$ 和 $x+3y+z-4=0$;

(3) $3x+2y+z-6=0$ 和 $\frac{x}{2}+\frac{y}{3}+\frac{z}{6}-1=0$;

(4) $x-2y+3z-4=0, x+2y+z-4=0$ 和 $x+y-z-4=0$.

15. 在三维仿射 Euclid 空间中已知直线 $l_1:\begin{cases}2x+y-1=0\\3x+z-2=0\end{cases}$ 和 $l_2:\frac{1-x}{1}=\frac{y+1}{2}=\frac{z-2}{3}$,证明 $l_1 /\!/ l_2$,并求 l_1, l_2 确定的平面方程.

16. 设在三维仿射 Euclid 空间的仿射坐标系下,三张平面的方程为

$$\pi_i: Ax+By+Cz+D_i=0, \quad i=1,2,3,$$

其中 D_1, D_2, D_3 互不相等.又设一条直线和它们相交,交点分别为 P, Q, R,求 (P,Q,R).

17. 在三维仿射 Euclid 空间的空间直角坐标系下,已知两条直线 $l_1:\begin{cases}x+y=0,\\z+1=0\end{cases}$ 和 $l_2:\begin{cases}x-y=0,\\z-1=0.\end{cases}$

(1) 证明:l_1 和 l_2 是异面直线;

(2) 求 l_1 和 l_2 之间的距离;

(3) 求它们的公垂线方程.

18. 在三维仿射 Euclid 空间的直角坐标系下,求以下距离:

(1) 点 $(1,0,1)$ 到直线 $\begin{cases}x=y,\\3x-z=0;\end{cases}$

(2) 点 $(1,0,2)$ 到平面 $3x+y+2z=1$;

(3) 直线 $\frac{x}{1}=\frac{y+2}{-3}=\frac{z+7}{-2}$ 和直线 $\frac{x}{-1}=\frac{y-6}{3}=\frac{z+5}{2}$ 之间;

(4) 平面 $2x-2y+z+5=0$ 和 $2x-2y+z-1=0$ 之间.

19. 在三维仿射 Euclid 空间的直角坐标系下,给定两条直线方程 $l_1:\begin{cases}2x-y+z+2=0,\\x+2y+4z-4=0\end{cases}$ 和 $l_2:\begin{cases}x+2y-1=0,\\y-z+2=0,\end{cases}$ 求它们的距离和公垂线方程.

20. 在三维仿射 Euclid 空间的仿射坐标系下,三张平面的方程为

$$\pi_1: ax+y+z+1=0,$$

$$\pi_2: x+ay+z+2=0,$$

$$\pi_3: x+y-2z+3=0,$$

求 a,使得上述平面不相交于一点,且互不平行.

21. 设在三维仿射 Euclid 空间的仿射坐标系下,两张平行平面的方程为 $\pi_i: Ax+By+Cz+D_i=0, i=1,2$,求与它们距离相等的点的轨迹.

22. 设在三维仿射 Euclid 空间的仿射坐标系下,两张平行平面的方程为 $\pi_1: 3x-2y+5z+2=0$ 和 $\pi_2: 6x-4y+10z-5=0$,求到 π_1 的距离和到 π_2 的距离之比为 2 : 1 的点的轨迹.

23. 在三维仿射 Euclid 空间中确定 a,b,s,t 的值，使得直线 $\dfrac{x+3}{a}=\dfrac{y-s}{b}=\dfrac{z-t}{1}$ 和直线 $\begin{cases}3x-y+z-2=0,\\x-2y+1=0\end{cases}$ 重合.

24. 在三维仿射 Euclid 空间的直角坐标系下，点 D 的坐标为 $(2,3,1)$，A,B,C 是平面 $3x-2y-6z-4=0$ 上的三个点，使得 $\triangle ABC$ 的面积为 4，求四面体 $ABCD$ 的体积.

25. 在三维仿射 Euclid 空间的直角坐标系下，求下列各夹角（用反三角函数表示）：

(1) 平面 $3x-4y-5z-4=0$ 与平面 $4x+y-z+5=0$ 的夹角；

(2) 直线 $\dfrac{x-1}{3}=\dfrac{y+2}{6}=\dfrac{z-5}{2}$ 与 $\dfrac{x}{2}=\dfrac{y-3}{9}=\dfrac{z+1}{6}$ 的夹角；

(3) 直线 $\begin{cases}3x-4y-2z=0,\\2x+y-2z=0\end{cases}$ 与 $\begin{cases}4x+y-6z-2=0,\\y-3z+2=0\end{cases}$ 的夹角；

(4) 直线 $\dfrac{x-1}{2}=\dfrac{y}{1}=\dfrac{z+1}{-1}$ 与平面 $x-2y+4z-1=0$ 的夹角.

26. 在三维仿射 Euclid 空间的直角坐标系下，直线 $\dfrac{x+1}{t}=\dfrac{y-3}{1}=\dfrac{z+1}{2}$ 与平面 $2x+4y-5z+1=0$ 平行，求 t 的值，并求它们的距离.

27. 在三维仿射 Euclid 空间的直角坐标系下，求到平面 $3x-2y-6z-4=0$ 和 $2x+2y-z+5=0$ 距离相等的点的轨迹.

28. 在三维仿射 Euclid 空间中分别在下列条件下确定 X,Y,Z 的值：

(1) 使 $(X-3)x+(Y+1)y+(Z-3)z+8=0$ 与 $(Y+3)x+(Z-9)y+(X-3)z-16=0$ 表示同一平面；

(2) 使 $2x+Yy+3z-5=0$ 与 $Xx-6y-6z+2=0$ 表示两平行平面；

(3) 使 $Xx+y-3z+1=0$ 与 $7x+2y-z=0$ 表示两正交平面.

29. 在三维仿射 Euclid 空间的直角坐标系下，求下列各平面的方程：

(1) 平面束 $(x+3y-5)+\lambda(x-y-2z+4)=0$ 中，在 x 轴、y 轴上截距相等的平面；

(2) 通过直线 $\begin{cases}x+5y+z=0,\\x-z+4=0\end{cases}$ 且与平面 $x-4y-8z+12=0$ 成 $\dfrac{\pi}{4}$ 角的平面；

(3) 通过直线 $\dfrac{x+1}{0}=\dfrac{y+2}{2}=\dfrac{z}{-3}$ 且与点 $(4,1,2)$ 的距离等于 3 的平面；

(4) 与平面 $x+3y+2z=0$ 平行且与三坐标平面围成的四面体体积为 6 的平面.

§2.2 常见曲面的方程

三维仿射 Euclid 空间中的常见曲面包括球面、椭球面、柱面、锥面和旋转曲面等，它们由满足特定条件的点或线，按照一定轨迹运动而生成.本节在三维仿射 Euclid 空间中的右手直角坐标系下，建立这些常见曲面所对应的代数方程.

曲面的方程一般可由一个方程表示,而曲线可以看成是相交曲面的交线,因而其方程通常是这些相交曲面的方程联立起来的一个方程组.

2.2.1 旋转曲面的方程

旋转曲面是由一条曲线绕一条固定直线旋转一周所生成的曲面.

定义 2.2.1 一条曲线 Γ 绕一条直线 l 旋转所得的曲面称为**旋转曲面**,简称**旋转面**,也称**回转曲面**.曲线 Γ 称为旋转面的**母线**,而直线 l 称为旋转面的**旋转轴**或**轴**.

图 2.2.1 是由母线 Γ 绕轴 l 一周所形成的一张旋转面.由图 2.2.1 可看出,Γ 上任意一点绕 l 旋转一周的轨迹形成一个圆,称为**纬圆**(**纬线**).过纬圆的平面正交于轴 l.过 l 的平面与旋转面有两条交线,每条交线都称为旋转面的一条**经线**.任何一条经线都可作为母线,但母线不一定是经线.

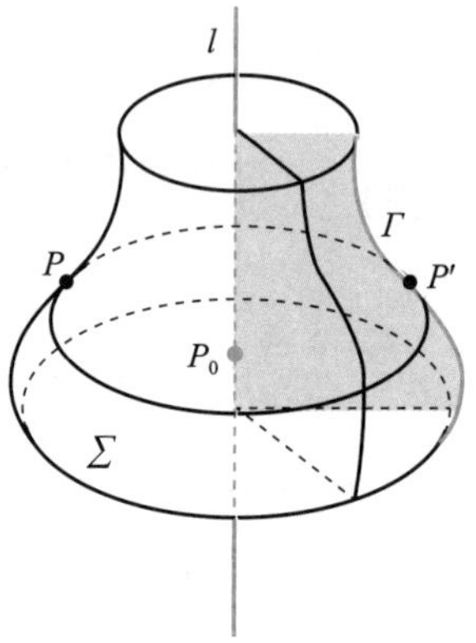

图 2.2.1

命题 2.2.1 设母线 Γ 的方程为

$$\begin{cases}F(x,y,z)=0,\\G(x,y,z)=0,\end{cases}\tag{2.2.1}$$

旋转轴 l 是过点 $P_0(x_0,y_0,z_0)$ 且方向向量为 $\boldsymbol{v}=(X,Y,Z)$ 的直线:

$$\frac{x-x_0}{X}=\frac{y-y_0}{Y}=\frac{z-z_0}{Z}.\tag{2.2.2}$$

那么,以 l 为轴、Γ 为母线的旋转面 Σ 的方程满足

$$\begin{cases}F(x',y',z')=0,\\G(x',y',z')=0,\\X(x-x')+Y(y-y')+Z(z-z')=0,\\(x-x_0)^2+(y-y_0)^2+(z-z_0)^2=(x'-x_0)^2+(y'-y_0)^2+(z'-z_0)^2,\end{cases}\tag{2.2.3}$$

其中 x',y',z' 为参数使得 (x',y',z') 是 Σ 上的任意取定点绕 l 旋转而得到的圆与 T 的交点,消去参数 x',y',z',就得到旋转面 Σ 的一般方程.

证 从图 2.2.1 可见,空间中任意一点 $P(x,y,z)$ 在 Σ 上的充要条件是 P 绕轴 l 旋转而得的圆和 Γ 有交点,即存在一点 $P'(x',y',z')\in\Gamma$,使得 $P'P\perp l$,且 $\forall P_0\in l$, $|\overrightarrow{P_0P'}|=|\overrightarrow{P_0P}|$,代入坐标分量即得(2.2.3)式. □

命题 2.2.2 当坐标平面上的曲线 Γ 作为母线绕此坐标平面的一个坐标轴旋转时,所得旋转面的方程为:保留曲线 Γ 的方程中与旋转轴同名的坐标变量,并以其余两个变量的平方和的平方根去替换曲线 Γ 的方程中的另一坐标或以该平方根的负值去替换曲线 Γ 的方程中的另一坐标所得的方程.

证 若坐标平面 yOz 上的曲线 $\Gamma_1: f(y,z)=0, x=0$ 绕 z 轴旋转,则旋转轴 z 轴过 $(0,0,0)$ 且有方向向量 $(0,0,1)$.因此,根据命题 2.2.1 的(2.2.3)式,旋转面的方程满足

$$\begin{cases}f(y',z')=0,\\x'=0,\\z-z'=0,\\x^2+y^2+z^2=x'^2+y'^2+z'^2.\end{cases}$$

消去参数 x',y',z' 得 $f(\sqrt{x^2+y^2},z)=0$ 或 $f(-\sqrt{x^2+y^2},z)=0$，即

$$f(\sqrt{x^2+y^2},z)f(-\sqrt{x^2+y^2},z)=0. \tag{2.2.4}$$

若曲线 Γ_1 绕 y 轴旋转，同理可得

$$f(y,\sqrt{x^2+z^2})f(y,-\sqrt{x^2+z^2})=0. \tag{2.2.5}$$

类似地，坐标平面 zOx 上的曲线 $\Gamma_2: h(x,z)=0, y=0$ 绕 x 轴或 z 轴旋转所生成的旋转面方程分别为

$$h(x,\sqrt{y^2+z^2})h(x,-\sqrt{y^2+z^2})=0 \text{ 和 } h(\sqrt{x^2+y^2},z)h(-\sqrt{x^2+y^2},z)=0. \tag{2.2.6}$$

坐标平面 xOy 上的曲线 $\Gamma_3: g(x,y)=0, z=0$ 绕 x 轴或 y 轴旋转所生成的旋转面方程分别为

$$g(x,\sqrt{y^2+z^2})g(x,-\sqrt{y^2+z^2})=0 \text{ 和 } g(\sqrt{x^2+z^2},y)g(-\sqrt{x^2+z^2},y)=0. \tag{2.2.7}$$

综合(2.2.4)—(2.2.7)式就得到该命题结论. □

利用命题 2.2.2 可快速得到常见平面曲线绕轴旋转所得的旋转面.例如，yOz 平面上的抛物线

$$\begin{cases} y^2=2pz, \\ x=0 \end{cases}$$

绕 z 轴旋转所得的旋转面的方程为

$$x^2+y^2=2pz. \tag{2.2.8}$$

该曲面称为**旋转抛物面**.图 2.2.2(a)所示为 yOz 平面的一条抛物线，(b)中是以这条平面抛物线为母线的旋转抛物面的图形.

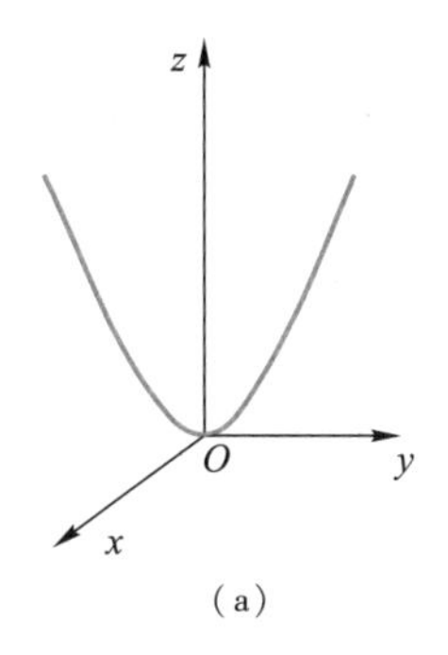

(a) (b)

图 2.2.2

yOz 平面上的双曲线

$$\begin{cases} \dfrac{y^2}{b^2}-\dfrac{z^2}{c^2}=1(b>0,c>0), \\ x=0 \end{cases}$$

绕 z 轴和 y 轴旋转所得的旋转面的方程，分别为

$$\frac{x^2}{b^2}+\frac{y^2}{b^2}-\frac{z^2}{c^2}=1 \text{ 和 } \frac{y^2}{b^2}-\frac{x^2}{c^2}-\frac{z^2}{c^2}=1. \tag{2.2.9}$$

它们分别称为**旋转单叶双曲面**和**旋转双叶双曲面**.图 2.2.3 的(a)是 yOz 平面上的双曲线，(b)和(c)依次是该双曲线绕 z 轴和 y 轴旋转所得的旋转单叶双曲面和旋转双叶双曲面.

yOz 平面上的圆

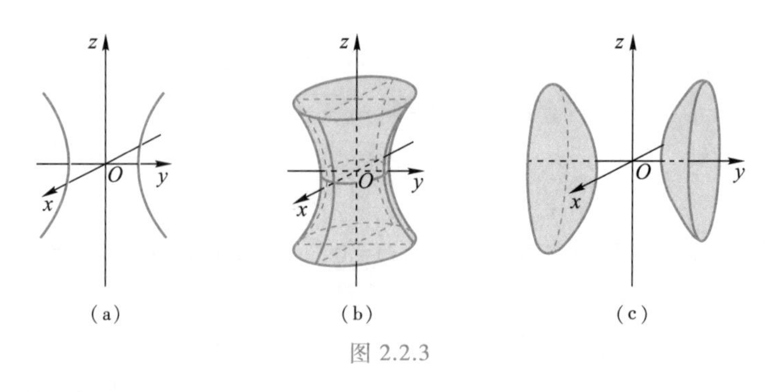

图 2.2.3

$$\begin{cases}(y-a)^2+z^2=r^2(0<r<a),\\x=0\end{cases}$$

绕 z 轴旋转所得的曲面为

$$[(\sqrt{x^2+y^2}-a)^2+z^2-r^2][(-\sqrt{x^2+y^2}-a)^2+z^2-r^2]=0.$$

展开后得到

$$(x^2+y^2+z^2+a^2-r^2)^2=4a^2(x^2+y^2). \tag{2.2.10}$$

这个曲面称为**环面**,它是一个 4 次代数曲面.图 2.2.4(a)就是这样一个环面,它由(b)中 yOz 平面上的圆绕 z 轴旋转而成.

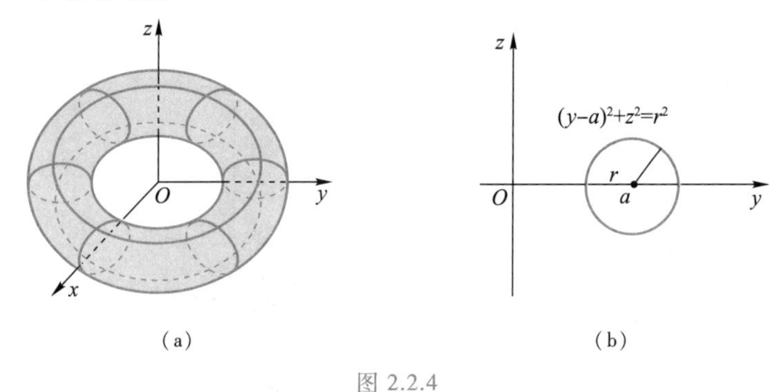

图 2.2.4

xOy 平面上的椭圆

$$\begin{cases}\dfrac{x^2}{a^2}+\dfrac{y^2}{b^2}=1(a>b),\\z=0\end{cases}$$

绕 x 轴和 y 轴旋转所得的旋转面的方程分别为

$$\frac{x^2}{a^2}+\frac{y^2}{b^2}+\frac{z^2}{b^2}=1 \text{ 和 } \frac{x^2}{a^2}+\frac{y^2}{b^2}+\frac{z^2}{a^2}=1, \tag{2.2.11}$$

分别称为**长形旋转椭球面**和**扁形旋转椭球面**.如图 2.2.5 所示.当(2.2.11)式中的 $a=b=R$ 时,该方程变成

$$x^2+y^2+z^2=R^2. \tag{2.2.12}$$

这是以原点为球心、半径为 R 的球面的一般方程.借助于第一章的球面坐标,(2.2.12)式容易表示成坐标形式的参数方程:

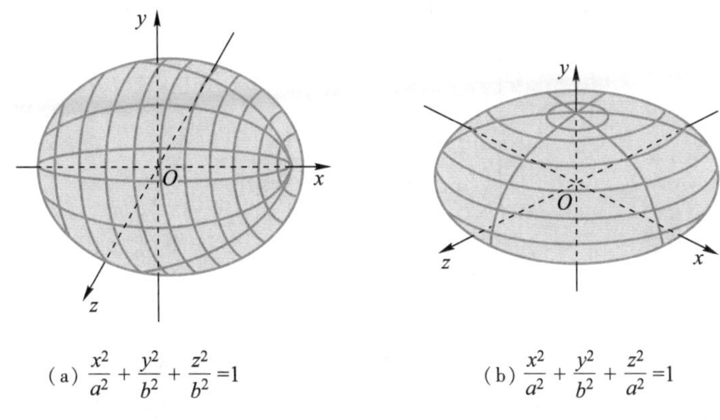

(a) $\frac{x^2}{a^2}+\frac{y^2}{b^2}+\frac{z^2}{b^2}=1$　　(b) $\frac{x^2}{a^2}+\frac{y^2}{b^2}+\frac{z^2}{a^2}=1$

图 2.2.5

$$\begin{cases} x=R\sin\varphi\cos\theta, \\ y=R\sin\varphi\sin\theta, \\ z=R\cos\varphi, \end{cases}$$

其中$(\varphi,\theta)\in[0,\pi]\times[0,2\pi)$.

例 2.2.1　求直线 $\Gamma:\frac{x-1}{1}=\frac{y}{2}=\frac{z}{2}$绕直线 $l:x=y=z$ 旋转所得的旋转面的方程.

解　由已知条件,旋转轴 l 过点$(0,0,0)$,且方向向量可取为$(1,1,1)$,根据(2.2.3)式可得所求旋转面的方程为

$$\begin{cases} \frac{x'-1}{1}=\frac{y'}{2}=\frac{z'}{2}, \\ (x-x')+(y-y')+(z-z')=0, \\ x^2+y^2+z^2=x'^2+y'^2+z'^2. \end{cases}$$

消去参数后变成

$$x^2+y^2+z^2=\frac{1}{25}(x+y+z+4)^2+\frac{8}{25}(x+y+z-1)^2.$$

这就是所求旋转面的方程. □

例 2.2.2　已知一直线 Γ,取直角坐标系,使得直线 Γ 不与 z 轴垂直,且 x 轴位于 Γ 与 z 轴所在直线的公垂线上,求 Γ 绕 z 轴旋转所得曲面的方程.

解　由已知条件,该直线经过点$(a,0,0)$,其中 a 为一个实数.设直线 Γ 具有方向向量 $\boldsymbol{v}=(X,Y,Z)$,则直线 Γ 的方程可写为

$$\frac{x-a}{X}=\frac{y}{Y}=\frac{z}{Z}. \tag{2.2.13}$$

由于直线 Γ 垂直于 x 轴,即 x 轴所在直线的方向向量$(1,0,0)$垂直于(X,Y,Z),所以 $X=0$.将此代入方程(2.2.13)可得 $x=a$.而且因为直线 Γ 不与 z 轴垂直,由此推出 $Z\neq 0$,所以直线 Γ 的方程(2.2.13)的精确表达如下:

$$\begin{cases} x=a, \\ y=\frac{Y}{Z}z \xlongequal{\text{记为}} \lambda z. \end{cases}$$

因此,由(2.2.3)式,Γ 绕 z 轴旋转所得曲面的方程为

$$\begin{cases}x'=a,\\y'=\lambda z',\\z-z'=0,\\x^2+y^2+z^2=x'^2+y'^2+z'^2.\end{cases}$$

整理后得

$$\frac{x^2+y^2}{a^2}-\frac{\lambda^2z^2}{a^2}=1. \quad \square \tag{2.2.14}$$

方程(2.2.14)虽然具有方程(2.2.9)中的旋转单叶双曲面的形式,但方程(2.2.9)的图形是用 yOz 平面上的双曲线作为母线旋转而得,而方程(2.2.14)的图形是由直线 Γ 作为母线绕 z 轴旋转形成的.

例 2.2.2 有两种特殊情形值得注意,一种是旋转轴 l 为 z 轴,直线 Γ 具有方向向量(0,0,1).由(2.2.3)式,Γ 绕 z 轴旋转所得曲面的方程为

$$\begin{cases}x'=a,\\y'=0,\\z-z'=0,\\x^2+y^2+z^2=x'^2+y'^2+z'^2,\end{cases}$$

即

$$x^2+y^2=a^2, \tag{2.2.15}$$

其图形如图 2.2.6,是所谓的**圆柱面**.方程(2.2.15)说明,圆柱面实际上是一种旋转面.然而,圆柱面也可以用以下方式来定义.

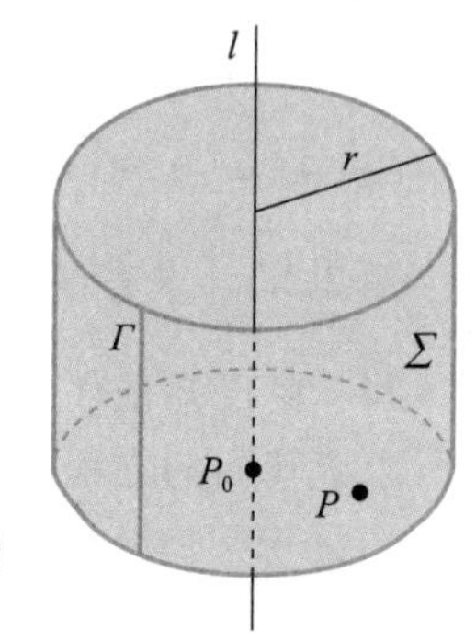

图 2.2.6

定义 2.2.2 由到一条直线 l 的距离为常数 r 的点构成的曲面 Σ,称为**圆柱面**.直线 l 称为圆柱面的轴,r 称为其**半径**.

命题 2.2.3 若设直线 l 具有方向向量 $\boldsymbol{v}=(X,Y,Z)$ 并且经过点 $P_0(x_0,y_0,z_0)$,将由到直线 l 的距离为常数 r 的点构成的集合记为 Σ,则 $\forall P(x,y,z)\in\Sigma$,

$$\begin{aligned}&[Y(z-z_0)-Z(y-y_0)]^2+[Z(x-x_0)-X(z-z_0)]^2+\\&[X(y-y_0)-Y(x-x_0)]^2-r^2(X^2+Y^2+Z^2)=0.\end{aligned} \tag{2.2.16}$$

证 如图 2.2.6,根据点到直线的距离公式可得

$$\frac{|\overrightarrow{P_0P}\times\boldsymbol{v}|}{|\boldsymbol{v}|}=r, \tag{2.2.17}$$

用坐标写出来就是

$$\begin{aligned}&[Y(z-z_0)-Z(y-y_0)]^2+[Z(x-x_0)-X(z-z_0)]^2+\\&[X(y-y_0)-Y(x-x_0)]^2-r^2(X^2+Y^2+Z^2)=0. \quad \square\end{aligned}$$

(2.2.17)式是关于 x,y,z 的一个二次代数方程 $F(x,y,z)=0$.圆柱面(2.2.15)式对应于(2.2.17)式中的 $\boldsymbol{v}=(0,0,1)$ 和 $P_0(0,0,0)$.

例 2.2.3 已知在直角坐标系下,圆柱面的轴是 $l:\frac{x}{1}=\frac{y-1}{-2}=\frac{z+1}{-2}$,点(1,-2,1)在圆柱面上,求它的方程.

解 按照已知条件,该圆柱面的轴 l 经过点 $P_0(0,1,-1)$ 且方向向量为 $\boldsymbol{v}=(1,-2,-2)$,因此由定理 2.1.17 的(2.1.61)式可得,该圆柱面上的点 $P_1(1,-2,1)$ 到轴 l 的距离是

$$r=|\overrightarrow{P_0P_1}\times\boldsymbol{v}|/|\boldsymbol{v}|=\frac{|(1,-3,2)\times(1,-2,-2)|}{3}=\frac{\sqrt{117}}{3}.$$

代入(2.2.16)式得到圆柱面的一般方程为

$$(2y-2z-4)^2+(2x+z+1)^2+(y+2x-1)^2-117=0$$

化简得

$$8x^2+4xy+4xz+5y^2-8yz-18y+5z^2+18z-99=0.\quad\square$$

例 2.2.2 的另一种特殊情形是,直线 Γ 绕 z 轴旋转且与 z 轴相交于一点,即直线 Γ 过诸如 $(0,0,a)$ 这样的点.这种情形下曲面的方程为

$$\begin{cases}\dfrac{x'}{X}=\dfrac{y'}{Y}=\dfrac{z'-a}{Z},\\ z-z'=0,\\ x^2+y^2+z^2=x'^2+y'^2+z'^2,\end{cases}$$

消去参数后得到

$$x^2+y^2-\frac{X^2+Y^2}{Z^2}(z-a)^2=0.\qquad(2.2.18)$$

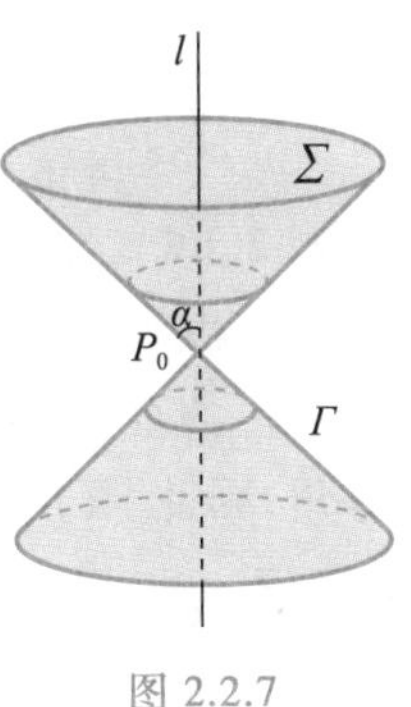

图 2.2.7

这是一个通常所说的**圆锥面**,它是一个旋转面.图 2.2.7 是一个圆锥面的示意图.一般的圆锥面的旋转轴可以不是坐标轴.圆锥面也可用直线族来定义如下.

定义 2.2.3 将与一条直线 l 交于一点 P_0 且与该直线 l 成一定角 $\alpha\in(0,\pi/2)$ 的直线族 Σ 称为**圆锥面**.直线 l 称为圆锥面 Σ 的**轴**,交点 P_0 称为圆锥面 Σ 的**顶点**,角 α 称为圆锥面 Σ 的**半顶角**,构成圆锥面的直线族中的每一条直线都称为圆锥面的**母线**.

圆锥面的方程可以根据已知条件而采用多种方法来建立.例如,如果将圆锥面作为旋转面,已知轴过该圆锥面的顶点 $P_0(x_0,y_0,z_0)$,轴的方向为 (m,n,t),并且一条母线的方程为

$$\frac{x-x_0}{X}=\frac{y-y_0}{Y}=\frac{z-z_0}{Z}.\qquad(2.2.19)$$

由(2.2.3)式可得圆锥面的方程满足

$$\begin{cases}\dfrac{x'-x_0}{X}=\dfrac{y'-y_0}{Y}=\dfrac{z'-z_0}{Z},\\ m(x-x')+n(y-y')+t(z-z')=0,\\ (x-x_0)^2+(y-y_0)^2+(z-z_0)^2=(x'-x_0)^2+(y'-y_0)^2+(z'-z_0)^2.\end{cases}\qquad(2.2.20)$$

如果知道圆锥面的轴 l 的方向向量 $\boldsymbol{v}$ 和半顶角 α,则按照定义 2.2.3,点 $P(x,y,z)$ 在圆锥面 Σ 上的充要条件是

$$\cos\alpha=|\cos\langle\overrightarrow{P_0P},\boldsymbol{v}\rangle|=\frac{|\overrightarrow{P_0P}\cdot\boldsymbol{v}|}{|\overrightarrow{P_0P}||\boldsymbol{v}|},\qquad(2.2.21)$$

令常数 $a^2=|\boldsymbol{v}|^2|\cos\alpha|^2$,将坐标代入上式得圆锥面的方程

$$[X(x-x_0)+Y(y-y_0)+Z(z-z_0)]^2=a^2[(x-x_0)^2+(y-y_0)^2+(z-z_0)^2].\qquad(2.2.22)$$

例 2.2.4 求直线 $\Gamma:\frac{x-1}{1}=\frac{y}{2}=\frac{z+1}{2}$ 绕直线 $l:x=y-1=z$ 旋转所得的旋转面的方程.

解 容易知道,直线 Γ 和 l 相交于一点 $P_0(3,4,3)$,因此所求旋转面为圆锥面,由(2.2.20)式可得圆锥面的方程

$$\begin{cases}\frac{x'-3}{1}=\frac{y'-4}{2}=\frac{z'-3}{2},\\ x+y+z=x'+y'+z',\\ (x-3)^2+(y-4)^2+(z-3)^2=(x'-3)^2+(y'-4)^2+(z'-3)^2,\end{cases}$$

也就是

$$\frac{16x^2}{25}-\frac{18xy}{25}-\frac{18xz}{25}+\frac{6x}{5}+\frac{16y^2}{25}-\frac{18yz}{25}-\frac{4y}{5}+\frac{16z^2}{25}+\frac{6z}{5}-2=0. \quad \square$$

例 2.2.5 在直角坐标系下,求包含三条坐标轴的圆锥面的方程.

解 由于三条坐标轴交于原点,因此圆锥面的顶点是原点 O.将过原点且方向向量为 $\boldsymbol{v}=(X,Y,Z)$ 的直线 l 取作轴.因为所求圆锥面包含三条坐标轴,所以它的轴必与三条坐标轴交成等角,因此 $|X|=|Y|=|Z|$.故可设 $\boldsymbol{v}=(1,\varepsilon_1,\varepsilon_2)$,其中 $\varepsilon_1=1$ 或 -1, $\varepsilon_2=1$ 或 -1,因此 $|\boldsymbol{v}|=\sqrt{3}$.

取 $\boldsymbol{v}$ 的方向角为 α,β,γ.因为圆锥面的轴与三条坐标轴交成等角,所以有 $\pm\cos\alpha=\pm\cos\beta=\pm\cos\gamma$,且 $\cos^2\alpha+\cos^2\beta+\cos^2\gamma=1$,故有

$$\cos\alpha=\cos\beta=\cos\gamma=\pm\frac{\sqrt{3}}{3}.$$

而且该圆锥面的半顶角就是 α,β,γ 中的任何一个,所以半顶角满足

$$|\cos\alpha|=\frac{\sqrt{3}}{3}.$$

将以上结果代入(2.2.22)式得所求圆锥面的方程为

$$(x+\varepsilon_1 y+\varepsilon_2 z)^2=x^2+y^2+z^2,$$

即

$$xy+\varepsilon_1\varepsilon_2 xz+\varepsilon_2 yz=0. \tag{2.2.23}$$

因此共有 4 个满足条件的圆锥面: $xy+xz\pm yz=0$ 或 $xy-xz\pm yz=0$. $\square$

例 2.2.6 已知圆锥面的顶点为 $P_0(1,0,0)$,轴垂直于平面 $x+y-z+1=0$,母线与轴成 $\frac{\pi}{3}$ 角.求此圆锥面的方程.

解 由于圆锥面的轴的方向向量是 $\boldsymbol{v}=(1,1,-1)$,所以 $|\boldsymbol{v}|=\sqrt{3}$.又 $\left|\cos\frac{\pi}{3}\right|=\frac{1}{2}$.由(2.2.22)式得所求圆锥面的方程为

$$(x+y-z-1)^2=\frac{3}{4}[(x-1)^2+y^2+z^2].$$

整理得

$$x^2+y^2+z^2+8xy-8xz-2x-8yz-8y+8z+1=0. \quad \square$$

2.2.2 柱面的方程

定义 2.2.4 一条方向确定的直线 l 沿着一条空间曲线 Γ 作平移所生成的曲面 Σ 称为**柱面**.直线 l 称为柱面 Σ 的**母线**(也称为**直母线**).曲线 Γ 称为柱面 Σ 的**准线**.母线的方向称为**柱面 Σ 的方向**.

柱面的一个特殊例子就是前面介绍的圆柱面.图 2.2.8 是由直线 l 沿着曲线 Γ 平移所生成的柱面.由图 2.2.8 可见,柱面的直母线不是唯一的,直线 l 平移到每一个时刻的直线都是该柱面的一条直母线.柱面的准线也不是唯一的,任何一条与柱面所有母线都相交的曲线都可以取作该柱面的准线.通常取一条平面曲线作为准线是特别有利的.

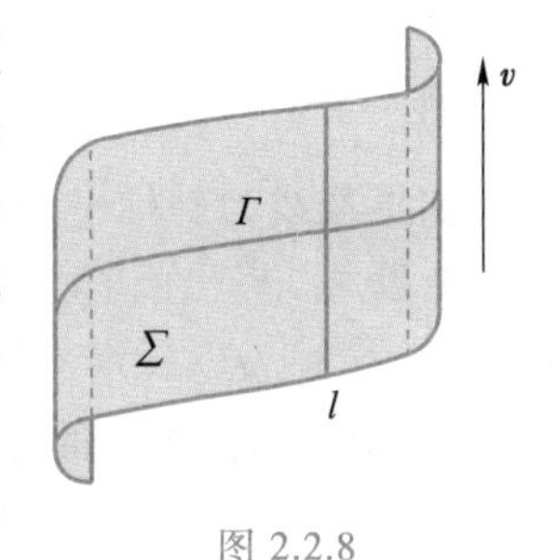

图 2.2.8

若取准线 Γ 为一条直线,则柱面为一平面.除平面外,柱面的母线方向是唯一的.因而柱面的母线的方向也称为柱面的方向.

命题 2.2.4 在仿射坐标系下,设柱面 Σ 的方向为 $\boldsymbol{v}=(X,Y,Z)$,准线为

$$\Gamma:\begin{cases}F(x,y,z)=0,\\G(x,y,z)=0.\end{cases}\tag{2.2.24}$$

则柱面 Σ 上的任意点 $P(x,y,z)$ 满足

$$\begin{cases}F(x-tX,y-tY,z-tZ)=0,\\G(x-tX,y-tY,z-tZ)=0,\end{cases}\tag{2.2.25}$$

其中 t 是参数,从(2.2.25)式消去参数 t 就得到柱面的方程.

证 根据定义 2.2.4,点 $P(x,y,z)\in\Sigma$ 的充要条件是存在 $M(x_1,y_1,z_1)\in\Gamma$ 使得$\overrightarrow{MP}/\!/\boldsymbol{v}$,即存在实数 t,使得$\overrightarrow{MP}=t\boldsymbol{v}$.代入准线 Γ 的方程(2.2.24)可得

$$\begin{cases}F(x-tX,y-tY,z-tZ)=0,\\G(x-tX,y-tY,z-tZ)=0.\end{cases}\quad\square$$

柱面方程(2.2.25)很容易用柱面坐标表示出来.例如,如果准线 Γ 的方程是参数方程

$$r(s)=(x(s),y(s),z(s)),s\in[a,b],\tag{2.2.26}$$

则由 $x(s)=x-tX,y(s)=y-tY,z(s)=z-tZ$,可得柱面的参数方程为

$$\boldsymbol{R}(s,t)=(x(s)+tX,y(s)+tY,z(s)+tZ),\quad(s,t)\in[a,b]\times\mathbb{R}.\tag{2.2.27}$$

例 2.2.7 设柱面 Σ 的准线方程为

$$\begin{cases}x^2+y^2+z^2=1,\\x+y+z=2,\end{cases}$$

母线的方向向量为(1,0,1),求该柱面的方程.

解 按照命题 2.2.4,柱面 Σ 上的点 $P(x,y,z)$ 满足

$$\begin{cases}(x-t)^2+y^2+(z-t)^2=1,\\x-t+y+z-t=2,\end{cases}$$

消去参数 t 得到

$$x^2-4y+3y^2-2xz+z^2+2=0.\quad\square$$

例 2.2.8 设柱面 Σ 的准线为 $\Gamma: x=2\cos\theta, y=5\sin\theta, z=0(0\leqslant\theta\leqslant 2\pi)$,母线的方向向量为$(1,1,1)$,求该柱面 Σ 的方程.

解 由(2.2.27)式,点 $P(x,y,z)\in\Sigma$ 的参数方程为

$$(x,y,z)=(2\cos\theta+t, 5\sin\theta+t, t), \quad (\theta,t)\in[0,2\pi]\times\mathbb{R}.$$

从上式中消去参数 θ 和 t,得到该柱面的一般方程

$$\frac{(x-z)^2}{4}+\frac{(y-z)^2}{25}=1. \quad \square$$

如果准线为坐标平面中的曲线,柱面方程易于求出.

命题 2.2.5 在仿射坐标系下,如果柱面 Σ 的准线为 xOy(或 yOz,或 zOx)平面中的曲线 $f(x,y)=0$(或 $g(y,z)=0$,或 $h(x,z)=0$),且母线的方向为 $\boldsymbol{v}=(X,Y,Z)$,其中 $Z\neq 0$(或 $X\neq 0$,或 $Y\neq 0$),则该柱面的方程为

$$f\left(x-\frac{X}{Z}z, y-\frac{Y}{Z}z\right)=0 \quad \left(\text{或 } g\left(y-\frac{Y}{X}x, z-\frac{Z}{X}x\right)=0, \quad \text{或 } h\left(x-\frac{X}{Y}y, z-\frac{Z}{Y}y\right)=0\right).$$

以准线为 xOy 平面中的曲线 $f(x,y)=0$ 为例来证明命题,对于其他情形可以类似证明.

证 当柱面 Σ 的准线为

$$\Gamma:\begin{cases} f(x,y)=0, \\ z=0 \end{cases}$$

时,根据命题 2.2.4,所求柱面满足方程

$$\begin{cases} f(x-tX, y-tY)=0, \\ z=tZ. \end{cases}$$

消去 t 得到这个柱面的方程

$$f\left(x-\frac{X}{Z}z, y-\frac{Y}{Z}z\right)=0. \quad \square$$

如果母线的方向平行于坐标轴的方向,则相应的柱面方程会变得简单.

命题 2.2.6 在仿射坐标系下,柱面 Σ 的母线与 z 轴(相应地,或 x 轴,或 y 轴)平行的充要条件是其方程中不含变量 z(相应地,或 x,或 y).

以柱面 Σ 的母线与 z 轴平行为例来证明命题,对于其他情形可以类似证明.

证 (必要性)设柱面 Σ 的准线为

$$\Gamma:\begin{cases} F(x,y,z)=0, \\ G(x,y,z)=0. \end{cases}$$

柱面 Σ 的母线与 z 轴平行,而 z 轴的方向向量可以表示为$(0,0,1)$,所以根据命题 2.2.4,柱面 Σ 的方程为

$$\begin{cases} F(x,y,z-t)=0, \\ G(x,y,z-t)=0. \end{cases}$$

注意到该方程组中变量 z 与参数 t 的对称性,从其中消去参数 t,必将消去变量 z,因此从上面的方程组中消去 $z-t$ 得到的柱面方程 Σ 不含变量 z,即具有 $\Sigma(x,y)=0$ 的形式.

(充分性)如果柱面 Σ 的方程中不含变量 z,即柱面可以表示为 $\Sigma(x,y)=0$,则根据命题 2.2.5,以 xOy 平面中的曲线

$$\Gamma:\begin{cases}\Sigma(x,y)=0,\\ z=0\end{cases}$$

为准线,以 z 轴为母线方向(即$(0,0,1)$)的柱面方程就是 $\Sigma(x,y)=0$. 因此方程 $\Sigma(x,y)=0$ 表示一个母线平行于 z 轴的柱面. □

由命题 2.2.6,若准线是一条平面曲线,则把准线所在的平面取作一坐标平面,所得柱面的方程具有较简形式.例如,以 xOy 平面上的椭圆 $\begin{cases}\dfrac{x^2}{a^2}+\dfrac{y^2}{b^2}=1,\\ z=0,\end{cases}$ 双曲线 $\begin{cases}\dfrac{x^2}{a^2}-\dfrac{y^2}{b^2}=1,\\ z=0\end{cases}$ 和抛物线 $\begin{cases}y^2-2px=0,\\ z=0\end{cases}$ 为准线,母线平行于 z 轴的柱面方程分别为

$$\frac{x^2}{a^2}+\frac{y^2}{b^2}=1,\quad \frac{x^2}{a^2}-\frac{y^2}{b^2}=1,\quad y^2=2px. \tag{2.2.28}$$

它们分别称为**椭圆柱面**、**双曲柱面**及**抛物柱面**,统称**二次柱面**.

柱面中还有一类特殊柱面,其由一空间曲线上的每一点在一平面的射影之间的连线所构成.

定义 2.2.5 设 Γ 为一条空间曲线,π 为一张平面,将以 Γ 为准线,方向垂直于平面 π 的柱面,称为从 Γ 到 π 的**射影柱面**.射影柱面与 π 的交线称为 Γ 在 π 上的**射影曲线**,简称**射影**.

图 2.2.9 是射影柱面的示意图.从该图可见,Γ 是射影柱面的准线,其在 π 上的射影也可作为准线.显然,以 Γ 为准线的射影柱面实际上是 Γ 的所有点到 π 的射影所构成的曲面.

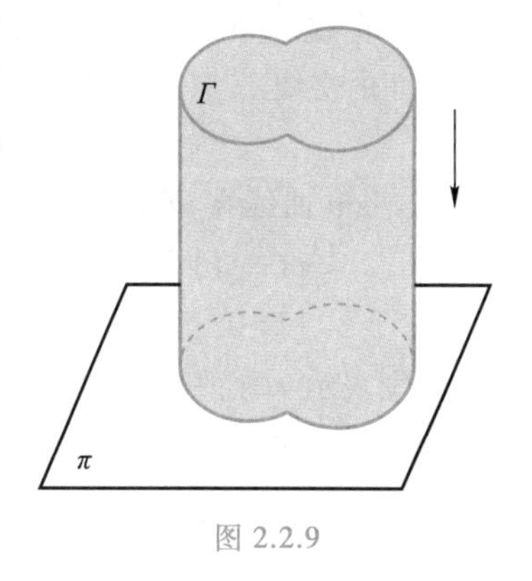

图 2.2.9

在直角坐标系下,任何准线

$$\Gamma:\begin{cases}F(x,y,z)=0,\\ G(x,y,z)=0\end{cases}$$

在平面 π:$Ax+By+Cz+D=0$ 上的射影柱面,其方向为(A,B,C).因此由命题 2.2.4 可知,该射影柱面的方程为

$$\begin{cases}F(x-tA,y-tB,z-tC)=0,\\ G(x-tA,y-tB,z-tC)=0.\end{cases} \tag{2.2.29}$$

对于特殊平面 π,例如直角坐标系的 xOy 平面、yOz 平面和 zOx 平面,射影柱面的方程(2.2.29)有更简单的形式:

命题 2.2.7 在直角坐标系下,任何曲线

$$\Gamma:\begin{cases}F(x,y,z)=0,\\ G(x,y,z)=0\end{cases} \tag{2.2.30}$$

在坐标平面 xOy(相应地,或 yOz,或 zOx)上的射影柱面的方程就是把(2.2.30)式中的变量 z(相应地,或 x,或 y)消去后所得的 $f(x,y)=0$(相应地,或 $g(y,z)=0$,或 $h(x,z)=0$).

证 因为将准线 Γ 在坐标平面 xOy 上射影,射影柱面的母线平行于 z 轴,即具有方向向量$(0,0,1)$,因此由(2.2.29)式可得,Γ 到 xOy 平面的射影柱面的方程为

$$\begin{cases}F(x,y,z-t)=0,\\G(x,y,z-t)=0.\end{cases}$$

从上式中消去 $z-t$ 就得到从 Γ 到 xOy 平面的射影柱面的方程:

$$f(x,y)=0.$$

类似地,将准线 Γ 射影到另外两个坐标平面,可得相应的射影柱面方程分别具有 $g(y,z)=0$ 和 $h(x,z)=0$ 的形式. □

显然,用曲线 Γ 在 xOy 平面、yOz 平面和 zOx 平面上的射影曲线方程中的任何两个联立起来,可以重新得到曲线 Γ.

例 2.2.9 求直角坐标系中的曲线 $\Gamma:\begin{cases}x^2+y^2-(z-2)^2=1,\\x^2+(y-1)^2+z^2=2\end{cases}$ 到各个坐标平面的射影柱面的方程.

解 根据命题 2.2.7,Γ 到 xOy 平面、yOz 平面和 zOx 平面的射影柱面的方程分别为

$$x^4+2x^2y^2-2x^2y-2x^2+y^4-2y^3-y^2-2y+5=0,$$

$$z^2-2z-y+2=0,$$

$$x^2+z^4-4z^3+7z^2-4z-1=0. \quad □$$

例 2.2.10 在直角坐标系下,求 Viviani(维维亚尼)曲线 $\Gamma:\begin{cases}x^2+y^2+z^2=4,\\x^2+y^2-2x=0\end{cases}$ 在各坐标平面上的射影曲线方程.

解 曲线 Γ 在各坐标平面上的射影曲线就是曲线 Γ 在各坐标平面上的射影柱面与相应坐标平面的交线.按照命题 2.2.7,Γ 到 xOy 平面、yOz 平面和 zOx 平面的射影柱面的方程分别为

$$x^2+y^2-2x=0,\quad 4y^2+z^4-4z^2=0,\quad z^2+2x-4=0.$$

所以,Viviani 曲线在 xOy 平面、yOz 平面和 zOx 平面上的射影曲线的方程分别为

$$\begin{cases}(x-1)^2+y^2=1,\\z=0,\end{cases}\quad \begin{cases}4y^2+(z^2-2)^2=4,\\x=0,\end{cases}\quad \begin{cases}2(x-2)=-z^2,z\in[-2,2]\\y=0,\end{cases}$$

它们分别表示 xOy 平面上的一个圆、yOz 平面上的一条 4 次代数曲线、zOx 平面上的一条抛物线的一段. □

2.2.3 锥面的方程

定义 2.2.3 所介绍的圆锥面只是锥面的一种,生活中还会遇到很多类似的曲面.

定义 2.2.6 通过一点 P_0,与不过点 P_0 的一条曲线 Γ 相交的直线族构成的曲面 Σ,称为**锥面**.点 P_0 称为锥面 Σ 的**顶点**,曲线 Γ 称为锥面 Σ 的**准线**,构成锥面 Σ 的直线族中的任何直线都称为锥面 Σ 的**母线**.

图 2.2.10 是一个锥面的示意图.由图可见,锥面 Σ 的顶点与该锥面上的任意其他点的连线都属于锥面,并且锥面的准线不是唯一的,任何一条与所有母线相交的曲线都可以作为锥面的准线.

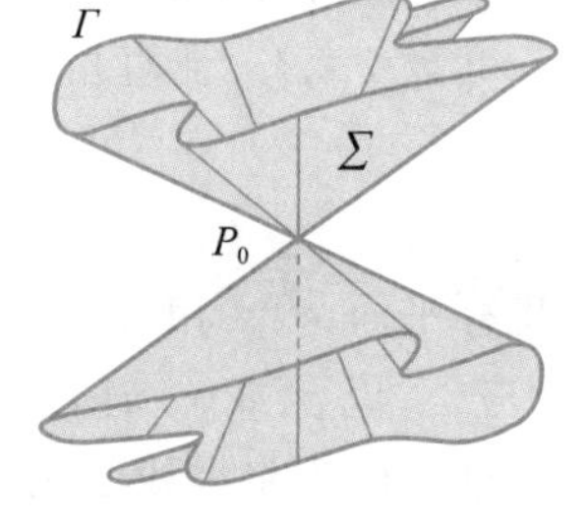

图 2.2.10

命题 2.2.8 设锥面 Σ 的顶点为 $P_0(x_0,y_0,z_0)$,准线 Γ 的方程为

$$\begin{cases}F(x,y,z)=0,\\G(x,y,z)=0,\end{cases}\tag{2.2.31}$$

则锥面 Σ 上除顶点 P_0 外的所有点 $P(x,y,z)$ 满足

$$\begin{cases}F\left(x_0+\dfrac{x-x_0}{t},y_0+\dfrac{y-y_0}{t},z_0+\dfrac{z-z_0}{t}\right)=0,\\G\left(x_0+\dfrac{x-x_0}{t},y_0+\dfrac{y-y_0}{t},z_0+\dfrac{z-z_0}{t}\right)=0,\end{cases}\tag{2.2.32}$$

其中 t 为实参数,从(2.2.32)式消去参数即得锥面 Σ 的方程.

证 按照定义 2.2.6,锥面 Σ 由过其顶点 P_0、与准线 Γ 相交的直线(母线)族构成.设 $P_1(x_1,y_1,z_1)\in\Gamma$,则锥面 Σ 的母线的参数方程为

$$x-x_0=t(x_1-x_0),\quad y-y_0=t(y_1-y_0),\quad z-z_0=t(z_1-z_0).$$

显然,该直线上 $t=0$ 的点对应于锥面 Σ 的顶点,锥面上的其他点都使得 $t\neq 0$.因此,准线上的 $P_1(x_1,y_1,z_1)$ 具有坐标

$$x_1=x_0+\frac{x-x_0}{t},\quad y_1=y_0+\frac{y-y_0}{t},\quad z_1=z_0+\frac{z-z_0}{t},\tag{2.2.33}$$

它满足准线方程(2.2.31),即

$$\begin{cases}F\left(x_0+\dfrac{x-x_0}{t},y_0+\dfrac{y-y_0}{t},z_0+\dfrac{z-z_0}{t}\right)=0,\\G\left(x_0+\dfrac{x-x_0}{t},y_0+\dfrac{y-y_0}{t},z_0+\dfrac{z-z_0}{t}\right)=0.\end{cases}\qquad\square$$

如果准线 Γ 的方程是参数方程形式的,即

$$\boldsymbol{r}(s)=(x(s),y(s),z(s)),\quad s\in[a,b],$$

则锥面 Σ 的母线具有如下形式:

$$x-x_0=t[x(s)-x_0],\quad y-y_0=t[y(s)-y_0],\quad z-z_0=t[z(s)-z_0].\tag{2.2.34}$$

也就是说,过顶点 P_0、与准线 Γ 相交的母线可表示为

$$\boldsymbol{R}(s,t)=(x_0+t[x(s)-x_0],\quad y_0+t[y(s)-y_0],\quad z_0+t[z(s)-z_0]),\tag{2.2.35}$$

其中 $(s,t)\in[a,b]\times\mathbb{R}$.

例 2.2.11 已知一个锥面的顶点为 $(3,-1,-2)$,准线方程为

$$\Gamma:\begin{cases}x^2+y^2-z^2=1,\\x-y+z=0,\end{cases}$$

求该锥面的方程.

解 按照(2.2.32)式,所求锥面的方程满足

$$\begin{cases}\left(3+\dfrac{x-3}{t}\right)^2+\left(-1+\dfrac{y+1}{t}\right)^2-\left(-2+\dfrac{z+2}{t}\right)^2=1,\\\left(3+\dfrac{x-3}{t}\right)-\left(-1+\dfrac{y+1}{t}\right)+\left(-2+\dfrac{z+2}{t}\right)=0.\end{cases}$$

从中消去参数 t 后得到

$$-3x^2+6xy-10xz+4x+5y^2+2yz-4y-7z^2+4z-4=0.\qquad\square$$

例 2.2.12 已知锥面 Σ 的顶点为 $(0,0,0)$，准线 Γ 为以下参数方程所表示的曲线：

$$x=a\cos\theta,\quad y=b\sin\theta,\quad z=c\quad (0\leqslant\theta<2\pi, a,b,c\neq 0).$$

求锥面 Σ 的方程.

解 由(2.2.35)式，所求锥面的参数方程是

$$(x,y,z)=(ar\cos\theta, br\sin\theta, cr).$$

消去参数 r 和 θ，就得所求锥面的一般方程，它是二次锥面

$$\frac{x^2}{a^2}+\frac{y^2}{b^2}=\frac{z^2}{c^2}.\quad\square$$

由命题 2.2.8，锥面由其顶点的坐标和准线的方程完全确定.可想而知，当锥面的准线 Γ 在一个坐标平面或平行于坐标平面的平面上时，由于准线的方程简单(有一个坐标变量为常数)，锥面 Σ 的方程也会有简单的形式.

命题 2.2.9 对于顶点在原点、准线为

$$\Gamma:\begin{cases}f(x,y)=0,\\ z=c\end{cases}\left(\text{分别地，或 }\Gamma:\begin{cases}g(y,z)=0,\\ x=a,\end{cases}\quad\text{或 }\Gamma:\begin{cases}h(x,z)=0,\\ y=b\end{cases}\right)$$

的锥面，其方程为

$$f\left(\frac{c}{z}x,\frac{c}{z}y\right)=0\left(\text{分别地，或 }g\left(\frac{a}{x}y,\frac{a}{x}z\right)=0,\text{或 }h\left(\frac{b}{y}x,\frac{b}{y}z\right)=0\right).\tag{2.2.36}$$

证 以准线所在的平面平行于 xOy 平面为例来证明，其他情形类似.因为顶点在原点，由(2.2.32)式知，所求锥面的方程满足

$$\begin{cases}f\left(\frac{x}{t},\frac{y}{t}\right)=0,\\ z=tc.\end{cases}$$

消去其中的参数 t 就得到 $f\left(\frac{c}{z}x,\frac{c}{z}y\right)=0$. $\square$

例 2.2.13 利用命题 2.2.9 可得，以原点为顶点、准线分别为

$$\text{椭圆}\begin{cases}\frac{x^2}{a^2}+\frac{y^2}{b^2}=1,\\ z=h,\end{cases}\text{双曲线}\begin{cases}\frac{x^2}{a^2}-\frac{y^2}{b^2}=1,\\ z=h\end{cases}\text{和抛物线}\begin{cases}y^2=2px,\\ z=h\end{cases}$$

的锥面的方程分别是

$$\frac{x^2}{a^2}+\frac{y^2}{b^2}=\frac{z^2}{h^2},\quad \frac{x^2}{a^2}-\frac{y^2}{b^2}=\frac{z^2}{h^2}\quad\text{和}\quad hy^2-2pxz=0.\tag{2.2.37}$$

这三个锥面统称为**二次锥面**. $\square$

显然，如果把二次锥面(2.2.37)表示为 $F(x,y,z)=0$，则 $\forall t\in\mathbb{R}\setminus\{0\}$，$F(tx,ty,tz)=t^2F(x,y,z)$.也就是说，二次锥面的方程(2.2.37)是二次齐次方程.这种方程具有一些特殊性，为了便于研究，我们引入以下概念：

定义 2.2.7 如果一个方程 $F(x,y,z)=0$ 中函数 $F(x,y,z)$ 满足：$\exists n\in\mathbb{Z}$，使得

$$F(tx,ty,tz)=t^nF(x,y,z),\quad \forall t\in\mathbb{R}\setminus\{0\},\tag{2.2.38}$$

则称方程 $F(x,y,z)=0$ 为关于 x,y,z 的 n **次齐次方程**.

定理 2.2.10 若 $F(x,y,z)=0$ 是关于 x,y,z 的齐次方程，则它表示顶点在原点的一个锥面 Σ，反之不成立.

证 因为 $F(x,y,z)=0$ 是关于 x,y,z 的齐次方程，根据齐次方程的定义有，$\exists n\in\mathbb{Z}$，使得

$$F(tx,ty,tz)=t^nF(x,y,z),\quad \forall t\in\mathbb{R}\setminus\{0\}.$$

设 $P_0(x_0,y_0,z_0)\neq O$（表示原点）是曲面 $F(x,y,z)=0$ 上的任意点，所以有 $F(x_0,y_0,z_0)=0$；再设 $P(x,y,z)$ 是直线 OP_0 上的点，则

$$x=x_0t,\quad y=y_0t,\quad z=z_0t,\quad \text{其中}\ \forall t\in\mathbb{R}\setminus\{0\}.$$

将其代入函数 $F(x,y,z)$ 得

$$F(x,y,z)=F(x_0t,y_0t,z_0t)=t^nF(x_0,y_0,z_0)=0.$$

于是点 P 在曲面上.这说明整条直线 OP_0（除原点外）都在曲面上.因此这个曲面是由过原点的直线族构成的，即它是以原点为顶点的锥面.

该定理的逆命题不成立.例如，记 $f(x,y,z)=(x^2+y^2-z^2)e^{x^2+y^2+z^2}$，显然它不是齐次函数，但 $f(x,y,z)=0$ 的图形与 $x^2+y^2-z^2=0$ 的图形都是锥面. □

例 2.2.14 已知锥面顶点在原点，且准线为 $\begin{cases}4x^2-9y^2=36,\\ z=6,\end{cases}$ 求该锥面的方程.

解 根据命题 2.2.9，该锥面的方程为

$$4\left(\frac{6x}{z}\right)^2-9\left(\frac{6y}{z}\right)^2=36.$$

通过整理可写成 $4x^2-9y^2-z^2=0$. □

习题 2.2

1. 在三维仿射 Euclid 空间中求下列旋转面的方程：

(1) $\dfrac{x-1}{1}=\dfrac{y+1}{-1}=\dfrac{z-1}{2}$ 绕 $\dfrac{x}{1}=\dfrac{y}{-1}=\dfrac{z-1}{2}$ 旋转；

(2) 空间曲线 $\begin{cases}z=x^2,\\ x^2+y^2=1\end{cases}$ 绕 z 轴旋转；

(3) 曲线 $\begin{cases}(x-3)^2+y^2=1,\\ z=0\end{cases}$ 绕 x 轴旋转；

(4) 曲线 $\begin{cases}x^2=2y,\\ z=1\end{cases}$ 绕 x 轴旋转.

2. 在三维仿射 Euclid 空间中设曲线 $\Gamma: x=x(u), y=y(u), z=z(u)$，求曲线 Γ 绕 z 轴旋转所得的旋转面的参数方程.

3. 在三维仿射 Euclid 空间的直角坐标系下，求下列轨迹的方程：

(1) 与两点 $(-3,0,0)$，$(3,0,0)$ 的距离之和等于 10 的点的轨迹；

(2) 与两点 $(1,0,0)$，$(4,0,0)$ 的距离之比等于 $1:2$ 的点的轨迹.

4. 在三维仿射 Euclid 空间的直角坐标系下，求下列圆柱面的方程：

(1) 轴过点 $(1,0,2)$，平行于向量 $(1,2,3)$，半径为 3；

(2) 过三条平行直线 $x=y=z, x+1=y=z-1$ 和 $x-1=y+1=z-2$；

(3) 平行于向量 $(1,1,1)$，包含点 $(0,0,0)$，$(-1,0,1)$，$(1,-1,0)$.

5. 在三维仿射 Euclid 空间中，经过曲线 $\begin{cases} x^2+4y^2=4, \\ z=0 \end{cases}$ 的圆柱面有几个？分别写出它们的方程.

6. 在三维仿射 Euclid 空间中，将直线 $\dfrac{x}{\alpha}=\dfrac{y-\beta}{0}=\dfrac{z}{1}$ 绕 z 轴旋转，求旋转面的方程，并就 α，β 可能的值讨论这是什么曲面.

7. 在三维仿射 Euclid 空间的直角坐标系下，求下列圆锥面的方程：

(1) 顶点为 $(1,0,2)$，轴平行于向量 $(2,2,-1)$，半顶角为 $\dfrac{\pi}{6}$；

(2) 顶点为 $(1,-1,1)$，轴平行于向量 $(2,2,1)$，经过点 $(3,-1,-2)$.

8. 设在三维仿射 Euclid 空间的直角坐标系下，直线 l 经过点 $(3,-2,3)$，平行于 x 轴.写出以直线 l 为轴且经过点 $(2,-1,3)$ 和 $(-2,-2,0)$ 的圆锥面的方程.

9. 在三维仿射 Euclid 空间中，求下列柱面的方程：

(1) 平行于 y 轴，有一条准线为 $\begin{cases} z=\sin x, \\ y=0; \end{cases}$

(2) 平行于 x 轴，有一条准线为 $\begin{cases} y^2=z, \\ x+y=0; \end{cases}$

(3) 平行于 z 轴，有一条准线为 $\begin{cases} x^2+y^2+z^2=1, \\ x+y+z=0; \end{cases}$

(4) 平行于向量 $(1,-1,1)$，有一条准线为 $\begin{cases} x^2+y^2=2, \\ z=2; \end{cases}$

(5) 准线为 $\begin{cases} x=y^2+z^2, \\ x=2z, \end{cases}$ 母线垂直于准线所在的平面.

10. 在三维仿射 Euclid 空间的仿射坐标系下，设 $s=a_1x+b_1y+c_1z, t=a_2x+b_2y+c_2z$，证明：方程为 $f(s,t)=0$ 的图形是柱面.

11. 在三维仿射 Euclid 空间中，求顶点为原点，一条准线为 $\begin{cases} x^2-\dfrac{y^2}{4}=1, \\ z=2 \end{cases}$ 的锥面方程.

12. 试求三维仿射 Euclid 空间曲线 $\begin{cases} x^2+y^2-z=0, \\ z=x+1 \end{cases}$ 到三个坐标平面的射影柱面.

13. 在三维仿射 Euclid 空间的直角坐标系下，设有椭球面方程 $\dfrac{x^2}{2}+\dfrac{y^2}{3}+\dfrac{z^2}{4}=1$ 和球面方程 $x^2+y^2+z^2=r$，试问 r 为何值时该椭球面与球面有且仅有两个交点？

14. 证明：在三维仿射 Euclid 空间的右手直角坐标系下，曲线 $\begin{cases} x=3\sin t \\ y=4\sin t, -\infty<t<+\infty \\ z=5\cos t \end{cases}$ 是一

个圆.

15. 在空间右手直角坐标系下,证明:$x^2-4xy+4y^2+5z^2-25=0$ 是一个柱面.

16. 在空间直角坐标系下,求经过曲线$\begin{cases}x^2+2y^2-1=0,\\ z=0\end{cases}$的圆柱面方程.

§2.3 二次曲面

上一节在特定坐标系中建立了常见曲面的方程 $F(x,y,z)=0$.我们注意到,函数 $F(x,y,z)$基本上是关于变量(坐标)x,y,z 的代数多项式,而且大多数是二次多项式.我们将这些能够用多项式 $F(x,y,z)$的方程 $F(x,y,z)=0$ 定义的曲面称为**代数曲面**,把多项式 $F(x,y,z)$的次数称为该代数曲面的**次数**.容易理解,除了多项式以外,关于变量 x,y,z 的函数五花八门,它们显然也定义空间中的图形,我们将那些图形称为**超越曲面**.高次代数曲面是代数几何的研究内容,而超越曲面则是微分几何的研究对象.解析几何只研究三元一次与二次代数曲面.其中三元一次代数曲面一般指实平面,§2.1 已讨论.

本节就从已知的二次多项式方程出发,研究相应的二次曲面.需要指出,读者不需要有偏导数的基础.

定义 2.3.1 关于变量 x,y,z 的实系数二次方程的一般形式为

$$\begin{aligned}F(x,y,z)=a_{11}x^2+a_{22}y^2+a_{33}z^2+2a_{12}xy+2a_{13}xz+2a_{23}yz+\\ 2a_{14}x+2a_{24}y+2a_{34}z+a_{44}=0.\end{aligned}\tag{2.3.1}$$

该方程所表示的曲面 Σ 称为**二次曲面**.满足方程(2.3.1)的数组(x,y,z)叫作曲面上的点在空间中的坐标,如果坐标分量全是实数,则对应的点称为**实点**,否则称为**虚点**.

二次曲线的一般方程由(2.3.1)式中所有含变量 z 的项系数取为零即得.且经过平面直角坐标系的平移和旋转后,可简化为椭圆、双曲线和抛物线三种圆锥曲线之一.我们将推广相应结果到二次曲面理论中.

为了方便,我们引进一些记号来简化(2.3.1)式.令

$$F_1(x,y,z)=\frac{1}{2}\frac{\partial F}{\partial x}=a_{11}x+a_{12}y+a_{13}z+a_{14},$$

$$F_2(x,y,z)=\frac{1}{2}\frac{\partial F}{\partial y}=a_{12}x+a_{22}y+a_{23}z+a_{24},$$

$$F_3(x,y,z)=\frac{1}{2}\frac{\partial F}{\partial z}=a_{13}x+a_{23}y+a_{33}z+a_{34},$$

$$F_4(x,y,z)=a_{14}x+a_{24}y+a_{34}z+a_{44},$$

则可将(2.3.1)式改写成

$$\begin{aligned}F(x,y,z)&=xF_1(x,y,z)+yF_2(x,y,z)+zF_3(x,y,z)+F_4(x,y,z).\\ &=(x,y,z)\cdot(F_1(x,y,z),F_2(x,y,z),F_3(x,y,z))+F_4(x,y,z)\\ &=\frac{1}{2}(x,y,z)\cdot\nabla F(x,y,z)+F_4(x,y,z).\end{aligned}\tag{2.3.2}$$

称

$$\nabla F(x,y,z)=2(F_1(x,y,z),F_2(x,y,z),F_3(x,y,z))=\left(\frac{\partial F}{\partial x},\frac{\partial F}{\partial y},\frac{\partial F}{\partial z}\right)$$

为函数 $F(x,y,z)$ 的**梯度向量**.

此外,通过 $F(x,y,z)$ 的系数矩阵

$$\boldsymbol{A}=\begin{pmatrix} a_{11} & a_{12} & a_{13} & a_{14} \\ a_{12} & a_{22} & a_{23} & a_{24} \\ a_{13} & a_{23} & a_{33} & a_{34} \\ a_{14} & a_{24} & a_{34} & a_{44} \end{pmatrix} \tag{2.3.3}$$

可将(2.3.1)式表示为矩阵形式

$$F(x,y,z)=(x,y,z,1)\boldsymbol{A}(x,y,z,1)^{\mathrm{T}}. \tag{2.3.4}$$

进一步记 $F(x,y,z)$ 中的二次项为

$$\Phi(x,y,z)=a_{11}x^2+a_{22}y^2+a_{33}z^2+2a_{12}xy+2a_{13}xz+2a_{23}yz. \tag{2.3.5}$$

它是关于 x,y,z 的二次齐次函数.若记

$$\Phi_1(x,y,z)=\frac{1}{2}\frac{\partial\Phi}{\partial x}=a_{11}x+a_{12}y+a_{13}z,$$

$$\Phi_2(x,y,z)=\frac{1}{2}\frac{\partial\Phi}{\partial y}=a_{12}x+a_{22}y+a_{23}z,$$

$$\Phi_3(x,y,z)=\frac{1}{2}\frac{\partial\Phi}{\partial z}=a_{13}x+a_{23}y+a_{33}z,$$

$$\Phi_4(x,y,z)=a_{14}x+a_{24}y+a_{34}z,$$

则

$$\Phi(x,y,z)=x\Phi_1(x,y,z)+y\Phi_2(x,y,z)+z\Phi_3(x,y,z)=\frac{1}{2}(x,y,z)\cdot\nabla\Phi, \tag{2.3.6}$$

其中 $\nabla\Phi=2(\Phi_1(x,y,z),\Phi_2(x,y,z),\Phi_3(x,y,z))=\left(\frac{\partial\Phi}{\partial x},\frac{\partial\Phi}{\partial y},\frac{\partial\Phi}{\partial z}\right)$.而由 $\Phi(x,y,z)$ 的系数矩阵

$$\overline{\boldsymbol{A}}=\begin{pmatrix} a_{11} & a_{12} & a_{13} \\ a_{12} & a_{22} & a_{23} \\ a_{13} & a_{23} & a_{33} \end{pmatrix}, \tag{2.3.7}$$

(2.3.6)式中的 $\Phi(x,y,z)$ 可表示为

$$\Phi(x,y,z)=(x,y,z)\overline{\boldsymbol{A}}(x,y,z)^{\mathrm{T}}. \tag{2.3.8}$$

我们还引进如下符号,其中的元素是(2.3.3)式中矩阵 $\boldsymbol{A}$ 的元素:

$$I_1=a_{11}+a_{22}+a_{33},\quad I_2=\begin{vmatrix} a_{11} & a_{12} \\ a_{12} & a_{22} \end{vmatrix}+\begin{vmatrix} a_{11} & a_{13} \\ a_{13} & a_{33} \end{vmatrix}+\begin{vmatrix} a_{22} & a_{23} \\ a_{23} & a_{33} \end{vmatrix},$$

$$I_3=\begin{vmatrix} a_{11} & a_{12} & a_{13} \\ a_{12} & a_{22} & a_{23} \\ a_{13} & a_{23} & a_{33} \end{vmatrix},\quad I_4=\begin{vmatrix} a_{11} & a_{12} & a_{13} & a_{14} \\ a_{12} & a_{22} & a_{23} & a_{24} \\ a_{13} & a_{23} & a_{33} & a_{34} \\ a_{14} & a_{24} & a_{34} & a_{44} \end{vmatrix},$$

$$K_1=\begin{vmatrix} a_{11} & a_{14} \\ a_{14} & a_{44} \end{vmatrix}+\begin{vmatrix} a_{22} & a_{24} \\ a_{24} & a_{44} \end{vmatrix}+\begin{vmatrix} a_{33} & a_{34} \\ a_{34} & a_{44} \end{vmatrix},$$

$$K_2=\begin{vmatrix} a_{11} & a_{12} & a_{14} \\ a_{12} & a_{22} & a_{24} \\ a_{14} & a_{24} & a_{44} \end{vmatrix}+\begin{vmatrix} a_{11} & a_{13} & a_{14} \\ a_{13} & a_{33} & a_{34} \\ a_{14} & a_{34} & a_{44} \end{vmatrix}+\begin{vmatrix} a_{22} & a_{23} & a_{24} \\ a_{23} & a_{33} & a_{34} \\ a_{24} & a_{34} & a_{44} \end{vmatrix}.$$

2.3.1 二次曲面与直线的相关位置

给定一张二次曲面 $\boldsymbol{\Sigma}$ 和一条空间直线 l,它们的位置关系有:直线在曲面上,与曲面相交和不相交.那么,如何来判断是哪种位置关系呢?

为此,假设二次曲面 $\boldsymbol{\Sigma}$ 的方程为(2.3.2)式,直线 l 过点 $P_0(x_0,y_0,z_0)$、方向向量为 $\boldsymbol{v}=(X,Y,Z)$,即

$$l:\begin{cases} x=x_0+Xt, \\ y=y_0+Yt, \\ z=z_0+Zt. \end{cases} \tag{2.3.9}$$

因此,直线(2.3.9)与曲面(2.3.2)的位置关系取决于方程(2.3.9)与(2.3.2)的联立方程组的解.将(2.3.9)式代入(2.3.2)式右边得

$$\begin{aligned} F(x,y,z)=&(x_0+tX,y_0+tY,z_0+tZ)\cdot(F_1(x_0,y_0,z_0)+t\Phi_1(X,Y,Z),\\ &F_2(x_0,y_0,z_0)+t\Phi_2(X,Y,Z),F_3(x_0,y_0,z_0)+t\Phi_3(X,Y,Z))+\\ &F_4(x_0,y_0,z_0)+t\Phi_4(X,Y,Z)\\ =&(x_0,y_0,z_0)\cdot(F_1(x_0,y_0,z_0),F_2(x_0,y_0,z_0),F_3(x_0,y_0,z_0))+F_4(x_0,y_0,z_0)+\\ &(x_0,y_0,z_0)\cdot(\Phi_1(X,Y,Z),\Phi_2(X,Y,Z),\Phi_3(X,Y,Z))t+\\ &\boldsymbol{v}\cdot(F_1(x_0,y_0,z_0),F_2(x_0,y_0,z_0),F_3(x_0,y_0,z_0))t+\\ &\boldsymbol{v}\cdot(\Phi_1(X,Y,Z),\Phi_2(X,Y,Z),\Phi_3(X,Y,Z))t^2+t\Phi_4(X,Y,Z), \end{aligned} \tag{2.3.10}$$

其中

$$\begin{aligned} &(x_0,y_0,z_0)\cdot(\Phi_1(X,Y,Z),\Phi_2(X,Y,Z),\Phi_3(X,Y,Z))\\ =&a_{11}x_0X+a_{12}y_0X+a_{13}z_0X+a_{12}x_0Y+a_{22}y_0Y+\\ &a_{23}z_0Y+a_{13}x_0Z+a_{23}y_0Z+a_{33}z_0Z\\ =&\boldsymbol{v}\cdot(F_1(x_0,y_0,z_0),F_2(x_0,y_0,z_0),F_3(x_0,y_0,z_0))-\Phi_4(X,Y,Z)\\ =&\frac{1}{2}\boldsymbol{v}\cdot\nabla F(x_0,y_0,z_0)-\Phi_4(X,Y,Z), \end{aligned}$$

代入(2.3.10)式后得到

$$\Phi(X,Y,Z)t^2+\boldsymbol{v}\cdot\nabla F(x_0,y_0,z_0)t+F(x_0,y_0,z_0)=0. \tag{2.3.11}$$

当 $\Phi(X,Y,Z)\neq0$ 时，方程(2.3.11)是一个关于参数 t 的二次方程.此时的所述联立方程组的解的性质由方程(2.3.11)中的参数 t 来确定.考虑关于参数 t 的一元二次方程(2.3.11)根的判别式

$$\Delta=[\boldsymbol{v}\cdot\nabla F(x_0,y_0,z_0)]^2-4\Phi(X,Y,Z)F(x_0,y_0,z_0),$$

则得

命题 2.3.1 对于曲面(2.3.2)，当 $\Phi(X,Y,Z)\neq0$ 时，

(1) 若 $\Delta>0$，则参数 t 可取两不等实数，过点 $P_0(x_0,y_0,z_0)$、方向向量为 (X,Y,Z) 的直线 l 与二次曲面 Σ 有两个不同的实交点；

(2) 若 $\Delta=0$，则 t 可取两个相等实数，对应于直线 l 与二次曲面 Σ 有两个相互重合的实交点；

(3) 若 $\Delta<0$，则 t 只能是两个共轭复数，即，直线 l 与二次曲面 Σ 没有实交点，只有两个共轭虚交点.

当 $\Phi(X,Y,Z)=0$ 时，

(4) 若 $\boldsymbol{v}\cdot\nabla F(x_0,y_0,z_0)\neq0$，则直线 l 与二次曲面 Σ 有唯一实交点；

(5) 若 $\boldsymbol{v}\cdot\nabla F(x_0,y_0,z_0)=0$，$F(x_0,y_0,z_0)\neq0$，则直线 l 与二次曲面 Σ 无交点；

(6) 若 $\boldsymbol{v}\cdot\nabla F(x_0,y_0,z_0)=F(x_0,y_0,z_0)=0$，则直线 l 与二次曲面 Σ 有无穷多个交点，即，直线 l 在二次曲面 Σ 上.

定义 2.3.2 对于二次曲面(2.3.2)，若 (X,Y,Z) 满足 $\Phi(X,Y,Z)=0$，则将方向 (X,Y,Z) 称为该二次曲面的**渐近方向**，否则称为**非渐近方向**.

因此，以二次曲面的渐近方向为一个方向向量的直线，与该二次曲面或者只有一个交点，或者没有交点，或者整条直线在该二次曲面上.然而，平行于二次曲面的非渐近方向的直线，与该二次曲面总有两个交点.

命题 2.3.2 过点 $P_0(x_0,y_0,z_0)$，以二次曲面(2.3.2)的渐近方向 (X,Y,Z) 为方向向量的直线 l 所组成的曲面，是以 $P_0(x_0,y_0,z_0)$ 为顶点的二次锥面.

证 设 $P(x,y,z)\in l$，则 $(x-x_0,y-y_0,z-z_0)$ 可作为二次曲面(2.3.2)的一个渐近方向.因此，

$$\begin{aligned}\Phi(x-x_0,y-y_0,z-z_0)&=a_{11}(x-x_0)^2+a_{22}(y-y_0)^2+a_{33}(z-z_0)^2+\\&\quad 2a_{12}(x-x_0)(y-y_0)+2a_{13}(x-x_0)(z-z_0)+2a_{23}(y-y_0)(z-z_0)\\&=0.\end{aligned}$$

这是以 $P_0(x_0,y_0,z_0)$ 为顶点的二次锥面. □

定义 2.3.3 将过点 $P_0(x_0,y_0,z_0)$，以二次曲面(2.3.2)的渐近方向 (X,Y,Z) 为方向向量的直线 l 所组成的二次锥面称为二次曲面(2.3.2)的**渐近锥面**(图 2.3.1).

2.3.2 二次曲面的中心

定义 2.3.4 以二次曲面 Σ 的非渐近方向为方向向量的直线 l 与二次曲面交于两个点，由这两点决定的线段称为二次曲面 Σ 的**弦**(如图 2.3.2 的 AB)；若过点 C 的二次曲面 Σ 的所有弦都以点 C 为中点，则称 C 为二次曲面 Σ 的**中心**.

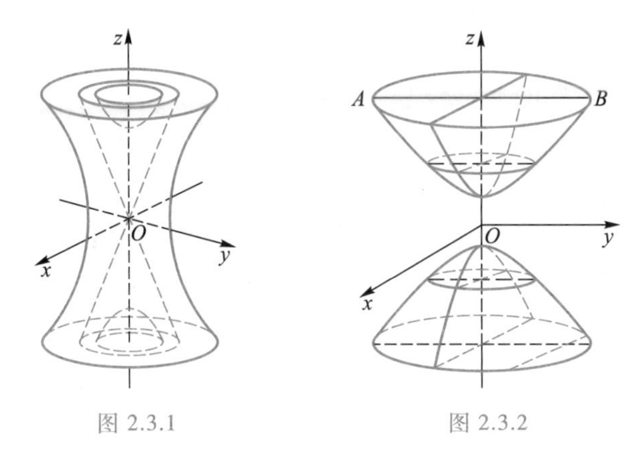

图 2.3.1　　图 2.3.2

定理 2.3.3　点 $C(x_0,y_0,z_0)$ 是二次曲面 Σ 的中心的充要条件是

$$\begin{cases}F_1(x_0,y_0,z_0)=0,\\F_2(x_0,y_0,z_0)=0,\\F_3(x_0,y_0,z_0)=0,\end{cases}\tag{2.3.12}$$

即 $\nabla F(x_0,y_0,z_0)=\mathbf{0}$.

证　设过点 $C(x_0,y_0,z_0)$，平行于二次曲面(2.3.2)的非渐近方向 $\boldsymbol{v}=(X,Y,Z)$ 的直线 l 为 $(x,y,z)=(x_0+Xt,y_0+Yt,z_0+Zt)$，并与(2.3.2)式联立的方程组得到的(2.3.11)式的两个根为 t_1 和 t_2，则直线 l 与二次曲面 Σ 的两个(实、重合、虚的)交点分别为 $P_1(x_0+Xt_1,y_0+Yt_1,z_0+Zt_1)$ 和 $P_2(x_0+Xt_2,y_0+Yt_2,z_0+Zt_2)$. 因而弦 P_1P_2 的中点坐标为

$$\left(x_0+\frac{X(t_1+t_2)}{2},y_0+\frac{Y(t_1+t_2)}{2},z_0+\frac{Z(t_1+t_2)}{2}\right).$$

所以，$C(x_0,y_0,z_0)$ 是二次曲面 Σ 的中心的充要条件是：对任意非渐近方向 (X,Y,Z)，

$$(x_0,y_0,z_0)=\left(x_0+\frac{X(t_1+t_2)}{2},y_0+\frac{Y(t_1+t_2)}{2},z_0+\frac{Z(t_1+t_2)}{2}\right),$$

即 $t_1+t_2=0$. 而根据一元二次方程(2.3.11)的根与系数的关系(Vieta(韦达)定理)，有

$$\begin{aligned}t_1+t_2&=-[XF_1(x_0,y_0,z_0)+Y F_2(x_0,y_0,z_0)+Z F_3(x_0,y_0,z_0)]/\Phi(X,Y,Z)\\&=-\frac{1}{2\Phi(X,Y,Z)}\boldsymbol{v}\cdot\nabla F(x_0,y_0,z_0).\end{aligned}\tag{2.3.13}$$

注意到非渐近方向 (X,Y,Z) 的任意性(注：说明非渐近方向 $\boldsymbol{v}$ 可取三个线性无关的方向即可，但这不是显然的，作为练习，读者可以尝试证明. 一种思路是结合命题 2.3.16 思考)，得到 $C(x_0,y_0,z_0)$ 是二次曲面 Σ 的中心的充要条件是(2.3.12)式成立. □

如果二次曲面(2.3.2)有中心 $C(x_0,y_0,z_0)$，作变换 $\begin{cases}x=x'+a,\\y=y'+b,\\z=z'+c,\end{cases}$ 则可消去一次项(请读者验证). 因此，有中心的二次曲面方程经过适当的平移变换后，方程的图形以新原点为对称中心.

由定理 2.3.3 可见,二次曲面的中心坐标由方程组

$$\begin{cases}F_1(x,y,z)=a_{11}x+a_{12}y+a_{13}z+a_{14}=0,\\ F_2(x,y,z)=a_{12}x+a_{22}y+a_{23}z+a_{24}=0,\\ F_3(x,y,z)=a_{13}x+a_{23}y+a_{33}z+a_{34}=0\end{cases}\tag{2.3.14}$$

决定,因此方程组(2.3.14)也被称为二次曲面(2.3.2)的**中心方程组**.

命题 2.3.4 设方程组(2.3.14)的系数矩阵和增广矩阵分别为

$$\overline{\boldsymbol{A}}=\begin{pmatrix}a_{11}&a_{12}&a_{13}\\a_{12}&a_{22}&a_{23}\\a_{13}&a_{23}&a_{33}\end{pmatrix},\quad \boldsymbol{B}=\begin{pmatrix}a_{11}&a_{12}&a_{13}&-a_{14}\\a_{12}&a_{22}&a_{23}&-a_{24}\\a_{13}&a_{23}&a_{33}&-a_{34}\end{pmatrix},$$

则方程组(2.3.14)的解和曲面的中心有以下四种情形:

(1) 若 $\mathrm{Rank}(\overline{\boldsymbol{A}})=\mathrm{Rank}(\boldsymbol{B})=3$,即方程组的系数行列式 $I_3=\begin{vmatrix}a_{11}&a_{12}&a_{13}\\a_{12}&a_{22}&a_{23}\\a_{13}&a_{23}&a_{33}\end{vmatrix}\neq0$,则该方程组只有唯一解,因此二次曲面(2.3.2)只有唯一的中心;

(2) 若 $\mathrm{Rank}(\overline{\boldsymbol{A}})=\mathrm{Rank}(\boldsymbol{B})=2$,则方程组(2.3.14)有多解,二次曲面(2.3.2)有多个中心,这些中心构成一条直线;

(3) 若 $\mathrm{Rank}(\overline{\boldsymbol{A}})=\mathrm{Rank}(\boldsymbol{B})=1$,则方程组(2.3.14)也有多解,二次曲面(2.3.2)的中心构成一张平面;

(4) 若 $\mathrm{Rank}(\overline{\boldsymbol{A}})\neq\mathrm{Rank}(\boldsymbol{B})$,则方程组(2.3.14)无解,二次曲面(2.3.2)无中心.

定义 2.3.5 只有唯一中心的二次曲面称为**中心二次曲面**或**非退化曲面**,没有中心的二次曲面称为**无心二次曲面**,中心构成一条直线的二次曲面称为**线心二次曲面**,中心构成一张平面的二次曲面称为**面心二次曲面**,二次曲面中的无心二次曲面、线心二次曲面与面心二次曲面统称为**非中心二次曲面**或**退化曲面**.

推论 二次曲面(2.3.2)为中心二次曲面的充要条件是 $I_3\neq0$,为非中心二次曲面的充要条件是 $I_3=0$.

例 2.3.1 判断椭球面$\frac{x^2}{a^2}+\frac{y^2}{b^2}+\frac{z^2}{c^2}=1$、双曲面$\frac{x^2}{a^2}+\frac{y^2}{b^2}-\frac{z^2}{c^2}=\pm1$、抛物面$\frac{x^2}{a^2}\pm\frac{y^2}{b^2}=2z$ 是不是中心二次曲面,如果是则求出其中心.

解 椭球面的 $I_3=\begin{vmatrix}\frac{1}{a^2}&0&0\\0&\frac{1}{b^2}&0\\0&0&\frac{1}{c^2}\end{vmatrix}=\frac{1}{a^2b^2c^2}\neq0$,所以它是中心二次曲面,中心方程组为

$$\begin{cases}\dfrac{x}{a^2}=0,\\ \dfrac{y}{b^2}=0,\\ \dfrac{z}{c^2}=0.\end{cases}$$ 因此中心是原点(0,0,0).

双曲面的 $I_3=\begin{vmatrix}\dfrac{1}{a^2} & 0 & 0\\ 0 & \dfrac{1}{b^2} & 0\\ 0 & 0 & -\dfrac{1}{c^2}\end{vmatrix}=-\dfrac{1}{a^2b^2c^2}\neq 0$,因此它也是中心二次曲面,中心方程组为

$$\begin{cases}\dfrac{x}{a^2}=0,\\ \dfrac{y}{b^2}=0,\\ -\dfrac{z}{c^2}=0.\end{cases}$$ 由此得到中心是原点(0,0,0).

抛物面的 $I_3=\begin{vmatrix}\dfrac{1}{a^2} & 0 & 0\\ 0 & \pm\dfrac{1}{b^2} & 0\\ 0 & 0 & 0\end{vmatrix}=0$,所以抛物面为非中心二次曲面,它的中心方程组为

$$\begin{cases}\dfrac{x}{a^2}=0,\\ \pm\dfrac{y}{b^2}=0,\\ 0=-1.\end{cases}$$ 这是个矛盾方程组,它无解,因此抛物面为无心二次曲面. □

例 2.3.2 对于曲面 $y^2+z^2-c^2=0$,因为

$$I_3=\begin{vmatrix}0 & 0 & 0\\ 0 & 1 & 0\\ 0 & 0 & 1\end{vmatrix}=0,$$

所以它是非中心二次曲面,但由于中心方程组为 $\begin{cases}y=0,\\ z=0,\end{cases}$ 故所给曲面为线心二次曲面. □

2.3.3 二次曲面的切线与切平面

定义 2.3.6 若直线 l 与二次曲面 Σ 相交于互相重合的两个点或 $l\subseteq\Sigma$,则直线 l 称为二次曲面 Σ 的**切线**,该重合的交点称为**切点**.

对于二次曲面(2.3.2),若直线 l 为(2.3.9)式,则根据命题 2.3.1,可得

命题 2.3.5 方向向量为 $\boldsymbol{v}=(X,Y,Z)$ 的直线(2.3.9)是二次曲面(2.3.2)的切线且切点为 $P_0(x_0,y_0,z_0)$ 的充要条件是

$$XF_1(x_0,y_0,z_0)+YF_2(x_0,y_0,z_0)+ZF_3(x_0,y_0,z_0)=0. \qquad (2.3.15)$$

即 $\boldsymbol{v}\cdot\nabla F(x_0,y_0,z_0)=0$.

证 因为点 $P_0(x_0,y_0,z_0)$ 在二次曲面(2.3.2)上,所以 $F(x_0,y_0,z_0)=0$.因此,根据命题 2.3.1 的(2),直线(2.3.9)是二次曲面(2.3.2)的切线但不属于二次曲面(2.3.2)且切点为 P_0 的充要条件是

$$\Phi(X,Y,Z)\neq 0, \quad \Delta=[\boldsymbol{v}\cdot\nabla F(x_0,y_0,z_0)]^2=0.$$

而根据命题 2.3.1 的(6),直线(2.3.9)在二次曲面(2.3.2)上的充要条件是

$$\Phi(X,Y,Z)=0, \quad \boldsymbol{v}\cdot\nabla F(x_0,y_0,z_0)=F(x_0,y_0,z_0)=0.$$

所以,直线(2.3.9)是曲面(2.3.2)的切线的充要条件是

$$XF_1(x_0,y_0,z_0)+YF_2(x_0,y_0,z_0)+ZF_3(x_0,y_0,z_0)=0. \quad \square$$

由命题 2.3.5 知,通过二次曲面(2.3.2)上的点 (x_0,y_0,z_0) 的直线(2.3.9)的方向可以不唯一.事实上,当 $\nabla F(x_0,y_0,z_0)\neq\mathbf{0}$ 时,取 $X:Y:Z=(x-x_0):(y-y_0):(z-z_0)$,代入(2.3.15)式得

$$(x-x_0)F_1(x_0,y_0,z_0)+(y-y_0)F_2(x_0,y_0,z_0)+(z-z_0)F_3(x_0,y_0,z_0)=0. \qquad (2.3.16)$$

因此二次曲面(2.3.2)在一点 $P_0(x_0,y_0,z_0)$ 处的所有切线构成一张平面,称为二次曲面的**切平面**.

另一方面,若 $\nabla F(x_0,y_0,z_0)=\mathbf{0}$,则由于(2.3.15)式对任何方向 $X:Y:Z$ 都满足,所以通过点 $P_0(x_0,y_0,z_0)$ 的任何一条直线都是二次曲面的切线.使得 $\nabla F(x_0,y_0,z_0)=\mathbf{0}$ 的点 $P_0(x_0,y_0,z_0)$ 叫作二次曲面(2.3.2)的**奇异点**,简称**奇点**,二次曲面的非奇异点叫作二次曲面的**正常点**.

推论 如果 $P_0(x_0,y_0,z_0)$ 是二次曲面(2.3.2)的正常点,那么在 P_0 处,存在二次曲面(2.3.2)唯一的切平面,其方程为(2.3.16)式.

过正常点 $P_0(x_0,y_0,z_0)$、与点 P_0 处二次曲面的切平面垂直的直线称为二次曲面在点 P_0 处的**法线**.因此,在平面直角坐标系下,正常点 $P_0(x_0,y_0,z_0)$ 处的法线方程为

$$\frac{x-x_0}{F_1(x_0,y_0,z_0)}=\frac{y-y_0}{F_2(x_0,y_0,z_0)}=\frac{z-z_0}{F_3(x_0,y_0,z_0)}.$$

以上讨论了二次曲面 Σ 的切线上的切点情形,而对于切线上的非切点 $P_0(x_0,y_0,z_0)$,它满足:

命题 2.3.6 对于(2.3.2)式定义的二次曲面 Σ,如果点 $P_0(x_0,y_0,z_0)\notin\Sigma$,则过 P_0 的 Σ 的所有切线构成以 P_0 为顶点的锥面.该锥面称为二次曲面 Σ 过点 P_0 的**切锥**.

证 因为 $P_0\notin\Sigma$,所以过点 P_0 的切线 l 不可能位于二次曲面 Σ 上.故根据命题 2.3.1 的(2),过 P_0 且方向向量为 $\boldsymbol{v}=(X,Y,Z)$ 的直线 l 为二次曲面 Σ 的切线,当且仅当 $\Phi(X,Y,Z)\neq 0$ 且

$$[\boldsymbol{v}\cdot\nabla F(x_0,y_0,z_0)]^2-4\Phi(X,Y,Z)F(x_0,y_0,z_0)=0.$$

显然,对切线 l 上的任意点 (x,y,z),都有 $(x-x_0):(y-y_0):(z-z_0)=X:Y:Z$.将之代入上式

可得

$$[(x-x_0)F_1(x_0,y_0,z_0)+(y-y_0)F_2(x_0,y_0,z_0)+(z-z_0)F_3(x_0,y_0,z_0)]^2-4\Phi(x-x_0,y-y_0,z-z_0)F(x_0,y_0,z_0)=0.$$

它是关于 $x-x_0,y-y_0,z-z_0$ 的二次齐次方程，即表示以 P_0 为顶点的锥面. □

例 2.3.3 证明：二次曲面 $F(x,y,z)=x^2+y^2+z^2-4xy-4xz-4yz+2x+2y+2z+18=0$ 在点(1,2,3)处存在唯一的切平面，并求其方程.

解 首先，由于 $F(1,2,3)=1+4+9-8-12-24+2+4+6+18=0$，所以点(1,2,3)在二次曲面上.其次，对于所给定的二次曲面 $F(x,y,z)$，按照记号 $F_1(x,y,z)$，$F_2(x,y,z)$ 和 $F_3(x,y,z)$ 的定义，$F_1(x,y,z)=x-2y-2z+1$，$F_2(x,y,z)=-2x+y-2z+1$，$F_3(x,y,z)=-2x-2y+z+1$.所以 $F_1(1,2,3)=-8$，$F_2(1,2,3)=-5$，$F_3(1,2,3)=-2$.这说明点(1,2,3)是二次曲面 $F(x,y,z)$ 的正常点，所以在点(1,2,3)处存在二次曲面 $F(x,y,z)$ 的唯一切平面.

另一方面，根据命题 2.3.5 可得，该二次曲面在点(1,2,3)处的所有切线的方程为

$$-8(x-1)-5(y-2)-2(z-3)=0,\text{即 } 8x+5y+2z-24=0.$$

即，这些切线构成一个切平面. □

2.3.4 二次曲面的直径面与奇向

定理 2.3.7 二次曲面的所有沿非渐近方向 $\boldsymbol{v}=(X,Y,Z)$ 的平行弦的中点在一张平面上.在前面使用的记号下，该平面可写成

$$\boldsymbol{v}\cdot\nabla F(x,y,z)=0,$$

即

$$\Phi_1(X,Y,Z)x+\Phi_2(X,Y,Z)y+\Phi_3(X,Y,Z)z+\Phi_4(X,Y,Z)=0.$$

证 设 $\boldsymbol{v}=(X,Y,Z)$ 为二次曲面的任意一个非渐近方向，根据定理 2.3.3 的证明，(x,y,z) 为平行于方向 $\boldsymbol{v}=(X,Y,Z)$ 的任意弦的中点，则 $\boldsymbol{v}\cdot\nabla F(x,y,z)=0$，即

$$XF_1(x,y,z)+YF_2(x,y,z)+ZF_3(x,y,z)=0. \tag{2.3.17}$$

展开(2.3.17)式可得

$$(a_{11}X+a_{12}Y+a_{13}Z)x+(a_{12}X+a_{22}Y+a_{23}Z)y+(a_{13}X+a_{23}Y+a_{33}Z)z+(a_{14}X+a_{24}Y+a_{34}Z)=0.$$

上式可改写成

$$\Phi_1(X,Y,Z)x+\Phi_2(X,Y,Z)y+\Phi_3(X,Y,Z)z+\Phi_4(X,Y,Z)=0. \tag{2.3.18}$$

因为 $\boldsymbol{v}$ 为非渐近方向，所以

$$\Phi(X,Y,Z)=X\Phi_1(X,Y,Z)+Y\Phi_2(X,Y,Z)+Z\Phi_3(X,Y,Z)\neq 0.$$

因此 $\Phi_1(X,Y,Z)$，$\Phi_2(X,Y,Z)$，$\Phi_3(X,Y,Z)$ 不全为零.这证明了(2.3.18)式为一个三元一次方程，即一张平面的方程. □

注意到平面的无界性和椭球面等二次曲面的有界性，读者就会理解定理 2.3.7 和下面的定义 2.3.7.

定义 2.3.7 若方向 $\boldsymbol{v}=(X,Y,Z)$ 为二次曲面(2.3.2)的非渐近方向，则二次曲面的所有沿 $\boldsymbol{v}$ 的平行弦的中点所在的平面称为该族平行弦的**直径面**(或**径面**)，而该族平行弦称为这个直径面的**共轭弦**，该族平行弦的方向叫作这个直径面的**共轭方向**.

推论 假设二次曲面 Σ 的中心存在,那么 Σ 的任何直径面一定通过 Σ 的中心.进一步,线心二次曲面的任何直径面通过它的中心直线,而面心二次曲面的直径面就是它的中心平面.

若方向 $\boldsymbol{v}=(X,Y,Z)$ 为二次曲面(2.3.2)的渐近方向,则平行于它的弦不存在.然而,若 $\Phi_i(X,Y,Z)(i=1,2,3)$ 不全为零,则方程(2.3.18)仍然为一张平面的方程,称其为**共轭于渐近方向 $\boldsymbol{v}=(X,Y,Z)$ 的直径面**,而如果方程(2.3.18)不表示任何平面(即一次项的系数 $\Phi_i(X,Y,Z)(i=1,2,3)$ 全为零),则将渐近方向 $\boldsymbol{v}=(X,Y,Z)$ 称为二次曲面(2.3.2)的**奇异方向**,简称**奇向**.

因此,由定理 2.3.7,若方向 $\boldsymbol{v}=(X,Y,Z)$ 为二次曲面(2.3.2)的非渐近方向,则二次曲面的一个直径面的方程就是(2.3.18)式.若方向 $\boldsymbol{v}=(X,Y,Z)$ 为二次曲面(2.3.2)的渐近方向,则其为奇向的充要条件是

$$\begin{cases}\Phi_1(X,Y,Z)=a_{11}X+a_{12}Y+a_{13}Z=0,\\ \Phi_2(X,Y,Z)=a_{12}X+a_{22}Y+a_{23}Z=0,\\ \Phi_3(X,Y,Z)=a_{13}X+a_{23}Y+a_{33}Z=0.\end{cases}\tag{2.3.19}$$

该方程有非零解的充要条件是 $I_3=0$.即:

定理 2.3.8 二次曲面(2.3.2)的渐近方向 $\boldsymbol{v}=(X,Y,Z)$ 为奇向的充要条件是 $I_3=0$.

推论 只有中心二次曲面没有奇向.

定理 2.3.9 二次曲面的奇向平行于它的任何直径面.

证 设二次曲面(2.3.2)的奇向为 $X_0:Y_0:Z_0$,那么 $\Phi_1(X_0,Y_0,Z_0)=\Phi_2(X_0,Y_0,Z_0)=\Phi_3(X_0,Y_0,Z_0)=0$,因此

$$\begin{aligned}&X_0\Phi_1(X,Y,Z)+Y_0\Phi_2(X,Y,Z)+Z_0\Phi_3(X,Y,Z)\\ =\,&X_0(a_{11}X+a_{12}Y+a_{13}Z)+Y_0(a_{12}X+a_{22}Y+a_{23}Z)+Z_0(a_{13}X+a_{23}Y+a_{33}Z)\\ =\,&X(a_{11}X_0+a_{12}Y_0+a_{13}Z_0)+Y(a_{12}X_0+a_{22}Y_0+a_{23}Z_0)+Z(a_{13}X_0+a_{23}Y_0+a_{33}Z_0)\\ =\,&X\Phi_1(X_0,Y_0,Z_0)+Y\Phi_2(X_0,Y_0,Z_0)+Z\Phi_3(X_0,Y_0,Z_0)\\ =\,&0.\end{aligned}$$

所以二次曲面的奇向 $X_0:Y_0:Z_0$ 平行于任意一张直径面 $\Phi_1(X,Y,Z)x+\Phi_2(X,Y,Z)y+\Phi_3(X,Y,Z)z+\Phi_4(X,Y,Z)=0$. □

定义 2.3.8 如果二次曲面 Σ 的两个方向 $\boldsymbol{v}=(X,Y,Z)$ 和 $\boldsymbol{v}'=(X',Y',Z')$ 满足

$$X\Phi_1(X',Y',Z')+Y\Phi_2(X',Y',Z')+Z\Phi_3(X',Y',Z')=0,$$

那么这两个方向称为**一对共轭方向**.

由此定义我们立即得到

命题 2.3.10 (1) 二次曲面 Σ 的奇向与任何方向都共轭;

(2) 方向 $\boldsymbol{v}'$ 与非奇向 $\boldsymbol{v}$ 共轭,当且仅当 $\boldsymbol{v}'$ 与共轭于 $\boldsymbol{v}$ 的直径面平行.

定义 2.3.9 二次曲面 Σ 的两张直径面的交线称为 Σ 的一条**直径**,两条直径若分别沿一对共轭方向中的一个,则称该对直径为 Σ 的**一对共轭直径**.

对中心二次曲面而言,过中心的任何平面都是直径面(留作习题),因而过中心的每一条直线都是 Σ 的直径.

例 2.3.4 求单叶双曲面$\frac{x^2}{a^2}+\frac{y^2}{b^2}-\frac{z^2}{c^2}=1$的直径面.

解 因为单叶双曲面为中心二次曲面,即 $I_3\neq 0$.所以它没有奇向,任取方向 $X:Y:Z$ 都是该曲面的非渐近方向.又因为

$$\Phi_1(X,Y,Z)=\frac{X}{a^2},\quad \Phi_2(X,Y,Z)=\frac{Y}{b^2},\quad \Phi_3(X,Y,Z)=-\frac{Z}{c^2},\quad \Phi_4(X,Y,Z)=0,$$

根据(2.3.18)式,该单叶双曲面共轭于方向 $X:Y:Z$ 的直径面为

$$\frac{X}{a^2}x+\frac{Y}{b^2}y-\frac{Z}{c^2}z=0.\quad \square$$

例 2.3.5 求椭圆抛物面$\frac{x^2}{a^2}+\frac{y^2}{b^2}=2z$的直径面.

解 因为椭圆抛物面为无心二次曲面,$I_3=0$,所以椭圆抛物面有奇向 $X_0:Y_0:Z_0$.根据(2.3.19)式,该奇向 $X_0:Y_0:Z_0$ 满足$\frac{X_0}{a^2}=0$和$\frac{Y_0}{b^2}=0$,所以奇向可取为 $X_0:Y_0:Z_0=0:0:1$.任取非奇向 $X:Y:Z$,注意到 $\Phi_4(X,Y,Z)=-Z$,因此根据(2.3.18)式,椭圆抛物面共轭于非奇向 $X:Y:Z$ 的直径面为

$$\frac{X}{a^2}x+\frac{Y}{b^2}y-Z=0.\quad \square$$

2.3.5 二次曲面的主径面与主方向,特征方程与特征根

定义 2.3.10 如果二次曲面的直径面垂直于它所共轭的方向,则称该直径面为二次曲面的**主径面**,而二次曲面的主径面的共轭方向或者二次曲面的奇向,称为二次曲面的**主方向**.特别地,不是奇向的主方向称为**非奇主方向**.

定理 2.3.11 方向 $X:Y:Z$ 是二次曲面(2.3.2)的主方向的充要条件是:方向分量 X,Y,Z 是

$$\begin{cases}(a_{11}-\lambda)X+a_{12}Y+a_{13}Z=0,\\ a_{12}X+(a_{22}-\lambda)Y+a_{23}Z=0,\\ a_{13}X+a_{23}Y+(a_{33}-\lambda)Z=0\end{cases}\tag{2.3.20}$$

的非零解,其中 λ 是以下方程的根:

$$-\lambda^3+I_1\lambda^2-I_2\lambda+I_3=0.\tag{2.3.21}$$

证 如果方向 $X:Y:Z$ 是二次曲面(2.3.2)的渐近方向,并且不存在任何直径面,则根据定理 2.3.8,方向 $X:Y:Z$ 是该曲面的奇向(主方向)的充要条件是它满足

$$\begin{cases}a_{11}X+a_{12}Y+a_{13}Z=0,\\ a_{12}X+a_{22}Y+a_{23}Z=0,\\ a_{13}X+a_{23}Y+a_{33}Z=0.\end{cases}\tag{2.3.22}$$

而(2.3.22)式对应于方程组(2.3.20)中的 $\lambda=0$ 的情形,它有非零解的充要条件是 $I_3=0$,因而 $\lambda=0$ 显然是方程(2.3.21)的一个根.

如果 $X:Y:Z$ 是二次曲面(2.3.2)的非渐近方向或是渐近方向但方程(2.3.18)仍然为一张平面的方程,则按照定理 2.3.7,其直径面的方程为三元一次方程

$$\Phi_1(X,Y,Z)x+\Phi_2(X,Y,Z)y+\Phi_3(X,Y,Z)z+\Phi_4(X,Y,Z)=0. \tag{2.3.23}$$

所以,$X:Y:Z$ 成为二次曲面(2.3.2)的主方向的充要条件是 $X:Y:Z$ 与平面(2.3.23)的法方向 $\Phi_1(X,Y,Z):\Phi_2(X,Y,Z):\Phi_3(X,Y,Z)$ 平行,即存在非零实数 λ,使得

$$\begin{cases} a_{11}X+a_{12}Y+a_{13}Z=\lambda X, \\ a_{12}X+a_{22}Y+a_{23}Z=\lambda Y, \\ a_{13}X+a_{23}Y+a_{33}Z=\lambda Z. \end{cases} \tag{2.3.24}$$

(2.3.24)式是特征根问题,要使得(X,Y,Z)成为方向向量,则 X,Y,Z 不全为零,因此

$$\begin{vmatrix} a_{11}-\lambda & a_{12} & a_{13} \\ a_{12} & a_{22}-\lambda & a_{23} \\ a_{13} & a_{23} & a_{33}-\lambda \end{vmatrix}=0. \tag{2.3.25}$$

展开该行列式即得

$$-\lambda^3+I_1\lambda^2-I_2\lambda+I_3=0. \quad \square \tag{2.3.26}$$

定义 2.3.11 称方程(2.3.21),即(2.3.20)式的系数矩阵的行列式为零,为二次曲面(2.3.2)的**特征方程**,而该特征方程的根称为二次曲面(2.3.2)的**特征根**.

为了得到二次曲面(2.3.2)的主方向,只要首先从特征方程(2.3.21)求得特征根 λ,然后将其代入(2.3.20)式,从得到的方程组中求出非零解就得相应的主方向 $X:Y:Z$.如果 $\lambda=0$ 是特征方程(2.3.21)的一个根,则相应的主方向为二次曲面的奇向;而如果 $\lambda\neq 0$,则相应的主方向为非奇主方向,将非奇主方向 $X:Y:Z$ 代入(2.3.18)式,即(2.3.23)式,就得到共轭于这个非奇主方向的主径面.

另外,在直角坐标系下,由于二次曲面的特征方程(2.3.21)的根是非零实对称矩阵

$$\overline{\boldsymbol{A}}=\begin{pmatrix} a_{11} & a_{12} & a_{13} \\ a_{12} & a_{22} & a_{23} \\ a_{13} & a_{23} & a_{33} \end{pmatrix}$$

的特征根,因此特征方程的三个根均为实数,并且可以得到三个相互垂直的主方向.又由于 $\overline{\boldsymbol{A}}$ 是非零矩阵($\operatorname{Rank}(\overline{\boldsymbol{A}})\geqslant 1$),如果 $\overline{\boldsymbol{A}}$ 有零特征根,则其对应的特征子空间维数不超过 2.但 $\overline{\boldsymbol{A}}$ 可对角化,因此至少有一个特征根是非零的,所以二次曲面总有一个非奇主方向,由此可得到二次曲面至少有一个主径面.

例 2.3.6 求二次曲面 $3x^2+y^2+3z^2-2xy-2xz-2yz+4x+14y+4z-23=0$ 的主方向与主径面.

解 根据定义,容易计算出

$$I_1=3+1+3=7, \quad I_2=\begin{vmatrix} 3 & -1 \\ -1 & 1 \end{vmatrix}+\begin{vmatrix} 3 & -1 \\ -1 & 3 \end{vmatrix}+\begin{vmatrix} 1 & -1 \\ -1 & 3 \end{vmatrix}=12,$$

$$I_3=\begin{vmatrix} 3 & -1 & -1 \\ -1 & 1 & -1 \\ -1 & -1 & 3 \end{vmatrix}=0.$$

按照(2.3.21)式得到该二次曲面的特征方程为

$$-\lambda^3+7\lambda^2-12\lambda=0.$$

解得特征根为 $\lambda=4,3,0$.

将 $\lambda=0$ 代入(2.3.20)式得

$$\begin{cases}3X-Y-Z=0,\\-X+Y-Z=0,\\-X-Y+3Z=0.\end{cases}$$

解得对应于特征根 $\lambda=0$ 的主方向为 $X:Y:Z=1:2:1$,这一主方向为该二次曲面的奇向.

将 $\lambda=4$ 代入(2.3.20)式得

$$\begin{cases}-X-Y-Z=0,\\-X-3Y-Z=0,\\-X-Y-Z=0.\end{cases}$$

解得对应于特征根 $\lambda=4$ 的主方向为 $X:Y:Z=1:0:(-1)$,将其代入(2.3.18)式得到共轭于这个主方向的主径面为

$$x-z=0.$$

将 $\lambda=3$ 代入(2.3.20)式得

$$\begin{cases}-Y-Z=0,\\-X-2Y-Z=0,\\-X-Y=0.\end{cases}$$

解得对应于特征根 $\lambda=3$ 的主方向为 $X:Y:Z=1:(-1):1$,将其代入(2.3.18)式并化简,得到共轭于这个主方向的主径面为

$$x-y+z-1=0.\quad \square$$

2.3.6 二次曲面方程的化简与分类

1. 用直角坐标变换化简与分类二次曲面方程

以下在直角坐标系下化简二次曲面方程.给定两个由标架$[O;\boldsymbol{i},\boldsymbol{j},\boldsymbol{k}]$与$[O';\boldsymbol{i}',\boldsymbol{j}',\boldsymbol{k}']$决定的右手直角坐标系.设 O'在$[O;\boldsymbol{i},\boldsymbol{j},\boldsymbol{k}]$下的坐标为$(x_0,y_0,z_0)$,空间中任意一点 P 在$[O;\boldsymbol{i},\boldsymbol{j},\boldsymbol{k}]$和$[O';\boldsymbol{i}',\boldsymbol{j}',\boldsymbol{k}']$下的坐标分别是$(x,y,z)$与$(x',y',z')$.若$[O;\boldsymbol{i},\boldsymbol{j},\boldsymbol{k}]$和$[O';\boldsymbol{i}',\boldsymbol{j}',\boldsymbol{k}']$的坐标轴相同,而只是原点不同,则根据命题 1.3.2,通过移轴变换可得

$$\begin{cases}x=x'+x_0,\\y=y'+y_0,\\z=z'+z_0.\end{cases}\qquad(2.3.27)$$

另一方面,若$[O;\boldsymbol{i}',\boldsymbol{j}',\boldsymbol{k}']$通过以下方式得到:固定$[O;\boldsymbol{i},\boldsymbol{j},\boldsymbol{k}]$标架中的 z 轴,将 x,y 轴同时旋转角度 φ,记所得到的新坐标轴为 x'',y'',z'';然后固定 x''轴,将 y'',z''轴同时旋转角度 θ,得到另一新坐标轴 x''',y''',z''';最后固定 z'''轴,将 x''',y'''轴旋转角度 ψ,得到$[O;\boldsymbol{i}',\boldsymbol{j}',\boldsymbol{k}']$下的坐标轴 x',y',z',则根据(1.2.26)式和(1.2.19)式有

$$\begin{pmatrix}x\\y\\z\end{pmatrix}=\begin{pmatrix}\cos\varphi\cos\psi-\sin\varphi\cos\theta\sin\psi & -\cos\varphi\sin\psi-\sin\varphi\cos\theta\cos\psi & \sin\varphi\sin\theta\\ \sin\varphi\cos\psi+\cos\varphi\cos\theta\sin\psi & \cos\varphi\cos\theta\cos\psi-\sin\varphi\cos\psi & -\cos\varphi\sin\theta\\ \sin\theta\sin\psi & \sin\theta\cos\psi & \cos\theta\end{pmatrix}\begin{pmatrix}x'\\y'\\z'\end{pmatrix}. \tag{2.3.28}$$

利用移轴公式(2.3.27)和转轴公式(2.3.28)可以化简二次曲面(2.3.2),而不改变该曲面的性质.

命题 2.3.12 若二次曲面方程(2.3.2)是在一直角坐标系$[O;\boldsymbol{i},\boldsymbol{j},\boldsymbol{k}]$下的方程,以该二次曲面的三个主方向为右手直角坐标系的坐标轴建立直角坐标系$[O';\boldsymbol{i}',\boldsymbol{j}',\boldsymbol{k}']$,则该二次曲面的方程在$[O';\boldsymbol{i}',\boldsymbol{j}',\boldsymbol{k}']$下可简化为如下形式:

$$a'_{11}x'^2+a'_{22}y'^2+a'_{33}z'^2+2a'_{14}x'+2a'_{24}y'+2a'_{34}z'+a'_{44}=0, \tag{2.3.29}$$

其中 $a'_{11}\neq 0$.

证 1 将二次曲面(2.3.2)的非奇主方向作为坐标轴 x'',以共轭于这个主方向的主径面作为坐标平面 $y''O''z''$,建立直角坐标系$[O'';\boldsymbol{i}'',\boldsymbol{j}'',\boldsymbol{k}'']$.设二次曲面(2.3.2)在$[O'';\boldsymbol{i}'',\boldsymbol{j}'',\boldsymbol{k}'']$下的方程为

$$\begin{aligned}&a''_{11}x''^2+a''_{22}y''^2+a''_{33}z''^2+2a''_{12}x''y''+2a''_{13}x''z''+2a''_{23}y''z''+\\&2a''_{14}x''+2a''_{24}y''+2a''_{34}z''+a''_{44}=0.\end{aligned} \tag{2.3.30}$$

由于在$[O'';\boldsymbol{i}'',\boldsymbol{j}'',\boldsymbol{k}'']$下,二次曲面(2.3.2)以 x''轴为主方向 $1:0:0$,将此代入(2.3.18)式得到与主方向 $1:0:0$ 共轭的主径面的方程为

$$a''_{11}x''+a''_{12}y''+a''_{13}z''+a''_{14}=0. \tag{2.3.31}$$

该平面作为 $x''=0$ 的充要条件是

$$a''_{11}\neq 0,\quad a''_{12}=a''_{13}=a''_{14}=0. \tag{2.3.32}$$

将(2.3.32)式代入方程(2.3.30)得到

$$a''_{11}x''^2+a''_{22}y''^2+a''_{33}z''^2+2a''_{23}y''z''+2a''_{24}y''+2a''_{34}z''+a''_{44}=0. \tag{2.3.33}$$

上式中,若 $a''_{23}=0$,则已经具有(2.3.29)式的形式.如果 $a''_{23}\neq 0$,则固定 x''轴,即,取 x'轴为 x''轴,将 y'',z''轴同时旋转一角度 θ,使得 $\cot 2\theta=\dfrac{a''_{22}-a''_{33}}{2a''_{23}}$(请读者把(2.3.34)式代入,并令新的对应 $y'z'$的系数为零即得),代入(2.3.28)式并取其中的 φ,ψ 为零,得

$$\begin{cases}x''=x',\\ y''=y'\cos\theta-z'\sin\theta,\\ z''=y'\sin\theta+z'\cos\theta.\end{cases} \tag{2.3.34}$$

把(2.3.34)式代入(2.3.33)式就可得到形如(2.3.29)式的表达式.

证 2 利用实对称矩阵可正交相似于对角矩阵的结论消去交叉项,再平移. □

命题 2.3.13 直角坐标系下的二次曲面方程(2.3.29),可进一步通过移轴、转轴变换,在新直角坐标系下简化成以下 5 类之一:

类号	方程(2.3.29)中的系数	简化方程
I	$a'_{11}a'_{22}a'_{33}\neq 0$	$a'_{11}x^2+a'_{22}y^2+a'_{33}z^2+c_1=0$

续表

类号	方程(2.3.29)中的系数	简化方程
Ⅱ	$a'_{11}a'_{22}a'_{34}\neq 0$	$a'_{11}x^2+a'_{22}y^2+2a'_{34}z=0$
Ⅲ	$a'_{11}a'_{22}\neq 0$	$a'_{11}x^2+a'_{22}y^2+c_2=0$
Ⅳ	$a'_{11}a'_{24}\neq 0$	$a'_{11}x^2+2\sqrt{a'^2_{24}+a'^2_{34}}\,y=0$
Ⅴ	$a'_{11}\neq 0$	$a'_{11}x^2+c_3=0$

其中 $c_i, i=1,2,3$ 是由方程(2.3.29)的系数决定的常数.

证　若二次曲面方程(2.3.29)的系数 $a'_{11}a'_{22}a'_{33}\neq 0$,则可作移轴变换

$$\begin{cases} x'=x-\dfrac{a'_{14}}{a'_{11}}, \\ y'=y-\dfrac{a'_{24}}{a'_{22}}, \\ z'=z-\dfrac{a'_{34}}{a'_{33}}, \end{cases} \tag{2.3.35}$$

将方程组(2.3.35)代入方程(2.3.29),整理后即可得Ⅰ.

若 a'_{22}, a'_{33} 中有一个为零,不妨设 $a'_{33}=0$.假设 $a'_{11}a'_{22}a'_{34}\neq 0$,则方程(2.3.29)可通过坐标变换

$$\begin{cases} x'=x-\dfrac{a'_{14}}{a'_{11}}, \\ y'=y-\dfrac{a'_{24}}{a'_{22}}, \\ z'=z-d \end{cases} \tag{2.3.36}$$

(其中 d 为方程(2.3.29)的系数决定的常数)简化为Ⅱ.进一步,若 a'_{34} 也为零,则(2.3.36)式将方程(2.3.29)变为Ⅲ.

如果 a'_{22}, a'_{33} 均为零,则通过坐标变换

$$\begin{cases} x'=x''-\dfrac{a'_{14}}{a'_{11}}, \\ y'=y'', \\ z'=z'', \end{cases}$$

方程(2.3.29)简化为

$$a'_{11}x''^2+2a'_{24}y''+2a'_{34}z''+a''_{44}=0. \tag{2.3.37}$$

若 a'_{24} 和 a'_{34} 不全为零,比如 a'_{24} 不为零,则平面 $2a'_{24}y''+2a'_{34}z''+a''_{44}=0$ 与坐标平面 $x''=0$ 垂直.因而它们可以作为一个新坐标系的两张平面,与它们均正交的平面可以取为满足 $2a'_{34}y''-$

$2a'_{24}z''=0$.因此,通过直角坐标变换

$$\begin{cases} x=x'', \\ y=\dfrac{2a'_{24}y''+2a'_{34}z''+a''_{44}}{2\sqrt{a'^2_{24}+a'^2_{34}}}, \\ z=\dfrac{a'_{34}y''-a'_{24}z''}{\sqrt{a'^2_{24}+a'^2_{34}}}, \end{cases}$$

此时方程(2.3.37)化为Ⅳ,即 $a'_{11}x^2+2\sqrt{a'^2_{24}+a'^2_{34}}\,y=0$.若 $a'_{24}=a'_{34}=0$,则方程(2.3.37)就是Ⅴ.□

2. 应用不变量化简和分类二次曲面的方程

定义 2.3.12 令二次曲面(2.3.2)中方程 $F(x,y,z)=0$ 的系数矩阵为 $\boldsymbol{A}=(a_{ij})_{4\times4}$,而 $F(x,y,z)=0$ 经过直角坐标系下的变换后曲面方程的系数矩阵为 $\boldsymbol{A}'=(a'_{ij})_{4\times4}$.对于非常数函数 $f(a_{11},a_{12},\cdots,a_{44})$,若在转轴和移轴变换后,有 $f(a_{11},a_{12},\cdots,a_{44})=f(a'_{11},a'_{12},\cdots,a'_{44})$,则称 f 为二次曲面(2.3.2)的**不变量**;而如果 f 只在通过转轴变换后不变,则称 f 为二次曲面(2.3.2)的**半不变量**.

定理 2.3.14 二次曲面(2.3.2)在空间直角坐标变换下,有四个不变量 I_1,I_2,I_3,I_4 与两个半不变量 K_1,K_2.

证 按照本节的记号,二次曲面 $F(x,y,z)=0$ 和 $\Phi(x,y,z)$ 的系数矩阵分别是 $\boldsymbol{A}$ 和 $\overline{\boldsymbol{A}}$.记 $\boldsymbol{\delta}^{\mathrm{T}}=(a_{14},a_{24},a_{34})$,$\boldsymbol{\alpha}^{\mathrm{T}}=(x,y,z)$,则 $\boldsymbol{A}$ 可以分块写成

$$\boldsymbol{A}=\begin{pmatrix} \overline{\boldsymbol{A}} & \boldsymbol{\delta} \\ \boldsymbol{\delta}^{\mathrm{T}} & a_{44} \end{pmatrix}. \tag{2.3.38}$$

因而二次曲面(2.3.2)可表示成

$$F(x,y,z)=(\boldsymbol{\alpha}^{\mathrm{T}},1)\begin{pmatrix} \overline{\boldsymbol{A}} & \boldsymbol{\delta} \\ \boldsymbol{\delta}^{\mathrm{T}} & a_{44} \end{pmatrix}\begin{pmatrix} \boldsymbol{\alpha} \\ 1 \end{pmatrix}=0. \tag{2.3.39}$$

对二次曲面的方程(2.3.39),作直角坐标变换

$$\boldsymbol{\alpha}=\boldsymbol{P}\boldsymbol{\alpha}'+\boldsymbol{\alpha}_0, \tag{2.3.40}$$

其中 $\boldsymbol{\alpha}^{\mathrm{T}}=(x,y,z)$,$\boldsymbol{\alpha}'^{\mathrm{T}}=(x',y',z')$,$\boldsymbol{\alpha}_0^{\mathrm{T}}=(x_0,y_0,z_0)$,$\boldsymbol{P}$ 是正交矩阵.将(2.3.40)式代入方程(2.3.39)得

$$\begin{aligned} F(x,y,z)&=(\boldsymbol{\alpha}'^{\mathrm{T}}\boldsymbol{P}^{\mathrm{T}}+\boldsymbol{\alpha}_0^{\mathrm{T}},1)\begin{pmatrix} \overline{\boldsymbol{A}} & \boldsymbol{\delta} \\ \boldsymbol{\delta}^{\mathrm{T}} & a_{44} \end{pmatrix}\begin{pmatrix} \boldsymbol{P}\boldsymbol{\alpha}'+\boldsymbol{\alpha}_0 \\ 1 \end{pmatrix} \\ &=(\boldsymbol{\alpha}'^{\mathrm{T}},1)\begin{pmatrix} \boldsymbol{P}^{\mathrm{T}} & \boldsymbol{0} \\ \boldsymbol{\alpha}_0^{\mathrm{T}} & 1 \end{pmatrix}\begin{pmatrix} \overline{\boldsymbol{A}} & \boldsymbol{\delta} \\ \boldsymbol{\delta}^{\mathrm{T}} & a_{44} \end{pmatrix}\begin{pmatrix} \boldsymbol{P} & \boldsymbol{\alpha}_0 \\ \boldsymbol{0} & 1 \end{pmatrix}\begin{pmatrix} \boldsymbol{\alpha}' \\ 1 \end{pmatrix} \\ &=(\boldsymbol{\alpha}'^{\mathrm{T}},1)\begin{pmatrix} \boldsymbol{P}^{\mathrm{T}}\overline{\boldsymbol{A}}\boldsymbol{P} & \boldsymbol{P}^{\mathrm{T}}\overline{\boldsymbol{A}}\boldsymbol{\alpha}_0+\boldsymbol{P}^{\mathrm{T}}\boldsymbol{\delta} \\ \boldsymbol{\alpha}_0^{\mathrm{T}}\overline{\boldsymbol{A}}\boldsymbol{P}+\boldsymbol{\delta}^{\mathrm{T}}\boldsymbol{P} & \boldsymbol{\alpha}_0^{\mathrm{T}}\overline{\boldsymbol{A}}\boldsymbol{\alpha}_0+\boldsymbol{\delta}^{\mathrm{T}}\boldsymbol{\alpha}_0+\boldsymbol{\alpha}_0^{\mathrm{T}}\boldsymbol{\delta}+a_{44} \end{pmatrix}\begin{pmatrix} \boldsymbol{\alpha}' \\ 1 \end{pmatrix}=0. \end{aligned} \tag{2.3.41}$$

令

$$\overline{A}'=P^{\mathrm{T}}\overline{A}P,\quad A'=\begin{pmatrix}P^{\mathrm{T}}\overline{A}P & P^{\mathrm{T}}\overline{A}\alpha_0+P^{\mathrm{T}}\delta\\ \alpha_0^{\mathrm{T}}\overline{A}P+\delta^{\mathrm{T}}P & \alpha_0^{\mathrm{T}}\overline{A}\alpha_0+\delta^{\mathrm{T}}\alpha_0+\alpha_0^{\mathrm{T}}\delta+a_{44}\end{pmatrix}.\tag{2.3.42}$$

因此二次曲面方程 $F(x,y,z)=0$ 经变换(2.3.40)后变为

$$\begin{aligned}F'(x',y',z')&=(\alpha'^{\mathrm{T}},1)A'\begin{pmatrix}\alpha'\\1\end{pmatrix}\\&=(\alpha'^{\mathrm{T}},1)\begin{pmatrix}\overline{A}' & P^{\mathrm{T}}\overline{A}\alpha_0+P^{\mathrm{T}}\delta\\ \alpha_0^{\mathrm{T}}\overline{A}P+\delta^{\mathrm{T}}P & \alpha_0^{\mathrm{T}}\overline{A}\alpha_0+\delta^{\mathrm{T}}\alpha_0+\alpha_0^{\mathrm{T}}\delta+a_{44}\end{pmatrix}\begin{pmatrix}\alpha'\\1\end{pmatrix}=0.\end{aligned}\tag{2.3.43}$$

因为正交矩阵 P 使得 $P^{\mathrm{T}}P=E$，所以对任意实数 λ，由(2.3.41)式有

$$|\overline{A}'-\lambda E|=|P^{\mathrm{T}}\overline{A}P-\lambda E|=|P^{\mathrm{T}}(\overline{A}-\lambda E)P|=|\overline{A}-\lambda E|.\tag{2.3.44}$$

结合(2.3.43)将上式两边展开，得

$$-\lambda^3+I_1\lambda^2-I_2\lambda+I_3=-\lambda^3+I_1'\lambda^2-I_2'\lambda+I_3'.$$

由 λ 的任意性得 $I_1'=I_1,I_2'=I_2,I_3'=I_3$. 另外，从(2.3.42)可得

$$I_4'=|A'|=\left|\begin{pmatrix}P^{\mathrm{T}} & 0\\ \alpha_0^{\mathrm{T}} & 1\end{pmatrix}\begin{pmatrix}\overline{A} & \delta\\ \delta^{\mathrm{T}} & a_{44}\end{pmatrix}\begin{pmatrix}P & \alpha_0\\ 0 & 1\end{pmatrix}\right|=\begin{vmatrix}P^{\mathrm{T}} & 0\\ \alpha_0^{\mathrm{T}} & 1\end{vmatrix}\begin{vmatrix}\overline{A} & \delta\\ \delta^{\mathrm{T}} & a_{44}\end{vmatrix}\begin{vmatrix}P & \alpha_0\\ 0 & 1\end{vmatrix}=|A|=I_4.$$

于是 I_1,I_3,I_3,I_4 是二次曲面(2.3.2)的不变量.

如果变换(2.3.40)仅仅是转轴变换，即 $\alpha_0=0$，则二次曲面方程 $F(x,y,z)=0$ 变换后变为

$$F'(x',y',z')=(\alpha'^{\mathrm{T}},1)A'\begin{pmatrix}\alpha'\\1\end{pmatrix}=(\alpha'^{\mathrm{T}},1)\begin{pmatrix}\overline{A}' & P^{\mathrm{T}}\delta\\ \delta^{\mathrm{T}}P & a_{44}\end{pmatrix}\begin{pmatrix}\alpha'\\1\end{pmatrix}=0.\tag{2.3.45}$$

由于对于任何实数，有

$$\begin{vmatrix}\overline{A}-\lambda E & \delta\\ \delta^{\mathrm{T}} & a_{44}\end{vmatrix}=\begin{vmatrix}\overline{A}'-\lambda E & P^{\mathrm{T}}\delta\\ \delta^{\mathrm{T}}P & a_{44}\end{vmatrix},$$

该等式两边分别展开后得到

$$-a_{44}\lambda^3+K_1\lambda^2-K_2\lambda+|A|=-a_{44}\lambda^3+K_1'\lambda^2-K_2'\lambda+|A'|.$$

比较以上两式的 λ^2 和 λ 得 $K_1'=K_1,K_2'=K_2$，即，K_1 和 K_2 是二次曲面(2.3.2)的半不变量. □

二次曲面(2.3.2)的特征方程为 $|\overline{A}-\lambda E|=-\lambda^3+I_1\lambda^2-I_2\lambda+I_3=0$，由定理 2.3.14 知，二次曲面的特征方程和特征根在任意直角坐标变换下都是不变的.设三个特征根为 $\lambda_1,\lambda_2,\lambda_3$，则由方程的根与系数关系有

$$I_1=\lambda_1+\lambda_2+\lambda_3,\quad I_2=\lambda_1\lambda_2+\lambda_2\lambda_3+\lambda_3\lambda_1,\quad I_3=\lambda_1\lambda_2\lambda_3.$$

命题 2.3.15 二次曲面用不变量表示它的简化方程如下：

(1) 当 $I_3\neq 0$ 时，$\lambda_1x'^2+\lambda_2y'^2+\lambda_3z'^2+I_4/I_3=0$；

(2) 当 $I_3=0,I_4\neq 0$ 时，$\lambda_1x'^2+\lambda_2y'^2\pm 2\sqrt{-I_4/I_2}\,z'=0$；

(3) 当 $I_3=I_4=0,I_2\neq 0$ 时，$\lambda_1x'^2+\lambda_2y'^2+K_2/I_2=0$；

(4) 当 $I_2=I_3=I_4=0,K_2\neq 0$ 时，$I_1x'^2\pm 2\sqrt{-K_2/I_1}\,y'=0$；

（5）当$I_2=I_3=I_4=K_2=0$时，$I_1x'^2+K_1/I_1=0$.

其中$\lambda_1,\lambda_2,\lambda_3$分别为二次曲面的非零特征根.

证 （1）考虑二次曲面(2.3.2)，对于第Ⅰ类曲面，$a_{11}a_{22}a_{33}\neq0$，根据命题2.3.13，变换后的二次曲面方程可表示为

$$a'_{11}x'^2+a'_{22}y'^2+a'_{33}z'^2+a'_{44}=0,\quad a'_{11}a'_{22}a'_{33}\neq0. \tag{2.3.46}$$

所以$I_1=I'_1=a'_{11}+a'_{22}+a'_{33}$，$I_2=I'_2=a'_{11}a'_{22}+a'_{11}a'_{33}+a'_{22}a'_{33}$，$I_3=I'_3=a'_{11}a'_{22}a'_{33}$.二次曲面(2.3.2)的特征方程是$-\lambda^3+I_1\lambda^2-I_2\lambda+I_3=0$，所以根据方程的根与系数的关系可知二次曲面方程的三个特征根为$\lambda'_1=\lambda_1=a'_{11}$，$\lambda'_2=\lambda_2=a'_{22}$，$\lambda'_3=\lambda_3=a'_{33}$.又因为$I_4=I'_4=a'_{11}a'_{22}a'_{33}a'_{44}=I_3a'_{44}$.所以$a'_{44}=I_4/I_3$.将$a'_{11},a'_{22},a'_{33},a'_{44}$代入(2.3.46)式就得到(1).

（2）对于第Ⅱ类曲面，它的简化方程为

$$a'_{11}x'^2+a'_{22}y'^2+2a'_{34}z'=0,\quad a'_{11}a'_{22}a'_{34}\neq0. \tag{2.3.47}$$

因此$I_3=0$，其特征方程为$-\lambda^3+(a'_{11}+a'_{22})\lambda^2-a'_{11}a'_{22}\lambda=0$，因此$\lambda_1=a'_{11}$，$\lambda_2=a'_{22}$.进一步，$I_4=-a'_{11}a'_{22}a'^2_{34}\neq0$，而$I_2=a'_{11}a'_{22}$.所以(2.3.47)式可以写成

$$\lambda_1x'^2+\lambda_2y'^2\pm2\sqrt{-I_4/I_2}\,z'=0.$$

（3）对于第Ⅲ类曲面，它的简化方程为

$$a'_{11}x'^2+a'_{22}y'^2+a'_{44}=0,\quad a'_{11}a'_{22}\neq0.$$

因此$I_3=I_4=0$，$I_2=a'_{11}a'_{22}\neq0$，$K_2=a'_{11}a'_{22}a'_{44}$，特征方程为

$$-\lambda^3+(a'_{11}+a'_{22})\lambda^2-a'_{11}a'_{22}\lambda=0.$$

因此$\lambda_1=a'_{11}$，$\lambda_2=a'_{22}$.所以第Ⅲ类曲面的简化方程也可以写成

$$\lambda_1x'^2+\lambda_2y'^2+K_2/I_2=0.$$

（4）对于第Ⅳ类曲面，它的简化方程为

$$a'_{11}x'^2\pm2a'_{24}y'=0,\quad a'_{11}a'_{24}\neq0.$$

所以$I_2=I_3=I_4=0$，$K_2=-a'_{11}a'^2_{24}\neq0$，$I_1=a'_{11}$.因此第Ⅳ类曲面方程可简化成$I_1x'^2\pm2\sqrt{-K_2/I_1}\,y'=0$.

（5）对于第Ⅴ类曲面，它的简化方程为

$$a'_{11}x'^2+a'_{44}=0,\quad a'_{11}\neq0.$$

由此可计算出$I_2=I_3=I_4=K_2=0$，$I_1=a'_{11}$，$K_1=a'_{11}a'_{44}\neq0$.这时第Ⅴ类曲面的简化方程为$I_1x'^2+K_1/I_1=0$. □

下面将命题2.3.13和命题2.3.15中分出的5类二次曲面进一步分成子类，以便得出二次曲面的详细分类.其证明留给读者.

命题 2.3.16 适当选取坐标系，任何二次曲面方程可以化为下列17种子类之一：

类号	子类号	不变量条件	方程中的系数条件	标准方程	图形名称
Ⅰ	1	$I_2>0,I_1,I_3>0,I_4<0$	a'_{11},a'_{22},a'_{33}同号，但与c_1异号	$\frac{x^2}{a^2}+\frac{y^2}{b^2}+\frac{z^2}{c^2}=1$	椭球面
	2	$I_2>0,I_1,I_3>0,I_4>0$	$a'_{11},a'_{22},a'_{33},c_1$同号	$\frac{x^2}{a^2}+\frac{y^2}{b^2}+\frac{z^2}{c^2}=-1$	虚椭球面

续表

类号	子类号	不变量条件	方程中的系数条件	标准方程	图形名称
Ⅰ	3	$I_2>0, I_1, I_3>0, I_4=0$	$a'_{11}, a'_{22}, a'_{33}$同号，$c_1=0$	$\frac{x^2}{a^2}+\frac{y^2}{b^2}+\frac{z^2}{c^2}=0$	点或虚二次锥面
	4	$I_3\neq0, I_2\leqslant0(I_1\ I_3\leqslant0)$，$I_4>0$	$a'_{11}, a'_{22}, a'_{33}$有两个同号，$c_1$与另一个同号	$\frac{x^2}{a^2}+\frac{y^2}{b^2}-\frac{z^2}{c^2}=1$	单叶双曲面
	5	$I_3\neq0, I_2\leqslant0(I_1\ I_3\leqslant0)$，$I_4<0$	$a'_{11}, a'_{22}, a'_{33}$有两个同号，$c_1$与这两个同号	$\frac{x^2}{a^2}+\frac{y^2}{b^2}-\frac{z^2}{c^2}=-1$	双叶双曲面
	6	$I_3\neq0, I_2\leqslant0(I_1\ I_3\leqslant0)$，$I_4=0$	$a'_{11}, a'_{22}, a'_{33}$有两个同号，$c_1=0$	$\frac{x^2}{a^2}+\frac{y^2}{b^2}-\frac{z^2}{c^2}=0$	二次锥面
Ⅱ	7	$I_3=0, I_4<0$	a'_{11}, a'_{22}同号	$\frac{x^2}{a^2}+\frac{y^2}{b^2}=2z$	椭圆抛物面
	8	$I_3=0, I_4>0$	a'_{11}, a'_{22}异号	$\frac{x^2}{a^2}-\frac{y^2}{b^2}=2z$	双曲抛物面
Ⅲ	9	$I_3=I_4=0, I_2>0, I_1\ K_2<0$	a'_{11}, a'_{22}同号，c_2与其异号	$\frac{x^2}{a^2}+\frac{y^2}{b^2}=1$	椭圆柱面
	10	$I_3=I_4=0, I_2>0, I_1\ K_2>0$	a'_{11}, a'_{22}, c_2同号	$\frac{x^2}{a^2}+\frac{y^2}{b^2}=-1$	虚椭圆柱面
	11	$I_3=I_4=K_2=0, I_2>0$	a'_{11}, a'_{22}同号，$c_2=0$	$\frac{x^2}{a^2}+\frac{y^2}{b^2}=0$	交于实直线的一对共轭虚平面
	12	$I_3=I_4=0, I_2<0, K_2\neq0$	a'_{11}, a'_{22}异号，$c_2\neq0$	$\frac{x^2}{a^2}-\frac{y^2}{b^2}=1$	双曲柱面
	13	$I_3=I_4=K_2=0, I_2<0$	a'_{11}, a'_{22}异号，$c_2=0$	$\frac{x^2}{a^2}-\frac{y^2}{b^2}=0$	一对相交平面
Ⅳ	14	$I_3=I_4=I_2=0, K_2\neq0$	$a'_{11}a'_{24}\neq0$	$x^2=2py$	抛物柱面
Ⅴ	15	$I_3=I_4=I_2=K_2=0, K_1<0$	a'_{11}, c_3异号	$x^2=a^2$	一对平行平面
	16	$I_3=I_4=I_2=K_2=0, K_1>0$	a'_{11}, c_3同号	$x^2=-a^2$	一对平行的共轭虚平面
	17	$I_3=I_4=I_2=K_2=K_1=0$	$c_3=0$	$x^2=0$	一对重合平面

例 2.3.7　化简二次曲面方程

$$x^2+y^2+5z^2-6xy-2xz+2yz-6x+6y-6z+10=0.$$

解　二次曲面的系数矩阵以及不变量分别为

$$\begin{pmatrix} 1 & -3 & -1 & -3 \\ -3 & 1 & 1 & 3 \\ -1 & 1 & 5 & -3 \\ -3 & 3 & -3 & 10 \end{pmatrix},\quad I_1=7,\quad I_2=0,\quad I_3=-36,$$

所以二次曲面的特征方程为

$$-\lambda^3+7\lambda^2-36=0,$$

因此二次曲面的三特征根为 $\lambda=6,3,-2$.

首先,特征根 $\lambda=6$ 对应的主方向 $X:Y:Z$ 由方程组

$$\begin{cases} -5X-3Y-Z=0, \\ -3X-5Y+Z=0, \\ -X+Y-Z=0 \end{cases}$$

确定,因此对应于特征根 $\lambda=6$ 的主方向为

$$X:Y:Z=\begin{vmatrix} -3 & -1 \\ -5 & 1 \end{vmatrix}:\begin{vmatrix} -1 & -5 \\ 1 & -3 \end{vmatrix}:\begin{vmatrix} -5 & -3 \\ -3 & -5 \end{vmatrix}=(-1):1:2,$$

与它共轭的主径面为

$$-x+y+2z=0.$$

其次,特征根 $\lambda=3$ 对应的主方向 $X:Y:Z$ 由方程组

$$\begin{cases} -2X-3Y-Z=0, \\ -3X-2Y+Z=0, \\ -X+Y+2Z=0 \end{cases}$$

确定,因此对应于特征根 $\lambda=3$ 的主方向为

$$X:Y:Z=\begin{vmatrix} -3 & -1 \\ -2 & 1 \end{vmatrix}:\begin{vmatrix} -1 & -2 \\ 1 & -3 \end{vmatrix}:\begin{vmatrix} -2 & -3 \\ -3 & -2 \end{vmatrix}=1:(-1):1,$$

与它共轭的主径面为

$$x-y+z-3=0.$$

最后,特征根 $\lambda=-2$ 对应的主方向为 $X:Y:Z$ 由方程组

$$\begin{cases} 3X-3Y-Z=0, \\ -3X+3Y+Z=0, \\ -X+Y+7Z=0 \end{cases}$$

确定,因此对应于特征根 $\lambda=-2$ 的主方向为

$$X:Y:Z=\begin{vmatrix} 3 & 1 \\ 1 & 7 \end{vmatrix}:\begin{vmatrix} 1 & -3 \\ 7 & -1 \end{vmatrix}:\begin{vmatrix} -3 & 3 \\ -1 & 1 \end{vmatrix}=1:1:0,$$

与它共轭的主径面为

$$x+y=0.$$

取这三主径面为新坐标平面作坐标变换,得变换公式为

$$\begin{cases}x'=\dfrac{-x+y+2z}{\sqrt{6}},\\ y'=\dfrac{x-y+z-3}{\sqrt{3}},\\ z'=\dfrac{x+y}{\sqrt{2}}.\end{cases}$$

解得

$$\begin{cases}x=-\dfrac{1}{\sqrt{6}}x'+\dfrac{1}{\sqrt{3}}y'+\dfrac{1}{\sqrt{2}}z'+1,\\ y=\dfrac{1}{\sqrt{6}}x'-\dfrac{1}{\sqrt{3}}y'+\dfrac{1}{\sqrt{2}}z'-1,\\ z=\dfrac{2}{\sqrt{6}}x'+\dfrac{1}{\sqrt{3}}y'+1,\end{cases}$$

代入原方程得二次曲面的简化方程为

$$6x'^2+3y'^2-2z'^2+1=0.$$

按照命题 2.3.16,这是一个双叶双曲面. □

例 2.3.8 化简二次曲面方程

$$2x^2+2y^2+3z^2+4xy+2xz+2yz-4x+6y-2z+3=0.$$

解 因为$I_1=7,I_2=10,I_3=0$,所以二次曲面的特征方程为$-\lambda^3+7\lambda^2-10\lambda=0$,特征根为$\lambda=5,2,0$.非零特征根 $\lambda=5$ 所对应的主方向由方程组

$$\begin{cases}-3X+2Y+Z=0,\\ 2X-3Y+Z=0,\\ X+Y-2Z=0\end{cases}$$

确定,所以与 $\lambda=5$ 所对应的主方向为 $X:Y:Z=1:1:1$,与这主方向共轭的主径面为

$$x+y+z=0.$$

非零特征根 $\lambda=2$ 所对应的主方向由方程组

$$\begin{cases}2Y+Z=0,\\ 2X+Z=0,\\ X+Y+Z=0\end{cases}$$

确定,所以与 $\lambda=2$ 所对应的主方向为 $X:Y:Z=1:1:(-2)$,与这主方向共轭的主径面为

$$2x+2y-4z+3=0.$$

取上面的两个主径面分别作为新坐标系 $O'x'y'z'$的 $y'O'z'$和 $z'O'x'$坐标平面,再任意取与这两主径面都垂直的平面,比如$-x+y=0$,为 $x'O'y'$坐标平面,作坐标变换,得变换公式为

$$\begin{cases} x'=\dfrac{x+y+z}{\sqrt{3}}, \\ y'=\dfrac{2x+2y-4z+3}{2\sqrt{6}}, \\ z'=\dfrac{-x+y}{\sqrt{2}}. \end{cases}$$

解得

$$\begin{cases} x=\dfrac{\sqrt{3}}{3}x'+\dfrac{\sqrt{6}}{6}y'-\dfrac{\sqrt{2}}{2}z'-\dfrac{1}{4}, \\ y=\dfrac{\sqrt{3}}{3}x'+\dfrac{\sqrt{6}}{6}y'+\dfrac{\sqrt{2}}{2}z'-\dfrac{1}{4}, \\ z=\dfrac{\sqrt{3}}{3}x'-\dfrac{\sqrt{6}}{3}y'+\dfrac{1}{2}, \end{cases}$$

代入原方程得

$$5x'^2+2y'^2+5\sqrt{2}z'+\frac{9}{4}=5x'^2+2y'^2+5\sqrt{2}\left(z'+\frac{9\sqrt{2}}{40}\right)=0.$$

再作移轴

$$\begin{cases} x'=x'', \\ y'=y'', \\ z'=z''-\dfrac{9\sqrt{2}}{40}, \end{cases}$$

得二次曲面的简化方程为

$$5x''^2+2y''^2+5\sqrt{2}z''=0.$$

按照命题 2.3.16,这是一个椭圆抛物面. □

习题 2.3

1. 求下列三维仿射空间中的二次曲面的中心:

(1) $14x^2+14y^2+8z^2-8xy-4xz-4yz+18x-18y+5=0$;

(2) $5x^2+26y^2+10z^2+6xy+14xz+4yz-8x-18y-10z+4=0$;

(3) $x^2+y^2+z^2-2xy+2xz-2yz-2x+2y-2z-3=0$.

2. 判断下列三维仿射空间中的二次曲面何者是中心二次曲面,何者是非中心二次曲面,并进一步区分是线心二次曲面、面心二次曲面还是无心二次曲面.

(1) $3x^2+5y^2+3z^2-4xy+2xz-2yz+2x+12y+10z+20=0$;

(2) $2x^2+18y^2+8z^2-12xy+24yz-8xz-5x+15y+10z+2=0$;

(3) $4x^2-y^2-z^2+2yz-8x-4y+8z-2=0$.

3. 求下列三维仿射空间中的二次曲面的渐近曲面:

(1) $y^2-2z^2+2xz-1=0$;

（2）$x^2+y^2+z^2-4xy-4xz-4yz-3=0$；

（3）$5x^2+9y^2+9z^2-12xy-6xz+12x-36z=0$.

4. 求下列三维仿射空间中的二次曲面的奇点，并说明二次曲面是否退化.

（1）$ax^2+by^2-cz^2=0(abc\neq 0)$；

（2）$y^2-z^2=0$.

5. 写出下列三维仿射空间中的二次曲面在已知点处的切平面和法线的方程：

（1）$x^2+y^2=z$，点$(1,2,5)$；

（2）$x^2+y^2+z^2-4xy-4xz-4yz+2x+2y+33=0$，点$(1,2,6)$.

6. 在三维仿射空间中的二次曲面 $x^2+2y^2+3z^2+2xy+2xz+4yz-8=0$ 上求一点，使二次曲面在该点的切平面平行于某一坐标平面.

7. 求三维仿射空间中的与两直线 $y=0, z=a$ 和 $x=0, z=-a$ 相切的诸球面的中心轨迹，其中 a 为已知实数.

8. 给定三维仿射空间中的球面 $x^2+y^2+z^2+2x-4y+4z-40=0$，求：

（1）过点$(1,5,4)$的切平面方程；

（2）以$(2,6,10)$为顶点的切锥方程.

9. 证明三维仿射空间中的平面 $18x+13y-2z+12=0$ 与二次曲面 $x^2+2y^2+6xz+4yz+2y-4z+24=0$ 相切，并求出切点坐标.

10. 求三维仿射空间中的平面 $ax+by-z+c=0$ 与二次曲面 $Ax^2+By^2=2Cz$ 相切的条件.

11. 求三维仿射空间中的二次曲面 $x^2-3y^2+z^2-2=0$ 上具有方向 $1:2:2$ 的切线的轨迹.

12. 求下列三维仿射空间中的二次曲面的奇向：

（1）$9x^2-4y^2-91z^2+18xy-40yz-36=0$；

（2）$x^2+y^2+4z^2+2xy-4xz-4yz-4x-4y+8z=0$.

13. 已知三维仿射空间中的曲面 $x^2+2y^2-z^2-2xy-2yz+2xz-4x-1=0$，求与方向 $1:(-1):0$ 共轭的直径面方程.

14. 已知三维仿射空间中的曲面 $4x^2+y^2+z^2+4xy-4xz-2yz+x-y+1=0$，求过原点的直径面.

15. 求三维仿射空间中的曲面 $x^2+y+z=0$ 与 $x^2+y^2+z^2-2x-2y-2z=0$ 的公共的直径面.

16. 证明：对于中心二次曲面，过其中心的任何平面都是直径面.

17. 求下列三维仿射空间中的二次曲面的主方向与主径面，并且求出直角坐标变换，写出简化方程：

（1）$14x^2+14y^2+8z^2-4yz-4xz-8xy+18x-18y+5=0$；

（2）$3x^2+5y^2+3z^2-2xy+2xz-2yz+2x+12y+10z+20=0$；

（3）$x^2+4y^2+4z^2-4xy+4xz-8yz+6x-5=0$.

18. 求下列三维仿射空间中的二次曲面的主方向与主径面：

（1）$2x^2+2y^2-5z^2+2xy-2x-4y-4z+2=0$；

（2）$x^2+y^2-3z^2-2xy-6xz-6yz+2x+2y+4z=0$；

（3）$2x^2+10y^2-2z^2+12xy+8yz+12x+4y+8z-1=0$；

（4）$x^2+y^2-2xy+2x-4y-2z+3=0$.

19. 作三维仿射空间中的直角坐标变换，化简下列二次曲面的方程：

(1) $x^2+y^2+5z^2-6xy+2xz-2yz-4x+8y-12z+14=0$;

(2) $5x^2+7y^2+6z^2-4yz-4xz-6x-10y-4z+7=0$;

(3) $5x^2-16y^2+5z^2+8xy-14xz+8yz+4x+20y+4z-24=0$;

(4) $x^2+4y^2+4z^2-4xy+4xz-8yz+6x+6z-5=0$;

(5) $4x^2+y^2+4z^2-4xy+8xz-4yz-12x-12y+6z=0$.

20. 利用不变量求下列三维仿射空间中的曲面的简化方程:

(1) $11x^2+10y^2+6z^2-12xy-8yz+4xz+72x-12y+36z+150=0$;

(2) $x^2+3y^2+z^2+2xy+2yz+2xz-2x+4y+4z+12=0$;

(3) $9x^2+4y^2+4z^2+12xy+8yz+12xz+4x+y+10z+1=0$;

(4) $2y^2+4xz+2x-4y+6z+5=0$.

21. 利用不变量判断下列三维仿射空间中的二次曲面为何种曲面,并求出简化方程与标准方程:

(1) $x^2+y^2+z^2-6x+8y+10z+1=0$;

(2) $x^2+y^2+z^2+4xy-4xz-4yz-3=0$;

(3) $x^2-2y^2+z^2+4xy-8xz-4yz-14x-4y+14z+16=0$;

(4) $4x^2+5y^2+6z^2-4xy+4yz+4x+6y+4z-27=0$;

(5) $2x^2+5y^2+2z^2-2xy-4xz+2yz+2x-10y-2z-1=0$;

(6) $4x^2+y^2+z^2+4xy+4xz+2yz-24x+32=0$;

(7) $4x^2+2y^2+3z^2+4xz-4yz+6x+4y+8z+2=0$;

(8) $7y^2-7z^2-8xy+8xz=0$;

(9) $5x^2+5y^2+8z^2-8xy-4xz-4yz=0$;

(10) $36x^2+9y^2+4z^2+36xy+24xz+12yz-49=0$;

(11) $x^2+y^2+2z^2+4x-6y-8z+21=0$;

(12) $2x^2+2y^2-4z^2-5xy-2xz-2yz-2x-2y+z=0$.

22. 求出三维仿射空间中的曲面方程$(ax+by+cz+d)(a'x+b'y+c'z+d')=0$的简化方程.

23. 证明:三维仿射空间中的二次曲面的两个不同特征根决定的主方向一定相互垂直.

§2.4 直 纹 面

2.4.1 直纹面的概念

定义 2.4.1 对于曲面Σ,若存在一族单参数直线$\{l_t \mid t\in T\}$(其中l_t为对应于参数t的一条直线,T为适当点集),使得这族直线中的每条直线都在曲面Σ上,并且曲面Σ上的每一点都在这族直线中的某一条直线上,则称曲面Σ为**直纹面**.这族直线称为直纹面Σ的**一族直母线**.

简单地说,直纹面就是由一族单参数直线构成的曲面.直纹面也可以看作一条直线沿一条曲线按一定的方式移动所构成的曲面,该直线就是一条直母线,也称为**动直线**,而所沿曲线称为**准线**.

令直纹面的准线参数表示为 $\boldsymbol{a}(u)$,动直线在点 u 的方向向量为 $\boldsymbol{b}(u)$,则直纹面的参数方程为

$$\boldsymbol{r}(u,v)=\boldsymbol{a}(u)+v\boldsymbol{b}(u),\quad u\in T,v\in(-\infty,+\infty),$$

式中 T 为参数 u 的取值范围.

按照前面的介绍,二次柱面和二次锥面都是直纹面,旋转单叶双曲面也是直纹面.已经分出的 17 类二次曲面中,哪些是直纹面? 椭球面不可能是直纹面,因为它是有界曲面,而直线是无限延伸的,所以有界的椭球面上不可能存在直线.双叶双曲面也不是直纹面,因为双叶双曲面要求 $|z|\geqslant c$,如果该曲面上存在直线,它必平行于 xOy 平面,但这种直线要么相交于曲面的两点,要么与曲面不相交,从而双叶双曲面上也不存在直线.类似地,椭圆抛物面也不是直纹面.

我们可以证明,单叶双曲面与双曲抛物面都是直纹面.

2.4.2 单叶双曲面

单叶双曲面 Σ 的方程是

$$\frac{x^2}{a^2}+\frac{y^2}{b^2}-\frac{z^2}{c^2}=1\quad(a,b,c>0).\tag{2.4.1}$$

它是旋转面的一个特例,见 § 2.2.单叶双曲面在 xOy 平面上的截影(即交线)是椭圆

$$\frac{x^2}{a^2}+\frac{y^2}{b^2}=1,$$

该椭圆称为单叶双曲面 Σ 的**腰椭圆**.而单叶双曲面 Σ 在 yOz 平面和 zOx 平面上的截影均为双曲线,分别为

$$\frac{y^2}{b^2}-\frac{z^2}{c^2}=1\text{ 和}\frac{x^2}{a^2}-\frac{z^2}{c^2}=1.$$

而且单叶双曲面上每一点处都存在两族直母线.

定理 2.4.1 单叶双曲面

$$\frac{x^2}{a^2}+\frac{y^2}{b^2}-\frac{z^2}{c^2}=1$$

是直纹面.它有两族直母线,分别是

$$l_{\lambda:\mu}:\begin{cases}\lambda\left(\dfrac{x}{a}+\dfrac{z}{c}\right)+\mu\left(1+\dfrac{y}{b}\right)=0,\\[2mm]\lambda\left(1-\dfrac{y}{b}\right)+\mu\left(\dfrac{x}{a}-\dfrac{z}{c}\right)=0,\end{cases}\tag{2.4.2}$$

和

$$l'_{\lambda':\mu'}:\begin{cases}\lambda'\left(\dfrac{x}{a}+\dfrac{z}{c}\right)+\mu'\left(1-\dfrac{y}{b}\right)=0,\\[2mm]\lambda'\left(1+\dfrac{y}{b}\right)+\mu'\left(\dfrac{x}{a}-\dfrac{z}{c}\right)=0,\end{cases}\tag{2.4.3}$$

其中实数 λ,μ 不全为零,实数 λ',μ' 也不全为零.

证 将单叶双曲面 $\boldsymbol{\Sigma}$ 的方程(2.4.1)移项并分解为

$$\left(\frac{x}{a}+\frac{z}{c}\right)\left(\frac{x}{a}-\frac{z}{c}\right)=\left(1+\frac{y}{b}\right)\left(1-\frac{y}{b}\right). \tag{2.4.4}$$

若记

$$\boldsymbol{A}=\begin{pmatrix}\dfrac{x}{a}+\dfrac{z}{c} & 1+\dfrac{y}{b}\\ 1-\dfrac{y}{b} & \dfrac{x}{a}-\dfrac{z}{c}\end{pmatrix},$$

则从(2.4.4)式可以得出 $|\boldsymbol{A}|=0$.由于 $1+\dfrac{y}{b}$ 和 $1-\dfrac{y}{b}$ 不能同时为零,所以 $\forall x,y,z,\boldsymbol{A}\neq\boldsymbol{0}$,

$$\boldsymbol{A}\begin{pmatrix}\lambda\\ \mu\end{pmatrix}=\boldsymbol{0} \text{ 和 } \boldsymbol{A}^{\mathrm{T}}\begin{pmatrix}\lambda'\\ \mu'\end{pmatrix}=\boldsymbol{0} \tag{2.4.5}$$

均为齐次线性方程组并且系数矩阵的行列式为零.故(2.4.5)式中的两个齐次线性方程组可以分别具有无穷多组不全为零的解 λ,μ 及 λ',μ',使得(2.4.2)式和(2.4.3)式成立.因为 λ,μ 取不全为零的实数,所以(2.4.2)式中两个平面方程的一次项系数 $\dfrac{\lambda}{a}:\dfrac{\mu}{b}:\dfrac{\lambda}{c}\neq\dfrac{\mu}{a}:\dfrac{-\lambda}{b}:\dfrac{-\mu}{c}$,(2.4.3)式中两个平面方程的一次项系数 $\dfrac{\lambda'}{a}:\dfrac{-\mu'}{b}:\dfrac{\lambda'}{c}\neq\dfrac{\mu'}{a}:\dfrac{\lambda'}{b}:\dfrac{-\mu'}{c}$,即对于无穷多组不全为零的 λ,μ 及 λ',μ',方程组(2.4.2)和(2.4.3)分别表示一族直线,而且这两族直线都在单叶双曲面 $\boldsymbol{\Sigma}$ 上.

接下来验证对于任意点 $P_0(x_0,y_0,z_0)\in\boldsymbol{\Sigma}$,必存在直线族 $l_{\lambda:\mu}$ 和 $l'_{\lambda':\mu'}$ 中的各一条直线通过它.因为 $P_0\in\boldsymbol{\Sigma}$,所以它满足

$$\frac{x_0^2}{a^2}+\frac{y_0^2}{b^2}-\frac{z_0^2}{c^2}=1,$$

即

$$\left(\frac{x_0}{a}+\frac{z_0}{c}\right)\left(\frac{x_0}{a}-\frac{z_0}{c}\right)=\left(1+\frac{y_0}{b}\right)\left(1-\frac{y_0}{b}\right). \tag{2.4.6}$$

若上式中的 $1+\dfrac{y_0}{b}\neq 0$,则令 $\lambda_0=-1-\dfrac{y_0}{b}\neq 0,\mu_0=\dfrac{x_0}{a}+\dfrac{z_0}{c}$,

$$l_{\lambda_0:\mu_0}:\begin{cases}\left(\dfrac{x_0}{a}+\dfrac{z_0}{c}\right)\left(1+\dfrac{y}{b}\right)-\left(1+\dfrac{y_0}{b}\right)\left(\dfrac{x}{a}+\dfrac{z}{c}\right)=0,\\ \left(\dfrac{x_0}{a}+\dfrac{z_0}{c}\right)\left(\dfrac{x}{a}-\dfrac{z}{c}\right)-\left(1+\dfrac{y_0}{b}\right)\left(1-\dfrac{y}{b}\right)=0,\end{cases}$$

因此直线 $l_{\lambda_0:\mu_0}\in\{l_{\lambda:\mu}\}$ 且过点 P_0.若 $1+\dfrac{y_0}{b}=0$,则 $1-\dfrac{y_0}{b}\neq 0$.此时令 $\lambda_0=\dfrac{x_0}{a}-\dfrac{z_0}{c},\mu_0=-1+\dfrac{y_0}{b}\neq 0$,

$$l_{\lambda_0:\mu_0}:\begin{cases}\left(\dfrac{x_0}{a}-\dfrac{z_0}{c}\right)\left(\dfrac{x}{a}+\dfrac{z}{c}\right)-\left(1-\dfrac{y_0}{b}\right)\left(1+\dfrac{y}{b}\right)=0,\\ \left(\dfrac{x_0}{a}-\dfrac{z_0}{c}\right)\left(1-\dfrac{y}{b}\right)-\left(1-\dfrac{y_0}{b}\right)\left(\dfrac{x}{a}-\dfrac{z}{c}\right)=0,\end{cases}$$

则直线 $l_{\lambda_0:\mu_0}\in\{l_{\lambda:\mu}\}$ 且过点 P_0.因此对于任意点 $P_0(x_0,y_0,z_0)\in\Sigma$,必存在直线族 $\{l_{\lambda:\mu}\}$ 中的一条直线通过它.

同理可证,对于任意点 $P_0(x_0,y_0,z_0)\in\Sigma$,必有直线族 $\{l'_{\lambda':\mu'}\}$ 中的一条直母线过点 P_0.因此单叶双曲面有(2.4.2)式和(2.4.3)式给出的两族直母线. □

单叶双曲面的两族直母线(2.4.2)式和(2.4.3)式可以进一步表示为单参数形式.

推论 单叶双曲面(2.4.1)有两族单参数直母线,分别是

$$l_\theta:\begin{cases}\cos\theta\left(\dfrac{x}{a}+\dfrac{z}{c}\right)+\sin\theta\left(1+\dfrac{y}{b}\right)=0,\\[2mm]\cos\theta\left(1-\dfrac{y}{b}\right)+\sin\theta\left(\dfrac{x}{a}-\dfrac{z}{c}\right)=0,\end{cases}\tag{2.4.7}$$

和

$$l'_\varphi:\begin{cases}\cos\varphi\left(\dfrac{x}{a}+\dfrac{z}{c}\right)+\sin\varphi\left(1-\dfrac{y}{b}\right)=0,\\[2mm]\cos\varphi\left(1+\dfrac{y}{b}\right)+\sin\varphi\left(\dfrac{x}{a}-\dfrac{z}{c}\right)=0,\end{cases}\tag{2.4.8}$$

其中 $\theta,\varphi\in\left(-\dfrac{\pi}{2},\dfrac{\pi}{2}\right]$.这两族直母线 l_θ 和 l'_φ 的方向向量分别为

$$\boldsymbol{v}_\theta=\left(\frac{\cos 2\theta}{bc},\frac{\sin 2\theta}{ac},-\frac{1}{ab}\right)\text{ 和 }\boldsymbol{v}'_\varphi=\left(-\frac{\cos 2\varphi}{bc},\frac{\sin 2\varphi}{ac},\frac{1}{ab}\right).$$

证 直母线(2.4.2)式和(2.4.3)式中的实参数 λ,μ 不全为零,λ',μ' 也不全为零,若令 $\cos\theta=\dfrac{\lambda}{\sqrt{\lambda^2+\mu^2}}$,则 $\sin\theta=\dfrac{\mu}{\sqrt{\lambda^2+\mu^2}}$.考虑到当 $\lambda<0$ 时,直线 $l_{\lambda:\mu}$ 与直线 $l_{-\lambda:-\mu}$ 相同,因此可取得 $\theta\in\left(-\dfrac{\pi}{2},\dfrac{\pi}{2}\right]$.这样,直线族(2.4.2)式就可以表达成(2.4.7)式那样的单参数直线族$\left\{l_\theta\;\middle|\;\theta\in\left(-\dfrac{\pi}{2},\dfrac{\pi}{2}\right]\right\}$.

类似地,令 $\cos\varphi=\dfrac{\lambda'}{\sqrt{\lambda'^2+\mu'^2}}$,则 $\sin\varphi=\dfrac{\mu'}{\sqrt{\lambda'^2+\mu'^2}}$.因此,直线族(2.4.3)式也可以表示为(2.4.8)式中的单参数直线族$\left\{l'_\varphi\;\middle|\;\varphi\in\left(-\dfrac{\pi}{2},\dfrac{\pi}{2}\right]\right\}$.因此,单叶双曲面 Σ 上存在两族单参数直线 $\{l_\theta\}$ 和 $\{l'_\varphi\}$.

至于这两族单参数直线 l_θ 和 l'_φ 的方向向量,可以通过各自表达式中平面的法向的外积表示.以直线 l_θ 为例,其中两个平面的法向分别为

$$\left(\frac{\cos\theta}{a},\frac{\sin\theta}{b},\frac{\cos\theta}{c}\right)\text{ 和 }\left(\frac{\sin\theta}{a},-\frac{\cos\theta}{b},-\frac{\sin\theta}{c}\right).$$

故 l_θ 的方向向量为

$$\boldsymbol{v}_\theta=\left(\frac{\cos\theta}{a},\frac{\sin\theta}{b},\frac{\cos\theta}{c}\right)\times\left(\frac{\sin\theta}{a},-\frac{\cos\theta}{b},-\frac{\sin\theta}{c}\right)=\left(\frac{\cos 2\theta}{bc},\frac{\sin 2\theta}{ac},-\frac{1}{ab}\right).$$

$\boldsymbol{v}'_\varphi$ 的计算留给读者完成. □

定理 2.4.2 过单叶双曲面 Σ 上任意一点,只有两条直母线.

证 $\forall P_0(x_0,y_0,z_0)\in\Sigma$,设过点 $P_0(x_0,y_0,z_0)$ 的直线 l 方程为

$$x=x_0+Xt,\quad y=y_0+Yt,\quad z=z_0+Zt,\quad t\in\mathbb{R},$$

其中 (X,Y,Z) 为直线 l 的方向向量,X,Y,Z 不全为零.直线 l 在曲面 Σ 上当且仅当

$$\frac{(x_0+Xt)^2}{a^2}+\frac{(y_0+Yt)^2}{b^2}-\frac{(z_0+Zt)^2}{c^2}=1.$$

整理得

$$\left(\frac{X^2}{a^2}+\frac{Y^2}{b^2}-\frac{Z^2}{c^2}\right)t^2+2\left(\frac{Xx_0}{a^2}+\frac{Yy_0}{b^2}-\frac{Zz_0}{c^2}\right)t=0.$$

因为 t 是任意的,即上式左端作为一个以 t 为未知元的一元多项式,其次数最高为 2 次,但有无穷多根,这导致该多项式只能是零多项式,所以过 P_0 的直线 l 在单叶双曲面 Σ 上的充要条件是

$$\begin{cases}\dfrac{X^2}{a^2}+\dfrac{Y^2}{b^2}-\dfrac{Z^2}{c^2}=0,\\[2ex]\dfrac{Xx_0}{a^2}+\dfrac{Yy_0}{b^2}-\dfrac{Zz_0}{c^2}=0.\end{cases}\tag{2.4.9}$$

由于 X,Y,Z 不全为零,由(2.4.9)式的第一式得 $Z\neq0$.不妨设 $Z=c\neq0$,则(2.4.9)式变为

$$\begin{cases}\dfrac{X^2}{a^2}+\dfrac{Y^2}{b^2}=1,\\[2ex]\dfrac{Xx_0}{a^2}+\dfrac{Yy_0}{b^2}=\dfrac{Zz_0}{c^2}=\dfrac{z_0}{c},\\[2ex]Z=c.\end{cases}\tag{2.4.10}$$

通过直接验证容易知道,关于两个变量 X,Y 的方程组(2.4.10)有两个不同的解,从而过点 P_0 的直线仅有两个不同方向 (X,Y,c),于是过点 P_0 恰有两条不同直线. □

从定理 2.4.1 的证明中知道,对任意点 P_0,存在直线族 $\{l_{\lambda:\mu}\}$ 和 $\{l'_{\lambda':\mu'}\}$ 中的各一条直母线通过它.因此,对任意点 $P_0\in\Sigma$,有且仅有两条直母线通过它,即直线族 $\{l_{\lambda:\mu}\}$ 和 $\{l'_{\lambda':\mu'}\}$ 包含了单叶双曲面 Σ 上的所有直母线.

定理 2.4.3 单叶双曲面 Σ 上的直母线具有以下性质:

(1) 任意两条同族的不同直母线总是异面直线;

(2) 两条异族直母线总是共面的;

(3) 任何一条直母线仅与一条异族直母线平行,而与其他异族直母线均相交.

证 (1) 首先对直母线族 $\{l_{\lambda:\mu}\}$ 证明.在单叶双曲面 Σ 的直母线族 $\{l_{\lambda:\mu}\}$ 中取两条直线 l_{θ_1} 和 l_{θ_2}, $\theta_1\neq\theta_2,\theta_1,\theta_2\in\left(-\dfrac{\pi}{2},\dfrac{\pi}{2}\right]$.由定理 2.4.1 的推论,直线 l_{θ_1} 和 l_{θ_2} 的方向向量分别为

$$\boldsymbol{v}_{\theta_1}=\left(\frac{\cos 2\theta_1}{bc},\frac{\sin 2\theta_1}{ac},-\frac{1}{ab}\right)\text{ 和 }\boldsymbol{v}_{\theta_2}=\left(\frac{\cos 2\theta_2}{bc},\frac{\sin 2\theta_2}{ac},-\frac{1}{ab}\right),$$

并且直线 l_{θ_1} 和 l_{θ_2} 与平面 $z=0$ 的交点分别是

$$M_{\theta_1}(-a\sin 2\theta_1, b\cos 2\theta_1, 0) \text{ 和 } M_{\theta_2}(-a\sin 2\theta_2, b\cos 2\theta_2, 0).$$

所以混合积

$$(\boldsymbol{v}_{\theta_1}, \boldsymbol{v}_{\theta_2}, \overrightarrow{M_{\theta_1}M_{\theta_2}}) = \begin{vmatrix} \dfrac{\cos 2\theta_1}{bc} & \dfrac{\sin 2\theta_1}{ac} & -\dfrac{1}{ab} \\ \dfrac{\cos 2\theta_2}{bc} & \dfrac{\sin 2\theta_2}{ac} & -\dfrac{1}{ab} \\ -a(\sin 2\theta_2-\sin 2\theta_1) & b(\cos 2\theta_2-\cos 2\theta_1) & 0 \end{vmatrix}$$

$$= -\frac{1}{abc}[(\cos 2\theta_2-\cos 2\theta_1)^2+(\sin 2\theta_2-\sin 2\theta_1)^2]$$

$$= -\frac{2[1-\cos 2(\theta_2-\theta_1)]}{abc} \neq 0,$$

否则 $\theta_2-\theta_1=k\pi(k\in\mathbb{Z})$，与 $\theta_1,\theta_2\in\left(-\dfrac{\pi}{2},\dfrac{\pi}{2}\right]$ 以及 $\theta_1\neq\theta_2$ 矛盾.所以直线 l_{θ_1} 和 l_{θ_2} 异面.

同理,单叶双曲面的直母线族 $\{l'_\varphi\}$ 中的任意两条直线也是异面的.因此,单叶双曲面 $\boldsymbol{\Sigma}$ 上任意两条同族直母线总是异面直线.

(2) 在单叶双曲面 $\boldsymbol{\Sigma}$ 的直母线族 $\{l_\theta\}$ 和 $\{l'_\varphi\}$ 中各取一条直线 l_θ 和 l'_φ.由定理 2.4.1 的推论,它们的方向向量分别可取为

$$\boldsymbol{v}_\theta=\left(\frac{\cos 2\theta}{bc}, \frac{\sin 2\theta}{ac}, -\frac{1}{ab}\right) \text{ 和 } \boldsymbol{v}'_\varphi=\left(-\frac{\cos 2\varphi}{bc}, \frac{\sin 2\varphi}{ac}, \frac{1}{ab}\right),$$

与平面 $z=0$ 的交点分别是 $M_\theta(-a\sin 2\theta, b\cos 2\theta, 0)$ 和 $M'_\varphi(-a\sin 2\varphi, -b\cos 2\varphi, 0)$.所以混合积

$$(\boldsymbol{v}_\theta, \boldsymbol{v}'_\varphi, \overrightarrow{M_\theta M'_\varphi}) = \begin{vmatrix} \dfrac{\cos 2\theta}{bc} & \dfrac{\sin 2\theta}{ac} & -\dfrac{1}{ab} \\ -\dfrac{\cos 2\varphi}{bc} & \dfrac{\sin 2\varphi}{ac} & \dfrac{1}{ab} \\ a(\sin 2\theta-\sin 2\varphi) & -b(\cos 2\theta+\cos 2\varphi) & 0 \end{vmatrix}$$

$$= \frac{1}{abc}(\cos^2 2\theta-\cos^2 2\varphi+\sin^2 2\theta-\sin^2 2\varphi)=0,$$

所以 l_θ 和 l'_φ 共面.

(3) 由直线 l_θ 和 l'_φ 的方向向量 $\boldsymbol{v}_\theta=\left(\dfrac{\cos 2\theta}{bc}, \dfrac{\sin 2\theta}{ac}, -\dfrac{1}{ab}\right)$ 和 $\boldsymbol{v}'_\varphi=\left(-\dfrac{\cos 2\varphi}{bc}, \dfrac{\sin 2\varphi}{ac}, \dfrac{1}{ab}\right)$,对于给定的 l_θ,当且仅当 $\varphi=-\theta$ 时直线 l'_φ 与 l_θ 平行,否则它们相交. □

2.4.3 双曲抛物面

类似地,可证明双曲抛物面的如下定理.

定理 2.4.4 双曲抛物面

$$\Sigma: \frac{x^2}{a^2}-\frac{y^2}{b^2}=2z \quad (a,b>0)$$

是直纹面.它有两族直母线

$$l_\lambda: \begin{cases} \dfrac{x}{a}+\dfrac{y}{b}+2\lambda=0, \\ z+\lambda\left(\dfrac{x}{a}-\dfrac{y}{b}\right)=0, \end{cases} \tag{2.4.11}$$

与

$$l'_\mu: \begin{cases} \mu\left(\dfrac{x}{a}+\dfrac{y}{b}\right)+z=0, \\ 2\mu+\dfrac{x}{a}-\dfrac{y}{b}=0, \end{cases} \tag{2.4.12}$$

其中 λ,μ 取所有实数.对于 $P\in\Sigma$,两族直母线中各有一条直母线通过点 P.

证　将双曲抛物面的方程改写为$\left(\dfrac{x}{a}-\dfrac{y}{b}\right)\left(\dfrac{x}{a}+\dfrac{y}{b}\right)=2z$,并记

$$\boldsymbol{A}=\begin{pmatrix} \dfrac{x}{a}+\dfrac{y}{b} & 2 \\ z & \dfrac{x}{a}-\dfrac{y}{b} \end{pmatrix},$$

则双曲抛物面的方程等价于$|\boldsymbol{A}|=0$.由于矩阵 $\boldsymbol{A}$ 的秩为 1,所以

$$\boldsymbol{A}\begin{pmatrix} \mu' \\ \lambda' \end{pmatrix}=\boldsymbol{0} \text{ 和 } \boldsymbol{A}^{\mathrm{T}}\begin{pmatrix} \mu' \\ \lambda' \end{pmatrix}=\boldsymbol{0} \tag{2.4.13}$$

为齐次线性方程组并且有非零解.对于(2.4.13)式中的第一个方程组 $\boldsymbol{A}\begin{pmatrix} \mu' \\ \lambda' \end{pmatrix}=\boldsymbol{0}$ 的非零解 $\begin{pmatrix} \mu' \\ \lambda' \end{pmatrix}$,必定有 $\mu'\neq0$,因为否则 $\lambda'=0$,从而与$\begin{pmatrix} \mu' \\ \lambda' \end{pmatrix}$为非零解矛盾.所以不妨将该方程组表示为 $\boldsymbol{A}\begin{pmatrix} 1 \\ \lambda \end{pmatrix}=\boldsymbol{0}$,这就是(2.4.11)式.而对于任意给定的实参数 λ,(2.4.11)式显然是一条直线.

同理,对于方程组 $\boldsymbol{A}^{\mathrm{T}}\begin{pmatrix} \mu' \\ \lambda' \end{pmatrix}=\boldsymbol{0}$ 的非零解$\begin{pmatrix} \mu' \\ \lambda' \end{pmatrix}$,必定有 $\lambda'\neq0$,因为否则 $\mu'=0$,从而与$\begin{pmatrix} \mu' \\ \lambda' \end{pmatrix}$为非零解矛盾.因此,不妨将该方程组表示为 $\boldsymbol{A}^{\mathrm{T}}\begin{pmatrix} \mu \\ 1 \end{pmatrix}=\boldsymbol{0}$,这就是(2.4.12)式.对于任意给定的实参数 μ,(2.4.12)式显然也是一条直线.因此,直线族$\{l_\lambda\}$和$\{l'_\mu\}$均在双曲抛物面上.

下面证明对于双曲抛物面上的任意点 $P_0(x_0,y_0,z_0)$,都有直线族$\{l_\lambda\}$和$\{l'_\mu\}$中的直线通过该点.事实上,若令 $2\lambda_0=-\dfrac{x_0}{a}-\dfrac{y_0}{b}$,则 P_0 在$\{l_\lambda\}$中的以下直线上:

$$\begin{cases} \dfrac{x}{a}+\dfrac{y}{b}+2\lambda_0=0, \\ z+\lambda_0\left(\dfrac{x}{a}-\dfrac{y}{b}\right)=0; \end{cases}$$

若令 $2\mu_0=-\frac{x_0}{a}+\frac{y_0}{b}$，则 P_0 在 $\{l'_\mu\}$ 中的以下直线上：

$$\begin{cases}\mu_0\left(\frac{x}{a}+\frac{y}{b}\right)+z=0,\\ 2\mu_0+\frac{x}{a}-\frac{y}{b}=0.\end{cases}$$

所以双曲抛物面是直纹面，而且存在(2.4.11)式和(2.4.12)式那样的两族直母线. □

定理 2.4.5 双曲抛物面上的直母线具有以下性质：

(1) 任两条同族直母线必异面并且同族直母线都平行于同一平面；

(2) 任两条异族直母线共面而且相交；

(3) 双曲抛物面上的所有直母线都在 $\{l_\lambda\}$ 或 $\{l'_\mu\}$ 中.

证 (1) 在双曲抛物面的直母线族 $\{l_\lambda\}$ 中任取两条直线 l_{λ_1} 和 l_{λ_2}，$\lambda_1\neq\lambda_2$. 从(2.4.11)式可得，直线 l_{λ_1} 和 l_{λ_2} 的方向向量分别为 $\boldsymbol{v}_{\lambda_1}=\left(\frac{1}{b},-\frac{1}{a},-\frac{2\lambda_1}{ab}\right)$ 和 $\boldsymbol{v}_{\lambda_2}=\left(\frac{1}{b},-\frac{1}{a},-\frac{2\lambda_2}{ab}\right)$，而直线 l_{λ_1} 和 l_{λ_2} 与坐标平面 $y=0$ 的交点分别是 $M_{\lambda_1}(-2a\lambda_1,0,2\lambda_1^2)$ 和 $M_{\lambda_2}(-2a\lambda_2,0,2\lambda_2^2)$. 因为

$$(\boldsymbol{v}_{\lambda_1},\boldsymbol{v}_{\lambda_2},\overrightarrow{M_{\lambda_1}M_{\lambda_2}})=\begin{vmatrix}\frac{1}{b} & -\frac{1}{a} & -\frac{2\lambda_1}{ab}\\ \frac{1}{b} & -\frac{1}{a} & -\frac{2\lambda_2}{ab}\\ 2a(\lambda_1-\lambda_2) & 0 & 2(\lambda_2^2-\lambda_1^2)\end{vmatrix}=-\frac{4(\lambda_2-\lambda_1)^2}{ab}\neq 0,$$

所以直母线族 $\{l_\lambda\}$ 中任意两条直线 l_{λ_1} 和 l_{λ_2} 异面. 这两条直母线显然都平行于一个固定平面 $\boldsymbol{\pi}: bx+ay=0$.

类似地可证明，双曲抛物面的直母线族 $\{l'_\mu\}$ 中任意两条直线也是异面的，并且平行于固定平面 $bx-ay=0$.

(2) 对于双曲抛物面的两族直母线(2.4.11)式和(2.4.12)式，分别在其中各取一条直线 l_λ 和 l'_μ. 将它们的方向向量分别取为 $\boldsymbol{v}_\lambda=\left(\frac{1}{b},-\frac{1}{a},-\frac{2\lambda}{ab}\right)$ 和 $\boldsymbol{v}'_\mu=\left(\frac{1}{b},\frac{1}{a},-\frac{2\mu}{ab}\right)$，记它们与坐标平面 $y=0$ 的交点分别是 $M_\lambda(-2a\lambda,0,2\lambda^2)$ 和 $M'_\mu(-2a\mu,0,2\mu^2)$. 因为混合积

$$(\boldsymbol{v}_\lambda,\boldsymbol{v}'_\mu,\overrightarrow{M_\lambda M'_\mu})=\begin{vmatrix}\frac{1}{b} & -\frac{1}{a} & -\frac{2\lambda}{ab}\\ \frac{1}{b} & \frac{1}{a} & -\frac{2\mu}{ab}\\ 2a(\lambda-\mu) & 0 & 2(\mu^2-\lambda^2)\end{vmatrix}=0,$$

所以直线 l_λ 和 l'_μ 共面. 此外，由于直线 l_λ 和 l'_μ 的方向向量 $\boldsymbol{v}_\lambda=\left(\frac{1}{b},-\frac{1}{a},-\frac{2\lambda}{ab}\right)$ 和 $\boldsymbol{v}'_\mu=\left(\frac{1}{b},\frac{1}{a},-\frac{2\mu}{ab}\right)$ 不平行，因此这两直线总相交.

(3) 设 l 是双曲抛物面 $\boldsymbol{\Sigma}$ 的直母线，则它不会平行于 zOx 平面和 yOz 平面，因为平行于

这两个平面的平面与 Σ 的截线都是抛物线而不是直线.因此可假设直母线 l 在 xOy 平面上的射影方程为 $y=tx+s$,其中 $t\neq 0$,s 为待定常数.于是 l 的一般方程为

$$\begin{cases}\dfrac{x^2}{a^2}-\dfrac{y^2}{b^2}=2z,\\ y=tx+s.\end{cases} \tag{2.4.14}$$

用该方程组中第二个方程 $y=tx+s$ 消去第一个方程中的 y,从而得到

$$\left(\frac{1}{a^2}-\frac{t^2}{b^2}\right)x^2-2\frac{ts}{b^2}x-2z-\frac{s^2}{b^2}=0, \tag{2.4.15}$$

这是平行于 y 轴的柱面.此柱面与平面 $y=tx+s$ 的交线是一条直线(即直线 l)的充要条件是,它本身是一张平面.故(2.4.15)式左边是一次式,即有 $|t|=b/a$.将 $|t|=b/a$ 代入(2.4.14)式可得 l 的方程为

$$\begin{cases}\dfrac{x^2}{a^2}-\dfrac{y^2}{b^2}=2z,\\ \pm\dfrac{x}{a}+\dfrac{y}{b}=\dfrac{s}{b}.\end{cases}$$

而这正好是 $\{l_\lambda\}$ 或 $\{l'_\mu\}$ 中的直母线. □

例 2.4.1 求过单叶双曲面 $\dfrac{x^2}{9}+\dfrac{y^2}{4}-\dfrac{z^2}{16}=1$ 上的点(6,2,8)的直母线方程.

解 由(2.4.3)式得,$(-\mu'):\lambda'=\left(\dfrac{6}{3}+\dfrac{8}{4}\right):\left(1-\dfrac{2}{2}\right)=4:0$.所以过点(6,2,8)的一条直母线为

$$\begin{cases}y-2=0,\\ 4x-3z=0.\end{cases}$$

而由(2.4.2)式可得,$(-\mu):\lambda=\left(\dfrac{6}{3}+\dfrac{8}{4}\right):\left(1+\dfrac{2}{2}\right)=2:1$.所以过点(6,2,8)的另一条直母线为

$$\begin{cases}4x-12y+3z-24=0,\\ 4x+3y-3z-6=0.\end{cases}$$ □

例 2.4.2 求双曲抛物面 $\dfrac{x^2}{a^2}-\dfrac{y^2}{b^2}=2z$ 上互相垂直的直母线的交点轨迹.

解 根据定理 2.4.4,双曲抛物面上任意一点有且仅有两条不同族的直母线通过它.不妨设这两条直母线方程分别为

$$\begin{cases}\dfrac{x}{a}+\dfrac{y}{b}=2\lambda,\\ \lambda\left(\dfrac{x}{a}-\dfrac{y}{b}\right)=z,\end{cases} \quad 与 \quad \begin{cases}\dfrac{x}{a}-\dfrac{y}{b}=2\mu,\\ \mu\left(\dfrac{x}{a}+\dfrac{y}{b}\right)=z.\end{cases}$$

设这两条直母线相交于点 $P(x',y',z')$,则 $\lambda_0=\dfrac{1}{2}\left(\dfrac{x'}{a}+\dfrac{y'}{b}\right)$,$\mu_0=\dfrac{1}{2}\left(\dfrac{x'}{a}-\dfrac{y'}{b}\right)$.由于这两条直母

线的方向向量为 $\boldsymbol{v}_1=\left(a,-b,\frac{x'}{a}+\frac{y'}{b}\right)$ 及 $\boldsymbol{v}_2=\left(a,b,\frac{x'}{a}-\frac{y'}{b}\right)$，由 $\boldsymbol{v}_1\perp\boldsymbol{v}_2$ 得

$$a^2-b^2+\frac{x'^2}{a^2}-\frac{y'^2}{b^2}=0.$$

因此双曲抛物面上互相垂直的直母线的交点 $P(x',y',z')$ 的轨迹为

$$\begin{cases}\frac{x'^2}{a^2}-\frac{y'^2}{b^2}=b^2-a^2,\\ 2z'=b^2-a^2.\end{cases}$$

当 $a\neq b$ 时，它表示一条双曲线；当 $a=b$ 时，它表示两条相交直线

$$\begin{cases}\frac{x'}{a}+\frac{y'}{b}=0,\\ z'=0,\end{cases} \quad 与 \quad \begin{cases}\frac{x'}{a}-\frac{y'}{b}=0,\\ z'=0.\end{cases} \qquad \square$$

例 2.4.3 求与下列三条直线同时共面的直线所生成的曲面：

$$l_1:\frac{x-1}{0}=\frac{y}{1}=\frac{z}{1},\quad l_2:\frac{x+1}{0}=\frac{y}{1}=\frac{z}{-1},\quad l_3:\frac{x-2}{-3}=\frac{y+1}{4}=\frac{z+2}{5}.$$

解 设 $P(x,y,z)$ 为所求曲面上任意点，则必存在曲面上的一直线 l 过点 P.设直线 l 的方向向量为 $\boldsymbol{v}=(X,Y,Z)$，其中 X,Y,Z 不全为零.由于 l 与 l_1 共面，所以

$$\begin{vmatrix}x-1 & y & z\\ 0 & 1 & 1\\ X & Y & Z\end{vmatrix}=(y-z)X-(x-1)Y+(x-1)Z=0. \tag{2.4.16}$$

同理由 l 与 l_2，l_3共面可得方程

$$-(y+z)X+(x+1)Y+(x+1)Z=0. \tag{2.4.17}$$

与

$$(5y-4z-3)X-(5x+3z-4)Y+(4x+3y-5)Z=0. \tag{2.4.18}$$

由(2.4.16)—(2.4.18)式并注意到 X,Y,Z 不全为零，可得

$$\begin{vmatrix}y-z & -(x-1) & x-1\\ -(y+z) & x+1 & x+1\\ 5y-4z-3 & -(5x+3z-4) & 4x+3y-5\end{vmatrix}=0,$$

化简后得到 $x^2+y^2-z^2=1$. $\square$

习题 2.4

1. 已知三维仿射空间中的单叶双曲面 $\frac{x^2}{4}+\frac{y^2}{9}-\frac{z^2}{25}=1$，$P(2,0,0)$ 为腰椭圆上的点.求：

(1) 经过点 P 的两条直母线方程及其夹角；

(2) 这两条直母线所在的平面 $\boldsymbol{\pi}$ 的方程及平面 $\boldsymbol{\pi}$ 与腰椭圆所在平面的夹角.

2. 求下列三维仿射空间中的直纹面的直母线族方程：

(1) $x^2+y^2-z^2=0$；　　(2) $z=2xy$.

3. 求下列三维仿射空间中的直线族所生成的曲面(式中的 λ 为参数)：

(1) $\dfrac{x-\lambda^2}{1}=\dfrac{y}{-1}=\dfrac{z-\lambda}{0}$;　　　　(2) $\begin{cases}x+2\lambda y+4z=4\lambda,\\ \lambda x-2y-4\lambda z=4.\end{cases}$

4. 在三维仿射空间中的双曲抛物面 $\dfrac{x^2}{16}-\dfrac{y^2}{4}=z$ 上,求平行于平面 $3x+2y-4z=0$ 的直母线.

5. 试证:三维仿射空间中的单叶双曲面 $\dfrac{x^2}{a^2}+\dfrac{y^2}{b^2}-\dfrac{z^2}{c^2}=1$ 的任意一条直母线在 xOy 平面上的射影,一定是其腰椭圆的切线.

6. 在三维仿射空间中,求与两直线 $\dfrac{x-6}{3}=\dfrac{y}{2}=\dfrac{z-1}{1}$ 与 $\dfrac{x}{3}=\dfrac{y-8}{2}=\dfrac{z+4}{-21}$ 相交,而且与平面 $2x+3y-5=0$ 平行的直线的轨迹.

7. 在三维仿射空间中,举一反例说明:经过双曲抛物面的直母线的每张平面不一定通过属于另一族直母线的一条直母线.

8. 在三维仿射空间中,在二次曲面 $2x^2+y^2-z^2+3xy+xz-6z=0$ 上,求过点 $(1,-4,1)$ 的所有直母线方程.

9. 证明:在三维仿射空间中,单叶双曲面或双曲抛物面的任何 3 条直母线不会在同一平面上.

10. 在三维仿射空间中,设 l_1 和 l_2 是两条异面的直线,它们都与平面 $\boldsymbol{\pi}$ 不平行,证明:所有与 l_1 和 l_2 都相交,并且平行于 $\boldsymbol{\pi}$ 的直线构成双曲抛物面.

11. 在三维仿射空间中,设 l_1,l_2,l_3 是 3 条两两异面的直线,证明:所有和它们都共面的直线构成单叶双曲面或双曲抛物面,并指出何时构成单叶双曲面,何时构成双曲抛物面.

12. 在三维仿射空间中,设 l_1 和 l_2 是两条异面的直线,把分别过 l_1 和 l_2,并且互相垂直的平面的交线轨迹记作 S.

(1) 证明:l_1 和 l_2 都在 S 上;

(2) 证明:S 是直纹面;

(3) 证明:当 l_1 和 l_2 互相平行时,S 是圆柱面,指出它的轴和半径;

(4) 证明:当 l_1 和 l_2 相交但不垂直时,S 是锥面,但不是圆锥面;

(5) 当 l_1 和 l_2 垂直时,S 是什么图形?

(6) 当 l_1 和 l_2 异面但不垂直时,S 是什么曲面?

13. 设直线 l_i 过点 M_i,平行于向量 $\boldsymbol{u}_i(i=1,2)$.在空间直角坐标系下,M_1 的坐标为 $(1,0,1)$,M_2 的坐标为 $(1,1,1)$;$\boldsymbol{u}_1$ 的坐标为 $(1,0,1)$,$\boldsymbol{u}_2$ 的坐标为 $(0,1,1)$.求与 l_1 和 l_2 都相交,并与向量 $\boldsymbol{u}_3(1,1,0)$ 垂直的所有直线所构成曲面的方程,说明它是什么曲面.

14. 在空间直角坐标系下,给出两条异面直线:l_1 过点 $M_1(1,-3,5)$,平行于向量 $\boldsymbol{u}_1(1,0,1)$;l_2 过点 $M_2(0,2,-1)$,平行于向量 $\boldsymbol{u}_2(-1,2,0)$.设 Γ 是所有与 l_1 正交、与 l_2 共面的直线的轨迹.求 Γ 的方程并说明 Γ 是什么曲面.

前面在物体静止状态下讨论了其图形形状及代数方程.在客观世界中,物体时常会运动、变形等,例如行驶过程中的汽车、树在阳光下的投影等.本章就来描述图形的运动或变形过程,以及在该过程中图形保持不变的特征.

为了方便研究,我们将物体置于一仿射 Euclid 空间$(V,\mathbb{E})$中,其中 V 是点集,向量空间是 Euclid 空间$\mathbb{E}$.在该空间中,图形的运动或变形可以作为不同或同一仿射空间$(V,\mathbb{E})$中的点集 V 到另一个点集的一种数学映射.根据物体在运动或变形过程中的不同表现,所述映射具有不同的形式,例如,仿射变换使物体在运动或变形过程中保持直线不变,等距变换保持距离不变.

我们不打算对一般的映射作详细分析,仅讨论其原像集和像集都在同一仿射空间中,而且与一个线性变换相关联的仿射映射,这种仿射映射与其关联的线性变换合称为仿射变换.我们约定,以下的讨论都是在仿射 Euclid 空间$(V,\mathbb{E})$上进行,即使有时没有明确指明.

§3.1 仿射空间上的变换群

3.1.1 平移变换群

回忆§1.3,平移 τ_a 描述了仿射空间 V 中各点 A 朝着同一个方向 $\boldsymbol{a}\in\mathbb{E}$移动相等距离$|\boldsymbol{a}|$的运动,即

$$\overrightarrow{O\tau_a(A)}=\overrightarrow{OA}+\boldsymbol{a},\quad \forall A\in V,\tag{3.1.1}$$

其中 $\boldsymbol{a}$ 称为平移 τ_a 的**平移量**.在空间 V 中适当建立坐标系$[O;\boldsymbol{e}_1,\boldsymbol{e}_2,\cdots,\boldsymbol{e}_n]$后,可以建立平移 τ_a 的坐标表示.事实上,假设在$[O;\boldsymbol{e}_1,\boldsymbol{e}_2,\cdots,\boldsymbol{e}_n]$下,向量 $\boldsymbol{a}$ 表示为$(a_1,a_2,\cdots,a_n)$,点 A 表示为$(x_1,x_2,\cdots,x_n)$,而 $\tau_a(A)=(x_1',x_2',\cdots,x_n')$,则(3.1.1)式等价于

$$\begin{pmatrix}x_1'\\x_2'\\\vdots\\x_n'\end{pmatrix}=\begin{pmatrix}x_1\\x_2\\\vdots\\x_n\end{pmatrix}+\begin{pmatrix}a_1\\a_2\\\vdots\\a_n\end{pmatrix}.\tag{3.1.2}$$

仿射空间$(V,\mathbb{E})$上所有平移构成一个平移变换群.

3.1.2 旋转变换群

一般仿射空间$(V,\mathbb{E})$上的旋转要用到更多代数知识,下面只介绍二维仿射空间 V^2 和三维仿射空间 V^3 中的旋转.首先,考虑二维仿射空间 V^2 中的旋转.

定义 3.1.1 对于二维仿射空间 V^2 中的给定点 O,如果在一个变换下点 O 保持不动,而其他所有点绕点 O 旋转一定角度 θ,则称这种变换为平面上绕点 O 的**平面旋转**.称 O 是**旋转中心**,θ 为**转角**.规定逆时针旋转时转角 θ 为正.

以下把定义 3.1.1 中给出的平面旋转记为$r_{O,\theta}$,在以 O 为原点的右手直角坐标系 Oxy 中给出其坐标表示.该坐标系中令 $A=(x,y)$,其旋转 θ 角之后的点记为 $A'=(x',y')$.如图 3.1.1 所示,根据平面几何知识,

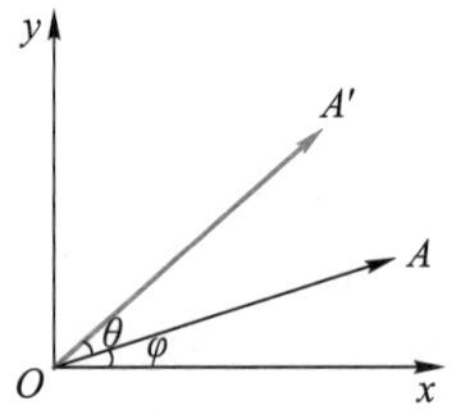

$$x=|\overrightarrow{OA}|\cos\varphi,\quad y=|\overrightarrow{OA}|\sin\varphi,$$

$$x'=|\overrightarrow{OA'}|\cos(\theta+\varphi),\quad y'=|\overrightarrow{OA'}|\sin(\theta+\varphi).$$

图 3.1.1

由于 A 绕 O 旋转 θ 角变成 A',所以$|\overrightarrow{OA}|=|\overrightarrow{OA'}|$代入上式可得

$$x'=|\overrightarrow{OA}|(\cos\theta\cos\varphi-\sin\theta\sin\varphi)=x\cos\theta-y\sin\theta,$$

$$y'=|\overrightarrow{OA}|(\sin\theta\cos\varphi+\cos\theta\sin\varphi)=x\sin\theta+y\cos\theta.$$

即上述旋转$r_{O,\theta}(A)=(x',y')$为

$$\begin{pmatrix}x'\\y'\end{pmatrix}=\begin{pmatrix}\cos\theta & -\sin\theta\\ \sin\theta & \cos\theta\end{pmatrix}\begin{pmatrix}x\\y\end{pmatrix}. \tag{3.1.3}$$

该方程组的系数矩阵是正交矩阵,由此可容易解出

$$\begin{pmatrix}x\\y\end{pmatrix}=\begin{pmatrix}\cos\theta & \sin\theta\\ -\sin\theta & \cos\theta\end{pmatrix}\begin{pmatrix}x'\\y'\end{pmatrix}.$$

因此,上式表示$r_{O,\theta}$的逆变换.而且,与(3.1.3)式比较易知,上式表示绕点 O 旋转$-\theta$ 角的平面旋转变换,即$r_{O,-\theta}$.

对于二维仿射空间 V^2 上以坐标原点 O 为旋转中心的两个平面旋转变换r_{O,θ_1}和r_{O,θ_2},其乘积也是以 O 为旋转中心的平面旋转.为了验证,令$r_{O,\theta_1}(x,y)=(x',y')$和$r_{O,\theta_2}(x',y')=(x'',y'')$,则它们分别满足

$$\begin{cases}x'=x\cos\theta_1-y\sin\theta_1,\\ y'=x\sin\theta_1+y\cos\theta_1\end{cases}\quad 和\quad \begin{cases}x''=x'\cos\theta_2-y'\sin\theta_2,\\ y''=x'\sin\theta_2+y'\cos\theta_2.\end{cases}$$

因此,乘积$r_{O,\theta_2}r_{O,\theta_1}(x,y)=(x'',y'')$满足

$$\begin{cases}x''=x\cos(\theta_1+\theta_2)-y\sin(\theta_1+\theta_2),\\ y''=x\sin(\theta_1+\theta_2)+y\cos(\theta_1+\theta_2),\end{cases}$$

其对应于以 O 为旋转中心、转角为$\theta_1+\theta_2$ 的平面旋转.

因此,在二维仿射空间 V^2 上,一个以 O 为旋转中心的平面旋转的逆也是一个平面旋转,两个平面旋转的乘积也是一个平面旋转.再注意到,恒同变换是转角为零的平面旋转.所以在二维仿射空间 V^2 上,一个以 O 为旋转中心的所有平面旋转构成一个平面旋转变换群.

然后，定义三维仿射空间 V^3 中的旋转.

定义 3.1.2 三维仿射空间 V^3 中的一个变换若保持一条直线 l 上的各点不动，而直线 l 之外的所有点绕 l 旋转一定角度 θ，则称这种变换为绕轴 l 的**空间旋转**，记为 $r_{l,\theta}$. 称直线 l 为**旋转轴**，θ 为**转角**. 规定逆时针旋转时转角 θ 为正.

以旋转轴 l 为 z 轴，z 轴上任意一点 O 为原点，作右手直角坐标系 $Oxyz$. 根据以 O 为旋转中心的平面旋转(3.1.3)式，$r_{l,\theta}$ 可以用坐标表示如下：

$$\begin{cases} x' = x\cos\theta - y\sin\theta, \\ y' = x\sin\theta + y\cos\theta, \\ z' = z. \end{cases} \quad 或 \quad \begin{pmatrix} x' \\ y' \\ z' \end{pmatrix} = \begin{pmatrix} \cos\theta & -\sin\theta & 0 \\ \sin\theta & \cos\theta & 0 \\ 0 & 0 & 1 \end{pmatrix} \begin{pmatrix} x \\ y \\ z \end{pmatrix}, \tag{3.1.4}$$

其中 $A=(x,y,z)$，$r_{l,\theta}(A)=(x',y',z')$，这些坐标是 $Oxyz$ 下的坐标.

由变换 $r_{l,\theta}$ 的坐标表示式(3.1.4)不难看出，$r_{l,\theta}$ 也是可逆的. 类似平面旋转的讨论，容易验证 V^3 中关于一条旋转轴 l 的所有空间旋转 $r_{l,\theta}$ 构成一个空间旋转变换群.

平面旋转和空间旋转统称为**旋转**.

3.1.3 反射变换

为了不牵涉太多代数知识，我们只介绍低维仿射 Euclid 空间中的反射.

定义 3.1.3 在仿射 Euclid 空间 V^n 中，假设 l 是 V^n 中的一条直线. 若 V^n 到自身的一个变换 f_l 将直线 l 外的任意点 $P\in V^n$ 映射到 $f_l(P)$，使得点 P 与 $f_l(P)$ 的连线 $Pf_l(P)$ 与直线 l 垂直相交且交点是线段 $Pf_l(P)$ 的中点，而将直线 l 上的所有点保持不动，则称变换 f_l 为关于直线 l 的**轴反射**，其中直线 l 称为**反射轴**.

反射变换还有多种形式. 例如，在三维空间 V^3 中，把各点变成关于某张平面 π（称为**反射平面**）的对称点的变换称为**平面反射**（记为 f_π）；在一维空间 V^1 中，一个变换称为**点反射**（记为 f_P），是指该变换将空间 V^1 中各点变成关于某个点 P（称为**反射点**）的对称点.

我们仅考察三维空间 V^3 中的平面反射，其他反射的研究留给读者. 在三维空间 V^3 中建立右手直角坐标系 $Oxyz$，其以反射平面 π 为坐标平面 Oxy. 令三维空间 V^3 中点 $A(x,y,z)$ 反射后的点坐标为 (x',y',z')，则

$$f_{xOy}(x,y,z) = \begin{pmatrix} x' \\ y' \\ z' \end{pmatrix} = \begin{pmatrix} 1 & 0 & 0 \\ 0 & 1 & 0 \\ 0 & 0 & -1 \end{pmatrix} \begin{pmatrix} x \\ y \\ z \end{pmatrix}. \tag{3.1.5}$$

从(3.1.5)式容易得到，反射把坐标向量 $(1,0,0)$，$(0,1,0)$，$(0,0,1)$ 分别变成 $(1,0,0)$，$(0,1,0)$，$(0,0,-1)$，即右手坐标系变成左手坐标系.

例 3.1.1 用坐标表示平面上以直线 l: $Ax+By+C=0$ 为反射轴的轴反射公式.

解 因为 l 表示直线，其一次项系数不全为零，不妨设 $A\neq 0$，所以直线 l 与 x 轴的交点为 $(-C/A,0)$，记 $\boldsymbol{a}=(-C/A,0)$，且它们之间的夹角 θ 满足 $\tan\theta=-A/B$. 为了得到以直线 l 为反射轴的轴反射，我们把反射变换分解为

(1) 作平移 $\tau_{-\boldsymbol{a}}$，使直线 $\tau_{-\boldsymbol{a}}(l)$ 与 x 轴交于原点；

(2) 关于原点作旋转 $r_{O,-\theta}$；

(3) 以 x 轴作为反射轴进行轴反射 f_x；

(4) 然后再关于原点作旋转$r_{O,\theta}$并作平移 τ_a.

因此,根据(3.1.2)式、(3.1.3)式和(3.1.5)式,点 $X(x,y)$ 经过以直线 l 为反射轴的轴反射后变成 $X'(x',y')$,即

$$
\begin{aligned}
X'&=\tau_a\, r_{O,\theta} f_x\, r_{O,-\theta}\tau_{-a}(X)\\
&=\begin{pmatrix}\cos\theta & -\sin\theta\\ \sin\theta & \cos\theta\end{pmatrix}\begin{pmatrix}1 & 0\\ 0 & -1\end{pmatrix}\begin{pmatrix}\cos\theta & \sin\theta\\ -\sin\theta & \cos\theta\end{pmatrix}(X-\boldsymbol{a})+\boldsymbol{a}\\
&=\begin{pmatrix}\cos 2\theta & \sin 2\theta\\ \sin 2\theta & -\cos 2\theta\end{pmatrix}(X-\boldsymbol{a})+\boldsymbol{a}.
\end{aligned}
$$

将各已知量分别代入,得

$$
\begin{cases}
x'=\dfrac{B^2-A^2}{A^2+B^2}x-\dfrac{2AB}{A^2+B^2}y-\dfrac{2AC}{A^2+B^2},\\[2ex]
y'=-\dfrac{2AB}{A^2+B^2}x-\dfrac{B^2-A^2}{A^2+B^2}y-\dfrac{2BC}{A^2+B^2}.
\end{cases}
$$

类似地,对于 $B\neq 0$ 同样可以得到上式. □

几何图形的平移和反射的乘积构成一个变换,称为**滑反射**.也就是说,滑反射是对一个几何图形,先按一条直线作镜面反射(比如一个顶点朝上的三角形,按其下面的一条直线作轴反射,就变成一个在这条直线下面的顶点朝下的三角形),然后再沿该直线作平移.当然先平移再反射也是一样的.

3.1.4 位似变换群

定义 3.1.4 在仿射空间$(V,\mathbb{E})$中取定一点 O,若 V 上的变换 f 保持 O 不动并且使得 $\forall P\in V$和非零常数 k,

$$
\overrightarrow{Of(P)}=k\,\overrightarrow{OP}, \tag{3.1.6}
$$

则称变换 f 为一个**位似变换**,O 为位似变换的**位似中心**,k 为**位似系数**.

图 3.1.2 是空间中的一个位似变换 f 的示意图,其中位似变换 f 把空间中的$\triangle P_1P_2P_3$ 变成$\triangle P_1'P_2'P_3'$;两个三角形中对应点连线经过位似中心 O;而不经过位似中心的直线变为对应的平行直线;并且$\triangle P_1P_2P_3$ 和$\triangle P_1'P_2'P_3'$ 中任何一对对应线段的比值等于位似系数 k.

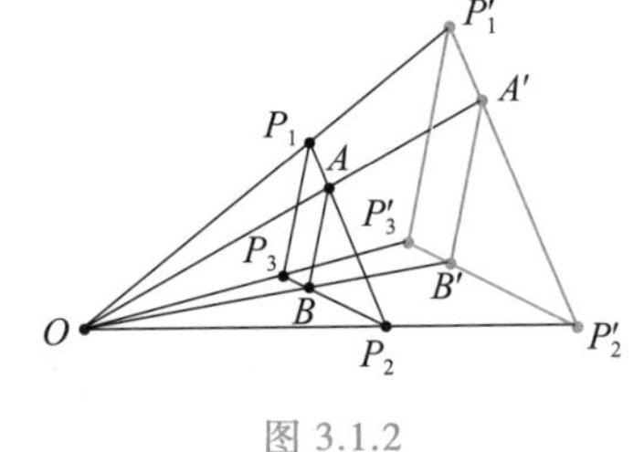

图 3.1.2

位似变换(3.1.6)可以表示为解析表达式.为此,在仿射空间 V 上以位似中心 O 为坐标原点建立一个直角坐标系$[O;\boldsymbol{e}_1,\boldsymbol{e}_2,\cdots,\boldsymbol{e}_n]$,记点 P 的坐标为$\boldsymbol{x}=(x_1,x_2,\cdots,x_n)^{\mathrm{T}}$,而$f(P)=(x_1',x_2',\cdots,x_n')^{\mathrm{T}}$,则(3.1.6)式的坐标形式为

$$
(x_1',x_2',\cdots,x_n')^{\mathrm{T}}=k\,(x_1,x_2,\cdots,x_n)^{\mathrm{T}}. \tag{3.1.7}
$$

由(3.1.7)式易知,位似变换 f 是可逆的,而且其逆 f^{-1}也是以 O 为位似中心的位似变换,但位似系数为 $1/k$.另外,以 O 为位似中心、分别以 k_1 和 k_2 为位似系数的两个位似变换 f_1 和 f_2 的乘积满足

$$\overrightarrow{O(f_1f_2)(P)} = k_1\overrightarrow{Of_2(P)} = k_1k_2\ \overrightarrow{OP}, \quad \forall P \in V,$$

即，f_1f_2 也是以 O 为位似中心的位似变换.仿射空间$(V,\mathbb{E})$中的恒同变换$(k=1)$显然也是位似变换.所以，在仿射空间$(V,\mathbb{E})$中，以 O 为位似中心的所有位似变换构成一个**位似变换群**.

3.1.5 相似变换群

定义 3.1.5 对于仿射空间 V 上的变换 f，如果存在正数 k，使得 V 中任意两点 A,B 都有

$$d(f(A),f(B)) = kd(A,B), \tag{3.1.8}$$

则称 f 为**相似变换**，k 称为 f 的**相似比**.

图 3.1.3 表示$\triangle P_1'P_2'P_3'$ 是$\triangle P_1P_2P_3$ 在相似变换下的像.可以看出，图中的两个三角形相似，$\triangle P_1P_2P_3$ 上的直线变成$\triangle P_1'P_2'P_3'$ 上的对应直线，平行直线变为平行直线，并且任意两条线段的比值保持不变，从而两直线间的夹角保持不变.

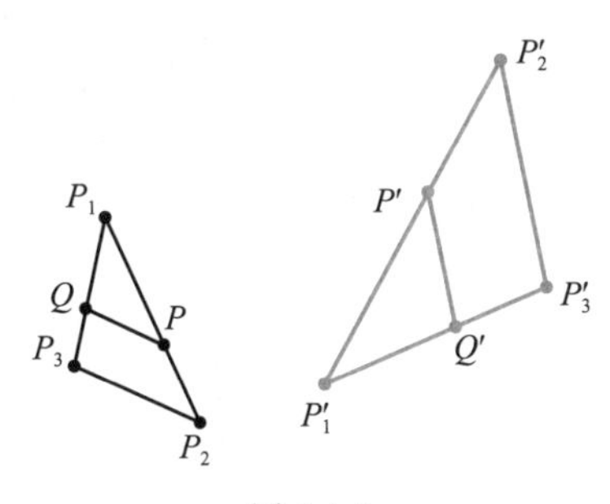

图 3.1.3

位似变换是相似变换的一个特殊情形.实际上，若一个变换 g 保持一点 O 不变，并且对任意点 P，$\overrightarrow{Og(P)} = k\overrightarrow{OP}$，它就是位似变换.而这样的 g 也是相似变换，这是因为对于任意两点 $A,B \in V$，都有$\overrightarrow{Og(A)} = k\overrightarrow{OA}$和$\overrightarrow{Og(B)} = k\overrightarrow{OB}$，所以

$$\overrightarrow{g(A)g(B)} = \overrightarrow{Og(B)} - \overrightarrow{Og(A)} = k\overrightarrow{OB} - k\overrightarrow{OA} = k\overrightarrow{AB}.$$

由此可得 $d(g(A),g(B)) = kd(A,B)$，即 g 也是相似变换.

后面将证明，仿射空间 V 上的所有相似变换构成一个变换群，称为**相似变换群**.

3.1.6 正压缩变换群

定义 3.1.6 取定二维空间 V 上一条直线 l 并取定一个正数 k，作变换 f 使得 $\forall A \in V$，$f(A)$满足

(1) $\overrightarrow{Af(A)}$与直线 l 垂直；

(2) $f(A)$和 A 在直线 l 的同一侧；

(3) $f(A)$和 A 到 l 的距离满足 $d(f(A),l) = kd(A,l)$，

称变换 f 为 V 上关于直线 l 的**正压缩**，称直线 l 为**压缩轴**，k 为**压缩系数**.

显然，一个点 A 在经过以直线 l 为压缩轴和 k 为压缩系数的正压缩 f 之后，再经过以直线 l 为压缩轴和k^{-1}为压缩系数的正压缩，又变到自身.所以，正压缩 f 是可逆变换且其逆 f^{-1} 也是压缩轴相同但压缩系数为k^{-1}的正压缩.另外，容易验证，分别以 k_1 和 k_2 为压缩系数的正

压缩 f_1 和 f_1，它们的乘积 f_1f_2 是压缩系数为 k_1k_2 的正压缩.因此，二维空间 V 上以直线 l 为压缩轴的所有正压缩构成一个变换群，称为正压缩变换群.

以压缩轴 l 为 x 轴建立直角坐标系 Oxy，则 V 上以 k 为压缩系数的正压缩把 (x,y) 变到 (x',y') 可以用坐标表示如下：

$$\begin{cases} x'=x, \\ y'=ky, \end{cases} \quad \text{或} \quad \begin{pmatrix} x' \\ y' \end{pmatrix} = \begin{pmatrix} 1 & 0 \\ 0 & k \end{pmatrix} \begin{pmatrix} x \\ y \end{pmatrix}.$$

类似地，可以定义三维空间 V 上的正压缩.对于三维仿射空间中的一张平面 π，取定一个正数 k，作变换 f 使得 $\forall A \in V, f(A)$ 满足

(1) $\overrightarrow{Af(A)}$ 与平面 π 垂直；

(2) $f(A)$ 和 A 在平面 π 的同一侧；

(3) $f(A)$ 和 A 到 π 的距离满足 $d(f(A),\pi)=kd(A,\pi)$，

称变换 f 为 V 上关于平面 π 的**正压缩**，称平面 π 为**压缩平面**，k 为**压缩系数**.

同理可证，三维仿射空间 V 上以平面 π 为压缩平面的所有正压缩组成一个正压缩变换群.若以压缩平面 π 作为 xOy 平面，建立直角坐标系 $Oxyz$，则三维仿射空间 V 上以 k 为压缩系数的正压缩把点 (x,y,z) 变到

$$\begin{pmatrix} x' \\ y' \\ z' \end{pmatrix} = \begin{pmatrix} 1 & 0 & 0 \\ 0 & 1 & 0 \\ 0 & 0 & k \end{pmatrix} \begin{pmatrix} x \\ y \\ z \end{pmatrix}.$$

3.1.7 错切变换群

定义 3.1.7 取定仿射空间 V 上的一条直线 l，以及直线 l 的一个单位法向量 $\boldsymbol{n}$ 和一个方向向量 $\boldsymbol{u}$，若 V 上的一个变换 f 满足：$\forall P \in V$，

$$\overrightarrow{Pf(P)} = (\overrightarrow{M_0P} \cdot \boldsymbol{n})\boldsymbol{u}, \tag{3.1.9}$$

其中 M_0 是 l 上的一点，则称变换 f 为**错切变换**，直线 l 为**错切轴**.

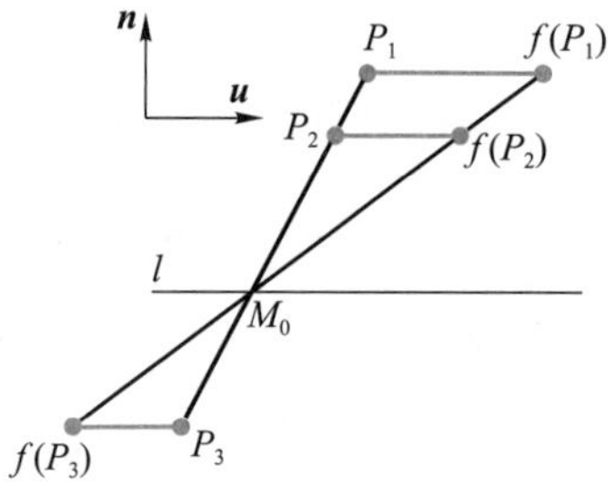

$\overrightarrow{M_0P} \cdot \boldsymbol{n}$ 表示 $\overrightarrow{M_0P}$ 在直线 l 的射影长度.图 3.1.4 为平面上错切变换的示意图.在平面的错切变换下，错切轴 l 上的任何点都保持不动，轴外的 $\boldsymbol{n}$ 指向一侧上的点沿 $\boldsymbol{u}$ 方向移动 $\overrightarrow{M_0P} \cdot \boldsymbol{n}$，另一侧上的点沿 $\boldsymbol{u}$ 的反向移动 $\overrightarrow{M_0P} \cdot \boldsymbol{n}$.在三维空间的错切变换下，不仅错切轴 l 上的任何点都保持不动，过 l 且垂直于 $\boldsymbol{n}$ 的整个平面 π 上的点均不动.所以，在三维空间的错切变换中，平面 π 也称为错切平面.

图 3.1.4

此外，当 $\boldsymbol{u}=\boldsymbol{0}$ 时错切变换为恒同变换.而且，任意两个以 l 为错切轴且法向量 $\boldsymbol{n}$ 相同的错切变换 f_1,f_2 的乘积 f_1f_2 也是以 l 为错切轴的错切变换：因为

$$\overrightarrow{Pf_1(P)} = (\overrightarrow{M_0P} \cdot \boldsymbol{n})\boldsymbol{u}_1, \quad \overrightarrow{Pf_2(P)} = (\overrightarrow{M_0P} \cdot \boldsymbol{n})\boldsymbol{u}_2,$$

所以

$$\overrightarrow{Pf_1f_2(P)}=\overrightarrow{Pf_2(P)}+\overrightarrow{f_2(P)f_1f_2(P)}$$
$$=(\overrightarrow{M_0P}\cdot\boldsymbol{n})\boldsymbol{u}_2+((\overrightarrow{M_0P}+\overrightarrow{Pf_2(P)})\cdot\boldsymbol{n})\boldsymbol{u}_1$$
$$=(\overrightarrow{M_0P}\cdot\boldsymbol{n})\boldsymbol{u}_2+(\overrightarrow{M_0P}\cdot\boldsymbol{n})\boldsymbol{u}_1=(\overrightarrow{M_0P}\cdot\boldsymbol{n})(\boldsymbol{u}_1+\boldsymbol{u}_2),$$

即 f_1f_2 由 $\boldsymbol{n}$ 和 $\boldsymbol{u}_1+\boldsymbol{u}_2$ 决定.于是当 $\boldsymbol{u}_1+\boldsymbol{u}_2=\boldsymbol{0}$ 时,$f_1f_2=i=f_2f_1$,即 f_1f_2 为一对互逆的可逆变换.所以,空间 V 上的所有错切变换构成一个错切变换群.

错切变换也可以用坐标表示.例如在二维仿射空间 V^2 中,建立直角坐标系 Oxy,令 P 和 $f(P)$ 在该坐标系下的坐标分别为 (x,y) 和 (x',y'),再令 $M_0(a_1,a_2)$,$\boldsymbol{n}=(n_1,n_2)$ 以及 $\boldsymbol{u}=(u_1,u_2)$,则错切变换(3.1.9)表示为

$$\begin{pmatrix}x'\\y'\end{pmatrix}=\begin{pmatrix}x\\y\end{pmatrix}+\left[(x-a_1,y-a_2)\begin{pmatrix}n_1\\n_2\end{pmatrix}\right]\begin{pmatrix}u_1\\u_2\end{pmatrix}=\begin{pmatrix}n_1u_1+1 & n_2u_1\\ n_1u_2 & n_2u_2+1\end{pmatrix}\begin{pmatrix}x\\y\end{pmatrix}-(a_1n_1+a_2n_2)\begin{pmatrix}u_1\\u_2\end{pmatrix}.$$

三维仿射空间 V^3 中的错切变换的坐标表示留给读者完成.

习题 3.1

1. 求三维仿射空间中关于平面 $\pi:Ax+By+Cz+D=0$ 的平面反射公式.

2. 证明:分别关于两个平行平面的平面反射变换的乘积是一个平移.

3. 若在三维空间中建立仿射坐标系 $Oxyz$,证明:绕 x 轴的旋转的集合是一个变换群.

4. 设 σ_1,σ_2 分别是平面上关于直线 l_1 和 l_2 的反射.设 l_1 与 l_2 交于点 O 且夹角为 θ,证明:$\sigma_1\sigma_2$ 是绕点 O 的旋转,转角为 2θ.

5. 已知三维仿射空间 V 上的一条直线 l 以及该直线的一个单位法向量 $\boldsymbol{n}$ 和一个方向向量 $\boldsymbol{u}$,写出以直线 l 为错切轴的错切变换的坐标表示.

6. 证明:三维仿射空间 V 上关于给定错切轴 l 及其单位法向量 $\boldsymbol{n}$ 的所有错切变换构成一个变换群.

7. 设平面 π 上给出四个不同点 A,B,C 和 D.请构造 π 上的相似变换,它把 A 变成 B,C 变成 D.这样的变换有几个?

8. 如果一个二维平面上的仿射变换 σ 满足下列条件之一:

(1) σ 把某一个三角形变为与之相似的三角形;

(2) σ 保持角度;

(3) σ 保持垂直关系,

证明:σ 是相似变换.

9. 证明:仿射空间 V 上的所有相似变换构成一个变换群.

§3.2 仿射变换

3.2.1 仿射变换的概念

定义 3.2.1 对于仿射空间$(V,\mathbb{E})$,若存在映射 $f:V\to V$ 以及线性变换 $\mathcal{L}(f):\mathbb{E}\to\mathbb{E}$,使得

对于每对点 $A,B\in V$,

$$\overrightarrow{f(A)f(B)}=\mathscr{L}(f)(\overrightarrow{AB}),\tag{3.2.1}$$

则称映射对 f 和 $\mathscr{L}(f)$ 为**仿射变换**.

由此定义可以看出,线性变换 $\mathscr{L}(f)$ 由映射 f 唯一确定,称为映射 f 的**线性部分**,这里使用 $\mathscr{L}$ 表示取线性部分的运算符.由于仿射变换完全由映射 $f:V\to V$ 唯一确定,因此常将映射 f 直接看作仿射变换.

定理 3.2.1 两个仿射变换 f 和 g 的乘积 $h=gf$ 也是仿射变换,并且 $\mathscr{L}(gf)=\mathscr{L}(g)\mathscr{L}(f)$.

证 设 $(V,\mathbb{E})$ 为仿射空间,$f:V\to V$ 和 $g:V\to V$ 为仿射变换,则 $h:V\to V$ 和 $\mathscr{L}(h):\mathbb{E}\to\mathbb{E}$.证明转化为验证:对于每对点 $A,B\in V$,$\overrightarrow{h(A)h(B)}=\mathscr{L}(h)(\overrightarrow{AB})$.实际上,根据仿射变换的定义,对于仿射空间中的任意点 $A,B\in V$ 和 $A',B'\in V$,我们有

$$\overrightarrow{f(A)f(B)}=\mathscr{L}(f)(\overrightarrow{AB}),\quad \overrightarrow{g(A')g(B')}=\mathscr{L}(g)(\overrightarrow{A'B'}).$$

由此可得

$$\mathscr{L}(h)\left(\overrightarrow{AB}\right)=\overrightarrow{h(A)h(B)}=\overrightarrow{gf(A)gf(B)}=\mathscr{L}(g)\left(\overrightarrow{f(A)f(B)}\right)=\mathscr{L}(g)\mathscr{L}(f)\left(\overrightarrow{AB}\right).\quad\square$$

例 3.2.1 证明:对于任何仿射空间 V,其上以任意向量 $\boldsymbol{a}\in\mathbb{E}$为平移量的平移 τ_a 都是仿射变换且其线性部分为恒同变换 i.相反,若一个仿射变换的线性部分为 i,则该仿射变换为平移.

证 根据平移 τ_a 的定义,显然它将仿射空间 V 映射到 V 自身,而且容易得到 $\mathscr{L}(\tau_a)(\overrightarrow{AB})=\overrightarrow{\tau_a(A)\tau_a(B)}=\overrightarrow{AB}$,即 $\mathscr{L}(\tau_a)=i$,因此 τ_a 是一个仿射变换且其线性部分为恒同变换.

反过来,设 f 是任何一个仿射变换,$\mathscr{L}(f)=i$.在仿射空间 V 中取任意两点 A,B,则 A,B,$f(B)$,$f(A)$ 四点构成一个平行四边形的顶点,因此 $\overrightarrow{Af(A)}=\overrightarrow{Bf(B)}$,由此推出 $f=\tau_a$,其中向量 $\boldsymbol{a}=\overrightarrow{Af(A)}$. $\square$

同样的推理使我们能够获得更一般的结果.

定理 3.2.2 如果两个仿射变换 $f:V\to V$ 和 $g:V\to V$ 具有相同的线性部分,则存在向量 $\boldsymbol{a}\in\mathbb{E}$,使得 $g=\tau_a f$;反之亦然.

证 根据仿射变换的定义,仿射变换 f 和 g 的线性部分满足 $\mathscr{L}(f)=\mathscr{L}(g)$,则对于任意一对点 $A,B\in V$,有 $\overrightarrow{f(A)f(B)}=\overrightarrow{g(A)g(B)}$.由此,$f(A)$,$f(B)$,$g(B)$,$g(A)$ 四点确定了一个平行四边形.从而导出 $\overrightarrow{f(A)g(A)}=\overrightarrow{f(B)g(B)}$,这说明向量 $\boldsymbol{a}=\overrightarrow{f(A)g(A)}$ 不依赖于点 A 的选择.因此,可以定义平移 τ_a,使得对于每个点 $A\in V$,$g(A)=\tau_a(f(A))$,即 $g=\tau_a f$.

反过来,若仿射变换 f 与一个平移 τ_a 的乘积是 $g=\tau_a f$,我们证明 $\mathscr{L}(f)=\mathscr{L}(g)$.在仿射空间 V 中以任意一点 O 作为原点建立坐标系,则对任意点对 $A,B\in V$,$g(A)$,$g(B)$,$f(A)$,$f(B)$ 具有相应坐标.由仿射变换的定义,仿射变换 g 的线性部分满足

$$\mathscr{L}(g)(\overrightarrow{AB})=\overrightarrow{g(A)g(B)}=\overrightarrow{(\tau_a f)(A)(\tau_a f)(B)}.$$

而根据向量的加法和减法运算,上式右边等于

$$\overrightarrow{(\tau_a f)(A)(\tau_a f)(B)}=\overrightarrow{O(\tau_a f)(B)}-\overrightarrow{O(\tau_a f)(A)},$$

其中 $\overrightarrow{O(\tau_a f)(B)}=\overrightarrow{Of(B)}+\boldsymbol{a}$,$\overrightarrow{O(\tau_a f)(A)}=\overrightarrow{Of(A)}+\boldsymbol{a}$.所以

$$\mathscr{L}(g)(\overrightarrow{AB})=\overrightarrow{Of(B)}-\overrightarrow{Of(A)}=\overrightarrow{f(A)f(B)}=\mathscr{L}(f)(\overrightarrow{AB}).\quad\square$$

定义 3.2.2 对于仿射空间$(V,\mathbb{E})$的仿射变换f,若其线性部分$\mathscr{L}(f)$是$\mathbb{E}$上的非奇异线性变换,则称仿射变换f为**非奇异仿射变换**.

读者可以自行证明,平移、正压缩、反射和旋转都是非奇异仿射变换.非奇异仿射变换是解析几何的主角,所以**后面若不特别指出,所说的仿射变换都是非奇异的**.

命题 3.2.3 在仿射空间V中,以O为位似中心的位似变换是一个仿射变换.

证 对于任意$A,B\in V$,位似变换f将其分别变成$\overrightarrow{Of(A)}=k\overrightarrow{OA}$和$\overrightarrow{Of(B)}=k\overrightarrow{OB}$,所以

$$\overrightarrow{f(A)f(B)}=\overrightarrow{Of(B)}-\overrightarrow{Of(A)}=k\overrightarrow{OB}-k\overrightarrow{OA}=k\overrightarrow{AB}.\tag{3.2.2}$$

(3.2.2)式右边的$k\overrightarrow{AB}$显然是一个关于向量$\overrightarrow{AB}$的线性变换.所以以O为位似中心的位似变换是一个仿射变换,并且因为位似系数$k\neq 0$而是非奇异的. $\square$

命题 3.2.4 仿射空间V^2上的错切变换是一个仿射变换.

证 我们通过验证错切变换f的线性部分$\mathscr{L}(f)$是线性变换来证明之.不妨设向量是列向量.对于错切变换f,$\forall A,B\in V^2$,由(3.1.9)式知

$$\begin{aligned}\mathscr{L}(f)(\overrightarrow{AB})&=\overrightarrow{f(A)f(B)}=\overrightarrow{f(A)A}+\overrightarrow{AB}+\overrightarrow{Bf(B)}\\&=\overrightarrow{AB}-(\overrightarrow{M_0A}\cdot\boldsymbol{n})\boldsymbol{u}+(\overrightarrow{M_0B}\cdot\boldsymbol{n})\boldsymbol{u}=\overrightarrow{AB}+(\overrightarrow{AB}\cdot\boldsymbol{n})\boldsymbol{u}\\&=\overrightarrow{AB}+u(n\cdot\overrightarrow{AB})=\overrightarrow{AB}+u(n^{\mathrm{T}}\overrightarrow{AB})\\&=(\boldsymbol{E}_2+\boldsymbol{u}\boldsymbol{n}^{\mathrm{T}})\overrightarrow{AB},\end{aligned}$$

其中$\boldsymbol{E}_2$表示二阶单位矩阵.上式右边显然是一个线性变换,因此错切变换f是仿射变换. $\square$

后文还将证明,相似变换也是一个仿射变换.

3.2.2 仿射变换的性质

接下来先介绍仿射变换的一些共性.再次强调,在不特别说明的情况下,我们说的仿射变换都认为是非奇异的.首先证明,仿射比在非奇异仿射变换下保持不变.

定理 3.2.5 仿射空间$(V,\mathbb{E})$中的非奇异仿射变换f将不完全相同的三个共线点A,B,C映射到另外三个共线点$f(A),f(B),f(C)$,并且仿射比(A,B,C)在非奇异仿射变换下不变,即$(A,B,C)=(f(A),f(B),f(C))$.

证 因为共线三点A,B,C不完全相同,所以存在仿射比$\alpha=(A,B,C)$.首先假设$C\neq B$,则共线三点A,B,C的仿射比$\alpha=(A,B,C)$满足

$$\overrightarrow{AC}=\alpha\overrightarrow{BC}.\tag{3.2.3}$$

设$f:V\to V$是非奇异仿射变换,$\mathscr{L}(f):\mathbb{E}\to\mathbb{E}$是相应的线性部分.那么由变换$f$的非奇异性可得$f(C)\neq f(B)$和$\overrightarrow{f(A)f(C)}=\mathscr{L}(f)(\overrightarrow{AC})$,$\overrightarrow{f(B)f(C)}=\mathscr{L}(f)(\overrightarrow{BC})$.因此,通过对(3.2.3)式两边应用线性变换$\mathscr{L}(f)$,可得

$$\overrightarrow{f(A)f(C)}=\alpha\overrightarrow{f(B)f(C)},$$

所以$f(A),f(B),f(C)$共线,而且$(f(A),f(B),f(C))=\alpha$.

其次假设$A\neq B=C$,即$(A,B,C)=\infty$,由f的非奇异性可得$f(A)\neq f(B)=f(C)$,所以

$(f(A),f(B),f(C))=\infty$.因为$f(C)=f(B)$,所以$f(A),f(B),f(C)$三点的共线问题变成两点$f(A),f(C)$或$f(B),f(C)$共线问题,而两点共线是公理. □

定理 3.2.5 表明,仿射变换把共线点组映射到共线点组,由此可证明以下结论.

命题 3.2.6 仿射空间$(V,\mathbb{E})$中的非奇异仿射变换f把V中的任意不共线三点(若存在)变成不共线三点,把不共面四点(若存在)变成不共面四点.

证 (反证法)假设$A,B,C\in V$是$(V,\mathbb{E})$中的不共线三点,其像$f(A),f(B),f(C)$共线,即存在标量α,使得

$$\overrightarrow{f(A)f(C)}=\alpha\overrightarrow{f(B)f(C)}.$$

由于f是仿射变换,由此可得

$$\mathcal{L}(f)(\overrightarrow{AC})=\alpha\mathcal{L}(f)(\overrightarrow{BC}).$$

因为$\mathcal{L}(f)$是线性变换,从而得到

$$\mathcal{L}(f)(\overrightarrow{AC}-\alpha\overrightarrow{BC})=\mathbf{0}.$$

再由仿射变换f的非奇异性,由上式知

$$\overrightarrow{AC}=\alpha\overrightarrow{BC}.$$

这说明$\overrightarrow{AC}$与$\overrightarrow{BC}$共线,因而点A,B,C共线,这与假设矛盾.

同理,若存在不共面四点$A,B,C,D\in V$,其像$f(A),f(B),f(C),f(D)$在同一平面π上.根据共面的条件,存在标量λ,ν,使得

$$\overrightarrow{f(A)f(D)}=\lambda\overrightarrow{f(A)f(B)}+\nu\overrightarrow{f(A)f(C)}.$$

利用f是仿射变换的性质可得

$$\mathcal{L}(f)(\overrightarrow{AD})=\lambda\mathcal{L}(f)(\overrightarrow{AB})+\nu\mathcal{L}(f)(\overrightarrow{AC}).$$

考虑到$\mathcal{L}(f)$是线性变换可得

$$\mathcal{L}(f)(\overrightarrow{AD}-\lambda\overrightarrow{AB}-\nu\overrightarrow{AC})=\mathbf{0}.$$

根据仿射变换f的非奇异性,从上式可得

$$\overrightarrow{AD}=\lambda\overrightarrow{AB}+\nu\overrightarrow{AC}.$$

这与点A,B,C,D不共面相矛盾. □

以下命题是定理 3.2.5 的增强.

命题 3.2.7 仿射空间$(V,\mathbb{E})$中的非奇异仿射变换把V中的直线变成直线,相交直线变成相交直线,平行直线变成平行直线.

证 设l是仿射空间V中的一条直线,由不同的两个点A,B决定,并假设仿射变换f把A,B分别变为A',B',且A',B'决定的直线记为l'.由于l上的每一点P与A,B共线,从而$f(P)$与A',B'共线,即$f(l)\subset l'$.另一方面,若存在$Q\notin l$,则由命题 3.2.6 知,$f(Q)$与A',B'不共线,即$f(Q)$不在l'上,于是$f^{-1}(l')\subset l$.由此可得$l'\subset f(l)$.所以$f(l)=l'$,即仿射变换f把直线l变成直线$f(l)$.

设l_1,l_2为V中的两条直线,当l_1,l_2相交于点P时,由前可知,$f(P)$同时包含在$f(l_1)$,$f(l_2)$中,因而是它们的交点.

而当l_1,l_2平行,即$l_1\cap l_2=\varnothing$时,$f(l_1),f(l_2)$为两条直线,而且$f(l_1),f(l_2)$确定一张平面

π'.在平面π'上,若存在 $P'\in f(l_1)\cap f(l_2)$,则由定理 3.2.5 推知$f^{-1}(P')\in l_1\cap l_2$,这与 $l_1\cap l_2=\varnothing$矛盾,所以$f(l_1)\cap f(l_2)=\varnothing$,即$f(l_1)/\!/f(l_2)$. □

命题 3.2.8 仿射空间$(V,\mathbb{E})$中的非奇异仿射变换f把 V 中的平面变成平面,相交平面变成相交平面,平行平面变成平行平面.

证 设π是仿射空间 V 中的一张平面,由不同的三个点 A,B,C 决定.把过 A,B 的直线记为 l_1,过 A,C 的直线记为 l_2,并且设仿射变换f把 A,B,C 分别变为 A',B',C',把 A',B',C' 决定的平面记为π',则$f(l_1)=l_1'\subset\pi'$,$f(l_2)=l_2'\subset\pi'$.而且,$\forall P\in\pi$,过点 P 且与直线 l_1,l_2 同时相交的直线 l_P 在仿射变换f下的像$f(l_P)$显然应该与 l_1' 和 l_2' 同时相交,所以$f(l_P)\subset\pi'$.因此,$f(\pi)\subset\pi'$.若存在 $Q\notin\pi$,则由定理 3.2.5 得知,$f(Q)$与 A',B',C'不共面,即$f(Q)$不在π'上,从而得到$f^{-1}(\pi')\subset\pi$.利用仿射变换f是满射的条件得$\pi'\subset f(\pi)$.所以$f(\pi)=\pi'$,即仿射变换f把平面π变成平面$f(\pi)$.

对于两张平面π_1,π_2,若π_1,π_2相交于一条直线 l,则由命题 3.2.7,$f(l)$显然是$f(\pi_1)$,$f(\pi_2)$的交线,因此仿射变换把相交平面变成相交平面.而当平面π_1,π_2相互平行,即$\pi_1\cap\pi_2=\varnothing$时,由命题 3.2.7 和可逆变换$f$的性质,$f(\pi_1)\cap f(\pi_2)=\varnothing$,所以$f(\pi_1)/\!/f(\pi_2)$. □

以上结论结合仿射变换保持仿射比不变的性质表明,仿射空间$(V,\mathbb{E})$上的仿射变换把直线 l 变为直线 l',平面π变成平面π',还保持直线上点的顺序关系、位置关系不变,例如把线段 AB 变为线段 $A'B'$,AB 的中点变为 $A'B'$的中点.进一步,又如,仿射变换还把平面π上的$\triangle ABC$ 变为平面π'上的$\triangle f(A)f(B)f(C)$,$\triangle ABC$ 的内部变到$\triangle f(A)f(B)f(C)$的内部,各条边变为对应的边,各条边的中点变为对应边的中点,$\triangle ABC$ 的重心变为$\triangle f(A)f(B)f(C)$的重心等.

3.2.3 仿射变换的坐标表示

现在考虑仿射变换$f:V\to V$的坐标形式.注意到,在集合 V 中选择了任意点 O 后,$\forall P\in V$,$\varphi(P)=\overrightarrow{OP}$就定义了一个双射$\varphi:V\to\mathbb{E}$.这个映射与仿射变换$f$及其线性部分$\mathcal{L}(f)$的关系可以推导如下:

对于任意点 $P\in V$,由于$\varphi(P)=\overrightarrow{OP}$,因此

$$\mathcal{L}(f)(\varphi(P))=\mathcal{L}(f)(\overrightarrow{OP})=\overrightarrow{f(O)f(P)}. \tag{3.2.4}$$

另一方面,点 P 通过变换f的像$f(P)\in V$,因此它同样可以通过映射φ进行变换,其像为

$$\varphi(f(P))=\overrightarrow{Of(P)}=\overrightarrow{Of(O)}+\overrightarrow{f(O)f(P)}. \tag{3.2.5}$$

结合(3.2.4)式和(3.2.5)式得到

$$\varphi f=\tau_b\mathcal{L}(f)\varphi,\quad 其中\ \boldsymbol{b}=\overrightarrow{Of(O)}. \tag{3.2.6}$$

由此可得仿射变换的坐标表示.事实上,选择 n 维仿射空间 V 的一个仿射标架$[O;\boldsymbol{e}_1,\boldsymbol{e}_2,\cdots,\boldsymbol{e}_n]$,令任意点 $P\in V$ 的坐标,即向量$\overrightarrow{OP}=\varphi(P)$在基$\{\boldsymbol{e}_1,\boldsymbol{e}_2,\cdots,\boldsymbol{e}_n\}$下的坐标为$(\boldsymbol{\alpha}_1,\boldsymbol{\alpha}_2,\cdots,\boldsymbol{\alpha}_n)$,而点$f(P)$的坐标,即向量$\overrightarrow{Of(P)}=\varphi(f(P))$在基$\{\boldsymbol{e}_1,\boldsymbol{e}_2,\cdots,\boldsymbol{e}_n\}$下的坐标为$(\beta_1,\beta_2,\cdots,\beta_n)$,向量$\boldsymbol{b}=\overrightarrow{Of(O)}$在基$\{\boldsymbol{e}_1,\boldsymbol{e}_2,\cdots,\boldsymbol{e}_n\}$下的坐标为$(\gamma_1,\gamma_2,\cdots,\gamma_n)$,并假设线性变换

$\mathcal{L}(f)$在基$\{\boldsymbol{e}_1,\boldsymbol{e}_2,\cdots,\boldsymbol{e}_n\}$下的矩阵为$\boldsymbol{A}=(a_{ij})$(参见(1.1.35)式的定义),则由(1.1.33)式和(3.2.6)式得到

$$\beta_i=\sum_{j=1}^{n}a_{ij}\alpha_j+\gamma_i,\quad i=1,2,\cdots,n. \tag{3.2.7}$$

改写成向量形式为

$$\begin{pmatrix}\beta_1\\\beta_2\\\vdots\\\beta_n\end{pmatrix}=\boldsymbol{A}\begin{pmatrix}\alpha_1\\\alpha_2\\\vdots\\\alpha_n\end{pmatrix}+\begin{pmatrix}\gamma_1\\\gamma_2\\\vdots\\\gamma_n\end{pmatrix}. \tag{3.2.8}$$

这就是**仿射变换的坐标表示**.

若$f:V\to V$有一个不动点$O\in V$,即有$f(O)=O$,则仿射变换$f:V\to V$的坐标公式(3.2.8)可以简化成齐次方程.实际上,对于这样的仿射变换f,$\overrightarrow{Of(O)}=\boldsymbol{0}$,即对于每个点$P\in V$,$\overrightarrow{Of(P)}=\mathcal{L}(f)(\overrightarrow{OP})$.因此在仿射空间$(V,\mathbb{E})$中,在以$O$为原点建立的坐标系$[O;\boldsymbol{e}_1,\boldsymbol{e}_2,\cdots,\boldsymbol{e}_n]$下,点$P\in V$的坐标$(\alpha_1,\alpha_2,\cdots,\alpha_n)$与点$f(P)$的坐标$(\beta_1,\beta_2,\cdots,\beta_n)$之间具有以下关系式:

$$\begin{pmatrix}\beta_1\\\beta_2\\\vdots\\\beta_n\end{pmatrix}=\boldsymbol{A}\begin{pmatrix}\alpha_1\\\alpha_2\\\vdots\\\alpha_n\end{pmatrix}. \tag{3.2.9}$$

显然,这个公式是线性的.所以有不动点的仿射映射f也特别称为**线性点变换**.

例 3.2.2 求平面上的一仿射变换f,其使坐标原点不动,而把点$(1,0)$和$(0,1)$分别变成点$(1,4)$和$(1,1)$.

解 由于在仿射变换f下坐标原点是不动点,所以f的坐标变换公式中常数项为$\boldsymbol{0}$,因此可令f在仿射坐标系I中的公式为

$$\begin{pmatrix}x'\\y'\end{pmatrix}=\begin{pmatrix}a_{11}&a_{12}\\a_{21}&a_{22}\end{pmatrix}\begin{pmatrix}x\\y\end{pmatrix}.$$

将$(1,0)$和$(0,1)$分别代入上式得$a_{11}=1,a_{12}=1,a_{21}=4,a_{22}=1$.所以,所求仿射变换为

$$\begin{pmatrix}x'\\y'\end{pmatrix}=\begin{pmatrix}1&1\\4&1\end{pmatrix}\begin{pmatrix}x\\y\end{pmatrix}.\quad\square$$

借助仿射变换的矩阵表示可以更深入地研究其性质.

命题 3.2.9 任意仿射变换都可以表示为一个具有不动点的线性点变换与一个平移的乘积.

证 根据平移的性质,对于仿射空间V上的任意仿射变换f和任意点$O\in V$,如果定义$f_0=\tau_{\boldsymbol{a}}^{-1}f$,其中$\boldsymbol{a}=\overrightarrow{Of(O)}$,则$f_0$是以点$O$为不动点的一个线性点变换,所以

$$f=\tau_{\boldsymbol{a}}f_0. \tag{3.2.10}$$

这说明,任意仿射变换都可以表示为一个具有不动点的线性点变换与一个平移的乘积. $\square$

命题 3.2.10 仿射空间$(V,\mathbb{E})$的所有非奇异仿射变换的集合是一个变换群,称为仿射变换群.

证 这样定义的集合显然包括恒同变换，并且根据定理 3.2.1，任何非奇异仿射变换的乘积仍然是非奇异仿射变换.因此只要证明非奇异仿射变换的逆变换存在，而且也是仿射变换即可.注意到，根据非奇异仿射变换的定义，若 f 是非奇异仿射变换，则 $\mathscr{L}(f)$ 是非奇异线性变换，它的变换矩阵 $\boldsymbol{A}=(a_{ij})$ 的逆矩阵$\boldsymbol{A}^{-1}$存在.因此可从(3.2.8)式两边同时左乘$\boldsymbol{A}^{-1}$得

$$\begin{pmatrix}\alpha_1\\\alpha_2\\\vdots\\\alpha_n\end{pmatrix}=\boldsymbol{A}^{-1}\begin{pmatrix}\beta_1\\\beta_2\\\vdots\\\beta_n\end{pmatrix}-\boldsymbol{A}^{-1}\begin{pmatrix}\gamma_1\\\gamma_2\\\vdots\\\gamma_n\end{pmatrix}. \tag{3.2.11}$$

这就是仿射变换 f 的逆变换.按照矩阵与线性变换的对应关系，上述映射的线性部分是线性的.所以上式确定了一个仿射变换 g，并且 $gf(P)=fg(P)=i(P)$.因此，仿射空间$(V,\mathbb{E})$的所有非奇异仿射变换的集合是一个变换群. □

根据仿射变换 f 的以上坐标公式，若知道一个原像向量或其像向量二者中任一者在一组基下的坐标，则可通过公式求出另一者在该基下的坐标.另外，若能知道任意一原像向量与其在仿射变换下的像向量之间的关系，也可以确定该仿射变换 f 的变换矩阵.

例 3.2.3 已知在仿射坐标系 I 下，仿射变换 f 的点变换公式为

$$\begin{cases}x'=x-y+4z+1,\\y'=3x-y+3z+4,\\z'=2x-y+3z+2,\end{cases}$$

平面 π 的方程为 $3x+y+z-1=0$，求 $f(\pi)$ 的方程.

解 从仿射变换公式中反解得

$$\begin{cases}x=y'-z'-2,\\y=3x'+5y'-9z'-5,\\z=x'+y'-2z'-1.\end{cases}$$

代入平面 π 的方程得

$$3(y'-z'-2)+(3x'+5y'-9z'-5)+(x'+y'-2z'-1)-1=0.$$

整理后为 $4x'+9y'-14z'-13=0$.于是 $f(\pi)$ 的方程为 $4x+9y-14z-13=0$. □

例 3.2.4 证明:在任何仿射坐标系下，位似变换的变换矩阵都是标量矩阵 $k\boldsymbol{E}$，其中 $k\neq 0$ 是位似系数.反之，如果一个仿射变换在某个仿射坐标系下的变换矩阵是标量矩阵 $k\boldsymbol{E}$，其中 $k\neq 0$，则它一定是位似变换.

证 设 f 是位似变换，位似中心为 M，位似系数为 k.建立仿射坐标系 $I:[O;\boldsymbol{e}_1,\boldsymbol{e}_2,\cdots,\boldsymbol{e}_n]$，设位似中心 M 在 I 下的坐标为 $\boldsymbol{a}=(a_1,a_2,\cdots,a_n)^{\mathrm{T}}$，空间中任一点 P 在 I 下的坐标为 $\boldsymbol{x}=(x_1,x_2,\cdots,x_n)^{\mathrm{T}}$，$P$ 在 f 下的像 $f(P)$ 在 I 下的坐标为 $\boldsymbol{x}'=(x_1',x_2',\cdots,x_n')^{\mathrm{T}}$.根据位似变换的定义，$\exists k\neq 0$，且有$\overrightarrow{Mf(P)}=k\overrightarrow{MP}$，从而$\overrightarrow{Of(P)}=\overrightarrow{OM}+\overrightarrow{Mf(P)}=\overrightarrow{OM}+k\overrightarrow{MP}$，换成坐标表示就变成

$$\boldsymbol{x}'=\boldsymbol{a}+k(\boldsymbol{x}-\boldsymbol{a})=k\boldsymbol{x}+(1-k)\boldsymbol{a}.$$

因此位似变换 f 在 I 下的变换矩阵为标量矩阵 $k\boldsymbol{E}$，特别地，当 $k=1$ 时，$k\boldsymbol{E}=\boldsymbol{E}$，且由命题 3.2.9 知，任意点 $O\in V$ 都是不动点，均可作位似中心.

反之，设仿射变换 f 在某个仿射坐标系 I 下的变换矩阵是标量矩阵 $k\boldsymbol{E}$，其中 $k\neq 0$，设其

变换公式为(由(3.2.8)式和前面论述得)

$$\boldsymbol{x}'=k\boldsymbol{x}+\boldsymbol{b},\quad 其中\ \boldsymbol{b}=(b_1,b_2,\cdots,b_n)^{\mathrm{T}}. \tag{3.2.12}$$

当 $k=1$ 时,(3.2.12)式确定的变换为 $\boldsymbol{x}'=\boldsymbol{x}+\boldsymbol{b}$,由命题 3.2.9,对应变换有不动点 $\boldsymbol{b}=(0,0,\cdots,0)^{\mathrm{T}}$.即 f 是 $k=1$ 的位似变换.当 $k\neq 1$ 时,显然该映射有一个不动点 $\frac{1}{1-k}\boldsymbol{b}$.取点 M 使得 $\overrightarrow{OM}=\frac{1}{1-k}\boldsymbol{b}$,则对任一点 P,根据(3.2.12)式可得 $\overrightarrow{Mf(P)}=\overrightarrow{Of(P)}-\overrightarrow{OM}=\boldsymbol{x}'-\frac{1}{1-k}\boldsymbol{b}=k\boldsymbol{x}+\boldsymbol{b}-\frac{1}{1-k}\boldsymbol{b}=k\left(\boldsymbol{x}-\frac{1}{1-k}\boldsymbol{b}\right)$.而 $\overrightarrow{MP}=\overrightarrow{OP}-\overrightarrow{OM}=\boldsymbol{x}-\frac{1}{1-k}\boldsymbol{b}$.所以有 $\overrightarrow{Mf(P)}=k\,\overrightarrow{MP}$,即 f 是以 M 为位似中心,位似系数为 k 的位似变换. □

3.2.4 仿射变换的基本定理

从仿射空间 $(V,\mathbb{E})$ 上的仿射变换的定义可以看出,一个仿射变换包括两部分,一部分就是点映射 f,它把点集 V 映射到自身,而另一部分是 $\mathcal{L}(f)$,它把 $\mathbb{E}$ 映射到自身.所以,一个仿射变换应该也会把在仿射空间 $(V,\mathbb{E})$ 上建立的标架映射到另一个标架.下面就来考察仿射变换与仿射空间中的坐标系之间的关系.

首先回忆一下,根据 §1.1 对非奇异线性变换的定义,对于仿射空间 $(V,\mathbb{E})$ 的非奇异仿射变换 f,其线性部分 $\mathcal{L}(f)$ 将每个仿射标架 $[O;\boldsymbol{e}_1,\boldsymbol{e}_2,\cdots,\boldsymbol{e}_n]$ 变换为另一个仿射标架 $[O';\boldsymbol{e}_1',\boldsymbol{e}_2',\cdots,\boldsymbol{e}_n']$,其中 $f(O)=O'$,$\mathcal{L}(f)(\boldsymbol{e}_i)=\boldsymbol{e}_i'$;相反,如果仿射变换 f 把某个仿射标架变换到另一个仿射标架,那么仿射变换 f 一定是非奇异的.

接下来,我们利用关于线性变换的上述结论证明:

定理 3.2.11 如果给定仿射空间 $(V,\mathbb{E})$ 的一个仿射标架 $[O;\boldsymbol{e}_1,\boldsymbol{e}_2,\cdots,\boldsymbol{e}_n]$、任意一个点 O',以及 $\mathbb{E}$ 中的一组向量 $\boldsymbol{a}_1,\boldsymbol{a}_2,\cdots,\boldsymbol{a}_n$,则存在唯一的仿射变换 f,使得 $f(O)=O'$ 并且对于所有 $i=1,2,\cdots,n$,$\mathcal{L}(f)(\boldsymbol{e}_i)=\boldsymbol{a}_i$.

证 按照(3.2.10)式,任意仿射变换 f 可表示为一个线性点变换 f_0 与一个平移 $\tau_{\boldsymbol{a}}$ 的乘积.我们令 $\boldsymbol{a}=\overrightarrow{OO'}$,并且使得对于所有 $i=1,2,\cdots,n$,$f_0(\boldsymbol{e}_i)=\boldsymbol{a}_i$.很明显,这样构造的 f 满足仿射变换(不一定非奇异)的要求.由于所求仿射变换 f 具有 $f=\tau_{\boldsymbol{a}}f_0$ 的形式,而且 $\boldsymbol{a}=\overrightarrow{OO'}$ 确定不变,所以 f 的唯一性相当于 f_0 是唯一的,而由于向量 $\boldsymbol{e}_1,\boldsymbol{e}_2,\cdots,\boldsymbol{e}_n$ 是空间 $\mathbb{E}$ 中的一个基,所以 f_0 的唯一性是显而易见的. □

定理 3.2.11 的特殊情形是,向量组 $\boldsymbol{a}_1,\boldsymbol{a}_2,\cdots,\boldsymbol{a}_n$ 为 $\mathbb{E}$ 中的一个基.这时,f_0 为非奇异线性变换,进而定理所得的仿射变换 f 为非奇异的.

以上向量描述的结论也可以换成仿射空间中的点来阐述.如果在 n 维仿射空间 V 中给定 $n+1$ 个仿射无关点 $A_0,A_1,\cdots,A_n$ 以及另外任意 $n+1$ 个点 $B_0,B_1,\cdots,B_n$,那么存在唯一的仿射变换 $f:V\to V$,使得对于所有 $i=0,1,\cdots,n$,$f(A_i)=B_i$.例如,对于平面 π 上两个不共线点组 A_0,A_1,A_2 和 B_0,B_1,B_2,存在唯一的仿射变换把 A_0,A_1,A_2 分别变为 B_0,B_1,B_2.再考虑到仿射变换将直线变成直线,故平面 π 上的任何一个三角形都是正三角形在某个仿射变换下的像.

在仿射空间 $(V,\mathbb{E})$ 中选择一个仿射标架,记成 $[O;\boldsymbol{e}_1,\boldsymbol{e}_2,\cdots,\boldsymbol{e}_n]$ 或 $[O;A_1,A_2,\cdots,A_n]$,其中 $\boldsymbol{e}_i=\overrightarrow{OA_i}$.设 f 是 V 到自身的非奇异仿射变换,它将仿射标架 $[O;\boldsymbol{e}_1,\boldsymbol{e}_2,\cdots,\boldsymbol{e}_n]$ 映射到 $[O';$

$e_1', e_2', \cdots, e_n']$.如果 $e_i' = \overrightarrow{O'A_i'}$,那么 $f(O)=O'$ 并且对于 $i=1,2,\cdots,n, f(A_i)=A_i'$.

设点 $A\in V$ 在仿射标架 $[O;A_1,A_2,\cdots,A_n]$ 下的坐标为 $(\alpha_1,\alpha_2,\cdots,\alpha_n)$,则 $\overrightarrow{OA}=\alpha_1 e_1+\alpha_2 e_2+\cdots+\alpha_n e_n$.因此点 $f(A)$ 确定向量 $\overrightarrow{f(O)f(A)}$,即 $\mathcal{L}(f)(\overrightarrow{OA})$.因为 $e_i'=\mathcal{L}(f)(e_i)$,所以这个向量在基 $\{e_1',e_2',\cdots,e_n'\}$ 下的坐标显然与向量 $\overrightarrow{OA}$ 在基 $\{e_1,e_2,\cdots,e_n\}$ 下的坐标相同.因此可得

定理 3.2.12 仿射空间 $(V,\mathbb{E})$ 上的非奇异仿射变换 f 把仿射空间 $(V,\mathbb{E})$ 的一个仿射标架 $I:[O;e_1,e_2,\cdots,e_n]$ 映射到另一个仿射标架 $I':[O';e_1',e_2',\cdots,e_n']$,并且点 $A\in V$ 在 I 下的坐标与点 $f(A)\in V$ 在 I' 下的坐标相同,其中 $e_i'=\mathcal{L}(f)(e_i), i=1,2,\cdots,n$.

在仿射空间的情况下,(3.2.8)式定义的仿射变换可以按照其线性部分进行分类.

定义 3.2.3 如果仿射空间 V 的非奇异仿射变换的线性部分是第一类线性变换,则称其为**第一类**的,否则称为**第二类**的.

根据仿射变换的定义,f 是第一类的还是第二类的取决于(3.2.8)式中矩阵 $\boldsymbol{A}=(a_{ij})$ 的行列式的符号.类似于 Euclid 空间 $\mathbb{E}$ 的定向,可以利用仿射空间 V 上的非奇异仿射变换的类型来表示仿射空间的定向.对于三维仿射空间来说,规定两种仿射标架来区分这两种空间定向:**左手标架**和**右手标架**,它们分别与左手坐标系和右手坐标系相互对应.左手坐标系和右手坐标系的具体定义与 Euclid 空间中的左手坐标系和右手坐标系定义是一致的.

习题 3.2

1. 证明:三维仿射空间中的平移、旋转、反射均是仿射变换.

2. 求把三维仿射空间中的四点 $(0,0,0),(1,1,1),(1,-1,1)$ 和 $(0,0,1)$ 分别变换到点 $(0,2,3),(2,1,5),(3,2,7)$ 和 $(3,1,1)$ 的仿射变换.

3. 在仿射空间中任给两组不共面的四点 $\{A_i \mid i=1,2,3,4\}$ 和 $\{B_i \mid i=1,2,3,4\}$,证明:存在唯一的仿射变换,将 A_i 变成 $B_i, i=1,2,3,4$.

4. 证明:在仿射变换下,两个不动点的连线上每一点都是不动点.

5. 证明:在仿射平面上,关于过原点的直线的反射变换的矩阵有以下形式:

$$\begin{pmatrix} a & b \\ b & -a \end{pmatrix}$$

其中 $a^2+b^2\neq 0$;反过来,若一个仿射变换具有以上形式的变换矩阵,则其必定是一个反射.

6. 证明:在仿射变换下,三维空间中不共线的 3 个不动点所确定的平面上的每一点都是不动点.

7. 求把平面上的三条直线 $x=0, x-y=0, y-1=0$ 依次变到 $3x-2y-3=0, x-1=0, 4x-y-9=0$ 的仿射变换的公式.

8. 设 σ 是三维仿射空间中的一个仿射变换,其坐标表示为

$$\begin{pmatrix} x' \\ y' \\ z' \end{pmatrix}=\begin{pmatrix} 2 & 1 & 1 \\ 1 & -1 & 2 \\ 0 & 0 & 2 \end{pmatrix}\begin{pmatrix} x \\ y \\ z \end{pmatrix}+\begin{pmatrix} -1 \\ 3 \\ 1 \end{pmatrix}.$$

试确定点 $(1,0,1),(-1,0,1)$ 的像以及平面 $x+y+2z-1=0$ 的像.

9. 求三维仿射空间中的仿射变换

$$\begin{pmatrix}x'\\y'\\z'\end{pmatrix}=\begin{pmatrix}2&3&0\\3&5&2\\2&0&1\end{pmatrix}\begin{pmatrix}x\\y\\z\end{pmatrix}+\begin{pmatrix}-1\\9\\0\end{pmatrix}$$

的逆变换.

10. 在三维仿射空间中,作绕坐标原点旋转角 $\theta=3\pi/4$、再平移 $\boldsymbol{v}=(2,-1,2)$ 的变换,写出变换公式,并求出点$(0,1,1)$经此变换后的对应点的坐标.

11. 证明:若一个仿射变换 f 的线性部分是双射,则该仿射变换也是双射,反之亦然.

12. 证明:若仿射变换 f 的逆变换 f^{-1} 存在,则 f^{-1} 也是仿射变换,并且 $\mathcal{L}(f^{-1})=(\mathcal{L}(f))^{-1}$.

§3.3 等距变换

仿射变换的一个特例是等距变换,其保持空间中的任意一对点在映射之前和之后的距离不变.

3.3.1 等距变换的概念

定义 3.3.1 对于仿射 Euclid 空间 V 的点变换 $g:V\to V$,如果它保持点之间的距离不变,即对于每对点 $A,B\in V$ 都有

$$d(g(A),g(B))=d(A,B). \tag{3.3.1}$$

则称变换 g 为**等距变换**(或**保距变换**).

这里的变换 $g:V\to V$ 不一定是仿射变换,只要满足(3.3.1)式就称为等距变换.

例 3.3.1 设$(V,\mathbb{E})$为仿射 Euclid 空间,$\boldsymbol{a}\in\mathbb{E}$,证明:平移 τ_a 是一个等距变换.

证 根据平移 τ_a 的定义,对于任意点 $A,C\in V$,有 $\tau_a(A)=B$ 和 $\tau_a(C)=D$,其中$\overrightarrow{AB}=\overrightarrow{CD}=\boldsymbol{a}$.由仿射空间定义中的条件(2),有$\overrightarrow{AB}=\overrightarrow{CD}$,从而导出$\overrightarrow{AC}=\overrightarrow{BD}$.这意味着 $|\overrightarrow{AC}|=|\overrightarrow{BD}|$,或等效地,$d(A,C)=d(\tau_a(A),\tau_a(C))$.即 τ_a 是一个等距变换. □

仿射空间$(V,\mathbb{E})$上的旋转变换、反射变换也都是等距变换,证明留给读者.然而,位似变换、正压缩变换、错切变换和相似变换不是等距变换,但对相似变换来说,有

命题 3.3.1 任何一个相似变换 f 都是一个等距变换与一个位似变换的乘积.

证 设 f 是相似比为 k 的任何一个相似变换,g 是位似系数为$\frac{1}{k}$、位似中心为 O 的位似变换.那么 g 保持点 O 不变,并且对任意点 P,$\overrightarrow{Og(P)}=\frac{1}{k}\overrightarrow{OP}$.因此对任意 $A,B\in V$,都有$\overrightarrow{Og(A)}=\frac{1}{k}\overrightarrow{OA}$和$\overrightarrow{Og(B)}=\frac{1}{k}\overrightarrow{OB}$,所以

$$\overrightarrow{g(A)g(B)}=\overrightarrow{Og(B)}-\overrightarrow{Og(A)}=\frac{1}{k}\overrightarrow{OB}-\frac{1}{k}\overrightarrow{OA}=\frac{1}{k}\overrightarrow{AB}.$$

因而对于乘积 fg,有

$$d(fg(A),fg(B))=kd(g(A),g(B))=k|\overrightarrow{g(A)g(B)}|=|\overrightarrow{AB}|.$$

这说明 fg 是一个等距变换.我们记 $h=fg$.又因为g^{-1}存在且仍然是位似变换,所以 $f=hg^{-1}$,即 f 是等距变换 h 与位似变换g^{-1}的乘积. □

正如在仿射空间中所看到的那样,在仿射 Euclid 空间$(V,\mathbb{E})$中,点变换 $g:V\to V$ 可以确定一个向量变换 $G:\mathbb{E}\to\mathbb{E}$.实际上,假设点变换 $g:V\to V$ 具有不动点 O,即点 $O\in V$ 满足等式 $g(O)=O$,则点 O 的选择确定了一个双射 $V\to\mathbb{E}$,它将点 $A\in V$ 与向量$\overrightarrow{OA}\in\mathbb{E}$相对应.因此,可以定义变换 $G:\mathbb{E}\to\mathbb{E}$,使得 $G(\overrightarrow{OA})=\overrightarrow{Og(A)}$.然而,因为没有假设变换 g 是仿射变换,所以向量变换 G 不一定是空间$\mathbb{E}$的线性变换,换句话说,$G(\overrightarrow{AB})=G(\overrightarrow{OB}-\overrightarrow{OA})$,但不能保证等于 $G(\overrightarrow{OB})-G(\overrightarrow{OA})=\overrightarrow{Og(B)}-\overrightarrow{Og(A)}=\overrightarrow{g(A)g(B)}$.

3.3.2 等距变换的性质

命题 3.3.2 设 g 为仿射 Euclid 空间$(V,\mathbb{E})$上的等距变换,设 g 具有不动点 O,定义变换 $G:\mathbb{E}\to\mathbb{E}$,使得 $G(\overrightarrow{OA})=\overrightarrow{Og(A)}$,则 G 是正交变换.

证 为了证明 G 是正交变换,我们证明 G 是保持内积不变的线性变换就够了.首先证明变换 $G:\mathbb{E}\to\mathbb{E}$保持内积不变.根据定义,对于所有向量对 $\boldsymbol{x}$ 和 $\boldsymbol{y}$,将其几何实现取为具有共同的起点 O,使得 $\boldsymbol{x}=\overrightarrow{OA}$和 $\boldsymbol{y}=\overrightarrow{OB}$,则

$$G(\boldsymbol{x})-G(\boldsymbol{y})=\overrightarrow{Og(A)}-\overrightarrow{Og(B)}=\overrightarrow{g(B)g(A)}.$$

而根据 g 为等距变换,$|\overrightarrow{g(B)g(A)}|=|\overrightarrow{BA}|=|\overrightarrow{OA}-\overrightarrow{OB}|$,因此

$$|G(\boldsymbol{x})-G(\boldsymbol{y})|=|\boldsymbol{x}-\boldsymbol{y}|.$$

该式两边分别平方得

$$|G(\boldsymbol{x})|^2-2(G(\boldsymbol{x}),G(\boldsymbol{y}))+|G(\boldsymbol{y})|^2=|\boldsymbol{x}|^2-2(\boldsymbol{x},\boldsymbol{y})+|\boldsymbol{y}|^2. \tag{3.3.2}$$

由上式,令 $\boldsymbol{y}=\boldsymbol{0}$ 并且考虑到 $G(\boldsymbol{0})=\boldsymbol{0}$,则对于所有 $\boldsymbol{x}\in\mathbb{E}$,我们可得 $|G(\boldsymbol{x})|=|\boldsymbol{x}|$.类似地,对于所有 $\boldsymbol{y}\in\mathbb{E}$,$|G(\boldsymbol{y})|=|\boldsymbol{y}|$.将这些结论再代入(3.3.2)式可得

$$(G(\boldsymbol{x}),G(\boldsymbol{y}))=(\boldsymbol{x},\boldsymbol{y}). \tag{3.3.3}$$

然后证明 G 是线性变换.也就是证明对于所有向量 $\boldsymbol{x}$ 和 $\boldsymbol{y}$ 以及标量 α,β,成立

$$G(\alpha\boldsymbol{x}+\beta\boldsymbol{y})=\alpha G(\boldsymbol{x})+\beta G(\boldsymbol{y}).$$

注意到,由(3.3.3)式,对于任何标准正交基 $\boldsymbol{e}_1,\boldsymbol{e}_2,\cdots,\boldsymbol{e}_n\in\mathbb{E}$,由 $\boldsymbol{e}_i'=G(\boldsymbol{e}_i)$定义的向量 $\boldsymbol{e}_1'$,$\boldsymbol{e}_2',\cdots,\boldsymbol{e}_n'$也构成标准正交基,其中向量 $\boldsymbol{x}=x_1\boldsymbol{e}_1+x_2\boldsymbol{e}_2+\cdots+x_n\boldsymbol{e}_n$的坐标由公式 $x_i=(\boldsymbol{x},\boldsymbol{e}_i)$给出.因此,由(3.3.3)式还可以得到$(G(\boldsymbol{x}),\boldsymbol{e}_i')=x_i$,所以

$$G(\boldsymbol{x})=x_1\boldsymbol{e}_1'+x_2\boldsymbol{e}_2'+\cdots+x_n\boldsymbol{e}_n'. \tag{3.3.4}$$

若设向量 $\boldsymbol{x}=\alpha_1\boldsymbol{e}_1+\alpha_2\boldsymbol{e}_2+\cdots+\alpha_n\boldsymbol{e}_n$和 $\boldsymbol{y}=\beta_1\boldsymbol{e}_1+\beta_2\boldsymbol{e}_2+\cdots+\beta_n\boldsymbol{e}_n$,则它们的和为

$$\alpha\boldsymbol{x}+\beta\boldsymbol{y}=(\alpha\alpha_1+\beta\beta_1)\boldsymbol{e}_1+(\alpha\alpha_2+\beta\beta_2)\boldsymbol{e}_2+\cdots+(\alpha\alpha_n+\beta\beta_n)\boldsymbol{e}_n.$$

因此,根据(3.3.4)式得到

$$G(\alpha\boldsymbol{x}+\beta\boldsymbol{y})=\sum_{i=1}^{n}(\alpha\alpha_i+\beta\beta_i)\boldsymbol{e}_i'=\alpha\sum_{i=1}^{n}\alpha_i\boldsymbol{e}_i'+\beta\sum_{i=1}^{n}\beta_i\boldsymbol{e}_i'=\alpha G(\boldsymbol{x})+\beta G(\boldsymbol{y}).$$

这说明 G 是一个线性变换. □

根据命题 3.3.2,在代数表示上,具有不动点的等距变换与其相关联的正交变换相同.实

际上,如果在仿射 Euclid 空间$(V,\mathbb{E})$上以 g 的不动点 O 为原点建立坐标系 $I:[O;\boldsymbol{e}_1,\boldsymbol{e}_2,\cdots,\boldsymbol{e}_n]$,那么在把任意点 $A\in V$ 和 $g(A)\in V$ 分别用$\overrightarrow{OA}$和$\overrightarrow{Og(A)}$在 I 下的坐标表示的情况下,将点 A 变到 $g(A)$的点变换与用 $G(\overrightarrow{OA})=\overrightarrow{Og(A)}$定义的正交变换(向量变换)具有同样的代数表示形式.

利用命题 3.3.2 可以证明,任何等距变换都是一个仿射变换.

定理 3.3.3 仿射 Euclid 空间 V 中的每一个等距变换 f 都是一个仿射变换,而且是一个平移 τ_a和一个具有不动点 O 的等距变换 g 的乘积:$f=\tau_a g$,其中 $\boldsymbol{a}=\overrightarrow{Of(O)}$.

证 根据仿射变换的定义,证明仿射 Euclid 空间 V 中的等距变换 f 是仿射变换,就是找一个线性变换 $\mathcal{L}(f)$,使得对于每对点 $A,B\in V$ 都有$\overrightarrow{f(A)f(B)}=\mathcal{L}(f)(\overrightarrow{AB})$.为此在 V 中选择任意点 O 并令向量 $\boldsymbol{a}=\overrightarrow{Of(O)}$,定义 $g=\tau_{-a}f$.由于 $g(O)=\tau_{-a}(f(O))=O$,因此 O 是变换 g 的一个不动点.而由平移 τ_{-a}的定义,$g(O)=O$ 等价于$\overrightarrow{f(O)O}=-\boldsymbol{a}$.因此,可以按照命题 3.3.2 的方式,用 g 定义空间$\mathbb{E}$上的变换 G,使得 $G(\overrightarrow{OA})=\overrightarrow{Og(A)}$.根据命题 3.3.2,$G$ 是 Euclid 空间$\mathbb{E}$的正交变换,因此

$$G(\overrightarrow{AB})=G(\overrightarrow{OB}-\overrightarrow{OA})=G(\overrightarrow{OB})-G(\overrightarrow{OA})=\overrightarrow{Og(B)}+\overrightarrow{g(A)O}=\overrightarrow{g(A)g(B)}.$$

因而 g 是一个仿射变换.而 $f=\tau_a g$ 为两个仿射变换的乘积,所以也是一个仿射变换. □

由定理 3.3.3 还可以证明以下命题.

命题 3.3.4 任何一个相似变换 f 是一个仿射变换.

证 由命题 3.3.1 知,任何一个相似变换 f 都是一个等距变换 h 与一个位似变换 g 的乘积,即 $f=hg$.由定理 3.3.3,等距变换 h 是仿射变换,而根据命题 3.2.3,位似变换 g 也是仿射变换.再根据定理 3.2.1,相似变换 f 作为仿射变换 h 和 g 的乘积,是仿射变换. □

通过命题 3.3.4 可以证明:

定理 3.3.5 仿射空间 V 上的所有相似变换构成一个变换群,称为相似变换群.

证 首先,恒同变换显然是一个相似变换,其相似比为 1.

其次,设 f_1 和 f_2 分别是相似比为 k_1 和 k_2 的相似变换,那么 f_1 和 f_2 的乘积 f_1f_2 满足

$$d(f_1f_2(A),f_1f_2(B))=k_1d(f_2(A),f_2(B))=k_1k_2d(A,B).$$

因此 f_1f_2 也是相似变换.

最后,根据命题 3.3.4,任何一个相似变换 f 都是仿射变换,而且可以写成 $f=hg$ 的形式,其中 h 是一个等距变换,g 是以 O 为位似中心、位似系数为 k 的一个位似变换.由等距变换和位似变换的非奇异性,相似变换 f 是可逆的,且根据乘积变换的逆运算法则可得 $f^{-1}=g^{-1}h^{-1}$.对于任意点 $A,B\in V$,容易计算得$\overrightarrow{g^{-1}(A)g^{-1}(B)}=k^{-1}\overrightarrow{AB}$,所以

$$d(g^{-1}h^{-1}(A),g^{-1}h^{-1}(B))=k^{-1}d(h^{-1}(A),h^{-1}(B))=k^{-1}d(A,B).$$

这说明相似变换的逆也是相似变换.

综上,仿射空间 V 上的所有相似变换构成一个相似变换群. □

利用定理 3.3.3,可以将任何一个等距变换用平移、旋转、反射或其乘积来表示.

定理 3.3.6 二维或三维仿射空间$(V,\mathbb{E})$中的等距变换 f 只能是平移、旋转、反射之一或其乘积.

证 根据定理 3.3.3,任意等距变换 f 都可以表达成一个平移 τ_a 和一个具有不动点 O 的等距变换 g 的乘积:$f=\tau_a g$,其中 $\boldsymbol{a}=\overrightarrow{Of(O)}$,由命题 3.3.2,$g$ 对应于空间$\mathbb{E}$的一个正交变换 G(变换公式相同),使得 $\forall A\in V, G(\overrightarrow{OA})=\overrightarrow{Og(A)}$.公式 $f=\tau_a g$ 表示先把$\mathbb{E}$中的一个标准正交基作正交变换,变成另一个标准正交基,然后再进行平移.

我们来说明 g 就是旋转与反射的乘积.在仿射空间$(V,\mathbb{E})$中建立直角坐标系,将具有不动点 O 的等距变换 g 与对应的正交变换 G 看成是同样的.那么,如果正交变换 G 是第一类的,则根据 §1.2,正交变换 G 不改变基向量确定的空间定向,也就是说,坐标标架保持最初固定的状态在空间中运动,而且在运动过程中,坐标标架的原点 O 保持不动.因此这种运动只能是旋转.具体来说,就是在 V 中所有点围绕坐标原点旋转同一角度.如果正交变换 G 是第二类的,我们在进行正交变换 G 之后,对相应的基向量关于原点作一次反射 h.显然 hg 对应的线性部分仍然具有不动点 O,并且是等距变换,但其对应的正交变换变成了第一类的.因此,在任何情况下,任意等距变换 f 都可以表达成平移、旋转或反射或其乘积. □

上述证明中没有出现本定理叙述中的二维、三维条件,实际上定理 3.3.6 对有限维仿射空间$(V,\mathbb{E})$都成立,但我们没有定义高于三维的仿射空间中的旋转和反射,所以在这里把命题限定在二维或三维仿射空间中.另外,读者可利用(3.2.8)式和正交矩阵定义证明定理 3.3.6,参见例 3.3.2.

命题 3.3.7 二维或三维仿射空间$(V,\mathbb{E})$中的仿射变换 f 只能是等距变换和正压缩之一或其乘积,即平移、旋转、反射、正压缩之一或其乘积.

证 根据(3.2.10)式,每个仿射变换 f 都可分解为 $f=\tau_a f_0$,其中 τ_a 是关于向量 $\boldsymbol{a}=\overrightarrow{Of(O)}$ 的平移,f_0 是以点 O 为不动点的一个仿射变换.以点 O 为原点、单位长度的基向量 $\boldsymbol{e}_1,\boldsymbol{e}_2,\cdots,\boldsymbol{e}_n$ 构建仿射标架$[O;\boldsymbol{e}_1,\boldsymbol{e}_2,\cdots,\boldsymbol{e}_n]$.再根据仿射变换的性质(定理 3.2.12),$f_0$ 把点 $A\in V$ 映射到点 $f_0(A)\in V$,则点 $f_0(A)$ 在仿射标架$[O;\boldsymbol{e}_1',\boldsymbol{e}_2',\cdots,\boldsymbol{e}_n']$下的坐标与点 A 在仿射标架$[O;\boldsymbol{e}_1,\boldsymbol{e}_2,\cdots,\boldsymbol{e}_n]$下的坐标相同,其中 $\boldsymbol{e}_i'=\mathcal{L}(f)(\boldsymbol{e}_i)$,$i=1,2,\cdots,n$.那么要想保持等距变换,当且仅当变换后的基向量 $\boldsymbol{e}_1',\boldsymbol{e}_2',\cdots,\boldsymbol{e}_n'$ 也都是单位长度的向量.为了实现这个目标,作关于垂直于 $\boldsymbol{e}_i'$,$i=1,2,\cdots,n$ 的坐标轴(二维时)或坐标平面(三维时)的正压缩.这样变换后的向量记为 $\boldsymbol{e}_1'',\boldsymbol{e}_2'',\cdots,\boldsymbol{e}_n''$,它们是单位长度的.记这些正压缩或其乘积(如果存在多个正压缩)为 h,则 hf_0 把仿射标架$[O;\boldsymbol{e}_1,\boldsymbol{e}_2,\cdots,\boldsymbol{e}_n]$变到$[O;\boldsymbol{e}_1'',\boldsymbol{e}_2'',\cdots,\boldsymbol{e}_n'']$,因而是等距变换,记为 g.由此可得 $f=\tau_a h^{-1}g$.这就是要证明的. □

用该命题可以得出关于图形面积在仿射变换下的变化规律.

命题 3.3.8 对于平面 V^2 上的仿射变换 f,平面 V^2 上任一可计算面积的图形 S 的像 $f(S)$ 的面积 $M(f(S))$,与 S 的面积 $M(S)$ 之比为一仅与 f 有关的系数 σ.

证 命题 3.3.7 已经证明仿射变换 f 可表示为 $f=\tau_a hg$,其中 τ_a 是一个平移,g 是以点 O 为不动点的等距变换,而 h 是正压缩,是两个正压缩 h_1 和 h_2 的乘积,各自的压缩轴分别是以点 O 为原点的任意仿射坐标系$[O;\boldsymbol{e}_1,\boldsymbol{e}_2]$的坐标轴.令两个正压缩 h_1 和 h_2 的压缩系数分别为 k_1 和 k_2.那么,对任给图形 S,有

$$M(f(S))=M(\tau_a h_1 h_2 g(S))=M(h_1 h_2 g(S))=k_1 k_2 M(g(S))=\sigma M(S),$$

其中 $\sigma=k_1 k_2$ 是与图形 S 无关的系数. □

类似地，对于三维空间的图形，其体积在仿射变换下也有类似的变化规律.读者可以自行证明.

命题 3.3.9 对于三维空间 V^3 上的仿射变换 f，图形 B 的像 $f(B)$ 的体积 $N(f(B))$，与 B 的体积 $N(B)$ 之比为一仅与 f 有关的系数 ρ.

以后将命题 3.3.8 和命题 3.3.9 中的系数 σ 和 ρ 统称为 f 的**变积系数**.

3.3.3 等距变换的基本定理与变换矩阵

定理 3.3.10 如果给定仿射空间$(V,\mathbb{E})$的两个标准正交标架 $I:[O;\boldsymbol{e}_1,\boldsymbol{e}_2,\cdots,\boldsymbol{e}_n]$ 和 $I':[O';\boldsymbol{e}'_1,\boldsymbol{e}'_2,\cdots,\boldsymbol{e}'_n]$，则存在唯一的等距变换 f，使得 $f(O)=O'$ 并且对于所有 $i=1,2,\cdots,n$，$\mathcal{L}(f)(\boldsymbol{e}_i)=\boldsymbol{e}'_i$.反过来，仿射空间$(V,\mathbb{E})$上的任意等距变换 f 把仿射空间$(V,\mathbb{E})$的一个标准正交标架 $I:[O;\boldsymbol{e}_1,\boldsymbol{e}_2,\cdots,\boldsymbol{e}_n]$ 映射到另一个标准正交标架 $I':[O';\boldsymbol{e}'_1,\boldsymbol{e}'_2,\cdots,\boldsymbol{e}'_n]$，并且点 $A\in V$ 在 I 下的坐标与点 $f(A)\in V$ 在 I' 下的坐标相同，其中 $\boldsymbol{e}'_i=\mathcal{L}(f)(\boldsymbol{e}_i)$，$i=1,2,\cdots,n$.

把定理 3.2.11、定理 3.2.12 中的仿射变换改成等距变换，再考虑到定理 1.2.6 中关于正交变换的结果，就可以证明定理 3.3.10.读者可以自己详细证明之.

由定理 3.3.3 中的公式 $f=\tau_a g$，任何一个等距变换 f 都可以看作一个具有不动点 O 的等距变换与一个平移 τ_a 的乘积，其中的平移部分显然不会改变坐标系的定向，因此只有 g 改变坐标系的定向.而由命题 3.3.2 及其代数学解释，这样的等距变换 g 与一个正交变换 G 在坐标系 $[O;\boldsymbol{e}_1,\boldsymbol{e}_2,\cdots,\boldsymbol{e}_n]$ 下具有相同的代数形式.所以等距变换 f 与其相关联的正交变换 G 改变坐标定向的原理相同.

根据上述分析，类似于(3.2.8)式，对于等距变换 f 和 n 维仿射空间 V 的一个标准正交标架 $[O;\boldsymbol{e}_1,\boldsymbol{e}_2,\cdots,\boldsymbol{e}_n]$，若将点 $P\in V$ 和 $f(P)$ 在该标准正交下的坐标分别表示为$(\alpha_1,\alpha_2,\cdots,\alpha_n)$和$(\beta_1,\beta_2,\cdots,\beta_n)$，则

$$\begin{pmatrix}\beta_1\\ \beta_2\\ \vdots\\ \beta_n\end{pmatrix}=\boldsymbol{U}\begin{pmatrix}\alpha_1\\ \alpha_2\\ \vdots\\ \alpha_n\end{pmatrix}+\begin{pmatrix}\gamma_1\\ \gamma_2\\ \vdots\\ \gamma_n\end{pmatrix},\tag{3.3.5}$$

其中 $\boldsymbol{U}$ 是正交变换 G 的变换矩阵，因而是正交矩阵，而$(\gamma_1,\gamma_2,\cdots,\gamma_n)$是向量 $\overrightarrow{Of(O)}$ 在 $\{\boldsymbol{e}_1,\boldsymbol{e}_2,\cdots,\boldsymbol{e}_n\}$ 下的坐标.

等距变换的变换矩阵的行列式可以用来对等距变换进行分类.我们把(3.3.5)式中行列式 $|\boldsymbol{U}|$ 为 1 的等距变换 f 称为**第一类等距变换**，而把 $|\boldsymbol{U}|=-1$ 的等距变换 f 称为**第二类等距变换**.根据§1.2，第一类正交变换不改变基向量的定向，因此相应的第一类等距变换 f 不改变空间坐标的定向.在第一类等距变换下，物体在空间中只平移和旋转，因此称为**刚体运动**，或简称**运动**.

例 3.3.2 试求平面中的等距点变换 f 在一个直角坐标系 Oxy 中的变换矩阵，并通过变换矩阵分析不同等距变换类型与平移、旋转、反射的关系.

解 根据(3.3.5)式，记平面中的点 P 和 $f(P)$ 在直角坐标系 Oxy 中的坐标分别为(x,y)和(x',y')，则等距点变换 f 的公式可写成

$$\begin{pmatrix} x' \\ y' \end{pmatrix} = \begin{pmatrix} a_{11} & a_{12} \\ a_{21} & a_{22} \end{pmatrix} \begin{pmatrix} x \\ y \end{pmatrix} + \begin{pmatrix} b_1 \\ b_2 \end{pmatrix}, \tag{3.3.6}$$

其中系数矩阵 $\boldsymbol{U}=(a_{ij})$ 是正交矩阵.首先分析 f 是第一类等距变换的情形.此时 $|\boldsymbol{U}|=1$.参照§1.2 的坐标变换,可知 $\boldsymbol{U}$ 有如下形式:

$$\boldsymbol{U}=\begin{pmatrix} \cos\theta & -\sin\theta \\ \sin\theta & \cos\theta \end{pmatrix} \quad (0\leqslant\theta<2\pi).$$

若 $\theta=0$,则 $\boldsymbol{U}=\begin{pmatrix} 1 & 0 \\ 0 & 1 \end{pmatrix}$,于是 f 的点变换公式为

$$\begin{cases} x'=x+b_1, \\ y'=y+b_2. \end{cases}$$

它表示平移量为 $\boldsymbol{b}=(b_1,b_2)$ 的平移.如果 $0<\theta<2\pi$,则(3.3.6)式变成

$$\begin{pmatrix} x' \\ y' \end{pmatrix} = \begin{pmatrix} \cos\theta & -\sin\theta \\ \sin\theta & \cos\theta \end{pmatrix} \begin{pmatrix} x \\ y \end{pmatrix} + \begin{pmatrix} b_1 \\ b_2 \end{pmatrix}. \tag{3.3.7}$$

该映射显然有不动点,记为 $P_0(x_0,y_0)$.把 $f(P)$ 再作平移量为 $\boldsymbol{v}=(-x_0,-y_0)$ 的平移 $\tau_{\boldsymbol{v}}$,并记 $\tau_{\boldsymbol{v}}f(P)$ 在直角坐标系 Oxy 中的坐标为(x'',y''),则根据(3.1.2)式,从(3.3.7)式可得

$$\begin{pmatrix} x'' \\ y'' \end{pmatrix} = \begin{pmatrix} x' \\ y' \end{pmatrix} - \begin{pmatrix} x_0 \\ y_0 \end{pmatrix} = \begin{pmatrix} \cos\theta & -\sin\theta \\ \sin\theta & \cos\theta \end{pmatrix} \begin{pmatrix} x \\ y \end{pmatrix} - \begin{pmatrix} x_0 \\ y_0 \end{pmatrix} + \begin{pmatrix} b_1 \\ b_2 \end{pmatrix}. \tag{3.3.8}$$

而不动点 $P_0(x_0,y_0)$ 使得

$$\begin{pmatrix} x_0 \\ y_0 \end{pmatrix} = \begin{pmatrix} \cos\theta & -\sin\theta \\ \sin\theta & \cos\theta \end{pmatrix} \begin{pmatrix} x_0 \\ y_0 \end{pmatrix} + \begin{pmatrix} b_1 \\ b_2 \end{pmatrix}.$$

代入(3.3.8)式得

$$\begin{pmatrix} x'' \\ y'' \end{pmatrix} = \begin{pmatrix} \cos\theta & -\sin\theta \\ \sin\theta & \cos\theta \end{pmatrix} \begin{pmatrix} x-x_0 \\ y-y_0 \end{pmatrix}. \tag{3.3.9}$$

比照(3.1.3)式,上式表示 $\tau_{\boldsymbol{v}}f(P)$ 为绕 $P_0(x_0,y_0)$ 的平面旋转,转角为 θ.所以 f 为一个旋转和一个平移的乘积.

接下来,考虑 f 是第二类等距变换的情形.此时 $|\boldsymbol{U}|=-1$.按照矩阵理论,容易求得 $\boldsymbol{U}=\begin{pmatrix} \cos\theta & \sin\theta \\ \sin\theta & -\cos\theta \end{pmatrix}$.则(3.3.6)式变成

$$\begin{pmatrix} x' \\ y' \end{pmatrix} = \begin{pmatrix} \cos\theta & \sin\theta \\ \sin\theta & -\cos\theta \end{pmatrix} \begin{pmatrix} x \\ y \end{pmatrix} + \begin{pmatrix} b_1 \\ b_2 \end{pmatrix}. \tag{3.3.10}$$

取平面上一点 $O(0,0)$,则 $f(O)$ 的坐标为(b_1,b_2).令向量 $\boldsymbol{a}=\overrightarrow{Of(O)}=(b_1,b_2)$.那么 $\tau_{-\boldsymbol{a}}f$ 的坐标表示为

$$\begin{pmatrix} x'' \\ y'' \end{pmatrix} = \begin{pmatrix} x' \\ y' \end{pmatrix} - \begin{pmatrix} b_1 \\ b_2 \end{pmatrix} = \begin{pmatrix} \cos\theta & \sin\theta \\ \sin\theta & -\cos\theta \end{pmatrix} \begin{pmatrix} x \\ y \end{pmatrix}. \tag{3.3.11}$$

显然点 $O(0,0)$ 是(3.3.11)式所表示的等距变换 $\tau_{-\boldsymbol{a}}f$ 的不动点.而 $\boldsymbol{U}=\begin{pmatrix} \cos\theta & \sin\theta \\ \sin\theta & -\cos\theta \end{pmatrix}=$

$\begin{pmatrix}\cos\theta & -\sin\theta\\ \sin\theta & \cos\theta\end{pmatrix}\begin{pmatrix}1 & 0\\ 0 & -1\end{pmatrix}$,因此(3.3.11)式可改为

$$\begin{pmatrix}x''\\ y''\end{pmatrix}=\begin{pmatrix}\cos\theta & -\sin\theta\\ \sin\theta & \cos\theta\end{pmatrix}\begin{pmatrix}1 & 0\\ 0 & -1\end{pmatrix}\begin{pmatrix}x\\ y\end{pmatrix}. \tag{3.3.12}$$

其中$\begin{pmatrix}1 & 0\\ 0 & -1\end{pmatrix}\begin{pmatrix}x\\ y\end{pmatrix}$表示关于反射轴 $y=0$ 的反射 $f_{y=0}$,而$\begin{pmatrix}\cos\theta & -\sin\theta\\ \sin\theta & \cos\theta\end{pmatrix}$是绕坐标原点、转角为 θ 的旋转 $r_{O,\theta}$.因此,平面上第二类等距变换 $f=\tau_{\boldsymbol{a}}r_{O,\theta}f_{y=0}$是反射、平移、旋转的乘积.特别地,当转角 $\theta=0$ 时,它是反射和平移的乘积,即滑反射. □

例 3.3.2 验证了命题定理 3.3.6 在平面中的情形.

仿射变换 f 的变换矩阵的行列式还可以用来确定仿射变换 f 的变积系数:

命题 3.3.11 二维或三维空间上的仿射变换的变积系数等于它的变换矩阵的行列式的绝对值.

证 首先考虑二维平面中的图形在仿射变换 f 下的面积变化.设在平面仿射坐标系 I:$[O;\boldsymbol{e}_1,\boldsymbol{e}_2]$下,仿射变换 f 的变换矩阵为

$$\boldsymbol{A}=\begin{pmatrix}a_{11} & a_{12}\\ a_{21} & a_{22}\end{pmatrix}.$$

我们来计算 $\mathscr{L}(f)(I)$的两个坐标向量 $\mathscr{L}(f)(\boldsymbol{e}_1)$和 $\mathscr{L}(f)(\boldsymbol{e}_2)$所夹平行四边形的面积.按照外积的定义,该面积为

$$|\mathscr{L}(f)(\boldsymbol{e}_1)\times\mathscr{L}(f)(\boldsymbol{e}_2)|=|(a_{11}\boldsymbol{e}_1+a_{12}\boldsymbol{e}_2)\times(a_{21}\boldsymbol{e}_1+a_{22}\boldsymbol{e}_2)|=|(\det\boldsymbol{A})\boldsymbol{e}_1\times\boldsymbol{e}_2|.$$

而 $|\boldsymbol{e}_1\times\boldsymbol{e}_2|$ 是向量 $\boldsymbol{e}_1$ 和 $\boldsymbol{e}_2$ 所夹平行四边形的面积,所以 f 的变积系数为

$$\sigma=\frac{|f(\boldsymbol{e}_1)\times f(\boldsymbol{e}_2)|}{|\boldsymbol{e}_1\times\boldsymbol{e}_2|}=|\det\boldsymbol{A}|.$$

其次考虑三维空间中的图形在仿射变换 f 下的体积变化.设在空间仿射坐标系 I:$[O;\boldsymbol{e}_1,\boldsymbol{e}_2,\boldsymbol{e}_3]$下,仿射变换 f 的变换矩阵为

$$\boldsymbol{A}=\begin{pmatrix}a_{11} & a_{12} & a_{13}\\ a_{21} & a_{22} & a_{23}\\ a_{31} & a_{32} & a_{33}\end{pmatrix}.$$

$\mathscr{L}(f)(I)$的三个坐标向量 $\mathscr{L}(f)(\boldsymbol{e}_1)$,$\mathscr{L}(f)(\boldsymbol{e}_2)$,$\mathscr{L}(f)(\boldsymbol{e}_3)$夹出一个平行六面体.我们把两个坐标向量 $\mathscr{L}(f)(\boldsymbol{e}_1)$和 $\mathscr{L}(f)(\boldsymbol{e}_2)$所夹平行四边形作为其底面,则其体积应该等于其底面积 $|\mathscr{L}(f)(\boldsymbol{e}_1)\times\mathscr{L}(f)(\boldsymbol{e}_2)|$乘高,而高等于 $\mathscr{L}(f)(\boldsymbol{e}_3)$在 $\mathscr{L}(f)(\boldsymbol{e}_1)\times\mathscr{L}(f)(\boldsymbol{e}_2)$上的射影,即该体积等于

$$|(\mathscr{L}(f)(\boldsymbol{e}_1)\times\mathscr{L}(f)(\boldsymbol{e}_2))\cdot\mathscr{L}(f)(\boldsymbol{e}_3)|=|\det\boldsymbol{A}|\,|(\boldsymbol{e}_1\times\boldsymbol{e}_2)\cdot\boldsymbol{e}_3|.$$

所以三维空间中仿射变换 f 的变积系数也是其变换矩阵的行列式的绝对值,即 $\rho=|\det\boldsymbol{A}|$. □

例 3.3.3 已知仿射变换 f 在一个仿射坐标系下的变换公式为

$$\begin{cases}x'=7x-y+1,\\ y'=4x+2y+4,\end{cases}$$

则 f 的变积系数为 $|\det\boldsymbol{A}|=18$. □

根据以上所引出的仿射变换群以及等距变换群,可以对几何理论进行分类.按照 F.Klein(克莱因)提出的埃尔兰根纲领,研究图形在仿射变换群之下不变性质的几何称为**仿射几何**.换句话说,仿射几何是研究图形的仿射性质的几何.研究几何图形在等距变换群之下不变性质(即度量性质)的几何称为**度量几何**,也就是 Euclid 几何.

习题 3.3

1. 设三维仿射空间中的一个变换 σ 在直角坐标系 I 下的公式为

$$\begin{pmatrix} x' \\ y' \\ z' \end{pmatrix}=\begin{pmatrix} \sqrt{2}/2 & -\sqrt{2}/2 & 0 \\ \sqrt{2}/2 & \sqrt{2}/2 & 0 \\ 0 & 0 & 1 \end{pmatrix}\begin{pmatrix} x \\ y \\ z \end{pmatrix}+\begin{pmatrix} -1 \\ 3 \\ 1 \end{pmatrix}.$$

证明:σ 是一个等距变换.

2. 证明:平移、旋转、反射是等距变换.

3. 在三维空间的直角坐标系下,求出把点(0,0,0),(0,1,0),(0,0,1)分别变成点(0,0,0),(0,0,1),(1,0,0)的正交变换公式.

4. 证明:如果平面的仿射变换 τ 将一个圆变成它自身,则 τ 是正交变换.

5. 证明:三维空间上的刚体运动的集合是一个变换群.

6. 设 σ 是空间的第一类正交变换,证明:对于空间的任意两个向量 $\boldsymbol{u}$ 和 $\boldsymbol{v}$ 有

(1) $\sigma(\boldsymbol{u})\cdot\sigma(\boldsymbol{v})=\boldsymbol{u}\cdot\boldsymbol{v}$;

(2) $\sigma(\boldsymbol{u})\times\sigma(\boldsymbol{v})=\sigma(\boldsymbol{u}\times\boldsymbol{v})$.

7. 证明:平面上的任何仿射变换都可分解为一个相似变换和一个正压缩的乘积.

8. 证明:平面上的任何仿射变换 σ 都可分解为 $\sigma=\rho h$,其中 ρ 为一个相似变换,h 保持一条直线上的每个点都不动.

9. 证明:平面上的每个位似变换都可分解为两个正压缩的乘积.

10. 写出下列仿射变换的变积系数:滑反射、错切变换、相似变换.

11. 求椭球面 $\dfrac{x^2}{a^2}+\dfrac{y^2}{b^2}+\dfrac{z^2}{c^2}=1$ 围成的区域的体积.

12. 证明:一个具有不动点的等距变换或者为旋转或者为反射.

13. 证明:一个没有不动点的等距变换或者为平移或者为滑反射.

*14. 请查阅 Mazur-Ulam(马祖尔-乌拉姆)定理.

§3.4 仿射变换的应用

本节将仿射变换用来变换仿射空间中的曲线、曲面和超曲面.为了方便叙述,我们把这些曲线、曲面和超曲面统称为图形,并研究空间上的图形分类.

命题 3.4.1 若仿射空间中的图形 S 在仿射坐标系 I 下的方程为 $F(x_1,x_2,\cdots,x_n)=0$,则图形 S 在仿射变换 f 下的像 $f(S)$,在仿射坐标系 $I'=\mathscr{L}(f)(I)$ 中具有同样形式的方程 $F(x_1,x_2,\cdots,x_n)=0$.反之,如果一个图形 S 在 I 下的方程与另一图形 S' 在 I' 下的方程都是 $F(x_1,$

$x_2,\cdots,x_n)=0$,则把 I 变为 I' 的仿射变换 f 也把 S 变为 S'.

证 根据定理 3.2.12,若仿射变换 f 把仿射空间 V 中的 P 映射到 $f(P)$,把仿射坐标系 I: $[O;\boldsymbol{e}_1,\boldsymbol{e}_2,\cdots,\boldsymbol{e}_n]$ 变成坐标系 I': $[O';\boldsymbol{e}_1',\boldsymbol{e}_2',\cdots,\boldsymbol{e}_n']=\mathscr{L}(f)(I)$,那么点 P 在坐标系 I 下的坐标 $P(x_1,x_2,\cdots,x_n)$ 与 $f(P)$ 在坐标系 I' 下的坐标相同.因此,一个图形 S 在仿射坐标系 I 下满足方程 $F(x_1,x_2,\cdots,x_n)=0$,则仿射变换后的像 $f(S)$ 在 I' 下仍然满足方程 $F(x_1,x_2,\cdots,x_n)=0$.

反之,由定理 3.2.11,如果一个图形 S 在 I 下的方程与另一图形 S' 在 I' 下的方程都是 $F(x_1,x_2,\cdots,x_n)=0$,则存在仿射变换 f,使得 $\boldsymbol{e}_i'=\mathscr{L}(f)(e_i)$.再根据定理 3.2.12,仿射变换 f 也将 S 变为 S'. □

该命题的一个特殊情形是,等距变换 f 将在一个标准正交坐标系 I 下描述的方程,变换成另一个标准正交坐标系 $\mathscr{L}(f)(I)$ 下同样形式的方程.

把这个命题用到二次曲面上,有

命题 3.4.2 空间中二次曲面 Σ 和 Σ'(不是空集)是同类二次曲面的充要条件是,存在仿射变换 f,使得 $f(\Sigma)=\Sigma'$.

证 (充分性)设 Σ 在 I 下有方程 $F(x,y,z)=0$,则 Σ' 在 $I'=\mathscr{L}(f)(I)$ 下的方程也为 $F(x,y,z)=0$.由于二次曲面的方程决定它的类型,所以 Σ 与 Σ' 一定是同类的.

(必要性)根据二次曲面理论,对于仿射坐标系 I 下的每个二次曲面 Σ,都可以通过相应的非奇异坐标变换,而将 I 变到另一个仿射坐标系 I',使得 Σ 在 I' 下的方程具有只与类型有关的标准表示.于是当两个曲面 Σ 与 Σ' 属于同类时,存在坐标系 $I'=G(I)$ 和 $I''=f(I)$,使得 Σ 在坐标系 I' 下的标准方程与 Σ' 在 I'' 下的标准方程相同.记相应于坐标变换 G 和 f 的仿射变换为 g 和 f,则由命题 3.4.1,$g^{-1}(\Sigma)=f^{-1}(\Sigma')$,即 $fg^{-1}(\Sigma)=\Sigma'$,从而存在仿射变换把 Σ 变为 Σ'. □

利用命题 3.4.1 可以对图形进行分类.

定义 3.4.1 设 S 和 S' 是仿射空间 V 中的两个图形.如果存在非奇异仿射变换 $f: V\to V$ 使得 $f(S)=S'$,则称图形 S 与 S' 是**仿射等价**的.如果仿射变换 f 还是等距变换,则进一步称图形 S 与 S' 是**等距等价**的.

不论等距等价还是仿射等价,都是图形间的一种"等价关系".每种等价关系由仿射空间 $(V,\mathbb{E})$ 上的一个变换群来决定.图形之间的等价关系是一种特殊的关系,如果将这种关系表示为 $\backsim$,则对于仿射空间 $(V,\mathbb{E})$ 中的图形,该等价关系具有如下性质:

(1) 自反性:$S_1\backsim S_2$;

(2) 对称性:若 $S_1\backsim S_2$,则 $S_2\backsim S_1$;

(3) 传递性:若 $S_1\backsim S_2$,$S_2\backsim S_3$,则 $S_1\backsim S_3$.

从仿射空间 $(V,\mathbb{E})$ 中的一个图形 S 出发,考虑所有与 S 等价的图形(即在某个变换群的所有变换 f 下的像 $f(S)$),就得到图形的一个集合,称为一个**等价类**.比如,若这个变换群是等距变换群,则所得到的是等距等价类;若这个变换群取为平移变换群,则相应的等价类为平移等价类.不同等价类中的图形差别很大,但同一等价类中的图形具有一些共性.如果涉及图形类的共性,就可以在该类中挑一个最简单的图形来研究,从而得到整个类中的图形共性,从而使图形研究得以简化.例如,研究图形的度量特性(比如图形上有关距离、角度之类的特征),我们在图形的等距等价类中选最简单的图形作代表来验证即可.而要考察图形的仿射特征(例如图形上点的共线、共面,直线的平行等),就在其仿射等价类中找代表.

在前一章中,我们用正交坐标变换,将直角坐标系下的二次曲面的方程化简成标准方程.因此由命题 3.4.1 知,也可以用与相应正交变换相关联的等距变换把这些二次曲面化简为标准方程,由此得到二次曲面等距等价类(度量分类).

定理 3.4.3 在标准正交坐标系中,三维仿射 Euclid 空间中的任意二次曲面在等距变换群下度量等价于下列曲面之一:

(1) 椭球面$\frac{x^2}{a^2}+\frac{y^2}{b^2}+\frac{z^2}{c^2}=1$;

(2) 虚椭球面$\frac{x^2}{a^2}+\frac{y^2}{b^2}+\frac{z^2}{c^2}=-1$;

(3) 点或虚二次锥面$\frac{x^2}{a^2}+\frac{y^2}{b^2}+\frac{z^2}{c^2}=0$;

(4) 单叶双曲面$\frac{x^2}{a^2}+\frac{y^2}{b^2}-\frac{z^2}{c^2}=1$;

(5) 双叶双曲面$\frac{x^2}{a^2}+\frac{y^2}{b^2}-\frac{z^2}{c^2}=-1$;

(6) 二次锥面$\frac{x^2}{a^2}+\frac{y^2}{b^2}-\frac{z^2}{c^2}=0$;

(7) 椭圆抛物面$\frac{x^2}{a^2}+\frac{y^2}{b^2}=2z$;

(8) 双曲抛物面$\frac{x^2}{a^2}-\frac{y^2}{b^2}=2z$;

(9) 椭圆柱面$\frac{x^2}{a^2}+\frac{y^2}{b^2}=1$;

(10) 虚椭圆柱面$\frac{x^2}{a^2}+\frac{y^2}{b^2}=-1$;

(11) 交于实直线的一对共轭虚平面$\frac{x^2}{a^2}+\frac{y^2}{b^2}=0$;

(12) 双曲柱面$\frac{x^2}{a^2}-\frac{y^2}{b^2}=1$;

(13) 一对相交平面$\frac{x^2}{a^2}-\frac{y^2}{b^2}=0$;

(14) 抛物柱面 $x^2=2py$;

(15) 一对平行平面 $x^2=a^2$;

(16) 一对平行的共轭虚平面 $x^2=-a^2$;

(17) 一对重合平面 $x^2=0$.

从定理 3.4.3 可以看出,三维空间中任意二次曲面在等距变换下具有 17 个等价类.然而,每一个类中的每组常数 a,b,c,p 又决定一个曲面,所以二次曲面在等距变换下实际上有无穷多个.

定理 3.4.3 的各个方程中的常数 a,b,c,p 可以通过适当的正压缩归一化,而等距变换与正压缩的乘积是一个仿射变换,所以有

定理 3.4.4 在仿射变换群下,三维空间中任意二次曲面可以仿射等价于下列曲面之一:

(1) $x^2+y^2+z^2=1$;

(2) $x^2+y^2+z^2=-1$;

(3) $x^2+y^2+z^2=0$;

(4) $x^2+y^2-z^2=1$;

(5) $x^2+y^2-z^2=-1$;

(6) $x^2+y^2-z^2=0$;

(7) $x^2+y^2-z=0$;

(8) $x^2-y^2-z=0$;

(9) $x^2+y^2-1=0$;

(10) $x^2+y^2+1=0$;

(11) $x^2+y^2=0$;

(12) $x^2-y^2-1=0$;

(13) $x^2-y^2=0$;

(14) $x^2-y=0$;

(15) $x^2-1=0$;

(16) $x^2+1=0$;

(17) $x^2=0$.

这 17 种曲面中每种只有一个曲面,因此二次曲面的仿射等价类一共只有 17 个,曲面也只有 17 个.

不同变换群会保持图形的一些特征不变,例如

定理 3.4.5 若空间上的一个仿射变换 f 把一个二次曲面 Σ 变为另一个二次曲面 Σ',则

(1) Σ 的中心、线心或面心(若存在)映射到 Σ' 的中心、线心或面心;

(2) Σ 的渐近方向、共轭方向、奇向映射到 Σ' 的渐近方向、共轭方向、奇向;

(3) Σ 的渐近锥面映射到 Σ' 的渐近锥面;

(4) Σ 的主径面、主方向映射到 Σ' 的主径面、主方向;

(5) Σ 的切线、切平面映射到 Σ' 的切线、切平面.

例 3.4.1 在 $\triangle ABC$ 的三边上各取点 D,E,F,使得仿射比 $(A,B,D)=(B,C,E)=(C,A,F)$,证明:$\triangle DEF$ 的重心和 $\triangle ABC$ 的重心重合.

证 因为仿射变换保持仿射比不变,而且将一个三角形的重心映射到另一个三角形的重心,因此我们可以选择特殊三角形来证明即可.设 $\triangle A'B'C'$ 是正三角形,在它的三边上各取点 D',E',F',使得仿射比

$$(A',B',D')=(B',C',E')=(C',A',F')=(A,B,D)=(B,C,E)=(C,A,F),$$

则存在仿射变换,它把 A',B',C',D',E',F' 各点依次变为 A,B,C,D,E,F.由于仿射变换保持三角形的重心,只需证明 $\triangle D'E'F'$ 的重心和 $\triangle A'B'C'$ 的重心重合.

绕 $\triangle A'B'C'$ 的重心 O、转角为 $120°$ 作旋转,把 D' 变为 E',E' 变为 F',F' 变为 D'.于是 $\triangle D'E'F'$ 也是正三角形,并且重心也是 O.这样就证明了 $\triangle D'E'F'$ 的重心和 $\triangle A'B'C'$ 的重心重合. □

习题 3.4

1. 下列概念中哪些是图形的度量性质,哪些是仿射性质?

(1) 等边三角形;(2) 平行四边形;(3) 多边形;

(4) 三角形的中线;(5) 三角形的高;(6) 圆的半径.

2. 设 σ 是平面的一个仿射变换,l 是该平面上的一条直线,A 和 B 是 l 外两点.证明:A 和 B 在 l 的同侧的充要条件是 $\sigma(A)$ 和 $\sigma(B)$ 在 $\sigma(l)$ 的同侧.

3. 对于给定平面上的两个梯形,存在仿射变换 σ,把其中一个梯形变成另一个梯形的充要条件是什么?

第四章 射影空间与射影几何

在前面的学习中,我们在 Euclid 公设下建立了 Euclid 空间,研究了其上的几何图形与代数方程之间的联系,并成功利用代数方程等工具对几何图形进行了深入研究.然而,正如绪论中所指出的,自从 Euclid 提出这些公设以来,包括 Euclid 本人在内的数学家就注意到了 Euclid 这套公设系统在逻辑和叙述方面的缺陷.这种缺陷集中在第五公设(即平行公理).根据第五公设可以证明,平面中两条直线的位置关系包括相交和平行两种情形,两条直线平行则不相交.但第五公设不能由 Euclid 的其他公设、公理推出.为了消除 Euclid 公理体系的缺陷,同时也是为了绘画和作图等,射影几何学发展起来了.

射影几何学最初主要关注三维物理空间的射影平面上的图形在透视(射影映射)下不变的性质.射影空间可以通过向 Euclid 空间中添加一些**无穷远点**,使得任何两条平行线都与某个无穷远点关联而形成.

射影几何学的理论基础最早可以追溯到 Pappus(约 300—350),在他编著的《数学汇编》中提出了后来属于射影几何学的交比、对合等概念,并且证明了射影几何学中极重要定理之一的 Pappus 定理.Desargues(1591—1661)在射影几何学的建立中起了举足轻重的作用,他进一步研究了已有射影几何学理论基础,比如 Pappus 定理、对合概念等;引入了无穷远点、无穷远直线的概念;建立了射影几何学的基本定理.后来,Pascal(帕斯卡,1623—1662),Poncelet(庞斯莱,1788—1867),Steiner(施泰纳,1796—1863),Chasles(沙勒,1793—1880),Staudt(施陶特,1798—1867)等人推广并将射影几何学发展成了一个完善的数学分支,将射影几何学确立为研究图形在射影变换下的不变性的几何学,并研究了射影几何学与 Euclid 几何学的区别与联系.现代射影几何学奠基于 Möbius(1790—1868),Plücker(普吕克,1801—1868),Klein(1849—1925),Laguerre(拉盖尔,1834—1886),Cayley(凯莱,1821—1895)等人的工作.

近年来,随着计算机视觉的发展,人们对射影几何学产生了更加浓厚的兴趣,特别是在其度量应用中.计算机视觉发端于透视,主要应用是根据针孔摄像机的透视图形分析和重建三维场景,而关于透视等的许多概念和结果正是经典射影几何学的主要内容.

本章就来介绍一些关于射影空间与射影几何的基本概念和知识.

§4.1 射影空间

射影几何学的主要工作就是研究射影空间及其上的图形的表示,以及图形在射影变换下的不变性.射影几何学的基础当然是射影空间,有了射影空间才能在其中讨论射影几何图形.建立射影空间主要有三种角度.第一种角度是扩大 Euclid 空间来得到射影空间,例如在普通 Euclid 平面上增加一条无穷远直线,使得每条普通直线增加一个无穷远点,平行直线的无穷远点相同,而不平行直线的无穷远点不相同,普通直线增加无穷远点后成为射影直线,而普通 Euclid 平面增加一条无穷远直线后构成射影平面.第二种角度是将 Euclid 空间中过一点的直线束中的每条直线,看作相应射影空间的一个"点",把共面的所有直线看作射影空间的一条射影直线,从而构成射影空间.这两种方法在不使用坐标的情况下研究射影几何,所以通常也称为纯粹或综合射影几何方法.第三种角度是通过代数的方法,利用一种齐次坐标来表示点,以这些点构成射影空间.我们采用第二种角度来引入射影空间.

4.1.1 中心射影

如前所述,射影几何起源于绘画和作图.众所周知,绘画或作图是将现实世界中图形呈现在一张画布之类的平面上的过程.人们把这个过程称为**透视投影**.射影几何学一开始主要研究图形在平面之间的透视映射下不变的性质.后来人们把射影几何学的研究范围扩大到研究平面之外的其他对象之间的不变性,例如直线之间和空间之间的透视不变性.以下先从平面之间的透视投影出发来建立射影空间的一般概念.

定义 4.1.1 给定 Euclid 空间中的两个非平行平面 π 和 π' 以及这两个平面外一点 O,记过点 O 的任意一条直线 l 与 π 和 π' 的交点分别为 P 和 P'.定义映射 $\tau:\pi\to\pi'$,使得 $\tau(P)=P'$,称 τ 为以点 O 为中心的 π 到 π' 上的**中心射影**或**中心投影**.点 O 称为**射影中心**或**投影中心**.

定义 4.1.1 给定的中心射影可以用图 4.1.1 表示,其中直线 l_O 表示过点 O 且平行于平面 π' 的平面与平面 π 的交线,而 l'_O 表示过点 O 且平行于平面 π 的平面与平面 π' 的交线.从图 4.1.1 可以看出,平面 π 上不在 l_O 中的任意点 P 都可以通过中心射影 τ 投射到 π' 上的相应点 P',但因为过点 O 和 l_O 中任一点的直线 l 与 π' 没有交点,所以直线 l_O 上的任意点通过中心射影 τ 在平面 π' 上没有相应的像点.类似地,π' 上位于 l'_O 中的那些点在 π 上也没有对应的原像点,π' 上除 l'_O 外的所有点都在 π 上有原像点.因此,将诸如 l_O 和 l'_O 的直线分别称为中心射影 τ 在平面 π 和 π' 上的**影消线**,其上的点称为**影消点**.

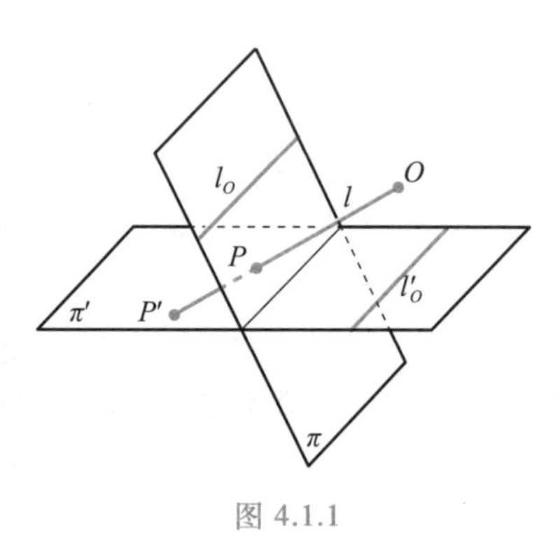

图 4.1.1

例 4.1.1 给定三维空间中任意两条共点 Q 的互异直线 l_1 和 l_2,求一中心射影 τ 分别将直线 l_1 和 l_2 映射成直线 l'_1 和 l'_2,使得 l'_1 和 l'_2 相互平行.

解 因为直线 l_1 和 l_2 互异,所以它们可以位于同一平面 π 上.在过点 Q 并且垂直于平面 π 的直线 l 上任意取一点 O 使得 $O\neq Q$,并且作平面 π',使其与 l_1 和 l_2 均相交且平行于直线 l.以 O 为射影中心来建立中心射影 $\tau:\pi\to\pi'$,则随着点 P 在 l_1 上变化,$P'=\tau(P)$ 构成平面 π' 上的直线 l'_1,而随着点在 l_2 上变化,$\tau(l_2)$ 构成平面 π' 上的直线 l'_2.显然直线 l'_1 和 l'_2 都平行于直线 OQ,因此 $l'_1/\!/l'_2$.参考图 4.1.2. □

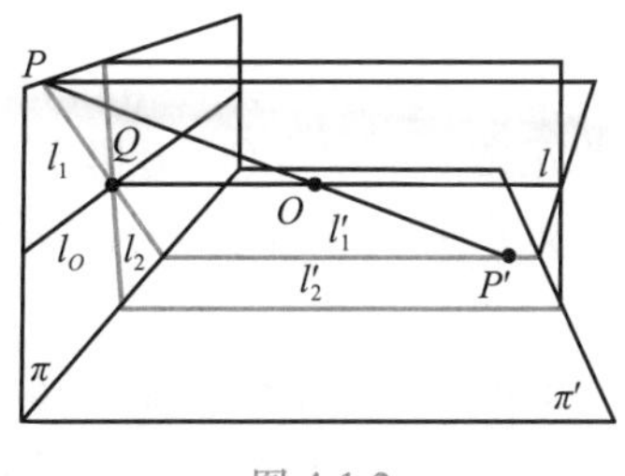

图 4.1.2

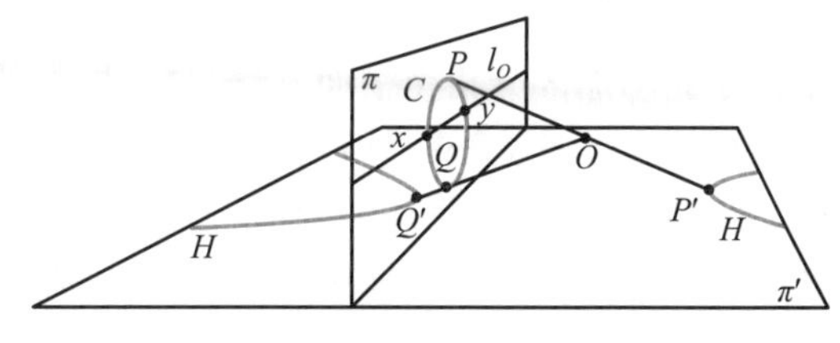

图 4.1.3

例 4.1.2 设平面 π,π'相交.求一中心射影 $\tau:\pi\to\pi'$,它把平面 π 上的一个圆 C 映射成平面 π'上的一对不相交曲线 H.

解 如图 4.1.3 所示,对于平面 π 上的圆 C,取其上互异的两点 x,y,作过点 x 和 y 的直线 l_O并在垂直于平面 π 且过直线 l_O的平面上取一点 O,使得点 O 不在平面 π 上.再作一平面 π',其同样垂直于平面 π 但与圆 C 不相交.则以 O 为射影中心的中心射影 $\tau:\pi\to\pi'$在平面 π 上的影消线为 l_O,l_O与圆 C 的两个交点 x,y 将圆 C 分成两段弧,这两段弧在平面 π'上的中心射影构成一对不相交的曲线 H. □

例 4.1.1 表明中心射影可以把相交直线映射成平行直线,而例 4.1.2 表明点在平面 π 上连续移动而形成的圆,通过中心射影可以变成平面 π'上不能通过点的连续移动来形成的一对不相交曲线.然而,从透视角度来说,平面上的图形应该与其透视像有相同的形状以避免透视失真.那么,例 4.1.1 和例 4.1.2 与透视映射的性质的矛盾是怎么产生的呢?问题出在中心射影不可逆.具体在例 4.1.1 中就是平面 π 上的点 Q 是影消点,在 π'上没有像点与其对应,例 4.1.2 中的点 x,y 也是影消点.换句话说,并不是射影图形上的所有点都出现在像平面上,而是仅提供所考虑点的一部分视图.

早期射影几何学家解决这种矛盾的方式是,用透视映射把一张平面移动到另一张平面来处理其上的图形.例如,在例 4.1.1 中不区分直线对 l_1 和 l_2 与直线对 l'_1 和 l'_2,而将它们视为射影下相同的相交直线对,其交点显示在 π 而不是 π'上.类似地,例 4.1.2 中的 C 和 H 也视为同一射影曲线的两个视图,其所有点都显示在 π 上,但不显示在 π'上.

研究和理解一个几何图形需在平面间来回跳转是极不方便的.因此需要扩大平面来将所考虑的所有点放在同一张平面上.构造这样的平面的一种方法是向每张平面形式地添加新点,与平面平行的每个方向添加一个新点.这些新点称为**非正常点**或**无穷远点**,而平面上原来的点称为**正常点**.与给定方向相关联的非正常点,被视为属于与该方向平行的所有直线,例如,在例 4.1.1 中将与直线 OQ 的方向相关联的点作为按透视对应于 π 上的点 Q,还作为属于直线对 l'_1 和 l'_2 的点,其以这种方式获得交点 Q.

可以直观地认为直线 l 与平面 π 或 π'相交于“无穷远点”或“无穷远直线上的点”.将这样的“无穷远直线”添加到平面上构成**扩大平面**,以使得中心射影 τ 变成两个扩大平面之间的双射.添加非正常点提供了一种包含想要的所有点的扩大平面.然而,这样一个扩大平面还有不令人满意之处.实际上,非正常点只是形式对象,在实际处理它们时需要通过透视映射移动到另一张平面,以便将它们变成正常点,因此仍然需要从平面到平面来回转换.注意到,区分正常和非正常点没有射影意义,因为非正常点能通过透视变成正常点,反之亦然.

4.1.2 射影空间

下面建立不加区分相交平面 π,π' 和其扩大平面上包含非正常点的集合(即射影空间),使得我们可以在数学上统一处理正常点和非正常点.即为了行文方便,说到平面 π,π' 和中心射影时,就是指扩大平面之间的双射,而不特别申明.

建立方法基于以下对几何图形的理解:几何图形的基本元素是点、直线和平面或超平面(以下以平面为例),而一般图形都是由基本元素按照一定关系组成的.这些关系主要是它们之间的位置关系,例如距离、平行、包含、经过等.因为透视不保持距离、平行之类的度量性质和仿射性质,所以在这里的集合中只关心一点在一直线上,一直线经过一点,一平面经过一直线之类的包含、经过关系.我们把这种关系统一用"关联"来表示.例如,点 P 在直线 l 上,就说点 P 与直线 l 关联;直线 l 经过点 P,就说直线 l 与点 P 关联.显然,关联关系是对称的,例如若点 P 与直线 l 关联,则必然有直线 l 与点 P 关联.用这样的观点来看一个平面 π,那就只考虑与此平面关联的元素,即与平面 π 关联的所有点 P 和直线 l.这样,平面 π 就被看成一些点和直线的集合.用同样的观点来看点 O,那么它就应该被看成是与其关联的所有平面 π 和直线 l 的集合.由此可见,点和平面都与直线相关联,也就是说,对点和平面的研究都可以归结到对直线的研究.

事实上,如果把空间中通过点 O 的所有直线组成一个集合$\mathbb{P}$,那么利用以 O 为射影中心的中心射影 $\tau:\pi\to\pi'$,可以定义映射 $\sigma:\pi\to\mathbb{P}$ 和 $\sigma':\pi'\to\mathbb{P}$,分别使得 $\sigma(P)=OP\in\mathbb{P}$ 和 $\sigma'(P')=OP'\in\mathbb{P}$,其中 $P'=\tau(P)$.因而任何不包括 O 的平面 π 都可以通过类似的映射,而与$\mathbb{P}$的一个子集一一对应.如果将不包括 O 且不平行于 $\pi\cap\pi'$ 的第三张平面 π'' 的像添加到上面 π 和 π' 的像中,平面 π 就变成了与$\mathbb{P}$本身一一对应.

这样的集合$\mathbb{P}$称为**射影平面**.$\mathbb{P}$中的元素虽然是直线,但约定称为**点**.$\mathbb{P}$并非无结构的集合,它与向量空间 L 密切相关.每个非零向量 $\boldsymbol{x}\in L$ 确定$\mathbb{P}$的一个点,即 L 中过 O、方向向量为 $\boldsymbol{x}$ 的一条直线,记为 $\langle\boldsymbol{x}\rangle=\{\lambda\boldsymbol{x}\mid\forall\lambda\in\mathbb{K},\lambda\neq0\}$,其中$\mathbb{K}$表示数域.射影空间的一般定义是:

定义 4.1.2 设 L 是数域$\mathbb{K}$上的一个有限维向量空间,将由 L 中所有非零向量 $\boldsymbol{x}\in L$ 张成的集合 $\langle\boldsymbol{x}\rangle$ 的并集$\mathbb{P}$称为 L 的射影或**射影空间**,表示为 $\mathbb{KP}(L)$.射影空间 $\mathbb{KP}(L)$ 也称为向量空间 L 的**射影化**.而 $\langle\boldsymbol{x}\rangle$ 称为 $\mathbb{KP}(L)$ 中的一个点.$\mathbb{KP}(L)$ 的**维数**定义为 $\dim\mathbb{KP}(L)=\dim L-1$,$n$ 维射影空间通常写成 $\mathbb{KP}^n(L)$.约定空集 $\varnothing$ 作为 -1 维射影空间.

由定义可见,射影空间是由三个因素来决定的:点集合$\mathbb{P}$、向量空间 L 和它们之间的对应关系 $\langle\cdot\rangle$.当不需要明确指出射影空间关联的向量空间 L 时,也可以把 $\mathbb{KP}(L)$ 或 $\mathbb{KP}^n(L)$ 直接表示为 $\mathbb{KP}$ 或 $\mathbb{KP}^n$.

向量空间 L 可以是任何数域$\mathbb{K}$上的向量空间,经常考虑的数域有实数域、复数域,相应的射影空间称为**实射影空间** $\mathbb{RP}(L)$、**复射影空间** $\mathbb{CP}(L)$.当数域不明确或者自明时,也可以用集合符号$\mathbb{P}$本身来表示射影空间.

向量空间 L 和对应关系 $\langle\cdot\rangle$ 实际上定义了从 $L\setminus\{\boldsymbol{0}\}$ 到 $\mathbb{P}(L)$ 的一个满射,当且仅当两个向量 $\boldsymbol{x},\boldsymbol{y}$ 成比例时,它们的像 $\langle\boldsymbol{x}\rangle=\langle\boldsymbol{y}\rangle$.通过映射 $\langle\cdot\rangle$,可以从向量空间 L 的结构获得 $\mathbb{P}(L)$ 的一些结构特征.例如,根据映射 $\langle\cdot\rangle$ 显而易见,射影空间中的每一个点 $\langle\boldsymbol{x}\rangle$ 是向量空间 L 中的一条直线,这种点有时也称为**元素**.如果 $P=\langle\boldsymbol{x}\rangle$,则称点 P 由向量 $\boldsymbol{x}$ 表示,而 $\boldsymbol{x}$ 称为 P 的**代**

表.值得注意,向量 $\mathbf{0}$ 在射影空间中没有点与其对应,因此如果 $\boldsymbol{x}=\mathbf{0}$,则 $\langle\boldsymbol{x}\rangle$ 没有意义.$\mathbb{P}$中的点 P 也被认为属于或位于$\mathbb{P}$上,而$\mathbb{P}$称为经过或通过 P.

我们主要关心一维、二维和三维射影空间,即 $\dim \mathbb{KP}(L)=1,2,3$ 的射影空间,分别称为**射影直线**($\mathbb{KP}^1$)、**射影平面**($\mathbb{KP}^2$)和**射影空间**($\mathbb{KP}^3$).而且我们的向量空间也局限于实的几何向量空间.

例 4.1.3 一条直线上的所有向量构成一个一维向量空间$\mathbb{R}$,该向量空间中的任何一个非零向量 $\boldsymbol{a}$ 都可以张成向量空间$\mathbb{R}$本身.因而$\{\langle\boldsymbol{a}\rangle\}$构成一个零维射影空间. □

n 维射影空间可以看作普通 n 维向量空间在添加无穷远点之后形成的集合,而这个添加过程是在 $n+1$ 维向量空间来进行的.

例 4.1.4 射影直线由正常直线添加无穷远点而得.

事实上,在二维仿射 Euclid 平面$\mathbb{R}^2$ 中,建立直角坐标系 Oxy.过坐标原点 O 的所有直线中除了 $x=0$ 外均与 $x=1$ 相交于$(1,\alpha)$,因而与直线 $x=1$ 上的点一一对应,其中 α 是直线 l 的斜率.直线 $x=0$ 虽然不与 $x=1$ 相交,但它是$\mathbb{RP}^1$ 中的元素.很明显,若$\mathbb{R}^2$ 中过点 O 的直线 l 绕 O 顺时针连续转动,在其与 y 轴重合之前,直线 l 一直与 $x=1$ 相交于点$(1,\alpha)$,且 α 会持续增大或者减小,直到直线 l 转动到与 y 轴重合时,直线 l 与 $x=1$ 突然不相交了,也就是说 α 变成了无穷大(小).因此,y 轴($x=0$)其实就是一个无穷远点,因此可以将射影直线看成$\mathbb{RP}^1=\mathbb{R}\cup\{x=0\}=\mathbb{R}\cup\{\infty\}$. □

例 4.1.5 射影平面是正常平面与无穷远直线的并集.

类似于射影直线的情形,在三维仿射 Euclid 空间$\mathbb{R}^3$ 中,考察过坐标原点而不在平面$x=0$上的直线.这样的直线显然都与平面 $x=1$ 相交于一点$(1,c,d)$,其中 c,d 分别为适当常数,因此这样的直线与$\mathbb{R}^2$ 中的点一一对应.平面 $x=0$ 上的直线不与平面 $x=1$ 相交,但它们与$\mathbb{RP}^1$空间的点存在一一对应.于是,可以将射影平面看成$\mathbb{RP}^2=\mathbb{R}^2\cup\mathbb{RP}^1$. □

由此还可以得出,射影平面上的无穷远直线是一条射影直线.

例 4.1.4 和例 4.1.5 说明,射影空间是正常空间与一个射影空间的并集.这一结论将在下文中推广到任意射影空间,即任意射影空间都可以表示为一个正常集合(仿射空间)与一个射影空间的并集.这也可以推广到一般情形.

命题 4.1.1 一般的 n 维射影空间$\mathbb{P}(L)$可分解成一个仿射空间与无穷远部分的并集.

证 在向量空间 L 上定义不恒等于零的线性映射 $\sigma:L\to\mathbb{R}$.根据线性映射的性质,若记 $L_\sigma=\operatorname{Ker}\sigma$,则 L_σ 形成 L 的一个超平面.把 L_σ 射影化为射影空间$\mathbb{P}(L_\sigma)$.显然,作为点集,$\mathbb{P}(L_\sigma)\subset\mathbb{P}(L)$.

用使得 $\sigma(\boldsymbol{x})=1$ 的任意向量 $\boldsymbol{x}\in L$ 构成集合 W_σ.把集合 W_σ 的元素看成点,并对 W_σ 中的任意两点 $A=\boldsymbol{x}$ 和 $B=\boldsymbol{y}$,定义$\overrightarrow{AB}=\boldsymbol{y}-\boldsymbol{x}$.因为 $\sigma(\boldsymbol{x})=1$ 且 $\sigma(\boldsymbol{y})=1$,所以 $\sigma(\boldsymbol{y}-\boldsymbol{x})=0$,因而$(\boldsymbol{y}-\boldsymbol{x})\in L_\sigma$,故$(W_\sigma,L_\sigma)$构成一仿射空间.

令集合 $V_\sigma=\mathbb{P}(L)\setminus\mathbb{P}(L_\sigma)$,则对于每个点 $A\in V_\sigma$,存在唯一向量 $\boldsymbol{x}\in W_\sigma$,使得 $A=\langle\boldsymbol{x}\rangle$.所以集合 V_σ 与集合 W_σ 之间存在双射(同构),因而可以视为相同.故 n 维射影空间$\mathbb{P}(L)$可以表示为 n 维仿射空间 V_σ 与射影超平面$\mathbb{P}(L_\sigma)\subset\mathbb{P}(L)$的并,即$\mathbb{P}(L)=V_\sigma\cup\mathbb{P}(L_\sigma)$. □

以后称 V_σ 为空间$\mathbb{P}(L)$的**仿射子集**.

例 4.1.6 利用仿射平面坐标表示实射影直线.

解 在仿射平面 π 上建立仿射坐标系 Oxy.因此 π 上任何一个非零向量可以用坐标表示为 (a,b),其中 a,b 不全为零.按照射影直线 $\mathbb{RP}^1$ 的定义,其由所有 $\langle(a,b)\rangle$ 这样的点构成,而射影直线 $\mathbb{RP}^1$ 上一个点 $\langle(a,b)\rangle$ 是仿射平面 π 上过原点和点 (a,b) 但不包括原点的一条直线,该直线的方程为 $bx-ay=0$.所以,实射影直线 $\mathbb{RP}^1=\{\langle(a,b)\rangle \mid \forall x,y\in\pi, bx-ay=0\}$. □

4.1.3 射影线性簇与点的相关性

定义 4.1.3 对于向量空间 L 的射影空间 $\mathbb{P}(L)$,设 L' 是 L 的向量子空间,则射影空间 $\mathbb{P}(L')$ 称为 $\mathbb{P}(L)$ 的**射影线性簇**或**射影子空间**.

例如,设 $Q_0,Q_1,\cdots,Q_m$ 是射影空间 $\mathbb{P}^n(L)$ 中的元素,令 Q_i 的代表为 $\boldsymbol{v}_i, i=0,1,\cdots,m$,则这些代表所张成的集合 $\langle\boldsymbol{v}_0,\boldsymbol{v}_1,\cdots,\boldsymbol{v}_m\rangle$ 是 L 的一个向量子空间.我们把 $\langle\boldsymbol{v}_0,\boldsymbol{v}_1,\cdots,\boldsymbol{v}_m\rangle$ 射影化,记作 $\langle Q_0,Q_1,\cdots,Q_m\rangle=\langle\langle\boldsymbol{v}_0,\boldsymbol{v}_1,\cdots,\boldsymbol{v}_m\rangle\rangle$,其中内层的 $\langle\cdot\rangle$ 表示由"$\cdot$"张成的向量子空间,外层 $\langle\cdot\rangle$ 表示射影化.那么 $\langle Q_0,Q_1,\cdots,Q_m\rangle$ 显然是 $\mathbb{P}^n(L)$ 的一个射影线性簇,也称为点 $Q_0,Q_1,\cdots,Q_m$ 所张成的射影空间,有时记作 $Q_0\vee Q_1\vee\cdots\vee Q_m$.对于射影空间 $\mathbb{P}^n(L)$ 中的元素 $Q_0,Q_1,\cdots,Q_m$,显然 $\dim\langle Q_0,Q_1,\cdots,Q_m\rangle\leqslant n$.

作为集合,$\langle Q_0,Q_1,\cdots,Q_m\rangle$ 和 $\langle\boldsymbol{v}_0,\boldsymbol{v}_1,\cdots,\boldsymbol{v}_m\rangle$ 实际上是相同的.但各自表示的含义截然不同,前者中的元素应该理解为射影空间中的点,后者中的元素就是向量.以后,在不至于引起混淆的情况下,$\langle\boldsymbol{v}_0,\boldsymbol{v}_1,\cdots,\boldsymbol{v}_m\rangle$ 既可能表示向量空间,又可能表示射影空间.

在射影空间 $\mathbb{P}^n$ 中,一维、二维和 $n-1$ 维射影线性簇分别称为 $\mathbb{P}^n$ 中的**直线**、**平面**和**超平面**.比如,由某个射影空间中的两个不同点 P,P' 张成的一维射影线性簇称为连接点 P 和 P' 的**直线**,若 P,P' 的代表分别为 $\boldsymbol{v}$ 和 $\boldsymbol{v}'$,则 P 和 P' 决定的射影直线就是 $\{\langle t\boldsymbol{v}+s\boldsymbol{v}'\rangle \mid t,s\in\mathbb{K}\}$.再如,把射影空间中三个不同点 Q_0,Q_1,Q_2 所张成的二维射影线性簇称为由它们决定的射影平面.因此,由点 Q_0,Q_1,Q_2 决定的射影平面可以表示为 $\{\langle t\boldsymbol{v}_0+s\boldsymbol{v}_1+r\boldsymbol{v}_2\rangle \mid t,s,r\in\mathbb{K}\}$,其中 $\boldsymbol{v}_i$ 是 Q_i 的代表,$i=0,1,2$.

为了描述射影空间 $\mathbb{P}^n$ 中的 $n-1$ 维超平面,引进射影空间中的点的相关性概念会带来很多方便.

定义 4.1.4 对于 $\mathbb{P}^n$ 中的点 $Q_0,Q_1,\cdots,Q_m$,若 $\dim\langle Q_0,Q_1,\cdots,Q_m\rangle=m$,则称这些点是**线性无关**的,否则称为**线性相关**的.在不致混淆的情况下经常省掉"线性"二字而直接称为**无关**或**相关**点.

一组无关点的任何子集也是无关的,而含有相关点的一组点必定是相关的.

命题 4.1.2 假设点 $Q_0,Q_1,\cdots,Q_m$ 分别具有代表 $\boldsymbol{v}_0,\boldsymbol{v}_1,\cdots,\boldsymbol{v}_m$,那么点 $Q_0,Q_1,\cdots,Q_m$ 线性无关的充要条件是向量 $\boldsymbol{v}_0,\boldsymbol{v}_1,\cdots,\boldsymbol{v}_m$ 线性无关.

证 按照定义,$Q_i=\langle\boldsymbol{v}_i\rangle, i=0,1,\cdots,m$,以及 $Q_0\vee Q_1\vee\cdots\vee Q_m=\langle\langle\boldsymbol{v}_0,\boldsymbol{v}_1,\cdots,\boldsymbol{v}_m\rangle\rangle$.因此,$\dim\langle\boldsymbol{v}_0,\boldsymbol{v}_1,\cdots,\boldsymbol{v}_m\rangle=m+1$ 的充要条件是 $Q_0,Q_1,\cdots,Q_m$ 无关,而 $\dim\langle\boldsymbol{v}_0,\boldsymbol{v}_1,\cdots,\boldsymbol{v}_m\rangle=m+1$ 相当于 $m+1$ 个生成向量 $\boldsymbol{v}_0,\boldsymbol{v}_1,\cdots,\boldsymbol{v}_m$ 是线性无关的. □

定理 4.1.3 假设 n 维射影空间 $\mathbb{P}^n(L)$ 的点 $Q_0,Q_1,\cdots,Q_m$ 是无关的,其中 $m<n$,则在 $\mathbb{P}^n$ 中存在点 $Q_{m+1},Q_{m+2},\cdots,Q_n$,使得 $Q_0,Q_1,\cdots,Q_n$ 是无关的.

证 按照 $Q_0\vee Q_1\vee\cdots\vee Q_m$ 的定义,它属于 $\mathbb{P}^n$.选择 $Q_{m+1}\in\mathbb{P}^n\setminus(Q_0\vee Q_1\vee\cdots\vee Q_m)$.令 Q_i 的代表为 $\boldsymbol{v}_i, i=0,1,\cdots,m,m+1$,则 $\{\boldsymbol{v}_0,\boldsymbol{v}_1,\cdots,\boldsymbol{v}_m,\boldsymbol{v}_{m+1}\}$ 线性无关,否则 $\boldsymbol{v}_{m+1}$ 是 $\boldsymbol{v}_0,\boldsymbol{v}_1,\cdots,\boldsymbol{v}_m$ 的

线性组合，进而 $Q_{m+1}\in Q_0\vee Q_1\vee\cdots\vee Q_m$. 因此，$\dim(Q_0\vee Q_1\vee\cdots\vee Q_m\vee Q_{m+1})=m+1$，点 Q_0，$Q_1,\cdots,Q_m,Q_{m+1}$ 是无关的. 可以针对 $Q_0,Q_1,\cdots,Q_{m+1}$ 继续选择 $Q_{m+2},Q_{m+3},\cdots,Q_n$，直到 $\{\boldsymbol{v}_0,\boldsymbol{v}_1,\cdots,\boldsymbol{v}_m,\boldsymbol{v}_{m+1},\boldsymbol{v}_{m+2},\cdots,\boldsymbol{v}_n\}$ 成为 L 的极大线性无关组. □

由定理 4.1.3 可得，我们容易找到 n 维射影空间 $\mathbb{P}^n(L)$ 的 n 个线性无关点 $Q_0,Q_1,\cdots,Q_{n-1}$，它们张成的射影空间就是一个 $n-1$ 维射影超平面.

由定理 4.1.3 还可以看出，任何一个 n 维射影空间 $\mathbb{P}^n(L)$ 不但可以由一组线性无关点 $Q_0,Q_1,\cdots,Q_n$ 张成，而且由两部分联合而成. 实际上，若按照定理证明中的符号令 $\mathbb{P}_1=\langle Q_0,Q_1,\cdots,Q_m\rangle$，$\mathbb{P}_2=\langle Q_{m+1},Q_{m+2},\cdots,Q_n\rangle$，$L_1=\langle \boldsymbol{v}_0,\boldsymbol{v}_1,\cdots,\boldsymbol{v}_m\rangle$，$L_2=\langle \boldsymbol{v}_{m+1},\boldsymbol{v}_{m+2},\cdots,\boldsymbol{v}_n\rangle$，那么 $\mathbb{P}^n=\mathbb{P}(L_1+L_2)$，我们把它称为 $\mathbb{P}_1$ 和 $\mathbb{P}_2$ 的**联合**，记作 $\mathbb{P}^n=\mathbb{P}_1\vee\mathbb{P}_2$，即 $\mathbb{P}_1\vee\mathbb{P}_2=\mathbb{P}(L_1+L_2)$. 这种联合的概念也可以推广到一般射影线性簇.

定义 4.1.5 对于射影空间 $\mathbb{P}(L)$，若射影空间 $\mathbb{P}(L')$ 和 $\mathbb{P}(L'')$ 都是 $\mathbb{P}(L)$ 的射影线性簇，则称射影空间 $\mathbb{P}(L'+L'')$ 为射影空间 $\mathbb{P}(L')$ 和 $\mathbb{P}(L'')$ 的**联合**，记为 $\mathbb{P}(L'+L'')=\mathbb{P}(L')\vee\mathbb{P}(L'')$.

$\mathbb{P}(L')\cap\mathbb{P}(L'')$ 显然是一个射影空间，而且等同于 $\mathbb{P}(L'\cap L'')$. 特别地，如果 $\mathbb{P}(L')\vee\mathbb{P}(L'')=\mathbb{P}(L)$ 且 $\mathbb{P}(L')\cap\mathbb{P}(L'')=\varnothing$，则称 $\mathbb{P}(L')$ 和 $\mathbb{P}(L'')$ 为一对互补线性簇，$\mathbb{P}(L')$ 称为 $\mathbb{P}(L'')$ 关于 $\mathbb{P}(L)$ 的**互补线性簇**，反之亦然.

下面的定理说明了 $\mathbb{P}(L'+L'')$ 的几何意义.

定理 4.1.4 设 L' 和 L'' 为向量空间 L 的两个子空间，则射影线性簇 $\mathbb{P}(L'+L'')$ 等同于连接 $\mathbb{P}(L')$ 的所有可能点与 $\mathbb{P}(L'')$ 的所有可能点的直线的并集 Σ.

证 首先证明 $\Sigma\subset\mathbb{P}(L'+L'')$. 令向量 $\boldsymbol{e}'\in L'$ 和 $\boldsymbol{e}''\in L''$，记 $L_1=\langle\boldsymbol{e}',\boldsymbol{e}''\rangle$，那么 Σ 中的每条直线都具有形式 $\mathbb{P}(L_1)$，并且从 $\boldsymbol{e}'+\boldsymbol{e}''\in L'+L''$ 推出，Σ 中的每条直线 $\mathbb{P}(L_1)$ 属于 $\mathbb{P}(L'+L'')$，因此 $\Sigma\subset\mathbb{P}(L'+L'')$.

其次验证 $\Sigma\supset\mathbb{P}(L'+L'')$，从而得到 $\Sigma=\mathbb{P}(L'+L'')$. 假设点 $P\in\mathbb{P}(L)$ 属于射影线性簇 $\mathbb{P}(L'+L'')$，因此 $\exists\,\boldsymbol{e}=\boldsymbol{e}'+\boldsymbol{e}''\in L'+L''$，使得 $P=\langle\boldsymbol{e}\rangle$. 这说明向量 $\boldsymbol{e}\in\langle\boldsymbol{e}',\boldsymbol{e}''\rangle$，即，$P$ 位于连接 $\mathbb{P}(L')$ 中的点 $\langle\boldsymbol{e}'\rangle$ 与 $\mathbb{P}(L'')$ 中的点 $\langle\boldsymbol{e}''\rangle$ 的直线上. 换句话说，$P\in\Sigma$，因此 $\mathbb{P}(L'+L'')\subset\Sigma$. □

利用向量空间的维数定理 1.1.8 可得到以下结果，其证明留给读者完成.

定理 4.1.5 如果 $\mathbb{P}(L')$ 和 $\mathbb{P}(L'')$ 是射影空间 $\mathbb{P}(L)$ 的两个射影线性簇，则

$$\dim(\mathbb{P}(L')\cap\mathbb{P}(L''))+\dim(\mathbb{P}(L')\vee\mathbb{P}(L''))=\dim\,\mathbb{P}(L')+\dim\,\mathbb{P}(L''). \tag{4.1.1}$$

有了以上准备，我们可以来研究射影空间中的基本元素，即点、直线和平面及其位置关系.

命题 4.1.6 (1) $\mathbb{P}^n$ 的任何两个不同点张成一条直线；

(2) $\mathbb{P}^n$ 中的一个点和不包含该点的一条直线张成一个平面；

(3) $\mathbb{P}^2$ 的任何两条不同直线相交于一个点；

(4) $\mathbb{P}^3$ 中的任意一条直线和不包含该直线的平面相交于一个点；

(5) $\mathbb{P}^3$ 的任何两个不同平面相交于一条直线；

(6) $\mathbb{P}^3$ 中的两条不同直线要么张成整个空间 $\mathbb{P}^3$（此时称为**异面直线**），要么张成一个平面（此时称为**共面直线**）.

证 (1) 和 (2) 可直接从定义得到.

(3) 令 $\mathbb{P}(L')$ 和 $\mathbb{P}(L'')$ 分别表示射影平面 $\mathbb{P}^2(L)$ 中的两条不同直线，则 $\dim\,\mathbb{P}(L')=$

$\dim \mathbb{P}(L'')=1$.而 $\dim L=3$,$\dim(L'+L'')\leqslant 3$,所以 $\dim(\mathbb{P}(L')\vee\mathbb{P}(L''))\leqslant 2$.根据(4.1.1)式得到 $\dim(\mathbb{P}(L')\cap\mathbb{P}(L''))\geqslant 0$,即射影平面中的每对直线相交.

(4)和(5)可以类似于(3)进行证明,在此省略.

(6)令 l_1 和 l_2 表示$\mathbb{P}^3$中的两条不同直线,则显然存在 $Q_{i0},Q_{i1}\in l_i$,$i=1,2$.我们要证明的结论变成 $3\geqslant\dim\langle Q_{10},Q_{11},Q_{20},Q_{21}\rangle\geqslant 2$.该不等式中 $3\geqslant\dim\langle Q_{10},Q_{11},Q_{20},Q_{21}\rangle$是定义 4.1.3 的直接要求.因此只要证明 $\dim\langle Q_{10},Q_{11},Q_{20},Q_{21}\rangle\geqslant 2$ 即可.我们采用反证法,假设 $\dim\langle Q_{10},Q_{11},Q_{20},Q_{21}\rangle<2$.令这些点的代表为 $\boldsymbol{v}_{i0},\boldsymbol{v}_{i1}$,$i=1,2$,则这些向量张成的向量空间至多为二维.而 Q_{10},Q_{11}张成一条直线,所以 $\boldsymbol{v}_{10},\boldsymbol{v}_{11}$线性无关,因而 $\boldsymbol{v}_{20},\boldsymbol{v}_{21}$可由 $\boldsymbol{v}_{10},\boldsymbol{v}_{11}$线性表出.这说明 Q_{20},Q_{21}都属于直线 l_1,即 l_1 与 l_2 相同,这与已知条件矛盾. □

由命题 4.1.6 可见,射影空间和仿射空间中的直线和平面存在很大区别.本命题的(3)表明,射影平面中没有不相交的两条直线,而(5)表明,三维射影空间中没有不相交的两张平面.然而在仿射空间中,平行直线和平行平面都是不相交的.

射影空间$\mathbb{P}$的两个射影线性簇的交集有时称为它们中任何一个的**截影**.包含在同一条直线中的点称为**共线点**.包含在同一平面中的点和直线分别称为**共面点**和**共面直线**.

在射影空间中,如 Euclid 空间上一样,点、直线和平面或超平面只是其中最基本的图形,由这些图形可以组合出丰富多彩的射影几何图形,我们称之为**线性图形**.即,线性图形是射影空间$\mathbb{P}^n$中的有限个射影线性簇(线性图形的基本元素)的集合.一个线性图形显然可以分成许多子集,每个子集中的元素具有相同的名称,例如顶点、棱、边、面等,并且具有相同的维数.例如,三角形就是由三个点(顶点)、三条直线(边)和一个平面这三个基本元素构成的线性图形.

定义 4.1.6(完备四边形) 在射影平面中,由四条直线(称为边,其中任何三条边都不共点)以及不同边对的交点(共六个不同的交点,称为顶点)组成的线性图形,称为**完备四边形**,简称**四边形**.完备四边形中的任意两个不包含在任何一条边中的顶点称为**相对的**.

四边形完全由其边确定,每条边都有三个顶点,因此每个顶点都有一个相对的顶点,从而四边形有三对相对的顶点.每两个相对的顶点的连线称为四边形的**对角线**,因此四边形有三条不同的对角线.图 4.1.4 是一个四边形.

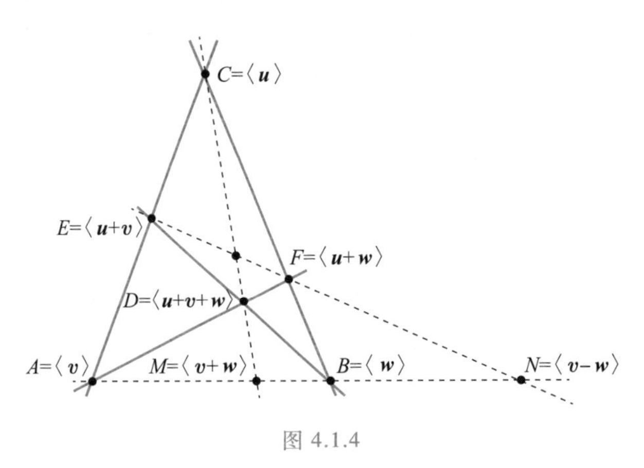

图 4.1.4

定义 4.1.7(四点形或四角形) 在射影平面中,由四个点(称为顶点,其中任何三个顶点不共线)以及不同顶点对所张成的六条不同直线(称为边)组成的线性图形,称为**四点形**或**四角形**.

四点形完全由其顶点确定.如果把四点形中没有公共顶点的两条边称为**相对的**,则因为每个顶点正好有三条边通过,所以每条边都有一条相对的边,整个四点形共三对相对的边,而两条相对的边的交点称为四点形的**对角点**,因而四点形有三个不同的对角点.图 4.1.5 表示一个四点形.

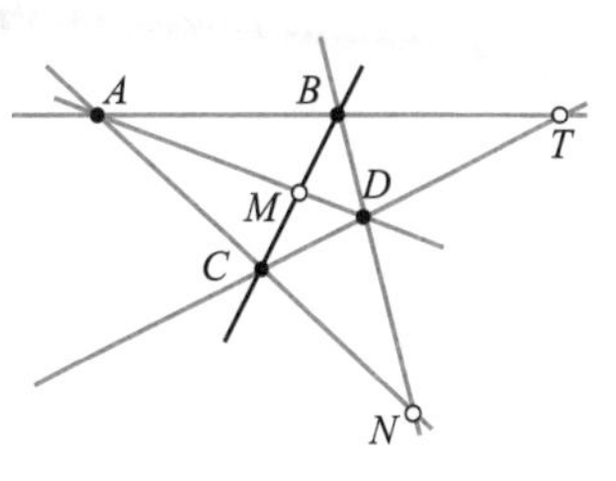

图 4.1.5

我们可以通过解析几何的方法证明射影平面中的上述线性图形的一些重要结论.

命题 4.1.7 完备四边形的三条对角线不共点.

证 如图 4.1.4,假设四边形的顶点是 A,B,C,D,E,F,边是 AEC,ADF,BDE 和 BFC.由四边形的定义,每个顶点恰好属于两条边,每条边正好包含三个顶点,因此对角线是三条不同的直线.取 $A=\langle \boldsymbol{v}'\rangle$, $C=\langle \boldsymbol{u}\rangle$.点 E 与 A 和 C 共线,并且不同于它们中的任何一个,所以 $E=\langle \lambda\boldsymbol{u}+\mu\boldsymbol{v}'\rangle$,其中标量 λ 和 μ 不同时为零.不妨假设 $\lambda\neq 0$,因此可取 $\boldsymbol{v}=(\mu/\lambda)\boldsymbol{v}'\neq\boldsymbol{0}$,从而 $A=\langle \boldsymbol{v}\rangle$, $C=\langle \boldsymbol{u}\rangle$ 和 $E=\langle \boldsymbol{u}+\boldsymbol{v}\rangle$.同样,可选择 B 的代表 $\boldsymbol{w}$ 来使得 $B=\langle \boldsymbol{w}\rangle$ 和 $F=\langle \boldsymbol{u}+\boldsymbol{w}\rangle$.注意 $\boldsymbol{u}$, $\boldsymbol{v}$, $\boldsymbol{w}$ 是线性无关向量,因为它们代表非共线点.由于向量 $\boldsymbol{u}+\boldsymbol{v}+\boldsymbol{w}$ 可以写成 $\boldsymbol{u}+\boldsymbol{v}+\boldsymbol{w}=\boldsymbol{v}+(\boldsymbol{u}+\boldsymbol{w})=\boldsymbol{w}+(\boldsymbol{u}+\boldsymbol{v})$,它属于 $\langle \boldsymbol{v},\boldsymbol{u}+\boldsymbol{w}\rangle\cap\langle \boldsymbol{w},\boldsymbol{u}+\boldsymbol{v}\rangle$,因此它是边 AF 和 BE 的唯一交点,即 $D=\langle \boldsymbol{u}+\boldsymbol{v}+\boldsymbol{w}\rangle$.类似地,等式 $\boldsymbol{v}+\boldsymbol{w}=-\boldsymbol{u}+(\boldsymbol{u}+\boldsymbol{v}+\boldsymbol{w})$ 表示对角线 AB 与 CD 相交于 $M=\langle \boldsymbol{v}+\boldsymbol{w}\rangle$ 处,而 $N=AB\cap EF$ 由 $\boldsymbol{v}-\boldsymbol{w}=(\boldsymbol{u}+\boldsymbol{v})-(\boldsymbol{u}+\boldsymbol{w})$ 表示.因此 $M=N$ 会与 $\boldsymbol{v},\boldsymbol{w}$ 的无关性相矛盾,这说明四边形的三条对角线不共点. □

定理 4.1.8(Desargues 定理) 对于射影平面中的两个三角形 ABC 和 $A'B'C'$,记三角形 ABC 中与顶点 A,B 和 C 相对的边分别为 a,b 和 c,三角形 $A'B'C'$ 中与顶点 A',B' 和 C' 相对的边分别为 a',b' 和 c',并假设 $A\neq A'$, $B\neq B'$, $C\neq C'$, $a\neq a'$, $b\neq b'$ 和 $c\neq c'$.如果连线 AA', BB', CC' 是共点的,则点 $a\cap a'$, $b\cap b'$, $c\cap c'$ 共线.

证 取两个三角形 ABC 和 $A'B'C'$ 的顶点的代表分别为 $A=\langle \boldsymbol{u}\rangle$, $B=\langle \boldsymbol{v}\rangle$, $C=\langle \boldsymbol{w}\rangle$, $A'=\langle \boldsymbol{u}'\rangle$, $B'=\langle \boldsymbol{v}'\rangle$, $C'=\langle \boldsymbol{w}'\rangle$,并用 O 表示 AA', BB' 和 CC' 的交点.根据共线点的定义,存在合适的 $\alpha,\alpha',\beta,\beta',\lambda,\lambda'\in\mathbb{K}$,使得 O 的代表可取为 $\alpha\boldsymbol{u}+\alpha'\boldsymbol{u}'$, $\beta\boldsymbol{v}+\beta'\boldsymbol{v}'$, $\lambda\boldsymbol{w}+\lambda'\boldsymbol{w}'$ 中的任何一个.特别地,可使得

$$\alpha\boldsymbol{u}+\alpha'\boldsymbol{u}'=\beta\boldsymbol{v}+\beta'\boldsymbol{v}'=\lambda\boldsymbol{w}+\lambda'\boldsymbol{w}'.$$

该式中第一个等式通过移项之后可得

$$\alpha\boldsymbol{u}-\beta\boldsymbol{v}=\beta'\boldsymbol{v}'-\alpha'\boldsymbol{u}'.$$

因为顶点 $A=\langle \boldsymbol{u}\rangle$ 和 $B=\langle \boldsymbol{v}\rangle$ 是不同的点,所以其代表 $\boldsymbol{u}$ 和 $\boldsymbol{v}$ 是线性无关的,因此该式中的向量不能为零,等式两边分别代表位于 AB 和 $A'B'$ 上的点 M,即 $M=c\cap c'$.类似地,向量 $\beta\boldsymbol{v}-\lambda\boldsymbol{w}=\lambda'\boldsymbol{w}'-\beta'\boldsymbol{v}'$ 表示 $N=a\cap a'$,而 $\lambda\boldsymbol{w}-\alpha\boldsymbol{u}=\alpha'\boldsymbol{u}'-\lambda'\boldsymbol{w}'$ 表示 $T=b\cap b'$.显然有 $(\alpha\boldsymbol{u}-\beta\boldsymbol{v})+(\beta\boldsymbol{v}-\lambda\boldsymbol{w})+(\lambda\boldsymbol{w}-\alpha\boldsymbol{u})=\boldsymbol{0}$,所以结论成立. □

图 4.1.6 是 Desargues 定理的示意图.从该图可以看出,Desargues 定理等价于:如果有一个点 O 与每一对点 A,A', B,B' 和 C,C' 共线,那么存在一条直线 l 与每一对直线 a,a', b,b' 和 c,c' 共点.

定理 4.1.9(Pappus 定理) 设 l_1, l_2 是射影平面中的两条不同直线,取 $O=l_1\cap l_2$.如果 A, B, C 是 l_1 的三个不同于 O 的点,而 A', B', C' 是 l_2 的三个也不同于 O 的点,则 $M=AB'\cap A'B$, $N=AC'\cap A'C$ 和 $T=BC'\cap B'C$ 是三个共线点.

证 首先证明 M, N 和 T 是三个点.如图 4.1.7 所示,如果 $AB'=A'B$,则 A, B, A', B' 共线,因此 $l_1=AB=A'B'=l_2$,这与假定矛盾,因而 M 是一个点.可类似证明 N 和 T 分别也是一个点.

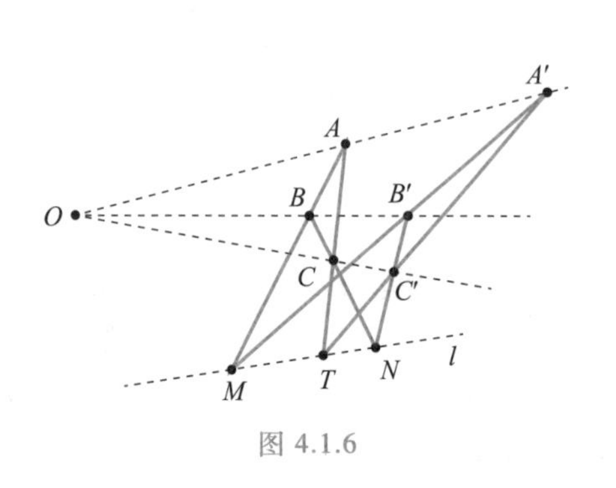

图 4.1.6

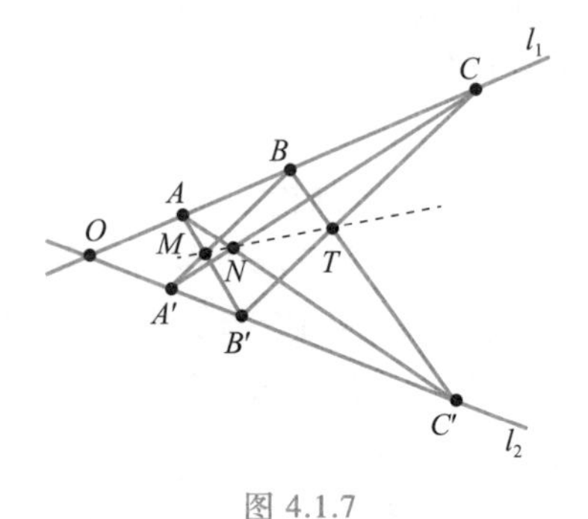

图 4.1.7

然后证明 M, N 和 T 共线.选择代表 $O=\langle \boldsymbol{u}\rangle$, $A=\langle \boldsymbol{v}\rangle$, $A'=\langle \boldsymbol{w}\rangle$ 使得 $B=\langle \boldsymbol{u}+\boldsymbol{v}\rangle$ 和 $B'=\langle \boldsymbol{u}+\boldsymbol{w}\rangle$.由于 $C\in l_1=OA$,且 C 不与 O, A, B 重合,所以可以写成 $C=\langle \boldsymbol{u}+\lambda\boldsymbol{v}\rangle$, $\lambda\neq 0, 1$.类似地,$C'=\langle \boldsymbol{u}+\mu\boldsymbol{w}\rangle$, $\mu\neq 0, 1$.由假设向量 $\boldsymbol{u}, \boldsymbol{v}, \boldsymbol{w}$ 线性无关,所以 $\boldsymbol{u}+\boldsymbol{v}+\boldsymbol{w}\neq \boldsymbol{0}$ 且点

$$\langle \boldsymbol{u}+\boldsymbol{v}+\boldsymbol{w}\rangle=\langle \boldsymbol{v}+(\boldsymbol{u}+\boldsymbol{w})\rangle=\langle(\boldsymbol{u}+\boldsymbol{v})+\boldsymbol{w}\rangle=M,$$

这是因为它同时属于 $A'B$ 和 AB'.以同样的方式可得

$$\langle \boldsymbol{u}+\lambda\boldsymbol{v}+\mu\boldsymbol{w}\rangle=\langle \lambda\boldsymbol{v}+(\boldsymbol{u}+\mu\boldsymbol{w})\rangle=\langle(\boldsymbol{u}+\lambda\boldsymbol{v})+\mu\boldsymbol{w}\rangle=N$$

和

$$\begin{aligned}&\langle(\lambda\mu-1)\boldsymbol{u}+\lambda(\mu-1)\boldsymbol{v}+\mu(\lambda-1)\boldsymbol{w}\rangle\\=&\langle\lambda(\mu-1)(\boldsymbol{u}+\boldsymbol{v})+(\lambda-1)(\boldsymbol{u}+\mu\boldsymbol{w})\rangle\\=&\langle\mu(\lambda-1)(\boldsymbol{u}+\boldsymbol{w})+(\mu-1)(\boldsymbol{u}+\lambda\boldsymbol{v})\rangle=T.\end{aligned}$$

由于

$$\lambda\mu(\boldsymbol{u}+\boldsymbol{v}+\boldsymbol{w})-(\boldsymbol{u}+\lambda\boldsymbol{v}+\mu\boldsymbol{w})-(\lambda\mu-1)\boldsymbol{u}-\lambda(\mu-1)\boldsymbol{v}-\mu(\lambda-1)\boldsymbol{w}=\boldsymbol{0},$$

所以点 M, N 和 T 是线性相关的三个点,因而它们共线. □

4.1.4 对偶原理

前面已经提到,我们引入射影空间的一个目标就是,在射影空间中的基本几何元素之间只是关联关系,地位是对称的.现在就来验证射影空间是否实现了这个目标.

回忆一下 §1.1 中对偶空间的概念.设 L 是数域$\mathbb{K}$上的一个向量空间,由 L 上的所有线性泛函构成的集合,按照数域$\mathbb{K}$上的加法和数乘构成的向量空间 L^*,就是 L 的对偶空间.

定义 4.1.8 对于数域$\mathbb{K}$上的向量空间 L,令 L^* 表示其对偶空间,称射影空间$\mathbb{P}(L^*)$为$\mathbb{P}(L)$的**对偶射影空间**.

由定义,$\mathbb{P}(L^*)$中的每个点定义为一条直线$\langle\varphi\rangle$,其中 $\varphi\in L^*$ 且 $\varphi\neq 0$(即作为 L^* 的元素,不是零向量).显然 $L_\varphi=\{\boldsymbol{x}\in L\mid\varphi(\boldsymbol{x})=0\}$ 是向量空间 L 中的一个超平面,因此$\mathbb{P}(L_\varphi)$确

定射影空间$\mathbb{P}(L)$中的一个超平面.可以证明,通过这种对应,在对偶空间$\mathbb{P}(L^*)$的点$\langle\varphi\rangle$与空间$\mathbb{P}(\mathrm{L})$的超平面$\mathbb{P}(L_\varphi)$之间建立了一个双射.实际上,给定点$\langle\varphi\rangle\in\mathbb{P}(L^*)$,若其代表使得$\varphi(\boldsymbol{x})=0$,则$\forall\,\alpha\in\mathbb{K},\alpha\varphi(\boldsymbol{x})=0$,因而$\mathbb{P}(L_\varphi)=\mathbb{P}(L_{\alpha\varphi})$.所以,$\mathbb{P}(L^*)$中的一个点$\langle\varphi\rangle$被映射到$\mathbb{P}(L)$的一个超平面$\mathbb{P}(L_\varphi)$.反过来,每个超平面$L'\subset L$由一个非零线性方程$\varphi(x)=0$确定,且只有当存在非零标量$\alpha$使得$\varphi_1=\alpha\varphi$时,两个不同的方程$\varphi=0$和$\varphi_1=0$才能定义同一个超平面.所以,一个超平面$\mathbb{P}(L')$对应于$\mathbb{P}(L^*)$中的一个点$\langle\varphi\rangle$.

按照这种对应,对偶空间$\mathbb{P}(L^*)$的一个元素可以解释为$\mathbb{P}(L)$中的一个超平面,所以也经常把对偶空间$\mathbb{P}(L^*)$中的元素称为**超平面**.因此,在射影空间中,点和超平面处于平等地位,都可以作为射影几何图形的基本元素.例如,在射影平面上,图形既可以用点表示,将其视为点的集合(如定义 4.1.7 中的四点形),也可以用射影直线表示而将其视为直线的集合(如定义 4.1.6 中的四线形).类似地,从以上观点,还可以在射影平面中定义三点形以及三线形.三点形就是不共线三点A,B,C及其两两连线所构成的线性图形,这三个点称为三点形的顶点,而这三条连线称为三点形的边,通常表示为ABC.三线形是平面内不共点三直线a,b,c及其两两相交的交点所构成的线性图形,这三直线称为三线形的边,其交点称为顶点,通常以其边来记三线形,如表示为abc.

射影空间与其对偶空间的上述对应关系可以进一步推广,以在n维空间$\mathbb{P}(L)$的m维射影线性簇和空间$\mathbb{P}(L^*)$的$n-m-1$维射影线性簇之间建立一种双射.为此,令$L'\subset L$为$m+1$维射影线性簇,则L'的零化线性簇为$(L')^0=\{\varphi\in L^*\mid\varphi(\boldsymbol{x})=0,\ \forall\,\boldsymbol{x}\in L'\}$,并且根据命题 1.1.16,其维数等于

$$\dim\,(L')^0=\dim L-\dim L'=n-m.\tag{4.1.2}$$

由此可得,$\mathbb{P}((L')^0)$是$\mathbb{P}(L^*)$的$n-m-1$维射影线性簇,在下面也记作$(\mathbb{P}(L'))^0$.通过零化子,能建立n维空间$\mathbb{P}(L)$的m维射影线性簇$\mathbb{P}(L')$与空间$\mathbb{P}(L^*)$的$n-m-1$维射影线性簇$\mathbb{P}((L')^0)$之间的一种双射.

利用(4.1.2)式和命题 1.1.18 可以证明这种双射的以下性质.

命题 4.1.10 如果$\mathbb{P}(L')$,$\mathbb{P}(L'')$都是$\mathbb{P}^n(L)$的射影线性簇,那么

(1) $\mathbb{P}((L')^0)=\varnothing\Leftrightarrow\mathbb{P}(L')=\mathbb{P}^n(L)$;

(2) $\mathbb{P}((L')^0)=\mathbb{P}(L^*)\Leftrightarrow\mathbb{P}(L')=\varnothing$;

(3) $\mathbb{P}(L')\supset\mathbb{P}(L'')\Leftrightarrow\mathbb{P}((L')^0)\subset\mathbb{P}((L'')^0)$;

(4) $(\mathbb{P}(L')\vee\mathbb{P}(L''))^0=\mathbb{P}((L')^0)\cap\mathbb{P}((L'')^0)$;

(5) $(\mathbb{P}(L')\cap\mathbb{P}(L''))^0=\mathbb{P}((L')^0)\vee\mathbb{P}((L'')^0)$.

证 (1)和(2)可以直接从(4.1.2)式推出(注意射影空间$\varnothing$的维数约定为-1).为证明(3),注意到用命题 1.1.18 可得

$$\mathbb{P}(L')\supset\mathbb{P}(L'')\Leftrightarrow L'\supset L''\Leftrightarrow(L')^0\subset(L'')^0\Leftrightarrow\mathbb{P}((L')^0)\subset\mathbb{P}((L'')^0).$$

类似地,对于(4),我们有以下运算结果:

$$(\mathbb{P}(L')\vee\mathbb{P}(L''))^0=\mathbb{P}((L'\vee L'')^0)=\mathbb{P}((L')^0\cap(L'')^0)=\mathbb{P}((L')^0)\cap\mathbb{P}((L'')^0).$$

同样,对于(5),我们有

$$(\mathbb{P}(L')\cap\mathbb{P}(L''))^0=\mathbb{P}((L'\cap L'')^0)=\mathbb{P}((L')^0\vee(L'')^0)=\mathbb{P}((L')^0)\vee\mathbb{P}((L'')^0).\quad\square$$

根据命题 4.1.10,仿照定理 1.1.19,容易建立以下射影对偶原理.

定义 4.1.9 假设关于射影空间$\mathbb{P}(L)$的一个命题叙述为$(P)=\{L_1,L_2,\cdots,\subset,\vee,\cap\}$,将命题$(P)$中的$L_1,L_2,\cdots,\subset,\vee,\cap$分别替换成$(L_1)^0,(L_2)^0,\cdots,\supset,\cap,\vee$,得到的关于射影空间$\mathbb{P}(L^*)$中的另一命题$(P^*)=\{(L_1)^0,(L_2)^0,\cdots,\supset,\cap,\vee\}$称为命题$(P)$的**对偶命题**.把对应的替换项称为对偶项,而把一个命题(P)替换成对偶命题(P^*)的过程,叫作对偶化.

定理 4.1.11(射影对偶原理) 令$\mathbb{P}(L)$表示一射影空间,命题$(P)=\{L_1,L_2,\cdots,\subset,\vee,\cap\}$,命题$(P^*)$是命题$(P)$的对偶命题.那么,命题$(P)$成立的充要条件是对偶命题$(P^*)$在射影空间$\mathbb{P}(L^*)$中成立.

根据同构,射影对偶原理可以更进一步改成:对于给定数域$\mathbb{K}$上的n维射影空间$\mathbb{P}(L)$,如果证明了仅使用射影线性簇的维数m、包含$\supset$、包含于$\subset$、联合$\vee$和交集$\cap$的概念叙述的原始定理,那么通过将该原始命题的这些概念依次替换成射影线性簇的维数$n-m-1$、包含于$\subset$、包含$\supset$、交集$\cap$和联合$\vee$,则所得到的对偶命题也成立.

例如,“通过射影平面的两个不同点存在一条直线”对偶到“射影平面中的每对不同直线交于一点”;“三维射影空间中任意两个不同平面的交集是一条直线”对偶到“三维射影空间中任意两个不同点的联合是一条直线”;在射影平面中,“共线点”和“共点线”是对偶项;等等.

需要注意,虽然对偶化只涉及射影线性簇的维数、包含、交集和联合的替换,但原始命题中用到的一些术语,如共点线或三点形,它们本身就是用射影线性簇的维数、包含、交集和联合来定义的,所以在进行对偶化之前,需要将这些术语也要进行替换.例如,共点线应该替换成“包含同一点的直线”.

在不同维数的射影空间中,对偶项是不一样的,例如在射影平面上,直线与点是对偶项,而在三维射影空间中,直线是自对偶项.

例 4.1.7 考虑射影平面中由三个非共线点P_0,P_1,P_2作为顶点、三条直线$P_i\vee P_j(0\leqslant i<j\leqslant 2)$作为边形成的三角形的对偶化.按照定义 4.1.9,必须考虑由三条非共点直线l_0,l_1,l_2和三点$l_i\cap l_j(0\leqslant i<j\leqslant 2)$组成的线性图形,显然这也是一个三角形.因此,在射影平面中,三角形是自对偶的.然而,三角形的顶点对偶化为三角形的边,反之亦然.

射影对偶原理可以帮助我们简化很多定理的证明.例如,我们在定理 4.1.8 中证明了Desargues定理,使用上面的射影对偶原理,可以省略以下定理的证明,因为它是 Desargues 定理的对偶:

定理 4.1.12(Desargues 定理的逆定理) 对于射影平面中具有边a,b,c和a',b',c'的两个三角形,设A,B和C分别是第一个三角形中与a,b和c相对应的顶点,类似地,A',B'和C'是第二个三角形中与a',b'和c'相对应的顶点.又设$a\neq a',b\neq b',c\neq c'$,$A$与$A'$,$B$与$B'$和$C$与$C'$不重合.如果点$a\cap a',b\cap b',c\cap c'$共线,则直线$AA',BB',CC'$共点.

例 4.1.8 设$L=\mathbb{R}^4$,讨论其对偶映射$\mathbb{P}(L)\to\mathbb{P}(L^*)$,$L'\to(L')^0$.

解 令L的一个基为$\boldsymbol{e}_1=(1,0,0,0),\boldsymbol{e}_2=(0,1,0,0),\boldsymbol{e}_3=(0,0,1,0),\boldsymbol{e}_4=(0,0,0,1)$,并设其对偶空间$L^*$中的对偶基$\varphi_1,\varphi_2,\varphi_3,\varphi_4$满足(1.1.43)式.那么$\forall\boldsymbol{a}\in L=\mathbb{R}^4$,其坐标表示为

$$\boldsymbol{a}=(a_1,a_2,a_3,a_4)=a_1\boldsymbol{e}_1+a_1\boldsymbol{e}_2+a_3\boldsymbol{e}_3+a_4\boldsymbol{e}_4.$$

而 $\forall \varphi \in L^*$，$\varphi = \sum_{i=1}^{4} \varphi(\boldsymbol{e}_i)\varphi_i$ 的坐标为

$$(x_1,x_2,x_3,x_4)=(\varphi(\boldsymbol{e}_1),\varphi(\boldsymbol{e}_2),\varphi(\boldsymbol{e}_3),\varphi(\boldsymbol{e}_4)).$$

若假设 $L'=\langle \boldsymbol{a}\rangle$，则 $(L')^0=\langle \boldsymbol{a}\rangle^0=\{\varphi\in L^* \mid \varphi(\boldsymbol{a})=0\}$.由(1.1.42)式得

$$\varphi(\boldsymbol{a})=\sum_{i=1}^{4}\varphi(\boldsymbol{e}_i)\varphi_i(\boldsymbol{a})=\sum_{i=1}^{4}\varphi(\boldsymbol{e}_i)\ \varphi_i\left(\sum_{j=1}^{4}a_j\boldsymbol{e}_j\right)=\sum_{j=1}^{4}a_jx_j.$$

所以 $\langle \boldsymbol{a}\rangle^0$ 是一平面，它的方程是 $\sum_{j=1}^{4}a_jx_j=0$. 如果 L' 为一条直线，即 $L'=\langle \boldsymbol{a},\boldsymbol{b}\rangle$，则 $(L')^0=\{\varphi\in L^* \mid \varphi(\boldsymbol{a})=\varphi(\boldsymbol{b})=0\}$，设 $\boldsymbol{a}=(a_1,a_2,a_3,a_4)$，$\boldsymbol{b}=(b_1,b_2,b_3,b_4)$，则 $\langle \boldsymbol{a},\boldsymbol{b}\rangle^0$ 也是一条直线，它是下列两平面的交线：

$$\begin{cases}a_1x_1+a_2x_2+a_3x_3+a_4x_4=0,\\ b_1x_1+b_2x_2+b_3x_3+b_4x_4=0.\end{cases}$$

当取 L' 为一平面，即 $L'=\langle \boldsymbol{a},\boldsymbol{b},\boldsymbol{c}\rangle$ 时，则 $(L')^0=\{\varphi \mid \varphi(\boldsymbol{a})=\varphi(\boldsymbol{b})=\varphi(\boldsymbol{c})=0\}$，假设 $\boldsymbol{a}=(a_1,a_2,a_3,a_4)$，$\boldsymbol{b}=(b_1,b_2,b_3,b_4)$，$\boldsymbol{c}=(c_1,c_2,c_3,c_4)$，则 $(L')^0$ 是一点，它是下列三平面的公共点：

$$\begin{cases}a_1x_1+a_2x_2+a_3x_3+a_4x_4=0,\\ b_1x_1+b_2x_2+b_3x_3+b_4x_4=0,\\ c_1x_1+c_2x_2+c_3x_3+c_4x_4=0.\end{cases}$$

习题 4.1

1. 设中心射影 $\boldsymbol{\tau}:\boldsymbol{\pi}\to\boldsymbol{\pi}'$ 将一张平面 $\boldsymbol{\pi}$ 投影到另一张平面 $\boldsymbol{\pi}'$，直线 l 为平面 $\boldsymbol{\pi}$ 上的影消线.$\boldsymbol{\pi}$ 上两直线 l_1,l_2 与 l 相交于同一点.证明：$\tau(l_1)$ 与 $\tau(l_2)$ 平行.

2. 求将一张平面上的圆变成另一张平面上的抛物线的中心射影.

3. 求一中心射影，将一张平面上的任一三角形投影到另一张平面上的等边三角形.

4. 尽量多地举出在中心射影下不变的几何图形或几何量.

5. 证明：射影空间 $\mathbb{P}(L)$ 的子集 $\mathbb{P}'$ 是射影线性簇，当且仅当对于任何不同点 $P,Q\in\mathbb{P}'$，直线 $P\vee Q\subset\mathbb{P}'$.

6. 举例说明：对于射影空间 $\mathbb{P}^n$ 的射影线性簇 $\mathbb{P}_1,\mathbb{P}_2,\mathbb{P}_3$，一般来说，$\mathbb{P}_1\cap(\mathbb{P}_2\vee\mathbb{P}_3)=(\mathbb{P}_1\cap\mathbb{P}_2)\vee(\mathbb{P}_1\cap\mathbb{P}_3)$ 不成立.

7. 如果三维射影空间 $\mathbb{P}^3$ 中的三条不同直线两两共面.证明：这三条直线要么位于同一平面上，要么经过同一个点.

8. 假设 l_1,l_2,l_3 是射影空间中的三条直线，每条直线与另外两条的张成不相交.取点 $P_i\in l_i$，$i=1,2,3$，令 $\pi=P_1\vee P_2\vee P_3$.计算 $l_1\vee l_2\vee l_3$ 和 $l_1\vee l_2\vee\pi$.

9. 如果 $\mathbb{P}_1,\mathbb{P}_2,\mathbb{P}_3,\mathbb{P}_4$ 是射影空间中的两两不相交的射影线性簇，而且维数相同.证明：

$$\dim((\mathbb{P}_1\vee\mathbb{P}_2)\cap(\mathbb{P}_3\vee\mathbb{P}_4))=\dim((\mathbb{P}_1\vee\mathbb{P}_3)\cap(\mathbb{P}_2\vee\mathbb{P}_4))=\dim((\mathbb{P}_1\vee\mathbb{P}_4)\cap(\mathbb{P}_2\vee\mathbb{P}_3)).$$

10. 令 l_1,l_2 是三维射影空间 $\mathbb{P}^3$ 中的两条异面直线，而 l_3,l_4 是两条不同的直线，它们都与 l_1 和 l_2 相交.证明：如果 l_3,l_4 相交于点 P，则 $P\in l_1\cup l_2$.

11. 假设 $\mathbb{P}_1,\mathbb{P}_2,\mathbb{P}_3$ 是射影空间 $\mathbb{P}^5$ 的 3 维射影线性簇，使得对于 $i,j=1,2,3$，$i<j$，联合

$\mathbb{P}_i \vee \mathbb{P}_j$是三个不同的超平面.计算$\mathbb{P}_1 \cap \mathbb{P}_2 \cap \mathbb{P}_3$的维数.

12. 假设 $H_0, H_1, \cdots, H_n$ 是射影空间$\mathbb{P}^n$中的超平面,其中 $H_0 \cap H_1 \cap \cdots \cap H_n = \varnothing$.计算 $\dim(H_0 \cap H_1 \cap \cdots \cap H_i)$, $i=1,2,\cdots,n-1$.

13. 假设$\mathbb{P}_1, \mathbb{P}_2, \cdots, \mathbb{P}_m$是射影空间$\mathbb{P}^n$的 $n-2$ 维射影线性簇,其中 $\dim(\mathbb{P}_i \cap \mathbb{P}_j) = n-3$,而 $\dim(\mathbb{P}_i \cap \mathbb{P}_j \cap \mathbb{P}_r) = n-4$, $i, j, r = 1, 2, \cdots, m$, $i<j<r$.证明:存在$\mathbb{P}^n$的一个超平面 H,使得 $\mathbb{P}_i \subset H$, $i=1,2,\cdots,m$.

14. 假设$\mathbb{P}_1, \mathbb{P}_2$是射影空间$\mathbb{P}^n(n \geqslant 3)$的 $n-2$ 维射影线性簇,它们张成$\mathbb{P}^n$.证明:对于任何点 $P \in \mathbb{P}^n$且 $P \notin \mathbb{P}_i$, $i=1,2$,存在唯一的 $n-2$ 维射影线性簇$\mathbb{P}'$,它经过 P 并且使得 $\dim(\mathbb{P}' \cap \mathbb{P}_1) = \dim(\mathbb{P}' \cap \mathbb{P}_2) = n-3$.

15. 已知射影空间中的两条直线 l_1, l_2 和一张平面 π,假定 $\dim(l_1 \cap l_2) = \dim(l_2 \cap \pi) = 0$ 且 $l_1 \cap \pi = \varnothing$,试计算 $\dim(l_1 \vee l_2 \vee \pi)$.

16. 假定π_1, π_2, π_3 是射影空间中的三张平面,其中 $\dim(\pi_1 \vee \pi_2 \vee \pi_3) = 6$ 并且有一个点 $P \in \pi_1 \cap \pi_2 \cap \pi_3$.证明:$\pi_1 \cap \pi_2 = \pi_2 \cap \pi_3 = \pi_3 \cap \pi_1 = \{P\}$.

17. 令π_1, π_2, π_3 是射影空间$\mathbb{P}^4$中的三张平面,都经过点 P.假设 $\dim(\pi_i \vee \pi_j) = 3$, $i,j=1,2,3$, $i \neq j$.证明:$\dim(\pi_1 \cap \pi_2 \cap \pi_3) = 1$ 或 $\dim(\pi_1 \vee \pi_2 \vee \pi_3) = 3$.

18. 假设射影空间$\mathbb{P}^n$由三张平面π_1, π_2, π_3 张成,并且没有$\mathbb{P}^n$中的直线能够与每张平面 π_1, π_2, π_3 具有非空交集.计算 n.

19. 令 l_1, l_2, l_3 是射影空间$\mathbb{P}^n$中的三条两两不相交的直线.证明:当且仅当$\mathbb{P}^n$存在唯一的直线 l 使得 $l \cap l_i \neq \varnothing$ 时,$\dim(l_1 \vee l_2 \vee l_3) = 4$.

20. 证明:点 $P_1, P_2, \cdots, P_m \in \mathbb{P}^n$ 线性无关的充要条件是,对任意 $i, j, i \neq j$, $P_i \vee P_j$ 是一条直线并且不与由其余点张成的射影线性簇相交.

21. 令 $P_1, P_2, \cdots, P_n$ 是射影空间$\mathbb{P}^n$中的点,其中 $P_1, P_2, \cdots, P_{n-1}$是线性无关的.证明:$P_1, P_2, \cdots, P_n$ 线性无关的充要条件是,射影空间$\mathbb{P}^n$中存在包含 $P_1, P_2, \cdots, P_{n-1}$且不包含 P_n 的超平面 H.

22. 证明:若射影平面中的三点 P_1, P_2, P_3 不共线,则三线 P_1P_2, P_2P_3, P_3P_1 不共点.

23. 若在射影平面上的一个命题 φ(点,直线)为:A, B, C 和 A', B', C'分别是直线 l_1 和 l_2 上的三个点,并且均与 l_1 和 l_2 的交点 D 不重合.设 AB'与 $A'B$ 交于点 P, BC'与$B'C$ 交于点 Q, CA'与$C'A$ 交于点 R,则 P, Q, R 三点共线.试写出这个命题的对偶命题 φ(直线,点).

§4.2 射影空间的坐标

类似于 Euclid 几何中那样,也可以在射影空间上建立坐标系,以便通过解析方法研究几何问题.在射影空间中建立的坐标系主要有三种,分别得到空间中点的齐次坐标、射影坐标和非齐次坐标.

4.2.1 齐次坐标

由于射影空间是相应的向量空间通过基本元素的关联而得到的,自然想到通过关联的向量空间中的向量坐标来定义射影空间中点的坐标.也就是找出 n 维射影空间$\mathbb{P}^n(L)$中的 $n+1$个线性无关点 $P_0,P_1,\cdots,P_n$,然后用点 $P_0,P_1,\cdots,P_n$ 来表示射影空间$\mathbb{P}^n$中的任何一点 P,例如,取点 $P_0,P_1,\cdots,P_n$ 在相关向量空间 L 中的代表分别为 $\boldsymbol{e}_0,\boldsymbol{e}_1,\cdots,\boldsymbol{e}_n$,则点 P 可表示为 $P=\langle x_0\boldsymbol{e}_0+x_1\boldsymbol{e}_1+\cdots+x_n\boldsymbol{e}_n\rangle$,把其中的数组$(x_0,x_1,\cdots,x_n)\in\mathbb{K}^{n+1}$取作点 P 的坐标就完成了.

定义 4.2.1 对于 n 维射影空间$\mathbb{P}(L)$,设向量空间 L 的一个基为$\{\boldsymbol{e}_0,\boldsymbol{e}_1,\cdots,\boldsymbol{e}_n\}$.若对点 $A=\langle\boldsymbol{x}\rangle\in\mathbb{P}(L)$,存在一组数 $\alpha_i\in\mathbb{K},i=0,1,\cdots,n$,使得

$$\boldsymbol{x}=\alpha_0\boldsymbol{e}_0+\alpha_1\boldsymbol{e}_1+\cdots+\alpha_n\boldsymbol{e}_n,\tag{4.2.1}$$

则称有序数组$(\alpha_0,\alpha_1,\cdots,\alpha_n)$为点 A 或直线$\langle\boldsymbol{x}\rangle$关于基$\{\boldsymbol{e}_0,\boldsymbol{e}_1,\cdots,\boldsymbol{e}_n\}$的一个**齐次坐标**.我们将所建立的点 A 与其齐次坐标的对应关系称为**齐次坐标系**.

例 4.2.1 在一维射影空间(射影直线)的关联向量空间中建立右手仿射坐标系 Oxy.那么该射影直线上一点 $ax+by=0$ 在基向量$(1,0)$和$(0,1)$下具有齐次坐标$(b,-a)$. □

由定义 4.2.1 可以看出,射影空间$\mathbb{P}(L)$中的同一点即使在同一个基下也有多个坐标.事实上,由于对 $\lambda\in\mathbb{K},\lambda\neq0$,非零向量 $\boldsymbol{y}=\lambda\boldsymbol{x}$ 满足$\langle\boldsymbol{y}\rangle=\langle\boldsymbol{x}\rangle$,而

$$\boldsymbol{y}=\lambda\alpha_0\boldsymbol{e}_0+\lambda\alpha_1\boldsymbol{e}_1+\cdots+\lambda\alpha_n\boldsymbol{e}_n,$$

因此$(\lambda\alpha_0,\lambda\alpha_1,\cdots,\lambda\alpha_n)$也是点 A 的齐次坐标.故同一点 A 在同一个基下的不同齐次坐标之间是成比例的.这就是齐次坐标得名的原因,也因此将齐次坐标写成比例形式

$$(\alpha_0:\alpha_1:\cdots:\alpha_n).\tag{4.2.2}$$

因为$(\alpha_0,\alpha_1,\cdots,\alpha_n)$和$(\lambda\alpha_0,\lambda\alpha_1,\cdots,\lambda\alpha_n)$表示射影空间$\mathbb{P}(L)$的同一点,所以$\mathbb{P}(L)$中能用齐次坐标$(\alpha_0,\alpha_1,\cdots,\alpha_n)$表示的点也必定能够用$(\lambda\alpha_0,\lambda\alpha_1,\cdots,\lambda\alpha_n)$来表示.比如,$\mathbb{P}(L)$中点 A 的齐次坐标$(\alpha_0,\alpha_1,\cdots,\alpha_n)$满足方程 $F(\alpha_0,\alpha_1,\cdots,\alpha_n)=0$,则 $F(\lambda\alpha_0,\lambda\alpha_1,\cdots,\lambda\alpha_n)=0$.

例 4.2.2 证明:如果 $\forall(x_0,x_1,\cdots,x_n)\in\mathbb{P}(L,\mathbb{K})$,存在 N 次多项式

$$P(x_0,x_1,\cdots,x_n)=\sum_{0\leqslant k_0+k_1+\cdots+k_n\leqslant N}a_{k_0k_1\cdots k_n}x_0^{k_0}x_1^{k_1}\cdots x_n^{k_n}=0,\tag{4.2.3}$$

其中 $a_{k_0k_1\cdots k_n}\in\mathbb{K}$,则多项式 P 中的 i 次齐次多项式项

$$P_i(x_0,x_1,\cdots,x_n)=\sum_{k_0+k_1+\cdots+k_n=i}a_{k_0k_1\cdots k_n}x_0^{k_0}x_1^{k_1}\cdots x_n^{k_n}=0,\quad i=0,1,\cdots,N.\tag{4.2.4}$$

证 对于任意非零因子 $\lambda\in\mathbb{K}$,将$(\lambda x_0,\lambda x_1,\cdots,\lambda x_n)$代替(4.2.3)式中的$(x_0,x_1,\cdots,x_n)$,则(4.2.3)式左端变成

$$P(\lambda x_0,\lambda x_1,\cdots,\lambda x_n)=\sum_{m=0}^{N}\lambda^m P_m(x_0,x_1,\cdots,x_n).$$

因此,对于任意非零因子 λ,$(x_0,x_1,\cdots,x_n)$和$(\lambda x_0,\lambda x_1,\cdots,\lambda x_n)$均满足(4.2.3)式意味着

$$\sum_{m=0}^{N}\lambda^m P_m(x_0,x_1,\cdots,x_n)=0.\tag{4.2.5}$$

而(4.2.5)式是一个关于 λ 的 N 次多项式,由代数基本定理知,至多有 N 个实 λ 满足(4.2.5)式.因此,若要使(4.2.5)式对于任何 $\lambda\in\mathbb{K}$(这里假设数域有无穷多个元素)都成立,则需要其全部系数等于零,即

$$P_m(x_0,x_1,\cdots,x_n)=0,\quad m=0,1,\cdots,N.\tag{4.2.6}$$

这就是(4.2.4)式. □

根据例 4.2.2,将射影空间$\mathbb{P}(L)$中 $N=2$ 的多项式 $P(\alpha_0,\alpha_1,\cdots,\alpha_n)$方程具体表示为

$$P(\alpha_0,\alpha_1,\cdots,\alpha_n)=\sum_{0\leqslant i,j\leqslant n}a_{ij}\alpha_i\alpha_j+\sum_{0\leqslant i\leqslant n}b_i\alpha_i+c=0, \tag{4.2.7}$$

则 $P_2=\sum_{0\leqslant i,j\leqslant n}a_{ij}\alpha_i\alpha_j=0, P_1=\sum_{0\leqslant i\leqslant n}b_i\alpha_i=0, c=0$.这里,齐次多项式 P_2 的次数等于2,称为射影空间$\mathbb{P}(L)$中的**二次型**.以后还将详细讨论二次型.

射影空间$\mathbb{P}(L)$中的同一点在向量空间 L 的不同基下显然有不同的坐标,因而具有不同的齐次坐标.若设 $\boldsymbol{e}_0,\boldsymbol{e}_1,\cdots,\boldsymbol{e}_n$ 和 $\boldsymbol{e}_0',\boldsymbol{e}_1',\cdots,\boldsymbol{e}_n'$ 是向量空间 L 的两组不同的基,从前者到后者的过渡矩阵为 $\boldsymbol{C}$,则定义 4.2.1 中的 $\boldsymbol{x}$ 在 $\boldsymbol{e}_0,\boldsymbol{e}_1,\cdots,\boldsymbol{e}_n$ 和 $\boldsymbol{e}_0',\boldsymbol{e}_1',\cdots,\boldsymbol{e}_n'$ 中的坐标 $(\alpha_0,\alpha_1,\cdots,\alpha_n)$ 和 $(\alpha_0',\alpha_1',\cdots,\alpha_n')$ 满足

$$(\alpha_0',\alpha_1',\cdots,\alpha_n')^{\mathrm{T}}=\boldsymbol{C}^{-1}(\alpha_0,\alpha_1,\cdots,\alpha_n)^{\mathrm{T}}. \tag{4.2.8}$$

因此,$\langle\boldsymbol{x}\rangle\in\mathbb{P}(L)$ 也具有齐次坐标 $(\alpha_0',\alpha_1',\cdots,\alpha_n')$.

例 4.2.3 证明:射影空间$\mathbb{P}(L,\mathbb{K})$在 L 的一个基 $\{\boldsymbol{e}_0,\boldsymbol{e}_1,\cdots,\boldsymbol{e}_n\}$ 下的坐标的二次型

$$\sum_{0\leqslant i,j\leqslant n}a_{ij}\alpha_i\alpha_j$$

经过坐标变换,在 L 的另一个基 $\{\boldsymbol{e}_0',\boldsymbol{e}_1',\cdots,\boldsymbol{e}_n'\}$ 下的坐标表示仍然是一个二次型.

证 设在向量空间 L 上从基 $\{\boldsymbol{e}_0,\boldsymbol{e}_1,\cdots,\boldsymbol{e}_n\}$ 到基 $\{\boldsymbol{e}_0',\boldsymbol{e}_1',\cdots,\boldsymbol{e}_n'\}$ 的过渡矩阵为 $\boldsymbol{C}$.令射影空间$\mathbb{P}(L,\mathbb{K})$中的点 $\boldsymbol{x}$ 在 $\{\boldsymbol{e}_0,\boldsymbol{e}_1,\cdots,\boldsymbol{e}_n\}$ 和 $\{\boldsymbol{e}_0',\boldsymbol{e}_1',\cdots,\boldsymbol{e}_n'\}$ 下的坐标分别为 $\boldsymbol{\alpha}=(\alpha_0,\alpha_1,\cdots,\alpha_n)$ 和 $\boldsymbol{\alpha}'=(\alpha_0',\alpha_1',\cdots,\alpha_n')$,并记 $\boldsymbol{A}=(a_{ij})$.根据矩阵运算和(4.2.8)式可得

$$\sum_{0\leqslant i,j\leqslant n}a_{ij}\alpha_i\alpha_j=\boldsymbol{\alpha A\alpha}^{\mathrm{T}}=\boldsymbol{\alpha}'\boldsymbol{C}^{\mathrm{T}}\boldsymbol{AC\alpha}'^{\mathrm{T}}.$$

由于该等式的左端是一个二次型,因而矩阵 $\boldsymbol{A}$ 为非零矩阵,而过渡矩阵 $\boldsymbol{C}$ 是满秩矩阵,所以 $\boldsymbol{C}^{\mathrm{T}}\boldsymbol{AC}$ 也是非零矩阵,即 $\boldsymbol{\alpha}'\boldsymbol{C}^{\mathrm{T}}\boldsymbol{AC\alpha}'^{\mathrm{T}}$ 是一个二次型. □

4.2.2 射影标架与射影坐标

对于射影空间$\mathbb{P}^n$来说,齐次坐标系不能像仿射坐标系那样,在射影空间$\mathbb{P}^n$与$\mathbb{K}^{n+1}$之间建立一一对应关系.即使把$\mathbb{K}^{n+1}$射影化成$\mathbb{P}(\mathbb{K}^{n+1})$,也不能通过这种方式建立射影空间$\mathbb{P}^n$与射影空间$\mathbb{P}(\mathbb{K}^{n+1})$的一一对应.这是因为,例如,点 P_0 的代表也可取为 $2\boldsymbol{e}_0$,而在此情况下,$P=\langle x_0(2\boldsymbol{e}_0)+2x_1\boldsymbol{e}_1+\cdots+2x_n\boldsymbol{e}_n\rangle$,即 P 也对应于坐标向量 $(x_0,2x_1,\cdots,2x_n)$.这说明 P 对应于至少两个坐标向量,而且这两个坐标向量还不成比例,不可能成为射影空间$\mathbb{P}(\mathbb{K}^{n+1})$中的某个元素的代表.

下面引进一种特殊的齐次坐标系来克服后一个问题,建立射影空间$\mathbb{P}^n$与射影空间$\mathbb{P}(\mathbb{K}^{n+1})$之间的一一对应,即给出射影空间$\mathbb{P}^n$中任意点 P 的射影坐标.

定义 4.2.2 任取射影空间$\mathbb{P}^n$的 $n+2$ 个点 $P_0,P_1,\cdots,P_n,E$ 组成有序集合 $[P_0,P_1,\cdots,P_n;E]$.若从 $[P_0,P_1,\cdots,P_n;E]$ 中提取的任何 $n+1$ 个点都是线性无关的,则称有序集合 $[P_0,P_1,\cdots,P_n;E]$ 是射影空间$\mathbb{P}^n$中的一个**射影标架**或**射影坐标系**.在不会混淆的情况下也简称**标架**或**坐标系**.

由定义 4.2.2,一个射影标架中的前 $n+1$ 个点 $P_0,P_1,\cdots,P_n$ 是线性无关的,分别称为标架的**第 $0,1,\cdots,n$ 顶点**.把 $P_0\vee\cdots\vee P_{i-1}\vee P_{i+1}\vee\cdots\vee P_n$ 称为标架的**第 i 标架面**,每个标架面都是 $n-1$ 维超平面.任何一对标架面的交线称为**标架棱**.

标架中最后一个点 E 称为**单位点**.因为 $P_0\vee\cdots\vee P_{i-1}\vee P_{i+1}\vee\cdots\vee P_n,E$ 线性无关,所以

$E\notin P_0\vee\cdots\vee P_{i-1}\vee P_{i+1}\vee\cdots\vee P_n$,即单位点不属于标架的任何标架面.标架中的单位点用作规范顶点 $P_0,P_1,\cdots,P_n$ 的代表的选取,以使得任何一点 $P\in\mathbb{P}^n(L)$ 在选取的不同代表构成的不同基下坐标成比例.具体来说,对于给定的标架 $I=[P_0,P_1,\cdots,P_n;E]$,顶点 P_i 的代表 $\boldsymbol{e}_i$ 要选取得满足 $P_i=\langle\boldsymbol{e}_i\rangle$ 和 $E=\langle\boldsymbol{e}_0+\boldsymbol{e}_1+\cdots+\boldsymbol{e}_n\rangle$,其中 $i=0,1,\cdots,n$.由于 $P_0,P_1,\cdots,P_n$ 线性无关,因此其代表 $\boldsymbol{e}_0,\boldsymbol{e}_1,\cdots,\boldsymbol{e}_n$ 也线性无关且构成 L 的一个基.这样的基称为**适应标架 I 的基**或标架 I 的**适应基**.

命题 4.2.1 对于射影空间 $\mathbb{P}^n(L)$ 中的任意一个射影标架 I,都存在一个适应该标架的基.

证 假设标架为 $I=[P_0,P_1,\cdots,P_n;E]$,选择顶点和单位点的任何代表分别为 $P_i=\langle\boldsymbol{v}_i\rangle$,$i=0,1,\cdots,n$ 和 $E=\langle\boldsymbol{v}\rangle$,前面已经说明了这样选取的 $\boldsymbol{v}_0,\boldsymbol{v}_1,\cdots,\boldsymbol{v}_n$ 构成 L 的一个基.因此存在标量 $\lambda_i\in\mathbb{K},i=0,1,\cdots,n$,使得

$$\boldsymbol{v}=\lambda_0\boldsymbol{v}_0+\lambda_1\boldsymbol{v}_1+\cdots+\lambda_n\boldsymbol{v}_n.\tag{4.2.9}$$

我们的目标是找 $P_0,P_1,\cdots,P_n$ 的一组代表 $\boldsymbol{e}_0,\boldsymbol{e}_1,\cdots,\boldsymbol{e}_n$,使得 $\boldsymbol{e}_0+\boldsymbol{e}_1+\cdots+\boldsymbol{e}_n=\boldsymbol{v}$.从(4.2.9)式可以看出,只要能保证标量 $\lambda_i\neq0,i=0,1,\cdots,n$,这一点只要令 $\boldsymbol{e}_i=\lambda_i\boldsymbol{v}_i$ 就可实现.现在证明(4.2.9)式中的标量 $\lambda_i\neq0,i=0,1,\cdots,n$.事实上,若 $\lambda_i=0$,则(4.2.9)式表示 $\boldsymbol{v},\boldsymbol{v}_0,\cdots,\boldsymbol{v}_{i-1},\boldsymbol{v}_{i+1},\cdots,\boldsymbol{v}_n$ 线性相关,这与标架定义矛盾. □

命题 4.2.1 给出了构造一个适应给定标架的基的方法:任意给定标架顶点的代表 $\boldsymbol{v}_0,\boldsymbol{v}_1,\cdots,\boldsymbol{v}_n$;将单位点的代表 $\boldsymbol{v}$ 写成 $\boldsymbol{v}_0,\boldsymbol{v}_1,\cdots,\boldsymbol{v}_n$ 线性表出(4.2.9)式;令顶点 P_i 的新代表为 $\boldsymbol{e}_i=\lambda_i\boldsymbol{v}_i$,则得到适应给定标架的基 $\boldsymbol{e}_0,\boldsymbol{e}_1,\cdots,\boldsymbol{e}_n$.

定义 4.2.3 设 $I=[P_0,P_1,\cdots,P_n;E]$ 是射影空间 $\mathbb{P}^n(L)$ 中的一个射影标架,适应该标架的一个基为 $\boldsymbol{e}_0,\boldsymbol{e}_1,\cdots,\boldsymbol{e}_n\in L$.对于任意 $P\in\mathbb{P}^n$,把 $P=\langle x_0\boldsymbol{e}_0+x_1\boldsymbol{e}_1+\cdots+x_n\boldsymbol{e}_n\rangle$ 的向量 $(x_0,x_1,\cdots,x_n)\in\mathbb{K}^{n+1}$ 称为 P 在标架 I 下的**射影坐标**(向量),如果不产生混淆,也简称**坐标**.

例 4.2.4 射影标架 I 的顶点和单位点分别具有坐标:$P_0=(1,0,\cdots,0)_I,P_1=(0,1,\cdots,0)_I,\cdots,P_n=(0,\cdots,0,1)_I,E=(1,1,\cdots,1)_I$. □

由射影坐标的定义,任何一点 $P\in\mathbb{P}^n$ 都对应有坐标,但坐标不唯一.比如,若 $(x_0,x_1,\cdots,x_n)$ 是点 P 在标架 I 下的坐标,即 $P=\langle x_0\boldsymbol{e}_0+x_1\boldsymbol{e}_1+\cdots+x_n\boldsymbol{e}_n\rangle$,则对于任意非零标量 $\lambda\in\mathbb{K}$,$P=\langle\lambda x_0\boldsymbol{e}_0+\lambda x_1\boldsymbol{e}_1+\cdots+\lambda x_n\boldsymbol{e}_n\rangle$,所以向量 $(\lambda x_0,\lambda x_1,\cdots,\lambda x_n)\in\mathbb{K}^{n+1}$ 也是 P 在标架 I 下的坐标.那么,点 P 在标架 I 下的所有坐标是否都与 $(x_0,x_1,\cdots,x_n)$ 成比例呢?答案是肯定的.

命题 4.2.2 如果对于某个射影标架 I,适应该标架的基 $\boldsymbol{v}_0,\boldsymbol{v}_1,\cdots,\boldsymbol{v}_n$ 满足 $P=\langle x_0\boldsymbol{v}_0+x_1\boldsymbol{v}_1+\cdots+x_n\boldsymbol{v}_n\rangle$,则适应该标架 I 的任何其他基 $\boldsymbol{e}_0,\boldsymbol{e}_1,\cdots,\boldsymbol{e}_n$ 也满足 $P=\langle x_0\boldsymbol{e}_0+x_1\boldsymbol{e}_1+\cdots+x_n\boldsymbol{e}_n\rangle$,即同一点 P 在同一标架 I 下的坐标 $x_0,x_1,\cdots,x_n$ 和 $y_0,y_1,\cdots,y_n$ 成比例.

证 只需证明,对于适应同一标架 I 的不同基 $\boldsymbol{v}_0,\boldsymbol{v}_1,\cdots,\boldsymbol{v}_n$ 和 $\boldsymbol{e}_0,\boldsymbol{e}_1,\cdots,\boldsymbol{e}_n$,存在非零标量 $\lambda\in\mathbb{K}$,使得 $\boldsymbol{e}_i=\lambda\boldsymbol{v}_i,i=0,1,\cdots,n$.实际上,对于这样的两个适应基,因为每对基向量 $\boldsymbol{e}_i,\boldsymbol{v}_i$ 都是标架 I 的第 i 顶点 P_i 的代表,所以必然存在 $\lambda_i\in\mathbb{K}$,使得 $\boldsymbol{e}_i=\lambda_i\boldsymbol{v}_i,i=0,1,\cdots,n$.因此,

$$\sum_{i=0}^{n}\boldsymbol{e}_i=\sum_{i=0}^{n}\lambda_i\boldsymbol{v}_i.\tag{4.2.10}$$

接下来证明 λ_i 与下标 i 无关.为此,注意到标架中按照单位点与顶点的关系,$\sum\limits_{i=0}^{n}\boldsymbol{e}_i$ 与 $\sum\limits_{i=0}^{n}\boldsymbol{v}_i$

分别是单位点的代表,因此存在 $\lambda\in\mathbb{K}$,使得

$$\sum_{i=0}^{n}\boldsymbol{e}_i=\lambda\sum_{i=0}^{n}\boldsymbol{v}_i.$$

此式与(4.2.10)式相比较得到

$$\sum_{i=0}^{n}\lambda_i\boldsymbol{v}_i=\lambda\sum_{i=0}^{n}\boldsymbol{v}_i.$$

由 $\boldsymbol{v}_i$ 的线性无关性,可得 $\lambda_i=\lambda, i=0,1,\cdots,n$.因此若 $P=\langle x_0\boldsymbol{v}_0+x_1\boldsymbol{v}_1+\cdots+x_n\boldsymbol{v}_n\rangle$,则

$$P=\langle x_0\boldsymbol{e}_0+x_1\boldsymbol{e}_1+\cdots+x_n\boldsymbol{e}_n\rangle=\langle\lambda(x_0\boldsymbol{v}_0+x_1\boldsymbol{v}_1+\cdots+x_n\boldsymbol{v}_n)\rangle=\langle x_0\boldsymbol{v}_0+x_1\boldsymbol{v}_1+\cdots+x_n\boldsymbol{v}_n\rangle.\quad\square$$

由上可知射影坐标显然也是一种齐次坐标.另外,除了向量 $(0,0,\cdots,0)$ 不能作为任何点 P 的坐标向量外,其他向量 $(x_0,x_1,\cdots,x_n)$ 是不是都对应于射影空间 $\mathbb{P}^n$ 中的一个点呢?如果是,这样的点唯一吗?以下命题回答了这些问题.

命题 4.2.3 给定不全为零的 $x_0,x_1,\cdots,x_n\in\mathbb{K}$,则有唯一的点 $P\in\mathbb{P}^n$,它具有射影坐标 $(x_0,x_1,\cdots,x_n)$.

证 如果 $\boldsymbol{e}_0,\boldsymbol{e}_1,\cdots,\boldsymbol{e}_n$ 是适应标架 I 的基,那么根据假设,向量 $x_0\boldsymbol{e}_0+x_1\boldsymbol{e}_1+\cdots+x_n\boldsymbol{e}_n$ 不是零,显然它代表的点 $P=\langle x_0\boldsymbol{e}_0+x_1\boldsymbol{e}_1+\cdots+x_n\boldsymbol{e}_n\rangle$ 的坐标为 $(x_0,x_1,\cdots,x_n)$.如果点 Q 具有相同的坐标,则通过坐标的定义和命题 4.2.2, $Q=\langle x_0\boldsymbol{e}_0+x_1\boldsymbol{e}_1+\cdots+x_n\boldsymbol{e}_n\rangle$,因此 $P=Q$. $\square$

命题 4.2.3 与命题 4.2.2 一起保证了射影空间 $\mathbb{P}^n(L)$ 通过射影坐标系与 $\mathbb{P}(\mathbb{K}^{n+1})$ 一一对应.以下用 $(x_0,x_1,\cdots,x_n)_I$(或直接用 $(x_0,x_1,\cdots,x_n)$)表示在标架 I 下具有射影坐标 $(x_0,x_1,\cdots,x_n)$ 的点.

类似于齐次坐标系的坐标变换,射影坐标系也可以进行坐标变换.设 $I=[P_0,P_1,\cdots,P_n;E]$ 和 $J=[Q_0,Q_1,\cdots,Q_n;F]$ 是射影空间 $\mathbb{P}^n$ 的两个射影标架,标架 J 的元素在标架 I 下的坐标为

$$\begin{aligned}&Q_0=(a_{00},a_{10},\cdots,a_{n0})_I,Q_1=(a_{01},a_{11},\cdots,a_{n1})_I,\cdots,\\&Q_n=(a_{0n},a_{1n},\cdots,a_{nn})_I,F=(a_0,a_1,\cdots,a_n)_I.\end{aligned}\tag{4.2.11}$$

首先,上式中的坐标向量可以取得满足

$$(a_{00},a_{10},\cdots,a_{n0})+(a_{01},a_{11},\cdots,a_{n1})+\cdots+(a_{0n},a_{1n},\cdots,a_{nn})=(a_0,a_1,\cdots,a_n),\tag{4.2.12}$$

事实上,如果(4.2.12)式不成立,那么根据射影空间 $\mathbb{P}^n$ 中的标架顶点与坐标向量的一一对应关系, $\{(a_{00},a_{10},\cdots,a_{n0}),(a_{01},a_{11},\cdots,a_{n1}),\cdots,(a_{0n},a_{1n},\cdots,a_{nn})\}$ 是 $\mathbb{K}^{n+1}$ 的一个基,所以对于任意坐标向量 $(a_0,a_1,\cdots,a_n)$,存在一组标量 $\lambda_i\in\mathbb{K}, i=0,1,\cdots n$,使得

$$\begin{aligned}&\lambda_0(a_{00},a_{10},\cdots,a_{n0})+\lambda_1(a_{01},a_{11},\cdots,a_{n1})+\cdots+\lambda_n(a_{0n},a_{1n},\cdots,a_{nn})\\&=(a_0,a_1,\cdots,a_n).\end{aligned}\tag{4.2.13}$$

正如命题 4.2.1 的证明,在(4.2.13)式中,对于每个 i, $\lambda_i\neq0$,否则点 $Q_0,Q_1,\cdots,Q_i,\cdots,Q_n,F$ 将线性相关.因此, $\lambda_0(a_{00},a_{10},\cdots,a_{n0}),\lambda_1(a_{01},a_{11},\cdots,a_{n1}),\cdots,\lambda_n(a_{0n},a_{1n},\cdots,a_{nn})$ 可以分别作为标架 $[Q_0,Q_1,\cdots,Q_i,\cdots,Q_n;F]$ 下的新坐标向量,满足关系式(4.2.12).

例 4.2.5 用射影坐标表示射影空间中的各个标架面.

解 考虑射影空间 $\mathbb{P}^n(L)$ 在 $I=[P_0,P_1\cdots,P_n;E]$ 下的射影坐标向量 $(x_0,x_1,\cdots,x_n)_I$,该标架的一个适应基取为 $\boldsymbol{e}_0,\boldsymbol{e}_1,\cdots,\boldsymbol{e}_n$.若 $(x_0,x_1,\cdots,x_n)_I$ 中的第 i 个分量等于零,用 L_i 来表示与这些点相关的空间 L 的向量集,则子集 $L_i\subset L$ 在 L 中满足单个线性方程 $x_i=0$,因此 L_i 是 L

的一个超平面，而$\mathbb{P}(L_i)$是射影空间$\mathbb{P}(L)$中的第 i 标架面. □

对于满足(4.2.12)式的坐标向量，我们可以建立标架之间的过渡矩阵.

命题 4.2.4 设 $\boldsymbol{M}$ 为一矩阵，其列顺次取 $Q_0,Q_1,\cdots,Q_n$ 在标架 I 下的坐标向量，这些坐标向量之和为 F 在标架 I 下的坐标向量，那么矩阵 $\boldsymbol{M}$ 可逆，并且对于任何点 $P=(x_0,x_1,\cdots,x_n)_I=(y_0,y_1,\cdots,y_n)_J$，有

$$\begin{pmatrix} x_0 \\ x_1 \\ \vdots \\ x_n \end{pmatrix} = \lambda \boldsymbol{M} \begin{pmatrix} y_0 \\ y_1 \\ \vdots \\ y_n \end{pmatrix}, \tag{4.2.14}$$

其中 $\lambda \in \mathbb{K}$是任意非零标量.

证 选取适应 I 的一个基为 $\boldsymbol{e}_0,\boldsymbol{e}_1,\cdots,\boldsymbol{e}_n$，对于 $i=0,1,\cdots,n$，顶点 Q_i 的一个代表为

$$\boldsymbol{v}_i = a_{0i}\boldsymbol{e}_0 + a_{1i}\boldsymbol{e}_1 + \cdots + a_{ni}\boldsymbol{e}_n, \tag{4.2.15}$$

这是按向量空间 L 中的坐标变换，所以矩阵 $\boldsymbol{M}$ 可逆. 而且根据(4.2.12)式可以推出 $F=\langle \boldsymbol{v}_0+\boldsymbol{v}_1+\cdots+\boldsymbol{v}_n\rangle$，因此 $\boldsymbol{v}_0,\boldsymbol{v}_1,\cdots,\boldsymbol{v}_n,F$ 显然构成一个标架 J. 任意点 P 在标架 J 下的代表可以写成

$$\sum_{i=0}^{n} y_i\boldsymbol{v}_i = \sum_{i=0}^{n} y_i\left(\sum_{j=0}^{n} a_{ji}\boldsymbol{e}_j\right) = \sum_{j=0}^{n}\left(\sum_{i=0}^{n} a_{ji}y_i\right)\boldsymbol{e}_j.$$

即 P 在标架 I 下的坐标向量$(x_0,x_1,\cdots,x_n)$的一个代表是

$$\left(\sum_{i=0}^{n} a_{0i}y_i, \sum_{i=0}^{n} a_{1i}y_i, \cdots, \sum_{i=0}^{n} a_{ni}y_i\right), \tag{4.2.16}$$

则由(4.2.16)式，对任何点 $P=(x_0,x_1,\cdots,x_n)_I=(y_0,y_1,\cdots,y_n)_J$，(4.2.14)式成立. □

(4.2.14)式是射影空间的坐标变换，其中矩阵 $\boldsymbol{M}$ 称为从标架 I 到标架 J 的**过渡矩阵**. 显然，把标架 J 变到标架 I 的过渡矩阵是 $\boldsymbol{M}$ 的逆矩阵. 这一点留给读者证明.

以上建立了两已知标架下坐标向量之间的关系式. 如果已知一个标架 I 和一个可逆矩阵 $\boldsymbol{M}$，能否得到另一个标架 J，使得矩阵 $\boldsymbol{M}$ 成为标架 I 到标架 J 的过渡矩阵呢？下面的命题给出了肯定回答.

命题 4.2.5 若已知射影空间$\mathbb{P}^n$的一个标架以及一个可逆的$(n+1)\times(n+1)$矩阵 $\boldsymbol{M}$，则存在$\mathbb{P}^n$中唯一确定的标架 J，使得 $\boldsymbol{M}$ 为标架 I 到标架 J 的过渡矩阵.

证 首先看标架 J 的存在性. 令 $\boldsymbol{e}_0,\boldsymbol{e}_1,\cdots,\boldsymbol{e}_n$ 是适应 I 的一个基，$(a_{0,i},a_{1,i},\cdots,a_{n,i})^{\mathrm{T}}$ 是 $\boldsymbol{M}$ 的第 i 列向量，那么根据命题 4.2.4 的证明，$\{\boldsymbol{v}_i=a_{0,i}\boldsymbol{e}_0+a_{1,i}\boldsymbol{e}_1+\cdots+a_{n,i}\boldsymbol{e}_n, i=0,1,\cdots,n\}$ 构成一个适应标架 J 的基.

其次说明这样的标架 J 的唯一性. 如果 $\boldsymbol{M}$ 将任何一点关于标架 J 的坐标变换为其在标架 I 下的坐标，那么

$$\boldsymbol{M}\begin{pmatrix} 1 \\ 0 \\ \vdots \\ 0 \end{pmatrix}, \boldsymbol{M}\begin{pmatrix} 0 \\ 1 \\ \vdots \\ 0 \end{pmatrix}, \cdots, \boldsymbol{M}\begin{pmatrix} 0 \\ 0 \\ \vdots \\ 1 \end{pmatrix}, \boldsymbol{M}\begin{pmatrix} 1 \\ 1 \\ \vdots \\ 1 \end{pmatrix}$$

是标架 J 的顶点和单位点在标架 I 下的坐标向量，因此这样的顶点和单位点是唯一的，即标

架 J 是唯一的. □

根据上面的分析,新标架 J 和在新标架 J 下的坐标 $(y_0,y_1,\cdots,y_n)$,也可以通过标架之间的过渡矩阵,利用旧坐标和新坐标之间的方程来确定,即

$$\begin{pmatrix} x_0 \\ x_1 \\ \vdots \\ x_n \end{pmatrix} = \rho M \begin{pmatrix} y_0 \\ y_1 \\ \vdots \\ y_n \end{pmatrix}, \quad \det \boldsymbol{M} \neq 0.$$

4.2.3 非齐次坐标

我们已经通过射影标架 $I=[P_0,P_1,\cdots,P_n;E]$ 将射影空间 $\mathbb{P}^n(L)$ 中的点与其射影坐标相对应.但这种对应仍然把射影空间中的一个点对应于一组成比例的坐标向量 $(x_0,x_1,\cdots,x_n)_I$,而不是对应于唯一确定的坐标向量.为了消除一种不确定性,我们引进一种非齐次坐标.

首先来看一维射影空间 $\mathbb{P}^1(L)$,即射影直线上的非齐次坐标.取射影直线 $\mathbb{P}^1$ 上的标架为 $[P_0,P_1;E]$,则每个点 $P\in\mathbb{P}^1$ 具有射影坐标 (x_0,x_1).如果 $x_0\neq 0$,则成比例的射影坐标向量组 (x_0,x_1) 对应于一个值 x_1/x_0.假设将 $x_0=0$ 时的射影坐标,即 $(0,x_1)$ 标记为 ∞(无穷大),则显然给射影直线 $\mathbb{P}^1$ 上的每个点赋予了唯一的符号,我们称之为射影直线的非齐次坐标或绝对坐标.从射影直线的非齐次坐标不难理解,射影直线就是普通直线(对应于 $x_0\neq 0$)与无穷远点的并集.

现在把这种非齐次坐标推广到一般的 n 维射影空间 $\mathbb{P}(L)$ 中.表面上看,n 维射影空间 $\mathbb{P}(L)$ 的非齐次坐标可直接仿照射影直线上那样定义,即在 n 维射影空间 $\mathbb{P}(L)$ 中建立射影标架 $I=[P_0,P_1,\cdots,P_n;E]$,给其中的每个点 P 赋予射影坐标 $(x_0,x_1,\cdots,x_n)$,然后当 $x_0\neq 0$ 时,取 $(x_1/x_0,x_2/x_0,\cdots,x_n/x_0)$ 作为 P 的绝对坐标.然而,当 $x_0=0$ 时出现了新问题,因为表达式 $(x_1/x_0,x_2/x_0,\cdots,x_n/x_0)$ 中可能会有多个 ∞,那么这样的表达式(有多个 ∞)与点 P 如何对应呢?

为搞清楚这一点,我们注意到,命题 4.1.1 通过 L 上的任意不恒等于零的线性泛函 σ 把一般 n 维射影空间 $\mathbb{P}(L)$ 分解成 n 维仿射空间 (V_σ,L_σ) 和射影超平面 $\mathbb{P}(L_\sigma)\subset\mathbb{P}(L)$ 的并,其中 $L_\sigma=\operatorname{Ker}\sigma$,而 $V_\sigma=\mathbb{P}(L)\setminus\mathbb{P}(L_\sigma)$.在 n 维射影空间 $\mathbb{P}(L)$ 中建立一个射影标架 $I=[P_0,P_1,\cdots,P_n;E]$,并选取适应标架 I 的一个基 $\{\boldsymbol{e}_0,\boldsymbol{e}_1,\cdots,\boldsymbol{e}_n\}$.在 L 上考虑不恒等于零的一个线性泛函 σ,它使得 $\sigma(\boldsymbol{e}_0)=1$ 并且对于 $i=1,2,\cdots,n$,$\sigma(\boldsymbol{e}_i)=0$.对于这样选取的 σ,显然 $L_\sigma=\langle\boldsymbol{e}_1,\boldsymbol{e}_2,\cdots,\boldsymbol{e}_n\rangle$,因而其射影化 $\mathbb{P}(L_\sigma)$ 为射影标架 I 的第 0 标架面.对于仿射空间 (V_σ,L_σ),因为其一个基是 $\{\boldsymbol{e}_1,\boldsymbol{e}_2,\cdots,\boldsymbol{e}_n\}$,并且 $\sigma(\boldsymbol{e}_0)=1$ 而保证 $P_0\in V_\sigma$,所以我们可以用 P_0 作为原点 O,构造仿射空间 (V_σ,L_σ) 的一个仿射坐标系 $[O;\boldsymbol{e}_1,\boldsymbol{e}_2,\cdots,\boldsymbol{e}_n]$.我们把这样定义的仿射标架称为射影标架的**关联仿射标架**.

现在来给出射影空间中点的射影坐标与仿射坐标的关系.对于 n 维射影空间 $\mathbb{P}(L)$ 中的正常点 $P\in V_\sigma$,其在射影标架 I 下的射影坐标 $(x_0,x_1,\cdots,x_n)_I$ 具有 $x_0\neq 0$.由于射影坐标是齐次的,我们可以将其规范化为 $(1,x_1/x_0,x_2/x_0,\cdots,x_n/x_0)\xlongequal{\text{记为}}(1,X_1,X_2,\cdots,X_n)$,即,点 P 存

在代表 $\boldsymbol{e}\in L$ 使得

$$\boldsymbol{e}=\boldsymbol{e}_0+X_1\boldsymbol{e}_1+X_2\boldsymbol{e}_2+\cdots+X_n\boldsymbol{e}_n.$$

由仿射空间 V_σ 和其仿射坐标系 $[O;\boldsymbol{e}_1,\boldsymbol{e}_2,\cdots,\boldsymbol{e}_n]$ 的定义，$\boldsymbol{e}_0$ 和 $\boldsymbol{e}$ 分别对应于 V_σ 的点 O 和 P，故上式即

$$P=O+X_1\boldsymbol{e}_1+X_2\boldsymbol{e}_2+\cdots+X_n\boldsymbol{e}_n.$$

这说明 P 具有仿射坐标 $(X_1,X_2,\cdots,X_n)$.故正常点 $P\in V_\sigma$ 在射影标架 I 下具有射影坐标 $(1,X_1,X_2,\cdots,X_n)_I$，其在关联仿射标架下具有的仿射坐标 $(X_1,X_2,\cdots,X_n)$ 称为正常点 $P\in V_\sigma$ 的**非齐次坐标或绝对坐标**.

对于射影空间 $\mathbb{P}(L)$ 中的无穷远点 $P\in\mathbb{P}(L_\sigma)$，若取 P 的代表为 $\boldsymbol{a}\in L$，则存在标量 $\alpha_1,\alpha_2,\cdots,\alpha_n$ 使得

$$\boldsymbol{a}=\alpha_1\boldsymbol{e}_1+\alpha_2\boldsymbol{e}_2+\cdots+\alpha_n\boldsymbol{e}_n=0\boldsymbol{e}_0+\alpha_1\boldsymbol{e}_1+\alpha_2\boldsymbol{e}_2+\cdots+\alpha_n\boldsymbol{e}_n.$$

所以无穷远点 $P\in\mathbb{P}(L_\sigma)$ 的射影坐标具有形如 $(0,\alpha_1,\alpha_2,\cdots,\alpha_n)$ 的齐次形式，表示向量 $\boldsymbol{a}$ 在 L 中的方向.

本书的非齐次坐标约定了 $\sigma(\boldsymbol{e}_0)=1$ 且对于 $i=1,2,\cdots,n,\sigma(\boldsymbol{e}_i)=0$.当然，也可以像上文那样选择线性泛函 σ，使得对于某个数 $i\in\{1,2,\cdots,n\}$，$\sigma(\boldsymbol{e}_i)=1$，而对于所有 $j\neq i,\sigma(\boldsymbol{e}_j)=0$.同样可以定义相应的非齐次坐标.

值得注意的是，以上从射影空间 $\mathbb{P}(L)$ 的标架诱导出该射影空间的仿射子集 V_σ 的仿射标架.实际上，也可以反过来通过仿射子集 V_σ 的任何一个仿射标架，构建射影空间 $\mathbb{P}(L)$ 的射影标架.为此，假设在 V_σ 上建立的一个仿射标架 $[O;\boldsymbol{e}_1,\boldsymbol{e}_2,\cdots,\boldsymbol{e}_n]$，把该仿射标架中的向量 $(1,1,\cdots,1)$ 记为 E，并令 $P_0=O,P_i=\langle\boldsymbol{e}_i\rangle,i=1,2,\cdots,n$.在这样的记号下，$[P_0,P_1,\cdots,P_n;E]$ 构成射影空间 $\mathbb{P}(L)$ 的一个射影标架.这种射影标架称为射影空间 $\mathbb{P}(L)$ 的一个**仿射射影标架**，相应的射影坐标称为**仿射射影坐标**.

4.2.4 线性图形的参数方程

现在利用坐标给出某些线性图形的方程.首先用射影坐标来表示射影平面上的直线.在射影空间 $\mathbb{P}^n$ 中建立标架 $I=[P_0,P_1,\cdots,P_n;E]$.令 $A=\langle\boldsymbol{a}\rangle,B=\langle\boldsymbol{b}\rangle$ 表示射影空间 $\mathbb{P}^n$ 中的两个点，它们在标架 I 下的射影坐标分别为 $(a_0,a_1,\cdots,a_n)$ 和 $(b_0,b_1,\cdots,b_n)$.根据定义，射影空间中的过 A,B 的直线 AB 由 a 和 b 张成（去掉零点）.所以，若把射影空间 $\mathbb{P}^n$ 中点的坐标表示为 $M(x_0,x_1,\cdots,x_n)$，则用坐标表示的射影直线 AB 的方程为

$$(x_0,x_1,\cdots,x_n)=\lambda(a_0,a_1,\cdots,a_n)+\mu(b_0,b_1,\cdots,b_n),\tag{4.2.17}$$

其中 λ,μ 是不全为零的实数.方程(4.2.17)称为直线 AB 在射影坐标下的**参数方程**.

例 4.2.6 在射影平面上建立射影标架 $I=[P_0,P_1,P_2;E]$，利用射影坐标表示过射影平面上不同两点 A 和 B 的直线 l，其中 A 和 B 的射影坐标分别为 (a_0,a_1,a_2) 与 (b_0,b_1,b_2).

解 实际上就是方程(4.2.17)中 $n=2$ 的情形.所以射影平面上过两点 A 和 B 的直线上任何一点 (x_0,x_1,x_2) 都与点 (a_0,a_1,a_2) 和 (b_0,b_1,b_2) 一起构成线性相关点集，因此

$$\begin{vmatrix} x_0 & a_0 & b_0\\ x_1 & a_1 & b_1\\ x_2 & a_2 & b_2\end{vmatrix}=0.$$

把该行列式按第一列展开，即得该直线的方程

$$\eta_0x_0+\eta_1x_1+\eta_2x_2=0, \tag{4.2.18}$$

其中

$$\eta_0=\begin{vmatrix} a_1 & b_1 \\ a_2 & b_2 \end{vmatrix},\quad \eta_1=-\begin{vmatrix} a_0 & b_0 \\ a_2 & b_2 \end{vmatrix},\quad \eta_2=\begin{vmatrix} a_0 & b_0 \\ a_1 & b_1 \end{vmatrix}.\quad \square$$

根据例 4.2.6，二维射影平面上的一条射影直线完全由方程(4.2.18)中的系数 η_0,η_1,η_2 确定.方程

$$\mu_0x_0+\mu_1x_1+\mu_2x_2=0 \text{ 与 } \eta_0x_0+\eta_1x_1+\eta_2x_2=0$$

表示同一条射影直线的充要条件是系数 μ_0,μ_1,μ_2 与 η_0,η_1,η_2 成比例.因此，方程(4.2.18)的系数具有我们以上引进的点的坐标的特性，以后也把射影方程(4.2.18)的系数(η_0,η_1,η_2)看成直线 l 的射影坐标.

在引进了直线的射影坐标之后，射影平面上的点和直线就都有了射影坐标，而且从方程(4.2.18)易知，给定射影平面的一点(x_0,x_1,x_2)，则方程(4.2.18)确定与该点关联的所有直线(η_0,η_1,η_2)，所以方程(4.2.18)此时称为点的**线方程**.反之，若已知一条直线(η_0,η_1,η_2)，则方程(4.2.18)确定该直线上的所有点，因而称为直线的**点方程**.

从上面的讨论可以看到，在射影平面上，基本的几何元素是点和直线，基本的关系是关联关系，即方程(4.2.18).点和直线在射影平面上的地位是对称的.这也正是射影对偶原理的一个应用.

类似于例 4.2.6 给出直线坐标那样，也可以定义一般 n 维射影空间$\mathbb{P}^n(L)$的超平面坐标.这里省略，请读者参考[10].

接下来表示射影空间$\mathbb{P}^n(L)$中的任何 d 维射影线性簇.假定射影空间$\mathbb{P}^n(L)$中建立了标架 I，向量 $\boldsymbol{e}_0,\boldsymbol{e}_1,\cdots,\boldsymbol{e}_n$ 是适应 I 的基.设$\mathbb{P}^d(L')$是$\mathbb{P}^n(L)$中由 $d+1$ 个线性无关点 $Q_0,Q_1,\cdots,Q_d$ 张成的射影空间，即$\mathbb{P}^d(L')=Q_0\vee Q_1\vee\cdots\vee Q_d$，而 $Q_0,Q_1,\cdots,Q_d$ 的一组代表为 $\boldsymbol{v}_0,\boldsymbol{v}_1,\cdots,\boldsymbol{v}_d$，即 $Q_i=\langle\boldsymbol{v}_i\rangle,i=0,1,\cdots,d$.那么，一个点 $P\in\mathbb{P}^d(L')$的充要条件是存在不全为零的标量 $\boldsymbol{\lambda}_0,\boldsymbol{\lambda}_1,\cdots,\boldsymbol{\lambda}_d\in\mathbb{K}$，使得

$$P=\langle\boldsymbol{\lambda}_0\boldsymbol{v}_0+\boldsymbol{\lambda}_1\boldsymbol{v}_1+\cdots+\boldsymbol{\lambda}_d\boldsymbol{v}_d\rangle. \tag{4.2.19}$$

该方程称为$\mathbb{P}^d(L')$的参数方程，用坐标可以把它转换为标量方程.为此，我们假设 $Q_i=(b_{0i},b_{1i},\cdots,b_{ni})_I,i=0,1,\cdots,d$，把其代表取为 $\boldsymbol{v}_i=\sum\limits_{j=0}^{n}b_{ji}\boldsymbol{e}_j$，代入方程(4.2.19)得

$$P=\left\langle\sum_{i=0}^{d}\lambda_i\sum_{j=0}^{n}b_{ji}\boldsymbol{e}_j\right\rangle=\left\langle\sum_{j=0}^{n}\left(\sum_{i=0}^{d}\lambda_ib_{ji}\right)\boldsymbol{e}_j\right\rangle.$$

由此可见，点 $P=(x_0,x_1,\cdots,x_n)\in\mathbb{P}^d(L')$等价于存在不全为零的 $\boldsymbol{\lambda}_0,\boldsymbol{\lambda}_1,\cdots,\boldsymbol{\lambda}_d\in\mathbb{K}$使得

$$\begin{pmatrix} x_0 \\ x_1 \\ \vdots \\ x_n \end{pmatrix}=\boldsymbol{\lambda}_0\begin{pmatrix} b_{00} \\ b_{10} \\ \vdots \\ b_{n0} \end{pmatrix}+\boldsymbol{\lambda}_1\begin{pmatrix} b_{01} \\ b_{11} \\ \vdots \\ b_{n1} \end{pmatrix}+\cdots+\boldsymbol{\lambda}_d\begin{pmatrix} b_{0d} \\ b_{1d} \\ \vdots \\ b_{nd} \end{pmatrix}. \tag{4.2.20}$$

该方程是方程(4.2.19)的标量形式，其中 $\boldsymbol{\lambda}_0,\boldsymbol{\lambda}_1,\cdots,\boldsymbol{\lambda}_d$ 称为点 P 的参数.该参数方程不仅取

决于标架,还取决于$\mathbb{P}^d(L')$中无关点的选择以及它们的坐标向量的选择.然而,无论如何,只要方程(4.2.20)中的坐标向量组

$$\begin{pmatrix} b_{00} \\ b_{10} \\ \vdots \\ b_{n0} \end{pmatrix}, \begin{pmatrix} b_{01} \\ b_{11} \\ \vdots \\ b_{n1} \end{pmatrix}, \cdots, \begin{pmatrix} b_{0d} \\ b_{1d} \\ \vdots \\ b_{nd} \end{pmatrix}$$

是线性无关的,则方程(4.2.20)都是某个 d 维射影线性簇的参数方程.事实上,由点$(b_{0i},b_{1i},\cdots,b_{ni})_I$, $i=0,1,\cdots,d$ 张成的那个 d 维射影线性簇就满足要求.

习题 4.2

1. 设射影平面上两点 A,B 的射影坐标分别是$(3,-1,2),(2,0,1)$,求:

(1) 直线 AB 在射影坐标下的普通方程和参数方程;

(2) 直线 AB 上的无穷远点的射影坐标和它所对应的参数值.

2. 证明射影平面上下列三条直线共点,并且求该点的射影坐标:

$$x_0+x_1=0,\quad 2x_0-x_1+3x_2=0,\quad 5x_0+2x_1+3x_2=0.$$

3. 给定射影平面中的四条直线

$$l_1:x_0-x_2=0,\quad l_2:x_1+x_2=0,\quad l_3:2x_0+x_1-x_2=0,\quad l_4:x_0+x_1+2x_2=0,$$

设 l_1 与 l_2 的交点为 P_1,而 l_3 与 l_4 的交点为 P_2,求直线 P_1P_2 的方程.

4. 在射影平面上取四点 $P_0(1,2,1)$, $P_1(1,1,0)$, $P_2(2,1,1)$, $E(0,1,7)$,求点 $M(1,1,1)$ 在标架$[P_0,P_1,P_2;E]$下的射影坐标.

5. 设射影平面上直线 l_i 的齐次坐标为$(\eta_{i1},\eta_{i2},\eta_{i3})$, $i=1,2,3$,并且 $l_1\neq l_2$.给出使得 l_1, l_2, l_3 共点的条件.

6. 在射影平面上,试求从标架 $I=[P_0,P_1,P_2;E]$ 到标架 $J=[P_2,P_0,E;P_1]$ 的射影坐标变换公式.

7. 在射影平面上,设点 F 在标架 $I=[P_0,P_1,P_2;E]$ 下的射影坐标为(x_0,x_1,x_2),并且 P_0,P_1,P_2,F 都是正常点,求从 I 到 $J=[P_0,P_1,P_2;F]$ 的射影坐标变换公式.

8. 证明:若把在标架 J 下的坐标变到标架 I 下的坐标的过渡矩阵为 $\boldsymbol{M}$,则把在标架 I 下的坐标变到标架 J 下的坐标的过渡矩阵是 $\boldsymbol{M}$ 的逆矩阵.

9. 选择合适的标架,并用坐标重新证明 Desargues 定理和 Pappus 定理.

10. 将四面体的顶点作为标架点,使用坐标来证明四边形的对角点是非共线点.

§4.3 射影映射与交比

射影空间像 Euclid 空间一样,其上的图形也可以通过代数方法变形,这种方法就是射影映射或射影变换.通过这种方法可以对图形进行分类研究.射影几何就是研究那些在射影变换下保持不变的性质.比如,有一种称为"交比"的几何量在射影变换下就是保持不变的.

4.3.1 射影映射

下面在同维射影空间$\mathbb{P}^n(L)$和$\mathbb{P}^n(L')$上考虑从其中一个到另一个的映射,其中$\mathbb{P}^n(L)$和$\mathbb{P}^n(L')$为同一数域$\mathbb{K}$上的射影空间.假设$\sigma:L\to L'$是可逆线性映射,则对于任何非零向量$\boldsymbol{v}\in L$,向量$\sigma(\boldsymbol{v})$不为零,因而点$P'=\langle\sigma(\boldsymbol{v})\rangle\in\mathbb{P}^n(L')$.另一方面,对于任意标量$\lambda\in\mathbb{K}$,有$\sigma(\lambda\boldsymbol{v})=\lambda\sigma(\boldsymbol{v})$,因此向量$\sigma(\lambda\boldsymbol{v})$也是点$P'$的代表.由此可见,$P'=\langle\sigma(\boldsymbol{v})\rangle$是$\mathbb{P}^n(L')$中由点$P=\langle\boldsymbol{v}\rangle$确定的点,而不是由其代表$\boldsymbol{v}$来决定的,并且明确地定义了一个映射$\varphi:\mathbb{P}^n(L)\to\mathbb{P}^n(L')$,满足$\varphi(\langle\boldsymbol{v}\rangle)=\langle\sigma(\boldsymbol{v})\rangle$.

定义 4.3.1 对于同一数域$\mathbb{K}$上的射影空间$\mathbb{P}^n(L)$是$\mathbb{P}^n(L')$,假设$\sigma:L\to L'$是可逆线性映射,则把满足$\varphi(\langle\boldsymbol{v}\rangle)=\langle\sigma(\boldsymbol{v})\rangle$的映射$\varphi$称为**由$\sigma$诱导(表示)的射影映射**,记作$\varphi=\langle\sigma\rangle$.而可逆线性映射$\sigma$称为射影映射$\varphi$的一个代表.射影映射也称为**单应**.

命题 4.3.1 如果有限维向量空间L与L'存在两个可逆线性映射σ和ρ,那么它们诱导的两个射影映射相同(即$\langle\sigma\rangle=\langle\rho\rangle$)的充要条件是,存在非零标量$\lambda\in\mathbb{K}$,使得$\sigma=\lambda\rho$.

证 (充分性)因为$\sigma=\lambda\rho$,所以对任何非零向量$\boldsymbol{v}$,有$\sigma(\boldsymbol{v})=\lambda\rho(\boldsymbol{v})$,即$\langle\sigma(\boldsymbol{v})\rangle$和$\langle\rho(\boldsymbol{v})\rangle$表示$\mathbb{P}(L')$中的同一点,因此$\sigma$和$\rho$诱导的射影映射相同,即$\langle\sigma\rangle=\langle\rho\rangle$.

(必要性)如果$\langle\sigma\rangle=\langle\rho\rangle$,那么对任何非零向量$\boldsymbol{v}$,都有$\langle\sigma(\boldsymbol{v})\rangle=\langle\rho(\boldsymbol{v})\rangle$,即存在与元素$\boldsymbol{v}$可能相关的非零标量$\lambda_v\in\mathbb{K}$,使得

$$\sigma(\boldsymbol{v})=\lambda_v\rho(\boldsymbol{v}).\tag{4.3.1}$$

接下来证明λ_v与元素$\boldsymbol{v}$无关,即证明对于任取的两个非零向量$\boldsymbol{v}$和$\boldsymbol{w}\in L$,都有$\lambda_v=\lambda_w$.事实上,若$\boldsymbol{v}$和$\boldsymbol{w}$线性相关,即存在非零标量μ,使得$\boldsymbol{v}=\mu\boldsymbol{w}$,则

$$\sigma(\boldsymbol{v})=\sigma(\mu\boldsymbol{w})=\mu\sigma(\boldsymbol{w}),\quad \lambda_v\rho(\boldsymbol{v})=\lambda_v\rho(\mu\boldsymbol{w})=\lambda_v\mu\rho(\boldsymbol{w}).$$

把以上两式代入(4.3.1)式并消去μ,则得到$\sigma(\boldsymbol{w})=\lambda_v\rho(\boldsymbol{w})$.这说明对于两个线性相关的向量,$\lambda_v$是相同的.如果$\boldsymbol{v}$和$\boldsymbol{w}$是线性无关向量,则

$$\lambda_{v+w}(\rho(\boldsymbol{v})+\rho(\boldsymbol{w}))=\lambda_{v+w}\rho(\boldsymbol{v}+\boldsymbol{w})=\sigma(\boldsymbol{v}+\boldsymbol{w})=\sigma(\boldsymbol{v})+\sigma(\boldsymbol{w})=\lambda_v\rho(\boldsymbol{v})+\lambda_w\rho(\boldsymbol{w}).$$

因此可得

$$(\lambda_v-\lambda_{v+w})\rho(\boldsymbol{v})+(\lambda_w-\lambda_{v+w})\rho(\boldsymbol{w})=0.$$

而可逆线性映射不改变向量的相关性,因此$\rho(\boldsymbol{v})$和$\rho(\boldsymbol{w})$是线性无关的.所以从上式可得$\lambda_v=\lambda_w=\lambda_{v+w}$.

综上所述,λ_v不依赖于$\boldsymbol{v}$,即λ_v可取为非零常标量λ,并且使得$\sigma=\lambda\rho$. □

接下来建立射影映射的形式特性.

命题 4.3.2 (1) n维向量空间L上的恒同映射i诱导$\mathbb{P}^n(L)$上的恒同映射$\langle i\rangle$;

(2) 如果存在射影映射$\varphi=\langle\sigma\rangle:\mathbb{P}^n(L)\to\mathbb{P}^n(L')$和射影映射$\psi=\langle\rho\rangle:\mathbb{P}^n(L')\to\mathbb{P}^n(L'')$,那么$\varphi$和$\psi$的乘积$\psi\circ\varphi$是一个射影映射,且$\psi\circ\varphi=\langle\rho\circ\sigma\rangle:\mathbb{P}^n(L)\to\mathbb{P}^n(L'')$;

(3) 射影映射$\varphi=\langle\sigma\rangle$是一个双射且其逆映射$\varphi^{-1}$是由$\sigma^{-1}$诱导的射影映射,即$\varphi^{-1}=\langle\sigma^{-1}\rangle$;

(4) 射影映射φ将空间$\mathbb{P}(L)$的任意m维射影线性簇映射到$\mathbb{P}(L')$的同维数射影线性簇.

证 (1) 是显而易见的.

(2) 我们只要验证 $\psi\circ\varphi=\langle\rho\circ\sigma\rangle$.注意到对于任何点 $\langle\boldsymbol{v}\rangle\in\mathbb{P}^n(L)$,其在 $\psi\circ\varphi$ 下的像满足

$$(\psi\circ\varphi)(\langle\boldsymbol{v}\rangle)=\psi(\varphi(\langle\boldsymbol{v}\rangle))=\psi(\langle\sigma(\boldsymbol{v})\rangle)=\langle\rho(\sigma(\boldsymbol{v}))\rangle=\langle(\rho\circ\sigma)(\boldsymbol{v})\rangle.$$

从而说明了 $\psi\circ\varphi=\langle\rho\circ\sigma\rangle$.

(3) 因为 σ^{-1}存在且是可逆线性映射,若令 $\varphi^{-1}=\langle\sigma^{-1}\rangle$,则 φ^{-1}是由 σ^{-1}诱导的射影映射.而且根据(1)和(2)可得

$$\varphi^{-1}\circ\varphi=\langle\sigma^{-1}\circ\sigma\rangle=\langle i\rangle=\langle\sigma\circ\sigma^{-1}\rangle=\varphi\circ\varphi^{-1}.$$

因此射影映射 $\varphi=\langle\sigma\rangle$是一个双射且 $\varphi^{-1}=\langle\sigma^{-1}\rangle$.

(4) 假设 M 表示向量空间 L 的 $m+1$ 维子空间,因此$\mathbb{P}(M)$为$\mathbb{P}(L)$的一个 m 维射影线性簇.令 $\sigma(M)$表示 M 中的所有向量在非奇异映射 σ 下的像点组成的向量空间.选择子空间 M 中的一个基 $\boldsymbol{e}_0,\boldsymbol{e}_1,\cdots,\boldsymbol{e}_m$,由于映射 $\sigma:L\to L'$非奇异,因而向量 $\sigma(\boldsymbol{e}_0),\sigma(\boldsymbol{e}_1),\cdots,\sigma(\boldsymbol{e}_m)$线性无关.而且 $\forall\,\boldsymbol{e}'\in M,\boldsymbol{e}'\neq\boldsymbol{0}$,存在不全为零的常标量 $\alpha_i\in\mathbb{K}$,使得

$$\boldsymbol{e}'=\alpha_0\boldsymbol{e}_0+\alpha_1\boldsymbol{e}_1+\cdots+\alpha_m\boldsymbol{e}_m.$$

该式两边作用变换 σ 后得

$$\sigma(\boldsymbol{e}')=\alpha_0\sigma(\boldsymbol{e}_0)+\alpha_1\sigma(\boldsymbol{e}_1)+\cdots+\alpha_m\sigma(\boldsymbol{e}_m).\tag{4.3.2}$$

因此 $\sigma(\boldsymbol{e}_0),\sigma(\boldsymbol{e}_1),\cdots,\sigma(\boldsymbol{e}_m)$是 $\sigma(M)$的一个基,即 $\sigma(M)$是向量空间 L'的一个 $m+1$ 维子空间.此外,从(4.3.2)式可以看出,射影映射 φ 将射影线性簇$\mathbb{P}(M)$中的点精确地变换成射影线性簇$\mathbb{P}(\sigma(M))$中的点.因此得到 $\dim\mathbb{P}(\sigma(M))=\dim(\sigma(M))-1=m$,即,射影映射 φ 将空间$\mathbb{P}(L)$的任意 m 维射影线性簇映射到$\mathbb{P}(L')$的一个 m 维射影线性簇. □

定义 4.3.2 从射影空间$\mathbb{P}^n$到自身的射影映射称为$\mathbb{P}^n$的**直射**,也称为**射影变换**.

从命题 4.3.2 可以看出,一个射影空间$\mathbb{P}^n$的所有射影变换及其乘积的集合是一个群,通常称为$\mathbb{P}^n$的**射影变换群**.

利用线性无关点组的概念,可以得到类似于仿射变换的基本定理的以下定理.

定理 4.3.3 若 $P_0,P_1,\cdots,P_n,P_{n+1}$是 n 维射影空间$\mathbb{P}(L)$的一个射影标架,而 $P_0',P_1',\cdots,P_n',P_{n+1}'$是 n 维射影空间$\mathbb{P}(L')$的一个射影标架,则存在唯一的射影映射 φ 使得 $\varphi(P_i)=P_i'$,$i=0,1,\cdots,n+1$;并且任意射影映射 φ 都使得 $\varphi(P_i),i=0,1,\cdots,n+1$ 为一个射影标架.

证 由于 $P_0,P_1,\cdots,P_n,P_{n+1}$和 $P_0',P_1',\cdots,P_n',P_{n+1}'$是射影标架,因此若令点 P_i 对应于直线$\langle\boldsymbol{e}_i\rangle$而点 P_i' 对应于直线$\langle\boldsymbol{e}_i'\rangle$,则向量组 $\boldsymbol{e}_0,\boldsymbol{e}_1,\cdots,\boldsymbol{e}_n$ 和 $\boldsymbol{e}_0',\boldsymbol{e}_1',\cdots,\boldsymbol{e}_n'$ 分别是 L 和 L'的一个基.根据线性映射的基本定理,存在唯一的可逆线性映射 $\sigma:L\to L'$将 $\boldsymbol{e}_i$ 映射到 $\lambda_i\boldsymbol{e}_i'$,$i=0,1,\cdots,n$,其中 $\lambda_0,\lambda_1,\cdots,\lambda_n$ 为非零常标量.因而对 $i=0,1,\cdots,n$,有 $\varphi(P_i)=P_i'$.因为 $\dim L=n+1$,所以存在常标量 α_i 和 α_i' 使得

$$\boldsymbol{e}_{n+1}=\alpha_0\boldsymbol{e}_0+\alpha_1\boldsymbol{e}_1+\cdots+\alpha_n\boldsymbol{e}_n,\quad \boldsymbol{e}_{n+1}'=\alpha_0'\boldsymbol{e}_1'+\alpha_i'\boldsymbol{e}_i'+\cdots+\alpha_n'\boldsymbol{e}_n'.\tag{4.3.3}$$

将映射 σ 作用在(4.3.3)式前一式的两边可得

$$\sigma(\boldsymbol{e}_{n+1})=\alpha_0\lambda_0\boldsymbol{e}_1'+\alpha_1\lambda_1\boldsymbol{e}_1'+\cdots+\alpha_n\lambda_n\boldsymbol{e}_n'.\tag{4.3.4}$$

由于向量组 $\boldsymbol{e}_0,\boldsymbol{e}_1,\cdots,\boldsymbol{e}_{n+1}$中的任意 $n+1$ 个向量都是线性无关的,因此(4.3.3)式中的所有系数 $\alpha_i,i=0,1,\cdots,n$ 不能为零.在(4.3.4)式中取定 $\lambda_i=\alpha_i'\alpha_i^{-1},i=0,1,\cdots,n$,从而得到 $\sigma(\boldsymbol{e}_{n+1})=\boldsymbol{e}_{n+1}'$,即,$\varphi(P_{n+1})=P_{n+1}'$.

另外,可逆线性映射将一个线性无关的向量组映射成另一个线性无关的向量组,所以 $\boldsymbol{e}_i',i=0,1,\cdots,n+1$ 中的任意 $n+1$ 个向量都是线性无关的.根据射影映射 φ 的定义,$\varphi(P_i)$,

$i=0,1,\cdots,n+1$为一个线性无关点组. □

例如,射影直线上任意三个不同点 P_0,P_1,P_2 是构成一个射影标架;而射影平面上的四个点中任何三个点不共线,则它们构成射影平面的射影标架.射影直线上的任何三个不同点可以通过唯一的射影变换映射到另外三个不同点.

现在考虑射影变换在射影空间$\mathbb{P}(L)$的射影坐标下的表示.令 $I=[P_0,P_1,\cdots,P_n;E]$ 为 $\mathbb{P}(L)$上的一个射影标架,设向量组 $\boldsymbol{e}_0,\boldsymbol{e}_1,\cdots,\boldsymbol{e}_n$ 是适应标架 I 的一个基,点 $A=\langle\boldsymbol{x}\rangle\in\mathbb{P}(L)$ 在该标架中的射影坐标为$(\alpha_0,\alpha_1,\cdots,\alpha_n)$,而射影变换后的$\langle\boldsymbol{y}\rangle=\varphi(A)$的射影坐标为$(\beta_0,\beta_1,\cdots,\beta_n)$,即

$$\boldsymbol{x}=\alpha_0\boldsymbol{e}_0+\alpha_1\boldsymbol{e}_1+\cdots+\alpha_n\boldsymbol{e}_n \quad 和 \quad \boldsymbol{y}=\beta_0\boldsymbol{e}_0+\beta_1\boldsymbol{e}_1+\cdots+\beta_n\boldsymbol{e}_n,$$

并且假设 $\sigma(\boldsymbol{e}_i)=a_{0i}\boldsymbol{e}_0+a_{1i}\boldsymbol{e}_1+\cdots+a_{ni}\boldsymbol{e}_n,i=0,1,\cdots,n$,那么

$$\boldsymbol{y}=\sigma(\boldsymbol{x})=\alpha_0\sigma(\boldsymbol{e}_0)+\alpha_1\sigma(\boldsymbol{e}_1)+\cdots+\alpha_n\sigma(\boldsymbol{e}_n).$$

改成坐标表示就是

$$\begin{cases}\beta_0=a_{00}\alpha_0+a_{01}\alpha_1+\cdots+a_{0n}\alpha_n,\\ \beta_1=a_{10}\alpha_0+a_{11}\alpha_1+\cdots+a_{1n}\alpha_n,\\ \cdots\cdots\cdots\cdots\\ \beta_n=a_{n0}\alpha_0+a_{n1}\alpha_1+\cdots+a_{nn}\alpha_n.\end{cases} \tag{4.3.5}$$

按照射影坐标的定义,成比例的数组表示同一射影坐标并且$(\alpha_0,\alpha_1,\cdots,\alpha_n)$和$(\beta_0,\beta_1,\cdots,\beta_n)$都不能等于零.由于非奇异变换 φ 将不等于零的坐标$(\alpha_0,\alpha_1,\cdots,\alpha_n)$变到另一不等于零的坐标$(\beta_0,\beta_1,\cdots,\beta_n)$,所以方程组(4.3.5)的系数矩阵的行列式

$$\begin{vmatrix}a_{00} & a_{01} & \cdots & a_{0n}\\ a_{10} & a_{11} & \cdots & a_{1n}\\ \vdots & \vdots & & \vdots\\ a_{n0} & a_{n1} & \cdots & a_{nn}\end{vmatrix}\neq 0.$$

例 4.3.1 求一个射影变换 φ,它将射影平面上在标架 I 下的四个点 $P_1(1,0,1),P_2(0,1,1),P_3(1,1,1),P_4(0,0,1)$分别变换成 $P_1'(1,0,0),P_2'(0,1,0),P_3'(0,0,1),P_4'(1,1,1)$.

解 根据射影变换的(4.3.5)式,利用待定系数法将所求射影变换 φ 设为

$$\begin{cases}\rho x_1'=a_{11}x_1+a_{12}x_2+a_{13}x_3,\\ \rho x_2'=a_{21}x_1+a_{22}x_2+a_{23}x_3,\\ \rho x_3'=a_{31}x_1+a_{32}x_2+a_{33}x_3,\end{cases}$$

式中 $\det(a_{ij})\neq 0,\rho\neq 0$.然后利用四点之间的对应关系,分别将 $P_1(1,0,1),P_2(0,1,1),P_3(1,1,1),P_4(0,0,1)$代入上式得

$$\begin{cases}\rho_1=a_{11}+a_{13},\\ 0=a_{21}+a_{23},\\ 0=a_{31}+a_{33},\end{cases}\quad \begin{cases}0=a_{12}+a_{13},\\ \rho_2=a_{22}+a_{23},\\ 0=a_{32}+a_{33},\end{cases}\quad \begin{cases}0=a_{11}+a_{12}+a_{13},\\ 0=a_{21}+a_{22}+a_{23},\\ \rho_3=a_{31}+a_{32}+a_{33},\end{cases}\quad \begin{cases}\rho_4=a_{13},\\ \rho_4=a_{23},\\ \rho_4=a_{33}.\end{cases}$$

由此解得 $a_{11}=a_{22}=0;a_{13}=a_{23}=a_{33}=\rho_4;a_{12}=a_{32}=a_{21}=a_{31}=-\rho_4$.故所求射影变换 φ 在标架 I 下的坐标表示为

$$\begin{cases}\rho x_1'=-\rho_4x_2+\rho_4x_3,\\ \rho x_2'=-\rho_4x_1+\rho_4x_3,\\ \rho x_3'=-\rho_4x_1-\rho_4x_2+\rho_4x_3,\end{cases}$$

利用$\rho_4 \neq 0$，在上式中两边消去ρ_4得

$$\begin{cases} \lambda x_1' = -x_2 + x_3, \\ \lambda x_2' = -x_1 + x_3, \\ \lambda x_3' = -x_1 - x_2 + x_3. \end{cases}$$

由于射影映射保留不变的特征较仿射变换少，因而它往往把射影空间中的一个图形变换成另一个完全不同的图形.例如射影映射可以把球面与任意同维的射影空间联系起来.

例 4.3.2 假设射影空间$\mathbb{P}(L)$的向量空间L是一个 Euclid 空间，球面S在这个 Euclid 空间中由等式$|\boldsymbol{x}| = 1$表示.首先验证向量空间L中的每条线$\langle \boldsymbol{x} \rangle$与球面$S$相交.实际上，直线$\langle \boldsymbol{x} \rangle$由形如$\alpha \boldsymbol{x}$的向量组成，其中$\alpha \in \mathbb{R}$，而条件$\alpha \boldsymbol{x} \in S$表示$|\alpha \boldsymbol{x}| = 1$.因为$|\alpha \boldsymbol{x}| = |\alpha| \cdot |\boldsymbol{x}|$且$\boldsymbol{x} \neq \boldsymbol{0}$，所以$\alpha = \pm |\boldsymbol{x}|^{-1}$.因此，存在两个向量$\boldsymbol{e}$和$-\boldsymbol{e}$同时属于直线$\langle \boldsymbol{x} \rangle$和球面$S$，即每条线$\langle \boldsymbol{x} \rangle$与球面$S$相交.这样，我们可以定义映射$\varphi: S \to \mathbb{P}(L)$，把直线$\langle \boldsymbol{x} \rangle$与相应的向量$\boldsymbol{e} \in S$相关联.然而，该映射$\varphi$不是一个双射，因为球面$S$的两个点通过$\varphi$与同一条直线$\langle \boldsymbol{x} \rangle$对应，即两个向量$\boldsymbol{e}$和$-\boldsymbol{e}$对应于同一个点$P \in \mathbb{P}(L)$.该性质表明通过将对径点等同可从球面$S$获得射影空间. □

例 4.3.3 将例 4.3.2 的结论应用于射影平面的情况，即，我们假设$\dim \mathbb{P}(L) = 2$.那么$\dim L = 3$，并且包含在三维空间中的球面是S^2.用水平面将它分成两个相等的部分(见图 4.3.1).上半球面的每个点与下半球面的某个点径向相对，可以通过将个点$P \in \mathbb{P}(L)$表示为形式$\langle \boldsymbol{e} \rangle$，其中$\boldsymbol{e}$是上半球面上的向量，将上半球面映射到射影平面$\mathbb{P}(L)$上.然而，这种对应关系不是双射，因为半球面边界上的对径点将连接在一起，也就是说，它们对应于一个点(见图 4.3.2).这表示通过将半球面边界上的对径点等同来获得射影平面. □

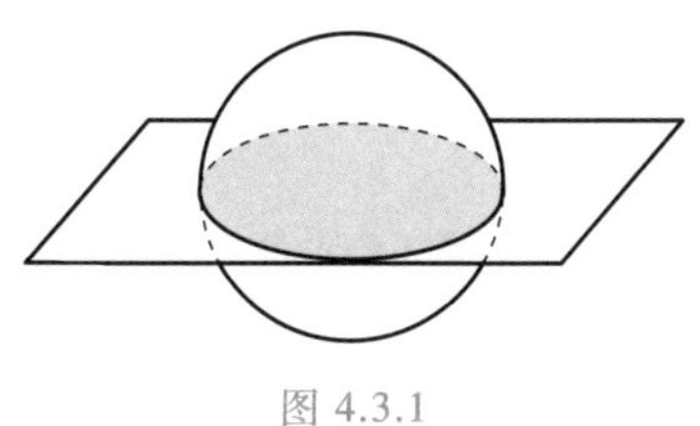

图 4.3.1

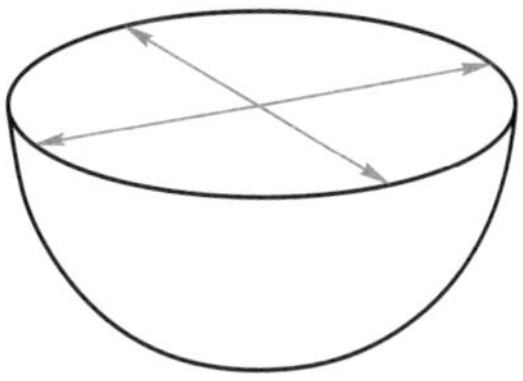

图 4.3.2

射影空间$\mathbb{P}^n$中由某些射影线性簇组成的线性图形，可以通过该空间中射影映射$\varphi: \mathbb{P}^n(L) \to \mathbb{P}^n(L')$变换为这些射影线性簇的像组成的$\mathbb{P}^n(L')$中的线性图形，即射影映射$\varphi$将$\mathbb{P}^n(L)$的线性图形$\bigcup_{i=1}^{r} \{L_{i1}, L_{i2}, \cdots, L_{is_i}\}$变成$\mathbb{P}^n(L')$的线性图形$\bigcup_{i=1}^{r} \{\varphi(L_{i1}), \varphi(L_{i2}), \cdots, \varphi(L_{is_i})\}$.

线性图形在射影映射下不变的性质称为该线性图形的**射影性**.线性图形中具有相同射影性的图形构成一个**射影类**.同一类线性图形在射影映射下的像仍然属于该类.例如，根据对偶原理，组成线性图形的子集的维数、包含关系(包含和包含于)、相交、联合和点的无关性是线性图形的射影性.射影类的交集和联合也是射影类.例如，所有$m+1$个线性无关的点的集合具有射影性，所有三角形的集合也具有射影性.

4.3.2 交比

第三章中证明了仿射比在非奇异仿射变换下不变,但这个结论在射影空间的射影变换下不成立,读者可以自己找到很多例子.然而,射影空间中共线的有序四点 Q_1,Q_2,Q_3,Q_4 的所谓交比 $(Q_1,Q_2;Q_3,Q_4)$ 在射影变换下不变.

令 Q_1,Q_2,Q_3,Q_4 为一条射影直线 $l=\mathbb{P}^1(L)$ 上的有序点,其中至多两点相同.设定一个射影标架 $I=[P_0,P_1;E]$,并假设该四点在标架 I 下的射影坐标分别为 $Q_i=(x_i,y_i)_I$,$i=1,2,3,4$.因为在 Q_1,Q_2,Q_3,Q_4 中至少存在三个不同的点,所以以下行列式中至多有一个行列式为零:

$$\begin{vmatrix} x_i & y_i \\ x_j & y_j \end{vmatrix},i\neq j,i,j=1,2,3,4.$$

因此以下比例表示在大多数情况下有意义:

$$\rho=\frac{\begin{vmatrix} x_1 & x_3 \\ y_1 & y_3 \end{vmatrix}\cdot\begin{vmatrix} x_2 & x_4 \\ y_2 & y_4 \end{vmatrix}}{\begin{vmatrix} x_1 & x_4 \\ y_1 & y_4 \end{vmatrix}\cdot\begin{vmatrix} x_2 & x_3 \\ y_2 & y_3 \end{vmatrix}}.$$

对于上式中只有分母为零的情形,我们采用这样的约定:对于 $a\in\mathbb{K}$,若 $a\neq0$,则约定 $a/0=\infty$.

定义 4.3.3 对于任意射影直线 l 上的有序四点 Q_1,Q_2,Q_3,Q_4,其中至多两点相同.令该四点在射影标架 I 下的射影坐标分别为 $Q_i=(x_i,y_i)_I$,$i=1,2,3,4$,则定义

$$\rho=\frac{\begin{vmatrix} x_1 & x_3 \\ y_1 & y_3 \end{vmatrix}\cdot\begin{vmatrix} x_2 & x_4 \\ y_2 & y_4 \end{vmatrix}}{\begin{vmatrix} x_1 & x_4 \\ y_1 & y_4 \end{vmatrix}\cdot\begin{vmatrix} x_2 & x_3 \\ y_2 & y_3 \end{vmatrix}},\tag{4.3.6}$$

称为该共线四点的**交比**,通常表示为 $(Q_1,Q_2;Q_3,Q_4)$.其中前两点 Q_1,Q_2 称为**基点对**,而后两点 Q_3,Q_4 称为**分点对**.

例 4.3.4 在仿射平面上已知共线四点在适当的标架下的射影坐标为 $A(1,0,1)$,$B(1,-1,2)$,$C(3,-1,4)$,$D(0,1,-1)$,计算它们的交比 $(A,B;C,D)$.

解 按照定义计算交比,需要建立四点所在射影直线 l 的标架.我们选取不同的两点 A 和 B 作为标架顶点,其代表向量分别取为 $\boldsymbol{u}=(1,0,1)$ 和 $\boldsymbol{v}=(1,-1,2)$.然后选取单位点 E 为 $\langle\boldsymbol{u}+\boldsymbol{v}\rangle$.建立直线 l 的标架 $I=[A,B;E]$.不难算出,点 A,B,C,D 在标架中的射影坐标分别可取为 $(1,0)$,$(0,1)$,$(2,1)$ 和 $(1,-1)$.将其代入交比定义(4.3.6)式可得

$$(A,B;C,D)=\frac{\begin{vmatrix} 1 & 1 \\ 0 & 1/2 \end{vmatrix}\cdot\begin{vmatrix} 0 & 1 \\ 1 & -1 \end{vmatrix}}{\begin{vmatrix} 1 & 1 \\ 0 & -1 \end{vmatrix}\cdot\begin{vmatrix} 0 & 1 \\ 1 & 1/2 \end{vmatrix}}=-\frac{1}{2}.\quad\square$$

例 4.3.4 采用的方法具有普遍意义,任何射影空间中的任意共线四点都可以这样来计算交比.然而,我们在例 4.3.4 中选取了一个特别的标架并且给定了四个点在其中的任意坐标

来计算交比,如果选择别的标架或取别的坐标,那么计算出的交比会与此不同吗?答案是否定的.

命题 4.3.4 等式(4.3.6)给出的交比既不依赖于标架 I 的选择,也不依赖于每个点 Q_i 的坐标的选择.

证 假设 J 是$\mathbb{P}$的任意标架,选取点 $Q_i=(u_i,v_i)_J,i=1,2,3,4$,并记

$$\rho'=\frac{\begin{vmatrix}u_1 & u_3\\ v_1 & v_3\end{vmatrix}\cdot\begin{vmatrix}u_2 & u_4\\ v_2 & v_4\end{vmatrix}}{\begin{vmatrix}u_1 & u_4\\ v_1 & v_4\end{vmatrix}\cdot\begin{vmatrix}u_2 & u_3\\ v_2 & v_3\end{vmatrix}}. \tag{4.3.7}$$

根据命题 4.2.4,对于点 Q_i 存在一个可逆的 2×2 矩阵 $\boldsymbol{M}$ 和非零标量 λ_i,使得对于每个 $i=1$, 2,3,4 都有

$$\begin{pmatrix}u_i\\ v_i\end{pmatrix}=\lambda_i\boldsymbol{M}\begin{pmatrix}x_i\\ y_i\end{pmatrix}.$$

利用这样的射影坐标可以得到以下行列式:

$$\begin{vmatrix}u_i & u_j\\ v_i & v_j\end{vmatrix}=\lambda_i\lambda_j(\det\boldsymbol{M})\begin{vmatrix}x_i & x_j\\ y_i & y_j\end{vmatrix},\quad i,j=1,2,3,4.$$

将上式代入(4.3.7)式中得到

$$\rho'=\frac{\begin{vmatrix}u_1 & u_3\\ v_1 & v_3\end{vmatrix}\cdot\begin{vmatrix}u_2 & u_4\\ v_2 & v_4\end{vmatrix}}{\begin{vmatrix}u_1 & u_4\\ v_1 & v_4\end{vmatrix}\cdot\begin{vmatrix}u_2 & u_3\\ v_2 & v_3\end{vmatrix}}=\frac{\lambda_1\lambda_3\begin{vmatrix}x_1 & x_3\\ y_1 & y_3\end{vmatrix}\cdot\lambda_2\lambda_4\begin{vmatrix}x_2 & x_4\\ y_2 & y_4\end{vmatrix}}{\lambda_1\lambda_4\begin{vmatrix}x_1 & x_4\\ y_1 & y_4\end{vmatrix}\cdot\lambda_2\lambda_3\begin{vmatrix}x_2 & x_3\\ y_2 & y_3\end{vmatrix}}=\frac{\begin{vmatrix}x_1 & x_3\\ y_1 & y_3\end{vmatrix}\cdot\begin{vmatrix}x_2 & x_4\\ y_2 & y_4\end{vmatrix}}{\begin{vmatrix}x_1 & x_4\\ y_1 & y_4\end{vmatrix}\cdot\begin{vmatrix}x_2 & x_3\\ y_2 & y_3\end{vmatrix}}.$$

该式最右端就是(4.3.6)式所定义的交比$(Q_1,Q_2;Q_3,Q_4)$. □

命题 4.3.4 除了回答上面提出的问题,还有助于简化交比的计算.事实上,类似例 4.3.4,在计算共线有序四点 Q_1,Q_2,Q_3,Q_4 的交比时,选定该四点中不同的两点作为顶点建立标架,不妨设选定的顶点为 Q_1,Q_2,其代表分别为 $\boldsymbol{u}$ 和 $\boldsymbol{v}$,然后将分点对 Q_3,Q_4 分别表示为$\langle\boldsymbol{u}+\lambda\boldsymbol{v}\rangle$和$\langle\boldsymbol{u}+\mu\boldsymbol{v}\rangle$.根据交比定义(4.3.6)式有

$$(Q_1,Q_2;Q_3,Q_4)=\frac{\begin{vmatrix}1 & 1\\ 0 & \lambda\end{vmatrix}\cdot\begin{vmatrix}0 & 1\\ 1 & \mu\end{vmatrix}}{\begin{vmatrix}1 & 1\\ 0 & \mu\end{vmatrix}\cdot\begin{vmatrix}0 & 1\\ 1 & \lambda\end{vmatrix}}=\frac{\lambda}{\mu}.$$

需要注意,交比是在点 Q_1,Q_2,Q_3,Q_4 属于同一射影直线$\mathbb{P}^1(L)$并且它们中的至少三个点不同时才有定义,以下若未明确表示这些条件,读者应该理解为已经隐含地做了这样的假设.当然,能够定义交比的射影直线也可以包含于任何射影空间中.此外,交比是对射影直线上的四个点定义的,而射影直线上的点还可以用非齐次坐标表示,所以交比也应该可以用非齐次坐标表示.

命题 4.3.5 对于射影直线$\mathbb{P}^1(L)$上的四个正常点 Q_1,Q_2,Q_3,Q_4,其中至多两点相同.选定该射影直线的一个射影标架 $I=[P_0,P_1;E]$,令每个点 Q_i 的非齐次坐标为 $\lambda_i,i=1,2,3$,

4,有

$$(Q_1,Q_2;Q_3,Q_4)=\frac{(\lambda_3-\lambda_1)(\lambda_4-\lambda_2)}{(\lambda_3-\lambda_2)(\lambda_4-\lambda_1)}. \tag{4.3.8}$$

证 因为射影直线上这四个点都是正常点,所以可以取射影坐标为 $Q_i=(1,\lambda_i)$,将其代入(4.3.6)式就可以得到(4.3.8)式. □

命题 4.3.5 限定为计算正常点的交比只是技术要求,实际上可以对满足定义要求的任何四点采用(4.3.8)式.具体来说,若四点中存在非正常点,用极限代替无穷大,则同样可以得到类似(4.3.8)式的表达.这个工作留给读者完成.

命题 4.3.5 具有明显的几何意义.我们假定在射影直线的仿射子集部分中建立了仿射坐标系,而 λ_i 就是点 Q_i 在该仿射坐标系中的坐标.如果这四个点都是正常点,则 $\lambda_j-\lambda_i$ 就是 Q_i 到 Q_j 的距离,所以交比实际上可以视为四点之间的距离比.根据这种理解,由命题 4.3.5,交比也可以利用仿射比来定义如下.

推论 设 Q_1,Q_2,Q_3,Q_4 为射影直线上的四个正常点,至多两点相同.Q_1,Q_2,Q_3,Q_4 的交比满足

$$(Q_1,Q_2;Q_3,Q_4)=(Q_1,Q_2,Q_3)/(Q_1,Q_2,Q_4),$$

其中(Q_1,Q_2,Q_3)和(Q_1,Q_2,Q_4)分别表示点 Q_1,Q_2,Q_3 和点 Q_1,Q_2,Q_4 的仿射比. □

这个推论也可以针对射影直线上的任意四点定义,而不限于正常点.留给读者自己验证.由于该推论的结果,交比有时也称为**二重比**.

命题 4.3.6 给定射影直线$\mathbb{P}^1(L)$上的三个不同点 Q_1,Q_2,Q_3,则对于该射影直线的任何一个点 Q_4,交比$(Q_1,Q_2;Q_3,Q_4)$等于点 Q_4 在射影标架 $I=[Q_1,Q_2;Q_3]$下的非齐次坐标值的倒数.

证 按照射影坐标的定义,$Q_1=(1,0)$,$Q_2=(0,1)$,$Q_3=(1,1)$.令 $Q_4=(x_4,y_4)$,代入(4.3.6)式得$(Q_1,Q_2;Q_3,Q_4)=x_4/y_4$. □

对于三个不同点 Q_1,Q_2,Q_3,它们的代表显然可以分别取为 $\boldsymbol{u}_1,\boldsymbol{u}_2$ 和 $\boldsymbol{u}_1+\boldsymbol{u}_2$ 的形式,其中 $\boldsymbol{u}_1,\boldsymbol{u}_2$ 可以作为射影直线的关联向量空间的基.而由命题 4.3.6 可知,对于第四个点 Q_4,它的射影坐标 $Q_4=(x_4,y_4)$满足$(Q_1,Q_2;Q_3,Q_4)=x_4/y_4$.因此若 $\rho=(Q_1,Q_2;Q_3,Q_4)\neq\infty$,则 Q_4 的代表可取为 $\rho\boldsymbol{u}_1+\boldsymbol{u}_2$.由此得到该命题的一个推论:

推论 给定射影直线$\mathbb{P}^1(L)$上的三个不同点 Q_1,Q_2,Q_3.该射影直线上的任何一个点 Q_4 使得交比 $\rho=(Q_1,Q_2;Q_3,Q_4)\neq\infty$ 的充要条件是,Q_1,Q_2,Q_3,Q_4 的代表可分别取为 $\boldsymbol{u}_1,\boldsymbol{u}_2,\boldsymbol{u}_1+\boldsymbol{u}_2,\rho\boldsymbol{u}_1+\boldsymbol{u}_2$. □

交点虽然与射影空间的标架和坐标选取无关,但显然与四点的相对位置有关,这从命题 4.3.5 的推论就可以直接看出.共线四点的不同排列共有 24 种,所以给定四点有 24 个不同的交比,但它们之间具有以下关系:

命题 4.3.7 如果 $Q_1,Q_2,Q_3,Q_4\in\mathbb{P}$是四个不同点且 $\rho=(Q_1,Q_2;Q_3,Q_4)$,则

(1) 交换基点对与分点对,或同时交换基点对和分点对中的点,交比不变,即

$$\rho=(Q_1,Q_2;Q_3,Q_4)=(Q_3,Q_4;Q_1,Q_2)=(Q_2,Q_1;Q_4,Q_3);$$

(2) 只交换基点对或分点对中的点,交比变成倒数,即

$$\rho^{-1}=(Q_2,Q_1;Q_3,Q_4)=(Q_1,Q_2;Q_4,Q_3);$$

(3) 交换第二点和第三点，得到与原交比之和为 1 的交比，即

$$1-\rho=(Q_1,Q_3;Q_2,Q_4).\quad\square$$

该命题容易借助命题 4.3.5 及其推论加以验证，具体细节留给读者.

接下来，建立四个超平面的交比与四个点的交比的联系.由于交比的定义适用于任意射影空间$\mathbb{P}(L)$的一维射影线性簇上的点，而$\mathbb{P}(L)$中的超平面是$\mathbb{P}(L)$的射影对偶空间$\mathbb{P}(L^*)$的一个射影线性簇上的点，自然就有超平面束中的四个超平面的交比概念，当然也要求它们至少三个是不同的.下面的命题将其与四点的交比联系起来：

命题 4.3.8 假设$\mathbb{P}(L)$是一个 n 维射影空间，L'是向量空间 L 的 $n-1$ 维子空间，$\mathbb{P}((L')^0)$是 $n-2$ 维射影空间$\mathbb{P}(L')$的零化子.给定$\mathbb{P}((L')^0)$中的四个点，也就是$\mathbb{P}(L)$中的四个超平面 H_1,H_2,H_3,H_4，其中至少有三个是不同的.如果 l 是任何一条直线，与$\mathbb{P}(L')$互补，那么交点 $P_i=H_i\cap l,i=1,2,3,4$ 中至少有三个点是不同的，并且

$$(H_1,H_2;H_3,H_4)=(P_1,P_2;P_3,P_4).\tag{4.3.9}$$

证 首先证明 P_1,P_2,P_3,P_4 存在且至少三个点不同.因为 l 是$\mathbb{P}(L')$的补射影线性簇，所以 l 不会包含在 $H_i,i=1,2,3,4$ 中.所以 $P_i=H_i\cap l$ 存在，因而 $H_i=\mathbb{P}(L')\vee P_i$，而且 $P_i=P_j$ 当且仅当 $H_i=H_j$，其中 $i,j=1,2,3,4$.

接下来考虑交比.如果对于某些 $i\neq j,H_i=H_j$，那么 $P_i=P_j$，直接用交比的定义就能证明(4.3.9)式.如果 H_1,H_2,H_3,H_4 是四个不同的超平面，则 P_1,P_2,P_3,P_4 是四个不同的点.根据命题 4.3.6 的推论，给定$\mathbb{P}((L')^0)$的四个点 H_1,H_2,H_3,H_4，它们的代表可分别为

$$H_1=\langle\boldsymbol{u}_1\rangle,\quad H_2=\langle\boldsymbol{u}_2\rangle,\quad H_3=\langle\boldsymbol{u}_1+\boldsymbol{u}_2\rangle,\quad H_4=\langle\rho\boldsymbol{u}_1+\boldsymbol{u}_2\rangle,$$

其中 $\rho=(H_1,H_2;H_3,H_4)$.同样，对于 P_1,P_2,P_3,P_4，也可以取得向量 $\boldsymbol{v}_1,\boldsymbol{v}_2$，使

$$P_1=\langle\boldsymbol{v}_1\rangle,\quad P_2=\langle\boldsymbol{v}_2\rangle,\quad P_3=\langle\boldsymbol{v}_1+\boldsymbol{v}_2\rangle,\quad P_4=\langle\rho'\boldsymbol{v}_1+\boldsymbol{v}_2\rangle.$$

由 $P_1\in H_1,P_2\in H_2$ 推出

$$\boldsymbol{u}_1(\boldsymbol{v}_1)=0,\quad\boldsymbol{u}_2(\boldsymbol{v}_2)=0,$$

而由 $P_3\in H_3,P_4\in H_4$ 推出

$$0=(\boldsymbol{u}_1+\boldsymbol{u}_2)(\boldsymbol{v}_1+\boldsymbol{v}_2)=\boldsymbol{u}_1(\boldsymbol{v}_2)+\boldsymbol{u}_2(\boldsymbol{v}_1),$$

$$0=(\rho\boldsymbol{u}_1+\boldsymbol{u}_2)(\rho'\boldsymbol{v}_1+\boldsymbol{v}_2)=\rho\boldsymbol{u}_1(\boldsymbol{v}_2)+\rho'\boldsymbol{u}_2(\boldsymbol{v}_1)$$

因此 $0=(\rho-\rho')\boldsymbol{u}_1(\boldsymbol{v}_2)$.若 $\boldsymbol{u}_1(\boldsymbol{v}_2)=0$ 将导致 $P_2\in H_1$，因而 $H_1=H_2$，故 $\boldsymbol{u}_1(\boldsymbol{v}_2)\neq 0$.因此 $\rho=\rho'$. $\square$

例 4.3.5 由射影平面上共线四点的交比容易推广到射影平面上共点的四条直线的交比.设 l_1,l_2,l_3,l_4 是通过点 O 的四条直线，$l_1\neq l_2$.任取一条不过 O 的直线 l，设 l 与 l_i 相交于 Q_i $(i=1,2,3,4)$，如果$(Q_1,Q_2;Q_3,Q_4)$有定义，我们就规定共点四线 l_1,l_2,l_3,l_4 的交比为

$$(l_1,l_2;l_3,l_4)=(Q_1,Q_2;Q_3,Q_4).\quad\square\tag{4.3.10}$$

在射影平面上，若 O 是四条不同共点四线 l_1,l_2,l_3,l_4 的交点，用$\langle l_i,l_j\rangle$表示直线 l_i 绕 O 逆时针转到 l_j 的角度，则容易验证(见习题)

$$(l_1,l_2;l_3,l_4)=\frac{\sin\langle l_1,l_3\rangle\sin\langle l_2,l_4\rangle}{\sin\langle l_2,l_3\rangle\sin\langle l_1,l_4\rangle}.\tag{4.3.11}$$

下面的定理建立了交比的射影不变性：

定理 4.3.9 射影空间中共线四点的交比在该射影空间的任何射影变换下保持不变.

证 令 Q_1,Q_2,Q_3,Q_4 为射影空间$\mathbb{P}(L)$中的射影直线 l 上的四个点，空间$\mathbb{P}(L)$中的一个标架表示为 $I=[\langle e_1\rangle,\langle e_2\rangle;E]$，其中$\{e_1,e_2\}$为向量空间 L 的一个基.把该四点在标架 I 下的射影坐标记为 $Q_i=(x_i,y_i)_I$，$i=1,2,3,4$.因此，在空间$\mathbb{P}(L)$中的共线四点 Q_1,Q_2,Q_3,Q_4 的交比为

$$(Q_1,Q_2;Q_3,Q_4)=\frac{\begin{vmatrix}x_1&x_3\\y_1&y_3\end{vmatrix}\cdot\begin{vmatrix}x_2&x_4\\y_2&y_4\end{vmatrix}}{\begin{vmatrix}x_1&x_4\\y_1&y_4\end{vmatrix}\cdot\begin{vmatrix}x_2&x_3\\y_2&y_3\end{vmatrix}}. \tag{4.3.12}$$

设 φ 是射影直线$\mathbb{P}(L)$到射影直线$\mathbb{P}(L')$的射影映射，其由向量空间 L 到 L'的可逆线性映射 σ 诱导而来.由射影映射的定义，子空间 $\sigma(L)\subset L'$并且包含四个点 $\varphi(Q_1),\varphi(Q_2)$，$\varphi(Q_3),\varphi(Q_4)$.根据命题 4.3.4，交比与标架和坐标的选取无关，我们在 L'中的取一个标架为 $I'=[f_1,f_2;f_1+f_2]$，其中 $f_1=\sigma(e_1)$，$f_2=\sigma(e_2)$，显然构成 L'中的一个基.令 $Q_i=\langle a_i\rangle$，其中 $a_i=x_ie_1+y_ie_2$，$i=1,2,3,4$，则由于 $\sigma(a_i)=x_i\sigma(e_1)+y_i\sigma(e_2)$，即向量 $\sigma(a_i)$在这个基$\{f_1,f_2\}$中的坐标与向量 a_i 在基$\{e_1,e_2\}$中的坐标相同，所以交比$(\varphi(Q_1),\varphi(Q_2);\varphi(Q_3),\varphi(Q_4))$也由(4.3.12)式定义.所以$(Q_1,Q_2;Q_3,Q_4)=(\varphi(Q_1),\varphi(Q_2);\varphi(Q_3),\varphi(Q_4))$. □

定理 4.3.9 确立了交比的射影性.如果两个有序共线四点的集合具有相等的交比，能否找到射影映射来相互映射呢？以下命题给出了肯定的答案.

命题 4.3.10 假设$\mathbb{P}^1(L)$和$\mathbb{P}^1(L')$是$\mathbb{K}$上的一维射影空间，如果 $Q_1,Q_2,Q_3,Q_4\in\mathbb{P}^1(L)$和 $Q_1',Q_2',Q_3',Q_4'\in\mathbb{P}(L')$这两组点中每一组的所有点是不同的，并且$(Q_1,Q_2;Q_3,Q_4)=(Q_1',Q_2';Q_3',Q_4')$.那么存在一个射影映射 $\varphi:\mathbb{P}^1(L)\to\mathbb{P}^1(L')$，使得 $\varphi(Q_i)=Q_i'$，$i=1,2,3,4$.

证 根据定理 4.3.9，存在一个射影映射 $\varphi:\mathbb{P}^1(L)\to\mathbb{P}^1(L')$，使得对于 $i=1,2,3$，$\varphi(Q_i)=Q_i'$.另一方面，根据命题 4.3.6，Q_4 和 Q_4' 分别在标架$[Q_1,Q_2;Q_3]$和$[Q_1',Q_2';Q_3']$下的非齐次坐标是相等的，因此 $\varphi(Q_4)=Q_4'$. □

如果把属于同一个一维射影空间的四个不同点的有序集合称为**共线四元组**，定理 4.3.9 确保了交比是共线四元组的射影不变性.以下命题与命题 4.3.10 一起，用交比来表征一维射影空间之间的射影映射：

命题 4.3.11 令 $\varphi:\mathbb{P}^1(L)\to\mathbb{P}^1(L')$是$\mathbb{K}$上的一维射影空间之间的映射.假设四个点 Q_1，$Q_2,Q_3,Q_4\in\mathbb{P}^1(L)$中至少有三个点不同，它们的像 $\varphi(Q_1),\varphi(Q_2),\varphi(Q_3),\varphi(Q_4)$中也有至少有三个点不同，并且

$$(Q_1,Q_2;Q_3,Q_4)=(\varphi(Q_1),\varphi(Q_2);\varphi(Q_3),\varphi(Q_4)).$$

那么 φ 是一个射影映射.

证 取$\mathbb{P}^1(L)$的标架 $I=[P_0,P_1;E]$，则其像 $J=[\varphi(P_0),\varphi(P_1);\varphi(E)]$是$\mathbb{P}^1(L')$的一个标架，因为否则 $\varphi(P_0),\varphi(P_1),\varphi(E),\varphi(E)$中最多只有两个点不同，这与假设不符.因此对于任何 $P=(x_0,x_1)_I\in\mathbb{P}^1(L)$，

$$(P_0,P_1;E,P)=(\varphi(P_0),\varphi(P_1);\varphi(E),\varphi(P)),$$

所以根据命题 4.3.6，上式说明 $\varphi(P)=(x_0,x_1)_J$.因此由定理 4.3.9 完成证明. □

由命题 4.3.11，只要射影直线之间的一个映射 φ 保持任意两个四元组的交比，它就是一

个射影映射.

4.3.3 调和点列

下面来看一下具有特定交比的四个点之间的关系.

定义 4.3.4 给定四个不同点 $Q_1,Q_2,Q_3,Q_4\in\mathbb{P}^1(L)$.若至少有三个点不同,并且$(Q_1,Q_2;Q_3,Q_4)=-1$,则称$\{Q_1,Q_2,Q_3,Q_4\}$为**调和点列**,其中 Q_4 称为 Q_1,Q_2,Q_3 的**第四调和点**或 Q_3 关于 Q_1,Q_2 的第四调和点.

命题 4.3.12 在射影平面上已知共线的三个正常点 A,B,C,在直线 AB 外任取一点 S,连接 SA,SB,SC.在直线 SC 上取不同于 C,S 的一点 G,连接 AG 并记它与 SB 的交点为 E,连接 BG 并记它与 SA 的交点为 F.那么 FE 与 AB 的交点 D 是 A,B,C 的第四调和点.

证 设 FE 与 SC 的交点为 H.先考虑以 S 为中心的线束和以 G 为中心的线束可以得出

$$(A,B;C,D)=(SA,SB;SC,SD)=(F,E;H,D),$$

$$(F,E;H,D)=(GF,GE;GH,GD)=(B,A;C,D),$$

从而$(A,B;C,D)=(B,A;C,D)$.再利用命题 4.3.7 可得到$(A,B;C,D)^2=1$,假如$(A,B;C,D)=1$,则得$(A,C;B,D)=0$,从而$(A,C,B)=0$,于是 $A=B$,这与已知矛盾.所以必有$(A,B;C,D)=-1$,从而 D 是 A,B,C 的第四调和点. □

调和点列在射影几何中起着重要作用.从命题 4.3.7 可以看出,存在八个排列保持调和点列的交比不变,从而保持其调和点列的条件.这些点列可以是命题 4.3.7(1)和(2)中的排列,如交换点 Q_1,Q_2 或点 Q_3,Q_4 或交换点对$\{Q_1,Q_2\}$,$\{Q_3,Q_4\}$,结果仍然是调和的.因此,当给出一个调和点列时,没有必要指定点的顺序,而是要知道它们如何配对,比如点对$\{Q_1,Q_2\}$,$\{Q_3,Q_4\}$中点的排序以及各对本身的排序是无关紧要的.因此,当 Q_1,Q_2,Q_3,Q_4 是调和点列时,也称$\{Q_1,Q_2\}$,$\{Q_3,Q_4\}$彼此调和分割.这也是我们在交比表示式的第二点与第三点之间特别用分号分开,而其他点之间用逗号分开的原因.此外,从命题 4.3.7 还可以看出,通过置换调和点列中的点获得的其他交比值是 2 或 1/2.

类似地,也可以定义调和线束.设有共点四线 l_1,l_2,l_3,l_4,若$(l_1,l_2;l_3,l_4)=-1$,则称 l_1,l_2,l_3,l_4 是**调和线束**,其中 l_4 称为 l_1,l_2,l_3 的**第四调和线**或 l_3 关于 l_1,l_2 的第四调和线.

设 O 是射影平面 π 上的正常点,l_1,l_2,l_3,l_4 是通过点 O 的四条不同的直线,如果 l_3 是 l_1 与 l_2 所夹的一个角的角平分线,并且$(l_1,l_2;l_3,l_4)=-1$,则由(4.3.11)式可以得出 l_4 是 l_1 与 l_2 所夹的另一个角的角平分线,即 l_1 与 l_2 所夹的两个角的角平分线关于 l_1,l_2 调和共轭.

定理 4.3.13(完备四边形定理) 在完备四边形的任何对角线上,顶点对和与其他对角线的交点对彼此调和地分割.

证 完备四边形如图 4.3.3.考虑一条对角线上的两个顶点 A 和 B.选择 C,D 和 E,F 是其他对角线上的顶点,使得 $E\in AC$,因此 $F\in BC$.取 $M=AB\cap CD$,$N=AB\cap EF$ 和 $T=CD\cap EF$(见图 4.3.3).以 E 为中心从 CD 到 AB 的中心透视依次将 C,D,M,T 映射到 A,B,M,N.类似地,以 F 为中心在同一直线之间的透视将 C,D,M,T 映射到 B,A,M,N.由于交比通过透视保持不变,所以得到

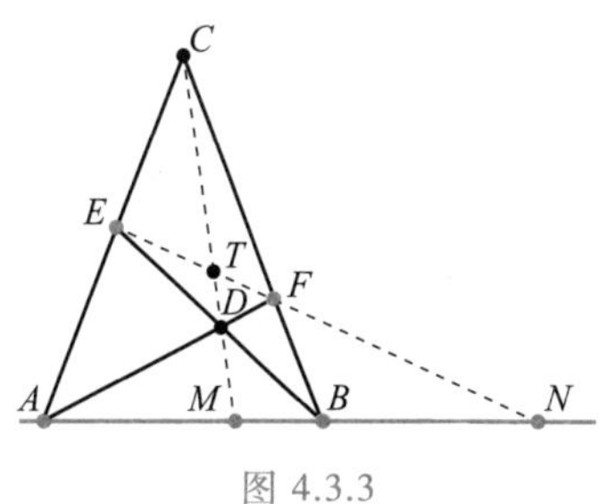

图 4.3.3

$$(A,B;M,N)=(C,D;M,T)=(B,A;M,N).$$

另一方面,容易根据完备四边形的定义验证,A,B,M,N 是四个不同的点,从而由命题4.3.12知,顶点对和与其他对角线的交点对彼此调和地分割. □

习题 4.3

1. 在射影平面上,取一个射影标架$[P_0,P_1,P_2;E]$,求把点 $Q_0(1,0,1)$,$Q_1(2,0,1)$,$Q_2(0,1,1)$,$F(0,2,1)$分别变到标架顶点 P_0,P_1,P_2,E 的射影变换公式.

2. 在射影平面上,建立一个射影标架$[P_0,P_1,P_2;E]$.设 Q_i 为顶点 P_i 和单位点 E 的连线 P_iE 与对边的交点,求把 P_0,P_1,P_2 分别变成 Q_0,Q_1,Q_2 的射影变换公式.

3. 给定三维射影空间中的一个射影标架,验证点$(1,1,2,1)$,$(3,-1,1,2)$,$(6,2,7,5)$,$(2,-2,-1,1)$共线,并计算它们的交比.

4. 证明命题 4.3.7,即用交比$(Q_1,Q_2;Q_3,Q_4)$表示这些点按任何其他顺序所取的交比.

5. 假设在射影平面中有一个三角形,其顶点为 A,B,C,而 M,N 为不在该三角形的边上的两个不同点.设 A',B',C'分别是直线 MN 与该三角形中 A,B,C 的对边的交点.用 A'',B'',C''分别表示 A',B',C'关于 M,N 的第四调和点.证明:直线 AA'',BB'',CC''共点.

6. 假设在射影平面中有一个三角形,其顶点为 A_1,A_2,A_3,令 a_i 是 A_i 的对边,$i=1,2,3$.直线 l 不经过顶点 A_1,A_2,A_3,令$C_i\in a_i$ 且不是顶点,而$B_i=l\cap a_i$.证明:$(A_1,A_2;B_3,C_3)(A_2,A_3;B_1,C_1)(A_3,A_1;B_2,C_2)=-1$ 的充要条件是 A_1C_1,A_2C_2,A_3C_3 共点,而其为 1 的充要条件是C_1,C_2,C_3 共线.

7. 在射影平面上取一个射影标架$[P_0,P_1,P_2;E]$,用 P_{12}表示直线 P_0E 与 P_1P_2 的交点,求直线 P_1P_2 上的一个点 P 使得交比$(P_1,P_2;P_{12},P)=a$.

8. 在射影平面上,设共线三点 A,B,C 的齐次坐标分别为$(1,2,5)$,$(1,0,3)$,$(-1,2,-1)$,在直线 AB 上求一点 D 使得交比$(A,B;C,D)=5$.

9. 在射影平面上,假设三点 A,B,C 的齐次坐标分别为$(1,4,1)$,$(0,1,1)$,$(2,3,-3)$,证明 A,B,C 三点共线,并且求此直线上的一点 D 使$(A,B;C,D)=-4$.

10. 在射影平面上,给定共线四点的仿射坐标 $A(2,-4)$,$B(-4,5)$,$C(4,-7)$,$D(0,-1)$,求它们的交比$(A,B;C,D)$.

11. 在射影平面上,设共点于 O 的三条直线 l_1,l_2,l_3 的齐次坐标分别为$(-1,0,2)$,$(3,1,-2)$,$(1,1,2)$,求通过 O 的一条直线 l_4,使得交比$(l_1,l_2;l_3,l_4)=-3$.

12. 在射影平面上,给定五个点 P,A,B,C,D 的齐次坐标分别为$(3,-2,4)$,$(1,0,0)$,$(0,1,0)$,$(0,0,1)$,$(1,1,1)$,求直线 PA,PB,PC,PD 的交比.

13. 设 A,B,C,D,E 是共线的五点,并且两两不同,证明:

$$(A,B;C,D)(A,B;D,E)=(A,B;C,E).$$

14. 设 O 是射影平面上的正常点,l_1,l_2,l_3,l_4 是共点于 O 的四条不同的直线,用$\langle l_i,l_j\rangle$表示直线 l_i 绕 O 逆时针转到 l_j 的角度.证明:

$$(l_1,l_2;l_3,l_4)=\frac{\sin\langle l_1,l_3\rangle\sin\langle l_2,l_4\rangle}{\sin\langle l_2,l_3\rangle\sin\langle l_1,l_4\rangle}.$$

15. 若 l_1,l_2,l_3,l_4 是射影平面上的调和线束,并且 l_3 与 l_4 互相垂直,证明:l_3 是 l_1 与 l_2 的

夹角的角平分线.

§4.4 射影二次超曲面

在射影空间中,除了之前提到的线性图形之外,曲线、曲面和超曲面也是我们感兴趣的重要研究对象.类似于 Euclid 空间中的曲线、曲面和超曲面,射影空间$\mathbb{P}(L)$中的超曲面 $\boldsymbol{\Sigma}$ 也可以用一个射影标架中的射影坐标的方程表示.令$(x_1,x_2,\cdots,x_n)$表示射影空间中的点 P 在某个标架下的坐标,则超曲面 $\boldsymbol{\Sigma}$ 上的点满足方程

$$F(x_1,x_2,\cdots,x_n)=0. \tag{4.4.1}$$

其中 F 是变量 $x_1,x_2,\cdots,x_n$ 的函数.这些函数 F 中尤其令人感兴趣的**二次多项式**(也称为**二次型**).本节就来研究射影空间中二次多项式方程 $F=0$ 所表示的二次曲线、曲面和超曲面的图形.

4.4.1 射影空间中的二次超曲面

正如例 4.2.2,射影空间$\mathbb{P}(L)$的点的射影坐标要满足多项式方程 $F=0$,那么函数 F 必须是齐次多项式.而且,在前一节已经证明,在射影空间中,射影坐标变换把一个二次多项式变换成另一个二次多项式,因此多项式的次数与坐标标架的选择无关.基于此,我们把射影空间中的二次超曲面定义如下:

定义 4.4.1 令在射影空间$\mathbb{P}(L)$的标架 I 下点 P 的射影坐标表示为 $\boldsymbol{x}=(x_0,x_1,\cdots,x_n)$,则将由方程

$$F(x_0,x_1,\cdots,x_n)=\sum_{0\leqslant i,j\leqslant n}a_{ij}x_ix_j=\boldsymbol{x}\boldsymbol{A}\boldsymbol{x}^{\mathrm{T}}=0,\quad a_{ij}=a_{ji}\in\mathbb{K} \tag{4.4.2}$$

所确定的所有点 P 组成的集合 Σ 称为射影空间中的**二次超曲面**,其中 $\boldsymbol{A}=(a_{ij})_{(n+1)\times(n+1)}$. (4.4.2)式称为二次超曲面 Σ 的**方程**.

可以根据射影空间$\mathbb{P}(L)$的维数进一步区分二次超曲面.例如,二维射影空间中的二次超曲面实际上是二次曲线或称为**圆锥曲线**,三维射影空间中的二次超曲面是二次曲面,而高维射影空间($\dim\ \mathbb{P}(L)>3$)中的二次超曲面就是真正的二次超曲面.实射影空间中的二次超曲面称为**实二次超曲面**,而复射影空间中的二次超曲面称为**复二次超曲面**.下文中,如果不特别说明,我们关注实二次超曲面.

例 4.4.1 实射影直线$\mathbb{P}^1$上的二次多项式方程具有

$$a_{00}x_0^2+2a_{01}x_0x_1+a_{11}x_1^2=0$$

的形式.因此,实射影直线中上式表示的图形 Σ 有三种:当 $a_{01}^2-a_{00}a_{11}<0$ 时,图形 Σ 不存在实点;当 $a_{01}^2-a_{00}a_{11}=0$ 时,Σ 只是一个点;而当 $a_{01}^2-a_{00}a_{11}>0$ 时,Σ 是两个不同的点. □

为了搞清楚方程(4.4.2)中系数 a_{ij}的含义,我们引进双线性型的概念.

定义 4.4.2 假设 L 是数域$\mathbb{K}$上的 $n+1$ 维向量空间,若其上的二元函数 $\eta:L\times L\to\mathbb{K}$满足对每一个变元都是线性的,即 $\forall\,\boldsymbol{x},\boldsymbol{x}',\boldsymbol{y},\boldsymbol{y}'\in L$ 和 $\forall\,\lambda,\mu\in\mathbb{K}$,

(1) $\eta(\lambda\boldsymbol{x}+\mu\boldsymbol{x}',\boldsymbol{y})=\lambda\eta(\boldsymbol{x},\boldsymbol{y})+\mu\eta(\boldsymbol{x}',\boldsymbol{y})$;

(2) $\eta(\boldsymbol{x},\lambda\boldsymbol{y}+\mu\boldsymbol{y}')=\lambda\eta(\boldsymbol{x},\boldsymbol{y})+\mu\eta(\boldsymbol{x},\boldsymbol{y}')$,

则 $\eta(\boldsymbol{x},\boldsymbol{y})$ 称为 L 上的**双线性型**.若进一步要求双线性型 η 满足

(3) $\eta(\boldsymbol{x},\boldsymbol{y})=\eta(\boldsymbol{y},\boldsymbol{x})$,

则称为这样的 η 为**对称双线性型**.把在向量空间 L 上定义了对称双线性型 η 的向量空间 L 称为**内积空间**,表示为 (L,η).

方程(4.4.2)中的函数 $F(\boldsymbol{x})$ 就是一个对称双线性型.事实上,定义对称双线性型

$$\eta(\boldsymbol{x},\boldsymbol{y})=\sum_{i,j=0}^{n}a_{ij}x_iy_j=\boldsymbol{x}\boldsymbol{A}\boldsymbol{y}^{\mathrm{T}},\tag{4.4.3}$$

在式中令 $\boldsymbol{y}=\boldsymbol{x}$,就可得到 $F(\boldsymbol{x})=\eta(\boldsymbol{x},\boldsymbol{x})$.由此可见,函数 $F(\boldsymbol{x})$ 与对称双线性型 $\eta(\boldsymbol{x},\boldsymbol{y})$ 按照这种方式一一对应.因此,一个二次超曲面与一个对称双线性型相对应.显然对于非零标量 γ,$\gamma\eta$ 与 η 具有相同的性质和作用,因此我们可以认为二次超曲面类似于射影空间中的一个元素,记作 $\langle\eta\rangle$,η 本身只是它的代表.

更进一步,如果固定射影空间 $\mathbb{P}^n(L)$ 的一个标架 I 并给定适应标架 I 的一个基 $\{\boldsymbol{e}_0,\boldsymbol{e}_1,\cdots,\boldsymbol{e}_n\}$,且 $\boldsymbol{x}=x_0\boldsymbol{e}_0+x_1\boldsymbol{e}_1+\cdots+x_n\boldsymbol{e}_n$,则二次超曲面 Σ 的方程可以表示为

$$F(\boldsymbol{x})=\sum_{i,j=0}^{n}x_ix_j\eta(\boldsymbol{e}_i,\boldsymbol{e}_j).\tag{4.4.4}$$

所以(4.4.2)式中的矩阵 $\boldsymbol{A}=(\eta(\boldsymbol{e}_i,\boldsymbol{e}_j))$,即在给定适应标架 I 的一个基 $\{\boldsymbol{e}_0,\boldsymbol{e}_1,\cdots,\boldsymbol{e}_n\}$ 之后,$\boldsymbol{A}$ 称为二次超曲面 Σ 相对于标架 I 的适应基 $\{\boldsymbol{e}_0,\boldsymbol{e}_1,\cdots,\boldsymbol{e}_n\}$ 的矩阵,它是对称的.二次超曲面 Σ 相对于标架 I 的所有矩阵称为其**在标架 I 下的矩阵**.

命题 4.4.1 若矩阵 $\boldsymbol{A}$ 和 $\boldsymbol{A}'$ 分别是二次超曲面 Σ 在射影标架 I 下的两个矩阵,则存在非零标量 $\rho\in\mathbb{K}$,使得 $\boldsymbol{A}'=\rho\boldsymbol{A}$.

证 相对于(4.4.4)式所定义的矩阵 $\boldsymbol{A}=(\eta(\boldsymbol{e}_i,\boldsymbol{e}_j))$,按照上述(4.4.4)式的对应关系,$\boldsymbol{A}'$ 应该对应于 Σ 的某个其他代表 $\lambda\eta$,在适应给定标架 I 的某个其他代表基 $\{\mu\boldsymbol{e}_0,\mu\boldsymbol{e}_1,\cdots,\mu\boldsymbol{e}_n\}$ 下的矩阵,其中标量 $\mu\neq0$ 和 $\lambda\neq0$.因此,Σ 在该标架 I 下的矩阵 $\boldsymbol{A}'$ 具有元素

$$(\lambda\eta)(\mu\boldsymbol{e}_i,\mu\boldsymbol{e}_j)=\lambda\mu^2\eta(\boldsymbol{e}_i,\boldsymbol{e}_j),\quad i,j=0,1,\cdots,n.$$

从而存在非零标量 $\rho\in\mathbb{K}$,使得 $\boldsymbol{A}'=\rho\boldsymbol{A}$. □

二次超曲面可以决定对称矩阵,反过来,给定的非零对称矩阵也可以定义二次超曲面:

命题 4.4.2 给定 $\mathbb{P}^n(L)$ 的一个射影标架 I,对于每个 $(n+1)\times(n+1)$ 的非零对称矩阵 $\boldsymbol{A}$,存在唯一的二次超曲面,其在标架 I 下的矩阵是 $\boldsymbol{A}$.

这个命题的证明留作习题.

现在讨论(4.4.2)式的二次型.令(4.4.2)式是二次超曲面 Σ 上点 P 在适应射影标架 I 的一个基 $\{\boldsymbol{e}_0,\boldsymbol{e}_1,\cdots,\boldsymbol{e}_n\}$ 下的坐标表示,其中 $\boldsymbol{A}$ 是实对称矩阵.由矩阵理论,存在正交矩阵 $\boldsymbol{U}$,使得

$$\boldsymbol{U}^{\mathrm{T}}\boldsymbol{A}\boldsymbol{U}=\mathrm{diag}\{\lambda_0,\lambda_1,\cdots,\lambda_n\},$$

其中标量 λ_i 是矩阵 $\boldsymbol{A}$ 的特征根.将上式代入(4.4.2)式,并令 $\boldsymbol{y}=\boldsymbol{x}\boldsymbol{U}$,则得到

$$\eta(\boldsymbol{y}\boldsymbol{U}^{\mathrm{T}},\boldsymbol{y}\boldsymbol{U}^{\mathrm{T}})=\boldsymbol{x}\boldsymbol{A}\boldsymbol{x}^{\mathrm{T}}=\boldsymbol{y}\boldsymbol{U}^{\mathrm{T}}\boldsymbol{A}\boldsymbol{U}\boldsymbol{y}^{\mathrm{T}}=\lambda_0y_0^2+\lambda_1y_1^2+\cdots+\lambda_ny_n^2.\tag{4.4.5}$$

根据命题 4.2.5,存在 $\mathbb{P}^n$ 中的唯一确定的标架 J,使得 $\boldsymbol{U}$ 为标架 I 到标架 J 的过渡矩阵,而 $\boldsymbol{y}$ 为 P 在适应标架 J 的一个基 $\{\boldsymbol{e}_0',\boldsymbol{e}_1',\cdots,\boldsymbol{e}_n'\}$ 下的射影坐标.

(4.4.5)式表明：

命题 4.4.3 如果二次超曲面 $\boldsymbol{\Sigma}$ 相对于第一标架 I 具有矩阵 $\boldsymbol{A}$，而 $\boldsymbol{U}$ 是从适应标架 I 的基 $\{\boldsymbol{e}_0,\boldsymbol{e}_1,\cdots,\boldsymbol{e}_n\}$ 到适应第二标架 J 的基 $\{\boldsymbol{e}'_0,\boldsymbol{e}'_1,\cdots,\boldsymbol{e}'_n\}$ 的过渡矩阵，则 $\boldsymbol{\Sigma}$ 在第二标架 J 下的矩阵为 $\boldsymbol{U}^{\mathrm{T}}\boldsymbol{A}\boldsymbol{U}$.

(4.4.5)式也称为二次型(4.4.2)的**标准形**，特别地，形如 $y_0^2+y_1^2+\cdots+y_p^2-y_{p+1}^2-\cdots-y_n^2$ 的标准形也称为**规范形**.

特别地，可以选取标架使得方程(4.4.2)在所选取的标架下化简为标准形

$$\lambda_0x_0^2+\lambda_1x_1^2+\cdots+\lambda_rx_r^2=0, \tag{4.4.6}$$

其中所有 λ_i 是矩阵 $\boldsymbol{A}$ 的非零特征根，而且根据正交矩阵 $\boldsymbol{U}$ 的性质，λ_i 在上述坐标变换下是不变量.

定义 4.4.3 对于(4.4.2)式中的二次型 F，若存在坐标变换将其化简成 $r<n$ 的(4.4.6)式中的二次型，则称 F 为**奇异二次型**；若 $r=n$，则称 F 为**非奇异二次型**.相应的二次超曲面分别称为**奇异二次超曲面**和**非奇异二次超曲面**.

显然，非奇异二次超曲面的标准形可以表示为

$$\lambda_0x_0^2+\lambda_1x_1^2+\cdots+\lambda_nx_n^2=0, \tag{4.4.7}$$

其中所有系数 λ_i 都是非零的.下面主要关注方程(4.4.7)所表示的非奇异二次超曲面，而奇异二次超曲面(4.4.6)相当于少了 $x_i,i=r+1,r+2,\cdots,n$ 的平方项，因此容易归结为低维空间中的非奇异二次超曲面.

上面提到二次超曲面作为一个元素，可以表示为 $\boldsymbol{\Sigma}=\langle\boldsymbol{\eta}\rangle$，它在射影映射下的像可以定义如下：

定义 4.4.4 设 $\boldsymbol{\Sigma}=\langle\boldsymbol{\eta}\rangle$ 表示射影空间 $\mathbb{P}^n(L)$ 中的一个二次超曲面.令 $\varphi:\mathbb{P}^n(L)\to\mathbb{P}^n(L')$ 是一个射影映射，由向量空间之间的同构 $\sigma:L\to L'$ 诱导而来，即 $\varphi=\langle\sigma\rangle$.令 $\sigma^{-1}\times\sigma^{-1}:L'\times L'\to L\times L$ 满足 $(\boldsymbol{w}_1,\boldsymbol{w}_2)\to(\sigma^{-1}(\boldsymbol{w}_1),\sigma^{-1}(\boldsymbol{w}_2))$，称 $\mathbb{P}^n(L')$ 中的二次超曲面 $\varphi(\boldsymbol{\Sigma})=\langle\boldsymbol{\eta}\circ(\sigma^{-1}\times\sigma^{-1})\rangle$ 是 $\boldsymbol{\Sigma}$ 在射影映射 φ 下的像或射影.

定义 4.4.4 与射影映射 φ 作用于 $\boldsymbol{\Sigma}$ 上点的结果是兼容的.事实上，根据该定义，点 $Q=\langle\boldsymbol{w}\rangle$ 属于 $\varphi(\boldsymbol{\Sigma})$ 当且仅当 $\boldsymbol{\eta}(\sigma^{-1}(\boldsymbol{w}),\sigma^{-1}(\boldsymbol{w}))=0$，而这就是 $\varphi^{-1}(Q)=\langle\sigma^{-1}(\boldsymbol{w})\rangle$ 属于 $\boldsymbol{\Sigma}$ 的条件.

我们可得到二次超曲面经由射影映射所得到的像的矩阵：

命题 4.4.4 假设 $\boldsymbol{\Sigma}$ 是 $\mathbb{P}^n$ 的一个二次超曲面，$\varphi:\mathbb{P}^n(L)\to\mathbb{P}^n(L')$ 是一个射影映射，I 和 J 分别是 $\mathbb{P}^n(L)$ 和 $\mathbb{P}^n(L')$ 的标架.令 $\boldsymbol{A}$ 表示 $\boldsymbol{\Sigma}$ 在标架 I 下的矩阵，则

(1) $\boldsymbol{A}$ 也是 $\varphi(\boldsymbol{\Sigma})$ 相对于 $\varphi(I)$ 的矩阵；

(2) 如果 $\boldsymbol{M}$ 是 φ 在标架 I 和 J 下的矩阵，那么 $(\boldsymbol{M}^{-1})^{\mathrm{T}}\boldsymbol{A}\boldsymbol{M}^{-1}$ 是 $\varphi(\boldsymbol{\Sigma})$ 相对于标架 J 的矩阵.

证 (1) 假设 $\varphi=\langle\sigma\rangle$.因为 $\boldsymbol{A}$ 是 $\boldsymbol{\Sigma}$ 的代表 $\boldsymbol{\eta}$ 相对于适应 I 的基 $\{\boldsymbol{e}_0,\boldsymbol{e}_1,\cdots,\boldsymbol{e}_n\}$ 下的矩阵，所以 $\sigma(\boldsymbol{e}_0),\sigma(\boldsymbol{e}_1),\cdots,\sigma(\boldsymbol{e}_n)$ 是适应标架 $\varphi(I)$ 的基，并且显然

$$\boldsymbol{\eta}(\boldsymbol{e}_i,\boldsymbol{e}_j)=(\boldsymbol{\eta}\circ(\sigma^{-1}\times\sigma^{-1}))(\sigma(\boldsymbol{e}_i),\sigma(\boldsymbol{e}_j)).$$

因此，$\boldsymbol{A}$ 也是 $\varphi(\boldsymbol{\Sigma})$ 相对于 $\varphi(I)$ 的矩阵.

(2) 根据定义，矩阵 M 是从标架 $\varphi(I)$ 到标架 J 的过渡矩阵.因此，根据命题 4.4.3，容易

从(1)得到(2). □

类似于在仿射空间中研究曲面的方法,我们首先考虑光滑超曲面的切平面或切线的概念.

定义 4.4.5 对于方程(4.4.2)所确定的二次超曲面 Σ,将点 $P\in\Sigma$ 处的方程组

$$\sum_{i=0}^{n}\left.\frac{\partial F}{\partial x_i}\right|_{x=P}x_i=0 \tag{4.4.8}$$

在射影空间$\mathbb{P}(L)$中的解集称为二次超曲面 Σ 在点 P 的**切空间**,记为 $T_P(\Sigma)$.过二次超曲面 Σ 上的点 P 的直线 l,若 $l\subset T_P(\Sigma)$,则称 l 为二次超曲面 Σ 在点 P 处的一条**切线**.

由于方程(4.4.2)是二次方程,因此偏导数$\left.\frac{\partial F}{\partial x_i}\right|_{x=P}$至多为一次线性函数.使得所有偏导数$\left.\frac{\partial F}{\partial x_i}\right|_{x=P}$都是零函数的点 P 称为二次超曲面(4.4.2)的**奇点**.显然,奇点的切空间就是射影空间$\mathbb{P}(L)$本身.没有奇点的二次超曲面称为**光滑二次超曲面**.偏导数$\left.\frac{\partial F}{\partial x_i}\right|_{x=P}$不全为零函数的点 P 的切空间(4.4.8)是射影空间$\mathbb{P}(L)$中的一个超平面,称为**切超平面**.

定义 4.4.6 在内积空间$(L,\boldsymbol{\eta})$中,将使得 $\boldsymbol{\eta}(\boldsymbol{x},\boldsymbol{y})=0$ 的向量 $\boldsymbol{x},\boldsymbol{y}\in L$ 称为相互**垂直**或**正交**的,记为 $\boldsymbol{x}\perp\boldsymbol{y}$.设 L 的一个子空间为 L',定义集合 $(L')^{\perp}=\{\boldsymbol{x}\in L\mid \boldsymbol{x}\perp\boldsymbol{y},\ \forall\boldsymbol{y}\in L'\}$,称之为 L'在 L 中的**正交补**.

设二次超曲面上的点 P 的齐次坐标为 $\boldsymbol{\alpha}=(\alpha_0,\alpha_1,\cdots,\alpha_n)$,则 $\left.\frac{\partial F}{\partial x_i}\right|_{x=P}=2\sum_{j=0}^{n}a_{ij}\alpha_j$, 根据定义 4.4.6,点 P 的切空间满足 $\sum_{i,j=0}^{n}a_{ij}x_i\alpha_j=0$, 即 $\boldsymbol{\eta}(\boldsymbol{\alpha},\boldsymbol{x})=0$.因此,点 P 处的切超平面是向量 $\boldsymbol{\alpha}\in L$ 关于(4.4.3)式定义的对称双线性型 $\boldsymbol{\eta}(\boldsymbol{x},\boldsymbol{y})$ 的正交补$\langle\boldsymbol{\alpha}\rangle^{\perp}$.

命题 4.4.5 二次超曲面的奇点$\langle\boldsymbol{x}\rangle$的齐次坐标是

$$\sum_{j=0}^{n}a_{ij}x_j=0,\quad i=0,1,\cdots,n \tag{4.4.9}$$

的非零解.

证 按照二次超曲面的奇点定义,二次超曲面(4.4.2)上奇点 $P=\langle\boldsymbol{\alpha}\rangle$ 的齐次坐标 $\boldsymbol{\alpha}=(\alpha_0,\alpha_1,\cdots,\alpha_n)$满足

$$\sum_{j=0}^{n}a_{ij}\alpha_j=0,\quad i=0,1,\cdots,n.$$

由于点 P 在$\mathbb{P}(L)$中而坐标 α_i 不能全为零,因此二次超曲面 Σ 的奇点 $P=\langle\boldsymbol{\alpha}\rangle$是以下方程组的非零解:

$$\sum_{j=0}^{n}a_{ij}x_j=0,\quad i=0,1,\cdots,n.$$

相反,按照非奇点的定义,方程组(4.4.9)在非奇点只有零解,因此矩阵(a_{ij})的行列式不能等于零,即(4.4.6)式中的 $r=n$,即(4.4.2)式定义的二次超曲面 Σ 是非奇异的.因此,非奇异二次超曲面等同于光滑二次超曲面. □

由命题 4.4.5 可见,二次超曲面是非奇异二次超曲面的充要条件是它为光滑二次超

曲面.

接下来,考虑射影空间$\mathbb{P}(L)$中二次超曲面Σ和直线l之间的相互关系.

命题 4.4.6 射影空间$\mathbb{P}(L)$中的直线l与非奇异二次超曲面Σ之间存在以下可能的关系:

(1) l与Σ恰好具有两个不同的交点,这种直线l称为**割线**或**弦**,而两个交点分别称为弦的**端点**;

(2) l与Σ没有实交点;

(3) l与Σ恰好具有一个交点P,当且仅当l是点P处的一条切线,点P称为**切点**;

(4) $l\subset\Sigma$,即l在其每个点处都与二次超曲面Σ相切.

证 根据射影直线的定义,射影空间$\mathbb{P}(L)$中的一条射影直线l连接该直线上两个不同的点$\langle \boldsymbol{a}\rangle$和$\langle \boldsymbol{b}\rangle$,即$l=\mathbb{P}(L')$,其中$L'=\langle \boldsymbol{a},\boldsymbol{b}\rangle=\{x\boldsymbol{a}+y\boldsymbol{b}\mid \forall x,y\in\mathbb{K}\}$,向量$\boldsymbol{a},\boldsymbol{b}\in L$且不共线.设二次超曲面$\Sigma$由方程(4.4.2)定义为$F(\boldsymbol{x})=0$.因此,直线$l$与二次超曲面$\Sigma$的交点由方程$F(x\boldsymbol{a}+y\boldsymbol{b})=0$给出,该方程由(4.4.3)式的对称双线性型$\eta$表示为

$$\eta(x\boldsymbol{a}+y\boldsymbol{b},x\boldsymbol{a}+y\boldsymbol{b})=\eta(\boldsymbol{a},\boldsymbol{a})x^2+2\eta(\boldsymbol{a},\boldsymbol{b})xy+\eta(\boldsymbol{b},\boldsymbol{b})y^2=0. \tag{4.4.10}$$

首先,在(4.4.10)式中考虑$\langle \boldsymbol{a}\rangle\notin\Sigma$,即$\eta(\boldsymbol{a},\boldsymbol{a})=F(\boldsymbol{a})\neq 0$的情形.由(4.4.10)式知,当$y=0$时$x=0$,所以向量$x\boldsymbol{a}+y\boldsymbol{b}=\boldsymbol{0}\notin l$.因此对于直线$l$与二次超曲面$\Sigma$的交点,$y\neq 0$.令$t=x/y$,则(4.4.10)式给出变量$t$的二次方程

$$\eta(\boldsymbol{a},\boldsymbol{a})t^2+2\eta(\boldsymbol{a},\boldsymbol{b})t+\eta(\boldsymbol{b},\boldsymbol{b})=0. \tag{4.4.11}$$

方程(4.4.11)中变量t的根有以下三种情形:

(i) 若$(\eta(\boldsymbol{a},\boldsymbol{b}))^2>\eta(\boldsymbol{a},\boldsymbol{a})\eta(\boldsymbol{b},\boldsymbol{b})$,则存在两个实根,它们确定两个互异的$x$,从而得到直线$l$与二次超曲面$\Sigma$的两个不同交点,这对应于(1);

(ii) 若$(\eta(\boldsymbol{a},\boldsymbol{b}))^2<\eta(\boldsymbol{a},\boldsymbol{a})\eta(\boldsymbol{b},\boldsymbol{b})$,则没有实根,因而直线$l$与二次超曲面$\Sigma$没有实交点,这对应于(2);

(iii) 若$(\eta(\boldsymbol{a},\boldsymbol{b}))^2=\eta(\boldsymbol{a},\boldsymbol{a})\eta(\boldsymbol{b},\boldsymbol{b})$,则存在一个实根,对应于直线$l$与二次超曲面$\Sigma$相交于一个交点(重交点),这对应于(3).

然后,在(4.4.10)式中考虑$\langle \boldsymbol{a}\rangle\in\Sigma$,即$F(\boldsymbol{a})=0$的情形.从(4.4.10)式得到

$$\eta(x\boldsymbol{a}+y\boldsymbol{b},x\boldsymbol{a}+y\boldsymbol{b})=y[2\eta(\boldsymbol{a},\boldsymbol{b})x+\eta(\boldsymbol{b},\boldsymbol{b})y]=0. \tag{4.4.12}$$

显然$y=0$是该方程的一个解,对应于直线l与二次超曲面Σ相交于点$\langle \boldsymbol{a}\rangle\in\Sigma$.若直线$l$与二次超曲面$\Sigma$只有这一个交点,则$\langle \boldsymbol{b}\rangle\notin\Sigma$,因而$F(\boldsymbol{b})\neq 0$.根据解与系数的关系,此时方程(4.4.12)只有解$y=0$的充要条件是$\eta(\boldsymbol{a},\boldsymbol{b})=0$,即$\boldsymbol{b}$属于二次超曲面$\Sigma$在$\langle \boldsymbol{a}\rangle$的切超曲面.而若$\langle \boldsymbol{a}\rangle,\langle \boldsymbol{b}\rangle\in\Sigma$,则$y=0,x=0$,或$\eta(\boldsymbol{a},\boldsymbol{b})=0$,因而直线$l$显然在超曲面$\Sigma$上. □

从该证明中可得到,(4.4.10)式是Σ的切线$L'=\langle \boldsymbol{a},\boldsymbol{b}\rangle=\{x\boldsymbol{a}+y\boldsymbol{b}\mid \forall x,y\in\mathbb{K}\}$在基$\{\boldsymbol{a},\boldsymbol{b}\}$下的方程.若在射影空间$\mathbb{P}^n(L)$中建立标架$I$,并假设二次超曲面$\Sigma$在该标架下具有矩阵$\boldsymbol{A}$,该射影空间中的点$\langle \boldsymbol{a}\rangle,\langle \boldsymbol{b}\rangle$分别具有列坐标向量$\boldsymbol{x}=(x_0,x_1,\cdots,x_n)^{\mathrm{T}}$和$\boldsymbol{y}=(y_0,y_1,\cdots,y_n)^{\mathrm{T}}$.那么,直线$L'$与$\Sigma$相切的条件,即$(\eta(\boldsymbol{a},\boldsymbol{b}))^2=\eta(\boldsymbol{a},\boldsymbol{a})\eta(\boldsymbol{b},\boldsymbol{b})$,可以改写成

$$(\boldsymbol{x}^{\mathrm{T}}\boldsymbol{A}\boldsymbol{x})(\boldsymbol{y}^{\mathrm{T}}\boldsymbol{A}\boldsymbol{y})-(\boldsymbol{x}^{\mathrm{T}}\boldsymbol{A}\boldsymbol{y})^2=0. \tag{4.4.13}$$

如果固定点$\boldsymbol{b}$,则上式变成了坐标$x_0,x_1,\cdots,x_n$的二次齐次多项式.若点$\boldsymbol{a}$与$\boldsymbol{b}$不同且与$\boldsymbol{b}$张成Σ的切线,则点$\boldsymbol{a}$和$\boldsymbol{b}$的坐标都满足(4.4.13)式.由此得出,$\boldsymbol{b}$和所有满足(4.4.13)式的$\boldsymbol{a}$,

要么构成整个空间$\mathbb{P}^n$（当方程(4.4.13)两边恒等时），要么构成以$\langle \boldsymbol{b}\rangle$为顶点的二次锥面$T_{\langle \boldsymbol{b}\rangle}(\Sigma)$，也就是$\Sigma$在$\langle \boldsymbol{b}\rangle$的切空间$T_{\langle \boldsymbol{b}\rangle}(\Sigma)$.

命题 4.4.7（相切的不变性） 设Σ是$\mathbb{P}^n(L)$的二次超曲面，$\varphi:\mathbb{P}^n(L)\to\mathbb{P}^n(L')$是一个射影映射.直线$l$在点$P$处与$\Sigma$相切，当且仅当$\varphi(l)$在$\varphi(P)$处与$\varphi(\Sigma)$相切.

证 命题相当于证明$\varphi(\Sigma\cap l)=\varphi(\Sigma)\cap\varphi(l)$.假设$\Sigma=\langle\eta\rangle$和$\varphi=\langle\sigma\rangle$，与直线$l$相关联的向量空间为$L''$.容易验证，$\varphi(l)=\langle\sigma(L'')\rangle$且

$$\varphi(\Sigma\cap l)=(\eta\circ(\sigma^{-1}\times\sigma^{-1}))\big|_{\sigma(L'')}.$$

上式右端表示对称双线性型η作用于$\sigma(L'')$，即$\varphi(\Sigma)\cap\varphi(l)$. □

现在来研究非奇异二次超曲面Σ的切空间，对于每个点$A\in\Sigma$，方程(4.4.6)确定L中的超平面，它显然是对偶空间L^*中的一条直线，因而是空间$\mathbb{P}(L^*)$中的一个点，表示为$\Phi(A)$，于是得到一个映射

$$\Phi:\Sigma\to\mathbb{P}(L^*). \tag{4.4.14}$$

为了考察集合$\Phi(\Sigma)\subset\mathbb{P}(L^*)$，我们把(4.4.2)式定义的二次超曲面改写成$F(\boldsymbol{x})=\eta(\boldsymbol{x},\boldsymbol{x})$，其中$\eta(\boldsymbol{x},\boldsymbol{y})$是由(4.4.3)式定义的对称双线性型.对于给定的点$\boldsymbol{y}\in L$，定义向量空间L上的函数$\xi_y(\boldsymbol{x})=\eta(\boldsymbol{x},\boldsymbol{y})$.由此得到线性映射$\sigma:L\to L^*$，使得$\sigma(\boldsymbol{y})=\xi_y$.可以将$\eta(\boldsymbol{x},\boldsymbol{y})$唯一地写为$\eta(\boldsymbol{x},\boldsymbol{y})=(\boldsymbol{x},\sigma(\boldsymbol{y}))$，其中$\sigma:L\to L^*$是某个非奇异线性映射.由于$\dim L=\dim L^*$，通过定理1.1.13得到线性映射$\sigma$是同构映射，从而确定了一个射影映射$\eta:\mathbb{P}(L)\to\mathbb{P}(L^*)$.

现在以坐标表示映射(4.4.14).如果二次型$F(\boldsymbol{x})$具有(4.4.2)式的形式，那么

$$\frac{\partial F}{\partial x_i}=2\sum_{j=0}^{n}a_{ij}x_j,\quad i=0,1,\cdots,n.$$

另一方面，在空间L的一个基$\{\boldsymbol{e}_0,\boldsymbol{e}_1,\cdots,\boldsymbol{e}_n\}$下，双线性型$\eta(\boldsymbol{x},\boldsymbol{y})$具有形式(4.4.3)，其中向量$\boldsymbol{x}=x_0\boldsymbol{e}_0+x_1\boldsymbol{e}_1+\cdots+x_n\boldsymbol{e}_n$和$\boldsymbol{y}=y_0\boldsymbol{e}_0+y_1\boldsymbol{e}_1+\cdots+y_n\boldsymbol{e}_n$.因此

$$\sigma(\boldsymbol{y})=y_0\sigma(\boldsymbol{e}_0)+y_1\sigma(\boldsymbol{e}_1)+\cdots+y_n\sigma(\boldsymbol{e}_n).$$

由$\eta(\boldsymbol{x},\boldsymbol{y})=(\boldsymbol{x},\sigma(\boldsymbol{y}))$可得

$$\eta(\boldsymbol{x},\boldsymbol{y})=\sum_{i,j=0}^{n}x_iy_j(\boldsymbol{e}_i,\sigma(\boldsymbol{e}_j))$$

由此得出，映射$\sigma:L\to L^*$在空间L的一个基$\{\boldsymbol{e}_0,\boldsymbol{e}_1,\cdots,\boldsymbol{e}_n\}$和空间$L^*$的对偶基$\{\sigma(\boldsymbol{e}_0),\sigma(\boldsymbol{e}_1),\cdots,\sigma(\boldsymbol{e}_n)\}$下的矩阵等于$(a_{ij})$，因此二次型$F(\boldsymbol{x})$与同构映射$\sigma:L\to L^*$相关联.表示$\sigma$在$\mathbb{P}(L)$上诱导出的射影映射为$\varphi:\mathbb{P}(L)\to\mathbb{P}(L^*)$，则$\Phi(\Sigma)=\varphi(\Sigma)$. □

由此产生了意想不到的结果：由于映射φ是双射，因此映射(4.4.14)也是双射.换句话说，非奇异二次超曲面Σ在不同点$A,B\in\Sigma$处的切超平面是不同的.因此，同一超平面不能与非奇异二次超曲面Σ在两个不同点处的切超平面一致.这说明在非奇异二次超曲面Σ的情况下，超平面与二次超曲面相切有意义.此外，切点$P\in\Sigma$是唯一确定的.

现在更具体地考虑集合$\Phi(\Sigma)$的样子.我们将证明它也是非奇异二次超曲面，即，它在空间L^*的一个基下由方程$F(\boldsymbol{x})=0$确定，其中F是非奇异二次型.

我们在上面看到有一个同构映射$\sigma:L\to L^*$，它将Σ一一地映射到$\Phi(\Sigma)$.因此，也存在逆映射$\sigma^{-1}:L^*\to L$，这也是同构映射.那么条件$\boldsymbol{y}\in\Phi(\Sigma)$相当于$\sigma^{-1}(\boldsymbol{y})\in\Sigma$.选择在空间$L^*$中的任意一个基$\{\boldsymbol{f}_0,\boldsymbol{f}_1,\cdots,\boldsymbol{f}_n\}$.同构映射$\sigma^{-1}:L^*\to L$把这个基变换成空间$L$的一个基

$\{\sigma^{-1}(\boldsymbol{f}_0),\sigma^{-1}(\boldsymbol{f}_1),\cdots,\sigma^{-1}(\boldsymbol{f}_n)\}$.显然,向量 $\boldsymbol{y}$ 在 $\{\boldsymbol{f}_0,\boldsymbol{f}_1,\cdots,\boldsymbol{f}_n\}$ 下的坐标与向量 $\sigma^{-1}(\boldsymbol{y})$ 在 $\{\sigma^{-1}(\boldsymbol{f}_0),\sigma^{-1}(\boldsymbol{f}_1),\cdots,\sigma^{-1}(\boldsymbol{f}_n)\}$ 下的坐标是一致的.如上所述,条件 $\sigma^{-1}(\boldsymbol{y})\in\Sigma$ 等价于关系式

$$F(\alpha_0,\alpha_1,\cdots,\alpha_n)=0,$$

其中 F 是非奇异二次型,并且 $(\alpha_0,\alpha_1,\cdots,\alpha_n)$ 是向量 $\sigma^{-1}(\boldsymbol{y})$ 在空间 L 的某个基下的坐标.这意味着条件 $\boldsymbol{y}\in\Phi(\Sigma)$ 可以用同一关系式来表示.因此证明了以下定理.

定理 4.4.8 如果 Σ 是空间 $\mathbb{P}(L)$ 中的非奇异二次超曲面,那么它的切超平面集合在空间 $\mathbb{P}(L^*)$ 中形成一个非奇异二次超曲面.

因此我们可扩展 §4.1 建立的对偶原理,使其包括非奇异二次型的对偶:把原始命题中的射影空间 $\mathbb{P}(L)$、非奇异二次超曲面(线)、非奇异二次超曲面(线)的点,分别替换为射影对偶空间 $\mathbb{P}(L^*)$、非奇异二次超曲面(线)、非奇异二次超曲面(线)的超平面.

利用扩展后的对偶原理,可以证明关于二维射影空间中的圆锥曲线的一些重要定理.为了叙述和说明这些定理,设 Γ 是二维射影空间中的一条非奇异圆锥曲线,令有序点集 A_1, $A_2,\cdots,A_6$ 为 Γ 上的六个不同点,称为圆锥曲线 Γ 的内接六边形.对于射影平面上的两个不同点 A 和 B,通过它们的直线用 AB 表示.六条直线 $A_1A_2,A_2A_3,\cdots,A_5A_6,A_6A_1$ 称为内接六边形的边.这里,对边 A_1A_2 和 A_4A_5,A_2A_3 和 A_5A_6,A_3A_4 和 A_6A_1 称为相对边.

定理 4.4.9(Pascal 定理) 非奇异圆锥曲线中的任意内接六边形的三对相对边的交点共线(如图 4.4.1).

定理 4.4.9 有一个著名的对偶定理,就是 Brianchon(布利安桑)定理.为了叙述该定理,我们把与圆锥曲线 Γ 相切的六条不同的直线 $l_1,l_2,\cdots,l_6$ 称为圆锥曲线的外接六边形.点 $l_1\cap l_2,l_2\cap l_3,l_3\cap l_4,l_4\cap l_5,l_5\cap l_6$ 和 $l_6\cap l_1$ 称为外接六边形的顶点.把顶点对 $l_1\cap l_2$ 和 $l_4\cap l_5$,$l_2\cap l_3$ 和 $l_5\cap l_6$,$l_3\cap l_4$ 和 $l_6\cap l_1$ 称为是相对的.

定理 4.4.10(Brianchon 定理) 连接非奇异圆锥曲线的任意外接六边形的相对顶点的三条直线相交于一点(如图 4.4.2).

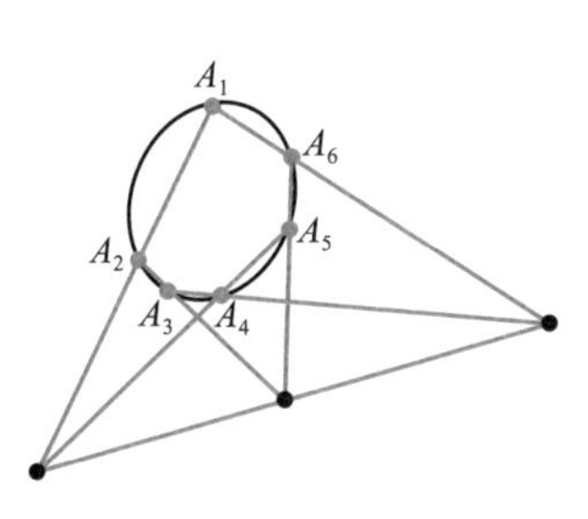

图 4.4.1

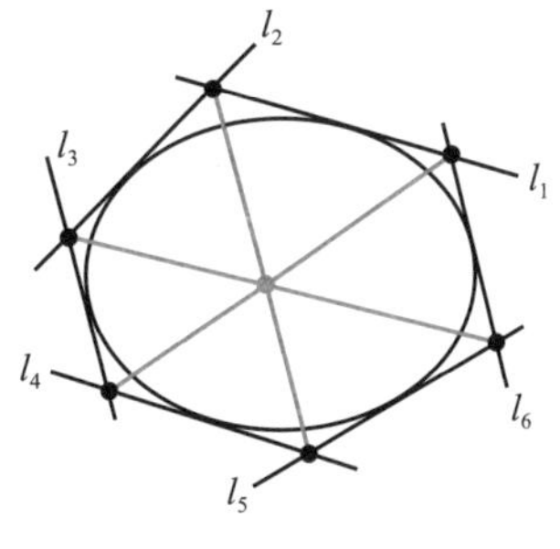

图 4.4.2

如果根据上面给出的规则,用它们的对偶替换其中的所有概念,则从 Pascal 定理可得到 Brianchon 定理.因此,根据一般对偶原理,Brianchon 定理由 Pascal 定理推出.Pascal 定理本身可以证明,我们借助下面的定理来加以证明.

定理 4.4.11(Steiner 定理) 给定射影平面中一条非奇异圆锥曲线 Γ 上的四个不同点

A_1,A_2,A_3,A_4,则 Γ 上任意一点 P 与它们的连线的交比$(PA_1,PA_2;PA_3,PA_4)$为与点 P 在 Γ 上的位置无关的常数,其中若点 P 与四个点中的一点 A_i 重合,则相应的连线应替换成点 A_i 处的切线 $A_iT,i=1,2,3,4$.

证 由于 A_1,A_2,A_3,A_4 是四个不同的点,因此可取射影标架为$[A_1,A_2,A_3;A_4]$.在该标架下,圆锥曲线 Γ 的方程为

$$a_{01}x_0x_1+a_{12}x_1x_2+a_{02}x_0x_2=0, \tag{4.4.15}$$

其中 $a_{01}a_{12}a_{02}\neq 0$ 且 $a_{01}+a_{12}+a_{02}=0$.不失一般性,可设

$$a_{12}=1,\quad a_{02}=-k,\quad a_{01}=k-1,\quad k\neq 0,1.$$

于是(4.4.15)式成为

$$x_1x_2-kx_0x_2+(k-1)x_0x_1=0. \tag{4.4.16}$$

设点 P 的射影坐标为(X_0,X_1,X_2),首先考虑它不与四个点 A_i 中的任何一点重合.因此点 P 满足方程(4.4.16)且直线 PA_1,PA_2,PA_3,PA_4 的方程分别为

$$x_2X_1-x_1X_2=0,\quad x_2X_0-x_0X_2=0,\quad -x_1X_0+x_0X_1=0.$$

由此可得

$$(x_1-x_2)X_0-(x_0-x_2)X_1+(x_0-x_1)X_2=0.$$

从而 PA_1,PA_2,PA_3,PA_4 的射影坐标分别为

$$(0,x_2,-x_1),\quad (x_2,0,-x_0),\quad x_0(0,x_2,-x_1)-x_1(x_2,0,-x_0),$$
$$(x_2-x_0)(0,x_2,-x_1)+(x_1-x_2)(x_1,0,-x_0),$$

因此

$$(PA_1,PA_2;PA_3,PA_4)=\frac{x_2-x_0}{x_1-x_2}\Big/\frac{x_0}{-x_1}=\frac{x_1(x_0-x_2)}{x_0(x_1-x_2)}.$$

由(4.4.16)式可得 $k=\dfrac{x_1(x_0-x_2)}{x_0(x_1-x_2)}$.因此$(PA_1,PA_2;PA_3,PA_4)=k$.

当点 P 与四个点中的一点 A_i 重合时,不妨设这一点为 A_4,则 P 趋于 A_4.而在此逼近过程中,$(PA_1,PA_2;PA_3,PA_4)$总是等于 k,但割线 PA_4 却趋于切线 A_4T,于是取极限就得到

$$(A_4A_1,A_4A_2;A_4A_3,A_4T)=k.\quad \square$$

利用 Steiner 定理证明 Pascal 定理:设 A_1A_5 与 A_2A_5 交于 P,A_1A_6 与 A_3A_4 交于 Q,A_2A_6 与 A_3A_5 交于 R,问题变成证明 P,Q,R 共线.进一步地,设 A_2A_6 与直线 PQ 交于R_1,若能证得 $R_1=R$,则 R 在 PQ 上.设 A_2A_6 与 A_3A_4 交于 H,A_1A_6 与 A_4A_2 交于 G.从 Q 与割线 A_2A_4 来看,有

$$(QA_2,QH;QA_6,QR_1)=(A_2,H;A_6,R_1). \tag{4.4.17}$$

而从点 Q 与割线 A_2A_4 来看,有

$$(QA_2,QH;QA_6,QR_1)=(QA_2,QA_4;QG,QP)=(A_2,A_4;G,P). \tag{4.4.18}$$

由上(4.4.17)和(4.4.18)两式得

$$(A_2,H;A_6,R_1)=(A_2,A_4;G,P).$$

再从点 A_1 与割线 A_2A_4 来看,有

$$(A_2,A_4;G,P)=(A_1A_2,A_1A_4;A_1G,A_1P). \tag{4.4.19}$$

对于点 A_1 和 A_3,用 Steiner 定理,得

$$(A_1A_2,A_1A_4;A_1G,A_1P)=(A_3A_2,A_3A_4;A_3A_6,A_3A_5). \tag{4.4.20}$$

再从点 A_3 和割线 A_2A_6 来看,有

$$(A_2A_3,A_3A_4;A_3A_6,A_3A_5)=(A_2,H;A_6,R).$$

由(4.4.19)和(4.4.20)得

$$(A_2,H;A_6,R_1)=(A_2,H;A_6,R).$$

从而$R_1=R$,即 R 在直线 PQ 上. □

4.4.2 共轭与配极

接下来讨论射影空间$\mathbb{P}^n(L)$中一对点关于一个二次超曲面 Σ 的共轭关系.

定义 4.4.7 令 Σ 是射影空间$\mathbb{P}^n(L)$中的一个二次超曲面,其一个代表是对称双线性型 $\boldsymbol{\eta}$,即 $\Sigma=\langle\boldsymbol{\eta}\rangle$.对于射影空间$\mathbb{P}^n(L)$中的点 $P=\langle\boldsymbol{v}\rangle$ 和 $Q=\langle\boldsymbol{w}\rangle$,若 $\boldsymbol{\eta}(\boldsymbol{v},\boldsymbol{w})=0$,则称 $P=\langle\boldsymbol{v}\rangle$ 和 $Q=\langle\boldsymbol{w}\rangle$ 关于二次超曲面 Σ **共轭**,或称 $P=\langle\boldsymbol{v}\rangle$ 和 $Q=\langle\boldsymbol{w}\rangle$ 是二次超曲面 Σ 的一个共轭对,或直接说 $P=\langle\boldsymbol{v}\rangle$ 与 $Q=\langle\boldsymbol{w}\rangle$ 共轭.特别地,若 $\boldsymbol{\eta}(\boldsymbol{v},\boldsymbol{v})=0$,则称点 P 为**自共轭点**.

显然,该定义不依赖于代表 $\boldsymbol{v},\boldsymbol{w}$ 和 $\boldsymbol{\eta}$ 的选择,并且由于双线性型 $\boldsymbol{\eta}$ 的对称性,共轭也是对称关系,即 P 和 Q 关于二次超曲面 Σ 共轭,当且仅当 Q 和 P 也关于 Σ 共轭.

例 4.4.2 若建立射影空间$\mathbb{P}^n(L)$中的一个标架 $I=[P_0,P_1,\cdots,P_n;E]$,并选取适应 I 的一个基为$\{\boldsymbol{e}_0,\boldsymbol{e}_1,\cdots,\boldsymbol{e}_n\}$,则二次超曲面 Σ 一般可表示为方程

$$\sum_{i,j=0}^{n}a_{ij}x_ix_j=0,\quad a_{ij}=\boldsymbol{\eta}(\boldsymbol{e}_i,\boldsymbol{e}_j).$$

由此可见,标架 I 的顶点 P_i,P_j 关于 Σ 共轭的充要条件是 $a_{ij}=0$. □

共轭关系具有以下性质:

定理 4.4.12 设 Σ 是射影空间$\mathbb{P}^n(L)$中给定的一个二次超曲面,那么

(1) 点 P 是自共轭点$\Leftrightarrow P\in\Sigma$;

(2) Σ 上一点 P 与不同点 Q 共轭$\Leftrightarrow$直线 PQ 与 Σ 相切;

(3) 不在 Σ 上的互异两点 P,Q 共轭$\Leftrightarrow PQ$ 是 Σ 的弦且点对 P,Q 调和分割 PQ 的端点;

(4) 如果 $\varphi:\mathbb{P}^n(L)\to\mathbb{P}^n(L')$是一个射影映射,则点 $P,Q\in\mathbb{P}^n(L)$关于 Σ 共轭$\Leftrightarrow\varphi(P)$,$\varphi(Q)$关于 $\varphi(\Sigma)$共轭.

证 假设 $P=\langle\boldsymbol{v}\rangle,Q=\langle\boldsymbol{w}\rangle$ 且 $\Sigma=\langle\boldsymbol{\eta}\rangle$.

(1) 直接从定义可得到.

(2) 因为 $P\in\Sigma$,所以 $\boldsymbol{\eta}(\boldsymbol{v},\boldsymbol{v})=0$.如果 P,Q 共轭,则 $\boldsymbol{\eta}(\boldsymbol{v},\boldsymbol{w})=0$.所以 $\boldsymbol{\eta}(\boldsymbol{v},\boldsymbol{v})\boldsymbol{\eta}(\boldsymbol{w},\boldsymbol{w})-\boldsymbol{\eta}(\boldsymbol{v},\boldsymbol{w})^2=0$,这是直线 PQ 与 Σ 相切的条件.而如果直线 PQ 与 Σ 相切,则 $\boldsymbol{\eta}(\boldsymbol{v},\boldsymbol{v})\boldsymbol{\eta}(\boldsymbol{w},\boldsymbol{w})-\boldsymbol{\eta}(\boldsymbol{v},\boldsymbol{w})^2=0$.但 $\boldsymbol{\eta}(\boldsymbol{v},\boldsymbol{v})=0$,所以 $\boldsymbol{\eta}(\boldsymbol{v},\boldsymbol{w})=0$,即 P,Q 共轭.

(3) 因为 $P\notin\Sigma$,所以 $\Sigma\cap PQ$ 是一个点对(有可能是复共轭的点对),记为 Q_1,Q_2.在直线 $l=PQ$ 中建立标架,使得$\{\boldsymbol{v},\boldsymbol{w}\}$为适应该标架的一个基.因为 $P\notin\Sigma,Q\notin\Sigma$,所以点 Q_1,Q_2 具有有限且非零的非齐次坐标 λ_1,λ_2,由(4.4.11)式,其是以下方程的根:

$$\boldsymbol{\eta}(\boldsymbol{v},\boldsymbol{v})\lambda^2+2\boldsymbol{\eta}(\boldsymbol{v},\boldsymbol{w})\lambda+\boldsymbol{\eta}(\boldsymbol{w},\boldsymbol{w})=0.$$

因为 $P\notin\Sigma$,所以 $\boldsymbol{\eta}(\boldsymbol{v},\boldsymbol{v})\neq0$.因此从上式可得

$$\lambda_1+\lambda_2=-2\boldsymbol{\eta}(\boldsymbol{v},\boldsymbol{w})/\boldsymbol{\eta}(\boldsymbol{v},\boldsymbol{v}).$$

由此可见,P,Q 共轭的充要条件是 $\lambda_1+\lambda_2=0$,即$\dfrac{\lambda_2}{\lambda_1}=-1$,这等价于$(P,Q;Q_1,Q_2)=-1$.

(4) 注意到,如果 $\varphi=\langle\sigma\rangle$,$\boldsymbol{\Sigma}=\langle\eta\rangle$,$P=\langle\boldsymbol{v}\rangle$ 和 $Q=\langle\boldsymbol{w}\rangle$,则由二次超曲面 $\boldsymbol{\Sigma}$ 上的射影映射的定义可得

$$\eta(\boldsymbol{v},\boldsymbol{w})=(\eta\circ(\sigma^{-1}\times\sigma^{-1}))(\varphi(\boldsymbol{v}),\varphi(\boldsymbol{w})).\quad\square$$

定理 4.4.12 的(1)告诉我们,一个二次超曲面 $\boldsymbol{\Sigma}$ 就是由其自共轭点构成的集合.而(2)表明,点 $P\in\boldsymbol{\Sigma}$ 处的切线上所有点均与 P 共轭.

例 4.4.3 设射影平面上的一条二次曲线为 $\Gamma:x_0^2-x_1^2-x_2^2=0$,求点 $P(1,0,0)$ 相对于 Γ 的共轭点 Q.

解 按照定义,二次超曲面(这里实际上是二次曲线)Γ 的一个矩阵为

$$\boldsymbol{A}=\begin{pmatrix}1&0&0\\0&-1&0\\0&0&-1\end{pmatrix}.$$

因此,若记 $\boldsymbol{x}=(x_0,x_1,x_2)$ 和 $\boldsymbol{y}=(y_0,y_1,y_2)$,则 Γ 的对称双线性型 η 可表示为

$$\eta(\boldsymbol{x},\boldsymbol{y})=x_0y_0-x_1y_1-x_2y_2.$$

所以 $P(1,0,0)$ 相对于 Γ 的共轭点 Q 满足 $x_0=0$. $\square$

为了更好地理解相对于二次超曲面 $\boldsymbol{\Sigma}$ 的共轭,我们考虑给定点 P 的所有共轭点构成一个集合

$$H_{P,\Sigma}=\{Q\in\mathbb{P}^n(L)\mid Q\text{ 与 }P\text{ 相对于二次超曲面 }\boldsymbol{\Sigma}\text{ 是共轭的}\}.$$

在不会混淆的时候,$H_{P,\Sigma}$也简写成 H_P.

首先,用射影坐标来表示 H_P.为此建立射影空间$\mathbb{P}^n(L)$的一个标架 I 并假设 $\boldsymbol{\Sigma}$ 在该标架 I 下具有矩阵 $\boldsymbol{A}$,并且点 Q 和 P 在标架下分别具有列坐标向量 $\boldsymbol{x}=(x_0,x_1,\cdots,x_n)^{\mathrm{T}}$ 和 $\boldsymbol{y}=(y_0,y_1,\cdots,y_n)^{\mathrm{T}}$.因此,按照共轭的定义,$Q$ 和 P 相对于二次超曲面 $\boldsymbol{\Sigma}$ 共轭的条件可以写成

$$\boldsymbol{x}^{\mathrm{T}}\boldsymbol{A}\boldsymbol{y}=0.\tag{4.4.21}$$

对于方程(4.4.21),如果给定的点 P 使得 $\boldsymbol{Ay}=\boldsymbol{0}$,则根据命题 4.4.5,这样的点 P 是二次超曲面 $\boldsymbol{\Sigma}$ 的奇点.对于奇点,因为 $\boldsymbol{Ay}=\boldsymbol{0}$,所以任何点 Q 的坐标都满足方程(4.4.21),因此 $H_P=\mathbb{P}^n(L)$.对于$\mathbb{P}^n(L)$的非奇点 P,因为 $\boldsymbol{Ay}\neq\boldsymbol{0}$,所以方程(4.4.21)是 Q 的坐标 $x_0,x_1,\cdots,x_n$ 的非平凡齐次线性方程,因而 H_P 是具有方程(4.4.21)的超平面(其坐标向量为 $\boldsymbol{Ay}$),称为点 P 相对于二次超曲面 $\boldsymbol{\Sigma}$ 的**极超平面**.特别地,如果 $n=2$,极超平面实际上是一条线,称为**极线**,而如果 $n=3$,则极超平面是一张平面,称为**极平面**.

此外,因为不论 $\boldsymbol{Ay}$ 是否为零,H_P 都是$\mathbb{P}^n(L)$的射影线性簇,所以如果点 $P_0,P_1,\cdots,P_m\in\mathbb{P}^n(L)$都是点 P 关于二次超曲面 $\boldsymbol{\Sigma}$ 的共轭点,那么 $P_0\vee P_1\vee\cdots\vee P_m$ 的任何点显然都是 P 关于 $\boldsymbol{\Sigma}$ 的共轭点.

因为 $H_{P,\Sigma}$是$\mathbb{P}^n(L)$的一个射影线性簇,所以按照定义 4.4.4,可以在 $H_{P,\Sigma}$上诱导一个射影映射,它具有以下性质:如果 $\varphi:\mathbb{P}^n(L)\to\mathbb{P}^n(L')$是一个射影映射,$\boldsymbol{\Sigma}$ 表示$\mathbb{P}^n(L)$的二次超曲面,则对于任何 $P\in\mathbb{P}^n(L)$都有 $\varphi(H_{P,\Sigma})=H_{\varphi(P),\varphi(\Sigma)}$.这可以直接从定理 4.4.12 的(4)导出.

还容易将定理 4.4.12 的结论转移到极超平面:

定理 4.4.13 假设 $\boldsymbol{\Sigma}$ 是$\mathbb{P}^n(L)$的一个二次超曲面,而 P 是一个点,那么

(1) 对于$\mathbb{P}^n(L)$中的任何两个点 P 和 Q,点 P 属于 $H_Q\Leftrightarrow$点 Q 属于 H_P;

(2) $P\in\Sigma\Leftrightarrow P\in H_P$,即点 P 在自己的极超平面上;

(3) 如果 $P\notin\Sigma$,那么 $P\notin H_P$ 且点 Q 属于 $H_P\Leftrightarrow Q\in\Sigma$ 且直线 PQ 与 Σ 只有一个交点,或者 $Q\notin\Sigma$,PQ 是一条弦,P,Q 调和分割 PQ 的端点.

在该定理的(2)的情形下,H_P 显然由点 P 本身以及与 P 不同的所有这样的 Q 组成:点 Q 与点 P 张成一条直线,该直线在 P 处与 Σ 相切.

例 4.4.4 设有二次曲线 $\Gamma: x_0^2+x_1^2+x_2^2=0$,已知 Γ 上两个共轭点 $P(1,0,0)$,$Q(0,1,0)$.记直线 PQ 与 Γ 的交点分别为 R,S.求交比$(P,Q;R,S)$以及 P,Q,R,S 各点的极线.

解 不难得到直线 PQ 与 Γ 的交点分别为 $R(1,\mathrm{i},0)$,$S(1,-\mathrm{i},0)$.为了计算交比$(P,Q;R,S)$,我们把 P 和 Q 的代表取成 $\boldsymbol{a}=(1,0,0)$,$\boldsymbol{b}=(0,1,0)$,因此 R,S 分别有代表 $\boldsymbol{a}+\mathrm{i}\boldsymbol{b}$,$\boldsymbol{a}-\mathrm{i}\boldsymbol{b}$.所以交比为

$$(P,Q;R,S)=\mathrm{i}/(-\mathrm{i})=-1.$$

这说明$\{P,Q,R,S\}$是直线 PQ 上的调和点列.

然后计算 P,Q,R,S 各点的极线.通过简单计算可得,P,Q 的极线分别是 $x_0=0$,$x_1=0$,而 R,S 的极线分别是 $x_0+\mathrm{i}x_1=0$ 与 $x_0-\mathrm{i}x_1=0$. □

例 4.4.5 已知二次曲线 $\Gamma: x_0^2-x_0x_1+x_1^2-x_2^2=0$,求点 $P(0,2,1)$的极线与过 P 的切线.

解 二次曲线的矩阵是

$$\boldsymbol{A}=\begin{pmatrix}2&-1&0\\-1&2&0\\0&0&-2\end{pmatrix},$$

点 P 的极线是$(0,2,1)\boldsymbol{A}\begin{pmatrix}x_0\\x_1\\x_2\end{pmatrix}=0$,即 $x_0-2x_1+x_2=0$.它与 Γ 的交点同时满足 $x_0^2-x_0x_1+x_1^2-x_2^2=0$ 和 $x_0-2x_1+x_2=0$.不难解得交点是 $Q(1,0,-1)$,$R(1,1,1)$,它们都位于点 P 的极线上.由定理 4.4.13 的(2),过 P 的切线是

$$PQ: 2x_0-x_1+2x_2=0 \quad 和 \quad PR: x_0+x_1-2x_2=0. \quad □$$

接下来考虑极超平面上的配极变换.从上面不难看出,在给定的射影空间$\mathbb{P}^n(L)$中,对于给定的非奇异二次超曲面 Σ,极超平面的概念给出空间$\mathbb{P}^n(L)$中任何点 P 到一个极超平面 H_P 的变换,而且是一一对应的变换.我们称该映射为配极变换.

定义 4.4.8 假设 Σ 是射影空间$\mathbb{P}^n(L)$中的一个非奇异二次超曲面,H_P 是空间$\mathbb{P}^n(L)$中点 P 的极超平面.定义变换 $\varphi_\Sigma:\mathbb{P}^n(L)\to\mathbb{P}^n(L)$,使得 $\varphi_\Sigma(P)=H_P$.把 φ_Σ称为非奇异二次超曲面 Σ 的一个**配极变换**.

我们来建立配极变换的坐标表示.假设在射影空间$\mathbb{P}^n(L)$中分别建立了射影标架 I 和 J,并且令二次超曲面 Σ 相对于标架 I 的矩阵为 $\boldsymbol{A}$,点 $P\in\mathbb{P}^n(L)$在标架 I 下的坐标向量为$(y_0,y_1,\cdots,y_n)^{\mathrm{T}}$.因此,点 P 的极超平面 H_P 的坐标向量是 $\boldsymbol{Ay}$,并且变换 φ_Σ在标架 I 和 J 下的矩阵等于 $\boldsymbol{A}$.

因为矩阵 $\boldsymbol{A}$ 非奇异(由于二次超曲面 Σ 非奇异),所以配极变换 φ_Σ是双射:它把$\mathbb{P}^n(L)$

中的每个超平面 H 映射到唯一点 P,也就是把每个超平面 H 作为点 P 的极超平面,我们把这样的 P 称为超平面 H 的**极点**(相对于二次超曲面 Σ).特别地,如果一个超平面与 Σ 相切于一个点,则极点称为切超平面的切点.

配极变换也可以推广成从$\mathbb{P}^n(L)$的 $d(0\leqslant d\leqslant n-1)$ 维射影线性簇到 $n-d-1$ 维射影线性簇的双射,用来进一步解释对偶原理,我们在此省略了.

4.4.3 实射影空间中的二次超曲面

按照二次型理论,对于实射影空间$\mathbb{P}(L)$中的非奇异二次超曲面(4.4.2),总能找到非奇异射影变换使得其具有规范形

$$x_0^2+x_1^2+\cdots+x_s^2-x_{s+1}^2-\cdots-x_n^2=0.$$

这里 $r=s+1$ 是(4.4.2)中的二次型 $F(\boldsymbol{x})$ 的正惯性指数,其与坐标系选取无关.不妨假设 $s\geqslant\dfrac{n-1}{2}$.此外显然有 $s\leqslant n-1$,因为若 $s=n$,则会从以上方程得到 $x_0=0,x_1=0,\cdots,x_n=0$,而这不是射影空间中的点.因此以下假设

$$n-1\geqslant s\geqslant\frac{n-1}{2},\tag{4.4.22}$$

即,假设 n 维实射影空间中射影不等价的非奇异二次超曲面的类型数量 s 满足不等式(4.4.22).因此,射影平面中所有射影不等价的非奇异二次曲线只有一类,即所有非奇异二次曲线都是射影等价的.射影平面上用齐次坐标$(x_0:x_1:x_2)$表示的最简单例子是$-x_0^2+x_1^2+x_2^2=0$,如果它完全包含在 $x_0\neq0$ 的仿射部分中,则可用非齐次坐标 $x=x_1/x_0,y=x_2/x_0$ 表示为圆 $x^2+y^2=1$.

三维射影空间中存在两种类型的射影不等价的二次超曲面,分别对应于 $s=1$ 和 $s=2$.以齐次坐标$(x_0:x_1:x_2:x_3)$表示为$-x_0^2+x_1^2+x_2^2+x_3^2=0$ 和 $x_0^2-x_1^2-x_2^2+x_3^2=0$.它们在 $x_0\neq0$ 的仿射部分中以非齐次坐标(x,y,z)分别表示为 $x^2+y^2+z^2=1$ 和 $x^2+y^2-z^2=1$,其中 $x=x_1/x_0$,$y=x_2/x_0,z=x_3/x_0$.前者是三维 Euclid 空间中的二维球面S^2,而后者是单叶双曲面.

球面上显然不可能有实直线,但单叶双曲面上存在直线.实际上,单叶双曲面的齐次坐标方程为

$$x_0^2-x_1^2-x_2^2+x_3^2=0.\tag{4.4.23}$$

对其进行坐标变换

$$u_0=x_0+x_1,\quad v_0=x_0-x_1,\quad u_1=x_2+x_3,\quad v_1=x_2-x_3,$$

得到

$$u_0v_0-u_1v_1=0.\tag{4.4.24}$$

对于这个方程,令三维射影空间的向量空间 L 的一个基由向量 $\boldsymbol{e}=(a_0,a_1,b_0,b_1)$ 和 $\boldsymbol{e}'=(a_0',a_1',b_0',b_1')$组成,则其中的射影直线可写成$\langle u\boldsymbol{e}+v\boldsymbol{e}'\rangle$(其中 u 和 v 是不全为零的常数),它满足(4.4.24)式,即

$$(a_0u+a_0'v)(b_0u+b_0'v)-(a_1u+a_1'v)(b_1u+b_1'v)=0.\tag{4.4.25}$$

方程(4.4.25)的左边表示变量 u 和 v 的二次型,要方程(4.4.25)成立只能该二次型所有系数都等于零,即

$$a_0b_0-a_1b_1=0,\quad a_0b_0'+a_0'b_0-a_1b_1'-a_1'b_1=0,\quad a_0'b_0'-a_1'b_1'=0.\tag{4.4.26}$$

由(4.4.26)式的第一和第三个方程可推知(a_0,a_1)与(b_1,b_0)以及(a'_0,a'_1)与(b'_1,b'_0)是成比例的.因此分别存在常数β和γ,使得

$$a_0=\beta b_1,\quad a_1=\beta b_0,\quad a'_0=\gamma b'_1,\quad a'_1=\gamma b'_0. \tag{4.4.27}$$

代入(4.4.26)式的第二个方程可得$(\beta-\gamma)(b'_0b_1-b_0b'_1)=0$.因此,$b'_0b_1-b_0b'_1=0$或$\gamma=\beta$.

若$b'_0b_1-b_0b'_1=0$,则(b_0,b'_0)与(b_1,b'_1)成正比,即存在常数α,使得$b_1=-\alpha b_0$和$b'_1=-\alpha b'_0$.根据这些结论和(4.4.27)式可得

$$\begin{cases}a_0u+a'_0v=\beta b_1u+\gamma b'_1v=-\alpha(\beta b_0u+\gamma b'_0v)=-\alpha(a_1u+a'_1v),\\ b_1u+b'_1v=-\alpha(b_0u+b'_0v).\end{cases} \tag{4.4.28}$$

如果$\gamma=\beta$,则由(4.4.27)式得到

$$\begin{cases}a_0u+a'_0v=\beta(b_1u+b'_1v),\\ a_1u+a'_1v=\beta(b_0u+b'_0v).\end{cases} \tag{4.4.29}$$

综合起来,在上述假设下,对于具有坐标(u_0,v_0,u_1,v_1)的任意向量空间L,

$$u_0=-\alpha u_1,\quad v_1=-\alpha v_0 \tag{4.4.30}$$

或

$$u_0=\beta v_1,u_1=\beta v_0. \tag{4.4.31}$$

关系式(4.4.30)给出$\mathbb{P}(L)$中的一族直线,而关系式(4.4.31)决定了另一族直线.这些直线称为单叶双曲面的直母线.容易验证,同一直母线族的两条不同的直线不相交,而来自不同族的两条直线相交,并且过该单叶双曲面上的每个点存在两条直母线,各自属于不同的族.见图4.4.3.

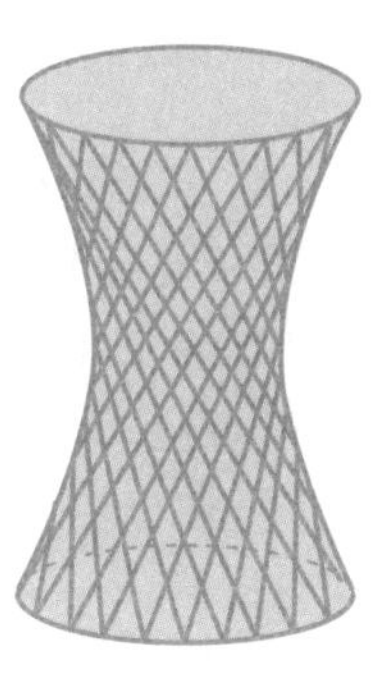

图 4.4.3

习题 4.4

1. 在射影平面上给定五个点:

$$A(1,-1,0),\quad B(2,0,-1),\quad C(0,2,-1),\quad D(1,4,-2),\quad E(2,3,-2).$$

求它们所确定的二次曲线.

2. 求过点$A(1,0,1)$,$B(0,1,1)$,$C(0,-1,1)$且以直线$l_1:x_0-x_2=0$和直线$l_1:x_2-x_1=0$为切线的二次曲线.

3. 对于三维射影空间的二次曲线

$$6x_0^2-x_0x_1-2x_0x_2-3x_0x_3+x_1x_2+x_1x_3+x_2x_3=0,$$

计算它与标架的边$x_2=x_3=0$的交点处的切平面.

4. 证明:方程$\sum\limits_{i,j=0}^{n}a_{ij}x_ix_j=0$所表示的二次超曲面经过射影标架顶点的充要条件是$a_{ii}=0$,$i=0,1,\cdots,n$,并在这种情形下计算每个顶点处的切超平面.

5. 令l是n维射影空间中的一条直线,而$\boldsymbol{\Sigma}=\langle\boldsymbol{\eta}\rangle$为该空间上的一张二次超曲面,并假定$\boldsymbol{\Sigma}\cap l=\{A_1,A_2\}$,$A_1,A_2\in l$.取在$l$上但不在$\boldsymbol{\Sigma}$上的两个不同点$B_1=\langle\boldsymbol{v}_1\rangle$和$B_2=\langle\boldsymbol{v}_2\rangle$,以及$P=\langle\boldsymbol{v}_1-\boldsymbol{v}_2\rangle$.证明:

$$(B_1,B_2;A_1,P)(B_1,B_2;A_2,P)=\boldsymbol{\eta}(\boldsymbol{v}_1,\boldsymbol{v}_1)/\boldsymbol{\eta}(\boldsymbol{v}_2,\boldsymbol{v}_2).$$

6. 如果$\boldsymbol{\eta}$是一个对称双线性型,它定义了实射影空间$\mathbb{P}^n$中没有实点的一个二次超曲面,

证明:η 正定或负定.

7. 证明:给定$\mathbb{P}^n(L)$的一个射影标架 I,对于每个$(n+1)\times(n+1)$的非零对称矩阵 $\boldsymbol{A}$,存在唯一的二次超曲面,其在标架 I 下的矩阵是 $\boldsymbol{A}$.

8. 在三维射影空间中,证明非奇异二次超曲面 $\boldsymbol{\Sigma}$ 与标架棱相切的充要条件是,该二次超曲面的方程具有以下形式:对于非零标量 a,b,c,d,

$$a^2x_0^2+b^2x_1^2+c^2x_2^2+d^2x_4^2-2abx_0x_1-2acx_0x_2-2ax_0x_3-2bcx_1x_2-2bdx_1x_3-2cdx_2x_3=0.$$

计算与标架棱的切点,并证明连接相对标架棱上的切点的直线共点.

9. 证明:如果四点形 K 的顶点属于非奇异圆锥曲线 C,则 C 在 K 的顶点处的切线是与 K 具有相同对角线三角形的四边形的边.

10. 确定三维实射影空间中以下二次超曲面的标准形及其射影类型:

$$x_0^2+2x_0x_1-3x_0x_3-x_2^2=0,$$

$$x_0^2+3x_0x_3+2x_0x_1+x_2^2+2x_3^2=0,$$

$$x_0^2+6x_0x_1+2x_0x_2+9x_1^2+5x_1x_2+x_2^2+x_2x_3=0.$$

11. 确定三维实射影空间中的二次超曲面 $x_1x_2+x_1x_3+x_2x_3+x_3^2-x_0x_3=0$ 的射影类型,并验证它是否包含经过点$(1,0,-1,0)$的直线.

12. 令 $\boldsymbol{\Sigma}$ 和 $\boldsymbol{\pi}$ 分别是 n 维射影空间中的二次超曲面和平面,并假设两者都包含一条直线 l.证明:$\boldsymbol{\Sigma}$ 与 $\boldsymbol{\pi}$ 相切.

参考文献

[1] 欧几里得.欧几里得几何原本[M].兰纪正,朱恩宽,译.2 版.西安:陕西科学技术出版社,2003.

[2] HARTSHORNE R.Geometry:Euclid and Beyond[M].New York: Springer,2000.

[3] 希尔伯特.希尔伯特几何基础[M].江泽涵,朱鼎勋,译.北京:北京大学出版社,2009.

[4] 尤承业.解析几何[M].北京:北京大学出版社,2004.

[5] 丘维声.解析几何[M].3 版.北京:北京大学出版社,2014.

[6] 黄宣国.空间解析几何[M].上海:复旦大学出版社,2004.

[7] 梅向明,刘增贤,王汇淳,等.高等几何[M].4 版.北京:高等教育出版社,2020.

[8] 周兴和.高等几何[M].北京:科学出版社,2003.

[9] STILLWELL J.The Four Pillars of Geometry[M].New York: Springer,2005.

[10] SHAFAREVICH I R,REMIZOV A O.Linear Algebra and Geometry [M].Berlin,Heidelberg:Springer-Verlag,2013.

[11] CASAS-ALVERO E.Analytic Projective Geometry[M].Zurich:European Mathematical Society Publishing House,2014.

[12] SHARIPOV R A.Course of Analytical Geometry[M].UFA,2011.

[13] 杨义川,周梦.高等代数[M].北京:高等教育出版社,2022.